弹性波散射研究与应用系列丛书

弹性波作用下的局部地形响应

齐　辉　范志宇　褚福庆
吴国辉　郭　晶
编著

国防工業出版社
·北京·

内 容 简 介

本书系统地介绍了弹性波作用下的局部地形响应，主要内容包括弹性波散射数学知识、弹性动力学的基本理论、波函数展开法、半空间中圆柱形峡谷对弹性波的散射、半空间中V形峡谷对弹性波的散射、半空间中三角形山丘对弹性波的散射、半空间中圆柱形山丘对弹性波的散射、半空间中地下结构对弹性波的散射、半空间中复杂组合地形对弹性波的散射。

本书可作为高等院校力学类专业研究生教材，也可供兵器、机械、土木等相关专业师生和技术人员使用与参考。

图书在版编目（CIP）数据

弹性波作用下的局部地形响应 / 齐辉等编著．北京：国防工业出版社，2024.8. -- (弹性波散射研究与应用系列丛书). -- ISBN 978-7-118-13021-8

Ⅰ. 0347.4

中国国家版本馆 CIP 数据核字第 202466UU34 号

※

国防工業出版社 出版发行

（北京市海淀区紫竹院南路 23 号　邮政编码 100048）

北京凌奇印刷有限责任公司印刷

新华书店经售

*

开本 710×1000　1/16　**印张** 21¾　**字数** 388 千字

2024 年 8 月第 1 版第 1 次印刷　**印数** 1—1000 册　**定价** 138.00 元

国防书店：(010) 88540777　　书店传真：(010) 88540776

发行业务：(010) 88540717　　发行传真：(010) 88540762

前　　言

弹性波散射现象是导致材料发生局部破坏和损伤积累的主要原因之一。由于弹性波在固体内的传播与许多工程实际问题密切相关，所以对弹性波传播及散射的研究成为固体力学中非常重要的研究内容之一。其应用范围包括地震震源的定位，无损检测中确定暗伤的大小、形状及位置等信息。几个世纪以来，波在固体中传播的理论和应用取得了很大的进步，为学科建设及社会经济的发展作出了巨大的贡献，其相关理论在地震工程、海洋工程、地质勘探及无损探伤等领域都有广泛应用。

目前，对于地震波的散射和场地反应的相关研究受到了科学界与工程界的热切响应。研究地形对地面运动的影响是地震工程学研究的基本课题之一。在各种各样的天然地形下，存在着不同形式的局部地形，比如大地上表面中含圆柱形峡谷、V形峡谷、圆柱形山丘、三角形山丘等复杂地形。这些复杂地形有些是天然存在的，有些则是人为在生产、加工、运输和使用的过程中造成的。当地震产生时，必然会在大地中产生弹性波，弹性波在传播过程中遇到这些局部地形时，将会产生散射现象，地球表面复杂的地形地貌也增加了额外的约束条件，这些地形地貌之间的相互位移限制强化了自由面的这种制约作用，造成了地震波的散射，而正是由于其散射作用，使得地表发生更为剧烈的地震灾害，严重危害了人民群众的生命与财产安全。基于这些考量，我们有必要对在地震波作用下，复杂局部地形下半空间的动力响应做出更加细致的分析与研究。

本书是作者在总结多年教学、科研经验的基础上编写而成，是《弹性波散射研究与应用系列丛书》之一。全书共10章，绪论主要介绍地震波与弹性波散射问题，第1章主要介绍弹性波散射数学知识，第2章主要介绍弹性动力学的基本理论，第3章主要介绍波函数展开法，第4章主要介绍半空间中圆柱形峡谷对弹性波的散射，第5章主要介绍半空间中V形峡谷对弹性波的散射，第6章主要介绍半空间中三角形山丘对弹性波的散射，第7章主要介绍半空间中圆柱形山丘对弹性波的散射。第 8 章主要介绍半空间中地下结构对弹性波的散射，第 9 章主要介绍半空间中复杂组合地形对弹性波的散射。

由于作者水平有限，书中难免有不足之处，欢迎广大读者批评指正，并提出宝贵的意见和建议。

作　者
2024 年 3 月

目　　录

绪　论

0.1　地震与地震波

0.1.1　地震

地震是对人类威胁最大的自然灾害之一。地震即大地震动，又称为地动、地震动，是一种常见的自然现象。地震与地球本身的构造尤其是其表面结构密切相关[1-2]，是地壳快速释放能量过程期间产生地震波的一种自然现象。一般认为板块的相互作用是地震的基本成因，由于地球内部的板块运动，其所激发出的能量从地球内部某一有限区域内突然释放出来，从而引起地壳的急剧变动[3-4]，是地壳快速释放能量的过程，这种能量释放常常基于地幔近似的流体力学行为[5-6]和流变力学行为[7]。这一释放能量的区域称为震源，震源正上方的地面称为震中，破坏性地震的地面震动最烈处称为极震区，而极震区往往也是震中所在的区域。

一般而言，地震可分为自然现象所造成的地震或人为破坏所造成的地震[8]。自然现象所造成的地震一般指的是自然的地壳运动、火山活动、大型的山崩、地下的空洞塌陷等引发的地震。人为破坏所造成的地震一般指的是地下采矿、地下核试、水库蓄水、气体的迁移或提取等行为引发的地震。地震不仅能够造成严重的人员伤亡，还会引起火灾、水灾、有毒气体泄漏、细菌及放射性物质扩散等严重事故，除此之外，地震还可能造成海啸、山体滑坡、崩塌、地壳裂缝等次生自然灾害。

我国位处太平洋地震带和欧亚地震带这两大地震带的中间地带，四川、云南以及甘肃等西部地区位于欧亚板块内部，其中的地震大多属于板内地震；安徽、江西等南部地区受到印度洋板块的俯冲作用；广东、广西等东南沿海地区特别是台湾海峡两岸位于欧亚板块的东南端，受到太平洋板块和印度洋板块的双向挤压，地质构造情况比较复杂。这种独特的大跨度地理环境造就了我国强震多发、震灾严重的基本国情。

“烨烨震电，不宁不令。百川沸腾，山冢崒崩。高岸为谷，深谷为陵。”

这段话出自《诗经》中的《十月之交》一诗，描述的便是公元前776年9月6日发生的被当时的人们视为灾厄之兆的日食现象，以及随之发生的被视为灾厄之实并载于史册的岐山大地震。“不宁”即地不宁，“不令”即不预先通告给人们周知，作者在诗中惊叹地震突如其来，其势如闪电，声如雷鸣，力足以令山川变易。

由于其巨大的破坏力，地震给人们带来了空前的震撼，造成了极大的恐慌和人口削减，并且被当时和后世的人们普遍视为亡国异象。地震是仅次于海啸的对人类造成危害最为严重的自然灾害，而海啸又主要是由海底地震所引发的。据不完全统计，全世界仅地震一项所造成的经济损失，平均每年要超过45亿美元。

从公元前23世纪至2000年，我国共发生造成人员死亡的地震442次，其中死亡人数超过20万人的4次，1万~10万人的22次，1000~1万人的58次[9]。鉴于地震对人民群众生命安全的巨大危害，我国在1971年成立了国家地震局。为了防御和减轻地震灾害，保护人民生命和财产安全，促进经济社会的可持续发展，制定了《中华人民共和国防震减灾法》，由第八届全国人民代表大会常务委员会第二十九次会议于1997年12月29日通过，自1998年3月1日起施行。1998年，国家地震局更名为中国地震局，管理全国的地震工作，经国务院授权承担《中华人民共和国防震减灾法》赋予的行政执法职责[10]。

我国的地震工作充满挑战，任重道远。自2000年以来全球发生的13次8级以上的大型地震，绝大多数发生在海洋之中，而仅有的2次发生在大陆的8级及以上的大型地震都发生在我国，其中包括：2001年发生的青海昆仑山大地震，以及2008年在我国四川省汶川县发生的举国震惊的5·12汶川地震。自汶川地震之后，我国相继在2010年发生了青海玉树地震，2013年发生了四川雅安地震。在我国周边国家：2011年日本东北海域发生震级达9.0级的大地震并引发海啸，造成了18000多人死亡[11]；2015年5月，尼泊尔发生的7.5级地震造成了至少8000人死亡、2万人受伤[12]。

百余年来，地震学的研究一直受到国内外地震学界学者的广泛重视，古人云：“多难兴邦”。正是由于地震灾害对人类生命财产安全的巨大威胁，地震学和地震工程的研究才方兴未艾，始终受到国内外科学工作者和工程技术人员的密切关注。在国内，包括中国科学院、科学技术部、国家自然科学基金委员会、中国科学技术协会、中国力学学会、中国地球物理学会、中国地震局、中国地震学会，以及在国际上，包括国际大地测量学与地球物理学联合会（International Union of Geodesy and Geophysics，IUGG）、国际地震工程协会（International Assoication for Earthquake Engineering，IAEE）、美国国家自然科学基金会（National Science Foundation，NSF）、美国地质勘探局（United States Geological Survey，USGS）、美国国家地震信息中心（National Earthquake Information Center，NEIC）等学术科研单位，投入了大量的经费和人力，对地震学和地震工程进行了深入的科学研究与工程实践，在国内以及国际上组织了广泛的学术交流和科学普及工作，并取得了丰硕的成果。地震学和地震工程在地球层圈结构、地壳上地幔结构与构造探测、天然地震预测与防灾、水文环境工程建筑探测、油气（及水合物）能源勘探等领域不断地蓬勃发展着，并深刻地影响着人类社会政治、经济和军事。

在所有影响地震动的因素中，局部地形对于地震的影响已被证明是引起地表震害或者地震动局部变化最重要的因素。因为地震的破坏区域内有很强的局部性，需要考虑介质的横向非均匀性，也就是说，局部地形和局部地质构造对地震破坏的影响不可忽略。局部地形对弹性波的散射问题的研究主要分为两部分：首先是不同地形结构对地震波的散射，进而讨论其对地震动的影响，主要概括为场地反应问题；其次是在地震波作用下，不同地形结构附近的动应力集中情况，其主要概括为结构的动应力响应问题。对于场地反应问题，这里主要是指局部场地反应，即由于地形的不规则性和介质的不均匀性而导致对地震波传播的较大影响，主要体现为地表运动幅值的放大和缩小效应。所以，能否正确地分析局部地形对地震动的影响规律，在地震学及地震工程学中具有极其重要的工程应用价值。强烈的地震往往会造成巨大的伤亡和经济损失，所以，如何逐步加强综合抗震能力，有效地减轻地震灾害，最大限度地保障地震时生命财产的安全，是目前摆在国内外所有地震学研究者面前的一项非常重要的课题。

0.1.2 地震波

地震发生时，急剧的能量变化形成了一个扰动，这种扰动构成一个波源，使得震源区的介质发生急速的破裂和运动，地震震源的振动通过波动形式向四面八方传播开来，由于地球介质的连续性，向地球内部及表层各处传播开去，进而震撼大地。这种波动称为地震波，即从震源产生向四周辐射的弹性波。地震波是地震的具体表现形式，通过地震波的传播，震源的巨大能量被释放到地球表面，造成了剧烈的地震灾害。可以说，地震波是地震学、地震工程与结构抗震的媒介和连接，因此地震波的研究就成为地震学、地震工程和结构抗震领域的热点与重要组成部分[13-16]。

由于 SH 波（Shear Horizontal Wave）弹性动力学行为相对而言最为简单，

按照振动矢量和传播矢量之间的关系，地震波可分为 P 波（Pressure Wave 或 Primary Wave）和 S 波（Shear Wave 或 Secondary Wave），其中 P 波的位移方向与波传播的方向平行，所以又称为纵波或膨胀波，而 S 波的位移方向与波传播的方向垂直，所以又称为横波或者剪切波。与 P 波相比，S 波在地震灾害中起着更加重要的作用。按照偏振方向和观察平面之间的关系，S 波又可分为 SH 波和 SV 波（Shear Vertical Wave）。在观察平面内，SH 波的振动矢量为反平面位移，只有一个和空间变量解耦的反平面振动矢量，并且与观察平面的空间坐标解耦[17-18]同时在发生反射与折射时也不会发生波形的变化。因此，对于 SH 波的研究在弹性波理论中具有前瞻性，对于 SH 波的研究较 SV 波和 P 波来得相对容易一些。而对于 P 波与 SV 波而言，许多具有多个初边值条件的弹性动力学复杂界面问题对于 P 波和 SV 波可能很难找到解决办法，同时由于 P 波与 SV 波在发生散射时会发生波形的改变，两者中任何一种波入射时，都会存在散射的 P 波和 SV 波，使得问题的求解变得非常复杂。而对于 SH 波则往往可以进行求解，甚至得到解析解。

此外，由于地球表面的主要组成部分是岩土，而岩土的抗拉强度和抗压强度有着显著的差异，并且其抗剪性能差[19-21]。对于岩土而言，抵抗剪切变形的能力要明显地弱于抵抗拉压变形的能力，同样地，主要的土木和建筑工程材料，诸如砖、石、混凝土等，都缺乏足够有效抵抗剪切破坏的能力。因此，研究地震波的剪切分量在地震灾害中作用的重要性不言而喻。但 P 波速度快于 S 波，是最先能够被人们所探测到的波，所以被广泛应用于地震勘测与预警当中，而 SV 波与 SH 波一样同为地震波的剪切分量，是地震波破坏地表结构最主要的影响因素，所以对于 P 波与 SV 波的研究也尤为重要。

目前，对于地震波的散射问题与地形效应的相关研究受到了科学界与工程界的高度关注[22-23]。研究地震波的地形效应是地震工程学研究的基本课题之一。在对地震波动问题的研究中，大地经常被视为一个无限大的均质弹性半空间来对其进行分析。在自然界中，存在着各种各样的局部地形，如大地上表面中含圆柱形峡谷、V 形峡谷、圆柱形山丘、三角形山丘等复杂地形，这些复杂地形有些是天然存在的，有些则是人为在生产、加工、运输和使用过程中所造成的。当地震产生时，大地中会产生弹性波，弹性波在传播过程中遇到这些局部地形时，将会产生散射现象，地球表面复杂的地形地貌也增加了额外的约束条件，这些地形地貌之间的相互位移限制强化了自由面的这种制约作用，造成了地震波的散射，而正是由于局部地形对地震波的地形效应，使得地表发生更为剧烈的地震灾害，严重危害了人民群众的生命与财产安全。基于这些考量，我们有必要对在地震波作用下，复杂局部地形下半空间的动力响应做出更加细致的分析与研究。

本书主要介绍由 P 波与 S 波的散射而引起的局部地形响应。

0.2 弹性波散射问题简介

0.2.1 弹性动力学的发展

我们可以通过对地震波进行数学物理方法的建模，使得其力学行为可以抽象简化为弹性波。而弹性波理论是弹性动力学的最重要组成部分之一，也是固体力学的重要分支。

弹性波理论作为弹性动力学最重要的组成部分，其建立的时间由来已久，甚至可以追溯到几百年以前。

在早期，有关于波动和振动现象的研究一般关心的是音乐音调或水波等问题，且大多是感性的观察而并非定量的分析，到了 19 世纪初，在有关光的波动性质被揭示之后，弹性波传播理论的研究得到了有力的推动。19 世纪末到 20 世纪初，鉴于地球物理学以及地震学的需求，众多数学家和力学家开始致力于弹性固体中波动的研究。

19 世纪 20 年代，弹性动力学的基本理论开始从数学上被严格地建立，在 1821 年，Navier 首先推导出了弹性体平衡和振动的一般方程。1822 年，Cauchy 为经典弹性理论作出了许多重大的奠基性贡献，奠定了弹性动力学发展的基础。从此，弹性固体中波的传播课题，成为广大研究者非常感兴趣的领域。1829 年，Poisson 首先指出了位移波动方程解的组成形式，指出其具有二分量结构，即其解的一部分是一个标量势函数的梯度，另一部分是一个旋转场。这一发现解释了在弹性介质内，扰动的响应由膨胀波与剪切波两类基本位移波组成。1830 年，Cauchy 对晶体介质中平面波的传播进行了研究，得到了波前传播的速度方程，指出其波速一般情况下有三个波速值，在各向同性的情况下，有两个是重合的，它们与平面横波相对应。1831 年，Poisson 解决了处置问题。1849 年，Stocks 对于由体积力引起的波动问题进行了研究，并导出了突加点载荷的基本奇异解。1852 年，在以位移波动方程解具有二分量结构的基础上，Lame 提出了标量势和矢量势的概念，他认为一般的弹性动力位移场可表示为一个标量势函数的梯度与一个矢量势函数的旋度之和，并且该标量势函数与矢量势函数满足两个非耦合波动方程，分别具有膨胀波和等容积波的传播速度。Lame 通过引入位移场的这种分解，为求解位移波动方程提供了极为有用的知识。

1887 年，Rayleigh 发现了迄今为止众所周知的 Rayleigh 面波，Rayleigh 面波的发现对研究具有自由表面的弹性半空间的波动问题具有极为重要的作用。随后，Lame 对于表面源和埋入源产生的扰动传播问题进行了研究，指出了膨胀波前和跟在后面的等容积波与 Rayleigh 面波组成了对于面源的反应，同时指出随着距扰动源距离的增加，Rayleigh 面波的优势将不断增加。这一讨论在地震学中具有非常重要的价值。

除此之外，Rayleigh 在平面导波以及杆单元的转动效应与剪切变形的影响也做了相应的研究，并对 Bernoulli-Euler 梁的弯曲波理论进行了修正。

1899 年，Knott 对于两个弹性半空间交接面处的反射与折射问题进行了研究，并且之后仍有许多人进行这方面的研究工作。研究发现，在均质介质内部，扰动所引发的膨胀波和剪切波会以不同的速度进行独立的传播。但是，在介质不连续的地方，反射波与折射波可能会发生波形的转换，也就是在交接面处，两种位移势能够通过边界条件进行耦合。并且，在两个弹性半空间的交界面处，可能会出现 Stonely 波，即一种与 Rayleigh 面波相似的界面波。此外，当一个弹性半空间表面具有覆盖层时，在层内除了会存在 Rayleigh 型的面波，还可能会存在被称为“Love 波”的面波，其特点为质点运动方向与介面方向平行，且由于问题中包含着覆盖层的厚度这一特征尺寸，造成了 Love 波具有着几何弥散效应。

有关杆、板、壳等结构的波动与振动问题的研究时间比较早，其早期研究大部分都属于初等理论的范围，沿用了材料力学研究问题的方法，通过引进一些近似假定来建立动力问题的控制方程。

对于冲击问题的研究工作，早期是由 Poisson 与 Saint-Venant 等进行的，开始考虑的是两个圆柱体碰撞所产生的冲击，采用纵波理论进行分析。但理论与实验的拟合程度并不是很好，后来，Voigt 做了一些改进，计及了两个圆柱体接触面的形状对冲击过程的影响。随后 Hertz 进行了进一步的研究并创立了冲击理论，接着 Sears 等进行了更加深入与广泛的研究。

Chladni 和 Hopkinson 对于动力问题给出实验分析，并进行了早期的工作，前者在 1802 年对梁和柱体进行了振动实验，后者首先对导线中的塑性波传播进行了实验分析。其中，Hopkinson 与 Davies 对杆中的波所进行的实验研究是动力问题实验分析中最重要的实验。为了纪念两位科学家的创造性工作，他们在实验中所使用的杆件分别称为 Hopkinson 压杆和 Davies 压杆。时至今日，他们所使用的实验装置仍被声学领域、地震波勘测领域广泛地应用。

除了上述弹性动力学的经典理论工作，其他课题，如撞击问题、散射问题、动力实验技术以及求解等问题的数学方法，也被广泛地进行了深入的研究，并取得了许多重大突破。第二次世界大战期间，在各个方面，尤其是军事方面，需要增强物体在导弹等高速撞击物体下的承载能力，使得对于波动问题进行了更加深入的研究。在近几十年里，随着空间技术和复合材料的发展以及地下爆炸、地震工程和石油工业等重要问题的需求，人们越来越关心相关的动力学问题。同时，电子技术的发展，使得我们可以更方便地用实验的方法来产生和检测更高频率的弹性波，再加上电子计算机在工程领域的广泛应用，可以借助于数值方法求解许多复杂的问题。这些都极大地推动了弹性动力学的发展。到目前为止，弹性动力学已形成了一套完善的理论和方法，在近代科学和很多工程技术领域中得到了广泛的应用。并且，随着现代科学技术的不断发展，正不断向弹性动力学在有限变形和非线性弹性理论、非均匀及非各向同性弹性介质中的波动等方面的应用提出许多新的课题。因此，弹性动力学是在人们长期的生产斗争和科学实验中产生并发展起来的，而且随着科学的发展和技术的进步，将会显示出更加旺盛的生命力。

0.2.2 弹性波散射问题简介与研究现状

弹性介质中的 SH 波、SV 波和 P 波的力学行为共同组成了整个弹性波理论。作为弹性波动理论的重要课题，弹性波的散射问题是弹性动力学的一个重要组成部分，一直受到国内外学者的广泛关注。借助于 Huygen 原理，将沿直线传播的弹性波称为入射波，当入射波在传播过程中碰到障碍物（夹杂、孔洞、裂纹和界面等）时，将与障碍物相互作用，使得障碍物表面上的任意一点成为一个新的波源，这些次生的新波源又会向各个方向发出次生波，这种现象称为弹性波的散射，次生波称为散射波，障碍物称为散射体。

SH 波只有一个和空间变量解耦的反平面振动矢量，其弹性动力学行为相对而言最为简单，因此对于 SH 波的研究在弹性波理论中具有前瞻性。许多具有多个初边值条件的弹性动力学复杂界面问题对于 P 波和 SV 波可能很难找到解决办法，而对于 SH 波则往往可以进行求解，甚至得到解析解。

最早对弹性波散射问题进行探索的是知名学者 Clebseh。在 19 世纪中叶，Clebseh 为研究光波的散射，分析了矢量波对球状夹杂物的散射效应。1872 年，采用波函数展开法，以刚性或充气的球状夹杂物为散射体，Rayleigh 首次研究了声波的散射问题。1927 年，Sezawa 对入射 P 波作用下球、圆柱和椭圆柱体引起的散射完成了研究，并采用特殊波函数构造了解析解，他是首位对弹性波的散射给出一般分析的学者[24]。

从 20 世纪 40 年代末到 50 年代中期，弹性波散射问题的研究开始在物理及工程领域活跃起来。Wolf、Nagase 和 Knopoff 先后完成了对球体散射问题的分析，所给出的解答偏向于地球物理学中的应用[25-27]。Nishimura 和 Jimbo 给出了各向异性介质中球体孔洞的动力学解答[28]。Ying 和 Truell、Einspruch 等先后求解了各向同性介质中一个球体对平面纵波和横波的散射问题[28-29]。

20 世纪 60—80 年代，Einspruch 等人研究了球体对平面横波的散射问题。Baron 等人首次利用积分变换和波函数展开法对于圆柱形空腔对压缩波脉冲散射问题的解析解问题进行了深入的研究。Achenbach 在“弹性固体中的波的传播”中对弹性固体中波的传播问题进行了详细的论述。Jain 和 Kanwal 利用了波函数展开法对于圆柱形缺陷、内含物及球体对弹性波的散射问题进行了深入的研究。Datta 等人（1978 年、1982 年、1984 年）提出并采用了匹配渐进展开法对于半空间中柱形孔洞对 P 波、SV 波和 SH 波的散射问题进行了研究。

1982 年，刘殿魁等人首次提出了“域函数”的概念，并成功地将弹性静力学中的复变函数法推广应用到二维散射问题的分析当中，拓宽了传统波函数展开法的运用范围，此外还发展了复变函数法中的“保角映射”技术以及多极坐标移动技术（也称多极坐标变换），将不规则的异质物边界映射为规则边界，使问题易于处理，在任意形状的孔洞或夹杂的动力学研究中，该方法已经得到了广泛应用[30-31]。

20 世纪 90 年代后，人们对弹性波散射研究的重点已从分析单个简单几何形状的散射体到单个任意形状或多个具有任意形状的散射体组合的情况；从分析简单的均匀各向同性介质发展到分析非均匀各向异性介质、再发展到层状和复合材料等介质；在某种意义上表现为采用已经成熟的旧方法研究理论上或工程中提出的新问题，以及努力发现新的方法研究已被解决的旧问题或提出的新问题。

SH 波在半空间的散射问题是在波动理论中相对简单的一类弹性波散射问题[32]，Datta 等人使用有限元法和解析法研究了半无限空间弹性介质自由表面任意方向裂纹对长波长的水平偏振剪切 SH 波散射[33]。数值结果给出了裂纹嵌入不同的均匀材料介质时的裂纹张开位移和散射场。黎在良等人利用周期性的条件建立了 SH 波入射时各向同性均质弹性半空间中近表面周期裂纹散射问题的解析解，并通过数值计算给出了裂纹表面扩展的位移、水平地表位移、裂纹尖端动应力因子以及能量平衡关系随裂纹长度、裂纹埋深等几何参数及入射波波数和入射角变化而变化的曲线图[34]。

张楚汉和赵崇斌在平面 SH 波入射条件下实际天然峡谷地质形态的散射问题提出了力学计算模型，即将各种形状河谷较近的地表视为有限元模型，各种形状河谷地表较远的介质视为无穷元模型，然后将两种模型进行耦合，并阐述了两种耦合下的计算模型及波的输入方式，最后给出了在不同入射角和不同河谷宽高比条件下分别对V形、梯形和矩形河谷三种地形形态的地表振幅和相位分布情况，得出关于不同河谷宽高比及不同地形形态对该文提及问题的影响程度不同的结论[35]。刘殿魁通过拉普拉斯（Laplace）变换和Cagniard-de Hoop反演法求解出在弹性半空间的自由表面上的任一点源荷载作用下位移函数的基础上，建立了SH波入射条件下各向异性介质中半无限长裂纹扩展问题的积分方程，讨论了裂纹尖端奇异性、能量关系及裂纹扩展规律[36]。马兴瑞等人联合运用积分变换方法和奇异积分方程组分别得到了层状介质中双裂纹SH波散射问题的近场解和远场解[37-38]。周德良和翁智远综合使用边界元和波函数展开法分析了适用于弹性半空间中如两个相邻圆筒地铁结构的两个以上相邻地下结构对SH波多重散射问题，通过解析法和数值法就两相邻地下结构外表面位移和应力之间的相互影响进行了研究[39]。袁晓铭和廖振鹏运用Graf加法公式和波函数展开法分别推导了SH波入射条件下自然界地质条件被假定为均匀各向同性具有完全弹性的介质半空间表面有一圆弧形凹陷地形、圆弧形沉积盆地和任意圆弧形凸起地形对出平面散射引起的地面运动的解析表达式，并通过数值结果论述了级数解的精度、角点的应力奇异性及位移解答的收敛情况，给出了宽频带内凹陷地表及附近各点位移幅值的反应、沉积盆地附近的地表位移以及半圆凸起表面、凸起附近地表及凸起山顶处的位移幅值图谱及数值，讨论了宽频带下局部凹陷深宽比、圆弧形沉积盆地深宽比和圆弧凸起的高宽比对地表出平面运动的影响[40-42]。房营光由分离变量法和Graf加法公式对弹性半空间中相邻多个半圆弧沟谷地形对SH波传播的动力响应问题进行了研究，不仅给出了该问题的解析解和相邻两圆弧沟谷对波动响应的数值解，还讨论了沟谷的隔振和屏蔽情况及相邻沟谷间的放大作用[43]。陈镕等人将地震荷载作用下土与结构相互作用问题中的天然沉积形成的水平地基视为半空间基岩上的横观各向同性层状场地，在建立了可求得横观各向同性层状场地SH波动力响应的土层动力刚度矩阵及场地响应的解析式基础上，又以上海浦东某超高层建筑场地作为算例给出了横观各向同性层状场地对SH波动力响应的数值解[44]。

21世纪初，刘殿魁等人先后用多极坐标法、级数展开法、复变函数法、分离变量法、格林（Green）函数法、贝塞尔（Bessel）函数的加法定理以及“分区”“契合”思想在半无限弹性空间各向同性或各向异性自然地质条件中各种形式的凹陷和凸起单一地形、两个及两个以上凹陷和凸起地形、结构表面上多个半圆形夹杂、浅埋圆形孔洞、浅埋圆形夹杂、浅埋圆形衬砌结构、各种形式的单一或多个凸起地形和浅埋圆孔、浅埋圆形衬砌结构、浅埋相邻多个圆孔、凹陷地形中的一种或多种共存情况、浅埋裂纹和圆形凹陷复合缺陷领域做了大量的工作，建立了 SH 波作用下，对应各种具体约束条件关于地表位移和缺陷动应力分布的理论解析解，给出了相应问题的地表位移幅值和动应力集中强度分布与其相应物理参数的依存关系曲线等数值解[45-48]。梁建文等人利用傅里叶-贝塞尔（Fourier-Bessel）级数展开法将圆弧形单一沉积河谷解析解推广到多层沉积河谷解析解，在此基础上又将不考虑河谷中层状沉积排列顺序的水平层状场地的动力响应扩展到考虑土层排列顺序这一重要因素对场地动力响应的影响，给出了镶嵌在弹性、均匀和各向同性半空间中圆弧形层状沉积河谷场地对平面 SH 波放大作用的解析解及数值解[49]。梁建文等人还将波函数展开法和外域型 Graf 转换公式推广应用到了在任意圆弧形凸起地形中嵌入有一隧洞对 SH 波散射问题，就有无隧洞和隧洞大小对凸起地形的地表位移及洞孔边动应力进行了解析法和数值法分析[50]。同期，高修建和江彪采用加权残值法对半空间不规则的任意形状峡谷的 SH 波散射问题进行了研究，给出了不同宽深比的矩形等不同形状峡谷地表位移幅值随波入射无量纲频率及入射角的分布图[51]。于桂兰把半圆形基础与地基间存在的部分缝隙抽象为界面裂纹，并联合运用波函数展开法和奇异积分方程技术研究了 SH 波对半圆柱基础的动力作用问题，获得了奇异积分方程及其数值计算结果，得到了该半圆形基础与地基相互间的动力作用具有低频共振特性的结论[52]。李敏等人根据“分区”“契合”思想，借助数学中的复变函数和移动坐标变换知识得到了 SH 波传播时自然界中无限大二维半空间内，多个浅埋圆形孔洞对其附近的多个含孔半圆形凸起地形影响下的地表位移的解析解和数值解，给出了在两个含同心圆孔的半圆形凸起地形情况下两个浅埋圆孔孔边的动应力响应及地表位移与 SH 波入射角及波数等相互依存的关系变化曲线[53]。

近年来，杨在林等人用复变函数和多极坐标法分别建立了 SH 波反平面剪切运动的传播对自然界中各向同性无限大弹性水平半空间介质内含有的距离地表较近的可移动圆柱形刚性夹杂和浅埋弹性圆柱，以及任意裂纹共存情况散射时对其附近水平地表位移幅值产生动力影响的解析解和数值解，给出了该水平地表位移幅值依赖于 SH 波入射波数、入射角、圆柱形夹杂介质材料密度与无限大弹性水平半空间介质材料密度之比、圆柱形夹杂半径及其圆心到水平地表面的距离的变化规律[54-56]。随后，杨在林等人又根据“分区”“契合”思想，用复变函数及多极坐标法建立了 SH 波传播情况下三角形凸起连着一个半圆凹陷的组合地形，以及多个浅埋圆形衬砌结构对存在于其附近自然地质地貌中的水平半无限弹性空间的半圆形沉积层地形的地表位移的解析解，分别给出了凸起与凹陷组合地形及沉积层和浅埋圆形衬砌结构介质相同，且相对于其他水平半无限弹性空间内土层介质较“软”和较“硬”两种情况下的具体工程算例的地表位移的数值解[57]。邱发强等人传承波动力学的复变函数和坐标移动理论就 SH 波传播过程工程实际中常见的非等腰三角形坝体结构，和与其坝体结构相连的、基础间的动载荷作用下的相互动力响应问题进行了研究，建立了该问题的解析解，给出了工程中常见的和基础的刚度相比坝体结构较“软”和较“硬”两种情形下非等腰三角形坝体结构表面位移幅值随其依存的入射波介质参数变化的数值解算例空间位移图形[58]。史文谱等人从弹性波入射实际情况出发，考虑了波数的单源模糊性，利用波函数展开法研究了水平弹性半空间水平界面上的半圆形凹陷对 SH 波散射的模糊响应，得到了凹陷边缘动应力和位移与模糊量的非线性关系解析表达式，通过数值计算描述了凹陷边缘应力和位移动力响应的分布规律[59]。

齐辉和他的学生们在复平面内利用波函数展开法和大圆弧假定法分别建立了地表覆盖层下弹性半空间内的圆形孔洞，以及浅埋圆柱形夹杂对 SH 波散射时圆孔边动应力集中问题的解析解和数值解[60-61]。之后齐辉等人对铅垂界面的弹性半空间中位于两种不同介质分界处较近的圆形孔洞的 SH 波传播的波动问题进行了研究，通过镜像法构造了复平面内 1/4 空间的数学物理方法中的格林函数的基本位移解答，运用两种不同介质分界处公共的位移和应力连续性，将剖分成的上下两个 1/4 空间在通过“契合”思想组合成原来要研究问题的情况，进而给出该问题孔边动应力的解析解和具体算例的数值解[62]。随后齐辉和杨杰又用格林函数法、复变函数法及镜像法建立了 SH 波传播过程中由左右两种不同的介质构成的水平无限半空间内左右两介质内各自含有一个浅埋任意位置的圆形夹杂散射问题的解析解，给出了具体情况时夹杂周边动应力依存双相介质界面、水平自由表面边界、两圆形夹杂间、入射波数及入射角等影响因素而变化的数值解分布图[63]。Vincent Lee 和 Alongkorn Amornwongpaibun 基于椭圆坐标和椭圆余弦半幅展开的波函数展开法提出了一种准确解决在弹性半空间内，分别由浅埋和深埋半椭圆形凸起引起的反平面 SH 波二维散射边界值问题的解析解[64]。数值结果阐述了不同高宽比的浅埋凸起和不同入射角情况下椭圆形凸起地形对地面运动的复杂影响。

对于 P 波与 SV 波散射问题的研究现状：纪晓东等人对地下圆形衬砌洞室在平面 P 波和 SV 波入射下动应力集中问题的级数解进行了研究，利用傅里叶-贝塞尔级数展开法，研究了平面 P 波和 SV 波入射情况下，圆形衬砌洞室的动应力集中问题，并给出了其级数解[65]。结果表明，衬砌刚度对动应力集中系数具有重要影响，刚性衬砌、无衬砌和柔性衬砌三种情况的动应力集中系数在空间上的分布相同，但刚性衬砌情况的动应力集中系数最大，无衬砌情况次之，柔性衬砌情况最小；随着入射频率的增大，动应力集中系数的空间变化由简单逐渐变得复杂，动应力集中系数在多数情况下逐渐减小；波入射角度对动应力集中系数也有很大影响，同时，纪晓东等人对于地下圆形衬砌洞室在平面P波入射下的动应力集中三级级数解进行了研究，利用波函数展开法，研究了地下圆形衬砌洞室在入射平面P波作用下的动应力集中问题并给出了三维级数解[66]。梁建文等人对于平面P波入射下地下洞室群动应力集中问题解析解进行了研究，采用波函数展开法给出了半空间中洞室群在平面P波入射下动应力集中问题的一个解析解，数值结果表明，当洞室之间距离较近时，洞室之间的相互作用对地下洞室群的动应力集中具有显著的放大作用，动应力集中系数可能达到单个洞室的3.5倍以上，动应力集中系数峰值位于两个洞室相对的区域[67]。同时，梁建文等人对于地下双洞室在SV波入射下动力响应问题解析解进行了研究[68]。采用波函数展开法给出了地下双洞室在平面SV波入射下动力响应二维问题的一个解析解，数值结果表明：当两个洞室之间距离较近时，洞室之间的相互作用对地下双洞室的动应力集中具有显著的放大作用，两个洞室情况动应力集中系数可能达到单个洞室的5.2倍以上，动应力集中系数的峰值位于两个洞室相对的区域内。刘中宪等人基于Biot两相介质理论，对饱和半空间中隧道衬砌对平面SV波的散射求解进行了研究，采用一种高精度的间接边界积分方程法（Indirect Boundary Zntegral Equation Method，IBIEM），研究了平面SV波在饱和半空间中隧道衬砌周围散射的基本规律，并给出了不同参数下地表位移幅值、衬砌动应力集中因子及表面孔隙水压分布图和相应的频谱结果[69]。李伟华和赵成刚对饱和土半空间中圆柱形孔洞对平面P波的散射进行了研究，在Biot饱和多孔介质动力学理论的基础上，首次建立了求解饱和土半空间中圆柱形孔洞对平面P波散射问题的波函数展开法[70]。刘中宪等人对弹性半空间中衬砌洞室对平面P波和SV波的散射进行了研究，采用一种高精度的间接边界积分方程法，求解了弹性半空间中任意形状衬砌洞室对入射平面P波和SV波的散射问题[71]。结合“分区契合”技术，巴振宁等人对任意多个凸起地形对平面P波的散射问题进行了研究，采用间接边界元方法研究了任意多个凸起地形对平面P波的散射问题[72]。求解中将模型分解为开口层状半空间域和多个凸起闭合域，同时将波场分解为自由波场和散射波场。自由波场由直接刚度法求得，而开口域和闭合域内的散射波场则通过在相应的边界上施加虚拟均布荷载，求解动力格林函数来模拟，虚拟荷载密度通过引入边界条件确定。该文通过与已有结果的比较验证了方法的正确性，进而开展数值计算，研究了两侧凸起高度、凸起间距和凸起个数对中间凸起及附近地表位移幅值的影响。

巴振宁等人对高山-峡谷复合地形对入射平面P-SV波的散射进行了研究，

提出了一种用于求解平面内多域弹性波散射的多域间接边界元法，研究了高山-峡谷地形对平面 P-SV 波的散射问题[73]。该方法充分利用全空间格林函数与半空间格林函数在构造独立闭合域和半空间开口域中散射波场方面的优势，结合辅助函数法给出了高山-峡谷场地的地震波场解答，在保证计算精度的同时显著提高了求解效率。该文通过与已有结果的比较验证了方法的正确性，并以半空间中高斯（Gauss）型高山-峡谷为例，分别在频域和时域内进行了数值计算分析。研究表明：高山-峡谷地形附近地表位移幅值的分布非常复杂，山体与峡谷之间存在显著的动力相互作用，频域响应依赖于入射波的频率和角度；地震波垂直入射时，山体的存在对峡谷地震动有一定的抑制作用，显著改变了峡谷内部的加速度峰值及反应谱特性；高山-峡谷地形两侧山体高宽比的改变将引起地震效应的改变，基岩的存在也将显著放大地形的地震效应。史文谱等人对半无限空间中稳态 P 波在衬砌周围的散射进行了研究，采用多极坐标和复变函数方法针对半无限空间中 P 波在一衬砌周围的散射问题提出了一种近似求解分析方法[74]。具体做法是利用一个半径很大的圆来逼近半空间的直边界，将待解问题转化为全空间中 P 波在一圆孔和一衬砌周围的共同散射问题。预先写出问题波函数的一般形式解，利用边界条件并借助复数傅里叶级数展开把问题化为求解波函数中未知系数的无穷线性代数方程组，进而讨论了衬砌内外边界处动应力集中系数针对不同条件组合的分布和变化情况。算例结果表明：该方法对于研究与 P 波（SV 波）有关的散射问题是可行的。陈志刚应用最小二乘法，对平面 P 波在孔洞上的散射进行了研究，根据孔洞边缘的径向和切向应力为零的边界条件用最小二乘法建立求解待定系数的线性方程组，得到了有限项系数的近似解[75]。通过圆孔、椭圆孔和方孔的数值算例，分析了 P 波作用下不同形状孔洞边缘的动应力集中系数的特征，讨论了孔边的径向和切向应力计算误差与待定系数项数的关系。计算结果表明，采用最小二乘法求解散射波的待定系数，能够获得满足一定精度要求的孔附近动应力集中系数的解答。

参考文献

[1] 关思聪. 半空间中沉积层下椭圆形结构在瞬态 SH 波作用下的数值仿真 [D]. 哈尔滨：哈尔滨工程大学，2009.

[2] 沈聚敏，周锡元，高小旺，等. 抗震工程学 [M]. 北京：中国建筑工业出版社，2000.

[3] 肖薄. 地震波场的地形效应数值模拟研究 [D]. 成都：西南交通大学，2008.

[4] 陈运泰，吴忠良，吕苑苑．地震学今昔谈［M］．济南：山东教育出版社，2001.
[5] 黄瑞新，王建安．地幔对流——地球流体力学问题之一［J］．力学情报，1977（2）：57-63.
[6] TUMNER J S. Development of geophysical fluid dynamics：the influence of laboratory experiments［J］. Applied Mechanics Reviews，2000，53（3）：11-22.
[7] YIN X C，ZHENG T N. A rheological model for the process of preparation of an earthquake［J］. Scientia Sinica Series B，1983，26（3）：285-296.
[8] 许华南．出平面波对界面附近缺陷及复杂地形的散射［D］．哈尔滨：哈尔滨工程大学，2014.
[9] 中国地震信息网．地震背景概况［EB/OL］．http://www.csi.ac.cn/publish/main/848/1110/index.html
[10] 蔡立明．直角域中凸起和夹杂对SH波的散射和地震动［D］．哈尔滨：哈尔滨工程大学，2016.
[11] Wikipedia. 2011 Tohoku earthquake and tsunami［EB/OL］. https://simple.wikipedia.org/wiki/2011_T%C5%8Dhoku_earthquake_and_tsunami.
[12] Wikipedia. May 2015 Nepal earthquake［EB/OL］. https://en.wikipedia.org/wiki/May_2015_Nepal_earthquake.
[13] WIEGEL R L. Earthquake Engineering［M］. NJ：Prentice-Hall，1970.
[14] 曾融生．固体地球物理学导论［M］．北京：科学出版社，1984.
[15] 王家映．地球物理学［M］．武汉：中国地质大学出版社，1988.
[16] 胡聿贤．地震工程学［M］．2版．北京：地震出版社，2006.
[17] 黎在良，刘殿魁．固体中的波［M］．北京：科学出版社，1995.
[18] 廖振鹏．工程波动理论导论［M］．2版．北京：科学出版社，2002.
[19] 黄文熙．土的工程性质［M］．北京：水利电力出版社，1983.
[20] 陈仲颐，周景星，王洪瑾．土力学［M］．北京：清华大学出版社，1994.
[21] 张振营．岩土力学［M］．北京：中国水利水电出版社，2000.
[22] 吴如山．地震波的散射与衰减［M］．北京：地震出版社，1993.
[23] 杜世通．地震波动力学［M］．东营：石油大学出版社，1996.
[24] SEZAWA K. Scattering of elastic waves and some applied problems［J］. Bull. earthquake Res. inst. Tokyo Imperial University，1927，3：19.
[25] WOLF A. Motion of a rigid sphere in acoustic wave field［J］. Geophysics，1945，10.
[26] NAGASE M. Diffraction of Elastic Waves by a Spherical Surface［J］. Journal of the Physical Society of Japan，1956，11（3）：279-301.
[27] KNOPOFF L. Scattering of Compressional Waves by Spherical Obstacle［J］. Geophysics，1959，24（1）：30-39.
[28] NISHIMURA G，JIMBO Y A. Dynamic problem of stress concentration stresses in the vicinity of a spherical matter included in an elastic solid under dynamical force［J］.

J. Facul. Eng, Univ. of Tokyo, 1955, 24: 101.

[29] EINSPRUCH N G, WITTERHOLT E J, TRUELL R. Scattering of a Plane Transverse Wave by a Spherical Obstacle in an Elastic Medium [J]. J. of Applied Physics, 1960, 31 (5): 806-818.

[30] 刘殿魁，盖秉政，陶贵源．论孔附近的动应力集中 [J]. 地震工程与工程振动，1980 (试刊 1): 97-110.

[31] LIU D K, GAI B Z, TAO G Y. Applications of the method of complex functions to dynamic stress concentrations [J]. Wave Motion, 1982, 4 (3): 293 - 304.

[32] 赵春香．半空间界面圆形孔洞与裂纹对 SH 波的散射 [D]. 哈尔滨：哈尔滨工程大学，2014.

[33] DATTA S K, SHAH A H, FORTUNKO C M. Diffraction of medium and long wavelength horizontally polarized shear waves by edge cracks [J]. Journal of Applied Physics, 1982, 53 (4): 2895-2903.

[34] 黎在良，江根裕，钟伟芳．近表面周期裂纹阵对 SH 波的散射 [J]. 上海力学，1988 (4): 1-13.

[35] 张楚汉，赵崇斌．河谷形态对平面 SH 波散射的影响 [J]. 岩土工程学报，1990 (1): 1-11.

[36] 刘殿魁．各向异性介质中 SH 波引起的裂纹扩展 [J]. 爆炸与冲击，1990 (2): 97-106.

[37] 马兴瑞，邹振祝，黄文虎．层状介质中的双 Griffith 交界裂纹的 SH 波散射（反平面运动）——近场解 [J]. 应用力学学报，1991 (1): 18-26, 128.

[38] 马兴瑞，邹振祝，章梓茂．层状介质中的双 Griffith 交界裂纹的 SH 波散射（反平面运动）——远场解 [J]. 哈尔滨工业大学学报，1989 (3): 15-24.

[39] 周德良，翁智远．弹性半空间中相邻两结构在 SH 波作用下的动力响应 [J]. 固体力学学报，1992, 13 (3): 244-248.

[40] 袁晓铭，廖振鹏．圆弧形凹陷地形对平面 SH 波散射问题的级数解答 [J]. 地震工程与工程振动，1993, 13 (2): 1-11.

[41] 袁晓铭，廖振鹏．圆弧型沉积盆地对平面 SH 波的散射 [J]. 华南地震，1995, 15 (2): 1-8.

[42] 袁晓铭，廖振鹏．任意圆弧形凸起地形对平面 SH 波的散射 [J]. 地震工程与工程振动，1996, 16 (2): 1-13.

[43] 房营光．二维地表相邻多个半圆弧沟谷对 SH 波的散射 [J]. 地震工程与工程振动，1995, 15 (1): 85-91.

[44] 陈镕，陈竹昌，薛松涛，等．横观各向同性层状场地对入射 SH 波的响应分析 [J]. 上海力学，1998 (3): 213-220.

[45] 林宏，刘殿魁．半无限空间中圆形孔洞周围 SH 波的散射 [J]. 地震工程与工程振动，2002, 22 (2): 9-16.

[46] 杜永军，赵启成，刘殿魁，等．SH 波入射时半圆形凸起地形附近浅埋圆形衬砌结构的动应力分析 [J]．地震工程与工程振动，2005，25 (3)：6-12.
[47] 刘刚，李宏亮，刘殿魁．SH 波对浅埋裂纹的半圆形凹陷地形的散射 [J]．爆炸与冲击，2007，27 (2)：171-178.
[48] 吕晓棠，杨在林，刘殿魁．SH 波对浅埋圆柱形弹性夹杂附近多个半圆形凸起的散射 [J]．世界地震工程，2009，25 (2)：114-119.
[49] 梁建文，张郁山，顾晓鲁．圆弧形层状沉积河谷场地在平面 SH 波入射下动力响应分析 [J]．岩土工程学报，2000 (4)：396-401.
[50] 梁建文，罗昊，LEE V W. 任意圆弧形凸起地形中隧洞对入射平面 SH 波的影响 [J]．地震学报，2004 (5)：495-508.
[51] 高修建，江彪．河谷形状对地震波散射的影响 [J]．低温建筑技术，2004 (3)：39-40.
[52] 于桂兰．与土体部分脱离的埋置半圆形基础与 SH 波的动力相互作用 [J]．中国安全科学学报，2005 (9)：78-82，113.
[53] 李敏，冯云亭，赉伟．SH 波在多个浅埋圆形孔洞附近的多个含孔半圆形凸起地形处的散射 [J]．地震工程与工程振动，2008，28 (4)：6-13.
[54] 杨在林，孙柏涛，刘殿魁．SH 波在浅埋可移动圆柱形刚性夹杂处的散射与地震动 [J]．地震工程与工程振动，2008，28 (4)：1-5.
[55] 杨在林，闫培雷，刘殿魁．SH 波对浅埋弹性圆柱及裂纹的散射与地震动 [J]．力学学报，2009，41 (2)：229-235.
[56] 杨在林，许华南，黑宝平．SH 波上方垂直入射时界面附近椭圆夹杂与裂纹的动态响应 [J]．岩土力学，2013，34 (08)：2378-2384.
[57] 杨在林，许华南，陈志刚．等腰三角形凸起与半圆形凹陷地形对 SH 波的散射 [J]．哈尔滨工业大学学报，2011，43 (增刊 1)：6-11.
[58] 邱发强，王慧文，王雪．SH 波入射时非等腰三角形结构与基础相互作用 [J]．哈尔滨工业大学学报，2010，42 (4)：634-638.
[59] 史文谱，方世杰，张春萍，等．半空间边界半圆形凹陷对 SH 波散射的模糊响应 [J]．机械强度，2011，33 (3)：373-378.
[60] 齐辉，折勇，陈冬妮．SH 波作用下地表覆盖层对浅埋圆孔散射与动应力集中的影响 [J]．哈尔滨工程大学学报，2009，30 (5)：513-517.
[61] 南景富，齐辉，韩刘，等．SH 波作用下地表覆盖层与浅埋圆柱形夹杂的相互作用 [J]．自然灾害学报，2010，19 (2)：169-174.
[62] 齐辉，折勇，李宏亮，等．SH 波入射时垂直半空间中双相介质界面附近圆孔的动力分析 [J]．爆炸与冲击，2009，29 (1)：73-79.
[63] 齐辉，杨杰．SH 波入射双相介质半空间浅埋任意位置圆形夹杂的动力分析 [J]．工程力学，2012，29 (7)：320-327.
[64] LEE V W, AMORNWONGPAIBUN A. Scattering of anti-plane (SH) waves by a semi-el-

liptical hill: I—Shallow hill [J]. Soil Dynamics & Earthquake Engineering, 2013, 52 (13): 116-125.

[65] 纪晓东，梁建文，杨建江．地下圆形衬砌洞室在平面 P 波和 SV 波入射下动应力集中问题的级数解 [J]. 天津大学学报，2006 (5): 511-517.

[66] 纪晓东，梁建文，LEE V W. 地下圆形衬砌洞室在平面 P 波入射下的动应力集中：三维级数解 [J]. 世界地震工程，2010，26 (3): 115-122.

[67] 梁建文，张浩，LEE V W. 平面 P 波入射下地下洞室群动应力集中问题解析解 [J]. 岩土工程学报，2004 (6): 815-819.

[68] 梁建文，张浩，LEE V W. 地下双洞室在 SV 波入射下动力响应问题解析解 [J]. 振动工程学报，2004，17 (2): 132-140.

[69] 刘中宪，琚鑫，梁建文．饱和半空间中隧道衬砌对平面 SV 波的散射 IBIEM 求解 [J]. 岩土工程学报，2015，37 (9): 1599-1612.

[70] 李伟华，赵成刚．饱和土半空间中圆柱形孔洞对平面 P 波的散射 [J]. 岩土力学，2004 (12): 1867-1872.

[71] 刘中宪，梁建文，张贺．弹性半空间中衬砌洞室对平面 P 波和 SV 波的散射 (Ⅰ)——方法 [J]. 自然灾害学报，2010，19 (04): 71-76.

[72] 巴振宁，彭琳，梁建文，等．任意多个凸起地形对平面 P 波的散射 [J]. 工程力学，2018，35 (7): 7-17，23.

[73] 巴振宁，吴孟桃，梁建文，等．高山-峡谷复合地形对入射平面 P-SV 波的散射 [J]. 应用数学和力学，2020，41 (7): 695-712.

[74] 史文谱，刘殿魁，林宏，等．半无限空间中稳态 P 波在衬砌周围的散射 [J]. 地震工程与工程振动，2002 (3): 19-26.

[75] 陈志刚．应用最小二乘法求解平面 P 波在孔洞上的散射 [J]. 地震工程与工程振动，2019，39 (6): 106-112.

第 1 章　弹性波散射数学知识

1.1　矢量分析相关理论知识

在进行弹性波散射相关问题的研究时，所涉及的物理量几乎都是矢量或者是矢量的相关运算，所以本章将详细介绍有关于矢量分析的相关基础知识[1-5]。

1.1.1　几种常见的坐标系

在解决弹性波散射问题时，由于所涉及问题的边界不同，如果在单一坐标系下进行问题的求解会产生很大的困难，所以坐标系的选取对于相关问题的求解分析至关重要。合适的坐标系往往会简化问题的定解方程，为我们在问题的求解上带来了较大的方便。下面介绍在解决弹性波散射问题时比较常见的三种坐标系。

1. 直角坐标（笛卡儿坐标）系

直角坐标系如图 1.1 所示。

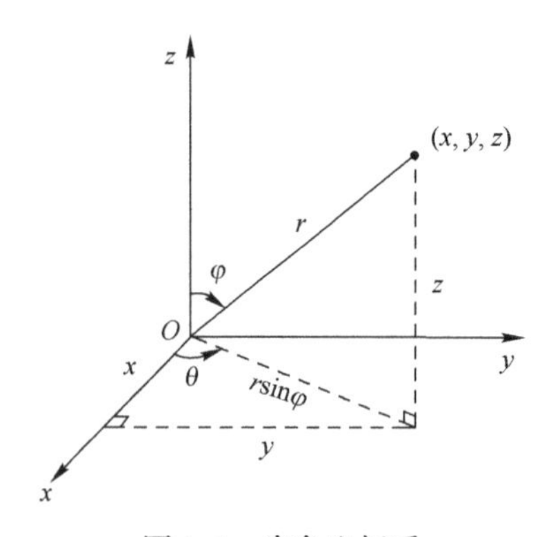

图 1.1　直角坐标系

在解决数学与工程相关问题时，常常需要在空间中确定某点的位置，其中最常用的坐标系是直角坐标系。在直角坐标系中，一般用某点距离三个坐标轴的距离来表示该点在空间中的位置。但在解决弹性波散射问题时，主要采用的是从坐标系原点到空间中某点的位置矢量来确定弹性介质中某一空间点的位置。

其表示方法如下：

$$\boldsymbol{r}_M = x\boldsymbol{i}+y\boldsymbol{j}+z\boldsymbol{k} \tag{1-1}$$

2. 球坐标系

球坐标系如图 1.2 所示。

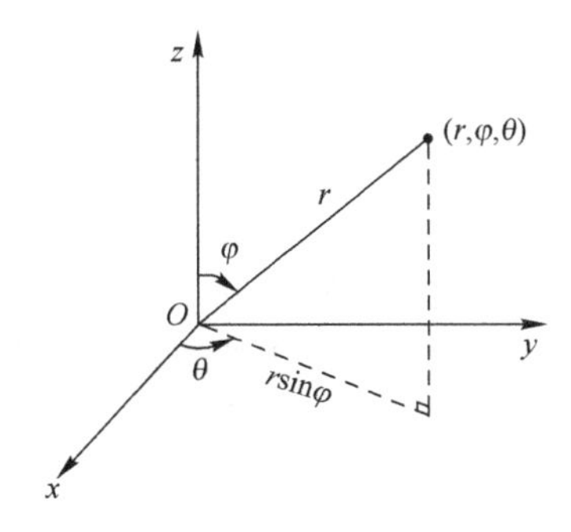

图 1.2　球坐标系

球坐标系与直角坐标系的转换关系如下：

$$\begin{cases} x = r\sin\theta\cos\varphi \\ y = r\sin\theta\sin\varphi \\ z = r\cos\theta \end{cases} \tag{1-2}$$

在球坐标系下，空间中某点的位置矢量为

$$\boldsymbol{r}_M = r\boldsymbol{r}_0 \tag{1-3}$$

3. 柱坐标系

柱坐标系如图 1.3 所示。

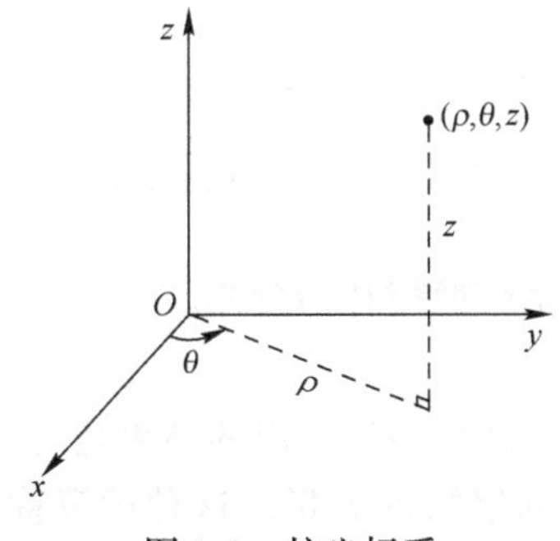

图 1.3　柱坐标系

柱坐标系与直角坐标系的转换关系如下：

$$\begin{cases} x=\rho\cos\varphi \\ y=\rho\sin\varphi \\ z=z \end{cases} \tag{1-4}$$

在柱坐标系下，空间中某点的位置矢量为

$$\boldsymbol{r}_M=\rho\boldsymbol{\rho}_0+z\boldsymbol{k} \tag{1-5}$$

1.1.2 矢量运算规则

矢量是数学与工程学中的重要基本概念，指一个同时具有大小、方向，并且在运算中满足平行四边形法则的几何对象。一般认为同时具有大小和方向两个性质的几何对象即是矢量（但也有例外，如电流虽然具有大小与方向，但由于其在运算上不满足平行四边形法则，并不算矢量）。而只有大小、绝大多数情况下没有方向、不满足平行四边形法则的量则称为标量。

矢量之间常见的运算有加法、减法、矢量数乘以及矢量乘法（即数量积和矢量积）。

1. 矢量的加减法

矢量的加法与减法满足三角形法则和平行四边形法则，如图 1.4 所示。两个矢量 $\boldsymbol{a}$ 和 $\boldsymbol{b}$ 相加，能够得到一个新的矢量。这个矢量可以表示为 $\boldsymbol{a}$ 和 $\boldsymbol{b}$ 的起点重合后，以它们为邻边构成的平行四边形的一条对角线，或者表示为将 $\boldsymbol{a}$ 的终点和 $\boldsymbol{b}$ 的起点重合后，从 $\boldsymbol{a}$ 的起点指向 $\boldsymbol{b}$ 的终点的矢量。

两个矢量 $\boldsymbol{a}$ 和 $\boldsymbol{b}$ 的相减，则可以看成矢量 $\boldsymbol{a}$ 加上一个与 $\boldsymbol{b}$ 大小相等、方向相反的矢量。又或者，$\boldsymbol{a}$ 和 $\boldsymbol{b}$ 的相减得到的矢量可以表示为 $\boldsymbol{a}$ 和 $\boldsymbol{b}$ 的起点重合后，从 $\boldsymbol{b}$ 的终点指向 $\boldsymbol{a}$ 的终点的矢量。

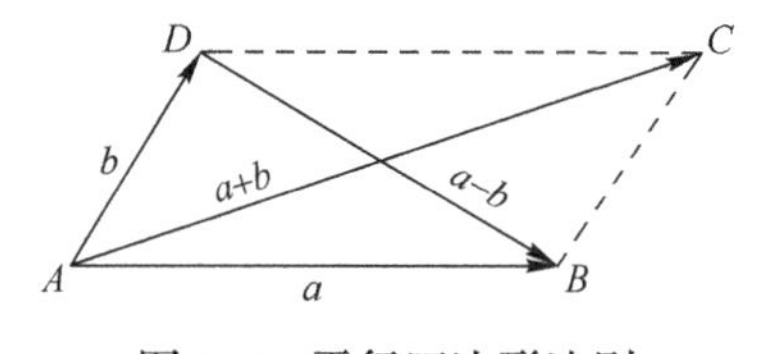

图 1.4　平行四边形法则

其中，矢量的加法满足交换律和结合律。

2. 矢量数乘

一个标量和一个矢量之间作乘法得出的结果是另一个与该矢量方向相同或相反，大小为该矢量大小的倍数的矢量。这种运算称为标量乘法或数乘。-1 乘以任意矢量都会得到它的反矢量，0 乘以任何矢量都会得到零矢量。

3. 数量积 $|\boldsymbol{k}|$

数量积 $|k|$ 也称为点积或者内积，是两个矢量之间作乘法，得到的结果为一个标量。在几何上，数量积的定义为：假设 $\boldsymbol{a}$、$\boldsymbol{b}$ 为两个任意矢量，两个矢量之间的夹角为 θ，则矢量 $\boldsymbol{a}$、$\boldsymbol{b}$ 的数量为

$$\boldsymbol{a}\times\boldsymbol{b} = |\boldsymbol{a}||\boldsymbol{b}|\cos\theta \tag{1-6}$$

其几何意义为：矢量 $\boldsymbol{a}$ 在矢量 $\boldsymbol{b}$ 方向上的投影长度（方向相同时为正号，方向相反时为负号）与矢量 $\boldsymbol{b}$ 长度的乘积。

4. 矢量积

矢量积也称为叉积或者外积，也是矢量与矢量乘积的结果，不过与数量积不同的是，矢量积的结果是一个矢量。其几何意义为：所得的矢量与被乘矢量所在的平面垂直，方向由右手定则规定，大小是两个被乘矢量所构成的平行四边形的面积。

其矢量积的矩阵表达式如下：

$$\boldsymbol{a}\times\boldsymbol{b} = \begin{vmatrix} \boldsymbol{i} & \boldsymbol{j} & \boldsymbol{k} \\ a_x & a_y & a_z \\ b_x & b_y & b_z \end{vmatrix} \tag{1-7}$$

其中，在运算上，矢量积不满足交换律。

1.1.3　梯度、散度与旋度

在研究弹性波散射问题的过程中，众多物理量都是作为矢量出现在问题中，如力、速度与加速度、位移等。而在研究过程中，许多其他的重要物理量则是以这些矢量的梯度、散度、旋度的形式出现的，所以我们要了解梯度、散度与旋度的数学表达式以及其在不同坐标系下的表示形式。

1. 梯度

在直角坐标系下，对于一标量 u，其梯度的表达形式为

$$\nabla u = \text{grad}\ u = \frac{\partial u}{\partial x}i + \frac{\partial u}{\partial y}j + \frac{\partial u}{\partial z}k \tag{1-8}$$

在球坐标系下，其梯度的表达形式为

$$\nabla u = \frac{\partial u}{\partial r}r_0 + \frac{\partial u}{r\sin\theta\,\partial\varphi}\varphi_0 + \frac{\partial u}{r\,\partial\theta}\theta_0 \tag{1-9}$$

在柱坐标系下，其梯度的表达形式为

$$\nabla u = \frac{\partial u}{\partial\rho}\boldsymbol{\rho}_0 + \frac{\partial u}{\partial\varphi}\boldsymbol{\varphi}_0 + \frac{\partial u}{\partial z}\boldsymbol{k} \tag{1-10}$$

2. 散度

在直角坐标系下，对于一矢量 $\boldsymbol{u}$，其散度的表达形式为

$$\mathrm{div}\boldsymbol{u}=\frac{\partial u_x}{\partial x}+\frac{\partial u_y}{\partial y}+\frac{\partial u_z}{\partial z} \tag{1-11}$$

在球坐标系下，其散度的表达形式为

$$\mathrm{div}\boldsymbol{u}=\frac{1}{r^2}\frac{\partial}{\partial r}(r^2u_r)+\frac{1}{r\sin\theta}\frac{\partial}{\partial\theta}(\sin\theta\cdot u_\theta)+\frac{1}{r\sin\theta}\frac{\partial u_\varphi}{\partial\varphi} \tag{1-12}$$

在柱坐标系下，其散度的表达形式为

$$\mathrm{div}\boldsymbol{u}=\frac{1}{\rho}\frac{\partial}{\partial\rho}(\rho u_\rho)+\frac{1}{\rho}\frac{\partial u_\varphi}{\partial\varphi}+\frac{\partial u_z}{\partial z} \tag{1-13}$$

3. 旋度

在直角坐标系下，对于一矢量 $\boldsymbol{u}$，其旋度的表达形式为

$$\mathrm{rot}\boldsymbol{u}=\left(\frac{\partial u_z}{\partial y}-\frac{\partial u_y}{\partial z}\right)\boldsymbol{i}+\left(\frac{\partial u_x}{\partial z}-\frac{\partial u_z}{\partial x}\right)\boldsymbol{j}+\left(\frac{\partial u_y}{\partial x}-\frac{\partial u_x}{\partial y}\right)\boldsymbol{k} \tag{1-14}$$

或者

$$\mathrm{rot}\boldsymbol{u}=\begin{vmatrix}\boldsymbol{i} & \boldsymbol{j} & \boldsymbol{k}\\ \dfrac{\partial}{\partial x} & \dfrac{\partial}{\partial y} & \dfrac{\partial}{\partial z}\\ u_x & u_y & u_z\end{vmatrix} \tag{1-15}$$

在球坐标系下，其旋度的表达形式为

$$\begin{aligned}\mathrm{rot}\boldsymbol{u}=&\frac{1}{r\sin\theta}\left[\frac{\partial}{\partial\theta}(u_\varphi\sin\theta)-\frac{\partial u_\theta}{\partial\varphi}\right]\boldsymbol{r}_0+\\&\frac{1}{r}\left[\frac{1}{\sin\theta}\frac{\partial u_r}{\partial\varphi}-\frac{\partial}{\partial r}(ru_\varphi)\right]\boldsymbol{\theta}_0+\frac{1}{r}\left[\frac{\partial}{\partial r}(ru_\theta)-\frac{\partial u_r}{\partial\theta}\right]\boldsymbol{\varphi}_0\end{aligned} \tag{1-16}$$

在柱坐标系下，其旋度的表达形式为

$$\mathrm{rot}\boldsymbol{u}=\left(\frac{\partial u_z}{\rho}-\frac{\partial u_\varphi}{\partial z}\right)\boldsymbol{\rho}_0+\left(\frac{\partial u_\rho}{\partial z}-\frac{\partial u_z}{\partial\rho}\right)\boldsymbol{\varphi}_0+\frac{1}{\rho}\left[\frac{\partial}{\partial\rho}(\rho u_\varphi)-\frac{\partial u_\rho}{\partial\varphi}\right]\boldsymbol{k} \tag{1-17}$$

1.2 张量分析相关理论知识

在研究包含弹性波散射问题在内的连续介质力学问题时，往往会使用传统的数学形式来表达问题的定解方程与本构关系，这时往往会得到一系列非常复杂的数学关系式。所以，为了使方程更加简洁，在工程上一般采用张量的形式

来对方程进行表达[6-7]。

而且，在张量分析中，坐标系的选择一般与问题的研究无关，更能反映问题的本质，相对而言更加具有代表性。

下面以常见的笛卡儿张量为基础，介绍常用的张量分析定理以及运算法则。

笛卡儿张量，又称笛卡儿坐标系，是直角坐标系和斜角坐标系的统称。笛卡儿张量具备以下 4 个特点：

（1）不再区分协变分量、逆变分量和混合分量，而只有一种分量形式。相应地不再区分上指标与下指标，全部采用下指标表示。

（2）由于基矢量相同，并且只存在一种分量形式，所以一般用分量表示笛卡儿张量，消除并基后缀。

（3）由于标准正交基都是无量纲的单位矢量，所以笛卡儿张量（分量）都是物理分量。

（4）由于基矢量处处相同，在张量求导时，基矢量视为常量，不需要参与求导。因此，消除了协变导数的概念，即张量的导数即为其分量的普通导数。此外，两类克氏符号均为零。

除此之外，笛卡儿张量只有一种分量形式，所以二阶笛卡儿张量的分量形式可以与其矩阵形式一一对应。因此，可以采用矩阵的形式来表达笛卡儿张量的各种性质和运算规则。而在任意坐标系下，二阶张量具有 4 种分量形式，与其张量的矩阵形式并没有一一对应的关系，这是笛卡儿张量与任意曲线坐标系下张量的区别。

1.2.1　求和约定与符号标记

1. Kronecker 符号与置换符号

在三维欧几里得空间中建立右手笛卡儿直角坐标系$\{o\text{-}x^i\}$ $(i=1,2,3)$，沿坐标轴 ox^i 的单位尺度矢量分别是 $\boldsymbol{i}_i(i=1,2,3)$。由于是单位正交矢量，它们的标量积满足

$$\boldsymbol{i}_i\begin{cases}\boldsymbol{i}_1\cdot\boldsymbol{i}_1=\boldsymbol{i}_2\cdot\boldsymbol{i}_2=\boldsymbol{i}_3\cdot\boldsymbol{i}_3=1\\\boldsymbol{i}_1\cdot\boldsymbol{i}_2=\boldsymbol{i}_2\cdot\boldsymbol{i}_3=\boldsymbol{i}_3\cdot\boldsymbol{i}_1=0\end{cases}\tag{1-18}$$

即

$$\boldsymbol{i}_i\cdot\boldsymbol{i}_j=\delta_{ij}\tag{1-19}$$

其中，δ_{ij}是 Kronecker 符号。

Kronecker 符号的定义如下：

$$\delta_{ij}=\delta^{ij}=\delta_j^i=\begin{cases}1 & ,i=j\\0 & ,i\neq j\end{cases} \tag{1-20}$$

其矩阵形式为单位矩阵：

$$[\delta_{ij}]=\begin{bmatrix}\delta_{11} & \delta_{12} & \delta_{13}\\ \delta_{21} & \delta_{22} & \delta_{23}\\ \delta_{31} & \delta_{32} & \delta_{33}\end{bmatrix}=\begin{bmatrix}1 & 0 & 0\\0 & 1 & 0\\0 & 0 & 1\end{bmatrix}=[I] \tag{1-21}$$

由单位尺度矢量积的运算，有

$$\boldsymbol{i}_i\times\boldsymbol{i}_j=e_{ijk}\boldsymbol{i}_k \quad (i,j,k\text{ 按 }1,2,3\text{ 循环取值}) \tag{1-22}$$

其中，e_{ijk}为置换符号，也称 Ricci 符号或者 Levi-Civita 符号。

置换符号的定义如下：

$$e_{ijk}=e^{ijk}=i_i\cdot(i_j\times i_k)=\begin{cases}1 & ,ijk\text{ 为顺序排列(偶置换)}\\-1 & ,ijk\text{ 为逆序排列(奇置换)}\\0 & ,ijk\text{ 为非序排列}\end{cases} \tag{1-23}$$

指标 ijk 由原始排列 123 开始，将相邻一对指标互换，互换 n 次后，当 n 为偶数时为偶置换，n 为奇数时为奇置换，即从原始排列开始，由偶置换得到的 123、231、312 这三种序列称为顺序排列，因为它们都是原始排列的顺序轮换，由奇置换得到的 321、213、132 这三种序列为逆序排列。非原始排列得到的序列为非序排列，如 111、112、121 等。

置换符号有两个重要的性质：

(1) e_{ijk}与e^{ijk}对于 i,j,k 中的任意两个指标均为反对称。

(2) 若 $b(i,j,k)$ 对于 i,j,k 中的任意两个指标均为反对称，则有

$$b(i,j,k)=be_{ijk} \tag{1-24}$$

其中，b 为常数。

置换符号与 Kronecker 符号的关系如下：

$$e_{lmn}e^{ijk}=\begin{vmatrix}\delta_l^i & \delta_m^i & \delta_n^i\\ \delta_l^j & \delta_m^j & \delta_n^j\\ \delta_l^k & \delta_m^k & \delta_n^k\end{vmatrix} \tag{1-25}$$

其关系的证明在一般张量教材中有着详细的推导，此外，还可以得到其推论：

$$\begin{cases}e^{ijk}e_{lmk}=\delta_l^i\delta_m^j-\delta_m^i\delta_l^j\\ e^{ijk}e_{ljk}=2\delta_l^i\\ e^{ijk}e_{ijk}=3!\end{cases} \tag{1-26}$$

以及广义 Kronecker 符号：

$$\begin{cases} \delta_{lmn}^{ijk} = e_{lmn} e^{ijk} \\ \delta_{lm}^{ij} = \delta_{lmk}^{ijk} = e_{lmk} e^{ijk} = \delta_l^i \delta_m^j - \delta_m^i \delta_l^j \end{cases} \tag{1-27}$$

2. 爱因斯坦求和约定、哑指标与自由指标

对于表达式：

$$\sum_{i=1}^{3} a_i b_i = a_1 b_1 + a_2 b_2 + a_3 b_3 \tag{1-28}$$

可以表示为

$$S = a_i b_i \tag{1-29}$$

这种略去求和式中求和号的求和形式，即为爱因斯坦求和约定。

此外，我们再观察式（1-29），原式可以表达为

$$S = a_i b_i = a_j b_j = a_k b_k \tag{1-30}$$

又如，双重求和：

$$S = \sum_{i=1}^{3} \sum_{j=1}^{3} a_{ij} x_i y_j \tag{1-31}$$

式（1-31）可表示为

$$S = a_{ij} x_i y_j \tag{1-32}$$

可以发现，式（1-32）中出现了两个重复指标，并且其求和与指标无关，可用任何字母替代，所以得到爱因斯坦求和约定的完整表述形式：若某指标符号在表达式的一项中出现两次，则表示这一项关于该指标符号在指标符号取值范围内求和。

在式中重复的求和指标 i 和 j 称为哑指标，哑指标便意味着求和。

在每一项中只出现一次的指标称为自由指标，自由指标在表达式或方程中可以出现多次，但不得在同项内重复出现两次。

自由指标可以把多个方程缩写为一个，如方程组：

$$\begin{cases} a_{11} x_1 + a_{12} x_2 + a_{13} x_3 = b_1 \\ a_{21} x_1 + a_{22} x_2 + a_{23} x_3 = b_2 \\ a_{31} x_1 + a_{32} x_2 + a_{33} x_3 = b_3 \end{cases} \tag{1-33}$$

在张量分析中，该方程组可以表示为

$$a_{ij} x_j = b_i \tag{1-34}$$

式中：j 为哑指标；i 为自由指标。

1.2.2　张量定义与代数运算

在三维空间中，3^N 个数的集合称为张量，只要它在两个不同坐标系中的

值满足如下的变换关系：

$$\varphi_{i'j'k'\cdots l'}=\alpha_{i'i}\alpha_{j'j}\alpha_{k'k}\cdots\alpha_{l'l}\varphi_{ijk\cdots l} \tag{1-35}$$

式中：$\varphi_{i'j'k'\cdots l'}$与$\varphi_{ijk\cdots l}$为不同坐标系下，同一张量的不同表达形式。

张量同矢量与标量一样，可以进行相应的代数运算。

1. 张量相等

若两个同阶的张量 $\boldsymbol{T}$ 和 $\boldsymbol{S}$，在同一个坐标系中的同一类型分量对应相等，则认为张量 $\boldsymbol{T}$ 和 $\boldsymbol{S}$ 相等，记为 $\boldsymbol{T}=\boldsymbol{S}$。

2. 张量的加减

若两个同阶的张量 $\boldsymbol{T}$ 和 $\boldsymbol{S}$，在同一个坐标系中的同一类型分量对应加减，其结果称为两个同阶张量的和或差，即为 $\boldsymbol{T}+\boldsymbol{S}$ 或 $\boldsymbol{T}-\boldsymbol{S}$。同阶张量相加减仍为同阶张量。

$$\boldsymbol{T}\pm\boldsymbol{S}=(T_{i'j'}\pm S_{i'j'})e_{i'}e_{j'} \tag{1-36}$$

3. 张量的缩并

在张量的不变性记法中，将某两个基矢量点乘，这一运算称为张量的缩并，即张量分两种相应的两个指标变成一对哑指标，也称为指标缩并。其结果仍然是一个张量，其阶数比原张量低两阶，其运算法则如下：

$$\boldsymbol{A}=A_{ijkl}g_ig_jg_kg_l=A_{ijkl}\delta_j^l g_ig_k=A_{ijkl}g_ig_k \tag{1-37}$$

4. 张量的点积

1）矢量与张量的点积

矢量与张量点积的结果仍然是张量，但得到的张量比原张量低一阶，其运算法则如下：

$$\boldsymbol{a}\cdot\boldsymbol{T}=(a_ie_i)\cdot(T_{jk}e_je_k)=a_iT_{jk}\delta_{ij}e_k=\boldsymbol{b}\,(\text{矢量左点积}) \tag{1-38}$$

$$\boldsymbol{T}\cdot\boldsymbol{a}=(T_{ij}e_ie_j)\cdot(a_ke_k)=T_{ij}a_ke_k\delta_{jk}=\boldsymbol{b}\,(\text{矢量右点积}) \tag{1-39}$$

2）张量与张量的点积

两个张量的点积是前一个张量分量中的最后一个指标和后一个张量分量中的第一个指标进行缩并。其结果仍然是一个张量，新张量的阶数是原来两个张量阶数的和再低两阶，其运算法则如下：

$$\begin{aligned}\boldsymbol{A}\times\boldsymbol{B}&=(A_{ij\cdots k}e_ie_j\cdots e_k)\cdot(B_{r\cdots t}e_re_s\cdots e_t)\\&=A_{ij\cdots k}B_{r\cdots t}e_ie_j\cdots\delta_{kz}e_s\cdots e_t\\&=A_{ij\cdots k}B_{ks\cdots t}e_ie_j\cdots e_s\cdots e_t\\&=\boldsymbol{S}\end{aligned} \tag{1-40}$$

3）张量的双点积

张量的双点积为前一个张量分量中的最后两个指标和后一个张量分量中的前两个指标分别进行缩并。其结果仍然是一个张量，新张量的阶数是原来两个张量阶数的和减少 4，其运算法则如下：

$$\boldsymbol{A} \vdots \boldsymbol{B} = (A_{ijk}e_ie_je_k)(B_{rst}e_re_se_t) = A_{ijk}B_{ru}\delta_{jr}\delta_{ks}e_ie_t = A_{ijk}B_{jkk}e_ie_t = \boldsymbol{S} \quad (1-41)$$

5. 张量的叉积

1）矢量与张量的叉积

矢量与张量作叉积的结果仍然为张量，新张量的阶数与原张量相同，其运算法则如下：

$$\boldsymbol{a}\times\boldsymbol{T} = (a_ie_i)\times(T_{jk}e_je_k) = a_iT_{jk}e_{ij}e_re_k = e_{ij}a_iT_{jk}e_re_k = \boldsymbol{A}(\text{矢量左叉积}) \quad (1-42)$$

$$\boldsymbol{T}\times\boldsymbol{a} = (T_{ij}e_ie_j)\times(a_ke_k) = T_{ij}a_ke_ie_{jkr}e_r = e_{jkr}T_{ij}a_ke_ie_r = \boldsymbol{B}(\text{矢量右叉积}) \quad (1-43)$$

2）张量与张量的叉积

张量与张量作叉积的结果仍然为张量，新张量的阶数是原张量的阶数和减少 1，其运算法则如下：

$$\boldsymbol{A}\times\boldsymbol{B} = (A_{ij}g_ig_j)\times(B_{rs}g_rg_s) = A_{ij}B_{rs}g_i(g_j\times g_r)g_S = A_{ij}B_{rs}\varepsilon_{jrm}g_ig_mg_s \quad (1-44)$$

3）张量的双叉积

$$\begin{aligned} \boldsymbol{A}{}^{\times}_{\times}\boldsymbol{B} &= (A_{ijk}e_ie_je_k)(B_{rt}e_re_se_t) \\ &= A_{ijk}e_ie_{jmm}e_mB_{ru}e_{knn}e_ne_t = e_{jm}e_{km}A_{ijk}B_{ru}e_ie_me_ne_t = S \end{aligned} \quad (1-45)$$

$$S_{immt} = e_{jm}e_{km}A_{ijk}B_{rst}$$

6. 张量的转置

张量的转置即为将一个张量分量中的两个任意指标交换排列顺序，从而得到一个与原张量同阶的新张量，其运算法则如下：

$$\begin{cases} A_{jik}e_ie_je_k = B_{ijk}e_ie_je_k \\ A_{ijk}e_je_ie_k = A_{jik}e_ie_je_k = B_{ijk}e_ie_je_k \end{cases} \quad (1-46)$$

7. 张量的对称化与反对称化

对称张量：当对张量的两个任意指标进行置换后，所得到的新张量与原张量相同，则称此张量关于这两个指标对称，即

$$T_{ij} = T_{ji} \quad (1-47)$$

此张量有 6 个独立分量。

反对称张量：若所得到的张量与原张量差一个负号，即

$$T_{ij} = -T_{ji} \quad (1-48)$$

则称此张量关于这两个指标为反对称，此张量有 3 个独立分量。

张量的对称化：将某一张量的 n 个指标进行 $n!$ 次不同的置换，并对置换后得到的所有张量进行算术平均值运算。结果为张量关于参与置换的指标为对称。其运算法则如下：

$$\begin{cases} A_{(ij)}=\dfrac{1}{2!}(A_{ij}+A_{ji}) \\ A_{(ijk)}=\dfrac{1}{3!}(A_{ijk}+A_{jki}+A_{kij}+A_{kji}+A_{jik}+A_{ikj}) \end{cases} \tag{1-49}$$

指标在括号内表示进行对称化运算。

张量的反对称化：将某一张量的 n 个指标进行 $n!$ 次不同的置换，并对置换后得到的所有张量取负号后进行算术平均值运算。结果是张量关于参与置换的指标为反对称。其运算法则如下：

$$\begin{cases} A_{[ij]}=\dfrac{1}{2!}(A_{ij}-A_{ji}) \\ A_{[ijk]}=\dfrac{1}{3!}(A_{ijk}+A_{jki}+A_{kij}-A_{kji}-A_{jik}-A_{ikj}) \end{cases} \tag{1-50}$$

8. 张量分析

在空间所论区域内，每点定义的同阶张量构成了张量场。一般张量场中，被考察的张量随位置而变化。研究张量场因位置而变化的情况使人们从张量代数的领域进入张量分析的领域。下面介绍笛卡儿坐标系中的张量分析。

(1) 哈密顿算子（梯度算子）：设有标量场 φ，当位置点 $r(x)$ 变到 $r(x+\mathrm{d}x)$ 时，φ 的增量为

$$\mathrm{d}\varphi=\frac{\partial\varphi}{\partial x}\mathrm{d}x+\frac{\partial\varphi}{\partial y}\mathrm{d}y+\frac{\partial\varphi}{\partial z}\mathrm{d}z=\partial_i\varphi\mathrm{d}x_i=\partial_i\varphi e_i\cdot e_j\mathrm{d}x_j=\nabla\varphi\cdot\mathrm{d}r \tag{1-51}$$

(2) 标量场 φ 的梯度：

$$\mathrm{grad}\varphi=\frac{\partial\varphi}{\partial x}e_1+\frac{\partial\varphi}{\partial y}e_2+\frac{\partial\varphi}{\partial z}e_3=\nabla\varphi \tag{1-52}$$

(3) 矢量场 $\boldsymbol{u}$ 的散度：

$$\mathrm{div}\boldsymbol{u}=\frac{\partial u_x}{\partial x}+\frac{\partial u_y}{\partial y}+\frac{\partial u_z}{\partial z}=u_{j,j}=e_i\partial_i\cdot u_je_j=\nabla\cdot\boldsymbol{u} \tag{1-53}$$

(4) 矢量场 $\boldsymbol{u}$ 的旋度：

$$\mathrm{rotl}\boldsymbol{u}=\begin{vmatrix} e_1 & e_2 & e_3 \\ \dfrac{\partial}{\partial x} & \dfrac{\partial}{\partial y} & \dfrac{\partial}{\partial z} \\ u_1 & u_2 & u_3 \end{vmatrix}=e_{i,k}\partial_iu_je_k=e_i\times e_j\partial_iu_j=e_i\partial_i\times u_je_j=\nabla\times\boldsymbol{u} \tag{1-54}$$

(5) 散度定理：

对于矢量 $\boldsymbol{V}$，有

$$\begin{cases}\displaystyle\int_V\left(\frac{\partial V_x}{\partial x}+\frac{\partial V_y}{\partial y}+\frac{\partial V_z}{\partial z}\right)\mathrm{d}v=\oint_S(V_x\cos\alpha+V_y\cos\beta+V_z\cos\gamma)\,\mathrm{d}s\\ \displaystyle\int V_{i,i}\mathrm{d}v=\oint_c V_i n_i\mathrm{d}s\end{cases}\tag{1-55}$$

对于任意阶张量 $\boldsymbol{A}$，有

$$\begin{cases}\displaystyle\int_V A_{ijk,k}\mathrm{d}v=\oint_S A_{ijk}n_k\mathrm{d}s\\ \displaystyle\int_V A\cdot\nabla\,\mathrm{d}v=\oint_S A\cdot n\mathrm{d}s\\ \displaystyle\int_V\nabla\cdot A\mathrm{d}v=\oint_S n\cdot A\mathrm{d}s\end{cases}\tag{1-56}$$

1.2.3　坐标变换

如图 1.5 所示，对于平面旋转变换，有

$$\begin{cases}x'=x\cos\theta+y\sin\theta\\ y'=x\sin\theta+y\cos\theta\end{cases}$$

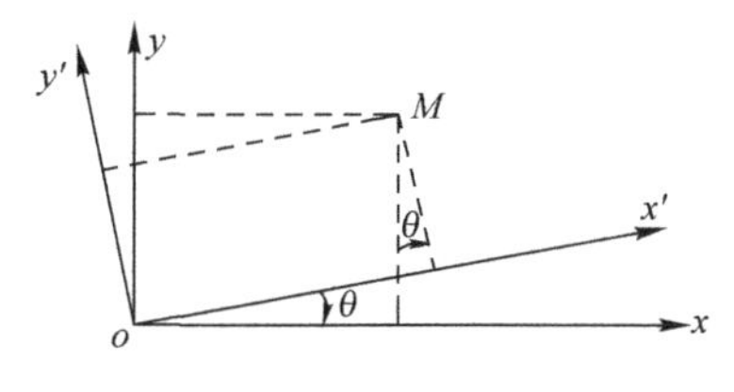

图 1.5　坐标变换

其逆变换为

$$\begin{cases}x=x'\cos\theta-y'\sin\theta\\ y=x'\sin\theta+y'\cos\theta\end{cases}$$

为了使其形式能够更加方便地表达，引入张量表示，对上述变换作如下替换：

$$\begin{cases}x_{1'}=x_1\cos\theta+x_2\sin\theta\\ x_{2'}=x_1\sin\theta+x_2\cos\theta\end{cases}$$

其张量记法为

$$x_{i'}=\alpha_{i'i}x_i\,,x_i=\alpha_{ii'}x_{i'}$$

其中：

$$\alpha_{i'i}=\cos(x_{i'},x_i),\alpha_{ii'}=\cos(x_i,x_{i'})$$

1.3 弹性波简介

1.3.1 波动方程

首先假定介质为弹性介质且各向同性。

当介质受到频率为 ω 的简谐振动激励时，x、y、z 三个方向上的三维动力平衡方程如下：

$$\sigma_{x,x}+\tau_{xy,y}+\tau_{xz,z}=-\rho\omega^2 u \tag{1-57}$$

$$\tau_{yx,x}+\sigma_{y,y}+\tau_{yz,z}=-\rho\omega^2 v \tag{1-58}$$

$$\tau_{zx,x}+\tau_{zy,y}+\sigma_{z,z}=-\rho\omega^2 w \tag{1-59}$$

式（1-57）~式（1-59）中：σ 和 τ 分别表示正应力和剪应力，第一个下标代表应力分量的方向，第二个下标代表该应力分量作用面的法线方向；下标中的逗号表示求偏导数；u、v 和 w 分别为 x、y、z 方向的位移；ρ 为介质的密度。这里所有的分量都是 x、y、z 的函数。

弹性力学中应变和位移的关系如下：

$$\varepsilon_x=u_{,x} \tag{1-60}$$

$$\varepsilon_y=v_{,y} \tag{1-61}$$

$$\varepsilon_z=w_{,z} \tag{1-62}$$

$$\gamma_{xy}=u_{,y}+v_{,x} \tag{1-63}$$

$$\gamma_{xz}=u_{,z}+w_{,x} \tag{1-64}$$

$$\gamma_{yz}=u_{,x}+v_{,y} \tag{1-65}$$

式中：ε 和 γ 分别为介质的正应变和剪应变。

虎克定律为

$$\varepsilon_x=\frac{1}{E}(\sigma_x-v\sigma_y-v\sigma_z) \tag{1-66}$$

$$\varepsilon_y=\frac{1}{E}(-v\sigma_x+\sigma_y-v\sigma_z) \tag{1-67}$$

$$\varepsilon_z=\frac{1}{E}(-v\sigma_x-v\sigma_y+\sigma_z) \tag{1-68}$$

$$\gamma_{xy}=\frac{\tau_{xy}}{G} \tag{1-69}$$

$$\gamma_{xz}=\frac{\tau_{xz}}{G} \tag{1-70}$$

$$\gamma_{yz}=\frac{\tau_{yz}}{G} \tag{1-71}$$

剪切模量 G、弹性模量 E 和泊松比 v 的关系如下：

$$G=\frac{E}{2(1+v)} \tag{1-72}$$

在整体坐标系中，单元上 x，y，z 方向上的地面曳引力分别为 t_x、t_y 和 t_z，微单元的单位法矢量分别为 n_x、n_y 和 n_z，则

$$t_x=n_x\sigma_x+n_y\tau_{xy}+n_z\tau_{xz} \tag{1-73}$$

$$t_y=n_x\tau_{yx}+n_y\sigma_y+n_z\tau_{yz} \tag{1-74}$$

$$t_z=n_x\tau_{zx}+n_y\tau_{zy}+n_z\sigma_z \tag{1-75}$$

式（1-57）~式（1-71）给出了位移矢量、应力张量及应变张量的各个分量之间的联系，根据边界条件即可求出它们的解。边界条件应满足式（1-73）~式（1-75）。为了计算方便，这里引入几个新的变量，即幅值为 e 的体积应变和幅值分量为 Ω_x、Ω_y、Ω_z 的旋转应变张量$\{\boldsymbol{\Omega}\}$。

现定义如下：

$$e=u_{,x}+v_{,y}+w_{,z} \tag{1-76}$$

$$\Omega_x=\frac{1}{2}(w_{,y}-v_{,x}) \tag{1-77}$$

$$\Omega_y=\frac{1}{2}(u_{,z}-w_{,x}) \tag{1-78}$$

$$\Omega_z=\frac{1}{2}(v_{,x}-u_{,y}) \tag{1-79}$$

由于

$$\Omega_{x,x}+\Omega_{y,y}+\Omega_{z,z}=0 \tag{1-80}$$

4 个未知量$(e,\Omega_x,\Omega_y,\Omega_z)$对应有 4 个方程，分别为式（1-77）、式（1-78）、式（1-79）和式（1-80）。

则式（1-77），式（1-78），式（1-79）可改写成

$$(\lambda+2G)e_{,x}+2G(\Omega_{y,z}-\Omega_{z,y})=-\rho\omega^2 u \tag{1-81}$$

$$(\lambda+2G)e_{,y}+2G(\Omega_{z,x}-\Omega_{x,z})=-\rho\omega^2 v \tag{1-82}$$

$$(\lambda+2G)e_{,z}+2G(\Omega_{x,z}-\Omega_{y,x})=-\rho\omega^2 w \tag{1-83}$$

式中：λ 为拉梅常数，即

$$\lambda=\frac{vE}{(1+v)(1-2v)} \tag{1-84}$$

将式（1-81），式（1-82），式（1-83）分别对 x、y、z 求导并相加，得

$$(\lambda+2G)(e_{,xx}+e_{,yy}+e_{,zz})=-\rho\omega^2 e \tag{1-85}$$

式（1-85）可改写成

$$\nabla^2 e=-\frac{\omega^2}{c_p^2}e \tag{1-86}$$

式中：$\nabla^2 e=(e_{,xx}+e_{,yy}+e_{,zz})$为对标量 e 的拉普拉斯算子。变量由下式定义

$$c_p^2=\frac{\lambda+2G}{\rho} \tag{1-87}$$

将式（1-82）对 z 求导，式（1-83）对 y 求导，然后将两式相减即可消去体积应变 e，并且式（1-79）对 x 求导后仍为零，即

$$G(\Omega_{x,xx}+\Omega_{x,yy}+\Omega_{x,zz})=-\rho\omega^2\Omega_x \tag{1-88}$$

同上，有

$$G(\Omega_{y,xx}+\Omega_{y,yy}+\Omega_{y,zz})=-\rho\omega^2\Omega_y \tag{1-89}$$

$$G(\Omega_{z,xx}+\Omega_{z,yy}+\Omega_{z,zz})=-\rho\omega^2\Omega_z \tag{1-90}$$

引入新量 c_s（剪切波速度），并定义：

$$c_s^2=\frac{G}{\rho} \tag{1-91}$$

则式（1-87）~式（1-89）可写成

$$\nabla^2\{\boldsymbol{\Omega}\}=-\frac{\omega^2}{c_s^2}\{\boldsymbol{\Omega}\} \tag{1-92}$$

式（1-85）、式（1-91）即为简谐振动下的运动方程式。其中，旋转应变张量幅值$\{\boldsymbol{\Omega}\}$要满足式（1-79）。

1.3.2 纵波

首先讨论式（1-85）的解，式中只有一个变量，如图 1.6（a）所示，将函数

$$e=-\frac{\mathrm{i}\omega}{c_p}A_p\exp\left[\frac{\mathrm{i}\omega}{c_p}(-l_x x-l_y y-l_z z)\right] \tag{1-93}$$

代入式（1-85），只要存在

$$l_x^2+l_y^2+l_z^2=1 \tag{1-94}$$

则上述波动方程就能自动成立。式（1-94）中标量 l_x、l_y 和 l_z 可当成一条直线的 3 个方向余弦。简谐运动可以用 $\exp[\mathrm{i}\omega t]$的形式来表达。式子 $\exp[\mathrm{i}\omega(t-s/c_p)]$表示一种以速度 c_p 沿 s 正方向传播的波。与式（1-94）相比，有

$$s=l_x x+l_y y+l_z z \tag{1-95}$$

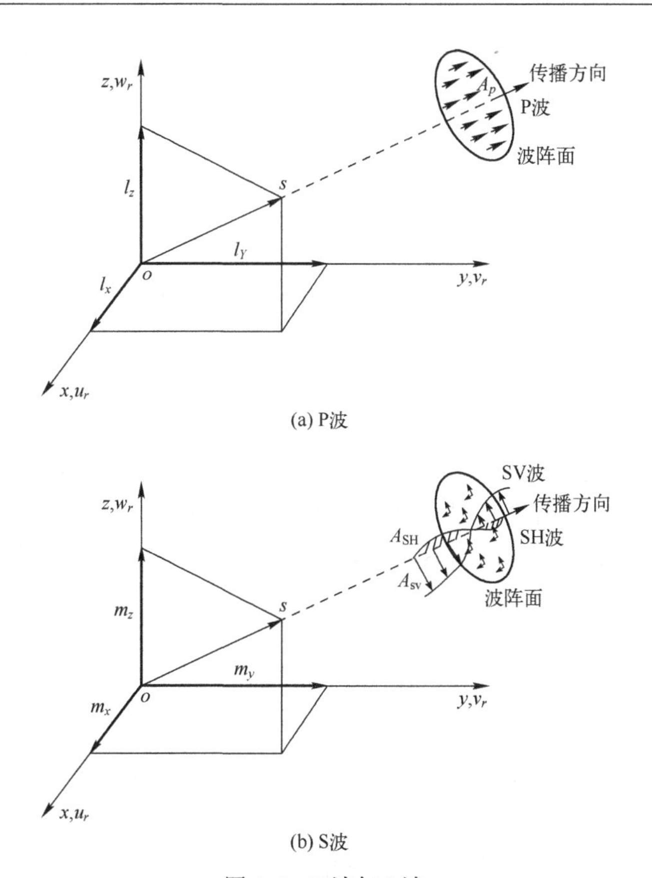

图 1.6　P 波与 S 波

这一点说明坐标值 s 是沿上述直线确定的。另外，对任意给定时刻 $t=t_0$，只要 s 为常数，则体积应变幅值也为常数。s 为常数，代表一个与波传播方向垂直的平面（式（1-94））。

与之相应的位移幅值为

$$u_p = l_x A_p \exp\left[\frac{\mathrm{i}\omega}{c_p}(-l_x x - l_y y - l_z z)\right] \tag{1-96}$$

$$v_p = l_y A_p \exp\left[\frac{\mathrm{i}\omega}{c_p}(-l_x x - l_y y - l_z z)\right] \tag{1-97}$$

$$w_p = l_z A_p \exp\left[\frac{\mathrm{i}\omega}{c_p}(-l_x x - l_y y - l_z z)\right] \tag{1-98}$$

将式（1-93）代入应用式（1-95），可以证明式（1-93）得以满足。由式（1-76）可推知，A_p 是一种位移矢量与传播方向一致的波的幅值。压缩波或 P 波就是位移矢量与波传播方向相一致的波。简言之，对幅值为 A_p 的 P 波，其质点运动沿着波传播的方向（由方向余弦 l_x、l_y、l_z 确定），且在与该方向垂直的平面上各点相同。波速 c_p 是指与材料特性有关的常数。

1.3.3 横波

现在讨论式（1-92）的解。令

$$\{\boldsymbol{\Omega}\}=-\frac{\mathrm{i}\omega}{2c_{\mathrm{S}}}\{C\}\exp\left[\frac{\mathrm{i}\omega}{c_{\mathrm{S}}}(-m_x-m_y-m_z)\right] \tag{1-99}$$

且

$$m_x^2+m_y^2+m_z^2=1 \tag{1-100}$$

$$m_xC_x+m_yC_y+m_zC_z=0 \tag{1-101}$$

则可以得到方程组的解。波的传播方向可以由方向余弦 m_x、m_y 和 m_z（图 1.7(b)）确定。式（1-101）是由式（1-80）导出的，并且由此可以推出矢量 $\{\boldsymbol{C}\}$ 与波的传播方向垂直，继而可以得到矢量 $\{\boldsymbol{\Omega}\}$ 与波的传播方向也是垂直的。

相应的位移幅值如下：

$$u_{\mathrm{S}}=(m_zC_y-m_yC_z)\exp\left[\frac{\mathrm{i}\omega}{c_{\mathrm{S}}}(-m_xx-m_yy-m_zz)\right] \tag{1-102}$$

$$v_{\mathrm{S}}=(m_xC_z-m_zC_x)\exp\left[\frac{\mathrm{i}\omega}{c_{\mathrm{S}}}(-m_xx-m_yy-m_zz)\right] \tag{1-103}$$

$$w_{\mathrm{S}}=(m_yC_x-m_xC_y)\exp\left[\frac{\mathrm{i}\omega}{c_{\mathrm{S}}}(-m_xx-m_yy-m_zz)\right] \tag{1-104}$$

式（1-102）~式（1-104）满足式（1-78）和式（1-79）。根据式（1-101），各位移分量与 $\{\boldsymbol{C}\}$ 和传播方向的矢积分量成正比。这意味着，波的质点运动处于一个与传播方向垂直的平面之内。剪切波或 S 波的名称即来源于此。式（1-102）~式（1-104）中的下标 S 用来表示与 S 波相对应的位移。

对 e 和 $\{\boldsymbol{\Omega}\}$ 所选用的函数式（1-93）和式（1-99）并不是波动方程的通解，只是满足平面波的解。

通常，S 波又可进一步分解成平面外的运动 SH 波（幅值为 A_{SH}）和平面内的运动 SV 波（幅值为 A_{SV}），此处所指的平面是指由波的传播方向和整体坐标轴 z 所决定的平面，见图 1.6（b）。

$$A_{\mathrm{SH}}=\frac{C_z}{\sqrt{m_x^2+m_y^2}} \tag{1-105}$$

$$A_{\mathrm{SV}}=\frac{m_xC_z-m_zC_x}{\sqrt{m_x^2+m_y^2}} \tag{1-106}$$

由此，应用几何知识，不难推导出以下位移公式：

$$u_s=\frac{m_x m_z A_{\mathrm{SV}}-m_y A_{\mathrm{SH}}}{\sqrt{m_x^2+m_y^2}}\exp\left[\frac{\mathrm{i}\omega}{c_s}(-m_x x-m_y y-m_z z)\right] \tag{1-107}$$

$$v_s=\frac{m_y m_z A_{\mathrm{SV}}+m_x A_{\mathrm{SH}}}{\sqrt{m_x^2+m_y^2}}\exp\left[\frac{\mathrm{i}\omega}{c_s}(-m_x x-m_y y-m_z z)\right] \tag{1-108}$$

$$w_s=\sqrt{m_x^2+m_y^2}A_{\mathrm{SH}}\exp\left[\frac{\mathrm{i}\omega}{c_s}(-m_x x-m_y y-m_z z)\right] \tag{1-109}$$

对于传播方向与 z 轴平行的 S 波（$m_x=m_z=0$），SH 波和 SV 波的定义即失去意义。假定 SV 波是在 xz 平面内运动的，则有

$$u_s=A_{\mathrm{SV}}\exp\left(-\frac{\mathrm{i}\omega}{c_s}z\right) \tag{1-110}$$

$$v_s=A_{\mathrm{SH}}\exp\left(-\frac{\mathrm{i}\omega}{c_s}z\right) \tag{1-111}$$

总之，S 波的质点运动垂直于其传播方向（由方向余弦 m_x、m_y 和 m_z 确定），且在波的运动平面内，波各点的运动均相同。幅值为 A_{SH} 的水平分量和幅值为 A_{SV} 的另一分量（处于由 z 轴和传播方向决定的平面内）均以一个与材料特性有关的恒定速度传播着。

综上所述，波主要分为位移矢量与波传播方向相一致的 P 波和位移矢量与波的传播方向相垂直的 S 波。

以上理论都是指平面波。

1.3.4　相关变量的总和运动

定义 λ、G 为材料的拉梅常数，ζ_{P}、ζ_{S} 分别为 P 波和 S 波的滞洄阻尼，定义材料特性常数如下：

$$\lambda^*+2G^*=(\lambda+2G)(1+2\zeta_{\mathrm{S}}\mathrm{i}) \tag{1-112}$$

$$G^*=G(1+2\zeta_{\mathrm{S}}\mathrm{i}) \tag{1-113}$$

其中，$*$ 表示复数，当 $\zeta_{\mathrm{P}}\neq\zeta_{\mathrm{S}}$ 时，由式（1-72）和式（1-84）可知泊松比 υ 也是复数。由式（1-87）和式（1-91）可知，复数剪切波速为

$$c_{\mathrm{P}}^*=c_{\mathrm{P}}\sqrt{1+2\zeta_{\mathrm{P}}\mathrm{i}} \tag{1-114}$$

$$c_{\mathrm{S}}^*=c_{\mathrm{S}}\sqrt{1+2\zeta_{\mathrm{S}}\mathrm{i}} \tag{1-115}$$

下面做出如下假设，P 波和 S 波的传播方向位于同一竖向平面（即 xz 平面），且能证明这一假设是合理的。在阻尼不为零时，令式（1-96）、式（1-97）、式（1-98）及式（1-102）、式（1-103）、式（1-104）中的 $l_y=m_y=0$，并将

P 波和 S 波各个方向对应的位移相加，得

$$u=l_x A_{\mathrm{P}}\exp\left[\mathrm{i}\omega\left(-\frac{l_x x}{c_{\mathrm{P}}^*}-\frac{l_z z}{c_{\mathrm{P}}^*}\right)\right]+m_z A_{\mathrm{SV}}\exp\left[\mathrm{i}\omega\left(-\frac{m_x x}{c_{\mathrm{S}}^*}-\frac{m_z z}{c_{\mathrm{S}}^*}\right)\right] \tag{1-116}$$

$$v=A_{\mathrm{SH}}\exp\left[\mathrm{i}\omega\left(-\frac{m_x x}{c_{\mathrm{S}}^*}-\frac{m_z z}{c_{\mathrm{S}}^*}\right)\right] \tag{1-117}$$

$$w=l_z A_{\mathrm{P}}\exp\left[\mathrm{i}\omega\left(-\frac{l_x x}{c_{\mathrm{P}}^*}-\frac{l_z z}{c_{\mathrm{P}}^*}\right)\right]-m_x A_{\mathrm{SV}}\exp\left[\mathrm{i}\omega\left(-\frac{m_x x}{c_{\mathrm{S}}^*}-\frac{m_z z}{c_{\mathrm{S}}^*}\right)\right] \tag{1-118}$$

由式（1-116）~式（1-118）可知，P 波和 SV 波只产生平面内的位移（幅值为 u 和 w）；SH 波只产生平面外的位移（幅值为 v）。对于这一传播方向的波来说，有

$$l_x^2+l_z^2=1 \tag{1-119}$$

$$m_x^2+m_z^2=1 \tag{1-120}$$

为了以上理论能够用于分析半空间的相关问题，还必须列出与之相对应的边界条件[8]。

1.4 散射问题的主要研究方法

对于弹性波散射问题，一般分为稳态散射问题以及瞬态散射问题。

稳态散射问题属于边值问题，因为其只有边界条件而没有初始条件。其数学表达式为

$$\nabla^2 W+K^2 W=0 \tag{1-121}$$

$$\left[\alpha\frac{\partial W}{\partial n}+\beta W\right]_s=f(\boldsymbol{x}) \tag{1-122}$$

$$\lim_{r\to\infty} r^{(n-1)/n}\left|W\right|\leqslant M,\ \lim_{r\to\infty} r^{(n-1)/n}\left|\frac{\partial W}{\partial r}-\mathrm{i}KW\right|=0,\quad n=1,2,3 \tag{1-123}$$

式中：M 为有限数；α、β 为常数，可不为零，也可为零。当 $\alpha=0$，$\beta\neq 0$ 时，式（1-121）~式（1-123）是第一类边值问题，如固定边界夹杂对弹性波的散射问题；当 $\alpha\neq 0$，$\beta=0$ 时，式（1-121）~式（1-123）是第二类边值问题，如自由边界夹杂对弹性波的散射问题；当 $\alpha=0$，$\beta=0$，$f(x)=0$ 时，式（1-121）~式（1-123）是无边值问题，即无穷区域内的稳态波问题；当 $\alpha\neq 0$，$\beta\neq 0$ 时，式（1-121）~式（1-123）是第三类边值问题，如弹性边界约束夹杂对弹性波的散射问题；还有上述组合形式的混合边值问题。稳态波散射问题的特点是具有时间因子 $\exp[\mathrm{i}\omega t]$，其中 ω 为圆周频率，i 是虚数单位，定义为 $\mathrm{i}^2=-1$。

瞬态波散射问题，其一般形式的定解模型除上述边界条件外还有初始条件，即某个初始时刻未知函数及其导数满足的条件。

研究弹性波的散射问题，无论对于科研工作的理论指导还是对于实际工程的应用都具有广泛而深远的意义。随着近几十年来研究的不断深入，许多研究人员总结了各种不同的解决问题的方法，最典型的主要包括量纲分析法、波函数展开法、复变函数法、行波法、积分变换法、格林函数法、数值法、摄动法、传输矩阵法、几何射线法、等效内含物法、积分方程法和累次镜像法等。

1.4.1　量纲分析法

在物理学与工程技术中从事实验和实际计算时，必须注意同现象的物理相似性及所考察的物理量的量纲有关的各种情况。在诸如机械、土木、航空航天、船舶等重要的工程领域中各类复杂的工程结构，都要以事先的广泛研究为基础，其中模型试验起着重要的作用。在量纲与相似理论中，建立了在模型试验中所应遵循的条件，并能把那些对确定基本效应和过程的性状有代表性的与合适的参数挑选出来。此外，将量纲与相似理论的考虑同对物理现象机理的一般定性分析结合起来，在许多情况下，可以成为有效的理论研究方法[9-11]。

1. 量纲

量纲表征物理量的本质特征。按照对单位和参考系的依赖关系，可以分为有量纲量和无量纲量。一个量，若其数值依赖于所采用的尺度，即依赖于度量单位制，则称为有量纲量；反之，则称为无量纲量。在力学问题中，主要的物理量包括长度、时间、力和质量，它们的量纲分别记作$[L]$、$[T]$、$[F]$和$[M]$。考虑到基本量纲的独立性，可以取长度、时间和力作为基本物理量，即以$[L]$、$[T]$和$[F]$为基本量纲。

2. Π 量纲

Π 定理反映具体的物理问题中量之间的基本关系，体现了特定现象中观测量之间的基本关系所蕴藏的物理规律。定理的主要内容首先由 Buckingham 于 1914 年提出，到了 1922 年，Bridgman 将其命名为 Π 定理。任何一个物理定律都可以表示为确定的函数关系。对于某一类物理问题来说，如果问题中有 n 个自变量 $a_1,a_2,\cdots,a_k$，那么因变量 a 是它们的函数，满足式（1-124）。可以在自变量中找出具有独立量纲的基本量，如果基本量的个数是 k，不妨把它们排在自变量的最前面，那么 $a_1,a_2,\cdots,a_k$ 就是基本量，其余 $n-k$ 个自变量 $a_{k+1},a_{k+2},\cdots,a_n$ 就是导出量，则式（1-124）化为式（1-125）：

$$a=f(a_1,a_2,\cdots,a_n) \tag{1-124}$$

$$a=f(a_1,a_2,\cdots,a_k;a_{k+1},a_{k+2},\cdots,a_n) \tag{1-125}$$

由于量纲的不独立，因变量 a 和自变量 $a_{k+1},a_{k+2},\cdots,a_n$，可以由基本量 $a_1,a_2,\cdots,a_k$ 来表征，取基本量为单位，对式（1－125）两端做无量纲化，得

$$\Pi=f\left(\frac{a_1}{a_1},\frac{a_2}{a_2},\cdots,\frac{a_k}{a_k};\Pi_1,\Pi_2,\cdots,\Pi_{n-k}\right) \tag{1-126}$$

$$\Pi=f(1,1,\cdots,1;\Pi_1,\Pi_2,\cdots,\Pi_{n-k}) \tag{1-127}$$

$$\Pi=f*(\Pi_1,\Pi_2,\cdots,\Pi_{n-k}) \tag{1-128}$$

式中：Π 为无量纲化的因变量 a；$f^*(\cdot)$ 为某个确定的函数关系；$\Pi_1,\Pi_2,\cdots,\Pi_{n-k}$为无量纲化的自变量 $a_{k+1},a_{k+2},\cdots,a_n$。

于是，可以用一句话来概括 Π 定理的内容：问题中若有 N 个变量（包括 n 个自变量和 1 个因变量，$N=n+1$），而基本量的数目是 k，则一定能形成 $N-k$ 个无量纲变量（包括 $N-k-1$ 个无量纲自变量和 1 个无量纲因变量），它们之间形成确定的函数关系。

3. 相似律

由 Π 定理可知，一个物理问题所服从的客观规律与其写成有量纲的因果关系式（1－125），不如写成无量纲的因果关系式（1－126）。这是因为后者不依赖于度量机制和观测系统，更能反映客观规律的物理本质。如果用理论分析、数值模拟或模型实验来求取物理问题的解答，就得到了关系式（1－126），只要使无量纲自变量 $\Pi_1,\Pi_2,\cdots,\Pi_{n-k}$ 和真实物理过程的对应无量纲自变量相等，就能保证无量纲因变量 Π 和真实物理过程的对应无量纲因变量也相等。这就是理论分析、数值模拟或模型实验与真实物理过程一致所必须遵循的相似规律，称为相似律。这里，无量纲参数 $\Pi_1,\Pi_2,\cdots,\Pi_{n-k}$称为决定问题本质的相似准数。

1.4.2 波函数展开法

波函数展开法在数学物理方法中称为分离变量法，通过分离变量，把数学物理方程中定解问题的未知多元函数分解成若干个一元函数乘积的形式，根据已知的齐次偏微分方程以及齐次边界条件和初始条件，从而把求解偏微分方程的定解问题转化为求解若干个常微分方程定解的问题。

波函数展开法是对标量波、矢量波动方程在曲线坐标系中对于径向、角度等分离。首先，通过求得满足变量的常微分方程得到径向、角度函数，最终二者相乘为波函数。其次，通过边界以及初始条件对散射波级数形式中的未知系数进行求解，从而求得问题的解。稳态问题和瞬态问题的求解方式不同，前者可以通过其边界条件直接求得数值解，而后者则需要首先把方程和初始边界条

件变换成为求解域内的边值问题，再利用波函数展开法求解。但是，由于曲线坐标的局限性，虽然曲线坐标有 11 种，但是矢量波动方程只有 6 种坐标可以分离变量，包括球面、圆柱、笛卡儿、锥面、抛物柱以及椭圆柱坐标，因此使得波函数展开法又具有一定的局限性。

若仅需将未知函数 $u(x,t)$ 分解为空间变量函数 $W(x)$ 与时间变量函数 $T(t)$ 的乘积形式，则原来的定解问题将化为时间函数 $T(t)$ 满足的常微分方程和 $W(x)$ 满足的亥姆霍兹（Helmholtz）方程：

$$T''(t)+K^2V^2T(t)=0 \tag{1-129}$$

$$\nabla^2 W(x)+K^2W(x)=0 \tag{1-130}$$

然后，将 $u(x,t)=W(x)T(t)$ 带入问题的定解条件中，就可以得到方程（1-129）和方程（1-130）满足的定解条件。一般来说，方程（1-129）的定解问题容易求解；而方程（1-130）的定解问题需要针对不同的边界形状再进行相应的处理，如长方体适合于直角坐标系、圆柱体或圆管等适合于柱坐标系、球形区域适合于球坐标系等。

1.4.3　复变函数法

复变函数法是数学物理方法中的一种研究方法，最早产生于 18 世纪，首先是由 Filon 提出，随后，Kolosov 和 Muskhelishvili 采用复变函数法分析了弹性平面静应力集中问题。复变函数法适用于曲线坐标系，因此对于单连通域、多连通域、高应力梯度、复杂的几何形状以及断裂力学问题等求解都非常适用。通过保角变换（即保角映射），将物体在平面上所占的某一形状区域转变成另一平面上的对应区域（如单位圆域等）。

在我国，复变函数法最早是由刘殿魁等学者从弹性静力学引入二维弹性波散射的研究中。把求解问题中所包含的全部物理量皆表示为平面复变函数，这样可以结合多极移动坐标技术、保角映射方法求解多个规则或者不规则的边界问题。引入“域函数”使方程变换为“域函数”为通项的级数形式的解，通过建立问题的边界条件以及利用傅里叶变换，得到的无穷线性方程组只含有波函数中的未知系数，在满足精度的条件下，通过截断有限项来得到问题的解。复变函数法通过提出的“域函数”概念突破了传统波函数展开法的求解局限，拓宽了求解的范围。

1.4.4　行波法

行波法又称为达朗贝尔解法，他对于下面无界弦的一维波动方程的柯西问题可得到理论解，即

$$
\begin{cases}
u_{tt}=a^2u_{xx}, x\in(\infty,\infty), t>0 \\
u|_{t=0}=\varphi(x), x\in(\infty,\infty) \\
u_t|_{t=0}=\psi(x), x\in(\infty,\infty)
\end{cases}
\tag{1-131}
$$

对于该问题，行波法的求解思路是：令行波法又称为达朗贝尔解法，他对于下面无界弦的一维波动方程的柯西问题可得到理论解，即

$$\xi=x+at, \eta=x-at$$

并将其带入式（1-131），有

$$u_{\xi\eta}=0 \tag{1-132}$$

对方程（1-132）两次积分，有

$$u(x,t)=f_1(x+at)+f_2(x-at)$$

利用问题的初始条件，可得

$$
\begin{cases}
f_1(x)=\dfrac{1}{2}\varphi(x)+\dfrac{1}{2a}\displaystyle\int_{x_0}^{x}\psi(s)\mathrm{d}s+\dfrac{c}{2} \\
f_2(x)=\dfrac{1}{2}\varphi(x)-\dfrac{1}{2a}\displaystyle\int_{x_0}^{x}\psi(s)\mathrm{d}s-\dfrac{c}{2}
\end{cases}
$$

所以有

$$u(x,t)=\frac{1}{2}[\varphi(x+at)+\varphi(x-at)]+\frac{1}{2a}\int_{x-at}^{x+at}\psi(s)\mathrm{d}s$$

对于如下非齐次一维定解问题，可预先利用杜阿梅尔（Duhamel）积分进行预处理，即

$$
\begin{cases}
u_{tt}=a^2u_{xx}+f(x,t), x\in(\infty,\infty), \quad t>\tau \\
u|_{t=\tau}=0, u_t|_{t=\tau}=0, x\in(\infty,\infty)
\end{cases}
\tag{1-133}
$$

令

$$u(x,t)=\int_0^t U(x,t,\tau)\mathrm{d}\tau$$

将其带入式（1-133），可得

$$
\begin{cases}
U_t=a^2U_{xx}, \quad x\in(\infty,\infty), \quad t>0 \\
U|_{t=\tau}=0, \quad x\in(\infty,\infty) \\
u_t|_{t=0}=f(x,\tau), \quad x\in(\infty,\infty)
\end{cases}
$$

式中：函数 $U(x,t,r)$ 具有二次连续可微性。

1.4.5 积分变换法

积分变换法在数学物理方程中是非常重要的工具。通常是将多变量的偏微

分方程（如常微分方程或者积分方程）定解问题中的各项实施拉普拉斯变换或傅里叶变换，转换为求解变量个数较少的定解问题，使得偏微分方程的求解转换为常微分方程的求解。积分变换法通常与其他方法结合在一起使用，如刘国立、刘殿魁通过利用积分变换和波函数展开方法相结合，求解了位移阶跃的平面 SH 波对半圆形凹陷地形的散射问题，通过算例分析，得到了问题的数值解[14]。但由于该方法在逆变换求解的过程中需要数值反演而具有一定的困难，所以通常该方法的使用受到很大限制。

1.4.6　格林函数法

格林函数法是数学物理方法中非常重要的一种研究方法，格林函数代表一个点源在一定的边界条件、初始条件下产生的场，该场可以是势分布场、位移分布场或者其他物理量的分布场。对于实际问题，入射波通常是任意的，所以可以利用叠加原理，但只是适用于线性系统，借助于问题的边界条件，在已知某点源的波场条件下叠加得到不同形式的波场，并得到边界上含有未知分布量的积分方程，这样把定解问题转换为求解一个积分方程的问题，最终得到格林函数的积分形式。

1.4.7　数值法

解析法和数值法是在求解波的散射问题中常用的两种方法，对于在理想状态下发生的波的散射问题可采用解析法求解，但是由于波的散射一般发生在各种不均匀介质中，在实际工程中材料的物理特性、边界条件等通常较为复杂，所以通常采用数值法来模拟分析。并且随着计算机技术的发展，数值法对弹性波散射问题的研究提供了更加广阔的平台，尤其是对于复杂的场地和介质内的波动问题。对于复杂的地形地貌以及实际工程材料中波的散射问题的研究时采用的方法，如有限差分法、有限元法以及边界单元法等都广泛地受到了科研工作者以及工程人员的重视。但是，数值法也存在一定的局限性，如当入射波以高频入射时，在误差的定量控制和定性分析上存在一定的问题，故其对入射波的频率有比较严格的要求。

1.4.8　摄动法

摄动法是一种解析的近似方法，其作为数学求解的方法广泛应用于各个领域中。该方法不仅能对问题做出定性的分析，还能做出定量的分析，在这方面突破了数值解的局限性。摄动法求解的基本思路是，假如存在非常难求的定解问题，同时，还有与其相似的定解问题可以通过严谨的计算得到，于是，就可以根据后者求得前者的近似问题的解。在波动问题中，主要是通过波动方程和边界条件进行摄动再求得问题的解。随着研究者对问题的不断探索，摄动法逐渐演变为渐进匹配法。现在，该方法常用于不规则形状的参数对于声波或弹性波散射影响的研究。

1.4.9 传输矩阵法

传输矩阵法是通过电磁波和声波中的散射矩阵理论参考得来的。可以根据边界条件，得到带有未知系数的 $\boldsymbol{T}$ 矩阵方程，通过对未知系数进行求解，得到关于弹性波散射的方程表达式，最终求得相应的数值解。其特点在于如果矩阵在转换过程中散射体确定不改变，那么转换矩阵也是正定并不发生改变。传输矩阵法的优点是在弹性波散射中对任何不规则的散射体都非常适用。

1.4.10 几何射线法

几何射线法也称为几何射线理论或射线法，是一种近似方法，其来自声学研究，现已应用在弹性动力学中稳态和瞬态散射问题。该方法是 20 世纪 60 年代，Keller 处理绕射和散射问题的几何光学射线方法，一种直接的、渐近的有利于工程应用的研究方法，主要应用在高频波对于异质体的散射效应的研究，声波理论是弹性波散射中射线法的理论来源。在弹性波研究中，如果散射体的特征尺寸（如曲率半径、长、宽、高等）远远大于波长时即为高频。在高频的前提下，可以利用该方法求出稳态和瞬态的散射问题。几何射线法的原理是射线追踪基本原理，主要包括动力学、运动学射线追踪两个方面。动力学射线追踪主要考虑了振幅等因素，但是运动学射线追踪主要考虑了 Huygens 原理和 Fermat 原理，以及由以上两种原理推导出的程函数方程。基本的求解方法是在控制方程的前提下，弹性场由幅值函数、相函数来表示，并将幅值函数“直接”转变成与此相关的高频倒数的级数，通过理论推导得到相关的级数系数函数和相关的方程，通过对所求结果分析研究得到渐进解。运用该方法求出的结果显示直观，计算简单，具有非常强的适用性，对于采集、处理复杂地区的地震资料也具有重要意义。Achenbach 等在其专著中详细说明了几何射线法在弹性波散射理论中的应用，特别是裂纹体对波的散射[15]。同时，他们将这种方法广泛应用在地震工程中。

1.4.11 等效内含物法

等效内含物法主要应用于研究椭球体的内含物、异质体等静力问题求解时所得到的一种分析方法，随后，Wheeler 和 Mura 将该方法首先运用到了动力学领域。该方法的基本思想是通过求解一个替代异质体等效的内含物来求解异质体的弹性波散射问题。内含物主要是指在弹性体内含有异质体特征应变、特征体力的区域与原来区域相比具有相同位置、相同形状，为了“内含物”问题与原来的异质体等效而引入了“特征应变”以及“特征应力”，“特征应变”通常是指像温度应变、塑性应变等引起的自发应变，该应变在周围介质不约束的条件下，不会产生相应的应力。等效内含物法与其他的研究方法将弹性波的散射问题逐渐引向深入[12]。

1.4.12　积分方程法

在解决弹性波散射问题时，积分方程法是行之有效的一种方法。同时，该方法也是求解断裂力学问题非常有效的方法。该方法主要是通过利用对已有的积分变换把偏微分方程转换为常微分方程或变换空间的代数方程来求解，然后将结果进行逆变换进而得到问题的真实解答。

通过弹性波动理论导出积分方程，用面积分、体积分的形式表达任意形状的散射波。对于出平面线源荷载问题可以应用格林函数的体积分所等价的体力来描述。对于散射波场为弗雷德霍姆型积分方程组或 Cauchy 型的奇异方程组，采用渐进法和迭代法求解。然而，由于逆变换数值反演的内在不稳定性而使逆变换变得困难。

1.4.13　累次镜像法

累次镜像法可以简单解释为镜像法的累加多次使用。在求解半空间和直角域问题时，总能够发现镜像法的使用。可以这样理解，在直边界一侧给出源位移场，将该场按已知边界进行对称得到位移场的像；用像位移场代替源位移场在已知边界处反射得到反射场。这样源、像位移场的叠加就是构造出满足直边界应力自由的位移场，这是因为在平面直边界的两侧分别施加对称的位移场，对称轴所在平面上的应力必定为零。

参考文献

[1] 谢树艺. 矢量分析与场论 [M]. 北京：高等教育出版社，1985.
[2] 史文谱. 线弹性 SH 波散射理论及几个问题研究 [M]. 北京：国防工业出版社，2013.
[3] 郭玉翠. 数学物理方法（研究生用）[M]. 北京：北京邮电大学出版社，2003.
[4] 郭玉翠. 数学物理方法 [M]. 北京：北京邮电大学出版社，2003.
[5] 郭玉翠. 数学物理方法 [M]. 2 版. 北京：清华大学出版社，2007.

[6] 吕盘明．张量算法简明教程［M］．合肥：中国科学技术大学出版社，2004.
[7] 黄义．张量及其在连续介质力学中的应用［M］．北京：冶金工业出版社，2002.
[8] 赵圆圆．层状半空间中洞室对柱面 SH 波的散射［D］．天津：天津大学，2012.
[9] 基尔皮契夫．相似理论［M］．沈自求，译．北京：科学出版社，1965.
[10] 谢多夫，沈青．力学中的相似方法与量纲理论［M］．北京：科学出版社，1982.
[11] 谈庆明．量纲分析［M］．合肥：中国科学技术大学出版社，2005.
[12] 陈洪英．半空间内含有部分脱胶的椭圆夹杂及圆孔对 SH 波的散射［D］．哈尔滨：哈尔滨工程大学，2018.

第 2 章　弹性动力学的基本理论

弹性动力学是以经典的弹性理论为基础的，它是连续介质力学的一个组成部分。本章将对弹性动力学的基本理论进行介绍，首先针对动力学问题建立基本方程，其次介绍弹性动力学的几个基本定理，最后以位移解为主要解法，研究平面波、球对称波和轴对称波的特点，并引入波动方程的积分表示[1]。以后各章的讨论便是在这些理论基础上进行的。

2.1　弹性动力学问题的提法

与弹性力学不同，弹性动力学主要研究弹性物体对动力荷载的响应。加载过程使物体产生显著的加速度，且由加速度所引起的惯性力对物体的变形和运动有着明显的影响。弹性动力学的主要任务就是从连续介质最基本的定律出发，建立描述物体运动的支配方程，并由此求解物体的动力响应。显然在弹性动力学问题中，各类场量（位移场、应力场、速度场等）不仅是空间位置的函数，而且是时间的函数。

弹性动力学是在经典的弹性力学基础上发展起来的，属于连续介质力学的一个组成部分，所以连续性假设仍然是弹性动力学的分析基础。连续介质力学的质量守恒、线动量守恒、角动量守恒以及能量守恒等基本定律正是我们导出弹性动力学基本方程的出发点。本书将着重讨论各向同性线弹性材料和无限小应变的情况，所采用的基本假设与上一节弹性力学的基本假设相同，基于以上几个假设，弹性力学的基本方程中除平衡方程外的几何方程和物理方程（本构关系）均可以直接应用。唯一需要重新考虑的是物体的运动方程。

2.1.1　运动方程的导出

设体积为 V，质量密度为 μ 的物体内单位质量受到的体力（不包括惯性力）为外表面 S 上单位面积受到的面力为 p_i，质点的位移为 w_i，则考虑惯性力在内的力平衡条件为

$$\oint_S p_i \mathrm{d}S + \int_V \rho f_i \mathrm{d}V - \int_V \rho \ddot{w}_i \mathrm{d}V = 0 \tag{2-1}$$

考虑到外法向的单位外表面受到的面力与应力之间的关系

$$p_i = \sigma_{ij} n_j \tag{2-2}$$

并运用高斯公式可得

$$\oint_S p_i \mathrm{d}S = \oint_S \sigma_{ij} n_j \mathrm{d}S = \int_V \sigma_{ij,j} \mathrm{d}V$$

于是式（2-1）变为

$$\int_V (\sigma_{ij,j} + \rho f_i - \rho \ddot{w}_i) \mathrm{d}V = 0$$

上式对于任意的体积 V 都成立，因此有

$$\sigma_{ij,j} + \rho f_i = \rho w_i \tag{2-3}$$

这就是物体的运动方程，与静力平衡方程相比较，可以看出运动方程中多了惯性力这一项。

另外，考虑上述物体的力矩平衡条件，可以导出

$$\sigma_{jk} = \sigma_{kj} \tag{2-4}$$

即应力张量是对称张量的结论。

值得一提的是，在运动方程中，既有应力的偏导数，又有位移的时间导数，若按照弹性力学中的应力法求解是困难的，所以在弹性动力学中，运动方程的求解一般采用位移法。为此，要将应力分量通过本构方程用应变分量来表示，再利用几何方程将应力分量用位移分量来表示，最后得到用位移表示的运动方程。

2.1.2 弹性动力学问题的提法

从上述的讨论，可以得到体积为 V，质量密度为 ρ，表面为 S 的均匀各向同性线弹性体的动力问题的控制方程如下。

运动方程：
$$\sigma_{ij,j} + \rho f_i = \rho w_i \tag{2-5}$$

几何方程：
$$\varepsilon_{ij} = \frac{1}{2}(W_{i,j} + W_{j,i}) \tag{2-6}$$

物理方程：
$$\sigma_{ij} = \lambda \varepsilon_{kk} \delta_{ij} + 2\mu \varepsilon_{ij} \tag{2-7}$$

其中，应力 σ_{ij}和应变 τ_{ij}均为对称张量。各自有 6 个独立分量，再加上 3 个位移分量 u_i，一共有 15 个作为空间变量 x_i 和时间变量 t 的未知函数。控制方程为 15 个偏微分方程构成的偏微分方程组。这就构成了一个封闭的方程组，但是要想得到物理问题的解，还必须给出相应的定解条件。

和弹性静力学问题相似，在弹性动力学问题中有三类基本的边值-初值问题。在这里，假定 $t \leqslant t_0$（t_0 是初始时间），整个物体体积上的体力是已知的。在所有三类问题中，由于考虑用位移法求解，所以目的都是要确定位移场 u

(x,t)，使其在整个物体上对于 $t \geq t_0$，满足运动方程，并满足初始条件：

$$\begin{cases} u_i(x,t_0)=u_{i0}(x) \\ u_i(x,t_0)=v_{i0}(x), \quad 在 V+S 上 \end{cases} \tag{2-8}$$

式中：$u_{i0}(x)$，$v_{i0}(x)$是预先给定的函数。

三类问题的区别，在于满足不同的边界条件。

第一类问题（位移边值问题）：

$$u_i(x,t)=U_i(x,t), \quad x 在 S 上, t>t_0 \tag{2-9}$$

第二类问题（应力边值问题）：

$$p_i(x,t)=P_i(x,t), \quad x 在 S 上, t>t_0 \tag{2-10}$$

第三类问题（混合边值问题）

$$\begin{cases} u_i(x,t)=U_i(x,t), \quad x 在 S_u 上, t>t_0 \\ p_i(x,t)=P_i(x,t), \quad x 在 S_\sigma 上, t>t_0 \end{cases} \tag{2-11}$$

这里，$S_u+S_\sigma=S$，且 $U_i(x,t)$，$P_i(x,t)$都是预先给定的函数。在第二、三类问题中，$P_i(x,t)$预先在整个边界或部分边界上给出，在这些边界上，应力边界条件：

$$P_i=\sigma_{ij}n_j$$

必须被满足。通过本构关系和几何方程可以将应力边界条件转化为位移边界条件。

综上所述，弹性动力学问题的提法就是在给定的初始条件和边界条件下求解运动方程（2-5）。

由于对所考虑问题所作的假设，所以目前得到的运动方程、几何方程和物理方程都是线性的，从而可以应用叠加原理。以后将看到，在处理波的相互作用及振动的模态分析时，叠加原理将会给问题的求解带来极大的方便。

2.2　弹性动力学问题解的唯一性定理

体积为 V、质量密度为 ρ、表面为 S 的均匀各向同性线弹性体动力问题的控制方程和定解条件由 2.1 节形式给出，则该弹性体的位移场、应变场和应力场最多只有一个解答。下面证明这一定理。

假定对于上述定解问题，在相同的初始条件和边界条件下存在两组解 $u_i^{(1)}$，$\sigma_{ij}^{(1)}$和 $u_i^{(2)}$，$\sigma_{ij}^{(2)}$。由于问题是线性的，所以根据叠加原理，将两组解以及对应的初值和边值相减，则

对 $t>t_0$，在 V 内有

$$u_i = u_i^{(1)} - u_i^{(2)}, \quad \sigma_{ij} = \sigma_{ij}^{(1)} - \sigma_{ij}^{(2)}, \quad \rho f_i = 0 \tag{2-12}$$

三类问题的初始条件均为

$$u_{i0} = \dot{u}_{i0} = 0, \quad t = t_0, \text{在 } V+S \text{ 上} \tag{2-13}$$

边界条件分别为

第一类问题：

$$u_i = 0, \quad t > t_0, \text{在 } S \text{ 上} \tag{2-14}$$

第二类问题：

$$p_i = 0, \quad t > t_0, \text{在 } S \text{ 上} \tag{2-15}$$

第三类问题：

$$\begin{cases} u_i = 0, & t > t_0, \text{在 } S_u \text{ 上} \\ p_i = 0, & t > t_0, \text{在 } S_\sigma \text{ 上} \end{cases} \tag{2-16}$$

由能量守恒定律可知，对一个弹性体，通过面力和体力的作用传入物体的能量被转化成物体的动能和应变能。写成功率形式有

$$\int_S p_i \dot{u}_i \mathrm{d}S + \int_V \rho f_i \dot{u}_i \mathrm{d}V = \frac{\mathrm{d}}{\mathrm{d}t}\int_V \frac{1}{2}\rho \dot{u}_i \dot{u}_i \mathrm{d}V + \int_V \sigma_{ij} \dot{\varepsilon}_{ij} \mathrm{d}V \tag{2-17}$$

由式（2-14）~式（2-16）及式（2-12）的最后一个式子，可知式（2-17）的左端为零，于是有

$$\frac{\mathrm{d}}{\mathrm{d}t}\int_V \hat{K} \mathrm{d}V + \frac{\mathrm{d}}{\mathrm{d}t}\int_V A \mathrm{d}V = 0 \tag{2-18}$$

其中，$\hat{K} = \frac{1}{2}\rho \dot{u}_i \dot{u}_i$ 为单位体积内的动能，$A = A(\varepsilon_{ij}) = \frac{1}{2}\sigma_{ij}\varepsilon_{ij}$ 为线弹性体的应变能密度函数。导出式（2-18）时，用到小应变假设和胡可（Hooke）定律，即

$$\frac{\mathrm{d}}{\mathrm{d}t}\int_V A \mathrm{d}V = \int_V \frac{\mathrm{d}A}{\mathrm{d}t} \mathrm{d}V = \int_V \frac{1}{2}(\dot{\sigma}_{ij}\varepsilon_{ij} + \sigma_{ij}\dot{\varepsilon}_{ij}) \mathrm{d}V = \int_V \sigma_{ij}\dot{\varepsilon}_{ij} \mathrm{d}V \tag{2-19}$$

在式（2-19）中 $\hat{K}$ 和 A 都是正定的，即 $\hat{K} \geqslant 0$，$A \geqslant 0$，仅当 $\dot{u}_i = 0$，$\dot{\varepsilon}_{ij} = 0$ 时取等号。令物体中总动能和总应变能为

$$K = \int_V \hat{K} \mathrm{d}V, \quad U = \int_V A \mathrm{d}V$$

则式（2-19）变成

$$\frac{\mathrm{d}}{\mathrm{d}t}(K+U) = 0$$

积分后给出

$$K + U = K_0 + U_0 = C \tag{2-20}$$

式中：K_0、U_0 分别是初始时刻物体的动能和应变能。由问题的初始条件式（2-13）可知，$K_0=U_0=0$，从而 $C=0$。由动能和应变能的正定性要求，则必有

$$K=0,\quad U=0$$

$K=0$ 意味着 $\dot{u}_i=0$，可知 u_i 只能是空间坐标的函数；又由 $K=0$，则 $\varepsilon_{ij}=0$，所以只能刚体位移。但是初始位移 $u_{i0}=0$，又 $\dot{u}_i=0(t>t_0)$，因此 u_i 只能为零，即

$$u_i=0$$

由式（2-12）得

$$u_i^{(1)}=u_i^{(2)} \tag{2-21}$$

即弹性体的位移场只有一个解答。

又因 $\varepsilon_{ij}=0$，从而 $\sigma_{ij}=0$，由式（2-12）中的第二式给出

$$\sigma_{ij}^{(1)}=\sigma_{ij}^{(2)} \tag{2-22}$$

即弹性体的应力场也只有一个解答。至此，弹性动力学三类问题解的唯一性得到了证明。

关于当 $V\to\infty$ 时，弹性动力学问题解的唯一性的证明可以参考 Wheeler 和 Sternberg 的论文[2]。

2.3　弹性动力学的哈密顿变分原理

变分学是数学的一个分支，它是研究关于泛函驻值性质的。泛函是指这样一种变量，它的取值依赖于一个或多个函数的选取，这种变量称为这些依赖函数的泛函，即人们通常所说的“函数的函数”[3]。反过来，这些所依赖的函数称为这个泛函的宗量函数。数学上把满足一定连续性条件、边界条件以及某种约束条件的宗量函数称为容许函数。而变分学就是要在某一容许函数族中找出一个特定容许函数，它使给定的泛函取驻值。一个最简单的例子是，在连接两个定点的所有曲线中，选取这样一条曲线，使其长度在所有连线中最短。

变分学在数学物理问题中有着广泛的应用，这是由于一个物理系统的性状常常使得与其相关联的某种泛函取驻值，即在系统的一系列可能的状态上建立一个泛函，真实的状态使该泛函取驻值，或者说描述某一过程的控制方程，就是某些变分问题的驻值条件。变分原理在固体力学领域中运用广泛。力学问题的变分原理，常与能量原理相关联，若系统要处于平衡状态，则要求系统的某种能量取驻值。例如，我们在弹性力学中已经熟悉的最小势能原理、最小余能原理等。

在弹性力学中，当边界条件比较复杂时，要求得到精确解答是十分困难

的，甚至是不可能的。因此，对于弹性力学的大量实际问题，近似解法就具有极为重要的意义。变分方法是近似解法中最有成效的方法之一。这种方法就其本质而言，是要把弹性力学基本方程的定解问题变为求泛函的极值（或驻值）问题；而在求解问题近似解时，泛函的极值（或驻值）问题又进而变成函数的极值（或驻值）问题。因此，最后把问题归结为求解线性代数方程组。

在弹性动力学问题中，除了考虑变形物体的应变能、外力的势能，还需考虑物体的动能。建立包含这些能量在内的某些泛函，由它们的驻值条件便可得到弹性动力学的支配方程以及定解条件，这就是弹性动力学的变分原理。对于求弹性动力学问题的近似解和数值解，变分原理提供了一个非常有效的方法。

根据定解条件的提法不同，弹性动力学的变分原理主要有两类：一类是哈密顿变分原理，另一类是 Gurtin 变分原理。哈密顿变分原理不考虑初值问题，而是考虑时间域上的边值问题。它不用初始条件，而是用时间域上 $t=0$ 和 $t=t_1$ 时刻的位移分布来建立泛函。但对一个实际的动力学问题来讲，往往 $t=t_1$ 时刻的位移场尚为待求的量，所以用这个原理解题是不方便的。Gurtin 变分原理是考虑的初值问题，它是在给定 $t=0$ 时刻的初始位移和初始速度分布条件下来建立泛函的。对于解决实际问题这个原理可能更适合，但此原理是以卷积的形式给出来的。单从导出场方程来看，两个原理具有相同的效果。由于哈密顿变分原理形式较为简单，下面只介绍这个原理。

哈密顿变分原理采用时间域上的边界条件

$$\begin{cases}\boldsymbol{u}(x,0)=\boldsymbol{u}_0(x)\\ \boldsymbol{u}(x,t_1)=\boldsymbol{u}_1(x)\end{cases} \tag{2-23}$$

式中：$\boldsymbol{u}_0(x)$、$\boldsymbol{u}_1(x)$ 为给定的函数。其他方程和空间边界条件仍然保留，即

运动方程：
$$\sigma_{ij,j}+\rho f_i=\rho u_i \tag{2-24}$$

几何方程：
$$\varepsilon_{ij}=\frac{1}{2}(u_{i,j}+u_{j,i}) \tag{2-25}$$

物理方程：
$$\sigma_{ij}=\lambda\varepsilon_{kk}\delta_{ij}+2\mu\varepsilon_{ij} \tag{2-26}$$

边界条件：
$$u_i(x,t)=U_i(x,t),\quad x\in S_u,t>0 \tag{2-27}$$

$$p_i(x,t)=P_i(x,t),\quad x\in S_\sigma,t>0 \tag{2-28}$$

满足方程式（2-23）、式（2-25）、式（2-26）、式（2-27）的状态称为可能运动状态，即约束所允许的运动状态。

哈密顿变分原理的表述如下：在一切可能的运动状态中，真实的状态使

$$\delta\int_0^{t_1}L\mathrm{d}t=\delta\int_0^{t_2}(K-U)\mathrm{d}t=0 \tag{2-29}$$

式中：L 为 Langrage 函数，K、U 分别为系统的动能和势能，其定义如下：

$$K=\frac{1}{2}\int_V\rho\frac{\mathrm{d}u_i}{\mathrm{d}t}\frac{\mathrm{d}u_i}{\mathrm{d}t}\mathrm{d}V$$

$$U=\int_V\{A(\varepsilon_{ij})-\rho f_i u_i\}\mathrm{d}V-\int_{S_\sigma}P_i u_i\mathrm{d}S$$

此处，$A(\varepsilon_{ij})$是应变能密度函数，即

$$A(\varepsilon_{ij})=\frac{1}{2}\sigma_{ij}\varepsilon_{ij}=\frac{1}{2}\lambda\Delta^2+\mu\varepsilon_{ij}\varepsilon_{ij}$$

式中：$\Delta=\varepsilon_{ii}$是相对体积变形。

哈密顿变分原理表明在满足方程式（2-23）、式（2-25）、式（2-26）、式（2-27）的情况下，使哈密顿作用量 $\prod=\int_0^{t_1}L\mathrm{d}t$ 取驻值的 u_i 必导出问题的真实解。也就是说，由 $\delta\Pi=0$，可以导出运动方程式（2-24）和应力边界条件式（2-28）。下面证明这一结论。

由

$$\delta\Pi=\delta\int_0^{t_1}\left\{\int_V\left[\frac{1}{2}\rho\frac{\mathrm{d}u_i}{\mathrm{d}t}\frac{\mathrm{d}u_i}{\mathrm{d}t}-A(\varepsilon_{ij})+\rho f_i u_i\right]\mathrm{d}V+\int_{S_\sigma}P_i u_i\mathrm{d}S\right\}\mathrm{d}t=0 \tag{2-30}$$

逐项进行变分运算，有

$$\begin{aligned}\delta\int_0^{t_1}\int_V\frac{1}{2}\rho\frac{\mathrm{d}u_i}{\mathrm{d}t}\frac{\mathrm{d}u_i}{\mathrm{d}t}\mathrm{d}V\mathrm{d}t&=\int_0^{t_1}\int_V\rho\frac{\mathrm{d}u_i}{\mathrm{d}t}\delta\left(\frac{\mathrm{d}u_i}{\mathrm{d}t}\right)\mathrm{d}V\mathrm{d}t\\&=\int_0^{t_1}\int_V\rho\frac{\mathrm{d}u_i}{\mathrm{d}t}\frac{\mathrm{d}(\delta u_i)}{\mathrm{d}t}\mathrm{d}V\mathrm{d}t\\&=\int_V\left[\rho\frac{\mathrm{d}u_i}{\mathrm{d}t}\delta u_i\right]_0^{t_1}\mathrm{d}V-\int_0^{t_1}\int_V\rho\frac{\mathrm{d}^2u_i}{\mathrm{d}t^2}\delta u_i\mathrm{d}V\mathrm{d}t\end{aligned}$$

考虑到式（2-23），从而上式中的第一项为零，所以有

$$\delta\int_0^{t_1}\int_V\frac{1}{2}\rho\frac{\mathrm{d}u_i}{\mathrm{d}t}\frac{\mathrm{d}u_i}{\mathrm{d}t}\mathrm{d}V\mathrm{d}t=-\int_0^{t_1}\int_V\rho\ddot{u}_i\delta u_i\mathrm{d}V\mathrm{d}t \tag{2-31}$$

第二项的变分

$$\begin{aligned}\delta\int_0^{t_1}\int_V A(\varepsilon_{ij})\mathrm{d}V\mathrm{d}t&=\int_0^{t_1}\int_V\frac{\partial A}{\partial\varepsilon_{ij}}\delta\varepsilon_{ij}\mathrm{d}V\mathrm{d}t\\&=\int_0^{t_1}\int_V\frac{\partial A}{\partial\varepsilon_{ij}}\frac{1}{2}(\delta u_{i,j}+\delta u_{j,i})\mathrm{d}V\mathrm{d}t\\&=\int_0^{t_1}\int_V\frac{\partial A}{\partial\varepsilon_{ij}}\delta u_{i,j}\mathrm{d}V\mathrm{d}t\end{aligned}$$

$$= \int_0^{t_1}\int_V\left\{\left(\frac{\partial A}{\partial \varepsilon_{ij}}\delta u_i\right)_{,j} - \left(\frac{\partial A}{\partial \varepsilon_{ij}}\right)_{,j}\delta u_i\right\}\mathrm{d}V\mathrm{d}t \tag{2-32}$$

$$= \int_0^{t_1}\int_S \frac{\partial A}{\partial \varepsilon_{ij}}\delta u_i n_j \mathrm{d}S\mathrm{d}t - \int_0^{t_1}\int_V \left(\frac{\partial A}{\partial \varepsilon_{ij}}\right)_{,j}\delta u_i \mathrm{d}V\mathrm{d}t$$

$$= \int_0^{t_1}\int_{S_\sigma} \sigma_{ij} n_j \delta u_i \mathrm{d}S\mathrm{d}t - \int_0^{t_1}\int_V \sigma_{ij,j}\delta u_i \mathrm{d}V\mathrm{d}t$$

$$= \int_0^{t_1}\int_{S_\sigma} P_i \delta u_i \mathrm{d}S\mathrm{d}t - \int_0^{t_1}\int_V \sigma_{ij,j}\delta u_i \mathrm{d}V\mathrm{d}t$$

将式（2-31）和式（2-32）代入式（2-30），可得

$$\int_0^{t_1}\left[\int_V(-\rho\ddot{u}_i + \sigma_{ij,j} + \rho f_i)\delta u_i \mathrm{d}V + \int_{S_\sigma}(-p_i + P_i)\delta u_i \mathrm{d}S\right]\mathrm{d}t = 0 \tag{2-33}$$

由于 δu_i 的任意性，由式（2-33）可以得到运动方程式（2-24）和应力边界条件式（2-28）。

以上的哈密顿变分原理是在给定位移边界条件和几何关系下进行变分的，是有条件变分原理。在利用拉格朗日乘子法后，可以由上述原理得到弹性动力学的广义变分原理。通过变分运算可以证明位移边界条件与几何关系所对应的乘子分别是 σ_{ij} 和 $\sigma_{ij}n_j$。弹性动力学广义变分原理可以表示如下：

在 $t=0$ 和 $t=t_1$ 时刻 u_i 为已知的条件下，弹性动力学问题的正确解 u_i、ε_{ij}、σ_{ij} 必使泛函

$$\Pi = \int_0^{t_1}\left\{\int_V\left[\frac{1}{2}\rho\frac{\mathrm{d}u_i}{\mathrm{d}t}\frac{\mathrm{d}u_i}{\mathrm{d}t} - A(\varepsilon_{ij}) + \rho f_i u_i - \sigma_{ij}\left(\frac{1}{2}u_{i,j} + \frac{1}{2}u_{j,i} - \varepsilon ij\right)\right]\mathrm{d}V + \int_{S_\sigma}P_i u_i \mathrm{d}S + \int_{S_u}\sigma_{ij}n_j(u_i - U_i)\mathrm{d}S\right\}\mathrm{d}t \tag{2-34}$$

取驻值。

2.4 用位移和位移势表示的运动方程

2.4.1 用位移表示的运动方程

在无限小应变下线性化的运动方程为

$$\sigma_{ij,j}+\rho f_i=\rho u_i \tag{2-35}$$

式中：体力 f_i 一般是预先给定的，称为源函数；σ_{ij}、u_i 为未知的待求场量。在这个运动方程中，既有应力的偏导数，又有位移的时间导数，若按照弹性力

学的应力法求解是非常困难的，所以在弹性动力学中一般采用位移法求解。为此，需要得到用位移表示的运动方程，这可以通过用本构方程将应力分量用应变分量表示，再通过几何方程将应变分量用位移表示来实现。

将本构方程

$$\sigma_{ij}=\lambda\varepsilon_{kk}\delta_{ij}+2\mu\varepsilon_{ij}=\lambda\varepsilon_{kk}\delta_{ij}+\mu(u_{i,j}+u_{j,i}) \tag{2-36}$$

代入式（2-35），得

$$\lambda\varepsilon_{kk,j}\delta_{ij}+\mu(u_{i,jj}+u_{j,ij})+\rho f_i=\rho\ddot{u}_i \tag{2-37}$$

注意到 $\varepsilon_{kk}=u_{j,j}$，$\varepsilon_{kk,j}\delta_{ij}=\varepsilon_{k,j,i}=u_{j,ji}$及 $u_{j,ij}=u_{j,ji}$，则有

$$(\lambda+\mu)u_{j,ij}+\mu u_{i,jj}+\rho f_i=\rho u_i \tag{2-38}$$

将式（2-38）写成矢量形式为

$$(\lambda+\mu)\nabla(\nabla\cdot\boldsymbol{u})+\mu\nabla^2\boldsymbol{u}+\rho\boldsymbol{f}=\rho\ddot{\boldsymbol{u}} \tag{2-39}$$

式（2-38）和式（2-39）就是用位移表示的运动方程，其中 V 为矢性的哈密顿微分算子，∇^2 为拉普拉斯算子，即

$$\nabla=\frac{\partial}{\partial x_k}\boldsymbol{i}_k=\frac{\partial}{\partial x}\boldsymbol{i}+\frac{\partial}{\partial y}\boldsymbol{j}+\frac{\partial}{\partial z}\boldsymbol{k}$$

$$\nabla^2=\frac{\partial^2}{\partial x_i\partial x_i}=\frac{\partial^2}{\partial x^2}+\frac{\partial^2}{\partial y^2}+\frac{\partial^2}{\partial z^2}$$

再注意到$\nabla^2\boldsymbol{u}=\nabla(\nabla\cdot\boldsymbol{u})-\nabla\times\nabla\times\boldsymbol{u}$，则式（2-39）可以化为

$$(\lambda+2\mu)\nabla(\nabla\cdot\boldsymbol{u})-\mu\nabla\times\nabla\times\boldsymbol{u}+\rho\boldsymbol{f}=\rho\boldsymbol{u} \tag{2-40}$$

这是运动方程的另一种很有用的形式。

2.4.2　矢量场的亥姆霍兹分解

首先给出矢量场的亥姆霍兹分解定理。

若 $\boldsymbol{F}(x)$ 是单值、分段连续、有界的矢量场，则该矢量场恒可以作如下分解：

$$\boldsymbol{F}(x)=\nabla f(x)+\nabla\times\boldsymbol{G}(x),\quad 且\nabla\cdot\boldsymbol{G}=0 \tag{2-41}$$

式中：$f(x)$是个标量场，$\boldsymbol{G}(x)$是个矢量场，分别称为 $\boldsymbol{F}(x)$ 的标量势和矢量势。

这个定理的证明归结为对所给定的矢量场 $\boldsymbol{F}(x)$，构造满足式（2-41）的势函数$f(x)$和 $\boldsymbol{G}(x)$。以下对该定理不作数学上的证明，而直接给出构造势函数的方法。

若 $\boldsymbol{F}(x)$定义在有限的闭区域 V 上，则按照下述方式构造的两个势函数恒满足式（2-41）：

$$f=\nabla\cdot\boldsymbol{W},\quad \boldsymbol{G}=-\nabla\times\boldsymbol{W} \tag{2-42}$$

其中

$$\boldsymbol{W}(x) = -\frac{1}{4\pi}\int_V \frac{\boldsymbol{F}(\xi)}{|\boldsymbol{x}-\boldsymbol{\xi}|}\mathrm{d}V_\xi \tag{2-43}$$

对于笛卡儿直角坐标系，有

$$\mathrm{d}V_\xi = \mathrm{d}\xi_1\mathrm{d}\xi_2\mathrm{d}\xi_3$$

$$|x-\xi| = [(x_1-\xi_1)^2+(x_2-\xi_2)^2+(x_3-\xi_3)^2]^{\frac{1}{2}}$$

在式（2-43）中，因子$-\frac{1}{4\pi|x-\xi|}$是无界域上 Poisson 方程的格林函数。由数学物理方程中的格林函数法可知，由式（2-43）定义的$\boldsymbol{W}(x)$在$\boldsymbol{F}(x)$连续的区域V内各点满足矢量形式的 Poisson 方程，而在区域V以外的点处满足矢量形式的拉普拉斯方程，即

$$\nabla^2\boldsymbol{W}(\boldsymbol{x}) = \begin{cases}\boldsymbol{F}(x) & ,\boldsymbol{x}\in V \\ 0 & ,\boldsymbol{x}\notin V\end{cases} \tag{2-44}$$

利用作用于矢量函数的性质$\nabla^2\boldsymbol{u}=\nabla(\nabla\cdot\boldsymbol{u})-\nabla\times\nabla\times\boldsymbol{u}$，则在$V$内有

$$\boldsymbol{F}(\boldsymbol{x}) = \nabla^2\boldsymbol{W} = \nabla(\nabla\cdot\boldsymbol{W})-\nabla\times\nabla\times\boldsymbol{W} \tag{2-45}$$

若按式（2-42）定义$\boldsymbol{F}(x)$和$\boldsymbol{G}(x)$，显然这样定义的$\boldsymbol{G}$满足$\nabla\cdot\boldsymbol{G}=\nabla\cdot(\nabla\times\boldsymbol{W})=0$。于是式（2-41）的分解在$V$内成立。若将$V$取得足够大，则可知该定理在任何有限的空间内部均成立。

2.4.3 波动方程的 Lame 分解

在以上介绍的用位移表示的运动方程中，位移的三个分量是耦合在一起的，这使得在求解时非常不方便。Lame 提出了一个较为简单的求解方法，这一方法是借助于矢量场的亥姆霍兹分解定理构造位移场的势函数，这些势函数将满足不耦合的偏微分方程，从而简化了运动方程的求解。

下面介绍波动方程的 Lame 分解，首先来考察不计体力的波动方程：

$$(\lambda+\mu)\nabla(\nabla\cdot\boldsymbol{u})+\mu\nabla^2\boldsymbol{u}=\rho\ddot{\boldsymbol{u}} \tag{2-46}$$

或其分量形式

$$(\lambda+\mu)u_{j,ij}+\mu u_{i,jj}=\rho u_i \tag{2-47}$$

下面可以讨论两种特殊情况：

（1）若相对体积变形为零，即$\nabla\cdot\boldsymbol{u}=\boldsymbol{u}_{j,j}=0$，则由式（2-46）给出

$$\nabla^2\boldsymbol{u}=\frac{1}{c_s^2}\ddot{\boldsymbol{u}} \tag{2-48}$$

式中：$c_s^2=\frac{\mu}{\rho}$。在这种情况下弹性体内仅有剪切变形和转动变形，而没有体积

变形，因此称式（2-48）为支配等容积波的位移波动方程。式中的 c_s 是此种等容积波的传播速度，常称为剪切波速或横波波速。

（2）若弹性体内的转动变形为零，即 $\omega=\frac{1}{2}\nabla\times\boldsymbol{u}=0$，则有

$$\nabla^2\boldsymbol{u}=\nabla(\nabla\cdot\boldsymbol{u})-\nabla\times\nabla\times\boldsymbol{u}=\nabla(\nabla\cdot\boldsymbol{u})$$

于是由式（2-46）给出

$$\nabla^2\boldsymbol{u}=\frac{1}{c_p^2}\ddot{\boldsymbol{u}} \tag{2-49}$$

式中：$c_p^2=\frac{\lambda+2\mu}{\rho}$。而此时弹性体内仅有体积变形和剪切变形，而没有转动变形。因此，称式（2-49）为支配膨胀波的波动方程，式中的 c_p 是此种膨胀波的传播速度，常称为纵波波速。注意到 c_p 与剪切模量 μ 也有关系，表明膨胀波中包含着剪切变形。

从以上两种情况可得到启发，不考虑体力的齐次波动方程式（2-46）和式（2-47）支配了两种不同传播速度的位移波，即等容积波和膨胀波。显然对于一般的扰动，将会既包含体积变形和剪切变形，又包含转动变形。也就是说，一般扰动传播将是等容积波和膨胀波的组合。如果能将这两种波进行分解并单独讨论，将对问题的求解带来极大的方便。Lame 借助于矢量场的亥姆霍兹分解定理对位移场进行了分解。

Lame 指出，将位移矢量 $\boldsymbol{u}$ 进行如下分解：

$$\nabla\boldsymbol{u}=\nabla\phi+\nabla\times\psi \tag{2-50}$$

这一分解的位移矢量场将满足波动方程式（2-46）~式（2-48），只要标量函数 ϕ 和矢量函数 ψ 中分别是方程

$$\nabla^2\phi=\frac{1}{c_p^2}\ddot{\phi} \tag{2-51}$$

$$\nabla^2\boldsymbol{\psi}=\frac{1}{c_s^2}\ddot{\boldsymbol{\psi}} \tag{2-52}$$

的解，其中 c_s、c_p 分别是等容积波和膨胀波的传播速度，标量函数 ϕ 和矢量函数 $\boldsymbol{\psi}$ 分别称为位移矢量 $\boldsymbol{u}$ 的标量势和矢量势。

上述结论很容易证明，将式（2-50）代入式（2-46），有

$$(\lambda+\mu)\nabla\{\nabla\cdot(\nabla\phi+\nabla\times\boldsymbol{\psi})\}+\mu\nabla^2(\nabla\phi+\nabla\times\boldsymbol{\psi})=\rho\frac{\partial^2}{\partial t^2}(\nabla\phi+\nabla\times\boldsymbol{\psi})$$

注意到$\nabla\cdot\nabla\phi=\nabla^2\phi$ 和$\nabla\cdot(\nabla\times\psi)=0$，并将上式展开，有

$$(\lambda+\mu)\nabla(\nabla^2\phi)+\mu\nabla^2(\nabla\phi)+\mu\nabla^2\nabla\times\boldsymbol{\psi})=\rho\frac{\partial^2}{\partial t^2}(\nabla\phi)+\rho\frac{\partial^2}{\partial t^2}(\nabla\times\boldsymbol{\psi})$$

交换微分顺序，可得

$$(\lambda+2\mu)\nabla(\nabla^2\boldsymbol{\phi})+\mu\nabla\times(\nabla^2\psi)=\nabla\rho\ddot{\boldsymbol{\phi}}+\nabla\times\rho\ddot{\psi}$$

或

$$\nabla\{(\lambda+2\mu)\nabla^2\phi-\rho\ddot{\phi}\}+\nabla\times(\mu\nabla^2\boldsymbol{\psi}-\rho\ddot{\boldsymbol{\psi}})=0 \tag{2-53}$$

显然在式（2-51）和式（2-52）的条件下，式（2-53）便成为恒等式。

Lame 分解表明了标量势函数以速度 c_p 传播，矢量势函数以速度 c_s 传播。只要由式（2-51）求得 ϕ 以及由式（2-52）求得 ψ 的解，则可以利用式（2-50）所确定的 u 就是位移运动方程式（2-46）和式（2-47）的解。Lame 引入的标量势和矢量势使人们进一步加深了对波动方程解的认识，它是弹性动力学发展史上的一个重要里程碑，从此弹性动力学的研究核心便归结为在特定的定解条件下寻找 Lame 势函数。

注意的是，一般来说，一个矢量场仅需要三个标量函数（分量函数）来确定，而式（2-50）将位移矢量的三个分量与四个其他函数：标量势和矢量势的三个分量则联系在一起。所以 ϕ 与 $\boldsymbol{\psi}$ 的分量之间应当有一个附加的约束条件（常称为规范化条件），即

$$\nabla\times\boldsymbol{\psi}=0 \tag{2-54}$$

这与矢量场的亥姆霍兹分解定理（2-41）中$\nabla\times\boldsymbol{G}=0$ 的要求是一致的。

以后的主要目标是寻找方程式（2-51）和式（2-52）的解，它们实际上是关于 ϕ，$\boldsymbol{\psi}_1$，$\boldsymbol{\psi}_2$，$\boldsymbol{\psi}_3$ 的四个独立方程。

从以上分析可以看出波速 c_p 和 c_s 仅与材料的弹性常数和密度有关，而与扰动源的性质无关。除了用 Lame 常数表示波速，还可以用其他弹性常数来表示波速，如用杨氏模量 E 和泊松比 v 表示波速时，有

$$c_p=\sqrt{\frac{(1-v)E}{(1+v)(1-2v)\rho}}$$

$$c_s=\sqrt{\frac{E}{2(1+v)\rho}}$$

两种波速的比值为 $c_s/c_p=\sqrt{(1-2v)/2(1-v)}$。由于一般工程材料的泊松比在 0~0.5，所以有 $c_p>c_s$。

2.5 平　面　波

从本节开始，将对波动方程的求解进行讨论。从前面的介绍可知弹性动力学问题将采用位移解法，所以波动方程的解可以是位移矢量本身，也可以是位

移矢量的势函数 ϕ 或 $\boldsymbol{\psi}$。下面将从最简单的一维平面波入手，然后讨论三维平面波。

2.5.1　一维平面波

一维平面波是指所考虑的位移函数只依赖于一个空间变量（坐标）和时间 t_0 不失一般性，假设这个空间变量为 x_1 在这种情况下有 $\frac{\partial}{\partial x_2}=\frac{\partial}{\partial x_3}=0$。下面来看两种情况：

（1）位移分量仅有非零的 x_1 方向的分量 u_1，而 $u_2=u_3=0$。在这种情况下，位移表示的运动方程（2-47）变为

$$(\lambda+2\mu)\frac{\partial^2 u_1}{\partial x_1^2}=\rho\frac{\partial^2 u_1}{\partial t^2}$$

或

$$\frac{\partial^2 u_1}{\partial x_1^2}=\frac{1}{c_p^2}\frac{\partial^2 u_1}{\partial t^2} \tag{2-55}$$

通过对一维波动方程的讨论，得出式（2-55）具有 D'Alembert 形式的解

$$u_1=f_1(x_1-c_pt)+g_1(x_1+c_pt) \tag{2-56}$$

它代表了沿 x_1 的正反两个方向以膨胀波波速 c_p 传播的平面波，之所以称为平面波是因为对于固定的某一时刻，与波传播方向相垂直的每一平面上所有点的运动情况均相同。对现在这种情况来说，在 $x_1=\text{const}$ 的平面上，各点的位移分量 u_1 显然是相同的，且质点的运动方向和波的传播方向一致，故称其为纵波，所以 c_p 也称为纵波波速。

为讨论方便，仅取式（2-56）的第一项，注意到此时仅有非零的位移分量 u_1，从而可以求得非零的应变分量、应力分量和质点速度分别为

$$\varepsilon_{11}=\frac{\partial u_1}{\partial x_1}=f'_1(x_1-c_pt)$$

$$\sigma_{11}=(\lambda+2\mu)f'_1(x_1-c_pt)$$

$$\sigma_{22}=\sigma_{33}=\lambda f'_1(x_1-c_pt)$$

$$v_1=\frac{\partial u_1}{\partial t}=-c_pf'_1(x_1-c_pt)=-c_p\varepsilon_{11}$$

可以看出，应变、应力和质点速度均按与位移相同的方式进行传播，但是质点的运动速度 v_1 远小于波的传播速度 c_p。

（2）当非零的位移分量是 u_2 和 u_3，而 $u_1=0$ 时。在这种情况下，位移表示的运动方程（2-47）变为

$$\frac{\partial^2 u_2}{\partial x_1^2}=\frac{1}{c_s^2}\frac{\partial^2 u_2}{\partial t^2} \tag{2-57}$$

$$\frac{\partial^2 u_3}{\partial x_1^2}=\frac{1}{c_s^2}\frac{\partial^2 u_3}{\partial t^2} \tag{2-58}$$

相应地有如下的 D'Alembert 解

$$u_2=f_2(x_1-c_s t)+g_2(x_1+c_s t) \tag{2-59}$$

$$u_3=f_3(x_1-c_s t)+g_3(x_1+c_s t) \tag{2-60}$$

在这两种情况下，质点运动的方向与波的传播方向相垂直，且波的传播速度为 c_s，这样的波称为横波，相应地 c_s 称为横波波速。

从上述讨论可以得到关于平面波的一般定义：如果波动方程的一个解在与波的传播方向相垂直的平面上为常数，那么这个解代表了一个平面波。同一时刻波相相同的点的集合所构成的曲面称为波阵面或波前。于是平面波的定义又可以这样表示：波阵面为平行平面的波动，称为平面波。

为了说明 Lame 位移势函数的应用，下面利用势函数来讨论一维平面波。仍假设位移函数只依赖于一个空间变量 x_1，时间 t_0 将位移进行 Lame 分解后，其标量势和矢量势应满足

$$\nabla^2\boldsymbol{\psi}=\frac{1}{c^2}\ddot{\boldsymbol{\psi}} \tag{2-61}$$

这里 $\boldsymbol{\psi}$ 只能是 ϕ、$\boldsymbol{\psi}_2$ 和 $\boldsymbol{\psi}_3$ 中的一个。之所以不能取 $\boldsymbol{\psi}_1$ 是因为它所给出的位移分量为零，对位移解没有意义，即

$$u_i=e_{i11}\frac{\partial}{\partial x_1}\boldsymbol{\psi}_1=0$$

式（2-61）中，若 $\boldsymbol{\psi}$ 代表 ϕ 时，相应地 c 取为 c_p；当 $\boldsymbol{\psi}$ 代表 $\boldsymbol{\psi}_2$、$\boldsymbol{\psi}_3$ 时，则 c 取为 c_s。方程（2-61）仍然是一个一维波动方程，相应地有 D'Alembert 形式的解

$$\boldsymbol{\psi}(x_1,t)=F(x_1-ct)+G(x_1+ct) \tag{2-62}$$

若 $\boldsymbol{\psi}$ 代表的是标量势 ϕ，则由 $\nabla\boldsymbol{u}=\nabla\phi=\nabla\psi$ 可以得到位移分量

$$\begin{cases} u_1=\dfrac{\partial\phi}{\partial x_1}=F'(x_1-c_p t)+G'(x_1+c_p t) \\ u_2=\dfrac{\partial\phi}{\partial x_2}=0 \\ u_3=\dfrac{\partial\phi}{\partial x_3}=0 \end{cases} \tag{2-63}$$

若取 $f_1=F'$，$g_1=G$，则式（2-63）中的第一式就是式（2-56）。

若 $\boldsymbol{\psi}$ 代表的是矢量势分量 $\boldsymbol{\psi}_2$，$\boldsymbol{\psi}_3$ 时，则由 $\boldsymbol{u}=\nabla\times\boldsymbol{\psi}$，即 $u_i=e_{ijk}\dfrac{\partial}{\partial x_j}\boldsymbol{\psi}_k$，可以分别求得式（2-59）和式（2-60）。由此可见，无论是直接求解位移波动方程，还是求解关于势函数的波动方程都是一样的。

2.5.2　三维平面波

如果平面波不是沿一个坐标方向，而是沿三维空间中任意确定的某一方向传播，就称为三维平面波。

考虑三维空间 $x_i(i=1,2,3)$ 中的一个平面，此处 n_j 是该平面外法线的方向余弦，d 是坐标原点到该平面的距离（图 2.1）。

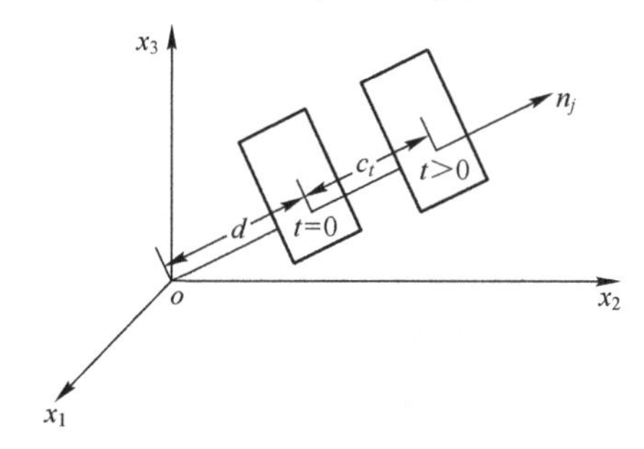

图 2.1　三维平面波

假设这是 $t=0$ 时平面的位置，当 $t>0$，平面沿 n_j 方向以速度 c 前进，当 t 时刻该平面距原点的距离为 $d+ct$，则 t 时刻的平面方程为

$$x_jn_j=d+ct$$

或

$$x_jn_j-ct=d$$

若令

$$\Omega(x,t)=\Omega(x_jn_j-ct) \tag{2-64}$$

由此定义的 Ω 服从前面对平面波的定义，故而 Ω 满足以速度 c 传播的三维平面波的波动方程

$$\nabla^2\Omega=\frac{1}{c^2}\ddot{\Omega} \tag{2-65}$$

式（2-64）中 Ω 的宗量 x_jn_j-ct 是三维平面波的波相，也就是初始扰动的相位。显然，如果改变时间 t 而保持波相为常数 d 时，就可以得到三维空间中与常数 d 相关联的一系列平面，在这个平面系列上 Ω 将保持为常数。如果式

(2-64) 定义的Ω代表弹性波的波函数的一个分量，它可以是位移分量中的任意一个，也可以是位移势函数的任意一个分量。

可以证明式（2-65）中的c只能取c_p或c_s。假设Ω代表位移势函数，将式（2-65）中的Ω用φ或ψ_k代替，然后代入位移势函数所满足的方程式（2-51）或式（2-52）中，可以得

$$\phi''=\left(\frac{c}{c_p}\right)^2\phi''\text{或}\ \psi_k'=\left(\frac{c}{c_s}\right)^2\psi_k'' \tag{2-66}$$

显然，仅当$c=c_p$或c_s时，式（2-66）中的两式才能够成立。由此可见，标量势只能以速度c_p传播，矢量势只能以速度c_s传播。因而对于一般的平面波，有

$$\phi(\boldsymbol{x},t)=\phi(x_jn_j-c_pt) \tag{2-67}$$

$$\psi_k(\boldsymbol{x},t)=\psi_k(x_jn_j-c_st) \tag{2-68}$$

在笛卡儿坐标系中，根据 Lame 分解

$$u_i=\phi_{,i}+e_{ijk}\psi_{k,j} \tag{2-69}$$

可知u_i一般是由以速度c_p和c_s传播的两种波组成的。

特别地，当$n_1=1$，$n_2=n_3=0$时，就得到前面所讨论的一维平面波，这时式（2-67）和式（2-68）分别变成

$$\phi(\boldsymbol{x},t)=\phi(x_1-c_pt),\quad \psi_k(\boldsymbol{x},t)=\psi_k(x_1-c_st)$$

进而利用式（2-68）可以求得

$$u_1=\phi_{,i}+e_{1jk}\psi_{k,j}=\phi_{,1}+\psi_{3,2}-\psi_{2,3}=\phi_{11}=\phi'(x_1-c_pt)$$

$$u_2=\phi_{,2}+\phi_{1,3}-\psi_{3,1}=-\psi_3'(x_1-c_st)$$

$$u_3=\phi_{,3}+\psi_{2,1}-\psi_{1,2}=\psi_2'(x_1-c_st)$$

这里u_1是以速度c_p传播的纵波（膨胀波），而u_2、u_3是以速度c_s传播的横波（等容积波）。因$c_d>c_s$，所以u_2、u_3传播得比u_1慢。这组沿x_1方向传播的平面波的传播情况如图 2.2 所示。若将x_1x_2平面当成水平面，则u_1、u_2和u_3分

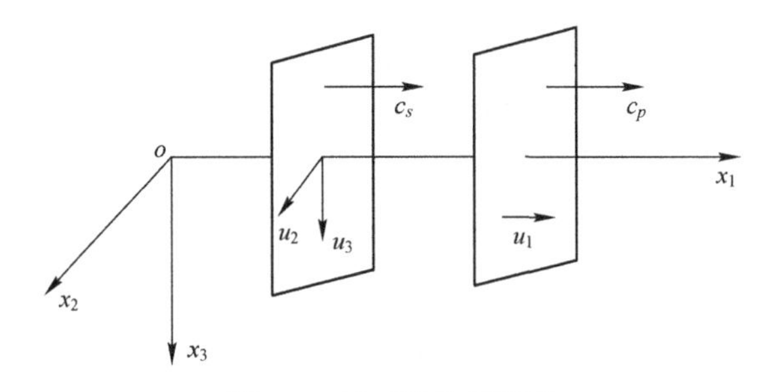

图 2.2　平面波传播情况

别与地震学中的 P 波（压缩波）、SH 波（水平偏振剪切波）和 SV 波（垂直偏振剪切波）相一致。

2.6　球面波和柱面波

2.5 节中讨论了三维波动方程一种最简单的解答，即平面波形式的解，在这种解答中波阵面是平面的。可以想象，这种形式的解答在实际的弹性动力学问题中是很难实现的，仅当在远离扰动源的地方，才可以用平面波来近似。所以，平面波并非是唯一形式的解答，而根据扰动源的不同，采用不同形式的解答是方便的。例如，从各向同性的无限弹性介质中的某一点发出的一个扰动，将在无限介质中向各个方向对称地传播，其传播特点是球对称的，其波阵面是球面，所以称为球对称波或球面波。同样地，如果扰动源是一条直线，由此激发的波将呈现轴对称的特点，其波阵面是圆柱面，故称为轴对称波或柱面波。这两种情况将是本节主要讨论的内容。

为了方便起见，用球坐标系和圆柱坐标系来分别讨论这两种波。首先给出在这两种坐标系中标量场和矢量场微分的基本运算。

球坐标系(r,θ,ψ)和笛卡儿直角坐标系(x_1,x_2,x_3)下坐标变换关系为

$$x_1=r\sin\theta\cos\varphi,\quad x_2=r\sin\theta\sin\varphi,\quad x_3=r\cos\theta \tag{2-70}$$

在球坐标系中，标量场 ϕ 和矢量场 $\boldsymbol{A}$ 的相关微分运算如下：

$$\nabla\phi=\frac{\partial\phi}{\partial r}\boldsymbol{e}_r+\frac{1}{r}\frac{\partial\phi}{\partial\theta}\boldsymbol{e}_\theta+\frac{1}{r\sin\theta}\frac{\partial\phi}{\partial\varphi}\boldsymbol{e}_\varphi \tag{2-71}$$

$$\nabla\cdot\boldsymbol{A}=\frac{1}{r^2}\frac{\partial}{\partial r}(r^2A_r)+\frac{1}{r\sin\theta}\frac{\partial}{\partial\theta}(A_\theta\sin\theta)+\frac{1}{r\sin\theta}\frac{\partial A_\varphi}{\partial\varphi} \tag{2-72}$$

$$\begin{aligned}\nabla\times\boldsymbol{A}=&\left[\frac{1}{r\sin\theta}\left(\frac{\partial}{\partial\theta}(A_\varphi\sin\theta)-\frac{\partial A_\theta}{\partial\varphi}\right)\right]\boldsymbol{e}_r\\&+\left[\frac{1}{r\sin\theta}\frac{\partial A_r}{\partial\varphi}-\frac{1}{r}\frac{\partial}{\partial r}(rA_\varphi)\right]\boldsymbol{e}_\theta\\&+\left[\frac{1}{r}\frac{\partial}{\partial r}(rA_\theta)-\frac{1}{r}\frac{\partial A_r}{\partial\theta}\right]\boldsymbol{e}_\varphi\end{aligned} \tag{2-73}$$

$$\nabla^2\phi=\frac{1}{r^2}\frac{\partial}{\partial r}\left(r^2\frac{\partial\phi}{\partial r}\right)+\frac{1}{r^2\sin\theta}\left(\sin\theta\frac{\partial\phi}{\partial\theta}\right)+\frac{1}{r^2\sin^2\theta}\frac{\partial^2\phi}{\partial\varphi^2} \tag{2-74}$$

式中：$\boldsymbol{e}_r$、$\boldsymbol{e}_\theta$、$\boldsymbol{e}_\psi$ 是沿坐标曲线的单位矢量。

圆柱坐标系球坐标系(r,θ,z)和笛卡儿直角坐标系(x_1,x_2,x_3)下坐标变换关系为

$$x_1=r\cos\theta,\quad x_2=r\sin\theta,\quad x_3=r \tag{2-75}$$

在圆柱坐标系中，标量场ϕ和矢量场$\boldsymbol{A}$的相关微分运算如下：

$$\nabla\phi=\frac{\partial\phi}{\partial r}\boldsymbol{e}_r+\frac{1}{r}\frac{\partial\phi}{\partial\theta}\boldsymbol{e}_\theta+\frac{\partial\phi}{\partial z}\boldsymbol{e}_z \tag{2-76}$$

$$\nabla\cdot\boldsymbol{A}=\frac{1}{r}\frac{\partial}{\partial r}(rA_r)+\frac{1}{r}\frac{\partial A_\theta}{\partial\theta}+\frac{\partial A_z}{\partial z} \tag{2-77}$$

$$\begin{aligned}\nabla\times\boldsymbol{A}=&\left[\frac{1}{r}\left(\frac{\partial A_z}{\partial\theta}-\frac{\partial A_\theta}{\partial z}\right)\right]\boldsymbol{e}_r+\left[\frac{\partial A_r}{\partial z}-\frac{\partial A_z}{\partial r}\right]\boldsymbol{e}_\theta\\&+\left[\frac{1}{r}\frac{\partial}{\partial r}(rA_\theta)-\frac{1}{r}\frac{\partial A_r}{\partial\theta}\right]\boldsymbol{e}_z\end{aligned} \tag{2-78}$$

$$\nabla^2\phi=\frac{1}{r}\frac{\partial}{\partial r}\left(r\frac{\partial\phi}{\partial r}\right)+\frac{1}{r^2}\frac{\partial^2\phi}{\partial\theta^2}+\frac{\partial^2\phi}{\partial z^2} \tag{2-79}$$

式中：$\boldsymbol{e}_r$、$\boldsymbol{e}_\theta$、$\boldsymbol{e}_z$是沿坐标曲线的单位矢量。

首先讨论球面波。由于球面波是球对称的，所以在球坐标系(r,θ,ψ)中，波动与θ和ψ无关。这种情况下有$\frac{\partial}{\partial\theta}=\frac{\partial}{\partial\varphi}=0$及$u_\theta=u_\varphi=0$，非零的位移分量只有$u_r$。根据上面给出的球坐标系中的微分运算性质，Lame 分解可以简化为

$$u_r=\frac{\partial\phi}{\partial r} \tag{2-80}$$

$$\nabla^2\phi=\frac{1}{r^2}\frac{\partial}{\partial r}\left(r^2\frac{\partial\phi}{\partial r}\right)=\frac{1}{c_p^2}\ddot{\phi} \tag{2-81}$$

式（2-81）两端同乘以r并将左端展开，可以写成

$$r\frac{\partial^2\phi}{\partial r^2}+2\frac{\partial\phi}{\partial r}=\frac{r}{c_p^2}\ddot{\phi}$$

注意到

$$r\frac{\partial^2\phi}{\partial r^2}+2\frac{\partial\phi}{\partial r}=\frac{\partial^2(r\phi)}{\partial r^2}$$

则式（2-81）可以写成

$$\frac{\partial^2(r\phi)}{\partial r^2}=\frac{1}{c_p^2}\frac{\partial^2(r\phi)}{\partial t^2} \tag{2-82}$$

这是一个关于$(r\phi)$的一维波动方程，利用 D'Alembert 解可以得

$$\phi(r,t)=\frac{1}{r}[F(r-c_pt)+G(r+c_pt)] \tag{2-83}$$

可见这种球面波的解仍然具有行波形式的解。式（2-83）的第一项表示从 $r=0$ 向外传播的波，第二项代表了向 $r=0$ 方向传播的波。如果保持 F 和 G 的宗量为常数，对于不同的时间 t 将给出一系列的球面。在每一个球面上同一时刻各点的运动情况均相同，即波阵面是一个球面。值得注意的是，在解的右端出现了因子 $\frac{1}{r}$，说明波的幅值随着 r 的增加而衰减，而不像平面波那样保持为常数。

再来看看柱面波的情况。由于柱面波是轴对称的，所以在圆柱坐标系 (r,θ,z) 中，波动与 θ 无关。这种情况下有 $\frac{\partial}{\partial\theta}=0$ 及 $u_\theta=0$。进一步假设是平面应变问题，则有 $u_z=0$ 及 $\frac{\partial}{\partial z}=0$，Lame 分解可以简化为

$$u_r=\frac{\partial\phi}{\partial r} \tag{2-84}$$

$$\nabla^2\phi=\frac{1}{r}\frac{\partial}{\partial r}\left(r\frac{\partial\phi}{\partial r}\right)=\frac{1}{c_p^2}\phi \tag{2-85}$$

上式的解仅是 r 和 t 的函数，但在这里不能直接由 D'Alembert 公式得到它的解。以后将会看到，这种波动的波阵面是圆柱曲面。当 $u_z\neq0$ 时，将仍然得到柱面波，但这时将包含两个位移分量，问题要复杂一些，本书将不予考虑。

2.7　波动方程解的积分表示

前面的几节着重讨论了齐次波动方程解的一般性质，而没有涉及扰动源的作用，这属于弹性波的传播问题。而弹性动力学的最一般问题是求解扰动源作用后的物体的响应（辐射问题），扰动源的作用反映到运动方程中就是增加了方程的非齐次项。所以解决这类问题实际上就是要求解非齐次的波动方程的初值-边值问题。在本节中，将基于弹性动力学的互易定理得到这一问题的解的积分表示形式。对于实际的弹性动力学问题，无论是初始扰动还是随时间变化的扰动源总是限定在空间的有限区域中，而根据波动方程的双曲性，在有限的时间内，扰动的传播也只能在某一有限的区域内，因此用积分这种有限的形式来表示初值-边值问题的解是可能的，也是合理的。另外，这种解的积分表示包含了边界 S 上的场量及其法向导数，而对于边界 S

上的点，积分表示公式构成了一个积分方程，边界元法使这种积分方程的数值解成为可能。这对于弹性动力散射问题将是非常有用的。本节首先介绍在这一部分内容中很重要的 Dirac 广义函数，其次基于弹性动力学的互易定理得到解的积分表示形式。

2.7.1 Dirac 广义函数

对于弹性动力学问题来说，由于控制方程是线性的，所以可以运用叠加原理。对于扰动源来说，可以将持续在时间域上的扰动，看作一系列前后相继的瞬时源的叠加作用；同时可以将分布在空间域上的扰动，看作许多在空间的点源的叠加作用。如果能知道这些瞬时的或集中的点源作用效果，那么那些持续的或分布的扰动作用效果就可以通过某种积分而得到。在研究这些瞬时量或集中量所产生的效果时，Dirac 所引入的 δ-广义函数（简称 δ-函数）起着重要的作用。为了以下研究问题的需要，这里仅直观地给出 δ-函数的定义和主要运算性质。

在一维情况下，δ-函数的定义为

$$\begin{cases} \delta(x-x_0)=\begin{cases} 0 & ,x\neq x_0 \\ \infty & ,x=x_0 \end{cases} \\ \int_a^b \delta(x-x_0)\mathrm{d}x=1, \quad a<x_0<b \end{cases} \tag{2-86}$$

容易看出 δ-函数的量纲是 x 量纲的倒数。δ-函数可以看作图 2.3 中所示的宽度为 $2h$，长度为$\frac{1}{2h}$的矩形脉冲 $\delta_h(x-x_0)$ 当 h 趋近于零时的极限，当 h 趋近于 0 时，矩形脉冲变成无限高但无限窄，而该脉冲与轴围成的面积恒等于 1。当 $x_0=0$ 时，$\delta(x-0)$ 可以简单记作 $\delta(x)$。

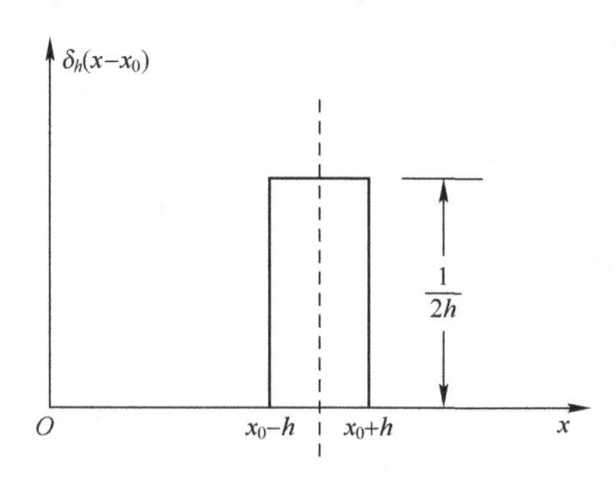

图 2.3 δ-函数

δ-函数具有许多重要性质，列举相关的几个性质如下：

（1）$\delta(x)$是偶函数，它的导数是奇函数，即

$$\delta(-x)=\delta(x),\quad \delta'(-x)=-\delta'(x) \tag{2-87}$$

（2）对于连续函数$f(x)$，有

$$\int_a^b \delta(x-x_0)f(x)\mathrm{d}x=\begin{cases}f(x_0) & ,x\in(a,b)\\ 0 & ,x\notin(a,b)\end{cases} \tag{2-88}$$

这是δ-函数极其重要的一个性质。

（3）δ-函数的任意阶导数存在，有

$$\delta^{(n)}(x-x_0)=0,\quad x\neq x_0 \tag{2-89}$$

$$\int_a^b \delta^{(n)}(x-x_0)f(x)\mathrm{d}x=\begin{cases}(-1)^n f^{(n)}(x_0) & ,x\in(a,b)\\ 0 & ,x\notin(a,b)\end{cases} \tag{2-90}$$

式中：n为正整数；$f(x)$为n次可微函数，$f^{(n)}$在$x=x_0$处连续。

（4）δ-函数与普通函数的乘积运算有下列性质：

$$\delta(x-x_0)f(x)=\delta(x-x_0)f(x_0) \tag{2-91}$$

上述δ-函数的定义可以推广到多维的情况。在n维空间上定义n维δ-函数如下：

$$\delta(\boldsymbol{x}-\boldsymbol{x}_0)=\begin{cases}0, & \boldsymbol{x}\neq\boldsymbol{x}_0\\ \infty, & \boldsymbol{x}=\boldsymbol{x}_0\end{cases}$$

$$\int_V \delta(\boldsymbol{x}-\boldsymbol{x}_0)f(\boldsymbol{x})\mathrm{d}V=\begin{cases}f(\boldsymbol{x}_0) & ,\boldsymbol{x}_0\in V\\ 0 & ,\boldsymbol{x}_0\notin V\end{cases} \tag{2-92}$$

式中：$\boldsymbol{x}_0=(x_{01},x_{02},\cdots,x_{0n})$，$\mathrm{d}V=\mathrm{dx}_1,\mathrm{d}x_2,\cdots,\mathrm{d}x_n$。$n$维$\delta$-函数的量纲是$1/[V]$。

在直角坐标系中，δ-函数应取以下形式：

$$\delta(\boldsymbol{x}-\boldsymbol{x}_0)=\delta(r-r_0)\delta(\theta-\theta_0)\delta(\varphi-\varphi_0)/(r^2\sin\theta) \tag{2-93}$$

在球坐标系中，δ-函数应取以下形式：

$$\delta(\boldsymbol{x}-\boldsymbol{x}_0)=\delta(r-r_0)/(4\pi r^2) \tag{2-94}$$

特别地，在球坐标系中，以坐标原点为中心的δ-函数为

$$\delta(\boldsymbol{x}-0)=\delta(\boldsymbol{x})=\delta(r)/(4\pi r^2) \tag{2-95}$$

2.7.2　波动方程解的积分表示

正如 2.7 节开头所讲的，现在要解决的问题是求解具有扰动源作用后的物体的响应，扰动源作用反映到运动方程中就是增加了方程的非齐次项。解决这类问题实际上就是要求解非齐次波动方程的初值-边值问题。下面考虑有分布

的体积力作用时的运动方程。

由于体积力是一个矢量，所以利用矢量场的亥姆霍兹分解定理将其分解为有源部分和有旋部分，即

$$\boldsymbol{f}=c_p^2\,\nabla g+c_s^2\,\nabla\times\boldsymbol{H} \tag{2-96}$$

将式（2-96）的分解连同位移场的 Lame 分解

$$\boldsymbol{u}=\nabla\phi+\nabla\times\psi \tag{2-97}$$

一起代入含体力的位移波动方程

$$(\lambda+\mu)\nabla(\nabla\cdot\boldsymbol{u})+\mu\,\nabla^2\boldsymbol{u}+\rho\boldsymbol{f}=\rho\dot{\boldsymbol{u}} \tag{2-98}$$

得

$$(\lambda+2\mu)\nabla(\nabla^2\phi)+\mu\,\nabla\times(\nabla^2\psi)+\rho(c_p^2\,\nabla g+c_s^2\,\nabla\times\boldsymbol{H})=\rho\,\nabla\ddot{\phi}+\rho\,\nabla\times\ddot{\psi}$$

或

$$\nabla\{c_p^2(\nabla^2\phi+g)-\ddot{\phi}\}+\nabla\times\{c_s^2(\nabla^2\psi+\boldsymbol{H})-\ddot{\psi}\}=0$$

由此可见，只要有

$$\nabla^2\phi+g=\frac{1}{c_p^2}\ddot{\phi} \tag{2-99}$$

$$\nabla^2\psi+\boldsymbol{H}=\frac{1}{c_s^2}\ddot{\psi} \tag{2-100}$$

成立，则由式（2-97）给出的位移场，恒满足位移波动方程（2-98）。从而问题就归结为在适当的定解条件下，求解式（2-99）和式（2-100）。这两个方程具有同样的形式，下面以式（2-98）为例讨论其解的一些性质。

本节将研究无限介质中由于特殊的分布体力所引起的位移和应力，这种特殊的体力就是依赖于时间的点荷载，即点源。利用前面所介绍的 δ-函数，可以将点荷载看成单位质量体力的一种特殊分布形式，即形如 δ-函数的分布

$$g=f(t)\delta(x-\xi) \tag{2-101}$$

式中：$f(t)$ 是 $x=\xi$ 处点源的强度随时间的变化规律，当 $t<0$ 时，$f(t)=0$。

于是，问题归结为以下定解问题：

$$\begin{cases}\nabla^2\hat{\phi}-\dfrac{1}{c_p^2}\ddot{\hat{\phi}}=-f(t)\delta(x-\xi), & -\infty<x_i<\infty,\ t>0\\ \hat{\phi}(x,0)=\hat{\phi}(\dot{x},0)=0, & |x-\xi|>0\end{cases} \tag{2-102}$$

式中：$\hat{\phi}(\boldsymbol{x},t)=\phi[\boldsymbol{x},t;\xi,f(t)]$。以上定解问题的解为

$$\hat{\phi}(x,t)=\frac{1}{4\pi r}f\left(t-\frac{r}{c_p}\right) \tag{2-103}$$

式中：$r=|\boldsymbol{x}-\boldsymbol{\xi}|=[(x_1-\boldsymbol{\xi}_1)^2+(x_2-\boldsymbol{\xi}_2)^2+(x_3-\boldsymbol{\xi}_3)^2]^{1/2}$。这一解的得出本书不作过多介绍，下面只是简单证明式（2-103）是式（2-102）的解，这可以通过直接代入加以证明。

回顾场论中的下列关系式

$$\nabla^2[f(x)g(x)]=g\nabla^2 f+f\nabla^2 g+2\nabla f\cdot\nabla g$$

$$\nabla f(r)=(x-\xi)r^{-1}f'$$

$$\nabla^2 f(r)=f''+2r^{-1}f'$$

式中的“′”表示对 r 求导。对于式（2-103），令 $f=f\left(t-\frac{r}{c_p}\right)$，$g=\frac{1}{r}$，则有

$$\nabla f=-\frac{x-\xi}{r}\frac{1}{c_p}f'\left(t-\frac{r}{c_p}\right),\quad \nabla g=-\frac{1}{r^2}\frac{x-\xi}{r}$$

从而

$$2\nabla f\cdot\nabla g=\frac{2}{c_p r^2}f'\left(t-\frac{r}{c_p}\right)$$

而

$$\nabla^2 f\left(t-\frac{r}{c_p}\right)=\frac{1}{c_p^2}f''\left(t-\frac{r}{c_p}\right)-\frac{2}{c_p r}f'\left(t-\frac{r}{c_p}\right)$$

故有

$$\nabla^2\hat{\phi}=\frac{1}{4\pi}\left[\left(\nabla^2\frac{1}{r}\right)f\left(t-\frac{r}{c_p}\right)+\frac{1}{c_p^2 r}f''\left(t-\frac{r}{c_p}\right)\right]$$

$$\frac{1}{c_p^2}\ddot{\hat{\phi}}=\frac{1}{4\pi r c_p^2}f''\left(t-\frac{r}{c_p}\right)$$

将以上两式代入式（2-102）第一个方程的左边，得

$$\begin{aligned}\nabla^2\hat{\phi}-\frac{1}{c_p^2}\ddot{\hat{\phi}}&=\frac{1}{4\pi}f\left(t-\frac{r}{c_p}\right)\nabla^2\left(\frac{1}{r}\right)\\&=-f\left(t-\frac{r}{c_p}\right)\delta(\boldsymbol{x}-\xi)\end{aligned}\tag{2-104}$$

这里利用了关系式：$\nabla^2\left(\frac{1}{r}\right)=\nabla^2(|\boldsymbol{x}-\xi|)^{-1}=-4\pi\delta(\boldsymbol{x}-\xi)$

利用 δ-函数的性质

$$f(x)\delta(x-\xi)=f(\xi)\delta(x-\xi)$$

则有

$$f\left(t-\frac{r}{c_p}\right)\delta(x-\xi)=f\left(t-\frac{|x-\xi|}{c_p}\right)\delta(x-\xi)=f(t)\delta(x-\xi)$$

于是式（2-104）变成

$$\nabla^2\hat{\phi}-\frac{1}{c_p^2}\ddot{\hat{\phi}}=-f(t)\delta(x-\xi)$$

这就完成了证明。

在式（2-101）中，如果取

$$f(t)=\delta(t-\tau)$$

就可以得到无限域上波动方程（2-98）的格林函数：

$$\begin{aligned}G(x,t;\xi,\tau)&=\phi[x,t;\xi,\delta(t-\tau)]\\&=\frac{1}{4\pi|x-\xi|}\delta\left(t-\tau-\frac{|x-\xi|}{c_p}\right)\end{aligned}\tag{2-105}$$

格林函数又称为源函数或者影响函数，它代表一个点源所产生的场。

为了得到波动方程（2-99）的积分表示，下面给出关于方程（2-99）的互易定理。这个互易定理的证明过程和前面给出的弹性动力学互易定理的证明过程类似，这里证明过程从略，读者可以自己证明或参阅其他弹性动力学方面的著作。

关于方程（2-99）的互易定理可以陈述为：在体积为 V、边界为 S 的正规区域 R 上，设对应于源函数为 g 和 g' 及初始条件分别为

$$\phi(x,0)=\phi_0(x),\quad \dot{\phi}(x,0)=\phi_1(x)$$

$$\phi'(x,0)=\phi_0'(x),\quad \dot{\phi}'(x,0)=\phi_1'(x)$$

方程（2-98）的两个解分别为 ϕ 和 ϕ'，则对于 $t>0$，有

$$\begin{aligned}&c_p^2\int_S\phi*\frac{\partial\phi'}{\partial n}\mathrm{d}S+\int_V(c_p^2\phi*g'+\phi_1\phi'+\phi_0\dot{\phi})\mathrm{d}V\\&=c_p^2\int_S\phi'*\frac{\partial\phi}{\partial n}\mathrm{d}S+\int_V(c_p^2\phi'*g+\phi_1\phi'+\phi_0\dot{\phi}')\mathrm{d}V\end{aligned}\tag{2-106}$$

利用以上的互易定理，取

$$g'=\delta(t)\delta(x-\xi)$$

根据式（2-105）可以得到其对应的解为

$$\phi'=G(x,t;\xi,0)=\frac{1}{4\pi r}\delta\left(t-\frac{r}{c_p}\right)\tag{2-107}$$

于是

$$\int_V c_p^2\phi*g'\mathrm{d}V=c_p^2\int_V\int_0^t\phi(x,\tau)\delta(t-\tau)\delta(x-\xi)\mathrm{d}\tau\mathrm{d}V(x)=c_p^2\phi(\xi,t)$$

由互易定理式（2-106），并注意到 g' 的初始条件 $G|_{t=0}=0$，可得

$$\phi(\xi,t)=\int_S\left(G*\frac{\partial\phi}{\partial n}-\frac{\partial G}{\partial n}*\phi\right)\mathrm{d}S(x)$$
$$+\int_V G*g\mathrm{d}V(x)+\frac{1}{c_p^2}\int_V(\phi_1 G+\phi_0\dot{G})\mathrm{d}V(x) \tag{2-108}$$

式（2-108）右边各项计算如下：

$$G*\frac{\partial\phi}{\partial n}=\int_0^t\frac{1}{4\pi r}\delta\left(t-\frac{r}{c_p}-\tau\right)\frac{\partial\phi(x,\tau)}{\partial n}\mathrm{d}\tau$$
$$=\frac{1}{4\pi r}\frac{\partial\phi(x,t-r/c_p)}{\partial n} \tag{2-109}$$
$$=\frac{1}{4\pi r}\left[\frac{\partial\phi}{\partial n}\right]$$

式（2-109）中的[ ]表示时间的推迟，即[ ]中的量是在 x 点与$\left(t-\dfrac{r}{c_p}\right)$时刻计算的。

由式（2-107）计算$\dfrac{\partial G}{\partial n}$为

$$\frac{\partial G}{\partial n}=\frac{1}{4\pi}\left[\delta\left(t-\frac{r}{c_p}\right)\frac{\partial}{\partial n}\left(\frac{1}{r}\right)-\frac{1}{c_p r}\frac{\partial r}{\partial n}\delta'\left(t-\frac{r}{c_p}\right)\right]$$

从而

$$\frac{\partial G}{\partial n}*\phi=\frac{1}{4\pi}\int_0^t\left[\delta\left(t-\frac{r}{c_p}-\tau\right)\frac{\partial}{\partial n}\left(\frac{1}{r}\right)-\frac{1}{c_p r}\frac{\partial r}{\partial n}\delta'\left(t-\frac{r}{c_p}-\tau\right)\right]\times\phi(\boldsymbol{x},\tau)\mathrm{d}\tau$$
$$=\frac{1}{4\pi}\left\{\frac{\partial}{\partial n}\left(\frac{1}{r}\right)\phi\left(\boldsymbol{x},t-\frac{r}{c_p}\right)-\frac{1}{c_p r}\frac{\partial r}{\partial n}\frac{\partial\phi(\boldsymbol{x},t-r/c_p)}{\partial t}\right\}$$
$$=\frac{1}{4\pi}\left\{\frac{\partial}{\partial n}\left(\frac{1}{r}\right)[\phi]-\frac{1}{c_p r}\frac{\partial r}{\partial n}\left[\frac{\partial\phi}{\partial t}\right]\right\} \tag{2-110}$$

在导出式（2-110）的第二项时用到了 δ-函数的性质式（2-100）。

式（2-108）右边第二个积分中的被积函数为

$$G*g=\int_0^t\frac{1}{4\pi r}\delta\left(t-\frac{r}{c_p}-\tau\right)g(x,\tau)\mathrm{d}\tau$$
$$=\frac{1}{4\pi r}g\left(x,t-\frac{r}{c_p}\right) \tag{2-111}$$
$$=\frac{1}{4\pi r}[g]$$

下面考虑式（2–108）的最后两个体积分

$$I_1 = \frac{1}{c_p^2}\int_V \phi_1 G\mathrm{d}V(x) = \frac{1}{c_p^2}\int_V \frac{\phi_1}{4\pi r}\delta\left(t - \frac{r}{c_p}\right)\mathrm{d}V(x)$$

注意到

$$\frac{1}{c_p^2 r}\delta\left(t-\frac{r}{c_p}\right)=\frac{1}{c_p r}\delta(r-c_p t)=\frac{r}{c_p t}\frac{t}{r^2}\delta(r-c_p t)=\frac{t}{r^2}\delta(r-c_p t)$$

则

$$I_1 = \frac{t}{4\pi}\int_V \frac{\phi_1}{r^2}\delta(r - c_p t)\mathrm{d}V(x)$$

由于被积函数中包含 $\delta(r-c_p t)$，可见仅当 x 位于以 ξ 为中心、以 $r=c_p t$ 为半径的球面上时 $\phi_1(x)$ 的值才对积分有贡献。记这个球面为 S_r，于是这个积分可以表示成

$$I_1 = \frac{t}{4\pi}\int S_r \frac{\phi_1}{(c_p t)^2}\mathrm{d}S(x),\quad x \in S_r$$

若以 $\phi_1(x)$ 表示 $\phi_1(x)$ 在球面 S_r 上的平均值，则有

$$I_1 = \frac{1}{c_p^2}\int_V \phi_1 G\mathrm{d}V(x) = t\overline{\phi}_1 \tag{2-112}$$

类似的，可以得

$$I_2 = \frac{1}{c_p^2}\int_V \phi_0 \dot{G}\mathrm{d}V(\boldsymbol{x}) = \frac{\partial}{\partial t}\int_V \phi_0 G\mathrm{d}V = \frac{\partial}{\partial t}(t\overline{\phi}_0) \tag{2-113}$$

式中：$\overline{\phi}_0$ 表示 $\phi_0(x)$ 在球面 S_r 上的平均值。

将式（2–109）~式（2–112）代入式（2–108），最后得

$$\begin{aligned}\phi(\xi,t) =&\frac{1}{4\pi}\int_S\left\{\frac{1}{r}\left[\frac{\partial \phi}{\partial n}\right] - \frac{\partial}{\partial n}\left(\frac{1}{r}\right)[\phi] + \frac{1}{c_p r}\frac{\partial r}{\partial n}\left[\frac{\partial \phi}{\partial t}\right]\right\}\mathrm{d}S(x)\\ &+ \frac{1}{4\pi}\int_V \frac{[g]}{r}\mathrm{d}V(x) + \frac{\partial}{\partial t}(t\overline{\phi}_0) + t\,\overline{\phi}_1\end{aligned} \tag{2-114}$$

这就是波动方程（2–99）解的积分表示。式中的 ξ 是待求标量势函数的场点；式右端的空间变量为分布着扰动源 x 的源点。

式（2–114）的物理意义是：对于场点 ξ 在时刻的标量势由三部分组成：第一部分是由于 V 内扰动源的贡献；第二部分是由于 V 外扰动源的贡献，这一部分由 V 的边界 S 上的面积分（通常称为 Kirchhoff 积分）表示；第三部分即最后两项是初始扰动的贡献。如果 V 内的 g 和边界 S 上的 ϕ 及其导数均已知，且初始的 ϕ 和 $\dot{\phi}$ 分布也给定，那么在 V 内的任意一点 ϕ 便可以由此完全确

定。然而，在边界 S 上任意给定 ϕ 及 $\frac{\partial \phi}{\partial n}$ 是不可能的，也就是 Kirchhoff 积分直接用于解决实际问题是困难的，但波动方程解的积分表示的理论意义是很重要的，在波的散射问题中可以看到它的应用。

应当指出，式（2-114）是从标量势 ϕ 导出的，显然对于矢量势 $\boldsymbol{\psi}$ 的每一个分量也有相应的积分公式，只需将 c_p 用 c_s 置换即可。

参考文献

[1] 马宏伟，吴斌. 弹性动力学及其数值方法 [M]. 北京：中国建材工业出版社，2000.
[2] WHEELER L, STERNBERG E. Some theorems in classical elastodynamics [J]. Archive for Rational Mechanics and Analysis, 1968, 31 (1): 51-90.
[3] 黎在良，刘殿魁. 固体中的波 [M]. 北京：科学出版社，1995.

第3章　波函数展开法

3.1　波动方程的分离变量解

在本节中，我们用分离变量法来研究三维的齐次波动方程：

$$\nabla^2\eta(x,t)=\frac{1}{c^2}\ddot{\eta}(x,t) \tag{3-1}$$

式中：波速 c 为常数。假设方程（3-1）具有分离变量形式的解：

$$\eta(x,t)=\hat{\eta}(x)T(t) \tag{3-2}$$

式中：η 仅依赖于空间变量，T 仅依赖于时间变置。将式（3-2）代入式（3-1），得

$$c^2\frac{\nabla^2\hat{\eta}}{\hat{\eta}}=\frac{\ddot{T}}{T} \tag{3-3}$$

式（3-3）的左边只与空间变量有关，右边只与时间变量有关，因此要使此式为恒等式，则等式的两端必须同时等于同一个常数。为保证解的有界性，这个常数应取为负实数 $-\omega^2$。于是得到如下两个方程：

$$T+\omega^2T=0 \tag{3-4}$$

$$\nabla^2\hat{\eta}+k^2\hat{\eta}=0 \tag{3-5}$$

这里 $k=\omega/c$。方程（3-4）是关于时间的方程，其解为

$$T(t)=A\cos(\omega t)+B\sin(\omega t) \tag{3-6}$$

或

$$T(t)=Ae^{i\omega t}+Be^{-i\omega t},\quad \omega>0 \tag{3-7}$$

因此，式（3-2）具有 $\hat{\eta}(x)e^{\pm i\omega t}$ 的形式，这种形式的解称为时间简谐波，因为它的时间因子为正弦或余弦函数。相应地，ω 称为时间简谐波的圆频率。

与空间有关的方程（3-5）是亥姆霍兹方程，又称为约化的波动方程。这个方程在研究时间简谐波及弹性体的振动问题中是非常重要的，由于它抛开了对时间的依赖关系，从而能提供波在传播过程中的许多重要的物理信息。尤其是在用它处理较长时间以后的稳态波时，在许多情况下可以给出足够满意的结果。下面在笛卡儿坐标系中就这一方程的解的性质进行一个简单的分析。

首先来看最简单的一维情况。这时$\hat{\eta}$只是一个空间变量的函数，即$\hat{\eta}=\hat{\eta}(x)$，则式（3-5）变成

$$\frac{d^2\hat{\eta}}{dx^2}+k^2\hat{\eta}=0 \tag{3-8}$$

此方程的通解为

$$\hat{\eta}(x)=C\cos(kx)+D\sin(kx) \tag{3-9}$$

或

$$\hat{\eta}(x)=C\mathrm{e}^{\mathrm{i}kx}+D\mathrm{e}^{-\mathrm{i}kx},\quad k>0 \tag{3-10}$$

若k的取值可正可负，则式（3-10）又可以写成

$$\hat{\eta}(x)=C\mathrm{e}^{\mathrm{i}kx} \tag{3-11}$$

合并式（3-11）和式（3-7），则分离变量形式的解为

$$\eta(x,t,k)=A(k)\mathrm{e}^{\mathrm{i}(kx+\omega t)}+B(k)\mathrm{e}^{\mathrm{i}(kx-\omega t)} \tag{3-12}$$

式（3-12）代表了一维简谐平面波，其中包含参数k，其取值可以是任意实数。通过线性叠加，即积分，可以得到一维平面波的解：

$$\eta(x,t)=\int_{-\infty}^{\infty}\{A(k)\mathrm{e}^{\mathrm{i}(kx+\omega t)}+B(k)\mathrm{e}^{\mathrm{i}(kx-\omega t)}\}\mathrm{d}k \tag{3-13}$$

利用傅里叶（Fourier）积分变换及其有关性质，可以证明式（3-13）与D'Alembert 解是等价的。对于三维情况，可以对方程（3-5）继续进行变量分离，为了方便，以下将空间变量用(x_1,x_2,x_3)表示，取分离变量解为

$$\hat{\eta}(\boldsymbol{x})=X(x)Y(y)Z(z) \tag{3-14}$$

将式（3-14）代入方程（3-5），可得

$$X''YZ+XY''Z+XYZ''+k^2XYZ=0$$

或

$$\frac{X''}{X}+\frac{Y''}{Y}+k^2=-\frac{Z''}{Z} \tag{3-15}$$

若想使式（3-15）成立，则方程两端必须同时等于某个常数，设这一常数为k_z^2，得

$$Z''+k_z^2Z=0 \tag{3-16}$$

及

$$\frac{X''}{X}+(k^2-k_z^2)=-\frac{Y''}{Y} \tag{3-17}$$

若想使式（3-17）成立，则方程两端必须同时等于某个常数，设这一常数为k_y^2，得

$$Y''+k_y^2Y=0 \tag{3-18}$$

及

$$X''+k_x^2X=0 \tag{3-19}$$

其中，$k_x^2=k^2-k_y^2-k_z^2$，即

$$k_x^2+k_y^2+k_z^2=k^2 \tag{3-20}$$

方程式（3-16）、式（3-18）和式（3-19）的解与式（3-11）类同，于是亥姆霍兹方程的解可以写成

$$\hat{\eta}(x,k)=C\exp[\mathrm{i}(k_x x+k_y y+k_z z)]=C\exp(\mathrm{i}k_j x_j) \tag{3-21}$$

进而可得

$$\eta(x,t;\boldsymbol{k})=A(\boldsymbol{k})\exp\{\mathrm{i}(k_j x_j+\omega t)\}+B(\boldsymbol{k})\exp\{\mathrm{i}(k_j x_j-\omega t)\} \tag{3-22}$$

式中：$\boldsymbol{k}$ 称为波矢量。式（3-22）代表了三维的简谐平面波，它是在式（3-5）中讨论的三维平面波的特例。式（3-22）又可写为

$$\begin{aligned}\eta(x,t;\boldsymbol{k})&=A(\boldsymbol{k})\exp\{\mathrm{i}(k_j x_j+\omega t)\}+B(\boldsymbol{k})\exp\{\mathrm{i}(k_j x_j-\omega t)\}\\&=A(\boldsymbol{k})\exp\{\mathrm{i}(\boldsymbol{k}\cdot x+\omega t)\}+B(\boldsymbol{k})\exp\{\mathrm{i}(\boldsymbol{k}\cdot x-\omega t)\}\\&=A(\boldsymbol{k})\exp\{\mathrm{i}(k\hat{\boldsymbol{k}}\cdot x+\omega t)\}+B(\boldsymbol{k})\exp\{\mathrm{i}(k\hat{\boldsymbol{k}}\cdot x-\omega t)\}\end{aligned} \tag{3-23}$$

式中：$\hat{\boldsymbol{k}}$是波传播方向的单位矢量，$\boldsymbol{k}$ 矢量的模值 k 为$\hat{\boldsymbol{k}}$方向上的圆波数，其物理意义是沿$\hat{\boldsymbol{k}}$方向单位长度内所包含的简谐波的个数，它反映了波在$\hat{\boldsymbol{k}}$方向上的空间密度。

解式（3-22）中 $\boldsymbol{k}$ 的分量可以在实数范围内任意取值，考虑到支配方程是线性的，从而可以运用线性叠加，即通过积分得到问题的最后解答为

$$\begin{aligned}\eta(x,t)&=\int_{-\infty}^{\infty}\{A(\boldsymbol{k})\exp\{\mathrm{i}(k_j x_j+\omega t)\}+B(\boldsymbol{k})\exp\{\mathrm{i}(k_j x_j-\omega t)\}\}\mathrm{d}k\\&=\int_{-\infty}^{\infty}\{A(\boldsymbol{k})\exp(\mathrm{i}kct)+B(\boldsymbol{k})\exp(-\mathrm{i}kct)\}\exp(\mathrm{i}k_j x_j)\mathrm{d}k\end{aligned}$$

上式与 D'Alembert 解也是等价的，且 $\omega=\pm kc$。对于给定的初值问题，不难从上面的解中确定 $A(\boldsymbol{k})$和 $B(\boldsymbol{k})$。

3.2 基于镜像法下的波函数展开

在弹性动力学中，几何对称结构如图 3.1 所示，对称平面为 $y=0$，当施加对称的动荷载时，对称面上 z 方向位移变量 w 对 y 的奇数阶导数在对称面上为 0，在对称面 $y=0$ 上切应力 $\tau_{yz}=0$。

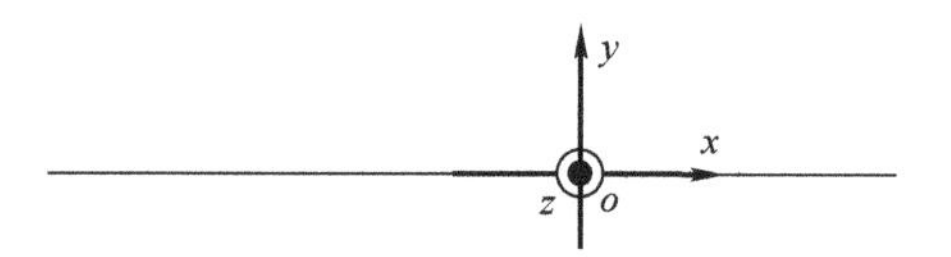

图 3.1 对称关系

在SH波稳态问题的研究中，结构如图3.2所示，半空间区域Ⅰ中有圆柱形孔洞o_0，其产生的柱面散射波$w^{(s)}(z,\bar{z})$会在区域Ⅰ的上表面$y=0$发生反射，产生上表面反射波$w^{(r)}(z',\overline{z'})$。为了构造满足上表面应力自由条件的散射柱面波，将区域Ⅰ和圆孔沿着平面$y=0$进行对称，得到区域Ⅱ和圆孔$o_{0'}$，用圆孔$o_{0'}$产生的柱面散射波$w^{(s)}(z,\bar{z})$来代替区域Ⅰ中的上表面反射波$w^{(r)}(z',\overline{z'})$，这样将圆孔$o_0$和圆孔$o_{0'}$产生的散射波场进行叠加即可得到满足平面$y=0$上应力自由条件的散射柱面波，其中圆孔$o_{0'}$产生的散射波称为镜像散射波。将这种为了满足平面边界应力自由条件，运用对称来构造介质内波场的方法称为镜像法。

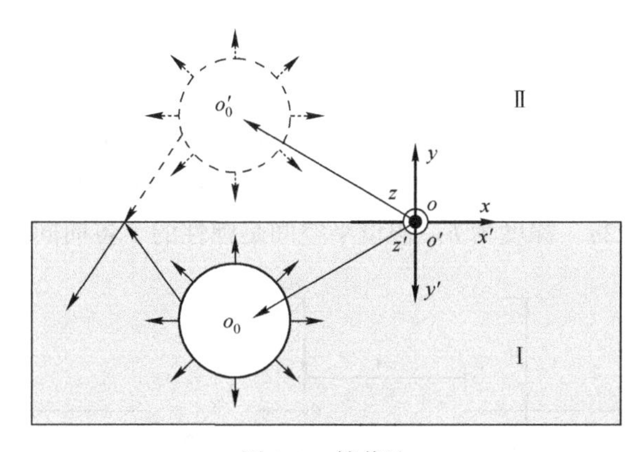

图3.2　镜像法

在复平面xoy内，由圆孔o产生的散射波场为$w^{(s)}(z,\bar{z})$。将坐标系xoy和圆孔o_0沿着平面$y=0$进行镜像，得到坐标系$x'o'y'$和镜像圆孔$o_{0'}$，在复平面$x'o'y'$内，由圆孔$o_{0'}$产生的散射波场为$w^{(s)}(z,\bar{z})$。根据复平面xoy与复平面$x'o'y'$之间的变换关系，可得$w'(z',\overline{z'})$在复平面xoy内的表达式$w'(z,\bar{z})$。半空间Ⅰ中圆孔o_0产生的散射波为$w^{(s)}(z,\bar{z})$，是$w(z,\bar{z})$与$w'(z,\bar{z})$的叠加。

$$w(z,\bar{z})=\sum_{n=-\infty}^{+\infty}w_nH_n^{(1)}(k|z-c_0|)\left(\frac{z-c_0}{|z-c_0|}\right)^n$$

$$w(z',\overline{z'})=\sum_{n=-\infty}^{+\infty}w_nH_n^{(1)}(k|z'-c_{0'}|)\left(\frac{z'-c_{0'}}{|z'-c_{0'}|}\right)^n$$

$$z'=z,c_0{}'=c_0$$

$$w(z,\bar{z}) = \sum_{n=-\infty}^{+\infty} w_n H_n^{(1)}(k|\overline{z-c_0}|)\left(\frac{\overline{z-c_0}}{|\overline{z-c_0}|}\right)^n$$

$$= \sum_{n=-\infty}^{+\infty} w_n H_n^{(1)}(k|z-c_0|)\left(\frac{z-c_0}{|z-c_0|}\right)^{-n}$$

$$w(z,\bar{z}) = \sum_{n=-\infty}^{+\infty} w_n H_n^{(1)}(k|z-c_0|)\left[\left(\frac{z-c_0}{|z-c_0|}\right)^n + \left(\frac{z-c_0}{|z-c_0|}\right)^{-n}\right]$$

3.3 基于大圆弧法下的波函数展开

3.3.1 模型

这里所使用的二维模型如图 3.3 所示。它表示一个半空间(y>0)，从其中移去一个半径为 a_1、以 o_1 为中心的圆的扇形，形成一个峡谷。半空间表面圆形扇形的宽度为 $2a$，深度为 h。假设半空间是弹性的、各向同性的、均匀的。

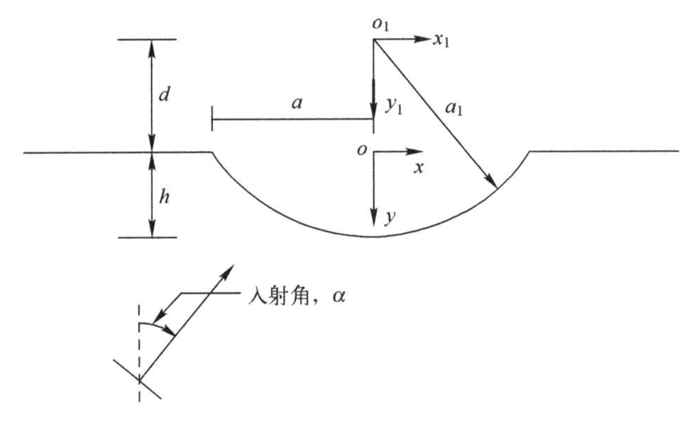

图 3.3 入射 P 波

横波速度为

$$c_s = \sqrt{\frac{\mu}{\rho}} \tag{3-24}$$

采用两个直角坐标系：一个是原点为 o 的(x,y)，另一个是原点为 o_1 的(x_1,y_1)。柱面坐标系（$r_1>\theta_1$）原点为 o_1 也将被使用（图 3.3）。这些是由

$$r_1 = (x_1^2+y_1^2)^{1/2}$$

$$\theta_1 = \arctan(x_1/y_1)$$

$$x_1 = r_1\sin\theta_1$$

$$y_1=r_1\cos\theta_1$$

$$x=x_1$$

且

$$d=a_1-h,\quad y=y_1-d \tag{3-25}$$

半空间的波由平面纵波构成，其位移和传播矢量位于 $x-y$ 平面上，入射角为 α，即传播矢量与垂直方向的夹角（图3.3）。它的圆频率是 ω，在 $x-y$ 坐标系中，可以用势表示为

$$\phi^{(i)}=\exp[\mathrm{i}k_\alpha(x\sin\alpha-y\cos\alpha)-\mathrm{i}\omega t] \tag{3-26}$$

波长 $\lambda_\alpha=2\pi/k_\alpha$，其中 $k_\alpha=\omega/c_p$ 为纵波数。这里 $\mathrm{i}=\sqrt{-1}$ 是虚数单位，t 是时间坐标。从这一点，时间因子 $\exp(-\mathrm{i}\omega t)$ 将被理解并从所有表达式中省略。

从半空间反射的入射纵波将产生反射纵波和 SV 波，以满足无应力边界条件 $\tau_{yy}=0$ 和 $\tau_{xy}=0$。反射的 P 波和 SV 波势为（Achenbach[1]）

$$\begin{cases}\phi^{(r)}=K_1\mathrm{e}^{\mathrm{i}k_\alpha(x\sin\alpha+y\cos\alpha)}\\ \psi^{(r)}=K_2\mathrm{e}^{\mathrm{i}k_\beta(x\sin\beta+y\cos\beta)}\end{cases} \tag{3-27}$$

式中：K_1、K_2为反射系数，即

$$\begin{cases}K_1=\dfrac{\sin(2\alpha)\sin(2\beta)-(\alpha/\beta)^2\cos^2(2\beta)}{\sin(2\alpha)\sin(2\beta)+(\alpha/\beta)^2\cos^2(2\beta)}\\ K_2=\dfrac{-2\sin2\alpha\cos(2\beta)}{\sin(2\alpha)\sin(2\beta)+(c_v/c_s)^2\cos^2(2\beta)}\end{cases} \tag{3-28}$$

式中：c_s为横波速度，$k_\beta=\omega/c_s$为横波数，β 为从半空间反射的 SV 波的夹角。α 和 β 的关系为

$$\frac{\sin\alpha}{c_p}=\frac{\sin\beta}{c_s} \tag{3-29}$$

由 $c_s>c_p$推出 $\alpha>\beta$。

3.3.2　解决方案

为了方便，选取原点为 o_1的柱坐标(r_1,θ_1)。

式（3-26）和式（3-27）可改写为

$$\begin{cases}\phi^{(i)}(r_1,\theta_1)=\exp(\mathrm{i}k_\alpha d\cos\alpha)\exp(-\mathrm{i}k_\alpha r_1\cos(\theta_1+\alpha))\\ \phi^{(r)}(r_1,\theta_1)=K_1\exp(-\mathrm{i}k_\alpha d\cos\alpha)\exp(\mathrm{i}k_\alpha r_1\cos(\theta_1-\alpha))\\ \psi^{(r)}(r_1,\theta_1)=K_2\exp(-\mathrm{i}k_\beta d\cos\beta)\exp(\mathrm{i}k_\beta r_1\cos(\theta_1-\beta))\end{cases} \tag{3-30}$$

在圆形峡谷的存在下，会产生额外的波浪。将它们用傅里叶-贝塞尔级数展开，即

$$\begin{cases}\phi_1^R(r_1,\theta_1)=\sum_n H_n^{(1)}(k_\alpha r_1)(A_{1n}\cos(n\theta_1)+B_{1n}\sin(n\theta_1))\\ \psi_1^R(r_1,\theta_1)=\sum_n H_n^{(1)}(k_\beta r)(C_{1n}\sin(n\theta_1)+D_{1n}\cos(n\theta_1))\\ \phi_2^R(r_1,\theta_1)=\sum_n J_n(k_\alpha r_1)(A_{2n}^*\cos(n\theta_1)+B_{2n}^*\sin(n\theta_1))\\ \psi_2^R(r_1,\theta_1)=\sum_n J_n(k_\beta r_1)(C_{2n}^*\sin(n\theta_1)+D_{2n}^*\cos(n\theta_1))\end{cases} \tag{3-31}$$

式中：n 取 $0\sim\infty$。

入射和反射的 P 波和 SV 波也可以用傅里叶-贝塞尔级数展开，即

$$\begin{cases}\phi^{(i+r)}(r_1,\theta_1)=\sum_n^\infty J_n(k_\alpha r_1)(A_{0n}\cos(n\theta_1)+B_{0n}\sin(n\theta_1))\\ \psi^{(r)}(r_1,\theta_1)=\sum_n^\infty J_n(k_\beta r_1)(C_{0n}\sin(n\theta_1)+D_{0n}\cos(n\theta_1))\end{cases} \tag{3-32}$$

当

$$\begin{cases}A_{0n}=\varepsilon_n \mathrm{i}^n\cos n\alpha\left((-1)^n \mathrm{e}^{\mathrm{i}k_2 d\cos\alpha}+K_1\mathrm{e}^{-\mathrm{i}k_\alpha d\cos\alpha}\right)\\ B_{0n}=\varepsilon_n \mathrm{i}^n\sin n\alpha\left(-(-1)^n \mathrm{e}^{\mathrm{i}k_\alpha d\cos\alpha}+K_1\mathrm{e}^{-\mathrm{i}k_\alpha d\cos\alpha}\right)\\ C_{0n}=\varepsilon_n K_2\mathrm{e}^{-\mathrm{i}k_\beta d\cos\beta \mathrm{i}^n}\sin(n\beta)\\ D_{0n}=\varepsilon_n K_2\mathrm{e}^{-\mathrm{i}k_\beta d\cos\beta \mathrm{i}^n}\cos(n\beta)\end{cases} \tag{3-33}$$

当 $n=0$ 时，$\varepsilon_n=1$；当 $n>1$ 时，$\varepsilon_n=2$。

任意点的最终势由势的和给出，即

$$\begin{cases}\phi=\phi^{(i+r)}+\phi_1^{(R)}+\phi_2^{(R)}\\ \psi=\psi^{(r)}+\psi_1^{(R)}+\psi_2^{(R)}\end{cases} \tag{3-34}$$

这个问题的边界条件为

$$\begin{cases}\tau_{rr}=0,\quad \tau_{r\theta}=0,\quad 当\ r_1=a_1\\ \tau_{yy}=0,\quad \tau_{xy}=0,\quad 当\ y=0\end{cases} \tag{3-35}$$

由于波场是在以 o_1 为原点的坐标系下给出的，所以 $r_1=a_1$ 处的边界条件比较容易应用，而在半空间边界处的边界条件很难应用。然而，为了解决这个问题，本书对模型进行了修正[2]。半空间边界近似为一个几乎平坦的圆形边界，中心在 o_2（图 3.4）。

本节引入了以 o_2 为原点的新的坐标系 x_2y_2，有

$$\begin{cases}x_2=x_1\\ y_2=D-y_1\end{cases} \tag{3-36}$$

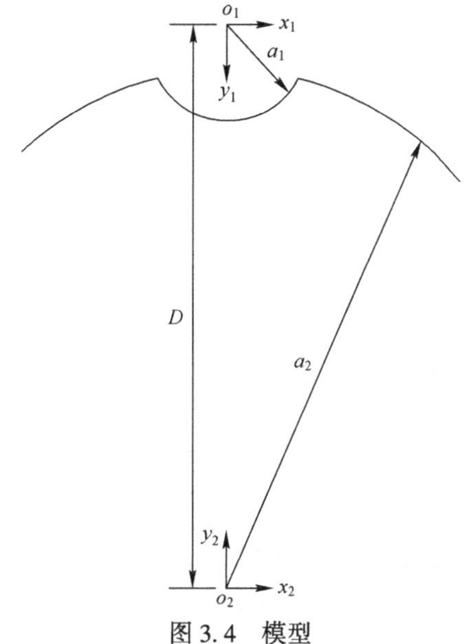

图 3.4　模型

式中：D 是 o_1 到 o_2 之间的距离。

大圆和小圆的界面用来近似之前的模型。现在很明显，当大圆的半径接近无穷大时，模型接近半空间中圆形峡谷的半径。利用相应的柱坐标(r_2,θ_2)在 o_2处的势为

$$\begin{cases}\phi_1^{(R)}(r_2,\theta_2)=\sum_m J_m(k_\alpha r_2)(A_{1m}^*\cos(m\theta_2)+B_{1m}^*\sin(m\theta_2))\\ \psi_1^{(R)}(r_2,\theta_2)=\sum_m J_m(k_\beta r_2)(C_{1m}^*\sin(m\theta_2)+D_{1m}^*\cos(m\theta_2))\\ \phi_2^{(R)}(R_2,\theta_2)=\sum_m J_m(k_\alpha r_2)(A_{2m}\cos(m\theta_2)+B_{2m}\sin(m\theta_2))\\ \psi_2^{(R)}(R_2,\theta_2)=\sum_m J_m(k_\beta r_2)(C_{2m}\sin(m\theta_2)+D_{2m}\cos(m\theta_2))\end{cases} \tag{3-37}$$

式中：m 取 $0\sim\infty$ 。

选择贝塞尔 J 函数是因为在 $r_2=0$ 时，不允许有奇点。半空间表面上的无牵引力边界条件可以改写为

$$\begin{cases}\tau_{rr}=0\\ \tau_{r\theta}=0\end{cases}\quad r_2=a_2 \\ \begin{cases}\tau_{rr}=[\tau_{rr}^{l+r}]+[\tau_{1rr}^R]+[\tau_{2rr}^R]\\ \tau_{r\theta}=[\tau_{r\theta}^{i+r}]+[\tau_{1r\theta}^R]+[\tau_{2r\theta}^R]\end{cases} \tag{3-38}$$

且

$$\begin{cases}\tau_{rr}=\lambda\nabla^2\phi+2\mu\left[\dfrac{\partial^2\phi}{\partial r^2}+\dfrac{\partial}{\partial r}\left(\dfrac{1}{r}\ \dfrac{\partial\psi}{\partial\theta}\right)\right]\\ \tau_{r\theta}=\mu\left\{2\left(\dfrac{1}{r}\ \dfrac{\partial\phi^2}{\partial\theta\partial r}-\dfrac{1}{r^2}\ \dfrac{\partial\phi}{\partial\theta}\right)+\left[\dfrac{1}{r^2}\ \dfrac{\partial^2\phi}{\partial\theta^2}-r\dfrac{\partial}{\partial r}\left(\dfrac{1}{r}\ \dfrac{\partial\psi}{\partial r}\right)\right]\right\}\end{cases}\tag{3-39}$$

应用峡谷面边界条件 $r_1=a_1$，将式（3-31）、式（3-32）代入式（3-39）得[3]：

$$\begin{aligned}\frac{\tau_{rr}}{\tau_{r\theta}}=&\frac{2\mu}{a_1^2}\sum_{n=0}^{\infty}\left\{\left(\begin{pmatrix}E_{11}^{(3)}(n)&E_{12}^{(3)}(n)\\E_{21}^{(3)}(n)&E_{22}^{(3)}(n)\end{pmatrix}\right)\begin{pmatrix}A_{1n}\\C_{1n}\end{pmatrix}\right.\\&\left.+\begin{pmatrix}E_{11}^{(1)}(n)&E_{12}^{(1)}(n)\\E_{21}^{(1)}(n)&E_{22}^{(1)}(n)\end{pmatrix}\begin{pmatrix}A_{2n}^{*}+A_{0n}\\C_{2n}^{*}+C_{0n}\end{pmatrix}\right\}\cos(n\theta_1)\\&+\frac{2\mu}{a_1^2}\sum_{n=0}^{\infty}\left\{\left(\begin{pmatrix}E_{11}^{(3)}(n)&E_{12}^{(3)}(n)\\E_{21}^{(3)}(n)&E_{22}^{(3)}(n)\end{pmatrix}\right)\begin{pmatrix}B_{1n}\\D_{1n}\end{pmatrix}\right.\\&\left.+\begin{pmatrix}E_{11}^{(1)}(n)&E_{12}^{(1)}(n)\\E_{21}^{(1)}(n)&E_{22}^{(1)}(n)\end{pmatrix}\begin{pmatrix}A_{2n}^{*}+A_{0n}\\C_{2n}^{*}+C_{0n}\end{pmatrix}\right\}\sin(n\theta_1)\\=&\begin{pmatrix}0\\0\end{pmatrix}\end{aligned}\tag{3-40}$$

同样地，在半空间的曲面上$(r_2=a_2)$，有

$$\begin{aligned}\frac{\tau_{rr}:}{\tau_{r\theta}:}\frac{2\mu}{a_2^2}\sum_{n}&\begin{pmatrix}E_{11}^{(1)}(n)&E_{12}^{(1)}(n)\\E_{21}^{(1)}(n)&E_{22}^{(1)}(n)\end{pmatrix}\begin{pmatrix}A_{1n}^{*}+A_{2n}\\C_{1n}^{*}+C_{2n}\end{pmatrix}\Bigg\}\cos(n\theta_2)\\&+\begin{pmatrix}E_{11}^{(1)}(n)&E_{12}^{(1)}(n)\\E_{21}^{(1)}(n)&E_{22}^{(1)}(n)\end{pmatrix}\begin{pmatrix}B_{1n}^{*}+B_{2n}\\D_{1n}^{*}+D_{2n}\end{pmatrix}\Bigg\}\sin(n\theta_2)=\begin{pmatrix}0\\0\end{pmatrix}\end{aligned}\tag{3-41}$$

这里不包括来自 $\phi^{(i)}$、$\phi^{(r)}$ 和 $\phi^{(R)}$ 的项，因为它们一起已经满足 $z=0$ 处的自由场边界条件。上述 $E_{ij}^{(k)}$ 由 Pao 和 Mow 定义[3]：

$$\begin{cases}E_{11}^{(k)}(n)=\left(n^2+n-\dfrac{1}{2}k_\beta^2r^2\right)C_n(k_\alpha r)-k_\alpha rC_{n-1}(k_\alpha r)\\ E_{12}^{(k)}=(\pm n)(-(n+1)C_n(k_\beta r)+k_\beta rC_{n-1}(k_\beta r))\\ E_{21}^{(k)}=(\pm n)(-(n+1)C_n(k_\alpha r)+k_\alpha rC_{n-1}(k_\alpha r))\\ E_{22}^{(k)}=-\left(n^2+n-\dfrac{1}{2}k_\beta^2r^2\right)C_n(k_\beta r)-k_\beta rC_{n-1}(k_\beta r)\end{cases}\tag{3-42}$$

当

$$\begin{cases} C_n(\cdot)=J_n(\cdot), & k=1 \\ C_n(\cdot)=H_n^{(1)}(\cdot), & k=3 \end{cases}$$

式（3-40）的 $r=a_1$ 和式（3-18）的 $r=a_2$。

坐标 (r_1,θ_1) 和 (r_2,θ_2) 下的波势通过以下变换[1]联系起来：

$$C_n(kr_2)\begin{Bmatrix}\cos(n\theta_2)\\ \sin(n\theta_2)\end{Bmatrix}=\sum_{m=-\infty}^{\infty}C_{m+n}(kD)J_m(kr_1)\begin{Bmatrix}\cos(m\theta_1)\\ \sin(m\theta_1)\end{Bmatrix},\quad r_1<D \tag{3-43}$$

式中：$Cn(\cdot)$ 表示 $J_n(\cdot)$ 或 H_n^1；k 为 k_α 或 k_β。

由式（3-40）、式（3-41）、式（3-43）可知，$m=0,1,2,\cdots$，得：

$$\begin{cases} \begin{pmatrix}A_{1m}^*\\ D_{1m}^*\end{pmatrix}=\dfrac{\varepsilon_m}{2}\sum\limits_{n=0}^{\infty}\begin{pmatrix}A_{1n}\\ D_{1n}\end{pmatrix}((H_{m+n}^{(1)}(kD)+(-1)^nH_{m-n}kD)) \\ \begin{pmatrix}B_{1m}^*\\ C_{1m}^*\end{pmatrix}=\dfrac{\varepsilon_m}{2}\sum\limits_{n=0}^{\infty}\begin{pmatrix}B_{1n}\\ C_{1n}\end{pmatrix}(H_{m+n}^{(1)}(kD)+(-1)^nH_{m-n}kD)) \\ \begin{pmatrix}A_{2n}^*\\ D_{2n}^*\end{pmatrix}=\dfrac{\varepsilon_n}{2}\sum\limits_{m=0}^{\infty}\begin{pmatrix}A_{2m}\\ D_{2m}\end{pmatrix}(J_{n+m}(kD)+(-1)^mJ_{n-m}(kD)) \\ \begin{pmatrix}B_{2n}^*\\ C_{2n}^*\end{pmatrix}=\dfrac{\varepsilon_n}{2}\sum\limits_{m=0}^{\infty}\begin{pmatrix}B_{2m}\\ C_{2m}\end{pmatrix}(J_{n+m}(kD)-(-1)^mJ_{n-m}(kD)) \end{cases} \tag{3-44}$$

通过方程（3-41）给出：

$$\begin{cases} A_{1n}^*=-A_{2n} \\ C_{1n}^*=-C_{2n} \\ B_{1n}^*=-B_{2n} \\ D_{1n}^*=-D_{2n} \end{cases} \tag{3-45}$$

将式（3-44）和式（3-45）代入式（3-41）并简化线性方程，使 $m=0$，$1,2,\cdots$，得：

$$\begin{aligned} &\sum_{l=0}^{\infty}\begin{bmatrix}E_1^{(1)}(m)R_{ml}^+ & E_{12}^{(1)}(m)R_{ml}^- \\ E_{21}^{(1)}(m)R_{ml}^+ & E_{22}^{(1)}(m)R_{ml}^-\end{bmatrix}\begin{Bmatrix}A_{11}\\ C_{11}\end{Bmatrix} \\ &-\begin{bmatrix}E_{11}^{(3)}(m) & E_{12}^{(3)}(m) \\ E_{21}^{(3)}(m) & E_{21}^{(3)}(m)\end{bmatrix}\begin{Bmatrix}A_{1m}\\ C_{1m}\end{Bmatrix} \\ &=\begin{Bmatrix}E_{11}^{(1)}(m)A_{0m}+E_{12}^{(1)}(m)C_{0m} \\ E_{21}^{(1)}(m)A_{0m}+E_{22}^{(1)}(m)C_{0m}\end{Bmatrix} \end{aligned} \tag{3-46a}$$

且

$$\sum_{l=0}^{\infty}\begin{bmatrix}E_{1}^{(1)}(m)R_{ml}^{-} & E_{12}^{(1)}(m)R_{ml}^{+}\\ E_{21}^{(1)}(m)R_{ml}^{-} & E_{22}^{(1)}(m)R_{ml}^{+}\end{bmatrix}\begin{Bmatrix}B_{1l}\\ D_{1l}\end{Bmatrix} - \begin{bmatrix}E_{1}^{(3)}(m) & E_{12}^{(1)}(m)\\ E_{21}^{(3)}(m) & E_{22}^{(3)}(m)\end{bmatrix}\begin{Bmatrix}B_{1m}\\ D_{1m}\end{Bmatrix} = \begin{Bmatrix}E_{11}^{(1)}(m)B_{0m}+E_{12}^{(1)}(m)D_{0m}\\ E_{21}^{(1)}(m)B_{0m}+E_{22}^{(1)}(m)D_{0m}\end{Bmatrix} \tag{3-46b}$$

而 $k=k_\alpha$是用于 A_{1l}、B_{1l}的，$k=k_\beta$ 是用于 C_{1l}、D_{1l}的。

$$R_{ml}^{\pm}(kD)=+\frac{\varepsilon_m}{2}\sum_{n=0}^{\infty}\frac{\varepsilon_n}{2}(J_{m+n}(kD)\ \pm(-1)^{n}J_{m-n}(kD))(H_{n+1}(kD)\ \pm(-1)^{l}H_{n-1}(kD)) \tag{3-47}$$

方程式（3-47）可以通过将无穷和截断为有限和而得到有限矩阵来求解。所考虑的项的数量必须足够大，以满足所需的准确性。

参 考 文 献

[1] ABRAMOWITZ M, STEGUN I A. Handbook of mathematical functions with formulas, graphs and mathematical tables [M]. US GPO, 1965.

[2] CAO H, LEE V W. Scattering of plane SH waves by circular cylindrical rigid foundations of various depth-to-width ratio [J] . European Journal of Earthquake Engineering, 1989, 3 (2): 29-37.

[3] PAO Y H, MOW C C. Diffraction of elastic waves and dynamic stress concentrations [M]. New York: Grane Russak and Company, 1973.

第 4 章　半空间中圆柱形峡谷对弹性波的散射

4.1　半空间中半圆柱形峡谷对平面 SH 波的散射

4.1.1　引言

在一般入射角下，本节分析了平面 SH 波在半圆柱形峡谷中的二维散射和衍射。该问题的封闭解表明，只有当入射波的波长小于峡谷半径时，地表地形才会对入射波产生显著的影响。峡谷周围和峡谷内位移幅值的表面放大率从一点到另一点变化迅速，但放大率始终小于 2。放大模式的总体趋势主要由两个参数决定：

（1）α，即平面 SH 波的入射角。

（2）η，峡谷半径与入射波半波长之比。η 值越高，地表位移振幅模式越复杂，表现为从一点到另一点的放大幅度变化越剧烈，而 α 主要决定了位移幅值的整体趋势。

4.1.2　问题模型

二维模型的横截面如图 4.1 所示。它表示半空间（$y>0$），从该半空间中移去半径为 a 的圆柱体的一半以形成峡谷。假设半空间是弹性、各向同性和均匀的。它的材料特性由刚度 μ 和剪切波速 c_s 给出。

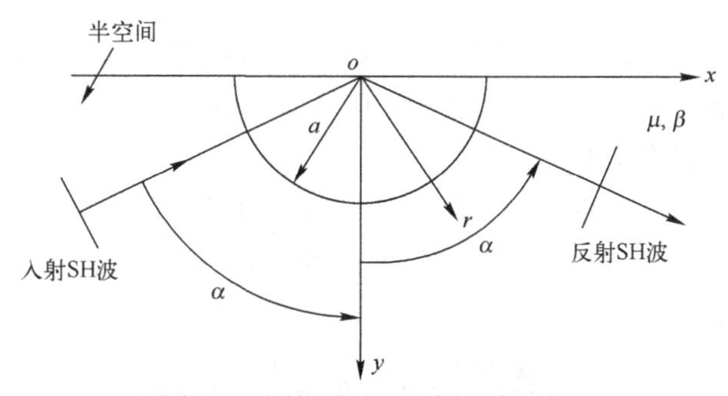

图 4.1　圆柱形峡谷和周围半空间

采用两种坐标系。直角坐标系以被移出圆柱体的轴线为中心，正 x 轴指向右侧，正 y 轴指向下方。由径向距离 r 和角 θ 组成的圆柱坐标系与直角坐标系有一个共同的原点。

假设半空间 $w^{(i)}$ 的激发由频率为 ω 的平面 SH 波的无限列组成，粒子在 z 方向的运动如下：

$$w_z^{(i)}=\exp i\omega\left(t-\frac{x}{c_x}+\frac{y}{c_y}\right) \tag{4-1}$$

对于入射角 γ 沿 x 轴 c_x 和 y 轴 c_y 的相速度有

$$c_x=c_s/\sin\alpha \tag{4-2}$$

$$c_y=c_s/\cos\alpha \tag{4-3}$$

在没有峡谷的情况下，入射运动将从平面自由表面反射（$y=0$），入射波 $w_z^{(i)}$ 和反射波 $w_z^{(r)}$ 会发生干扰，从而得到半空间的运动，即

$$w_z^{(i)}+w_z^{(r)}=2\exp\left[i\omega\left(t-\frac{x}{c_x}\right)\right]\cos\left(\frac{\omega y}{c_y}\right) \tag{4-4}$$

在本问题中，对于较大的 x，从峡谷散射和绕射的波的影响变得非常小，式（4-4）表示实际的半空间运动。

在峡谷附近，入射波和反射波 $w_z^{(i)}$ 与 $w_z^{(r)}$ 被半圆柱形表面散射和衍射。这组新的散射波和绕射波称为 $w_z^{(R)}$。

对于半圆柱形状的峡谷，圆柱坐标系统变得适合使用，因为沿着峡谷壁的自由表面边界条件随后显著简化。因此，用 r 和 θ 的函数来表示式（4-4）的散射和绕射波 $w_z^{(R)}$ 是很方便的。可以表明式（4-4）为

$$\begin{aligned} w_z^{(i)}+w_z^{(r)} &= 2J_0(kr)+4\sum_{n=1}^{\infty}(-1)^n J_{2n}(kr)\cos(2n\alpha)\cos(2n\theta) \\ &\quad -4i\sum_{n=0}^{\infty}(-1)^n J_{2n+1}(kr)[\sin(2n+1)\alpha]\sin[(2n+1)\theta] \end{aligned} \tag{4-5}$$

式中：$J_n(x)$ 是第一类贝塞尔函数，参数为 x，阶数为 n，$k=\omega/\beta$。

由入射平面 SH 波 $w_z^{(i)}$ 产生的总位移场 w_z，表示波 $w_z^{(i)}$、$w_z^{(r)}$ 和 $w_z^{(R)}$ 的叠加。它必须满足微分方程：

$$\frac{\partial^2 w_z}{\partial r^2}+\frac{1}{r}\frac{\partial w_z}{\partial r}+\frac{1}{r^2}\frac{\partial^2 w_z}{\partial \theta^2}=\frac{1}{c_s^2}\frac{\partial^2 w_z}{\partial t^2} \tag{4-6}$$

以及边界条件：

$$\sigma_{\theta z}=\frac{\mu}{r}\frac{\partial w_z}{\partial \theta}=0,\quad \theta=\pm\frac{1}{2}\pi \text{ 和 } r>a \tag{4-7}$$

和

$$\sigma_{rz}=\mu\frac{\partial w_z}{\partial r}=0,\quad r=a \text{ 和 } |\theta|<\frac{1}{2}\pi \tag{4-8}$$

$w_z^{(R)}$表示传出波，因为它是由从半圆柱形峡谷散射和围绕峡谷绕射的波组成的。它必须满足微分方程（4-6）和无应力边界条件方程（4-7），另外，$w_z^{(i)}$、$w_z^{(r)}$和$w_z^{(R)}$的和必须满足无应力边界条件方程（4-8）。满足式（4-6）和式（4-7）的波$w_z^{(R)}$可以写成

$$w_z^{(R)}=\sum_{n=0}^{\infty}\{a_nH_{2n}^{(2)}(kr)\cos(2n\theta)+b_nH_{2n+1}^{(2)}(kr)\sin[(2n+1)\theta]\} \tag{4-9}$$

式中：$H_n^{(2)}(x)$是第二类汉克尔（Hankel）函数，参数为x，阶数为n。通过将$w_z^{(i)}+w_z^{(r)}+w_z^{(R)}$代入边界条件方程（4-8）可以确定复常数$a_n$和$b_n$，得到当$n=0$时：

$$a_0=-2\frac{J_1(ka)}{H_1^{(2)}(ka)} \tag{4-10a}$$

$$b_0=4\mathrm{i}\sin\alpha\frac{kaJ_0(ka)-J_1(ka)}{kaH_0^{(2)}(ka)-H_1^{(2)}(ka)} \tag{4-10b}$$

对于$n=1,2,3,\cdots$，有

$$a_n=-4(-1)^n\cos(2n\alpha)\frac{kaJ_{2n-1}(ka)-2nJ_{2n}(ka)}{kaH_{2n-1}^{(2)}(ka)-2nH_{2n}^{(2)}(ka)} \tag{4-11a}$$

$$b_n=4\mathrm{i}(-1)^n\sin[(2n+1)\alpha]\frac{kaJ_{2n}(ka)-(2n+1)J_{2n+1}(ka)}{kaH_{2n}^{(2)}(ka)-(2n+1)H_{2n+1}^{(2)}(ka)} \tag{4-11b}$$

一旦a_n和b_n确定，对于$r>a$和$|\theta|<\frac{1}{2}\pi$，则总的解$w_z^{(i)}+w_z^{(r)}+w_z^{(s)}$在$r>a$和$|\theta|<\pi/2$时总有定义。

4.1.3　表面位移振幅

本节的主要目的是找出半圆柱形峡谷的传递函数性质，以及该传递函数与入射角γ和观测点位置的相关性。地震工程中特别感兴趣的是沿着峡谷附近半空间表面和峡谷本身表面寻找这个传递函数。这些信息有助于理解和解释类似于这里研究的模型对地形特征的影响，并开发用于校正记录的加速度图以获得地表地形影响的技术。

本节研究的模型激励由振幅为 1、频率为ω、入射角为α的平面 SH 波组成（图 4.1）。对于这种激励，解的模量为

$$w_z = w_z^{(i)} + w_z^{(r)} + w_z^{(s)}$$

立即给出系统传递函数的光谱振幅。在没有峡谷的情况下，模量在自由面上将等于2，而相将随 x 线性变化，并称模量 w_z 为沿着无应力表面（图4.1）的“位移幅值”，即

$$\text{位移幅值} = \{[\mathrm{Re}(w_z)]^2 + [\mathrm{Im}(w_z)]^2\}^{\frac{1}{2}} \tag{4-12}$$

它的相位为

$$\phi = \arctan\left[\frac{\mathrm{Im}(w_z)}{\mathrm{Re}(w_z)}\right] \tag{4-13}$$

这两个参数都取决于SH波的入射角和它们的频率 ω 与半空间的剪切波速度 c_s 和峡谷半径 a，有关其中三个参数可以组合为一个参数 ka，即

$$ka = \omega a / c_s \tag{4-14}$$

它也等于

$$ka = 2\pi a / \lambda \tag{4-15}$$

式中：$\lambda = c_s T$ 为入射波的波长，$T = 2\pi/\omega$。

定义另一个无量纲参数：

$$\eta = 2a/\lambda \tag{4-16}$$

即 ka 变为 $\pi\eta$。由式（4-16）可知，η 是峡谷半径 a 与入射波半波长之比，但也可以认为是无量纲频率，因为 $\eta = \omega a/\pi c_s$，或者是无量纲波数，因为 $\eta = ka/\pi$。

当 α 从0°向90°方向增大时，对于 $x/a < -1$，地表位移的复杂性和振幅增大。对于 $x/a > -1$，振幅减小，且变得更平滑。这些表面位移行为的一般趋势是由峡谷对波的散射和绕射造成的。当入射角 α 接近90°时，峡谷的左边缘在 $x/a = -1$ 处作为一个屏障，反射相当多的能量回到它来时的方向，在这种情况下是在 x 轴负半轴，图4.2~图4.4给出了固定 α 的曲面位移对角度 η 的依赖关系，进一步说明了这一点。入射波和反射波干涉 $x/a < -1$，以形成一个驻波模式叠加再运动进展到右边。这在图4.4中特别明显，其中的相位图显示了一个几乎180°相位跳跃的序列。

从图4.2~图4.4的相图中可以看出，x/a 的增加呈现递减趋势。这意味着运动的全部性质是由从左到右的波传播控制的。在没有峡谷的情况下，半空间 $y > 0$（图4.1）（式（4-1）和式（4-2））为

$$\phi(x/a) = (-\omega a/c_s)\sin\alpha(x/a) \tag{4-17}$$

因此，随着 α 或 $\omega a/c_s$ 的增加，相的负斜率 $(\omega a/c_s)\sin\alpha$ 相对于 x/a 增加。$\phi(x/a)$ 相相对于 x/a 的总体趋势在图4.2~图4.4中很明显，其中 $\phi(x/a)$ 的进一步变化是由于半圆柱形峡谷周围的散射和衍射造成的。

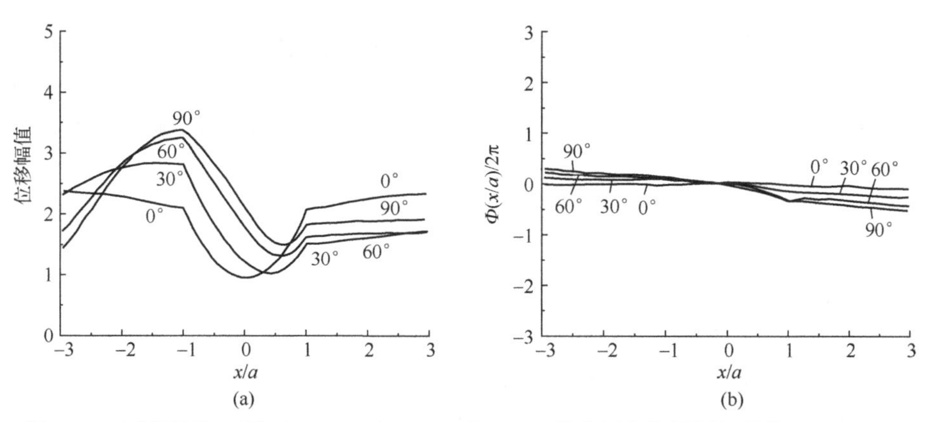

图 4.2　入射平面 SH 波（$\alpha=0°$、$30°$、$60°$和 $90°$）的表面位移振幅和相位（$\eta=0.25$）$x/a=0$ 对应的中心峡谷和 $x/a=\pm1$ 对应峡谷的边缘

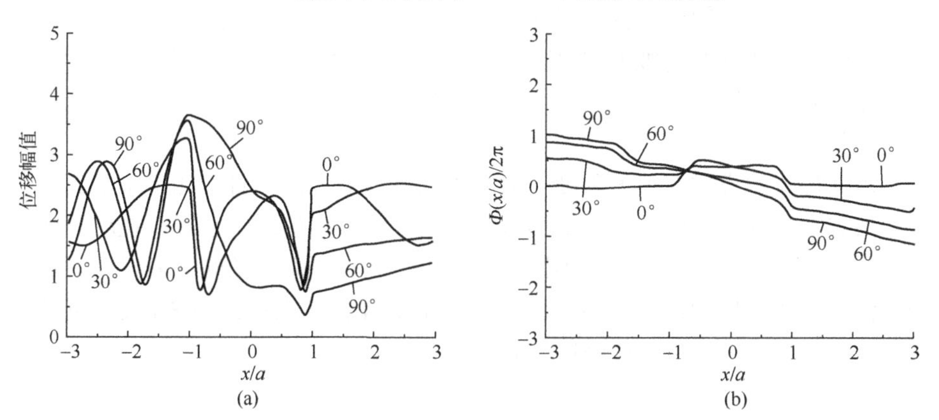

图 4.3　入射平面 SH 波（$\alpha=0°$、$30°$、$60°$和 $90°$）的表面位移振幅和相位（$\eta=0.75$）$x/a=0$ 对应的中心峡谷和 $x/a=\pm1$ 对应峡谷的边缘

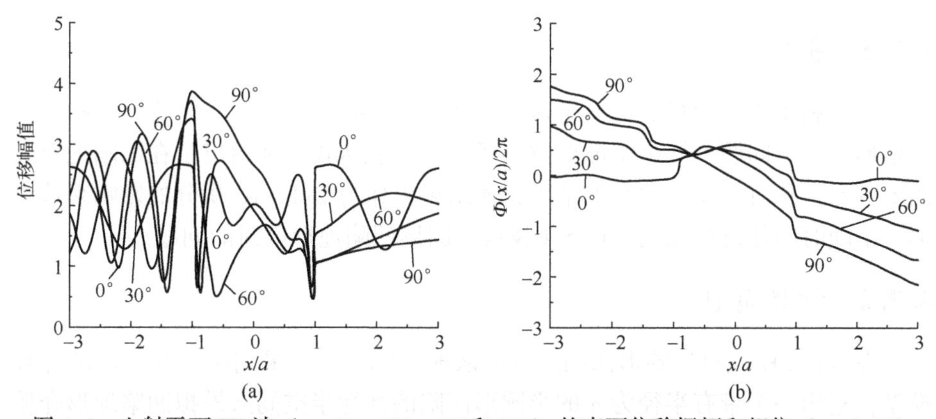

图 4.4　入射平面 SH 波（$\alpha=0°$、$30°$、$60°$和 $90°$）的表面位移振幅和相位（$\eta=1.25$）$x/a=0$ 对应的中心峡谷和 $x/a=\pm1$ 对应峡谷的边缘

半圆柱形峡谷引起的表面位移的复杂性随着波长较长的入射波比峡谷半径 a 的减小而明显减小。对于很长的波长，对应于 $\eta \to 0$，所有 x/a 的表面位移振幅都趋于 2。这与一般认为长波“感觉不到”短的不规则地形是一致的。

4.1.4 结论

本节中研究的模型，虽然是最简单的模型之一，但仍然可以解释一些特征，这些特征肯定是许多其他更不规则的表面形貌的共同特征。这种分析方法简单明了，也适用于半圆柱形的冲积河谷。这些地形的不规则性是造成某一地点的整体地面放大模式的重要因素。与地壳内的材料不连续面一样，其地形对地震波的走向相当敏感。与内部不连续的影响不同，表面形貌的传递函数性质直到最近才引起人们的重视，对这一现象的深入研究还有待进行。

半圆柱形峡谷散射波对地表位移的放大总是小于 2。这是因为在横截面上，靠近峡谷边缘的角是 90°。其他转角不小于 90°的二维地形特征，其表面放大倍数也会小于 2。

表面位移的模式在很大程度上取决于到达波的方向。对于几乎水平到达的波，峡谷在峡谷后面产生一个阴影区，导致大约一半的均匀衰减。在峡谷朝向源头的一侧，放大的图案非常不同。在这里，从近乎垂直的峡谷岩壁反射过来的波浪会干扰稍后到达的波浪。位移振幅在 0~4 快速振荡，当 SH 波接近掠入射时，可以形成一个近似驻波的模式。

4.2 半空间中半圆形凹陷地形对位移阶跃 SH 波的散射

4.2.1 引言

本节利用积分变换和波函数展开法求解位移阶跃的平面 SH 波对半圆形凹陷地形的散射问题、导出了散射位移场的解析表达式，并给出了在凹陷地形表面上各点位移时程反应的数值结果，该结果可作为 Duhamel 积分的影响系数求解一个随时间任意变化的平面 SH 波被半圆形凹陷地形散射的问题。

4.2.2 计算模型

在分析 SH 波对半圆形凹陷地形的散射问题时，可采用图 4.5 所示的计算模型，它用一个带有半径为 a 的半圆形凹陷的弹性半空间来模拟凹陷地形介质是均匀和各向同性的，其剪切波的波速为

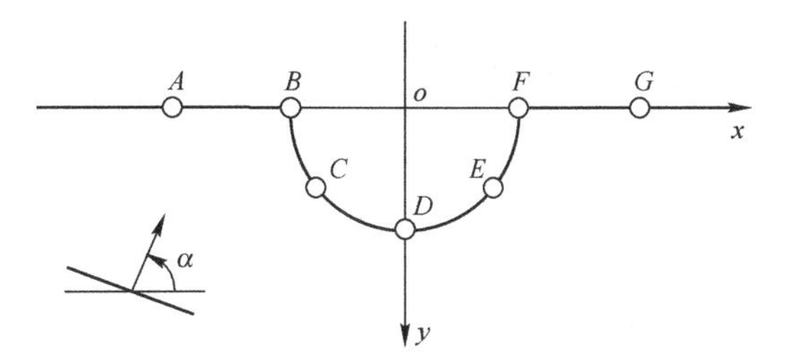

图 4.5　入射时间阶跃 SH 波

$$c_s=\sqrt{\frac{\mu}{\rho}} \tag{4-18}$$

式中：μ 为介质的 Lame 弹性常数；ρ 为介质的密度。

在分析问题时，通常给出表面应力为零的边界条件，即要求在 $y=0$ 和半径为 a 的半圆凹陷上，应力分别为零，在具体求解这类边值问题时，可采用如下的简便方法：首先假设有一个无凹陷的、完整的弹性半空间，由给定的入射波与在 $y=0$ 的平界面上反射而成的反射波叠加构成自由波场，它满足 $y=0$ 处应力为零的边界条件。而事实上，当考虑半圆形凹陷的作用时，自由波场将在凹陷附近发生散射，考虑到自由波场与散射波的共同作用，可决定散射波的边界条件如下：

（1）散射波应满足 $y=0$ 的平界面上应力为零的条件。

（2）为得到半圆形凹陷表面应力为零的条件，散射波应当在半圆凹陷表面上的每一点都给出与自由波场在凹陷的对应位置上所产生的大小相等而方向相反的应力边界条件，叠加上述的自由波场和散射波即可满足图 4.5 所示凹陷地形的应力自由边界条件。

取沿任意方向入射且在 $t=0$ 时刻到达凹陷表面上的某一点，并由凹陷表面开始产生扰动的平面 SH 波的一般形式为[1]

$$w^{(s)}=G\left(t=-\frac{x+a\cos\alpha}{c_x}+\frac{y-a\sin\alpha}{c_y}\right) \tag{4-19}$$

其中

$$G(t)=H(t)\cdot\int_0^t g(s)\,\mathrm{d}s \tag{4-20}$$

式中：$H(\cdot)$ 为 Heaviside 阶跃函数；$c_x=c_s/\cos\alpha$，$c_y=c_s/\sin\alpha$，α 为入射波的波阵面法线与 x 轴正向之夹角；$g(s)$ 为任意函数，当 $\int_0^t g(s)\,\mathrm{d}s=W_0$ 为一常数时，则有

$$w^{(i)}=w_0H\left(t-\frac{x+a\cos\alpha}{c_x}+\frac{y-a\sin\alpha}{c_y}\right) \tag{4-21}$$

入射波（式4-21）在自由表面 $y=0$ 处发生反射，其反射波为

$$w^{(r)}=w_0H\left(t-\frac{x+a\cos-\alpha}{c_x}-\frac{y+a\sin\alpha}{c_y}\right) \tag{4-22}$$

4.2.3 求解过程

1. 自由场

在一个完整的弹性半空间中，自由场的位移为

$$w^{(f)}=w^{(i)}+w^{(r)}=w_0H(t-t_i^*)+w_0H(t-t_r^*) \tag{4-23}$$

其中：

$$t_i^*=\frac{x+a\cos\alpha}{c_x}-\frac{y-a\sin\alpha}{c_y}=\frac{r\cos(\theta+\alpha)+a}{c_s} \tag{4-24}$$

$$t_r^*=\frac{x+a\cos\alpha}{c_x}+\frac{y+a\sin\alpha}{c_y}=\frac{r\cos(\theta-\alpha)+a}{c_s} \tag{4-25}$$

利用胡可定律，可得到自由场应力为

$$\tau_{rz}^{(f)}=\mu\frac{\partial w^{(f)}}{\partial r}=-\frac{\mu w_0}{c_s}[\cos(\theta+\alpha)\cdot\delta(t-t_i^*)+\cos(\theta-\alpha)\cdot\delta(t-t_r^*)] \tag{4-26}$$

$$\tau_{\theta z}^{(f)}=\frac{\mu}{r}\frac{\partial w^{(f)}}{\partial\theta}=\frac{\mu w_0}{c_s}[\sin(\theta+\alpha)\delta(t-t_i^*)+\sin(\theta-\alpha)\cdot\delta(t-t_r^*)] \tag{4-27}$$

式中：$\delta(\cdot)$ 为 Dirac 函数。

2. 边界条件

在凹陷地形表面通常给定边界条件：

$$\begin{cases}\tau_{rz}|_{r=a}=0\\ \tau_{\theta z}|_{\theta=0,\pi}=0\end{cases} \tag{4-28}$$

为此，可在自由场上叠加凹陷位置处大小相等而方向相反的应力。在入射波通过凹陷的不同时刻（图4.6），此叠加荷载分别为

（1）在 $0<t\leqslant\frac{a}{c_s}(1-\cos\alpha)$ 时，$r=a$：

$$\tau_{rz}=\frac{\mu w_0\cos(\theta+\alpha)}{c_s}\cdot\delta(t-t_i^*),\quad 0\leqslant\theta\leqslant\pi \tag{4-29}$$

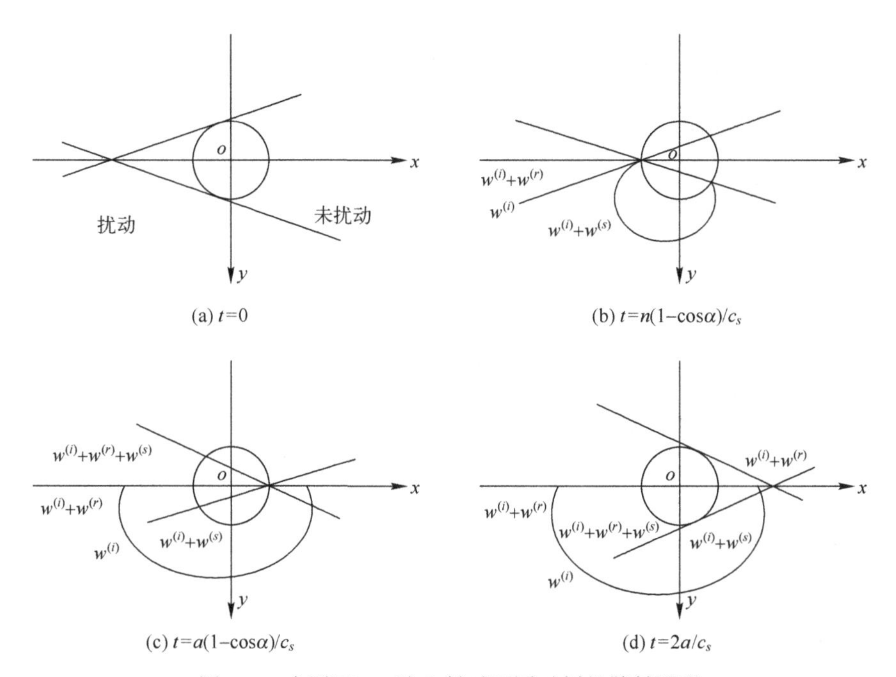

图 4.6　在平面 SH 波入射时不同时刻的散射图形

（2）在$\frac{a}{c_s}(1-\cos\alpha)<t\leqslant\frac{a}{c_s}(1+\cos\alpha)$时，$r=a$：

$$\tau_{rz}=\frac{\mu w_0}{c_s}[\cos(\theta+\alpha)\cdot\delta(t-t_i^*)+\cos(\theta-\alpha)\cdot\delta(t-t_r^*)],\quad 0\leqslant\theta\leqslant\pi \tag{4-30}$$

（3）在$\frac{a}{c_s}(1+\cos\alpha)<t\leqslant\frac{2a}{c_s}$时，$r=a$：

$$\tau_{rz}=\frac{\mu w_0\cos(\theta-\alpha)}{c_s}\cdot\delta(t-t_r^*),\quad 0\leqslant\theta\leqslant\pi \tag{4-31}$$

（4）在 $t>\frac{2a}{c_s}$时，$r=a$：

$$\tau_{rz}=0,\quad 0\leqslant\theta\leqslant\pi \tag{4-32}$$

图 4.6 中的散射场边界可由凹陷上各点所产生散射波的包络线来确定[2]。将叠加荷载偶开拓到$[-\pi,\pi]$区间上，并做傅里叶展开得

$$\tau_{rz}=\sum_{n=0}^{\infty}\tau_{rz,n}=\frac{a_0(t)}{2}+\sum_{n=1}^{\infty}a_n(t)\cos(n\theta) \tag{4-33}$$

其中

$$a_n(t)=\frac{2}{\pi}\int_0^{\pi}\tau_{rz}(\theta)\cos(n\theta)\mathrm{d}\theta,\quad n=0,1,2,\cdots \tag{4-34}$$

将式（4-28）~式（4-32）代入式（4-34）中，得

（1）在 $0<t\leqslant\frac{2a}{c_s}$ 时：

$$\begin{cases}\dfrac{a_0(t)}{2}=-\dfrac{2\mu w_0}{\pi c_s}\cos\beta\\ a_1(t)=\dfrac{4\mu w_0}{\pi c_s}\cos\alpha\cos^2\beta\\ a_n(t)=\dfrac{4\mu w_0(-1)^{n+1}}{\pi c_s}\cos(n\alpha)\cos\beta\cos(n\beta),\quad n\geqslant 2\end{cases} \tag{4-35}$$

（2）在 $t>\frac{2a}{c_s}$ 时：

$$a_n(t)=0,\quad n=0,1,2,\cdots \tag{4-36}$$

其中：$\beta=\arccos(1-c_st/a)$。

4.2.4 辅助问题

为便于求解，首先构造一辅助问题，借助其解答和 Duhamel 积分技术，可方便地得到式（4-28）所确定问题的解答。

通常可将辅助问题的边界条件假定为

$$\begin{cases}\tau_{rz,n}\big|_{r=a}=\delta(t)\cdot\cos(n\theta)\\ \tau_{\theta z,n}\big|_{\theta=0,\pi}=0\end{cases} \tag{4-37}$$

设其所确定的位移为 w_n^*，则边界荷载为

$$\begin{aligned}&\tau_{rz,n}\big|_{r=a}=a_n(t)\cdot\cos(n\theta)\\ &\tau_{\theta z,n}\big|_{\theta=0,\pi}=0\end{aligned} \tag{4-38}$$

所决定的位移 w_n 可以写成

$$w_n=\int_0^t a_n(\tau)w_n^*(t-\tau)\mathrm{d}\tau \tag{4-39}$$

而总场的位移可用叠加法求得

$$w=w_0H(t-t_i^*)+w_0H(t-t_r^*)+\sum_{n=0}^{\infty}w_n\cdot\cos(n\theta) \tag{4-40}$$

4.2.5 辅助问题的解

均匀、连续和各向同性的线弹性介质中波的控制方程为

$$\frac{1}{r}\frac{\partial}{\partial r}\left(r\frac{\partial w_z^{(s)}}{\partial r}\right)+\frac{1}{r^2}\cdot\frac{\partial^2 w_n^{(s)}}{\partial\theta^2}=\frac{1}{c_s^2}\cdot\frac{\partial^2 w_n^{(s)}}{\partial t^2} \tag{4-41}$$

式中：$w_n^{(s)}$为散射场位移。而应力与变形之间的关系为

$$\begin{cases}\tau_{rz,n}^{(s)}=\mu\dfrac{\partial w_n^{(s)}}{\partial r}\\[2ex]\tau_{\theta z,n}^{(\theta)}=\dfrac{\mu}{r}\dfrac{\partial w_n^{(s)}}{\partial\theta}\end{cases} \tag{4-42}$$

对式（4-41）、式（4-42）及式（4-37）做对时间 t 的单边拉普拉斯变换，得

$$\frac{1}{r}\frac{\partial}{\partial r}\left(r\frac{\partial \overline{w_n^{(s)}}}{\partial r}\right)+\frac{1}{r^2}\cdot\frac{\partial^2 \overline{w_n^{(s)}}}{\partial\theta^2}=\frac{P^2}{c_s^2}w_n^{(s)} \tag{4-43}$$

$$\begin{cases}\tau_{rz,n}=\mu\dfrac{\partial \overline{w_n^{(s)}}}{\partial r}\\[2ex]\tau_{\theta z,n}=\dfrac{\mu}{r}\dfrac{\partial \overline{w_n^{(s)}}}{\partial r}\end{cases} \tag{4-44}$$

以及

$$\begin{cases}\bar{\tau}_{rz,n}\big|_{r=a}=\cos(n\theta)\\ \bar{\tau}_{\theta z,n}\big|_{\theta=0,\pi}=0\end{cases} \tag{4-45}$$

式中：P 为单边拉普拉斯变换的变换参量。直接验证可知，满足边界条件式（4-45）的解为

$$w_n^{(s)}=A_nK_n(hr)\cos(n\theta) \tag{4-46}$$

其中，$K_n(\cdot)$为第二类修正的贝塞尔函数；$h^2=P^2/c_s^2$；A_n为待定系数，而由边界条件式（4.45）可求得系数 A_n，从而得到位移$\overline{w_n^{(s)}}$为

$$\overline{w_n^{(s)}}=\frac{Kn(hr)}{\mu hK_n'(ha)}\cdot\cos(n\theta) \tag{4-47}$$

4.2.6　位移式的反演

对式（4.47）做拉普拉斯反演，则有

$$w_n^{(s)}=\frac{1}{\partial\pi\mathrm{i}}\int_{r-\mathrm{i}\infty}^{r+\mathrm{i}\infty}\overline{w_n^{(s)}}\mathrm{e}^{pt}\mathrm{d}p=\frac{c_s\cos(n\theta)}{\mu}\cdot\frac{1}{2\pi\mathrm{i}}\int_{r-\mathrm{i}\infty}^{r+\mathrm{i}\infty}\frac{K_n\left(\dfrac{r}{a}\zeta\right)}{\zeta K_n'(\zeta)}\mathrm{e}^{\zeta\tau}\mathrm{d}\zeta \tag{4-48}$$

式中：$\zeta=ha$，$\tau=c_st/a$。采用复变函数中的围道积分技术来计算式（4-48）中的积分，被积函数为

$$F_n(\zeta)=\frac{K_n\left(\frac{r}{a}\zeta\right)}{\zeta K_n'(\zeta)}\cdot e^{\zeta\tau} \tag{4-49}$$

在$\zeta=0$处，$F_n(\zeta)$有一个分支点，而其简单极点由$K_n'(\zeta)=0$的根$\zeta_{n,k}$来给出，其中$k=1,2,\cdots,m$，而m为其极点个数。我们取图4.7所示的积分路径C，其中圆弧AC和圆弧FH的半径无穷大，CD和EF为分支割线。在围线C中，$F_n(\zeta)$为解析函数，则由留数定理可知：

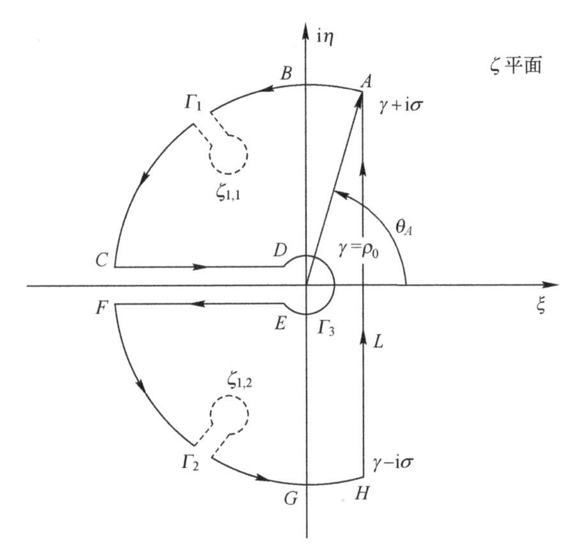

图4.7　积分路径C

$$\int_C F_n(\zeta)\,\mathrm{d}\zeta=0 \tag{4-50}$$

从而，式中的积分可以写成

$$\int_{r-\mathrm{i}\infty}^{r+\mathrm{i}\infty}F_n(\zeta)\,\mathrm{d}\zeta=\lim_{\sigma\to\infty}\int_{r-\mathrm{i}\sigma}^{r+\mathrm{i}\sigma}F_n(\zeta)\,\mathrm{d}\zeta \tag{4-51}$$

$$=-\lim_{\sigma\to\infty}\left[\int\limits^{\frown}_{AB+\Gamma_1+CD+\Gamma_3+EF+\Gamma_2+GH}\cdot F_n(\zeta)\,\mathrm{d}\zeta\right]+2\pi\mathrm{i}\sum_{k=1}^{\infty}R_{n,k} \tag{4-52}$$

式中：$R_{n,k}$为$F_n(\zeta)$在极点$\zeta_{n,k}$处的留数，即

$$R_{n,k}=\frac{K_n\left(\frac{r}{a}\zeta_{n,k}\right)\cdot e^{\zeta_{n,k}\tau}}{\zeta_{n,k}\cdot K_n''(\zeta_{n,k})} \tag{4-53}$$

根据Jordan引理，可以证明：

$$\lim_{\sigma\to\infty}\int\limits^{\frown}_{AB+\Gamma_1+CD+\Gamma_3+EF+\Gamma_2+GH}\cdot F_n(\zeta)\,\mathrm{d}\zeta=0 \tag{4-54}$$

而沿 CD 和 EF 有 $\zeta=r\mathrm{e}^{\pm\pi\mathrm{i}}=-\xi$，并且有

$$K_v(r\mathrm{e}^{m\pi\mathrm{i}})=\mathrm{e}^{-vm\pi\mathrm{i}}K_v(r)-\mathrm{i}\pi\cdot\frac{\sin(mv\pi)}{\sin(v\pi)}\cdot I_v(r),\quad m=-1 \tag{4-55}$$

由此得到沿 CD 和 EF 的积分（$\varepsilon\to0$ 时）：

$$I_{CD+EF}=$$

$$2\pi\mathrm{i}\int_0^{\infty}\frac{K_n\left(\frac{r}{a}\xi\right)[nI_n(\xi)+\xi I_{n+1}(\xi)]-I_n\left(\frac{r}{a}\xi\right)[nK_n(\xi)+\xi K_{n+1}(\xi)]}{[nK_n(\xi)+\xi K_{n+1}(\xi)]^2+\pi^2[nI_n(\xi)+\xi I_{n+1}(\xi)]^2}\cdot\mathrm{e}^{-\xi\tau}\mathrm{d}\xi \tag{4-56}$$

将式（4-52）、式（4-54）和式（4-56）代入式（4-48）中，可以得到位移 $w_n^{(s)}$ 的表达式为

$$w_n^{(s)}=$$

$$-\frac{c_s\cos(n\theta)}{\mu}\int_0^{\infty}\frac{K_n\left(\frac{r}{a}\xi\right)[nI_n(\xi)+\xi I_{n+1}(\xi)]-I_n\left(\frac{r}{a}\xi\right)[nK_n(\xi)+\xi K_{n+1}(\xi)]}{[nK_n(\xi)+\xi K_{n+1}(\xi)]^2+\pi^2[nI_n(\xi)+\xi I_{n+1}(\xi)]^2}\mathrm{e}^{-\xi\tau}\mathrm{d}\xi$$

$$+\frac{c_s\cos(n\theta)}{\mu}\sum_{k=1}^{m}R_{n,k} \tag{4-57}$$

4.2.7　数值结果和讨论

若将 $w_n^{(s)}$ 的表达式代入式（4-38）的 Duhamel 积分中，即可求得叠加问题的散射场位移。进一步利用式（4-39）进行叠加，就可以求得总场的位移，即问题的最终解答。在计算过程中，只取傅里叶级数中的前 6 项，即 $n=0,1,2,3,4,5$，而留数计算中的极点位置则取自 Pao 和 Mow 的专著[3]。

如图 4.6 所示，当 $t=a(1+\sqrt{2}/2)/c_s$ 时，反射波的波阵面到达 D 点，由于反射波贡献的加入，位移出现第二次不连续，其他点的位移反应可作类似的分析。

在图 4.8～图 4.10 中分别给出了在凹陷上的 B、D 和 F 点处，在三种不同入射角情况下，位移时程反应的对比。

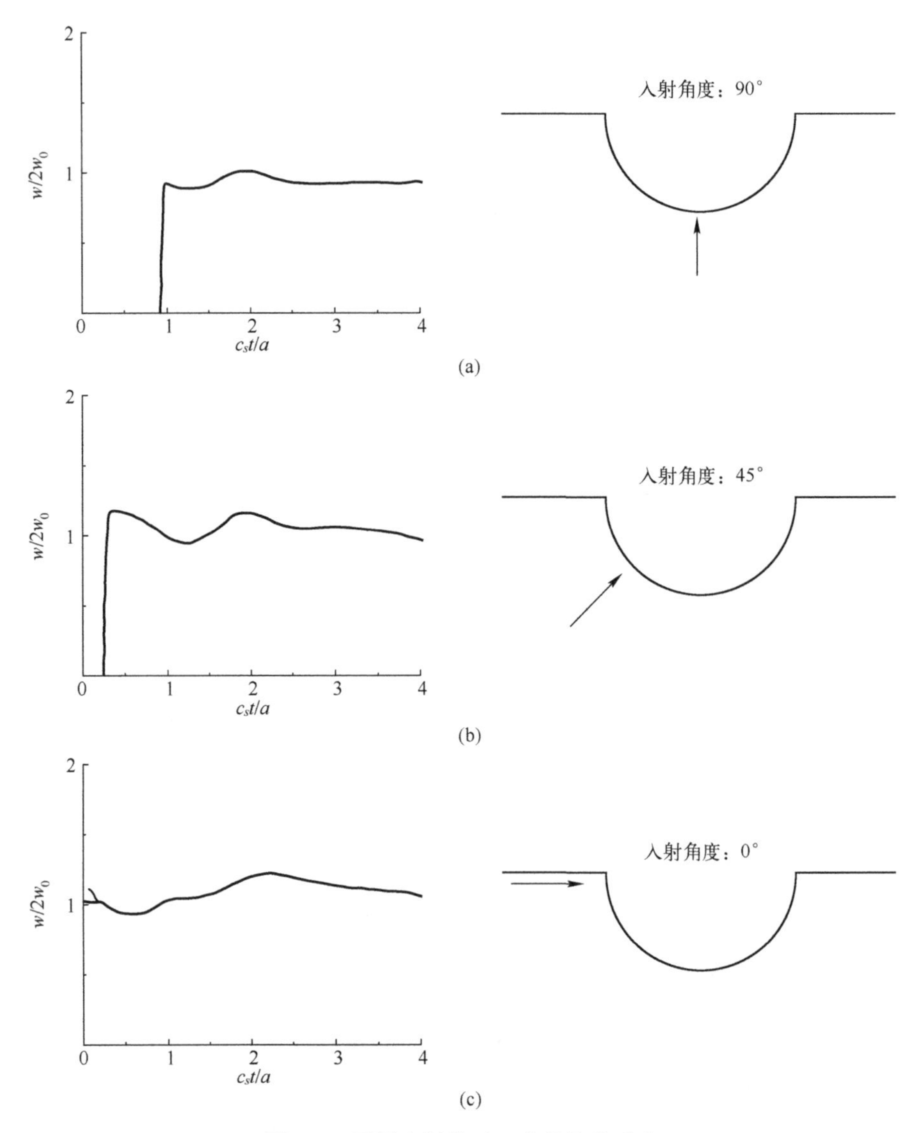

图 4.8 不同入射角时 B 点的位移反应

对于介质内部任意一点处的位移反应，也可采用本节介绍的方法进行求解，本节给出的位移阶跃 SH 波被半圆凹陷地形散射问题的解，可以作为 Duhamel 积分的影响系数，以便求解一个随时间任意变化的 SH 波被半圆凹陷地形的散射问题[4]。这为求解时域中弹性波散射问题提供了一种可行的方法。

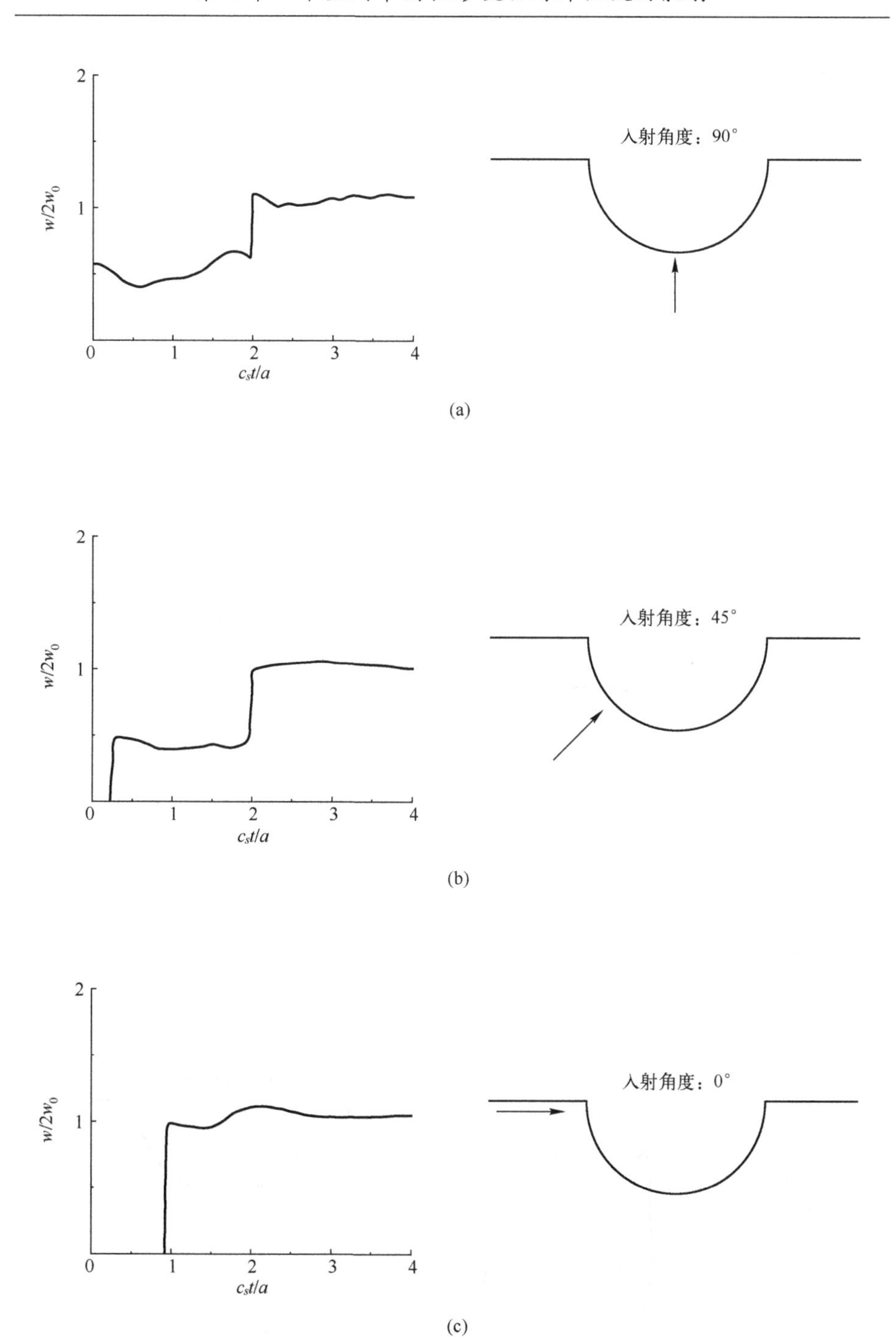

图 4.9　不同入射角时 D 点的位移反应

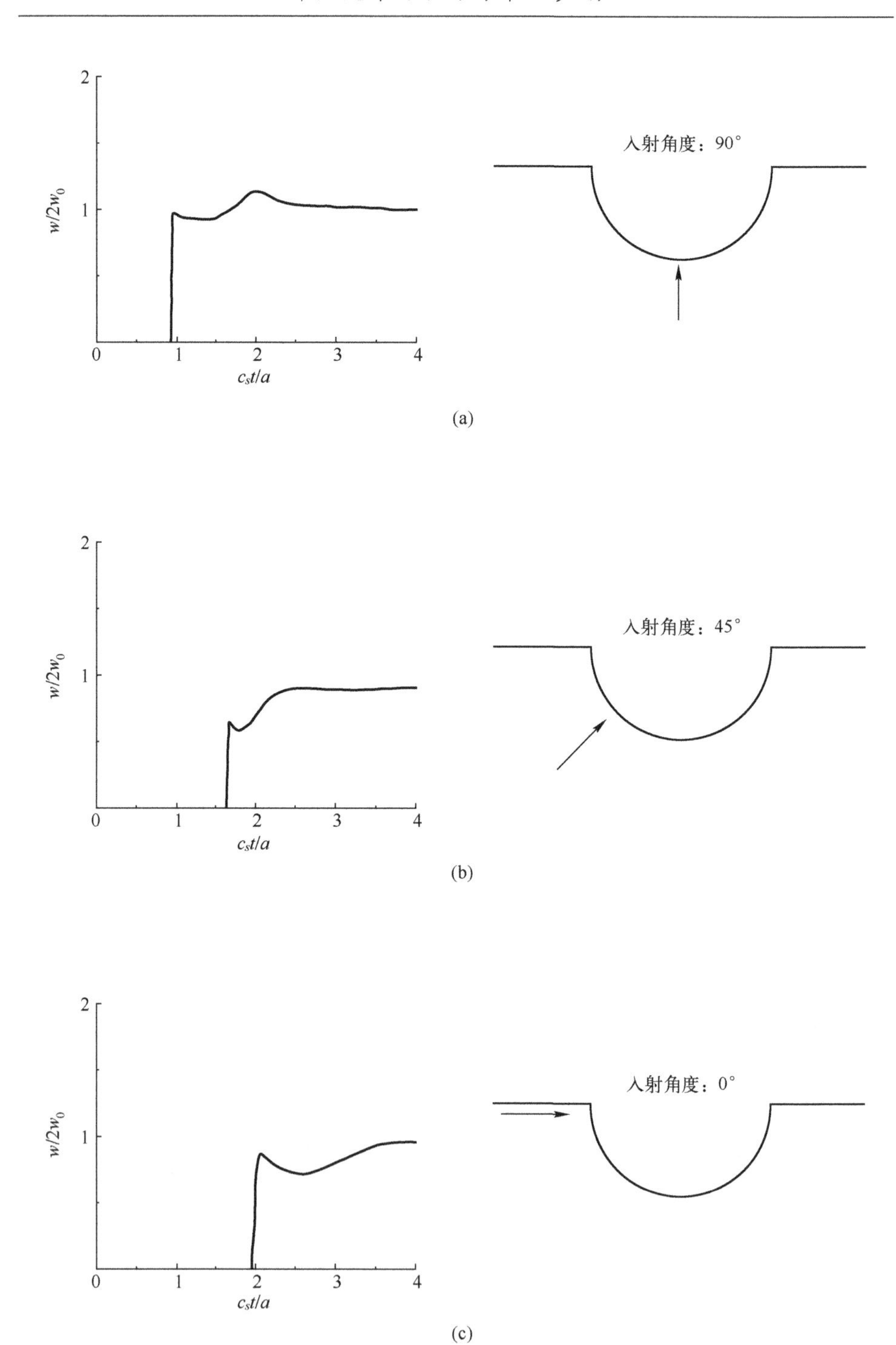

图 4.10　不同入射角时 *F* 点的位移反应

4.3　半空间中半圆形凹陷场地对入射 P 波的解析解：大圆弧模型

4.3.1　引言

关于地震波作用下半圆形山谷地形的响应，Trifunac 研究了平面 SH 波入射下半圆形山谷地形的解，Cao 和 Lee 采用大圆弧替代半无限平面的方法研究了平面 P 波入射下半圆形山谷和浅圆形山谷场地下的解[5]，Lee 和 Cao 采用大圆弧替代半无限平面的方法研究了平面 SV 波入射下半圆形山谷和浅圆形山谷场地下的解[6]。本节基于波动理论和大圆弧方法，研究了平面 P 波入射半圆形凹陷场地的散射问题，使用 Cao 和 Lee 的方法求解了大圆弧模型中的解析解，推导了土体应力和位移的计算公式。

4.3.2　问题模型

在弹性的二维半无限空间中，有一个半径为 a 的半圆形凹陷，土体的密度为 ρ，拉梅系数为 μ，入射平面 P 波。水平面和半圆形凹陷会导致反射 P 波、反射 SV 波、散射 P 波、散射 SV 波。以半圆形凹陷的圆心为坐标原点，可建立平面直角坐标系 (x,y) 和极坐标系 (r,θ)，如图 4.11 所示。

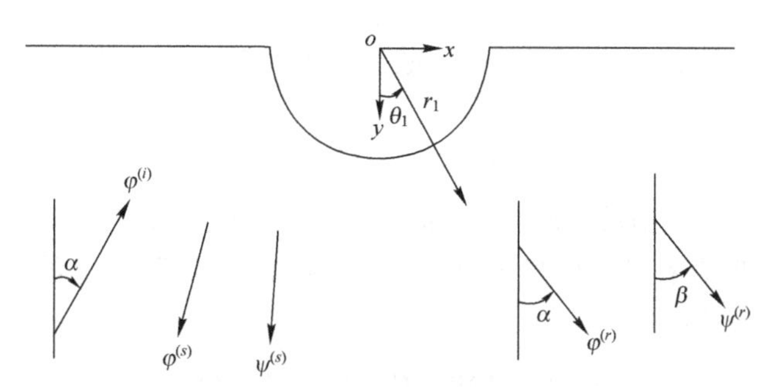

图 4.11　平面 P 波斜入射时的研究模型

图 4.11 中，φ 为 P 波的势函数，ψ 为 SV 波的势函数，上标 r 表示反射波，上标 s 表示散射波。P 波波速和 SV 波波速可表示为

$$c_p=\sqrt{(\lambda+2\mu)/\rho} \tag{4-58}$$

$$c_s=\sqrt{\mu/\rho} \tag{4-59}$$

在极坐标中求出波动方程的一般解，这解是稳态解。由于研究的是稳态问题，故只需要考虑边界条件。

假设势函数为 $\phi=\varphi+\psi$，则 ϕ 满足亥姆霍兹方程：

$$\frac{\partial^2\phi}{\partial r^2}+\frac{1}{r}\frac{\partial\phi}{\partial r}+\frac{1}{r^2}\frac{\partial^2\phi}{\partial\theta^2}-\frac{\omega^2}{v^2}\frac{\partial^2\phi}{\partial t^2}=0 \tag{4-60}$$

利用分离变量法得到波动方程的通解，然后代入边界条件确定未知系数。

极坐标下应力-势函数的关系为

$$\sigma_r=\lambda\nabla^2\varphi+2\mu\left[\frac{\partial^2\varphi}{\partial r^2}+\frac{\partial}{\partial r}\left(\frac{1}{r}\frac{\partial\psi}{\partial\theta}\right)\right] \tag{4-61}$$

$$\sigma_\theta=\lambda\nabla^2\varphi+2\mu\left[\frac{1}{r}\left(\frac{\partial\varphi}{\partial r}+\frac{\partial^2\varphi}{\partial\theta^2}\right)+\frac{1}{r}\left(\frac{1}{r}\frac{\partial\psi}{\partial\theta}-\frac{\partial^2\psi}{\partial r\partial\theta}\right)\right] \tag{4-62}$$

$$\tau_{r\theta}=\mu\left(\frac{2}{r}\frac{\partial^2\varphi}{\partial r\partial\theta}-\frac{2}{r^2}\frac{\partial\varphi}{\partial\theta}+\frac{1}{r^2}\frac{\partial^2\psi}{\partial\theta^2}+\frac{1}{r}\frac{\partial\psi}{\partial r}-\frac{\partial^2\psi}{\partial r^2}\right) \tag{4-63}$$

半无限平面和凹陷处均为自由边界，故满足

$$\sigma_\theta\big|_{\theta=\pm\pi/2}=0 \tag{4-64}$$

$$\tau_{r\theta}\big|_{\theta=\pi/2}=0 \tag{4-65}$$

$$-\frac{\pi}{2}\leqslant\theta\leqslant\frac{\pi}{2},\quad \sigma_r I_{r_1=a_1}=0 \tag{4-66}$$

$$-\frac{\pi}{2}\leqslant\theta\leqslant\frac{\pi}{2},\quad \tau_{r\theta} I_{r_1=a_1}=0 \tag{4-67}$$

由于存在水平面和半圆形凹陷，故波场由入射波、反射波和散射波构成。

设入射 P 波势函数为

$$\varphi^{(i)}=\exp[\mathrm{i}\alpha(x\sin\alpha-y\cos\alpha)] \tag{4-68}$$

式中：上标 i 表示入射波；$K_p=\omega/V_p\omega$ 为圆频率；α 为入射波和法线的夹角。

入射 P 波时存在波形转换现象，产生反射 P 波和反射 SV 波。

反射 P 波势函数为

$$\varphi^{(r)}=K_1\exp[\mathrm{i}\alpha(x\sin\alpha+y\cos\alpha)] \tag{4-69}$$

式中：K_1为反射系数；β 为反射波和法线的夹角。反射系数为

$$K_1=\frac{\sin(2\alpha)\sin(2\beta)-(v_\mathrm{P}/v_\mathrm{S})^2\cos^2(2\alpha)}{\sin(2\alpha)\sin(2\beta)+(v_\mathrm{P}/v_\mathrm{S})^2\cos^2(2\alpha)} \tag{4-70}$$

反射 SV 波势函数为

$$\psi^{(r)}=K_2\exp[\mathrm{i}K_\mathrm{S}(x\sin\beta+y\cos\beta)] \tag{4-71}$$

式中：$K_\mathrm{S}=\omega/c_\mathrm{S}$，$c_\mathrm{S}$为 SV 波波速；$K_2$为反射系数。反射系数为

$$K_2=\frac{-2\sin(2\alpha)\cos(2\beta)}{\sin(2\alpha)\sin(2\beta)+(c_P/c_S)^2\cos^2(2\beta)} \tag{4-72}$$

自由场的 P 波和 SV 波的势函数为

$$\varphi^{(ff)}=\varphi^{(i)}+\varphi^{(r)}=\exp[\mathrm{i}\alpha(x\sin\alpha-y\cos\alpha)]+K_1\exp[\mathrm{i}\alpha(x\sin\alpha+y\cos\alpha)] \tag{4-73}$$

$$\psi^{(ff)}=\psi^{(r)}=K_2\exp[\mathrm{i}k(x\sin\beta+y\cos\beta)] \tag{4-74}$$

极坐标(r_1,θ_1)下自由场的 P 波和 SV 波的势函数为

$$\begin{aligned}\varphi^{(ff)}(r_1,\theta_1)=&\exp[-\mathrm{i}\alpha r_1\cos(\theta_1+\alpha)]\\&+K_1\exp[\mathrm{i}\alpha r\cos(\theta_1-\alpha)]\end{aligned} \tag{4-75}$$

$$\psi^{(ff)}(r_1,\theta_1)=K_2\exp[\mathrm{i}\beta r\cos(\theta_1-\alpha)] \tag{4-76}$$

指数函数 $\mathrm{e}^{\mathrm{i}\alpha r\cos\theta}$可用复数形式的傅里叶级数展开成：

$$\mathrm{e}^{\mathrm{i}\alpha r\cos\theta}=\sum_{n=0}^{\infty}\varepsilon_n^n J_n(\alpha r)\cos(n\theta) \tag{4-77}$$

式中：$J_n(\cdot)$为第一类贝塞尔函数。

由于

$$\varepsilon_n=\begin{cases}1, & n=0\\2, & n>0\end{cases} \tag{4-78}$$

故自由场的 P 波和 SV 波势函数可展开为柱面波函数：

$$\varphi^{(ff)}(r_1,\theta_1)=\sum_{n=0}^{\infty}J_n(\alpha r_1)(A_{0n}\cos(n\theta_1)+B_{0n}\sin(n\theta_1)) \tag{4-79}$$

$$\psi^{(ff)}(r_1,\theta_1)=\sum_{n=0}^{\infty}J_n(\beta r_1)(C_{0n}\sin(n\theta_1)+D_{0n}\cos(n\theta_1)) \tag{4-80}$$

其中：

$$A_{0n}=(K_1+(-1)^n)\varepsilon_n\mathrm{i}^n\cos(n\alpha) \tag{4-81}$$

$$B_{0n}=(K_1-(-1)^n)\varepsilon_n\mathrm{i}^n\sin(n\alpha) \tag{4-82}$$

$$C_{0n}=K_2\varepsilon_n\mathrm{i}^n\sin(n\beta) \tag{4-83}$$

$$D_{0n}=K_2\varepsilon_n\mathrm{i}^n\cos(n\beta) \tag{4-84}$$

散射波的势函数在极坐标(r_1,θ_1)下可以表示为

$$\varphi_1^{(s)}(r_1,\theta_1)=\sum_{n=0}^{\infty}H_n^{(1)}(\alpha r_1)[A_{1n}\cos(n\theta_1)+B_{1n}\sin(n\theta_1)] \tag{4-85}$$

$$\psi_1^{(s)}(r_1,\theta_1)=\sum_{n=0}^{\infty}H_n^{(1)}(\beta r_1)[C_{1n}\sin(n\theta_1)+D_{1n}\cos(n\theta_1)] \tag{4-86}$$

$$\varphi_2^{(s)}(r_1,\theta_1)=\sum_{n=0}^{\infty}J_n(\alpha r_1)[A_{2n}^*\cos(n\theta_1)+B_{2n}^*\sin(n\theta_1)] \tag{4-87}$$

$$\psi_2^{(s)}(r_1,\theta_1)=\sum_{n=0}^{\infty}J_n(\beta r_1)[C_{2n}^*\sin(n\theta_1)+D_{2n}^*\sin(n\theta_1)] \tag{4-88}$$

4.3.3 半圆形凹陷场地的大圆弧模型

极坐标系(r_1,θ_1)下凹陷处的边界条件式（4-66）和式（4-67）容易满足，但是平面处的边界条件式（4-64）和式（4-65）难以满足，故采取一个半径为 a 的圆弧来近似代替平面，且 $a_2 \gg a$。以大圆弧的圆心 o_2为坐标原点，建立平面直角坐标系(x_2,y_2)和极坐标系(r_2,θ_2)，半圆形凹陷场地的大圆弧模型如图 4.12 所示。半圆形凹陷的圆心 o_1和大圆弧的圆心 o_2之间的距离为 D。当大圆弧的半径增大时，大圆弧模型趋近真实情况；当大圆弧的半径趋近无穷大时，从射影几何来说，等同于水平面。

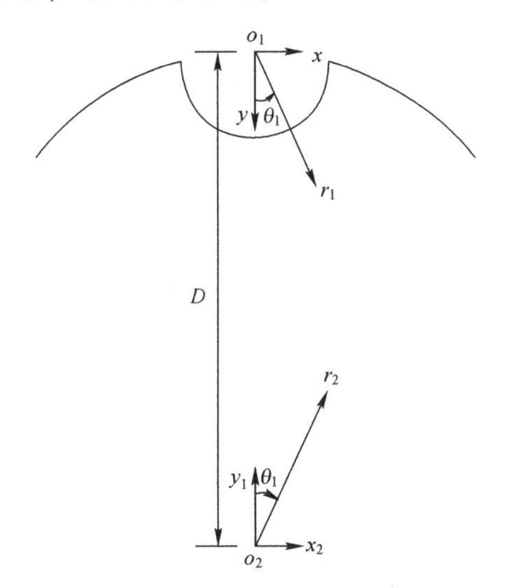

图 4.12　半圆形凹陷场地的大圆弧模型

散射波的势函数式（4-85）~式（4-88）在极坐标(r_2,θ_2)下可以表示为

$$\varphi_1^{(s)}(r_2,\theta_2)=\sum_{n=0}^{\infty}J_n(\alpha r_2)[A_{1n}^*\cos(n\theta_2)+B_{1n}^*\sin(n\theta_2)] \tag{4-89}$$

$$\psi_1^{(s)}(r_2,\theta_2)=\sum_{n=0}^{\infty}J_n(\beta r_2)[C_{1n}^*\sin(n\theta_2)+D_{1n}^*\cos(n\theta_2)] \tag{4-90}$$

$$\varphi_2^{(s)}(r_2,\theta_2)=\sum_{n=0}^{\infty}J_n(\alpha r_2)[A_{2n}\cos(n\theta_2)+B_{2n}\sin(n\theta_2)] \tag{4-91}$$

$$\psi_2^{(s)}(r_2,\theta_2)=\sum_{n=0}^{\infty}J_n(\alpha r_2)[C_{2n}\sin(n\theta_2)+D_{2n}\cos(n\theta_2)] \tag{4-92}$$

在式（4-89）和式（4-90）中选取第一类贝塞尔函数的原因是为了满足 $r_2=0$ 处的奇异性。

4.3.4 未知系数的求解

求解未知系数的思路是将包含未知系数的应力状态代入边界条件，从而得到包含未知系数的线性方程组。将式（4-79）~式（4-92）代入式（4-61）~式（4-63）可得土体在极坐标系(r_1, θ_1)中的正应力和切应力：

$$\sigma_r = \frac{2\mu}{r^2}\sum_{n=0}^{\infty}$$
$$\{[E_{11}^{(1)}(n)A_{0n} + E_{12}^{(1)}(n)C_{0n} + E_{11}^{(3)}(n)A_{1n} + E_{12}^{(3)}(n)C_{1n} + E_{11}^{(1)}(n)A_{2n}^* +$$
$$E_{12}^{(1)}(n)C_{2n}^*]\cos n\theta + [E_{11}^{(1)}(n)B_{0n} - E_{12}^{(1)}(n)D_{0n} + E_{11}^{(3)}(n)B_{1n} -$$
$$E_{12}^{(3)}(n)D_{1n} + E_{11}^{(1)}(n)B_{2n}^* - E_{12}^{(1)}(n)D_{2n}^*]\sin(n\theta)\} \tag{4-93}$$

式中：

$$E_{11}^{(1)} = \left(n^2+n-\frac{\beta^2 r^2}{2}\right)J_n(\alpha r) - \alpha r J_{n-1}(\alpha r) \tag{4-94}$$

$$E_{12}^{(1)} = n-(n+1)J_n(\beta r) + \beta r J_{n-1}(\beta r) \tag{4-95}$$

$$E_{11}^{(3)} = \left(n^2+n-\frac{\beta^2 r^2}{2}\right)H_n^{(1)}(\alpha r) - \alpha r H_{n-1}^{(1)}(\alpha r) \tag{4-96}$$

$$E_{12}^{(3)} = n-(n+1)H_n^{(1)}(\beta r) + \beta r H_{n-1}^{(1)}(\beta r) \tag{4-97}$$

$$\sigma_\theta = \frac{2\mu}{r^2}\sum_{n=0}^{\infty}$$
$$\{[E_{21}^{(1)}(n)A_{0n} + E_{22}^{(1)}(n)C_{0n} + E_{21}^{(3)}(n)A_{1n} + E_{22}^{(3)}(n)C_{1n} + E_{21}^{(1)}(n)A_{2n}^* +$$
$$E_{22}^{(1)}(n)C_{2n}^*]\cos n\theta + [E_{21}^{(1)}(n)B_{0n} - E_{22}^{(1)}(n)D_{0n} + E_{21}^{(3)}(n)B_{1n} -$$
$$E_{22}^{(3)}(n)D_{1n} + E_{21}^{(1)}(n)B_{2n}^* - E_{22}^{(1)}(n)D_{2n}^*]\sin(n\theta)\} \tag{4-98}$$

其中：

$$E_{21}^{(1)} = -\left(n^2+n+\frac{\beta^2 r^2}{2} - \alpha^2 r^2\right)J_n(\alpha r) + \alpha r J_{n-1}(\alpha r) \tag{4-99}$$

$$E_{22}^{(1)} = n(n+1)J_n(\beta r) - \beta r J_{n-1}(\beta r) \tag{4-100}$$

$$E_{21}^{(3)} = -\left(n^2+n+\frac{\beta^2 r^2}{2} - \alpha^2 r^2\right)H_n^{(1)}(\alpha r) + \alpha r H_{n-1}^{(1)}(\alpha r) \tag{4-101}$$

$$E_{22}^{(3)} = n(n+1)H_n^{(1)}(\beta r) - \beta r H_{n-1}^{(1)}(\beta r) \tag{4-102}$$

$$\tau_{r\theta}=\frac{2\mu}{r^2}\sum_{n=0}^{\infty}$$

$$\{[-E_{41}^{(1)}(n)A_{0n}+E_{42}^{(1)}(n)C_{0n}-E_{41}^{(3)}(n)A_{1n}+E_{42}^{(3)}(n)C_{1n}-E_{41}^{(1)}(n)A_{2n}^{*}+E_{42}^{(1)}(n)C_{2n}^{*}]\sin(n\theta)+[E_{41}^{(1)}(n)B_{0n}+E_{42}^{(1)}(n)D_{0n}+E_{41}^{(3)}(n)B_{1n}+E_{42}^{(3)}(n)D_{1n}+E_{41}^{(1)}(n)B_{2n}^{*}+E_{42}^{(1)}(n)D_{2n}^{*}]\cos(n\theta)\}$$

(4-103)

其中：

$$E_{41}^{(1)}=n-(n+1)J_n(\alpha r)+\alpha rJ_{n-1}(\alpha r) \tag{4-104}$$

$$E_{42}^{(1)}=-\left(n^2+n-\frac{\beta^2r^2}{2}\right)J_n(\beta r)+\beta rJ_{n-1}(\beta r) \tag{4-105}$$

$$E_{41}^{(3)}=n-(n+1)H_n^{(1)}(\alpha r)+\alpha rH_{n-1}^{(1)}(\alpha r) \tag{4-106}$$

$$E_{42}^{(3)}=-\left(n^2+n-\frac{\beta^2r^2}{2}\right)H_n^{(1)}(\beta r)+\beta rH_{n-1}^{(1)}(\beta r) \tag{4-107}$$

将式（4-93）代入式（4-66）得

$$\frac{2\mu}{a^2}\sum_{n=0}^{\infty}\{[E_{11}^{(1)}(n)A_{0n}+E_{12}^{(1)}(n)C_{0n}+E_{11}^{(3)}(n)A_{1n}+E_{12}^{(3)}(n)C_{1n}+E_{11}^{(1)}(n)A_{2n}^{*}+E_{12}^{(1)}(n)C_{2n}^{*}]\cos n\theta_1+[E_{11}^{(1)}(n)B_{0n}-E_{12}^{(1)}(n)D_{0n}+E_{11}^{(3)}(n)B_{1n}-E_{12}^{(3)}(n)D_{1n}+E_{11}^{(1)}(n)B_{2n}^{*}-E_{12}^{(1)}(n)D_{2n}^{*}]\sin(n\theta_1)\}=0$$

(4-108)

将式（4-103）代入式（4-67）得

$$\frac{2\mu}{a^2}\sum_{n=0}^{\infty}\{[-E_{41}^{(1)}(n)A_{0n}+E_{42}^{(1)}(n)C_{0n}-E_{41}^{(3)}(n)A_{1n}+E_{42}^{(3)}(n)C_{1n}-E_{41}^{(1)}(n)A_{2n}^{*}+E_{42}^{(1)}(n)C_{2n}^{*}]\cos n\theta_1+[E_{41}^{(1)}(n)B_{0n}+E_{42}^{(1)}(n)D_{0n}+E_{41}^{(3)}(n)B_{1n}+E_{42}^{(3)}(n)D_{1n}+E_{41}^{(1)}(n)B_{2n}^{*}+E_{42}^{(1)}(n)D_{2n}^{*}]\sin(n\theta_1)\}=0$$

(4-109)

边界条件式（4-64）和式（4-65）在极坐标(r_2,θ_2)下可以表示为

$$\sigma_r I_{r_2=a_2}=0 \tag{4-110}$$

$$\tau_{r\theta}I_{r_2=a_2}=0 \tag{4-111}$$

将式（4-93）代入式（4-110）得

$$\frac{2\mu}{a_2^2}\sum_{n=0}^{\infty}[E_{11}^{(1)}(n)(A_{1n}^{*}+A_{2n})+E_{12}^{(1)}(n)(C_{1n}^{*}+C_{2n})]\cos(n\theta_2)+[E_{11}^{(1)}(n)(B_{1n}^{*}+B_{2n})-E_{12}^{(1)}(n)(D_{1n}^{*}+D_{2n})]\sin(n\theta_2)=0 \tag{4-112}$$

将式（4-103）代入式（4-111）得

$$\frac{2\mu}{a_2^2}\sum_{n=0}^{\infty}[-E_{41}^{(1)}(n)(A_{1n}^*+A_{2n})+E_{42}^{(1)}(n)(C_{1n}^*+C_{2n})]\cos(n\theta_2) \\ +[E_{41}^{(1)}(n)(B_{1n}^*+B_{2n})+E_{42}^{(1)}(n)(D_{1n}^*+D_{2n})]\sin(n\theta_2)=0 \tag{4-113}$$

极坐标系(r_1,θ_1)和极坐标系(r_2,θ_2)之间的转换关系为

$$C_n(kr_2)\begin{Bmatrix}\cos(n\theta_2)\\ \sin(n\theta_2)\end{Bmatrix}=\sum_{m=-\infty}^{+\infty}C_{m+n}(kD)J_m(kr_1)\cos(n\theta_2)\begin{Bmatrix}\cos(n\theta_1)\\ \sin(n\theta_1)\end{Bmatrix} \tag{4-114}$$

式（4-107）的适用范围是$r_1<D$。式中，$C_n(x)$表示$J_n(x)$或$C_n(kr_2)$，k表示α或β。

由式（4-85）、式（4-89）和式（4-114）可得

$$A_{1m}^*=\frac{\varepsilon_m}{2}\sum_{n=0}^{\infty}A_{1n}[H_{m+n}^{(1)}(kD)+(-1)^nH_{m-n}^{(1)}(kD)] \tag{4-115}$$

$$B_{1m}^*=\frac{\varepsilon_m}{2}\sum_{n=0}^{\infty}B_{1n}[H_{m+n}^{(1)}(kD)-(-1)^nH_{m-n}^{(1)}(kD)] \tag{4-116}$$

由式（4-86）、式（4-90）和式（4-114）可得

$$C_{1m}^*=\frac{\varepsilon_m}{2}\sum_{n=0}^{\infty}C_{1n}[H_{m+n}^{(1)}(kD)-(-1)^nH_{m-n}^{(1)}(kD)] \tag{4-117}$$

$$D_{1m}^*=\frac{\varepsilon_m}{2}\sum_{n=0}^{\infty}D_{1n}[H_{m+n}^{(1)}(kD)+(-1)^nH_{m-n}^{(1)}(kD)] \tag{4-118}$$

由式（4-87）、式（4-90）和式（4-114）可得

$$A_{2n}^*=\frac{\varepsilon_n}{2}\sum_{n=0}^{\infty}A_{2m}[J_{n+m}(kD)+(-1)^mJ_{n-m}(kD)] \tag{4-119}$$

$$B_{2n}^*=\frac{\varepsilon_n}{2}\sum_{n=0}^{\infty}B_{2m}[J_{n+m}(kD)-(-1)^mJ_{n-m}(kD)] \tag{4-120}$$

由式（4-88）、式（4-92）和式（4-114）可得

$$C_{2n}^*=\frac{\varepsilon_n}{2}\sum_{n=0}^{\infty}C_{2m}[J_{n+m}(kD)-(-1)^mJ_{n-m}(kD)] \tag{4-121}$$

$$D_{2n}^*=\frac{\varepsilon_n}{2}\sum_{n=0}^{\infty}D_{2m}[J_{n+m}(kD)+(-1)^mJ_{n-m}(kD)] \tag{4-122}$$

由式（4-112）和式（4-113）可得

$$A_{1n}^*=-A_{2n} \tag{4-123}$$

$$B_{1n}^*=-B_{2n} \tag{4-124}$$

$$C_{1n}^*=-C_{2n} \tag{4-125}$$

$$D_{1n}^{*}=-D_{2n} \tag{4-126}$$

将式（4-115）~式（4-126）代入式（4-108）和式（4-109）可得

$$\begin{aligned}&\sum_{l=0}^{\infty}\left[E_{11}^{(1)}(m)R_{ml}^{+}A_{1l}+E_{12}^{(1)}(m)R_{ml}^{-}C_{1l}\right]\\&-\left[E_{11}^{(3)}(m)A_{1m}+E_{12}^{(1)}(m)C_{1m}\right]\\&=E_{11}^{(1)}(m)A_{0m}+E_{12}^{(1)}(m)C_{0m}\end{aligned} \tag{4-127}$$

$$\begin{aligned}&\sum_{l=0}^{\infty}\left[-E_{41}^{(1)}(m)R_{ml}^{+}A_{1l}+E_{42}^{(1)}(m)R_{ml}^{-}C_{1l}\right]\\&-\left[-E_{41}^{(3)}(m)A_{1m}+E_{42}^{(1)}(m)C_{1m}\right]\\&=-E_{41}^{(1)}(m)A_{0m}+E_{42}^{(1)}(m)C_{0m}\end{aligned} \tag{4-128}$$

$$\begin{aligned}&\sum_{l=0}^{\infty}\left[E_{11}^{(1)}(m)R_{ml}^{-}B_{1l}-E_{12}^{(1)}(m)R_{ml}^{+}D_{1l}\right]\\&-\left[E_{11}^{(3)}(m)B_{1m}-E_{12}^{(1)}(m)D_{1m}\right]\\&=E_{11}^{(1)}(m)B_{0m}-E_{12}^{(1)}(m)D_{0m}\end{aligned} \tag{4-129}$$

$$\begin{aligned}&\sum_{l=0}^{\infty}\left[E_{41}^{(1)}(m)R_{ml}^{-}B_{1l}+E_{42}^{(1)}(m)R_{ml}^{+}D_{1l}\right]\\&-\left[E_{41}^{(3)}(m)B_{1m}+E_{42}^{(1)}(m)D_{1m}\right]\\&=E_{41}^{(1)}(m)B_{0m}+E_{42}^{(1)}(m)D_{0m}\end{aligned} \tag{4-130}$$

其中：

$$\begin{aligned}R_{ml}^{\pm}(kD)=&\frac{\varepsilon_m}{4}\sum_{n=0}^{\infty}\varepsilon_n\{[J_{m+n}(kD)\pm(-1)^nJ_{m-n}(kD)]\\&[H_{n+l}^{(1)}(kD)\pm(-1)^lH_{n-l}^{(1)}(kD)]\}\end{aligned} \tag{4-131}$$

式（4-127）~式（4-130）为无穷项的级数，选取适当的截断项数可以得到有限项数的方程组，求解方程组即可得到 ln$A$、ln$B$、ln$C$、ln$D$，再代入式（4-115）~式（4-126），即可得到其他未知系数。到此为止，所有的未知系数都已求解。

4.3.5 半圆形凹陷场地在入射 P 波下的解析解

极坐标下位移势函数的关系为

$$w_r=\frac{\partial\varphi}{\partial r}+\frac{1}{r}\frac{\partial\psi}{\partial\theta} \tag{4-132}$$

$$w_\theta = \frac{1}{r}\frac{\partial\varphi}{\partial\theta} - \frac{\partial\psi}{\partial r} \tag{4-133}$$

根据极坐标系下位移势函数的关系得到土体在极坐标系中的位移为

$$w_r = \frac{1}{r_1}\sum_{n=0}^{\infty}[(A_{0n}D_{11}^{(1)} + C_{0n}D_{12}^{(1)} + A_{1n}D_{11}^{(3)} + C_{1n}D_{12}^{(3)} + A_{2n}^{*}D_{11}^{(1)} + C_{2n}^{*}D_{12}^{(1)})\cos(n\theta_1) + (B_{0n}D_{11}^{(1)} - D_{0n}D_{12}^{(1)} + B_{1n}D_{11}^{(3)} - D_{1n}D_{12}^{(3)} + B_{2n}^{*}D_{11}^{(1)} - D_{2n}^{*}D_{12}^{(1)})\sin(n\theta_1)] \tag{4-134}$$

$$w_\theta = \frac{1}{r_1}\sum_{n=0}^{\infty}[(-A_{0n}D_{21}^{(1)} + C_{0n}D_{22}^{(1)} - A_{1n}D_{21}^{(3)} + C_{1n}D_{22}^{(3)} - A_{2n}^{*}D_{21}^{(1)} + C_{2n}^{*}D_{22}^{(1)})\sin(n\theta_1) + (B_{0n}D_{21}^{(1)} + D_{0n}D_{22}^{(1)} + B_{1n}D_{21}^{(3)} + D_{1n}D_{22}^{(3)} + B_{2n}^{*}D_{21}^{(1)} + D_{2n}^{*}D_{22}^{(1)})\cos(n\theta_1)] \tag{4-135}$$

式中：

$$D_{11}^{(1)} = \alpha r J_{n-1}(\alpha r) - nJ_n(\alpha r) \tag{4-136}$$

$$D_{12}^{(1)} = nJ_n^{(1)}(\beta r) \tag{4-137}$$

$$D_{21}^{(1)} = nJ_n(\alpha r) \tag{4-138}$$

$$D_{22}^{(1)} = -\beta r J_{n-1}(\beta r) - nJ_n(\beta r) \tag{4-139}$$

$$D_{11}^{(3)} = \alpha r H_{n-1}^{(3)}(\alpha r) - nH_n^{(3)}(\alpha r) \tag{4-140}$$

$$D_{12}^{(3)} = nH_n^{(3)}(\beta r) \tag{4-141}$$

$$D_{21}^{(3)} = nH_n^{(3)}(\alpha r) \tag{4-142}$$

$$D_{22}^{(3)} = -\beta r H_{n-1}^{(3)}(\beta r) - nH_n^{(3)}(\beta r) \tag{4-143}$$

4.3.6 结果讨论

1. 误差分析

由于将无穷项的级数选取 N 项进行截断，故存在一定的误差。为了检验截断后的结果是否满足自由表面的边界条件，如果自由表面的应力残量的数量级远远小于入射波在半无限空间中引起的应力，就可以认为截断后的结果是符合真实情况的。定义无量纲应力残量为半圆形凹陷场地的应力和半无限空间的应力之比为[5]

$$|\sigma_r| = \sigma_r/\sigma_{0r} \tag{4-144}$$

$$|\tau_{r\theta}| = \tau_{r\theta}/\tau_{0r\theta} \tag{4-145}$$

如图 4.13 所示，当截断项数为 6 时，正应力残量小于 5%；当截断项数为 8 时，正应力残量小于 0.05%；当截断项数为 10 时，正应力残量远远小于

0.05%。如图 4.14 所示，当截断项数为 8 时，切应力残量小于 2%；当截断项数为 10 时，正应力残量基本小于 0.2%；当截断项数为 12 时，正应力残量远远小于 0.2%。综上所述，随着截断项数的增大，应力残量趋近于 0，可以认为截断后的结果是符合真实情况的。

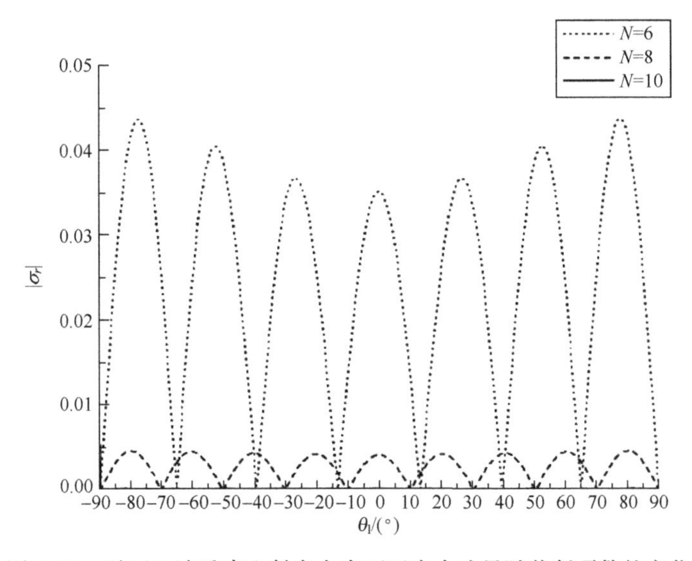

图 4.13　平面 P 波垂直入射自由表面正应力残量随截断项数的变化

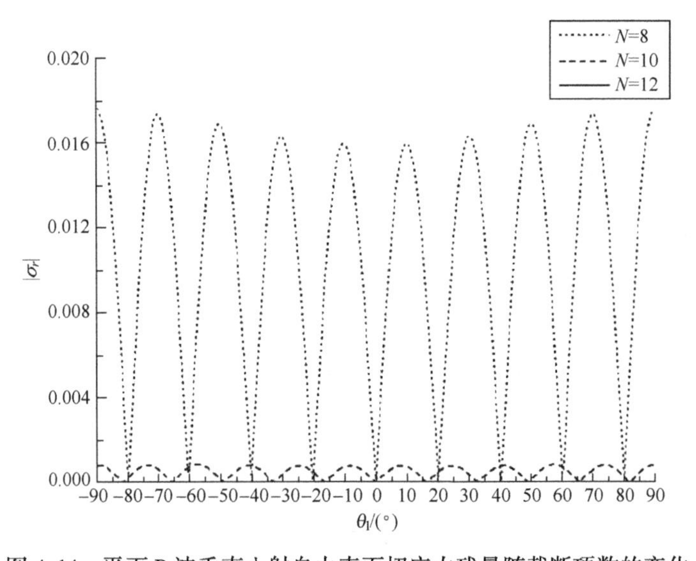

图 4.14　平面 P 波垂直入射自由表面切应力残量随截断项数的变化

2. 土体位移幅值分析

位移分量在直角坐标系-极坐标系的转换公式为

$$w_x = w_r \sin\theta_1 + w_\theta \cos\theta_1 \tag{4-146}$$

$$w_y = w_r \cos\theta_1 - w_\theta \cos\theta_1 \tag{4-147}$$

将式（4-134）和式（4-135）代入式（4-144）和式（4-145），可以得到位移分量在直角坐标系中的表达式。定义无量纲位移幅值为

$$|w_x| = \sqrt{\mathrm{Re}^2(w_x) + \mathrm{Im}^2(w_x)} / w_{0x} \tag{4-148}$$

$$|w_y| = \sqrt{\mathrm{Re}^2(w_y) + \mathrm{Im}^2(w_y)} / w_{0y} \tag{4-149}$$

式中：$\mathrm{Re}(x)$表示实部；$\mathrm{Im}(x)$表示虚部；w_0表示入射波导致的位移。

定义无量纲频率为

$$\eta = \frac{\omega a}{\pi v_s} = \frac{2fa}{v_s} = \frac{\beta a}{\pi} = \frac{2a}{\lambda_s} \tag{4-150}$$

式中：ω 为圆频率；f 为频率；λ_s为剪切波的波长。

当土体泊松比为 0. 25、无量纲频率 $\eta=2$ 的平面 P 波垂直入射时，可以得到地表位移幅值，如图 4. 15 所示，与参考文献［5］的结果图 4. 16 相吻合。

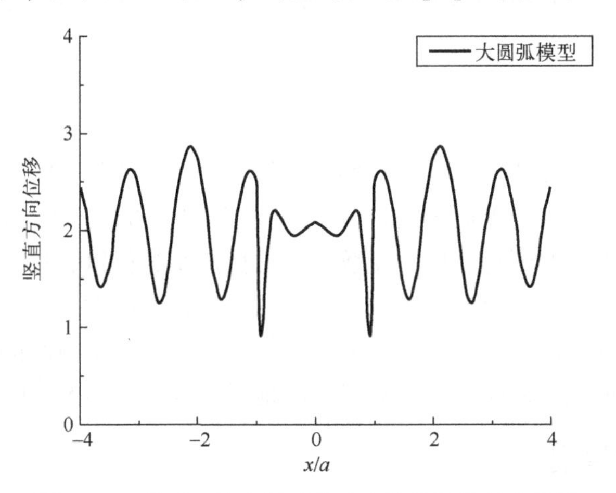

图 4. 15　平面 P 波入射时的地表位移幅值竖直分量

如图 4. 15 所示，由于凹陷场地的影响，地表位移幅值发生了较大的变化，最明显的地方是凹陷的边缘。

4. 3. 7　结论

本节基于波动理论和大圆弧方法，研究了平面 P 波入射半圆形凹陷场地的散射问题，求解了大圆弧模型中的解析解，得到以下结论：

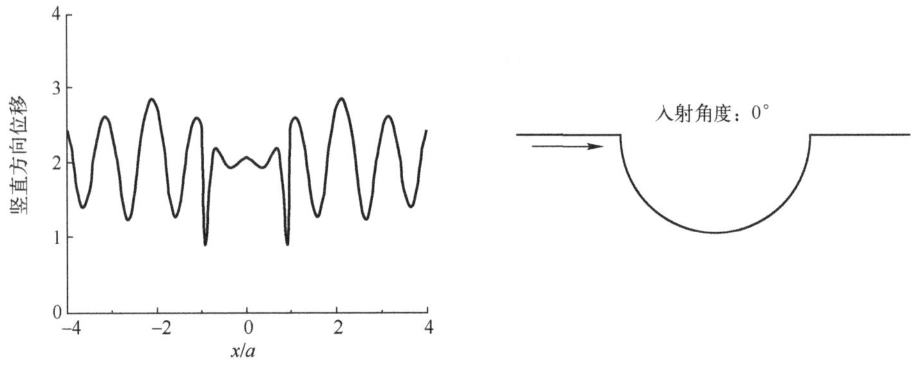

图 4.16　平面 P 波入射时的地表位移幅值竖直分量[5]

（1）大圆弧模型的精确程度随着截断项数的增加而增大。

（2）半圆形凹陷场地对地表位移幅值有影响，影响最大的地方是凹陷的边缘处。

4.4　半空间中圆弧状凹陷地形对平面 SV 波的散射

4.4.1　引言

本节利用波函数的傅里叶-贝塞尔级数展开法，推导了具有不同深宽比的圆弧状凹陷地形对入射平面 SV 波二维散射问题的解析解。区别于现有其他解析解，利用柱函数的渐近性质，使散射波的待定系数得以直接确定，避免了线性方程组的求解以及相应的高频波入射下的数值计算问题，从而拓展了解析解适用的频带范围。通过与已有解析解的比较，论证了该解析解的正确性，并在一个较宽的频带范围内研究了圆弧状凹陷地形对入射平面 SV 波的散射效应。

4.4.2　问题模型

圆弧状凹陷地形的物理模型如图 4.17 所示。凹陷表面为一圆弧，其圆心在 o_1点，半径为 b，凹陷的半宽为 a，深度为 h，圆心 o_1与地表之间的垂直距离为 d。半空间介质假定为均匀、线弹性、各向同性，其纵波波速、横波波速和介质密度分别为 c_p，c_s和 ρ，半空间介质的泊松比为 v，剪切模量为 μ。入射 SV 波为简谐平面波，其圆频率为 ω、入射角为 α。在 xoy 坐标系中，其势函数为（考虑稳态情况，略去时间因子 $\exp(-\mathrm{i}\omega t)$，下同）

$$\Psi^{(i)}(x,y)=\exp[\mathrm{i}k_s(x\sin\alpha-y\cos\alpha)] \tag{4-151}$$

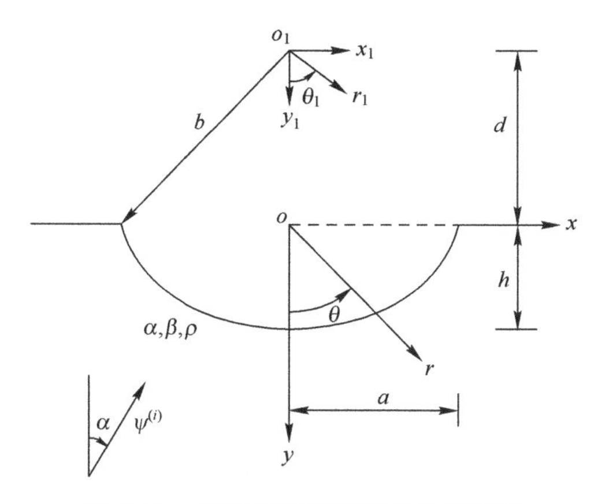

图 4.17　圆弧状凹陷地形的物理模型

其中：i 为虚数单位，$\mathrm{i}=\sqrt{-1}$；k_s为半空间介质中 S 波的波数（k_p为 P 波的波数），有

$$k_s=\omega/c_s, k_p=\omega/c_p \tag{4-152}$$

稳态情况下，P 波和 SV 波的势函数满足

$$\nabla^2\phi+k_p^2\phi=0 \tag{4-153}$$

$$\nabla^2\psi+k_s^2\psi=0 \tag{4-154}$$

定解问题的边界条件包括水平地表的零应力边界条件：

$$\begin{Bmatrix}\sigma_{yy}(x,y)\\ \sigma_{xy}(x,y)\end{Bmatrix}=0,\quad |x|\geqslant a, y=0 \tag{4-155}$$

和凹陷圆弧表面的零应力边界条件：

$$\begin{Bmatrix}\sigma_{rr}(r_1,\theta_1)\\ \sigma_{r\theta}(r_1,\theta_1)\end{Bmatrix}=0,\quad r_1=b, |r_1\sin\theta_1|\leqslant a \tag{4-156}$$

为在极坐标系下引入水平地表零应力边界条件，运用大圆弧法，即用一个半径非常大的圆弧近似模拟水平地表，该圆弧半径为 R，圆心为 o_2，如图 4.18 所示。当 $R\to\infty$ 时，根据模型计算的散射波场将收敛于真实解。在 $r_2-\theta_2$坐标系中，零应力条件式（4-155）变为

$$\begin{Bmatrix}\sigma_{rr}(r_2,\theta_2)\\ \sigma_{r\theta}(r_2,\theta_2)\end{Bmatrix}=0,\quad r_2=R, |r_2\sin\theta_2|\geqslant a \tag{4-157}$$

若凹陷地形不存在，则在 SV 波入射下，弹性半空间中仅包括入射 SV 波 $\psi^{(i)}$、反射 SV 波 $\psi^{(r)}$ 以及反射 P 波 $\phi^{(r)}$，统称为自由场，见图 4.18。SV 波的入射存在着临界角的问题，反射 P 波要根据入射角 α 是否大于临界角确定。临界角定义为

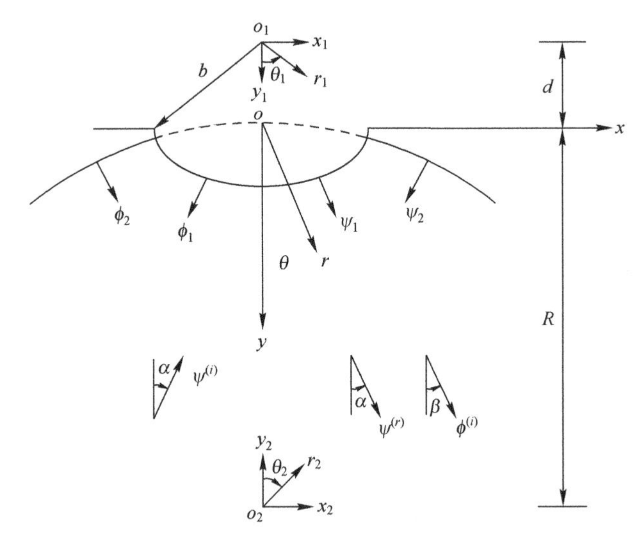

图 4.18　凹陷地形附近自由场波与散射波示意图

$$\alpha_{\text{cr}}=\arcsin(c_p/c_s) \tag{4-158}$$

当 $\alpha \leqslant \alpha_{\text{cr}}$ 时，反射 P 波为均匀平面波；当 $\alpha>\alpha_{\text{cr}}$ 时，反射 P 波为沿着 x 方向传播的非均匀平面波，其幅值随着深度 z 的增加呈指数下降。自由场 P 波与 SV 波的势函数在 $r_1-\theta_1$ 坐标系中可表示为傅里叶-贝塞尔级数的形式：

$$\begin{Bmatrix} \phi^r(r_1,\theta_1) \\ \psi^{i+r}(r_1,\theta_1) \end{Bmatrix} = \sum_{n=0}^{\infty} \begin{Bmatrix} J_n(k_p r_1)[A_{0,n}\cos(n\theta_1) + B_{0,n}\sin(n\theta_1)] \\ J_n(k_s r_1)[C_{0,n}\sin(n\theta_1) + D_{0,n}\cos(n\theta_1)] \end{Bmatrix} \tag{4-159}$$

式中：$J_n(x)$ 表示第一类贝塞尔函数。

由于凹陷地形的存在，除上述自由场波之外，半空间中还存在散射波。引入大圆弧之后，半空间介质中的散射波见图 4.18。其中，ϕ_1 和 ψ_1 表示由 o_1 点向外辐射的柱面行波，ϕ_2 和 ψ_2 则表示在大圆弧内的柱面驻波。在极坐标系 $r_1-\theta_1$ 和 $r_2-\theta_2$ 中，这两种波的势函数分别具有如下傅里叶-贝塞尔级数形式：

$$\begin{Bmatrix} \phi_1(r_1,\theta_1) \\ \psi_1(r_1,\theta_1) \end{Bmatrix} = \sum_{n=0}^{\infty} \begin{Bmatrix} H_n^{(1)}(k_p r_1)[A_{1,n}\cos(n\theta_1) + B_{1,n}\sin(n\theta_1)] \\ H_n^{(1)}(k_s r_1)[C_{1,n}\sin(n\theta_1) + D_{1,n}\cos(n\theta_1)] \end{Bmatrix} \tag{4-160}$$

$$\begin{Bmatrix} \phi_2(r_2,\theta_2) \\ \psi_2(r_2,\theta_2) \end{Bmatrix} = \sum_{m=0}^{\infty} \begin{Bmatrix} J_m(k_p r_2)[A_{2,m}\cos(m\theta_2) + B_{2,m}\sin(m\theta_2)] \\ J_m(k_s r_2)[C_{2,m}\sin(m\theta_2) + D_{2,m}\cos(m\theta_2)] \end{Bmatrix} \tag{4-161}$$

式中：$H_n^{(1)}(x)$ 表示第三类贝塞尔函数，即第一类汉克尔函数。利用内域型 Graf 加法公式，上述势函数在极坐标系 $r_2-\theta_2$ 和 $r_1-\theta_1$ 下分别具有如下形式：

$$\begin{Bmatrix}\phi_1(r_2,\theta_2)\\ \psi_1(r_2,\theta_2)\end{Bmatrix}=\sum_{m=0}^{\infty}\begin{Bmatrix}J_m(k_p r_2)[A_{1,m}^*\cos(m\theta_2)+B_{1,m}^*\sin(m\theta_2)]\\ J_m(k_s r_2)[C_{1,m}^*\sin(m\theta_2)+D_{1,m}^*\cos(m\theta_2)]\end{Bmatrix}\tag{4-162}$$

$$\begin{Bmatrix}\phi_2(r_1,\theta_1)\\ \psi_2(r_1,\theta_1)\end{Bmatrix}=\sum_{n=0}^{\infty}\begin{Bmatrix}J_n(k_p r_1)[A_{2,n}^*\cos(n\theta_1)+B_{2,n}^*\sin(n\theta_1)]\\ J_n(k_s r_1)[C_{2,n}^*\sin(n\theta_1)+D_{2,n}^*\cos(n\theta_1)]\end{Bmatrix}\tag{4-163}$$

其中

$$\begin{Bmatrix}A_{1,m}^*\\ B_{1,m}^*\\ C_{1,m}^*\\ D_{1,m}^*\end{Bmatrix}=\sum_{n=0}^{\infty}\begin{Bmatrix}E_{mn}^{(3)+}(k_pD)A_{1,n}\\ E_{mn}^{(3)-}(k_pD)B_{1,n}\\ E_{mn}^{(3)-}(k_sD)C_{1,n}\\ E_{mn}^{(3)+}(k_sD)D_{1,n}\end{Bmatrix},\quad \begin{Bmatrix}A_{2,n}^*\\ B_{2,n}^*\\ C_{2,n}^*\\ D_{2,n}^*\end{Bmatrix}=\sum_{n=0}^{\infty}\begin{Bmatrix}E_{nm}^{(1)+}(k_pD)A_{2,m}\\ E_{nm}^{(1)-}(k_pD)B_{2,m}\\ E_{nm}^{(1)-}(k_sD)C_{2,m}\\ E_{nm}^{(1)+}(k_sD)D_{2,m}\end{Bmatrix}\tag{4-164}$$

$$E_{jk}^{(q)}(x)=\frac{\varepsilon_j}{2}[l_{j+k}^{(q)}(x)\pm(-1)^k l_{j-k}^{(q)}(x)]\tag{4-165}$$

式中：$l_n^{(q)}(x)$表示贝塞尔函数：当 $q=1$ 时，$l_n^{(q)}(x)$表示 $J_n(x)$；当 $q=3$ 时，$l_n^{(q)}(x)$表示 $H_n^{(1)}(x)$。D 为圆心 o_1与 o_2之间的距离，即 $D=R+d$，见图 4.18。式（4-164）中，当$j=0$ 时，$\varepsilon_j=1$；当$j\neq0$ 时，$\varepsilon_j=2$。

利用上述自由场波的势函数与散射波势函数的傅里叶-贝塞尔级数展开式，可确定位移场与应力场的相应展开式[7]。在 $r_1-\theta_1$坐标系中，位移场与应力场可分别表示为

$$\begin{aligned}\begin{Bmatrix}w_r(r_1,\theta_1)\\ w_\theta(r_1,\theta_1)\end{Bmatrix}=&\sum_{n=0}^{\infty}[\Lambda(n\theta_1)]\left([U_n^{(3)+}(r_1)]\begin{Bmatrix}A_{1,n}\\ C_{1,n}\end{Bmatrix}+[U_n^{(1)+}(r_1)]\left(\begin{Bmatrix}A_{2,n}^*\\ C_{2n}^*\end{Bmatrix}+\begin{Bmatrix}A_{0,n}\\ C_{0,n}\end{Bmatrix}\right)\right)\\ &+\sum_{n=0}^{\infty}\left[\Lambda\left(\frac{\pi}{2}-n\theta_1\right)\right]\left([U_n^{(3)-}(r_1)]\begin{Bmatrix}B_{1,n}\\ D_{1,n}\end{Bmatrix}+[U_n^{(1)-}(r_1)]\left(\begin{Bmatrix}B_{2,n}^*\\ D_{2,n}^*\end{Bmatrix}+\begin{Bmatrix}B_{0,n}\\ D_{0,n}\end{Bmatrix}\right)\right)\end{aligned}\tag{4-166}$$

和

$$\begin{aligned}\begin{Bmatrix}\sigma_{rr}(r_1,\theta_1)\\ \sigma_{r\theta}(r_1,\theta_1)\end{Bmatrix}=&\sum_{n=0}^{\infty}[\Lambda(n\theta_1)]\left([T_n^{(3)+}(r_1)]\begin{Bmatrix}A_{1,n}\\ C_{1,n}\end{Bmatrix}+[T_n^{(1)+}(r_1)]\left(\begin{Bmatrix}A_{2,n}^*\\ C_{2,n}^*\end{Bmatrix}+\begin{Bmatrix}A_{0,n}\\ C_{0,n}\end{Bmatrix}\right)\right)\\ &+\sum_{n=0}^{\infty}\left[\Lambda\left(\frac{\pi}{2}-n\theta_1\right)\right]\left([T_n^{(3)-}(r_1)]\begin{Bmatrix}B_{1,n}\\ D_{1,n}\end{Bmatrix}+[T_n^{(1)-}(r_1)]\left(\begin{Bmatrix}B_{2,n}^*\\ D_{2,n}^*\end{Bmatrix}+\begin{Bmatrix}B_{0,n}\\ D_{0,n}\end{Bmatrix}\right)\right)\end{aligned}\tag{4-167}$$

其中

$$[\Lambda(\theta)]=\begin{bmatrix}\cos\theta & 0\\ 0 & \sin\theta\end{bmatrix} \tag{4-168}$$

$$\begin{cases}U_n^{(q)\pm}(r)=\begin{bmatrix}U_{11,n}^{(q)}(k_pr) & U_{12,n}^{(q)\pm}(k_sr)\\ U_{21,n}^{(q)\pm}(k_pr) & U_{22,n}^{(q)}(k_sr)\end{bmatrix}\\ T_n^{(q)\pm}(r)=\begin{bmatrix}T_{11,n}^{(q)}(k_pr) & T_{12,n}^{(q)\pm}(k_sr)\\ T_{21,n}^{(q)\pm}(k_pr) & T_{22,n}^{(q)}(k_sr)\end{bmatrix}\end{cases} \tag{4-169}$$

$$\begin{cases}U_{11,n}^{(q)}(k_pr)=\dfrac{1}{r}[k_prl_{n-1}^{(q)}(k_pr)-nl_n^{(q)}(k_pr)]\\ U_{12,n}^{(q)\pm}(kr)=U_{21,n}^{(q)\pm}(kr)=\dfrac{1}{r}[\pm nl_n^{(q)}(kr)]\\ U_{22,n}^{(q)}(k_sr)=\dfrac{1}{r}[-k_srl_{n-1}^{(q)}(k_sr)+nl_n^{(q)}(k_sr)]\end{cases} \tag{4-170}$$

$$\begin{cases}T_{11,n}^{(q)}(k_pr)=\dfrac{2\mu}{r^2}\left[-k_prl_{n-1}^{(q)}(k_pr)+\left(n^2+n-\dfrac{1}{2}k_s^2r^2\right)l_n^{(q)}(k_pr)\right]\\ T_{12,n}^{(q)\pm}(kr)=T_{21,n}^{(q)\pm}(kr)=\dfrac{2\mu}{r^2}(\pm n)[krl_{n-1}^{(q)}(kr)-(n+1)l_n^{(q)}(kr)]\\ T_{22,n}^{(q)}(k_sr)=\dfrac{2\mu}{r^2}\left[k_srl_{n-1}^{(q)}(k_sr)-\left(n^2+n-\dfrac{1}{2}k_s^2r^2\right)l_n^{(q)}(k_sr)\right]\end{cases} \tag{4-171}$$

在 $r_2-\theta_2$ 坐标系中，由散射波产生的应力场可表示为

$$\begin{aligned}\begin{Bmatrix}\sigma_{rr}(r_2,\theta_2)\\ \sigma_{r\theta}(r_2,\theta_2)\end{Bmatrix}=\sum_{m=0}^{\infty}\Bigg\{&[\Lambda(m\theta_2)][T_m^{(1)+}(r_2)]\left(\begin{Bmatrix}A_{1,m}^*\\ C_{1,m}^*\end{Bmatrix}+\begin{Bmatrix}A_{2,m}\\ C_{2,m}\end{Bmatrix}\right)\\ &+\left[\Lambda\left(\frac{\pi}{2}-m\theta_2\right)\right][T_m^{(1)-}(r_2)]\left(\begin{Bmatrix}B_{1,m}^*\\ D_{1,m}^*\end{Bmatrix}+\begin{Bmatrix}B_{2,m}\\ D_{2,m}\end{Bmatrix}\right)\Bigg\}\end{aligned} \tag{4-172}$$

利用边界条件可确定式（4-159）~式（4-162）中散射波函数的待定系数。首先考虑零应力条件式（4-156），由于自由场波函数对地表应力贡献为零，故对式（4-156）中的应力有贡献的仅有散射波，其应力场由式（4-171）确定。将式（4-171）代入式（4-156）可得

$$\begin{Bmatrix}A_{2,m}\\ B_{2,m}\\ C_{2,m}\\ D_{2,m}\end{Bmatrix}=-\begin{Bmatrix}A_{1,m}^*\\ B_{1,m}^*\\ C_{1,m}^*\\ D_{1,m}^*\end{Bmatrix} \tag{4-173}$$

合并式（4-163）与式（4-172）可得

$$\begin{Bmatrix} A_{2,n}^{*} \\ B_{2,n}^{*} \\ C_{2,n}^{*} \\ D_{2,n}^{*} \end{Bmatrix} = \sum_{j=0}^{\infty} \begin{Bmatrix} F_{nj}^{+}(k_p D) A_{1,j} \\ F_{nj}^{-}(k_p D) B_{1,j} \\ F_{nj}^{-}(k_s D) C_{1,j} \\ F_{nj}^{+}(k_s D) D_{1,j} \end{Bmatrix} \tag{4-174}$$

其中：

$$F_{nj}^{\pm}(x) = -\sum_{m=0}^{\infty} E_{nm}^{(1)}(x) E_{mj}^{(3)}(x) \tag{4-175}$$

根据如下柱函数的渐近公式：

$$\begin{cases} J_m(x) \approx \sqrt{\dfrac{2}{\pi x}} \cos\left(x - \dfrac{\pi}{2}m - \dfrac{\pi}{4}\right) \\ H_m^{(1)}(x) \approx \sqrt{\dfrac{2}{\pi x}} \mathrm{e}^{\mathrm{i}\left(x - \frac{\pi}{2}m - \frac{\pi}{4}\right)} \end{cases} \tag{4-176}$$

可知，当自变量 x 非常大时，第一类贝塞尔函数 $J_m(x)$ 和第一类汉克尔函数 $H_m^{(1)}(x)$ 的值将逼近零。从而由式（4-164）可得

$$\lim_{x \to \infty} \begin{Bmatrix} E_{jk}^{(1)\pm}(x) \\ E_{jk}^{(3)\pm}(x) \end{Bmatrix} = 0 \tag{4-177}$$

根据收敛级数的性质，由式（4-174）可得

$$\lim_{x \to \infty} F_{nj}^{\pm}(x) = 0 \tag{4-178}$$

如前所述，当模拟水平地表的大圆弧半径 R 足够大时，由图 4.18 近似模型计算的散射波场才能逼近真实解。在极限情况下，即当 $R \to \infty$ 或 $D(R+d) \to \infty$ 时，该近似解将收敛于真实解。当 $R \to \infty$ 或 $D \to \infty$ 时，$k_p D \to \infty$，$k_s D \to \infty$，进而根据式（4-178）可知

$$\lim_{R \to \infty} F_{nj}^{\pm}(k_p D) = \lim_{R \to \infty} F_{nj}^{\pm}(k_s D) = 0 \tag{4-179}$$

将式（4-179）代入式（4-174），根据收敛级数的性质可知

$$\lim_{R \to \infty} \begin{Bmatrix} A_{2,n}^{*} \\ B_{2,n}^{*} \\ C_{2,n}^{*} \\ D_{2,n}^{*} \end{Bmatrix} = 0 \tag{4-180}$$

其次，考虑凹陷圆弧表面的零应力条件，将式（4-166）代入式（4-155）可得

$$\begin{cases}\begin{Bmatrix}A_{1,n}\\C_{1,n}\end{Bmatrix}=[S_n^+]\left(\begin{Bmatrix}A_{2,n}^*\\C_{2,n}^*\end{Bmatrix}+\begin{Bmatrix}A_{0,n}\\C_{0,n}\end{Bmatrix}\right)\\\begin{Bmatrix}B_{1,n}\\D_{1,n}\end{Bmatrix}=[S_n^-]\left(\begin{Bmatrix}B_{2,n}^*\\D_{2,n}^*\end{Bmatrix}+\begin{Bmatrix}B_{0,n}\\D_{0,n}\end{Bmatrix}\right)\end{cases}\tag{4-181}$$

其中

$$[S_n^+]=-[T_n^{(3)\pm}(b)]^{(-1)}[T_n^{(1)\pm}(b)]\tag{4-182}$$

的计算参见式（4-168）和式（4-170）。将式（4-179）代入式（4-180）可得

$$\begin{cases}\lim\limits_{R\to\infty}\begin{Bmatrix}A_{1,n}\\C_{1,n}\end{Bmatrix}=[S_n^+]\begin{Bmatrix}A_{0,n}\\C_{0,n}\end{Bmatrix}\\\lim\limits_{R\to\infty}\begin{Bmatrix}B_{1,n}\\D_{1,n}\end{Bmatrix}=[S_n^-]\begin{Bmatrix}B_{0,n}\\D_{0,n}\end{Bmatrix}\end{cases}\tag{4-183}$$

综上所述，利用柱函数的渐近性质，在极限情况下，即当 $R\to\infty$ 时，图 4.18 中散射波的待定系数可由式（4-179）和式（4-182）确定，进而利用式（4-165）和式（4-166）即可最终确定位移场和应力场。上述整个计算过程无须求解线性方程组，极大地简化了求解程序，也避免了高频波入射时求解线性方程组可能出现的数值计算问题。

4.4.3 结果分析

首先定义无量纲频率

$$\eta=\frac{2a}{\lambda_s}=\frac{\omega a}{\pi c_s}\tag{4-184}$$

式中：λ_s为半空间介质中 S 波波长。参数 η 表示凹陷地形宽度与半空间介质中剪切波波长之比，其值越大，入射波波长越小，频率越高。在利用式（4-165）确定位移场时，需要将无穷级数截断，级数的收敛可按如下原则判断。针对任一空间点(r_1,θ_1)，首先计算自有限项 N 截断所得的位移 $w(N;r_1,\theta_1)$，然后计算自 $N+1$ 项截断所得的位移 $w(N+1;r_1,\theta_1)$，计算二者之间的误差：

$$e(N;r_1,\theta_1)=|w(N+1;r_1,\theta_1)-w(N;r_1,\theta_1)|\tag{4-185}$$

若存在某一截断项数 N_c，当 $N\geqslant N_c$时，有

$$e(N;r_1,\theta_1)\leqslant\varepsilon\tag{4-186}$$

则项数N_c即被定义为级数的收敛项数。式（4-185）中，w表示x方向位移w_x或y方向位移w_y；式（4-186）中，ε为控制计算精度的参数，本节取$\varepsilon=10^{-6}$。本节分析的所有算例中，半空间介质的剪切波速统一取为500m/s，密度取为2.2g/cm^3，泊松比取为0.25，相应地，SV波的临界入射角$\alpha_{cr}=35.3°$。

针对凹陷表面中点（$x=0$，$y=h$），按照式（4-184）计算的误差e与截断项数N之间的关系如图4.19所示，其中凹陷地形的深度与半宽之比$h/a=1/2$，入射波的频率$\eta=20.0$，入射角$\alpha=45°$。x方向位移与y方向位移所对应的收敛项数相差不大，计算过程中取二者收敛项数的大值作为计算最终结果的截断项数。在图4.19中，当$N\geqslant108$时，$e<\varepsilon=10^{-6}$，因此，对于该算例，级数的收敛项数$N_c=108$。可以看出，针对如此高的入射波频率（$\eta=20.0$），本节所给出的解依然能够收敛，其适用的频带范围远远超出了Lee等人[6]所研究的频带范围。对于凹陷地形而言，影响级数解收敛项数的主要因素是入射波的频率和凹陷的深度-半宽比h/a。图4.20给出了半圆形凹陷（$h=a$）和浅圆形凹陷（$h=a/2$）中点（$x=0$，$y=h$）位移的收敛项数N_c与入射波频率η之间的关系。其中，入射波的入射角$\alpha=45°$，其频率η的值从0.5取至20.0，间隔为0.5。从中可以看出：①入射波的频率越高，级数收敛所需项数越多；②凹陷地形越浅，级数收敛所需项数越多，而且随着频率的增加，浅圆形与半圆形凹陷所需收敛项数之间的差距越大。

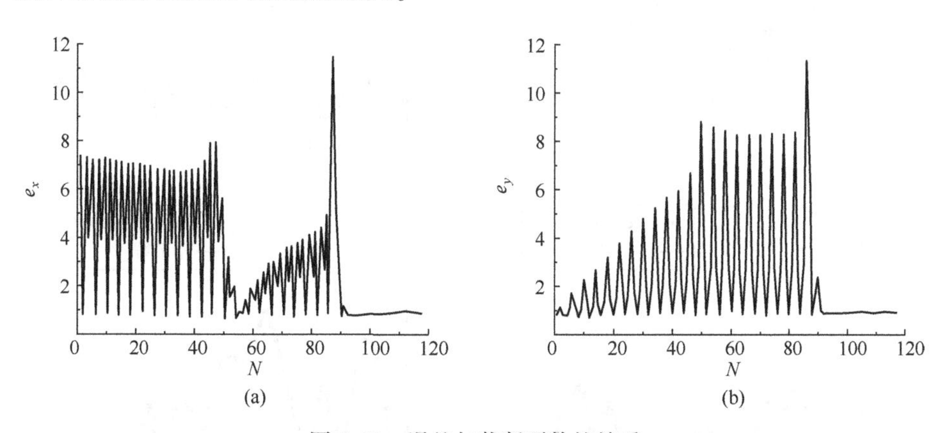

图4.19 误差与截断项数的关系

为了验证本节结果的正确性，图4.21给出了本节结果与Lee等人[6]计算结果之间的比较，其中凹陷地形的深度-半宽比为1/2，入射波的频率$\eta=2.0$，入射角α分别为0°和45°。Lee等人[6]的求解需要设定图4.18所示大圆弧的半

径 R，本节取 $R=107b$。图 4.21 为地表位移幅值的空间变化曲线，可以看出，当模拟水平地表的大圆弧半径足够大时，Lee 等人[6]所得结果与本节解完全一致，从而验证了本节所得结果的正确性。

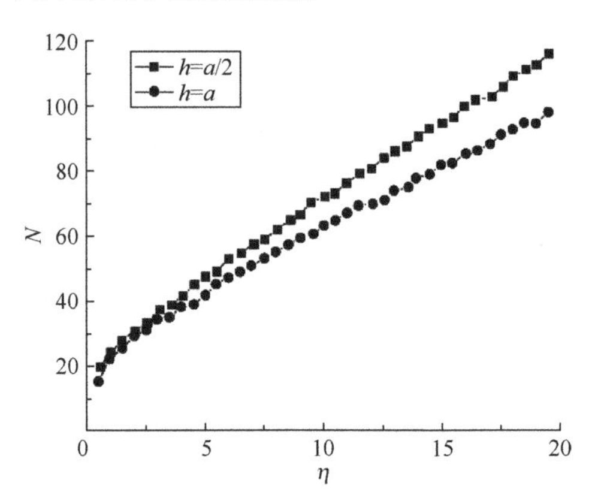

图 4.20　收敛项数与入射波频率的关系

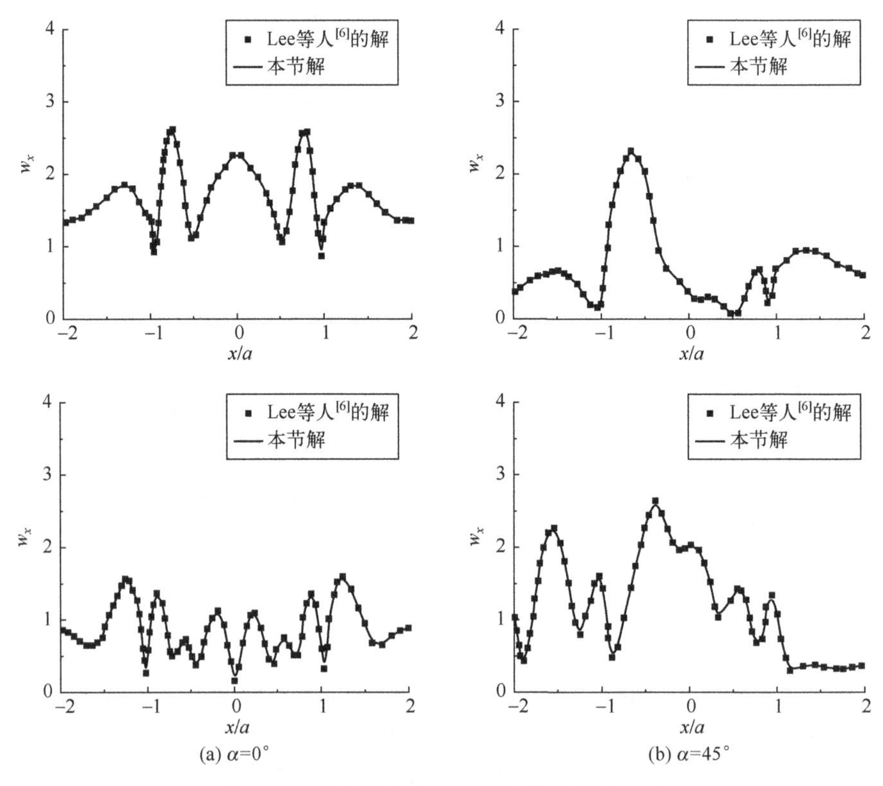

图 4.21　本节结果与 Lee 等人[6]结果的比较

可以得到：①某一特殊空间点（如 $x=0.2a$）的位移幅值与入射波频率之间的谱曲线（图 4.22）；②特定入射波频率（$\eta=1.0$，4.0，10.0）对应的地表位移幅值曲线（图 4.23）。

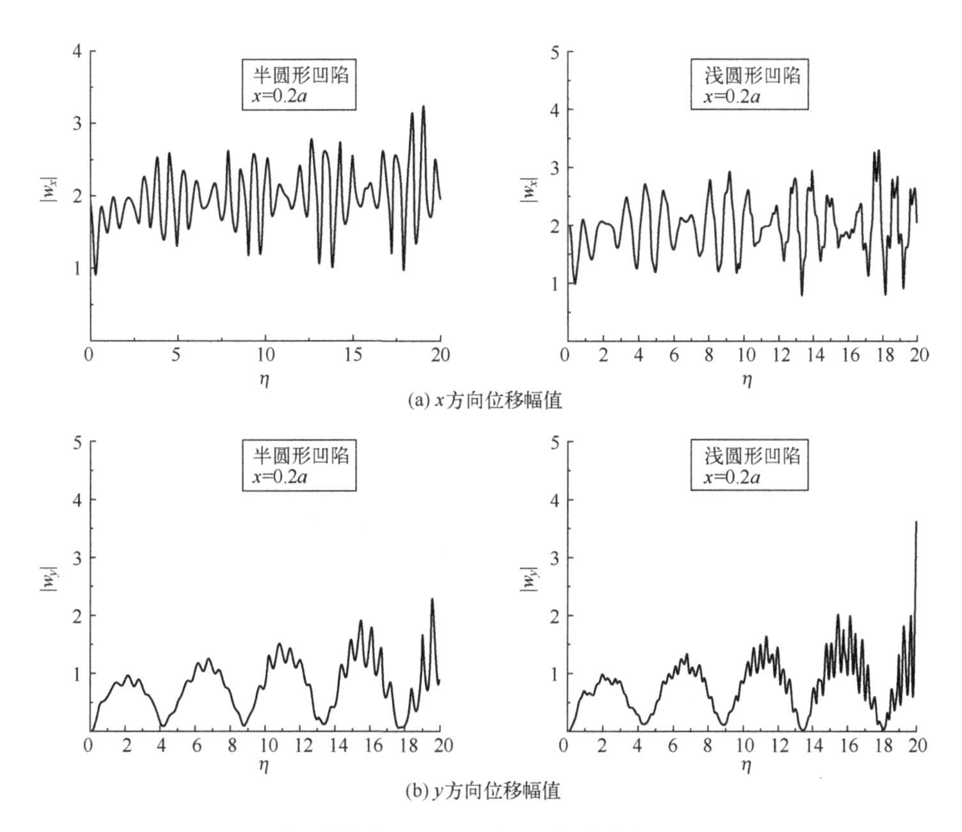

图 4.22　垂直入射条件下两种凹陷地表点谱曲线的比较（$\alpha=0°$）

从图 4.22 和图 4.23 中可以看出：

（1）凹陷的存在导致散射波的产生，散射波之间复杂的干涉造成波动能量的汇聚，从而使得地表位移幅值曲线出现波峰点和波谷点，表现出驻波的特性（图 4.23）。随着入射波频率的增加，地面运动的波峰点和波谷点数目增加，地表位移幅值曲线变化更加剧烈，表明波的干涉效应增强。此外，在相同入射频率下，凹陷内部（$|x|\leqslant a$）比凹陷外部（$|x|>a$）的干涉效应强，而且在凹陷角点（$x=\pm a$）附近波的干涉现象尤为显著（图 4.23）。

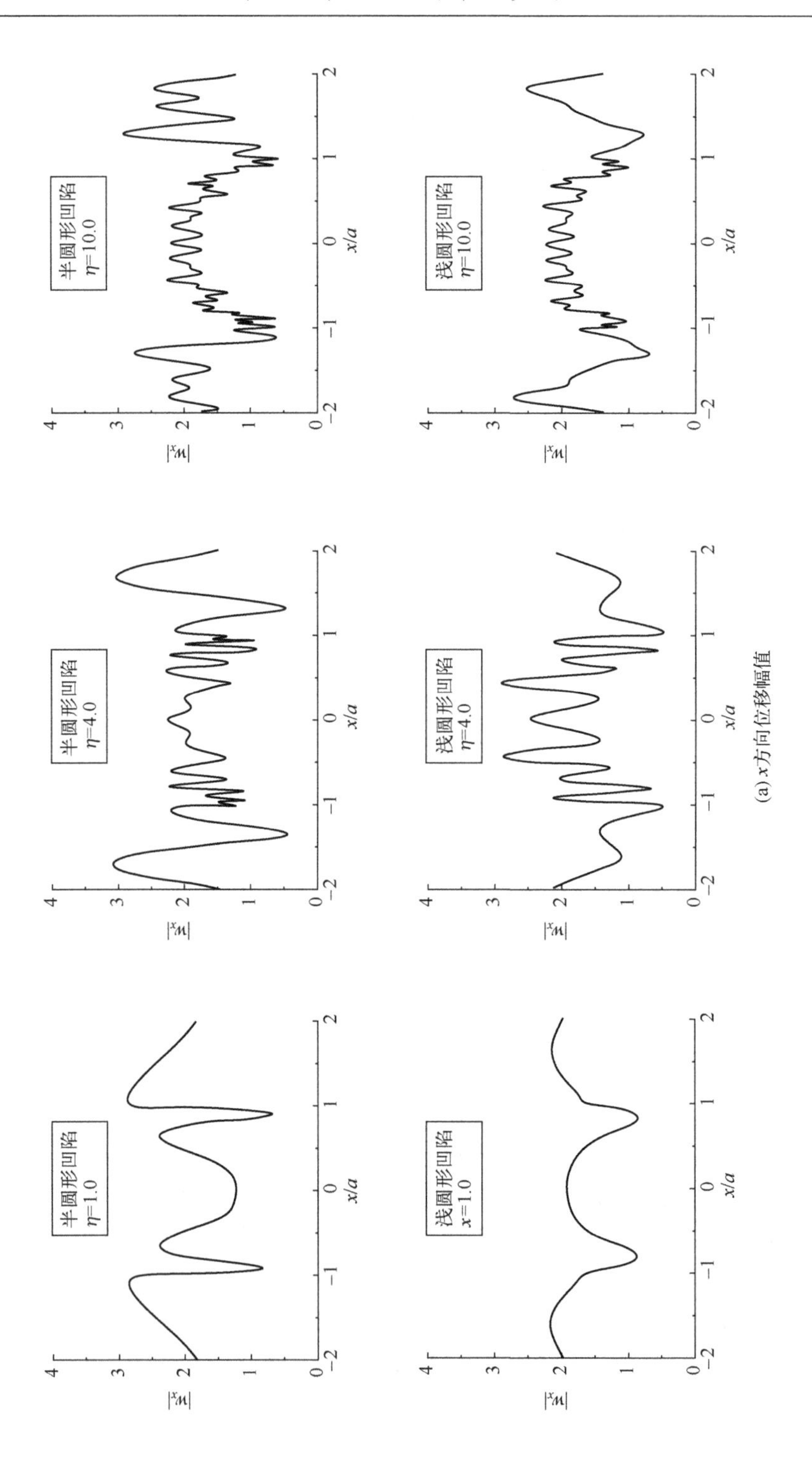
半圆形凹陷
η=1.0
半圆形凹陷
η=4.0
半圆形凹陷
η=10.0
浅圆形凹陷
x=1.0
浅圆形凹陷
η=4.0
浅圆形凹陷
η=10.0
|w_x|
x/a

(a) x方向位移幅值

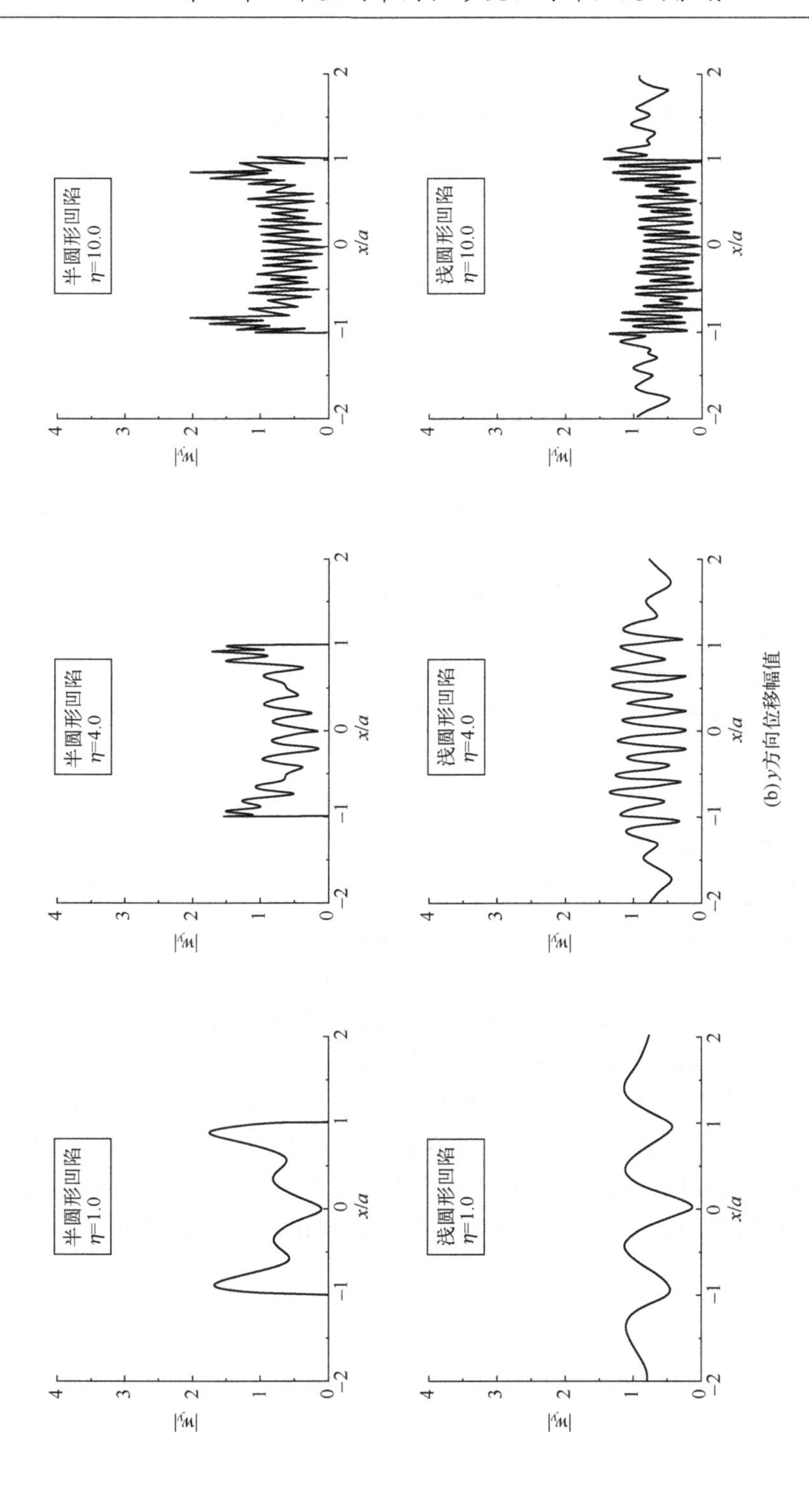

(b) y方向位移幅值

图 4.23　垂直入射条件下两种凹陷地表位移幅值曲线的比较（$\alpha=0°$）

(2) 图 4.23 中，在宽频带（$0.0<\eta<20.0$）范围内，某一空间点的地面运动所展现出来的整体规律性，仅凭借窄频带（$0.0<\eta<4.0$）范围内的变化趋势是无法完全把握的。针对这一点，y 方向位移幅值的变化规律表现得尤为显著（图 4.22（b））。这说明了本节宽频带解析解研究的必要性。

(3) 针对同一空间点，两种凹陷的地面运动的谱曲线是不同的，而且谱曲线极值点所对应的频率也有差异，说明了两种凹陷动力特性的显著差异（图 4.22）；针对同一入射波频率，两种凹陷地表位移幅值曲线差异明显（图 4.23），说明了凹陷地形几何特征的变化显著地改变了其对入射 SV 波的散射效应。

(4) 垂直入射条件下，半圆形凹陷外部（$|x|>a$）的 y 方向位移幅值为零，而凹陷内部（$|x|\leqslant a$）角点附近区域的幅值较大（图 4.23（b））；浅圆形凹陷内部与外部的 y 方向位移幅值均不为零，但其内部角点附近区域的幅值明显低于半圆形凹陷（图 4.23（b））。

(5) 在凹陷角点附近区域，相对浅圆形凹陷，半圆形凹陷地表位移幅值曲线变化得更为剧烈（图 4.23），说明了在该区域，半圆形凹陷中散射波的干涉效应更为强烈。图 4.32 给出了 SV 波斜入射（$\alpha=45°$）条件下，两种凹陷地表位移幅值的分布。区别于垂直入射，斜入射条件下两种凹陷对入射 SV 波的散射效应表现出如下的特殊规律：

① 两种凹陷均表现出屏蔽效应：凹陷内部及其左侧地表位移幅值的空间变化非常剧烈，且幅值较高；而其背波面，即其右侧地表（$x/a>1$）位移幅值变化则较为平缓，且幅值较低（图 4.25）。这说明大部分入射波能量被凹陷表面反射，各种波之间的复杂干涉造成了凹陷表面及其左侧的地表位移幅值曲线剧烈变化。这种屏蔽效应在高频入射情况下更为显著。

② 一个非常有意思的现象是，在 SV 波的入射角 $\alpha=45°$时，半圆形凹陷外部（$|x/a|>1$）的 x 方向位移幅值为零（4.25（a））。如图 4.24 所示，与垂直入射相同，在 SV 波斜入射条件下，地面运动在宽频带范围内表现出的总体规律性与其在较低频带范围内表现出的总体规律性具有显著差别。

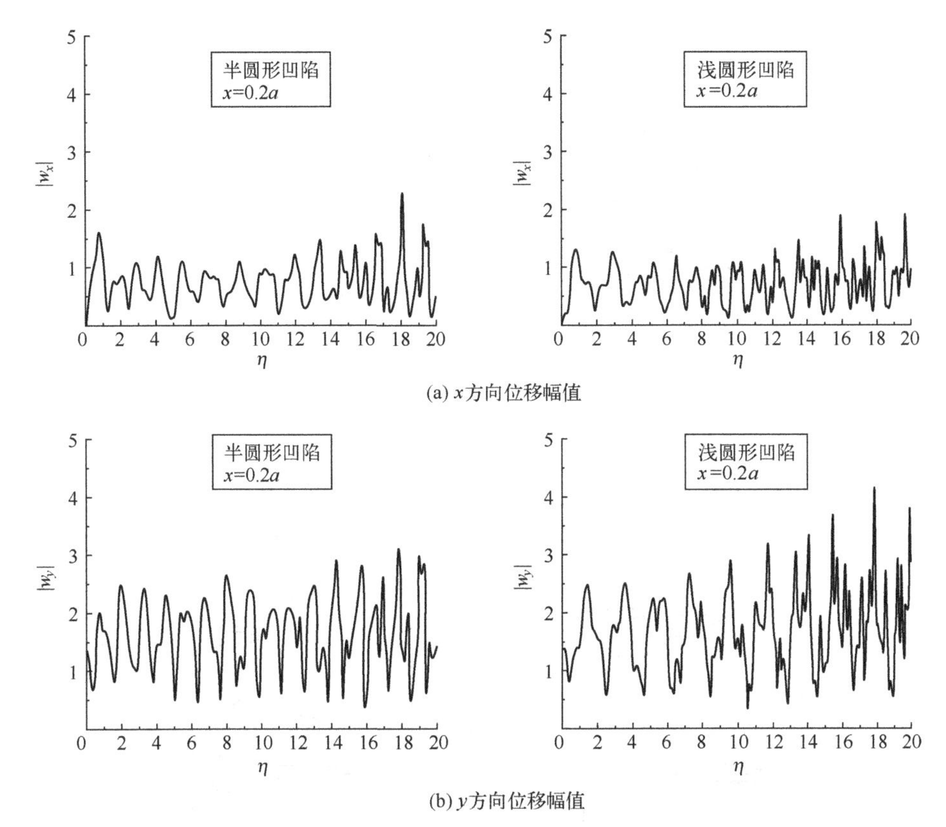

图 4.24　斜入射条件下两种凹陷地表谱曲线的比较（$\alpha=45°$）

4.4.4　结论

利用波函数的傅里叶-贝塞尔级数展开法，本节推导了圆弧状凹陷地形对平面 SV 波二维散射问题的宽频带解析解。在推导过程中，为了扩展解析解适用的频带范围，本节充分利用了柱函数的渐近性质，使得散射波函数的待定系数在极限情况下具有明确的解析表达式，从而避免了高频散射条件下求解线性方程组可能遇到的数值计算问题。通过与现有解析解在低频范围内的比较验证了本节所给解的正确性，并讨论了级数解的收敛问题。利用该解，本节在一个非常宽的频带范围（$0.0<\eta<20.0$）内分析了凹陷地形对入射 SV 波的散射效应，结果表明，在 SV 波入射下，在宽频带范围内凹陷地形对地面运动的影响规律与较低频带范围内的影响规律具有显著的差异，因此拓展已有解析解适用的频带范围是必要的，其有益于更加全面地揭示凹陷地形对 SV 波的散射效应。

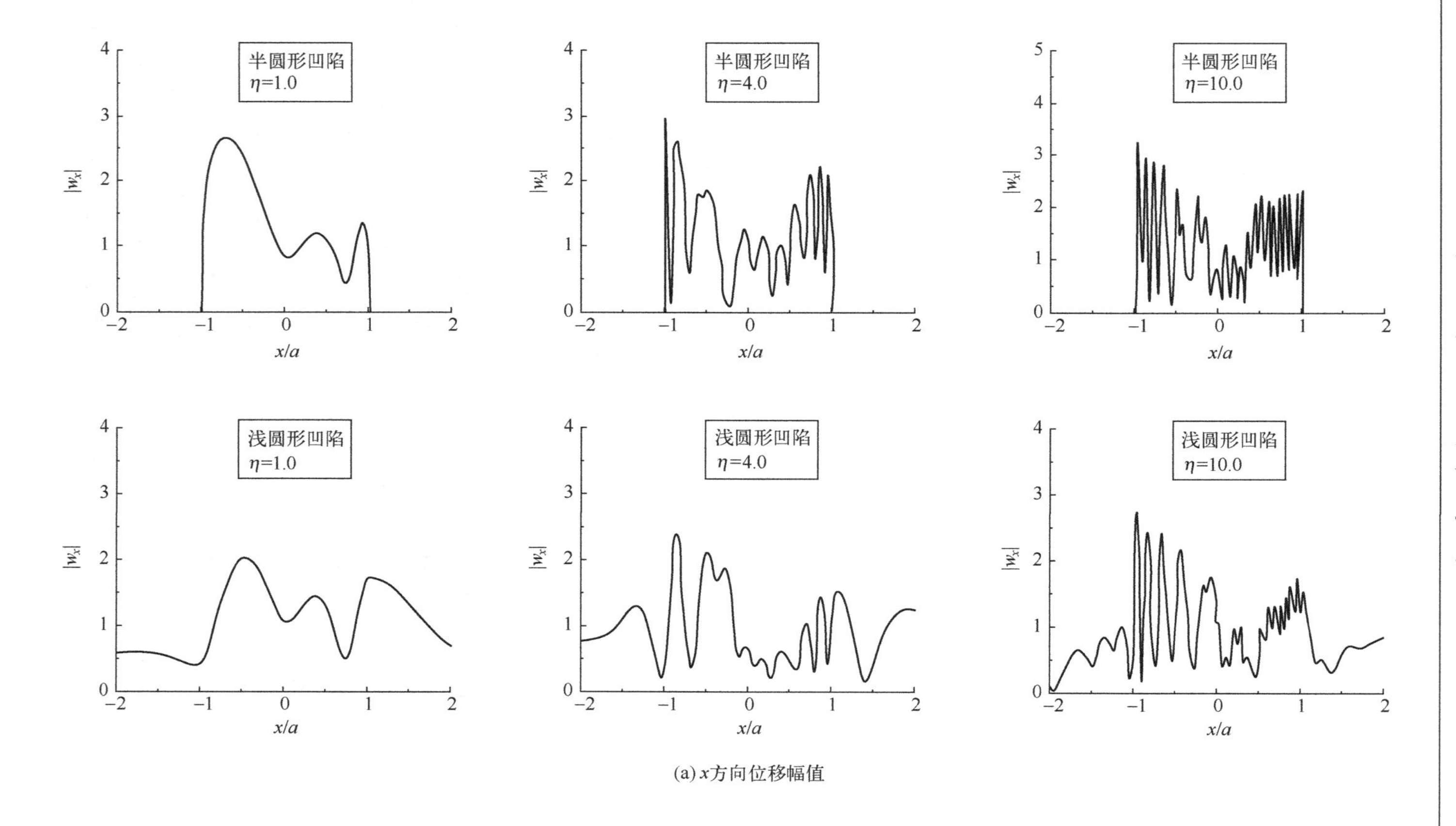

半圆形凹陷 η=1.0
半圆形凹陷 η=4.0
半圆形凹陷 η=10.0
浅圆形凹陷 η=1.0
浅圆形凹陷 η=4.0
浅圆形凹陷 η=10.0
|w_x|
x/a

(a) x方向位移幅值

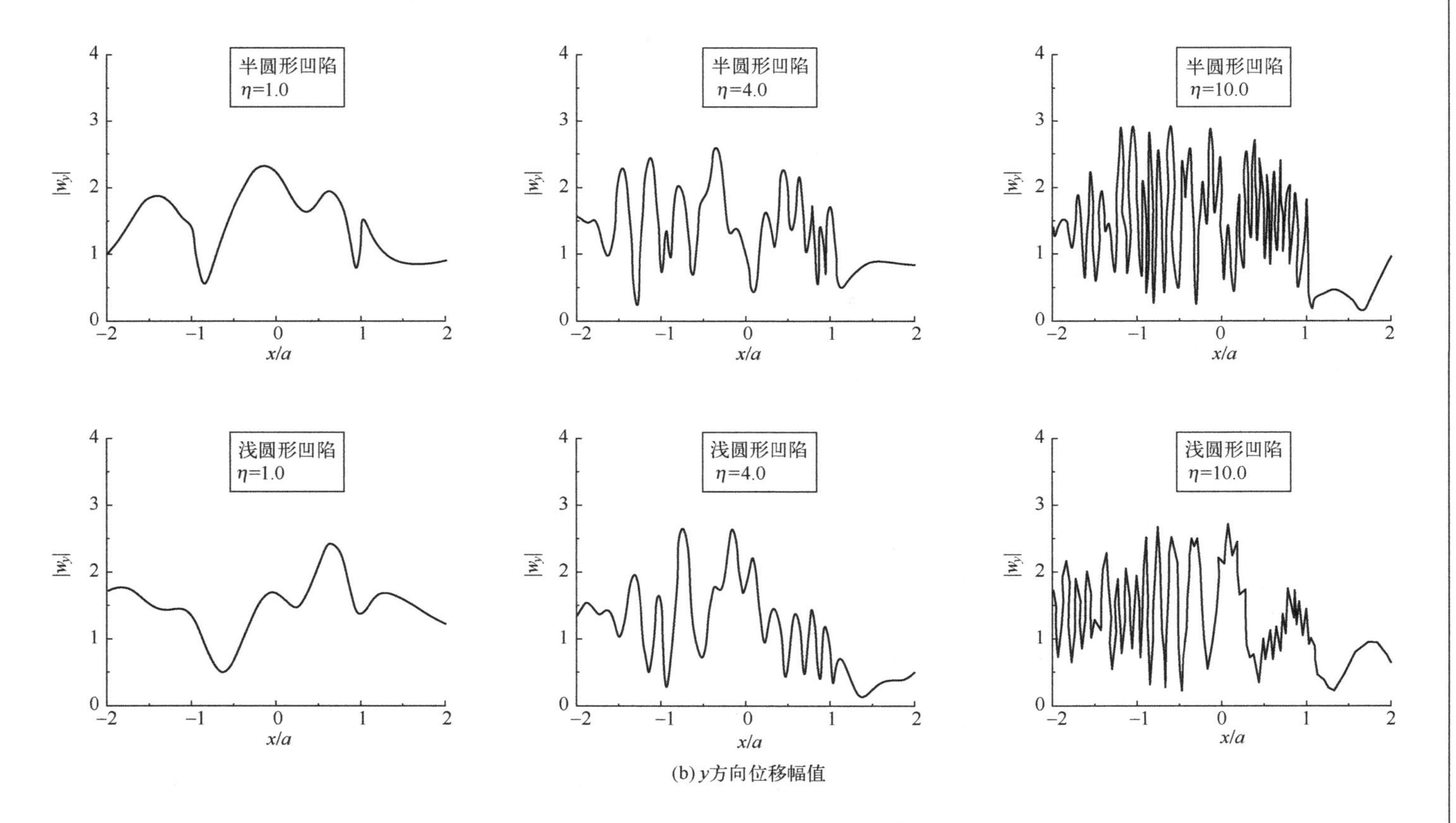

(b) y方向位移幅值

图 4.25　斜入射条件下两种凹陷地表位移幅值曲线的比较（$\alpha=45°$）

参考文献

[1] 刘国利，刘殿魁．位移阶跃SH波对半圆形凹陷地形的散射［J］．力学学报，1994，26(1)：70-80.

[2] 丁启财．固体中的非线性波［M］．北京：中国友谊出版公司，1985.

[3] PAO Y H，MOW C C，ACHENBACH J D. Diffraction of elastic waves and dynamic stress concentrations［M］. New York：Crane Russak and Compank，1973.

[4] 刘廷峻．地震波作用下半圆形凹陷场地动应力路径分析［D］．哈尔滨：中国地震局工程力学研究所，2018.

[5] CAO H，LEE V W. Scattering and diffraction of plane P waves by circular cylindrical canyons with variable depth-to-width ratio［J］. Soil Dynamics and Earthquake Engineering，1990，9 (3)：141-150.

[6] LEE V W，CAO H. Diffraction of SV waves by circular canyons of various depths［J］. Journal of Engineering Mechanics，1989，115 (9)：2035-2056.

[7] 张郁山．圆弧状多层沉积谷地在平面P波入射下稳态响应的解析解［J］．地球物理学报，2008 (3)：869-880.

第5章 半空间中V形峡谷对弹性波的散射

5.1 半空间中浅层V形峡谷对SH波的散射

5.1.1 引言

本章提出了一种新的解析方法来求解单个深对称V形峡谷的SH波散射问题。所采用的区域分解方法避免了辅助边界被峡谷的最低部分穿破，地面包含了峡谷底部周围应力场的特殊行为。结合波函数和格拉夫（Graf）加法公式得到了很好的利用。图像法的引入满足了地面的无应力条件。本章还给出了频域和时域的计算结果，讨论了参数对稳态表面运动的影响，包括地表和地下位移场的瞬态变化，以及所提出的级数解在高频激励下得到了充分可靠的结果。

5.1.2 公式理论

一个无限长、浅、对称的V形峡谷嵌在半无限的介质中。该峡谷受无穷列单位振幅的平面SH波，以α角向负轴传播。假设材料的半空间性质为各向同性、均匀性和线弹性，剪切模量μ和剪切波速c_s。峡谷的半宽和半深分别为a和d。这里研究的“浅”峡谷的要求是$d \leqslant a$。两个直角坐标系和两个圆柱坐标系的定义如图5.1所示。全局坐标系(x,y)和(r,θ)的原点设于地表与峡谷对称轴的交点处，局部坐标系(x_1,y_1)和(r_1,θ_1)的原点设于峡谷底部。在两个笛卡儿坐标系中，水平轴向右被定义为正方向，垂直轴向下被定义为正方向。在两个柱坐标系中，θ和θ_1是从正垂直轴逆时针方向测量的。

在图5.1中，通过引入带半径的半圆辅助边界S_{I}，将半空间划分为两个区域，开放区域（1）和封闭区域（2）。在这两个区域中，需要满足控制亥姆霍兹方程的稳态出平面运动，即

$$\nabla^2 w_j + k^2 w_j = 0, \quad j=1,2 \tag{5-1}$$

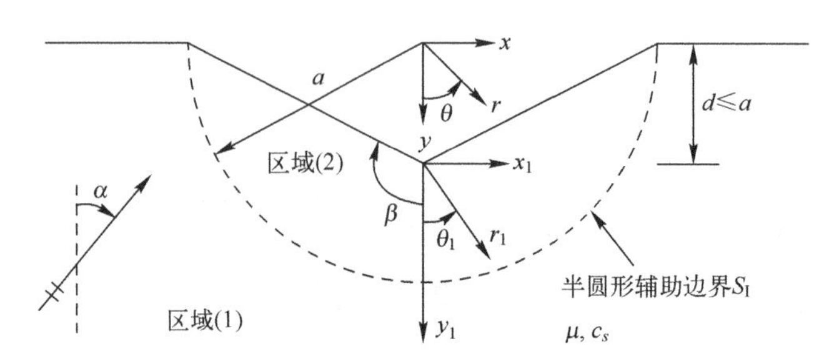

图 5.1　浅对称 V 形峡谷的定义草图

式中：∇^2是二维圆柱拉普拉斯方程，$k=\omega/c_s$是横波数。下标 1 和 2 分别表示（1）和（2）区域内的总位移场。所有表达式均消除了时间谐波因子 $\exp(\mathrm{i}\omega t)$。

地表和峡谷地表的零应力边界条件为

$$\tau_{\theta z}^{(1)}=\frac{\mu}{r}\frac{\partial w_1}{\partial \theta}=0,\quad \theta=\pi/2,\quad r>a \tag{5-2}$$

$$\tau_{\theta z}^{(2)}=\frac{\mu}{r_1}\frac{\partial w_2}{\partial \theta_1}=0,\quad \theta_1=\beta \tag{5-3}$$

另外，在辅助边界 S_{I} 上保证位移场和应力场连续性的两个匹配条件为

$$w_1(a,\theta)=w_2(a,\theta),\quad -\pi/2\leqslant\theta\leqslant\pi/2 \tag{5-4}$$

$$\tau_{rz}^{(1)}(a,\theta)=\tau_{rz}^{(2)}(a,\theta),\quad -\pi/2\leqslant\theta\leqslant\pi/2 \tag{5-5}$$

在开放区域（1），入射波场可以表示为

$$w^{(i)}(r,\theta)=\exp[\mathrm{i}k\cdot\cos(\theta+\alpha)] \tag{5-6}$$

用贝塞尔函数将指数[1]展开如下：

$$\exp(\mathrm{i}k\cdot\cos\theta)=\sum_{n=0}^{\infty}\varepsilon_n(\mathrm{i})^n J_n(k\cdot)\cos(n\theta) \tag{5-7}$$

式中：ε_n为 Neumann 因子；$J_n(\cdot)$为第一类 n 阶贝塞尔函数。

将入射波场和反射波场依次重新表示，并将它们相加，自由场位移 $w^{(f)}(r,\theta)$可以写成

$$\begin{aligned}w^{(f)}(r,\theta)=&2\sum_{n=0}^{\infty}\varepsilon_n(-1)^n J_{2n}(kr)\cos(2n\alpha)\cos(2n\theta)-\\&4\mathrm{i}\sum_{n=0}^{\infty}(-1)^n J_{2n+1}(kr)\sin[(2n+1)\alpha]\sin[(2n+1)\theta]\end{aligned} \tag{5-8}$$

注意，该表达式在地面上自动满足边界条件，即反平面剪应力在 $\theta=\pm\pi/2$ 处消失。

对于开放区域（1）的散射场“总和”$w^{(s)}(r,\theta)$可分为$w^{(s0)}(r,\theta)$和$w^{(s2)}(r,\theta)$两部分。所以有

$$w^{(s)}(r,\theta)=w^{(s0)}(r,\theta)+w^{(s2)}(r,\theta) \tag{5-9}$$

第一部分$w^{(s0)}(r,\theta)$为不受区域（2）影响的散射场，也对应于 Trifunac 对半圆柱形峡谷的散射场，即

$$\begin{aligned}w^{(s0)}(r,\theta)=&-2\sum_{n=0}^{\infty}\varepsilon_n(-1)^n\frac{J'_{2n}(ka)}{H_{2n}^{(2)}(ka)}H_{2n}^{(2)}(kr)\cos(2n\alpha)\cos(2n\theta)\\&+4\mathrm{i}\sum_{n=0}^{\infty}(-1)^n\frac{J'_{2n+1}(ka)}{H_{2n+1}^{(2)}(ka)}H_{2n+1}^{(2)}(kr)\sin[(2n+1)\alpha]\sin[(2n+1)\theta]\end{aligned} \tag{5-10}$$

式中：$H_{2n}^{(2)}(\cdot)$是第二类 n 阶汉克尔函数素数表示对辐元的微分[2]。

第二部分$w^{(s2)}(r,\theta)$是由于区域（2）的存在所贡献的，它的固有波函数满足亥姆霍兹方程（5-1）、无应力边界条件式（5-2）和无穷远处的 Sommerfeld 辐射条件，即

$$\begin{aligned}w^{(s2)}(r,\theta)=&\sum_{n=0}^{\infty}A_nH_{2n}^{(2)}(kr)\cos(2n\theta)\\&+\sum_{n=0}^{\infty}B_nH_{2n+1}^{(2)}(kr)\sin[(2n+1)\theta]\end{aligned} \tag{5-11}$$

其中：复展开系数 A_n和 B_n是未知的。

利用分割完全散射场$w^{(s)}(r,\theta)$，区域（1）$w^{(s2)}(r,\theta)$的未知系数与区域（2）$w_2(r_1,\theta_1)$的未知系数直接相关，这可以在方程式（5-16）和式（5-17）中看到。

自由波场$w^{(f)}(r,\theta)$与散射波场$w^{(s)}(r,\theta)$在开放区域（1）的合成波场$w_1(r,\theta)$的位移可以表示为

$$w_1(r,\theta)=w^{(f)}(r,\theta)+w^{(s)}(r,\theta) \tag{5-12}$$

因此，在封闭区域（2）内，满足亥姆霍兹方程式（5-1）和峡谷两侧方程式（5-3）无牵引力边界条件的波场$w_2(r_1,\theta_1)$的位移由下式给出：

$$\begin{aligned}w_2(r_1,\theta_1)=&\sum_{n=0}^{\infty}C_nJ_{2nv}k_1\cos(2nv\theta_1)\\&+\sum_{n=0}^{\infty}D_nJ_{(2n+1)v}k_1\sin[(2n+1)v\theta_1]\end{aligned} \tag{5-13}$$

式中：$v=\pi/(2\beta)$，并确定复展开系数 C_n和 D_n。

其次，利用贝塞尔函数的格拉夫加法公式完成柱坐标系(r_1,θ_1)到(r,θ)的必要位移。这个由 Watson[5]给出的公式被改写成合适的形式，即

$$J_{nv}(k_1)\begin{Bmatrix}\cos(nv\theta_1)\\ \sin(nv\theta_1)\end{Bmatrix}=\sum_{m=-\infty}^{\infty}J_{nv+m}(kr)J_m(kd)\begin{Bmatrix}\cos[(nv+m)\theta]\\ \sin[(nv+m)\theta]\end{Bmatrix} \tag{5-14}$$

式中：m 和 n 是整数。

利用式（5-14），可将封闭区域（2）内的波场位移重新表示为

$$\begin{aligned}w_2(r,\theta)=&\sum_{n=0}^{\infty}C_n\sum_{m=-\infty}^{\infty}J_{2n+m}(kr)J_m(kd)\cos[(2nv+m)\theta]\\&+\sum_{n=0}^{\infty}D_n\sum_{m=-\infty}^{\infty}J_{(2n+1)v+m}(kr)J_m(kd)\sin\{[(2n+1)v+m]\theta\}\end{aligned} \tag{5-15}$$

将正弦和余弦函数的正交性质应用于剪应力连续性条件，在$[-\pi/2,\pi/2]$范围内积分，得到区域（1）和区域（2）间未知系数的关系如下：

$$A_n=\frac{\varepsilon_n}{\pi H_{2n}^{(2)}(ka)}\sum_{p=0}^{\infty}C_p\sum_{m=-\infty}^{\infty}J'_{2pv+m}(ka)J_m(kd)I_{p,m,n}^{C} \tag{5-16}$$

$$B_n=\frac{2}{\pi H_{2n+1}^{(2)r}(ka)}\sum_{p=0}^{\infty}D_p\sum_{m=\infty}^{\infty}J'_{(2p+1)v+m}(ka)J_m(kd)I_{p,m,n}^{S} \tag{5-17}$$

其中：函数$I_{p,m,n}^{(C)}$和$I_{p,m,n}^{(S)}$为

$$I_{p,m,n}^{(C)}=\begin{cases}\dfrac{\pi}{2}, & 2pv+m=2n\\ \dfrac{\sin[\pi(2pv+m-2n)/2]}{2pv+m-2n}+\dfrac{\sin[\pi(2pv+m+2n)/2]}{2pv+m+2n}, & 2pv+m\neq 2n\end{cases} \tag{5-18}$$

$$\begin{aligned}&\sum_{n=0}^{\infty}C_n\sum_{m=-\infty}^{\infty}[J_{2nv+m}(ka)H_{2q+1}^{(2)}{}'(ka)-J'_{2nv+m}(ka)H_{2q+1}^{(2)}(ka)]J_m(kd)I_{n,m,q}^{C}\\&=-\frac{4\mathrm{i}}{a}(-1)^q\cos(2q)\alpha,\quad q=0,1\end{aligned}$$

$$I_{p,m,n}^{(C)}=\begin{cases}\dfrac{\pi}{2}, & (2p+1)v+m=2n\\ \dfrac{\sin\{\pi(2p+1)v+m-(2n+1)/2\}}{(2p+1)v+m-(2n+1)}+\dfrac{\sin\{\pi(2p+1)v+m+(2n+1)/2\}}{(2p+1)v+m+(2n+1)}, & (2p+1)v+m\neq 2n\end{cases} \tag{5-19}$$

类似地，再次利用位移连续性条件的正交性，在[$-\pi/2,\pi/2$]范围内积分，得到无穷方程组：

$$
\begin{aligned}
&-\frac{4\mathrm{i}(-1)^n\cos(2n\alpha)}{aH_{2n}^{(2)}(ka)}+A_nH_{2n}^{(2)}(ka)\frac{\pi}{\varepsilon_n}\\
&=\sum_{p=0}^{\infty}C_p\sum_{m=-\infty}^{\infty}J_{2pv+m}(ka)J_m(kd)I_{p,m,n}^{(C)},\quad n=0,1,2,\cdots
\end{aligned}
\tag{5-20}
$$

$$
\begin{aligned}
&-\frac{4(-1)^n\sin[(2n+1)\alpha]}{aH_{2n+1}^{(2)}(ka)}+B_nH_{2n+1}^{(2)}(ka)\frac{\pi}{2}\\
&=\sum_{p=0}^{\infty}D_p\sum_{m=-\infty}^{\infty}J_{(2p+1)1+m}(ka)J_m(kd)I_{p,m,n}^{(S)},n=0,1,2,\cdots
\end{aligned}
\tag{5-21}
$$

将式（5-16）代入式（5-20），式（5-17）代入式（5-21），分别消去展开式系数 A_n 和 B_n，利用贝塞尔函数和汉克尔函数的关系[1]重新排列得到下列无限方程组：

$$
\begin{aligned}
&\sum_{n=0}^{\infty}C_n\sum_{m=-\infty}^{\infty}[J_{2nv+m}(ka)H_{2q+1}^{(2)\prime}(ka)-J_{2nv+m}'(ka)H_{2q+1}^{(2)}(ka)]J_m(kd)I_{n,m,q}^{(C)}\\
&=-\frac{4\mathrm{i}}{a}(-1)^q\cos(2q\alpha),\quad q=0,1
\end{aligned}
\tag{5-22}
$$

$$
\begin{aligned}
&\sum_{n=0}^{N-1}A_n\Big[H_n^{(2)}(kb)I_{n,q}^{(C1)}(\beta)\\
&\quad+\sum_{m=0}^{M-1}(-1)^mJ_m(kb)U_{m,n}^{+}(2kd)I_{m,q}^{(C1)}(\beta)\Big]\\
&\quad-\sum_{n=0}^{N-1}C_nJ_{2nv}(kb)I_{2n,q}^{(C2)}(\beta)\\
&\quad=-\sum_{n=0}^{N-1}\varepsilon_n[\mathrm{i}^n+\xi(-1)^n]J_n(kb)I_{n,q}^{(C1)}(\beta)\cos n\alpha,q\\
&\quad=0,1,2
\end{aligned}
$$

$$
\begin{aligned}
&\sum_{n=0}^{\infty}D_n\sum_{m=-\infty}^{\infty}[J_{(2n+1)v+m}(ka)H_{2q+1}^{(2)\prime}(ka)-J_{(2n+1)v+m}'(ka)H_{2q+1}^{(2)}(ka)]J_m(kd)I_{n,m,q}^{(C)}\\
&=-\frac{4}{a}(-1)^q\sin[(2q+1)\alpha],\quad q=0,1
\end{aligned}
\tag{5-23}
$$

在进行数值计算时，需要将式（5-22）和式（5-23）中的级数截短为一个有限的数（即求和指标 n 和 m 分别截短为 n 和 m 项）。适当去掉无穷级数后，用标准矩阵技术分别求解未知系数 C_n 和 D_n。一旦得到了未知常数 C_n 和 D_n，就可以用方程式（5-16）和式（5-17）直接求出散射系数 A_n 和 B_n。事实上，地震工程的物理量，相对于有关领域中固定位置的波场表示，可以进行计算。

对于峡谷深度 $d=0$ 的简并情况（即 $\beta=\pi/2$，仅对应于自由面情况），将未知系数 A_n，B_n，C_n 和 D_n 分别推导为

$$A_n=0,\quad B_n=0 \tag{5-24}$$

$$C_n=2\varepsilon_n(-1)^n\cos(2n\alpha) \tag{5-25}$$

$$D_n=-4\mathrm{i}(-1)^n\sin[(2n+1)\alpha] \tag{5-26}$$

从中可以看出，散射系数 A_n 和 B_n 消失了，封闭区域（2）中的波场退化为自由波场，将式（5-25）和式（5-26）代回式（5-13）。事实上，由于峡谷消失，散射波不再存在，也就是说，在半空间中可能只存在自由波。在地震工程研究中，将无量纲频率（或无量纲波数）η 定义为峡谷的最大宽度与入射波长 λ 之比是非常方便的，即

$$\eta=\frac{\omega a}{\pi c_s}=\frac{ka}{\pi}=\frac{2a}{\lambda} \tag{5-27}$$

根据这个定义，如果无量纲的频率 η 很小（对应于低频率的情况），就意味着峡谷的尺寸与波长相比较小，反之亦然。

5.1.3 数值结果与讨论

1. 频域响应

首先对方程式（5-22）和式（5-23）中的无穷级数进行收敛性检验，确定极限；值得强调的是，求和项应通过数值检验其收敛性来精确计算，从而只留下一个参数来消除数值过程中相对收敛的现象，即求和项。数值试验表明，在 $\eta=2.0$ 时，在 $N=8$ 后可实现收敛。原则上，随着无量纲峡谷深度 d/a 的增加，需要更多的项。此外，为了保证给定的计算精度，选择 $M=2N$ 项来生成以下所有情况下的图。

为了证明峡谷深度 d/a 对位移幅值 $|w|$ 的影响，在 4 个入射角（$\alpha=0°$，30°，60°和 90°）下，对 4 个峡谷深度（$d/a=0.25$，0.5，0.75 和 1.0）进行了 3 组频率响应计算。为简便起见，本节只介绍 $\eta=1.0$ 的情况。无量纲距离

x/a 的标绘范围为-4~4，峡谷面位置在-1~1范围内。从图5.2可以看出，位移振幅的相对最大值似乎随着峡谷深度的增加而增加。此外，垂直入射的位移振幅（$\alpha=0°$）的模式是对称的，这是由于峡谷的对称性。在非垂直入射情况下，由于阴影效应，峡谷背面的运动通常会减少。总体而言，自由面和峡谷面运动不仅与峡谷深度有关，而且与无量纲频率和入射角有关。

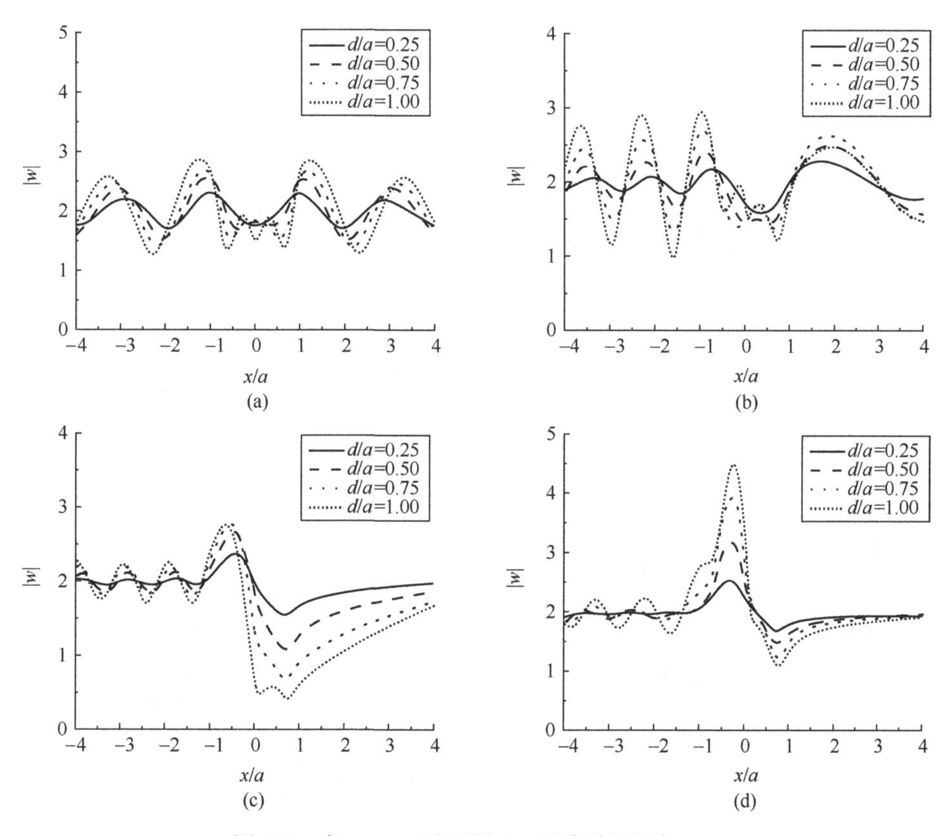

图5.2　在 $\eta=1.0$ 时不同 d/a 的位移振幅与 x/a

事实上，所提出的级数解的解析特性可以使我们面对更高频率的挑战。在继续之前，考虑到大峡谷可能很容易在斜入射时阻碍高频波，焦点转向观察“非常浅”的峡谷（$d/a=0.1$）的地面运动行为。图5.3和图5.4分别给出了两组具有4个入射角的图。前者对应 $\eta=5.0$，后者对应 $\eta=10.0$。这两个选定的频率已经被Luo等[3]使用。对于垂直入射（$\alpha=0°$），在图5.3（a）和图5.4（a）中，可以发现最大的位移响应出现在峡谷的左上角和右上角附近（$x/a=\pm1$），最小的位移响应出现在峡谷底部（$x/a=0$）。

对于图5.3（b）、（c）和图5.4（b）、（c）中的斜入射（$\alpha=30°$或$60°$），

在平面右侧（$x/a>1$）的位移振幅与左侧（$x/a<-1$）的位移振幅有很大的不同。右侧运动模式的振荡频率低于左侧运动模式的振荡频率。这种现象可能是入射波从左向右穿过峡谷时峡谷的过滤效应。特别地，在图 5.3（c）和图 5.4（c）中，对于 $\alpha=60°$ 的情况下，可以看到，运动模式在右侧的振幅大于左侧的振幅。此外，由于入射方向趋向于水平方向，当 $x/a<-1$ 时，运动更像驻波曲线。

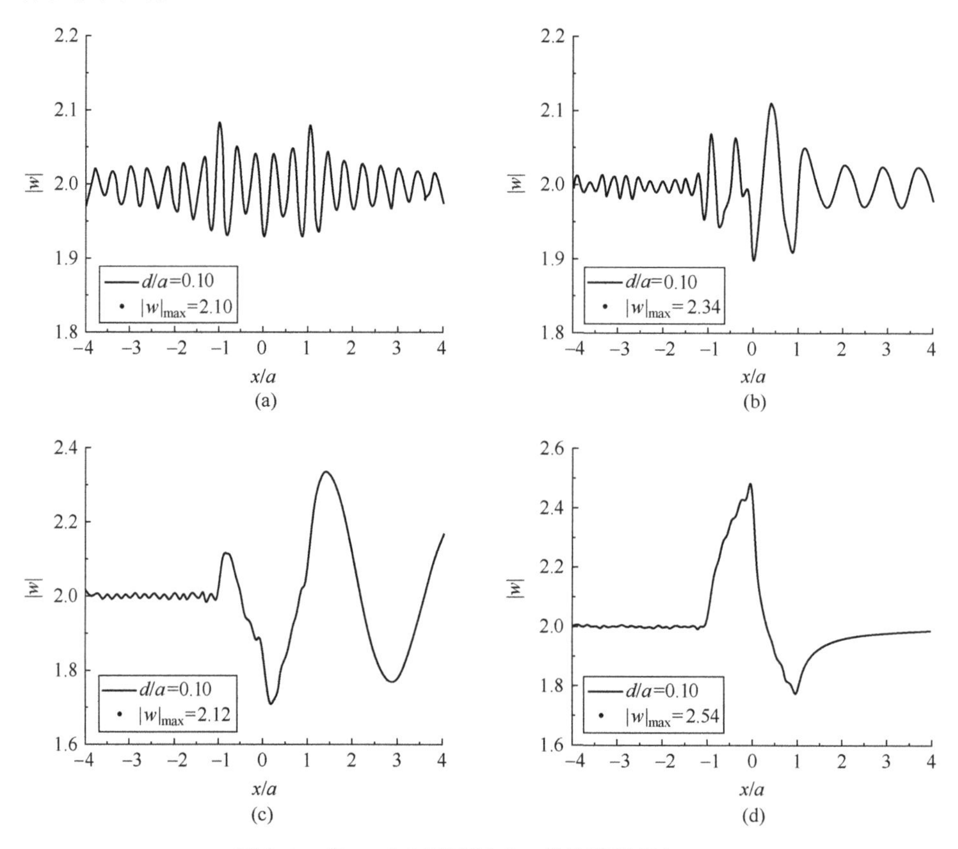

图 5.3　在 $\eta=5.0$ 时不同 d/a 的位移振幅与 x/a

对于图 5.3（d）和图 5.4（d）中水平入射（$\alpha=90°$），由于强相干干扰，峰值位移振幅发生在峡谷底部左侧。结果表明，在 $\eta=5.0$ 时，极值达到 2.54；在 $\eta=10.0$ 时，极值达到 2.79。这种现象还表明，即使在更高的频率下，非常浅的峡谷也有足够的阻碍作用，将相当多的波能反射回目标方向，而且有些能量似乎集中在峡谷底部。另外，峡谷右上角附近（$x/a=1$）存在强烈的破坏性干扰，导致位移响应呈深倾角。

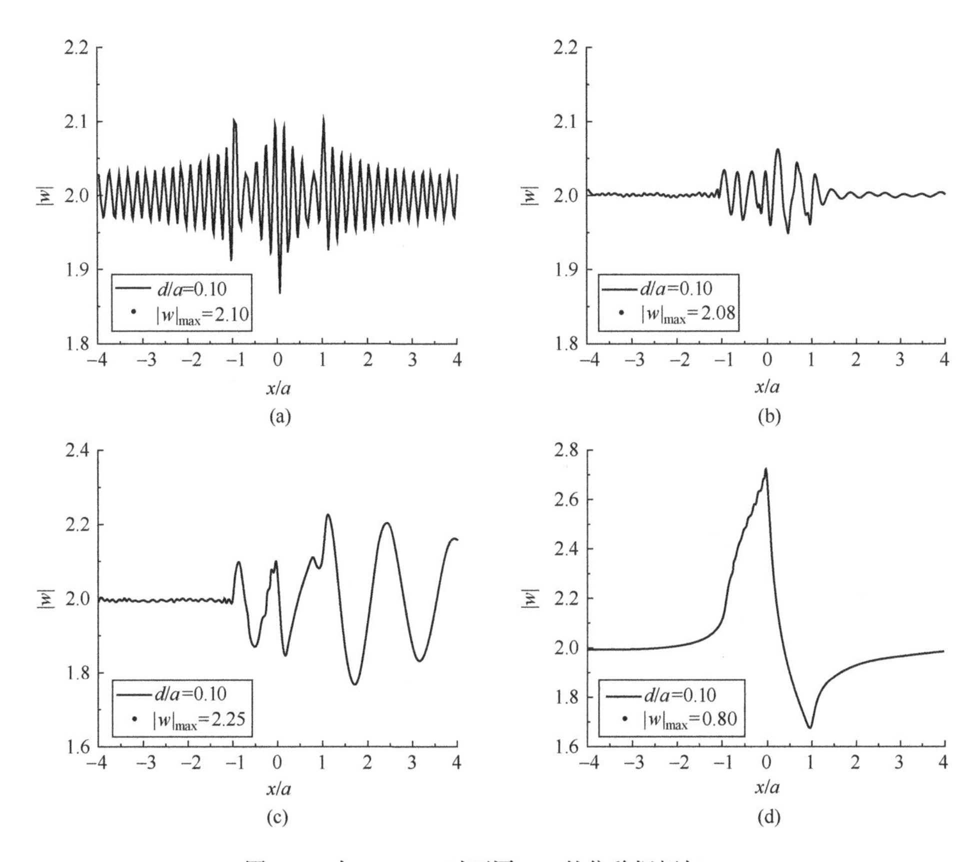

图 5.4　在 $\eta=10.0$ 时不同 d/a 的位移振幅与 x/a

图 5.5 给出了两个入射角（$\alpha=60°$和 $90°$）在峡谷表面的 5 个站点运动频率的图像。从 P_1 站的运动记录来看，交替的波峰和波谷的出现表明了建设性和破坏性干涉之间的竞争。对于水平入射（$\alpha=90°$），在计算 η 区间内，P_2 站和 P_3 站的运动记录有增加的趋势，而 P_4 站和 P_5 站的运动记录有减少的趋势。之前讨论的图 5.3（d）和图 5.4（d）的强构造干扰进一步得到了 P_3 站记录的高响应支持。因此，对于水平入射波，可以清楚地看到，即使是非常浅的峡谷也足以起到能量障壁的作用。

2. 时域响应

在这里，时域的模型响应是使用快速傅里叶变换技术从频域解得到的。入射信号为对称的克雷子波（如 Kawase 使用的[4]），并定义为

$$w(t)=(2\pi^2 f_c^2 t^2-1)\exp(-\pi^2 f_c^2 t^2) \tag{5-28}$$

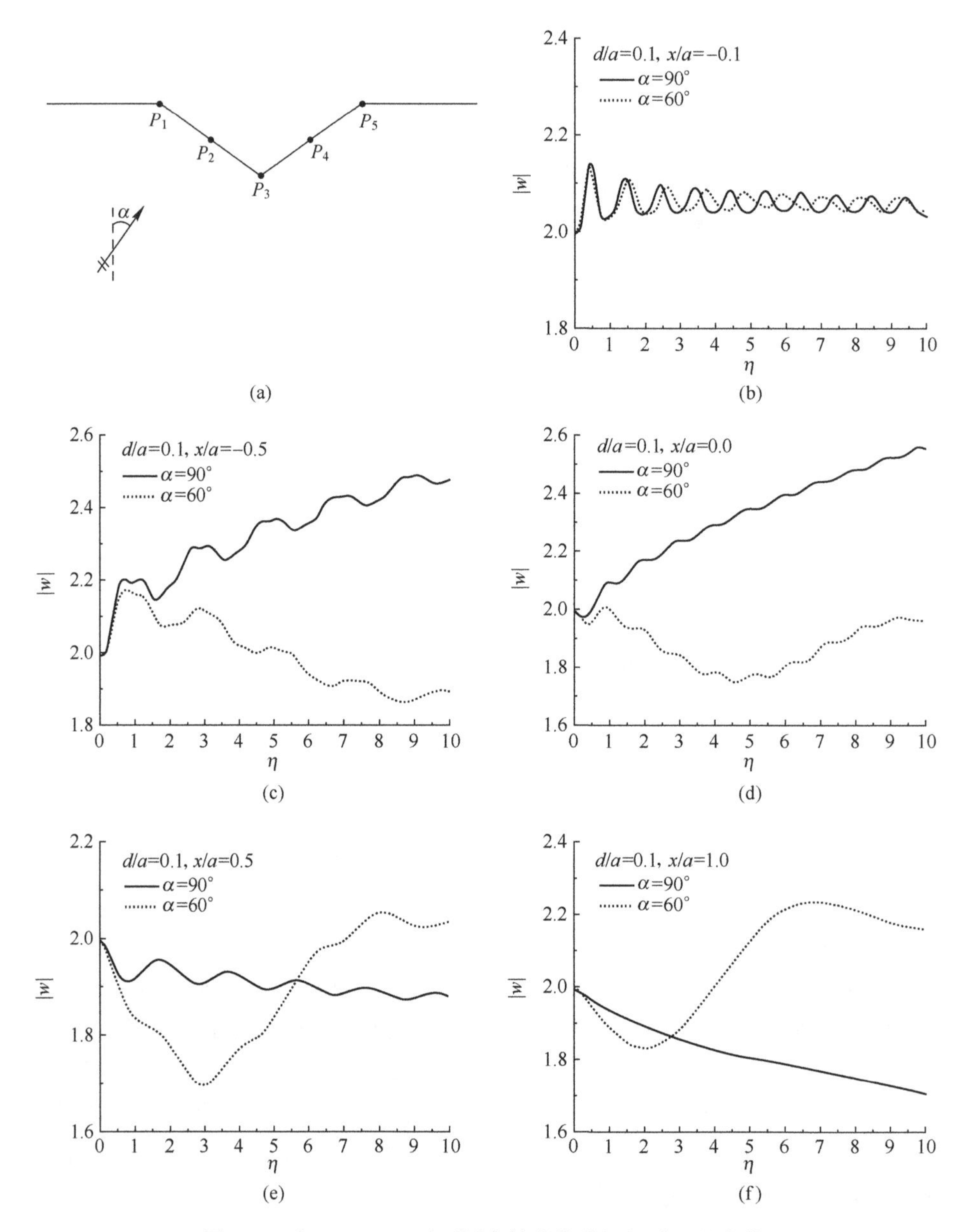

图 5.5 当 $d/a=0.1$ 时不同台站的位移振幅随 η 的变化

式中：f_c 为小波的特征频率，这里选择 1.5Hz（此选择只是为了强调峡谷的散射效应）。总计算频率为 96 次，频率范围为 0~6.0Hz，间隔为 0.0625Hz。时间栏选择第 16s。峡谷半宽度设为 1km，半空间剪切波速设为 1km/s。

5.1.4　结论

借助 Graf 加法公式和辅助边界的智能拾取，区域匹配技术得到了一个新的应用，导出了浅对称 V 形峡谷 SH 波散射问题的级数解，分析了峡谷深度对峡谷地表及邻近地表稳态和瞬态响应的影响。这些新的系列解决方案非常重要，因为它们不仅丰富了峡谷几何形状的系列解决方案的目录，而且还为数字代码验证提供了具有挑战性的测试用例。此外，它们的分析性质的优点使其更容易评估频率高得多的案例。本节提出的区域匹配方法可以很容易地克服直接将变量分离应用于峡谷曲面与相应坐标系不重合的困难。

5.2　半空间中深层 V 形峡谷对 SH 波的散射

5.2.1　引言

基于区域匹配技术的应用，本节提出了平面 SH 波从浅对称 V 形峡谷散射的解析方法，并导出了级数解。通过引入半圆辅助边界，将分析区域划分为封闭区域和开放区域。在每个区域内，位移场都可以表示为满足部分边界条件的适当波函数的无限和。在格拉夫加法公式中引入连续条件，可以确定未知系数。频率和时域响应都被评估且显示几个物理参数。从图形结果来看，峡谷深度对地表运动的影响是显著的。本节所提出的级数解可以作为数值方法的基准，特别是在更高的频率时。

5.2.2　理论公式

考虑一个深的、对称的、V 形峡谷嵌入均匀、各向同性、线弹性半平面（剪切模量 μ 和剪切波速 c_s）。一个单位振幅的平面 SH 波（角频率为 ω）以 α 角入射到这个峡谷。水平的地面与 $y=0$ 平面重合。峡谷应该沿着平行于峡谷轴线的 z 方向无限长，这样目前的问题就简化为一个二维形式。峡谷的两翼长度为 b，从正 y_1 轴到峡谷表面的角度为 β。这里研究的“深”峡谷的要求是 $a/d \leqslant 1$，并将使用三个笛卡儿坐标系和三个柱坐标系，参见图 5.6 全局坐标系 (x,y) 和 (r,θ) 的原点位于水平地表与峡谷对称轴的交点处。分别取峡谷底部及其对应像点为 (x_j,y_j) 和 (r_j,θ_j) 两组局部坐标系的原点，$j=1$，2。对于局部坐标系 (x_2,y_2) 和 (r_2,θ_2)，垂直轴定义为正向上，正角从正 y_2 轴顺时针测量。

为了完全包围峡谷底部，以峡谷翼面作为圆弧辅助边界的半径。如图 5.6 所示，圆弧辅助边界（半径带圆心角 2β）将半平面分割为两个区域：开放区

(1) 和封闭区 (2)。在这两个区域中，要求稳态出平面运动满足控制亥姆霍兹方程，即

$$\nabla^2 w_j+k^2 w_j=0,\quad j=1,2 \tag{5-29}$$

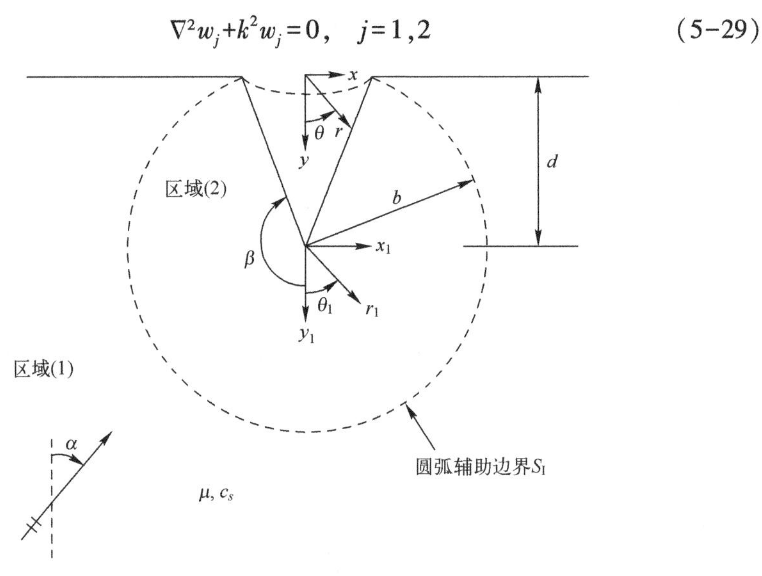

图 5.6 问题的几何布局

式中：∇^2 为圆柱拉普拉斯函数；$k=\omega/c_s$ 为剪切波数；下标 1 和 2 分别表示区域 (1) 和区域 (2) 的总位移场。谐波的时间依赖性由因子 $\exp(\mathrm{i}\omega t)$ 给出，并通过本节加以抑制。

在区域 (1) 中，左右水平地表的零应力边界条件为

$$\tau_{\theta z}^{(1)}=\frac{\mu}{r}\frac{\partial w_1}{\partial\theta}(r,\theta)=0,\quad r\geqslant a \text{ 且 } \theta=\frac{\pi}{2} \tag{5-30}$$

在区域 (2) 中，峡谷面无牵引边界条件为

$$\tau_{\theta_1 z}^{(2)}=\frac{\mu}{r_1}\frac{\partial w_2}{\partial\theta_1}(r_1,\theta_1)=0,\quad r_1<b \text{ 且 } \theta_1=\beta \tag{5-31}$$

在辅助边界 S_{I} 上，给出区域 (1)、区域 (2) 间位移和应力场法向分量连续性的两个匹配条件为

$$w_1(r_1,\theta_1)=w_2(r_1,\theta_1),\quad r_1=b \text{ 且 } |\theta_1|\leqslant\beta \tag{5-32}$$

$$\tau_{r_1 z}^{(1)}(r_1,\theta_1)=\tau_{r_1 z}^{(2)}(r_1,\theta_1),\quad r_1=b \text{ 且 } |\theta_1|\leqslant\beta \tag{5-33}$$

对于所考虑的问题，应用图像法是有效的。将水平地面作为理想反射镜，引入入射平面波的像和虚拟界面 S_{I} 的像。这一步是在水平地表上建立合适的满足边界条件的波函数的基础上进行的。目前，将原问题转化为等效的双散射体问题。在开放区域 (1) 中，将入射场和反射场相加（反射场是入射场的镜

像)，自由波场 $w^{(f)}$ 在局部坐标系 (r_1,θ_1) 下的形式为

$$\begin{aligned} w^{(f)}(r_1,\theta_1) = & \exp[\mathrm{i}k_i\cos(\theta_1+\alpha)] \\ & +\xi\cdot\exp[-\mathrm{i}k_i\cos(\theta_1-\alpha)] \end{aligned} \tag{5-34}$$

其中：$\xi=\exp(-2\mathrm{i}kd\cos\alpha)$ 为相位因子。然后，式（5-34）可以展开为（见 Watson[5]）

$$\begin{aligned} w^{(f)}(r_1,\theta_1) = & \sum_{n=0}^{\infty}\varepsilon_n[\mathrm{i}^n+\xi(-\mathrm{i})^n]J_n(k_1)\cos(n\alpha)\cos(n\theta_1) \\ & +\sum_{n=1}^{\infty}\varepsilon_n[-\mathrm{i}^n+\xi(-\mathrm{i})^n]J_n(k_1)\sin(n\alpha)\sin(n\theta_1) \end{aligned} \tag{5-35}$$

式中：ε_n 为 Neumann 因子（$n=0$ 时为 1，$n\geqslant1$ 时为 2），$J_n(\cdot)$ 为第一类贝塞尔函数。当入射波和反射波分别撞击辅助边界和其镜像时，会产生两种散射波。合成散射场是分别从峡谷底部及其图像径向向外传播的两个散射分量的和。在无穷远处，满足亥姆霍兹方程（5-29）和 Sommerfeld 辐射条件的固有波函数可以写成

$$\begin{aligned} w^{(s)} = & \sum_{n=0}^{\infty}A_n[H_n^{(2)}(k_i)\cos(n\theta_1)+H_n^{(2)}(k_i)\cos(n\theta_2)] \\ & +\sum_{n=1}^{\infty}B_n[H_n^{(2)}(k_i)\sin(n\theta_1)+H_n^{(2)}(k_2)\sin(n\theta_2)] \end{aligned} \tag{5-36}$$

式中：$H_n^{(2)}(\cdot)$ 为第二类汉克尔函数；复展开系数 A_n 和 B_n 未知。从方程式（5-35）和式（5-36）中可以看出，水平地表式（5-30）上的零应力条件自动满足，这是等效双目标散射系统对称的自然结果。由自由波场 $w^{(f)}$ 与合成散射波场 $w^{(s)}$ 并集得到（1）区域的总波场 w_1，即

$$w_1=w^{(f)}+w^{(s)} \tag{5-37}$$

在封闭区域（2）中，满足亥姆霍兹方程（5-29）和峡谷表面无牵引边界条件（5-31）的波场 w_2 可表示为

$$\begin{aligned} w_2(r_1,\theta_1) = & \sum_{n=0}^{\infty}C_nJ_{2nv}(k_1)\cos(2nv\theta_1) \\ & +\sum_{n=0}^{\infty}D_nJ_{(2n+1)v}(k_1)\sin[(2n+1)v\theta_1] \end{aligned} \tag{5-38}$$

其中，$v=\pi/(2\beta)$，并确定系数 C_n 和 D_n。注意，式（5-38）满足了峡谷底部附近存在应力奇异性的要求。这一特征强调了区域（2）的波场解在任何地方都表现得很好。

接下来，为了匹配区域（1）和区域（2）之间的辅助界面的边界条件，通过 Graf 的加法公式（见 Watson[5]）对汉克尔函数进行必要的坐标平移，该公式被重写为合适的形式，即

$$
\begin{aligned}
&H_n^{(2)}(k_2)\begin{Bmatrix}\cos(n\theta_2)\\ \sin(n\theta_2)\end{Bmatrix}\\
&=\sum_{m=0}^{\infty}(-1)^m J_m(k_1)\begin{Bmatrix}U_{m,n}^{+}(2kd)\cos(m\theta_1)\\ U_{m,n}^{-}(2kd)\sin(m\theta_1)\end{Bmatrix}
\end{aligned}
\tag{5-39}
$$

及

$$
U_{m,n}^{\pm}(\cdot)=\frac{\varepsilon_m}{2}[(-1)^n H_{m+n}^{(2)}(\cdot)H_{m-n}^{(2)}(\cdot)]
\tag{5-40}
$$

对于由辅助边界 S_{I} 的像产生的散射波，利用式（5-39）将其坐标系从 (r_2,θ_2) 到 (r_1,θ_1) 移开。因此，将式（5-36）中给出的总散射波场 $w^{(s)}$ 重新表示为

$$
\begin{aligned}
w^{(s)}(r_1,\theta_1)=&\sum_{n=0}^{\infty}A_n[H_n^{(2)}(kr_1)\cos(n\theta)\\
&+\sum_{m=0}^{\infty}(-1)^m J_m(kr_1)U_{m,n}^{+}(2kd)\cos(m\theta_1)]\\
&+\sum_{n=1}^{\infty}B_n[H_n^{(2)}(kr_1)\sin(n\theta_1)\\
&+\sum_{m=1}^{\infty}(-1)^m J_m(kr_1)U_{m,n}^{-}(2kd)\sin(m\theta_1)]
\end{aligned}
\tag{5-41}
$$

将匹配条件式（5-32）和式（5-33）乘以余弦函数，对范围$[-\beta,\beta]$进行积分，重新排列，并将无穷级数截断为有限项，得到以下线性代数方程的耦合系统：

$$
\begin{aligned}
&\sum_{n=0}^{N-1}A_n[H_n^{(2)}(kb)I_{n,q}^{C1}(\beta)\\
&\quad+\sum_{m=0}^{M-1}(-1)^m J_m(kb)U_{m,n}^{+}(2kd)I_{m,q}^{C1}(\beta)]\\
&\quad-\sum_{n=0}^{N-1}C_n J_{2nv}(kb)I_{2n,q}^{C2}(\beta)\\
&=-\sum_{n=0}^{N-1}\varepsilon_n[\mathrm{i}^n+\xi(-1)^n]J_n(kb)I_{n,q}^{C1}(\beta)\cos(n\alpha),\\
&q=0,1,2,\cdots,N-1
\end{aligned}
\tag{5-42}
$$

$$
\begin{aligned}
&\sum_{n=0}^{N-1} A_n [H_n^{(2)}(kb) I_{n,q}^{C2}(\beta) \\
&\quad + \sum_{m=0}^{M-1} (-1)^m J_m'(kb) U_{m,n}^{+}(2kd) I_{m,q}^{C2}(\beta)] \\
&\quad - C_q J_{2qv}'(kb) \left[\frac{2\beta}{\varepsilon_q} + \frac{\sin(4q\beta v)}{4qv - \varepsilon_q + 2}\right] \\
&\quad = - \sum_{n=0}^{N-1} \varepsilon_n [\mathrm{i}^n + \xi(-1)^n] J_n'(kb) I_{2q,n}^{C2}(\beta) \cos(n\alpha), \\
&\quad q = 0,1,2,\cdots,N-1
\end{aligned}
\tag{5-43}
$$

质数表示对论证的微分。求和系数 n 和 m 分别被截断为 $n-1$ 项和 $m-1$ 项，而系数 q 被选择为 $n-1$ 项。显然，式（5-42）和式（5-43）是由 $2N$ 个方程和 $2N$ 个未知数组成的方程组。可采用标准矩阵法同时求解展开式系数 A_n 和 C_n。类似地，将连续条件式（5-32）和式（5-33）乘以正弦函数，在范围$[-\beta,\beta]$上积分，重新排列和截断无穷级数，得到另一个 $2N$ 个方程的耦合系统，未知系数 B_n 和 D_n。

$$
\begin{aligned}
&\sum_{n=1}^{N} B_n [H_n^{(2)}(kb) I_{n,q}^{(S1)}(\beta) \\
&\quad + \sum_{m=0}^{M} (-1)^m J_m(kb) U_{m,n}^{-}(2kd) I_{m,q}^{(S1)}(\beta)] \\
&\quad - \sum_{n=0}^{N-1} D_n J_{(2n+1)v}(kb) I_{2n+1,q}^{(S2)}(\beta) \\
&\quad = - \sum_{n=0}^{N} \varepsilon_n [\mathrm{i}^n + \xi(-1)^n] J_n(kb) I_{n,q}^{(S1)}(\beta) \sin(n\alpha), \\
&\quad q = 0,1,2,\cdots,N-1
\end{aligned}
\tag{5-44}
$$

$$
\lambda_{nm} = \begin{cases}
0 & ,n=m=0 \\
\dfrac{1}{\pi}\dfrac{\sin\left(\dfrac{n+m}{2}\pi\right)}{n+m} - \dfrac{1}{\pi}\dfrac{\sin\left(\dfrac{n-m}{2}\pi\right)}{n-m} & ,n\neq m \\
\dfrac{1}{2} & ,n=m\neq 0
\end{cases}
$$

$$
\begin{aligned}
&\sum_{n=1}^{N} B_n [H_n^{(2)}{}'(kb) I_{n,q}^{(S2)}(\beta) \\
&\quad + \sum_{m=0}^{M} (-1)^m J_m'(kb) U_{m,n}^{-}(2kd) I_{2q+1,m}^{(S2)}(\beta)] \\
&\quad - D_q J_{(2q+1)v}'(kb) \left[\beta - \frac{\sin[2(2q+1)\beta v]}{2(2q+1)v} \right] \\
&\quad = - \sum_{n=0}^{N} \varepsilon_n [-\mathrm{i}^n + \xi(-1)^n] J_n'(kb) I_{2q,n}^{(S2)}(\beta) \sin(n\alpha), \\
&\quad q = 0,1,2,\cdots,N-1
\end{aligned}
\tag{5-45}
$$

当$\beta=\pi$时，V 形壳变为长度为零、厚度为零的垂直边缘裂纹。

对于相应区域的某一特定位置，位移振幅$|w|$由波场表达式（5-37）和式（5-38）计算得到，即

$$
|w| = \begin{cases} |w_1| = \sqrt{[\mathrm{Re}(w_1)]^2+[\mathrm{Im}(w_1)]^2}, & \text{区域 1} \\ |w_2| = \sqrt{[\mathrm{Re}(w_2)]^2+[\mathrm{Im}(w_2)]^2}, & \text{区域 2} \end{cases} \tag{5-46}
$$

式中：Re(·)，Im(·)分别为复表达式的实部和虚部。注意，在 5.2.3 节中，在计算区域（1）的总位移幅值时，自由波场$w^{(f)}$直接由式（5-34）求得。

5.2.3 数值结果与讨论

首先进行收敛检验，确定方程式（5-42）~式（5-45）中无穷级数的截断值（N和M）。值得强调的是，求和项的收敛性需要通过数值测试来精确计算，从而只留下一个参数（即N个求和项），以消除相对收敛的现象。根据一系列的数值实验，$M=200$项足以绘制这里的所有图表。通常，随着无因次波数k_d的增加，需要更多的N项。例如，对于$k_d=3\pi$，在$N=22$处收敛；对于$k_d=10\pi$，在$N=46$处收敛。对于$k_d=50\pi$相对较高的值，$N=178$是充分的。这表明，在更高的频率范围内，级数解仍然是有效的。虽然峡谷底部是应力奇点，但位移幅值收敛良好。这是意料之中的，因为本解自然地将应力奇异性纳入区域（2）的特征表达式（5-38）中。

1. 极限情况的验证

当峡谷宽度趋于零时，存在极限情况。此时，V 形壳体变为厚度无穷小的裂纹壳体。Tsaur 导出了反平面横波入射下垂直边缘裂纹的散射和衍射问题的精确级数解，将图5.7（b）、图5.8（b）、图5.9（b）和图5.10（b）所示的裂纹面上位移振幅的情况作为验证实例。目前的结果与 Tsaur 的结果较吻合[6]。为了更好地展示所导出的级数解对裂纹尖端奇异应力场的作用，通过

裂纹张开位移（Crack Opening Displacement，COD）近似计算了无量纲动应力强度因子（Dynamic Stress Intensity Factor，DSIF）K_{III}。采用 Shan 等给出的一个简单公式并加以改写[7]，即

$$K_{\mathrm{III}}=\frac{1}{4k\sqrt{2dh}}[4(w_6-w_4)-(w_3-w_2)] \tag{5-47}$$

式中：h 为从裂纹尖端测量的距离，下标（2、3、4 和 6）表示指定位置裂纹面上的位移。此处 h/d 的建议值为 0.01。图 5.7 显示无量程 DSIF 与频率 k_d 在 $\alpha=45°$ 时的图像。

如图 5.7 所示，式（5-47）得到的结果与图 5.7 一致[6,8]。这些极近场应力的良好结果归功于目前导出的级数解中包含了近尖端应力奇异性。

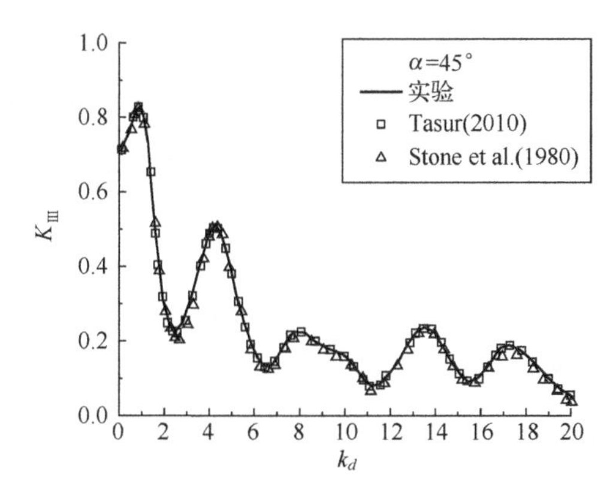

图 5.7　无量纲的 DSIF 和 k_d 与 Tsaur 和 Stone 等人的结果相比[6,8]

2. 深 V 形外壳的验证

为了验证式（5-42）~式（5-45）中导出的级数式对深 V 形情况的正确性，在图 5.8 中计算了图 5.9 和图 5.10 中水平地表位移幅值[9]。图 5.8（a）和（b）分别是当 $d/a=1$ 时，垂直入射（$\alpha=0°$）$k_d=0.25\pi$ 和 0.5π。图 5.8（c）为斜入射时当 $d/a=1$（$\alpha=45°$），$k_d=0.5\pi$。图 5.8（d）是 $d/a=2$ 在垂直入射（$\alpha=0°$），$k_d=0.4\pi$。无因次水平距离的绘制范围为 $x/a=-4\sim4$。峡谷面对应位置在 $x/a=-1\sim1$（粗线）范围内。从图 5.8 可以看出，结果与 Sánchez-Sesma 和 Rosenblueth[9] 的结果比较是正确的。这确保了在推导式（5-42）~式（5-45）时没有错误。

3. 不同参数的表面运动

为了论证峡谷两侧坡度对位移幅值 $|w|$ 的影响，计算了 $k_d=8\pi$ 时 $a/d=0.2$、0.5 和 1.0 的地表响应。图 5.9 是垂直算例。此外，请注意，当值 a/d

越小时，V 形峡谷越陡峭。

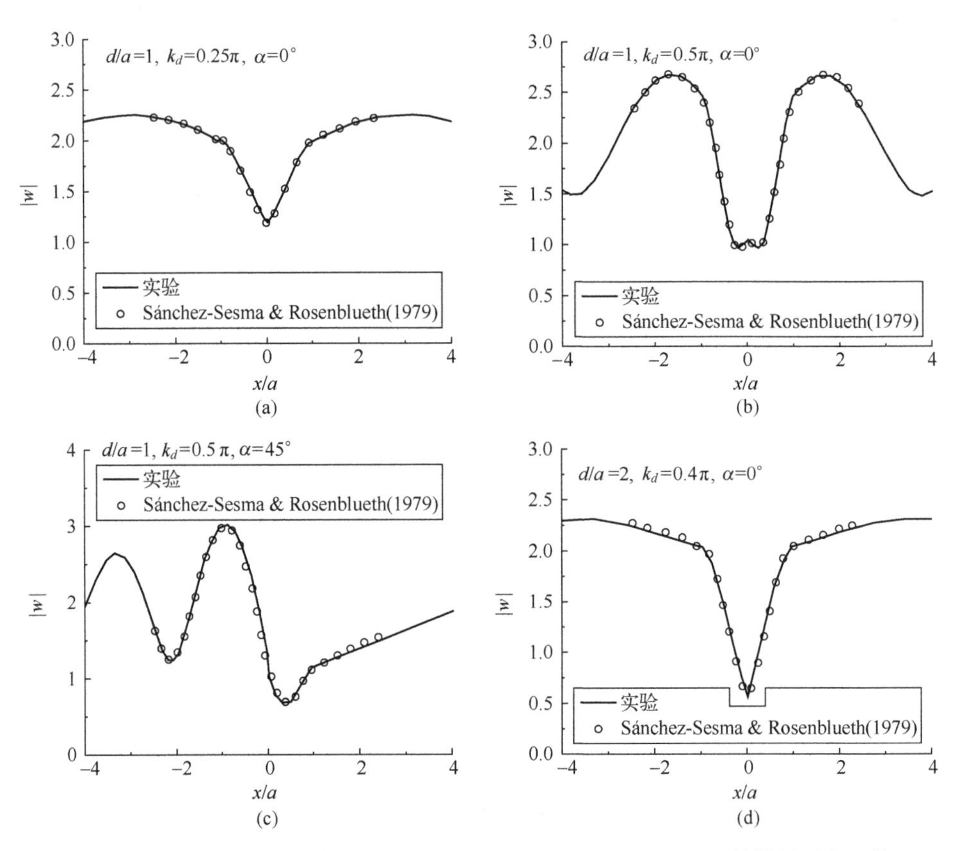

图 5.8 表面运动和 x/a 与 Sánchez-Sesma & Rosenblueth（1979）的结果进行比较

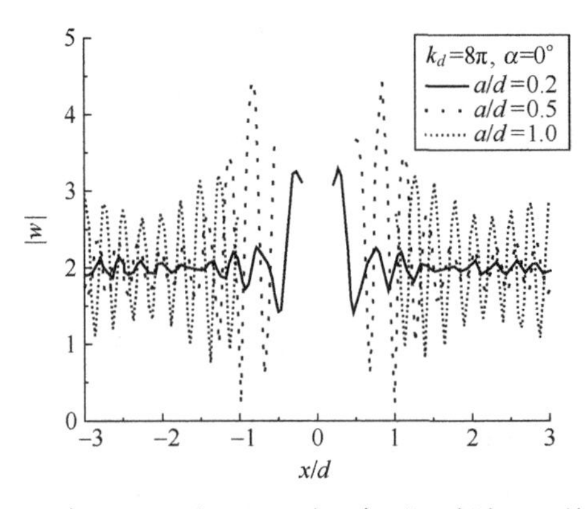

图 5.9 在 $k_d=8\pi$ 和 $\alpha=0°$时，表面运动随 x/d 的变化

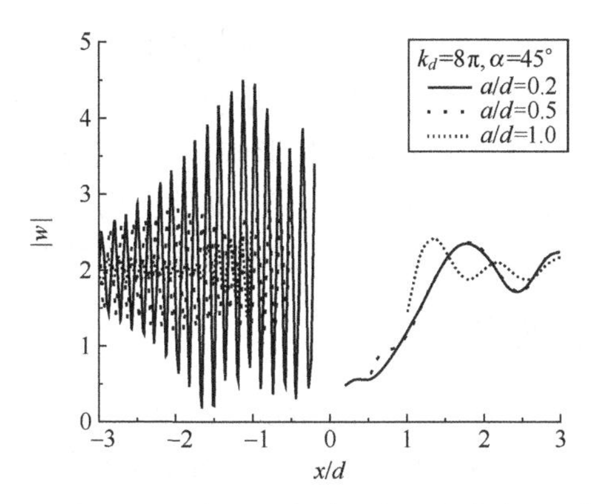

图 5.10 在 $k_d=8\pi$ 和 $\alpha=45°$时，表面运动随 x/d 的变化

5.2.4 结论

本节用一种新颖的解析方法，成功地求解了深对称 V 形峡谷引发的 SH 波散射问题。巧妙地运用区域分解技术，保证了深谷的全包围，从而自动满足了深谷底部的应力奇异条件。通过充分利用区域匹配技术、图像方法和 Graf 加法公式，得到了一个严格的级数解。对于深 V 形情况，导出的级数解的计算结果与参考文献有较好的一致性。在极限情况下，表面振幅和 DSIF 的计算结果与垂直边缘单裂纹精确级数解的计算结果较吻合。这些证据增强了现有公式整体框架的有效性和可靠性。地面运动的稳态和瞬态变化已被评估与分析。浅层情况的级数解已经推导出来[10]，深部情况的级数解也已经提出，因此对于单个对称 V 形峡谷的 SH 波散射问题的级数解的构造已经完成。实际上，这些级数解不仅丰富了已知峡谷几何形状的记录，而且为其他数值方法的验证提供了有用的基准例子。此外，所采用的求解方案也可应用于其他表面凹陷地形引起的 SH 波散射问题。

5.3 半空间中非对称 V 形峡谷对 SH 波的散射

5.3.1 引言

地形对地震波有重要影响。波函数展开法能揭示波散射的物理性质，并能验证数值方法的准确性，因此常被用于研究地形效应。本节用波函数展开法研究了非对称 V 形峡谷引起的平面 SH 波的二维散射和衍射。首先，通过一种新的区域分解策略，将包含 V 形峡谷的半空间划分为三个子区域。其次，在三个坐标系中分别用未知系数的无穷级数波函数构造每个子区域的波场。最后，用格拉夫加法定理将三个波场表示在同一个坐标系中。在满足辅助边界连续条件的情况下，得到未知系数。非对称 V 形峡谷波函数的级数解可以简化为对称情形。为了显示非对称几何地形对地表运动的影响，在频域进行了参数化研究。时域的地表和地下瞬态响应显示了波的传播与散射现象。

5.3.2 模型和理论的表述

本节所考虑的二维模型如图 5.11 所示。这个数字代表了一个深的 V 形峡谷，深度为 b_1（左边），半宽为 b_2（右边）。对于深峡谷，$b_1 \leqslant d$ 和 $b_2 \leqslant d$ 都是必需的。模型的介质假定为弹性、各向同性和均匀的。介质的剪切模量 μ 和剪切波速 c_s 为常数。

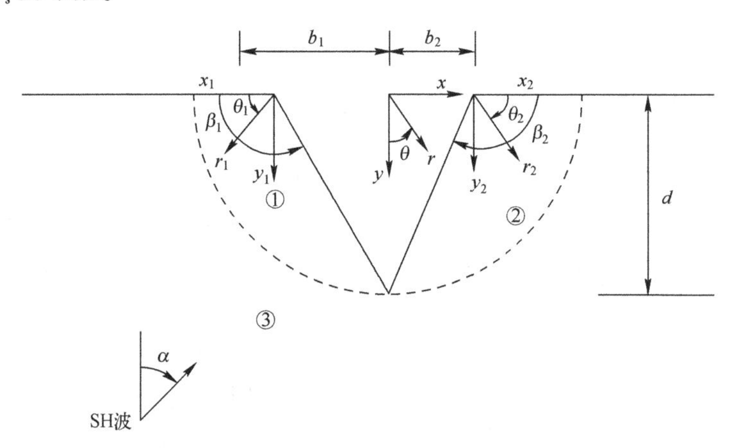

图 5.11 二维模型

模型的激励是一列单位振幅平面 SH 波，入射角 α，圆频率 ω，在 z 方向上的位移。采用带半径的半圆形辅助边界将整个区域划分为三个子区域。取三个笛卡儿坐标系和三个柱坐标系的定义见图 5.11。全局坐标系(x,y)和(r,θ)的原点设于半圆辅助边界的中心，而两个局部坐标系(x_1,y_1)、(r_1,θ_1)和(x_2,y_2)、(r_2,θ_2)的原点分别位于峡谷壁的两个上端。角 θ 从垂直轴逆时针方向沿正方向的 x 轴测量。水平的 x_1 轴和 x_2 轴分别定义为正指向左右方向。角 θ_1 从水平 x_1 轴逆时针方向测量，角 θ_2 从水平 x_2 轴顺时针方向测量。

子区域内的位移，①、②和③必须满足极坐标形式的二维波动方程：

$$\frac{\partial^2 w_j}{\partial r_j^2}+\frac{1}{r_j}\frac{\partial w_j}{\partial r_j}+\frac{1}{r_j^2}\frac{\partial^2 w_j}{\partial \theta_j^2}=\frac{1}{c_s^2}\frac{\partial^2 w_j}{\partial t^2} \tag{5-48}$$

式中：下标 $j=1$，2，3 分别表示子区域①、②和③。

使

$$w(r_j,\theta_j,t)=w(r_j,\theta_j)\mathrm{e}^{-\mathrm{i}\omega t} \tag{5-49}$$

式中：$\mathrm{i}=\sqrt{-1}$，对于稳态反平面运动情况，$\mathrm{e}^{-\mathrm{i}\omega t}$项可以省略。这样波动方程就变成了亥姆霍兹方程。

$$\frac{\partial^2 w_j}{\partial r_j^2}+\frac{1}{r_j}\frac{\partial w_j}{\partial r_j}+\frac{1}{r_j^2}\frac{\partial^2 w_j}{\partial \theta_j^2}+\frac{w^2}{c_s^2}w_j=0 \tag{5-50}$$

包括运动方程，位移 w_j 在峡谷表面和水平地表均应满足无牵引边界条件：

$$\tau_{\theta_1 z}^{(1)}=\frac{\mu}{r_1}\frac{\partial w_1}{\partial \theta_1}=0,\quad \theta_1=0,\quad r_1\leqslant d-b_1 \tag{5-51}$$

和

$$\theta_1=\beta_1,\quad r_1\leqslant\sqrt{b_1^2+d^2}$$

$$\tau_{\theta_1 z}^{(2)}=\frac{\mu}{r_2}\frac{\partial w_2}{\partial \theta_2}=0,\quad \theta_2=0,\quad r_2\leqslant d-b_2$$

$$\tag{5-52}$$

以及

$$\theta_2=\beta_2,\quad r_2\leqslant\sqrt{b_2^2+d^2}$$

$$\tau_{\theta z}^{(3)}=\frac{\mu}{r}\frac{\partial w}{\partial \theta}=0,\quad \theta=\pm\frac{\pi}{2},\quad r\geqslant d \tag{5-53}$$

该模型有内部区域和外部区域两个区域。内部区域由子区域①和②组成，外部区域为子区域③。区域匹配法要求内、外区域位移和应力场均保持连续性：

$$w^{(\mathrm{inner})}(r,\theta)=w^{(\mathrm{outer})}(r,\theta),r=d,-\frac{\pi}{2}\leqslant\theta\leqslant\frac{\pi}{2} \tag{5-54}$$

$$\tau_{rz}^{(\mathrm{inner})}(r,\theta)=\tau_{rz}^{(\mathrm{outer})}(r,\theta),r=d,-\frac{\pi}{2}\leqslant\theta\leqslant\frac{\pi}{2} \tag{5-55}$$

在外部区域，波场由两部分组成。其中一部分是已知的半空间自由场，可以表示为

$$w(r,\theta)=\mathrm{e}^{-\mathrm{i}kr\cos(\theta+\alpha)}+\mathrm{e}^{\mathrm{i}kr\cos(\theta-\alpha)} \tag{5-56}$$

式中：$k=\omega/c_s$ 为剪切波数。

采用级数展开公式[1]：

$$\mathrm{e}^{\pm\mathrm{i}kr\cos\theta}=\sum_{n=0}^{\infty}\varepsilon_n(\pm\mathrm{i})^n J_n(kr)\cos(n\theta) \tag{5-57}$$

式中：$J_n(\cdot)$为第一类阶贝塞尔函数；ε_n 为 Neumann 因子（$\varepsilon_0=1$，$\varepsilon_n=2$，$n\geqslant 1$），将式（5-56）展开为

$$
\begin{aligned}
w^{(f)}(r,\theta) = &\sum_{n=0}^{\infty} 2\varepsilon_n(-1)^n J_{2n}(kr)\cos(2n\alpha)\cos(2n\theta) \\
&+ \sum_{n=0}^{\infty} 4\mathrm{i}(-1)^n J_{2n+1}(kr)\sin[(2n+1)\alpha]\sin[(2n+1)\theta]
\end{aligned}
\tag{5-58}
$$

在外部区域波场的另一部分是由于峡谷的存在而产生的散射波。V 形峡谷在外部区域产生的波散射效应可分为两部分：已知的半圆柱形峡谷效应[2] $w^{(s1)}(r,\theta)$和未知的内部区域 $w^{(s2)}(r,\theta)$。这种波场分离类似于文献［13］的方法。因此，根据文献［2］半圆柱形峡谷散射波场的解析解，可以直接表示 $w^{(s1)}(r,\theta)$：

$$
\begin{aligned}
w^{(s1)}(r,\theta)= &\sum_{n=0}^{\infty} -2\varepsilon_n(-1)^n \frac{J'_{2n}(kd)}{H_{2n}^{(1)}(kd)} H_{2n}^{(1)}(kr)\cos(2n\alpha)\cos(2n\theta) \\
&+ \sum_{n=0}^{\infty} -4\mathrm{i}(-1)^n \frac{J'_{2n+1}(kd)}{H_{2n+1}^{(1)}(kd)} H_{2n+1}^{(1)}(kr)\sin[(2n+1)\alpha]\sin[(2n+1)\theta]
\end{aligned}
\tag{5-59}
$$

式中：$H_n^{(1)}(\cdot)$表示阶为 n 的第一类汉克尔函数 $H_n^{(1)}(\cdot)$，$J'_n(\cdot)$是相关函数的微分形式。那么内部区域的未知数可以表示为

$$
w^{(s2)}(r,\theta) = \sum_{n=0}^{\infty} A_n H_{2n}^{(1)}(kr)\cos(2n\theta) + \sum_{n=0}^{\infty} B_n H_{2n+1}^{(1)}(kr)\sin[(2n+1)\theta]
\tag{5-60}
$$

式中：A_n、B_n 是未知复系数。

注意，这种波场的分离是重要的，因为 $w^{(f)}(r,\theta)$和 $w^{(s2)}(r,\theta)$之间的关系，由式（5-61）表示，将用于得到式（5-80）和式（5-81）。

$$
\tau_{rz}^{(f)}(r,\theta)=\tau_{rz}^{(s1)}(r,\theta),\ r=d,\ -\frac{\pi}{2}\leqslant\theta\leqslant\frac{\pi}{2}
\tag{5-61}
$$

还应注意的是，上述所有波场的外区域必须满足地面上无牵引边界条件。也就是说，式（5-58）、式（5-59）、式（5-60）应该与式（5-53）相容。

然后，在内部构造满足亥姆霍兹方程和边界条件的合适的驻波场 $w^{(D1)}(r_1,\theta_1)$和 $w^{(D2)}(r_2,\theta_2)$。

采用分离变量法求解亥姆霍兹方程：

$$
w(r_j,\theta_j)=R(r_j)\phi(\theta_j)
\tag{5-62}
$$

将式（5-62）代入亥姆霍兹式，得

$$\frac{r_j^2}{R(r_j)}R''(r_j)+\frac{r_j}{R(r_j)}R'(r_j)+\frac{w^2}{c^2}r_j^2=-\frac{\phi''(\theta_j)}{\phi(\theta_j)} \tag{5-63}$$

若式（5-63）等于$(nv_j)^2$的非负常数，可以得到两个方程：

$$r_j^2R''(r_j)+r_jR'(r_j)+[k^2r_j^2-(nv_j)^2]R(r_j)=0 \tag{5-64}$$

$$\phi''(\theta_j)+(nv_j)^2\phi(\theta_j)=0 \tag{5-65}$$

式中：n 为整数，v_j 为由式（5-51）和式（5-52）的边界条件决定的数值。对于驻波场，二阶 nv_j 的贝塞尔方程（5-64）的解，kv_j 的变量为

$$R(r_j)=J_{nv_j}(kr_j) \tag{5-66}$$

为满足式（5-51）和式（5-52）的无牵引边界条件，式（5-65）的解为

$$\phi(\theta_j)=\cos(nv_j\theta_j) \tag{5-67}$$

因此，驻波场可列为

$$w^{(D1)}(r_1,\theta_1)=\sum_{n=0}^{\infty}C_nJ_{nv_1}(kr_1)\cos(nv_1\theta_1) \tag{5-68}$$

$$w^{(D2)}(r_2,\theta_2)=\sum_{n=0}^{\infty}D_nJ_{nv_2}(kr_2)\cos(nv_2\theta_2) \tag{5-69}$$

式中：$v_1=\pi/\beta_1$，$v_2=\pi/\beta_2$，且 C_n 和 D_n 为未知复系数。

要在一个坐标系下解决问题，得到 4 组未知系数 A_n、B_n、C_n、D_n，关键是导出 Graf 加法公式的一种恰当形式，即

$$\begin{aligned}J_{nv_1}(kr_1)\cos(nv_1\theta_1)=&\sum_{m=-\infty}^{\infty}J_m(kb_1)J_{m+nv_1}(kr)\cos\left[(m+nv_1)\frac{\pi}{2}\right]\times\\&\cos[(m+nv_1)\theta]+\sum_{m=-\infty}^{\infty}-J_m(kb_1)\times\\&J_{m+nv_1}(kr)\sin(m+nv_1)\frac{\pi}{2}\sin[(m+nv_1)\theta]\end{aligned} \tag{5-70}$$

$$\begin{aligned}J_{nv_2}(kr_2)\cos(nv_2\theta_2)=&\sum_{m=-\infty}^{\infty}J_m(kb_2)J_{m+nv_2}(kr)\cos\left[(m+nv_2)\frac{\pi}{2}\right]\times\\&\cos[(m+nv_2)\theta]+\sum_{m=-\infty}^{\infty}J_m(kb_2)\times\\&J_{m+nv_2}(kr)\sin\left[(m+nv_2)\frac{\pi}{2}\right]\sin\left[(m+nv_2)\theta\right]\end{aligned} \tag{5-71}$$

由方程式（5-70）和式（5-71），波场 $w^{(D1)}$ 和波场 $w^{(D2)}$ 可以在坐标系 (r,θ) 中表示为

$$w^{(D1)}(r,\theta)=\sum_{n=0}^{\infty}C_n\sum_{m=-\infty}^{\infty}U_{mn}^{(1)}J_{m+nv_1}(kr)\cos[(m+nv_1)\theta]+\sum_{n=0}^{\infty}C_n\sum_{m=-\infty}^{\infty}V_{mn}^{(1)}J_{m+nv_1}(kr)\sin[(m+nv_1)\theta] \tag{5-72}$$

$$w^{(D2)}(r,\theta)=\sum_{n=0}^{\infty}D_n\sum_{m=-\infty}^{\infty}U_{mn}^{(2)}J_{m+nv_2}(kr)\cos[(m+nv_2)\theta]+\sum_{n=0}^{\infty}D_n\sum_{m=-\infty}^{\infty}V_{mn}^{(2)}J_{m+nv_2}(kr)\sin[(m+nv_2)\theta] \tag{5-73}$$

式中：

$$U_{mn}^{(1)}=J_m(kb_1)\cos\left[(m+nv_1)\frac{\pi}{2}\right] \tag{5-74}$$

$$V_{mn}^{(1)}=-J_m(kb_1)\sin\left[(m+nv_1)\frac{\pi}{2}\right] \tag{5-75}$$

$$U_{mn}^{(2)}=J_m(kb_2)\cos\left[(m+nv_2)\frac{\pi}{2}\right] \tag{5-76}$$

$$V_{mn}^{(2)}=J_m(kb_2)\sin\left[(m+nv_2)\frac{\pi}{2}\right] \tag{5-77}$$

因此，在同一坐标系下，内区域和外区域的波场为

$$w^{(\text{inner})}(r,\theta)=\begin{cases}w^{(D1)}(r,\theta),\theta\in\left[-\dfrac{\pi}{2},0\right]\\ w^{(D2)}(r,\theta),\theta\in\left[0,\dfrac{\pi}{2}\right]\end{cases} \tag{5-78}$$

$$w^{(\text{outer})}(r,\theta)=w^{(f)}(r,\theta)+w^{(s1)}(r,\theta)+w^{(s2)}(r,\theta),\theta\in\left[-\frac{\pi}{2},\frac{\pi}{2}\right] \tag{5-79}$$

利用位移与应力场的连续性条件方程式（5-54）和式（5-55）得到未知量系数。

首先，将余弦函数和正弦函数的正交性质应用于应力连续性条件式（5-55），在$[-\pi/2,\pi/2]$范围内积分，得到未知常数的下列关系：

$$A_q=\sum_{n=0}^{\infty}C_n\sum_{m-\infty}^{\infty}\frac{\varepsilon_q}{\pi H_{2q}^{(1)\prime}(kd)}[U_{mn}^{(1)}J'_{m+nv_1}(kd)\lambda_{m,n,q}^{(c1)}+V_{mn}^{(1)}J'_{m+nv_1}(kd)\lambda_{m,n,q}^{(s1)}]+\sum_{n=0}^{\infty}D_n\sum_{m=-\infty}^{\infty}\frac{\varepsilon_q}{\pi H_{2q}^{(1)\prime}(kd)}\times[U_{mn}^{(2)}J'_{m+nv_2}(kd)\lambda_{m,n,q}^{(c2)}+V_{mn}^{(2)}J'_{m+nv_2}(kd)\lambda_{m,n,q}^{(s2)}] \tag{5-80}$$

$$B_q = \sum_{n=0}^{\infty} C_n \sum_{m-\infty}^{\infty} \frac{2}{\pi H_{2q}^{(1)\prime}(kd)}[U_{mn}^{(1)} J'_{m+n\nu_1}(kd)\mu_{m,n,q}^{(c1)} + V_{mn}^{(1)} J'_{m+n\nu_1}(kd)\mu_{m,n,q}^{(s1)}] + \sum_{n=0}^{\infty} D_n \sum_{m=-\infty}^{\infty} \frac{2}{\pi H_{2q}^{(1)\prime}(kd)} \times [U_{mn}^{(2)} J'_{m+n\nu_2}(kd)\mu_{m,n,q}^{(c2)} + V_{mn}^{(2)} J'_{m+n\nu_2}(kd)\mu_{m,n,q}^{(s2)}] \tag{5-81}$$

其次，将余弦函数和正弦函数的正交性质应用到位移连续性条件式（5-54）上，在$[-\pi/2,\pi/2]$范围内积分，得到另一组未知常数的关系式为

$$A_q H_{2q}^{(1)}(kd)\frac{\pi}{\varepsilon_q} - \sum_{n=0}^{\infty} C_n \sum_{m=-\infty}^{\infty} \times [U_{mn}^{(1)} J_{m+n\nu_1}(kd)\lambda_{m,n,q}^{(c1)} + V_{mn}^{(1)} J_{m+n\nu_1}(kd)\lambda_{m,n,q}^{(s1)}] - \sum_{n=0}^{\infty} D_n \sum_{m=-\infty}^{\infty}[U_{mn}^{(2)} J_{m+n\nu_2}(kd)\lambda_{m,n,q}^{(c2)} + V_{mn}^{(2)} J_{m+n\nu_2}(kd)\lambda_{m,n,q}^{(s2)}] \tag{5-82}$$
$$= -2\pi(-1)^q J_{2q}(kd)\cos 2q\alpha + 2\pi(-1)^q \times \frac{J'_{2q}(kd)}{H_{2q}^{(1)\prime}(kd)} H_{2q}^{(1)}(kd)\cos 2q\alpha,\quad q = 0,1,2,\cdots$$

$$B_q H_{2q}^{(1)}(kd)\frac{\pi}{2} - \sum_{n=0}^{\infty} C_n \sum_{m=-\infty}^{\infty} \times [U_{mn}^{(1)} J_{m+n\nu_1}(kd)\mu_{m,n,q}^{(c1)} + V_{mn}^{(1)} J_{m+n\nu_1}(kd)\mu_{m,n,q}^{(s1)}] - \sum_{n=0}^{\infty} D_n \sum_{m=-\infty}^{\infty}[U_{mn}^{(2)} J_{m+n\nu_2}(kd)\mu_{m,n,q}^{(c2)} + V_{mn}^{(2)} J_{m+n\nu_2}(kd)\mu_{m,n,q}^{(s2)}] \tag{5-83}$$
$$= -2\pi(-1)^q J_{2q+1}(kd)\sin[(2q+1)\alpha] + 2\pi \mathrm{i}(-1)^q \times \frac{J'_{2q+1}(kd)}{H_{2q1}^{(1)\prime}(kd)} H_{2q+1}^{(1)}(kd)\sin[(2q+1)\alpha],\quad q = 0,1,2,\cdots$$

将式（5-80）代入式（5-82），式（5-81）代入式（5-83），得到一个只包含未知系数 C_n、D_n 的方程组：

$$\sum_{n=0}^{\infty}\sum_{m=-\infty}^{\infty} M_{m,n,q}^{(1)}[U_{mn}^{(1)}\lambda_{m,n,q}^{(c1)} + V_{mn}^{(1)}\lambda_{m,n,q}^{(s1)}]C_n + \sum_{n=0}^{\infty}\sum_{m=-\infty}^{\infty} M_{m,n,q}^{(2)}[U_{mn}^{(2)}\lambda_{m,n,q}^{(c2)} + V_{mn}^{(2)}\lambda_{m,n,q}^{(s2)}]D_n \tag{5-84}$$
$$= \frac{-8\mathrm{i}(-1)^q\cos(2q\alpha)}{kd[H_{2q-1}^{(1)}(kd) - H_{2q+1}^{(1)}(kd)]},\quad q = 0,1,2,\cdots$$

$$\sum_{n=0}^{\infty}\sum_{m=-\infty}^{\infty} N_{m,n,q}^{(1)}\left[U_{mn}^{(1)}\mu_{m,n,q}^{(c1)}+V_{mn}^{(1)}\mu_{m,n,q}^{(s1)}\right]C_n+$$

$$\sum_{n=0}^{\infty}\sum_{m=-\infty}^{\infty} N_{m,n,q}^{(2)}\left[U_{mn}^{(2)}\mu_{m,n,q}^{(c2)}+V_{mn}^{(2)}\mu_{m,n,q}^{(s2)}\right]D_n \tag{5-85}$$

$$=\frac{8(-1)^q\sin[(2q+1)\alpha]}{kd[H_{2q}^{(1)}(kd)-H_{2q+2}^{(1)}(kd)]},\quad q=0,1,2,\cdots$$

最后，将式（5-84）、式（5-85）、式（5-80）和式（5-81）中的级数截短为一个有限的数（采用求和的方法：求和指标 n 和 q 被截断为 n 项，而指数 m 是截断 $2m+1$，也就是说，$n=0\sim N-1$，$q=0\sim N-1$，$m=-M\sim M$），该数值分析可以编程。用标准矩阵法求解由式（5-84）和式（5-85）组成的方程组，可得到未知复系数 C_n、D_n。由方程式（5-80）和式（5-81）可知复系数 A_n、B_n。然后用级数的形式得到每个指定域的波场。

该方法不需要对介质或边界进行离散化。此外，也不涉及格林函数。由于这里的波场构造得当，可以精确地匹配无限远处的辐射条件和峡谷表面及半空间的无牵引边界条件。利用加权残差法满足辅助边界上的连续条件，并在辅助边界的任意点上进行检验，以保证级数解的收敛性。这样，本节提出的波函数展开方法可得到 SH 波散射问题的高精度解。

5.3.3 验证

方便地定义位移振幅 $|w|$ 和无量纲频率 η[2] 为

$$|w_j|=\sqrt{\mathrm{Re}^2(w_j)+\mathrm{Im}^2(w_j)} \tag{5-86}$$

$$\eta=\frac{2d}{\lambda}=\frac{kd}{\pi} \tag{5-87}$$

式中：Re(·)、Im(·)分别为复表达式的实部和虚部，下标 $j=1$、2、3 分别为子区域。λ 为入射 SH 波的波长，$d=1\mathrm{km}$ 为峡谷的深度。为了解释 V 形峡谷的作用，可以通过将位移幅值与数字 2 进行比较来观察放大的规律，因为在没有峡谷的情况下，所有的地表位移幅值都等于 2。事实上，位移 w_j 是传递函数，因为入射谐波的单位振幅。注意，在本节中，位移振幅 $|w|$ 归一化为入射波的振幅。

Tsaur 等[6] 推导了 SH 波被深对称 V 形峡谷散射的波级数解；因此，可以将它们的具体几何图形的解与本节方法产生的解进行比较，以测试所提出方法的准确性。简而言之，图 5.12 中只给出了 $b_1/d=b_2/d=1/2$ 的情况，无因次距离 x/d 的绘制范围为 $-1\sim1$。

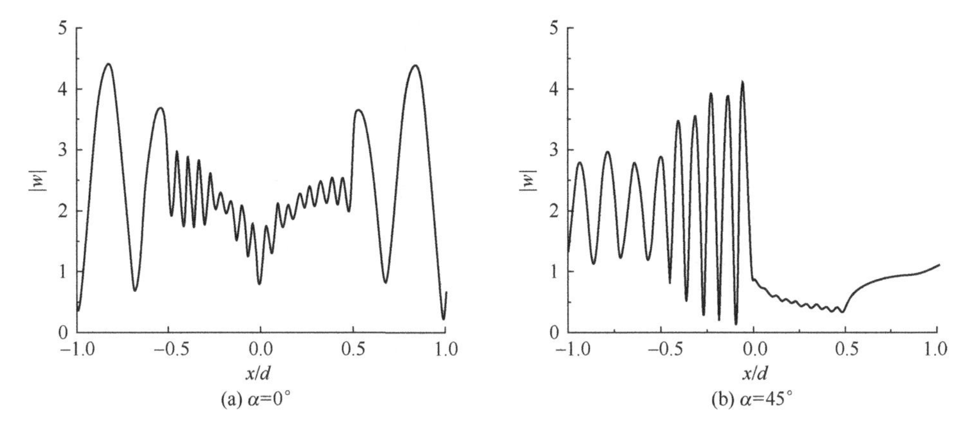

(a) $\alpha=0°$　　(b) $\alpha=45°$

图 5.12　预测（实线）与文献［10］（虚线）
在 $\eta=8$ 时 $b_1/d=b_2/d=1/2$ 的表面运动的比较

5.3.4　结果与讨论

一些参数研究表明，峡谷地形对地震波的影响主要受峡谷深宽比、入射波的类型、波长和方向的影响。对于对称的 V 形峡谷的地形效应，文献［10］和［11］进行了完整的参数分析。本节的重点是研究非对称 V 形峡谷的放大模式如何受到峡谷形状参数（b_1/d，b_2/d）、入射 SH 波的无量纲频率（η）和方向（α）的影响。

本节得到了在 4 个入射角度下的两组结果（$\alpha=0°$，30°，60°和 90°）。$b_1/d=3/4$，$b_2/d=3/5$，$\eta=1$ 和 $b_1/d=1/2$，$b_2/d=3/5$，$\eta=1$ 所对应的第一组，如图 5.13 所示。$b_1/d=3/4$，$b_2/d=1/2$，$\eta=2$ 和 $b_1/d=3/4$，$b_2/d=1/3$，$\eta=2$ 对应的另一组，如图 5.14 所示。

垂直入射（$\alpha=0°$）下的位移振幅由于峡谷形状的非对称而在轴向不对称，如图 5.13（a）和图 5.14（a）所示。

在图 5.13（b）中，当 $b_1/d=3/4$ 时，被照边（左手边）地表运动振荡（$x/d<0$）更为强烈。而图 5.13（c）和（d）显示，当 $b_1/d=1/2$ 时，被照侧振荡更强烈。研究结果表明，在接近垂直入射的情况下（$\alpha=30°$），当被照射的峡谷壁变缓时，被照射侧的波能集中减弱。然而，当接近水平入射 SH 波（$\alpha=60°$和 $\alpha=90°$）的情况下，浓度变得更强，照亮的峡谷壁转弯陡峭。此外，它可以得出结论的实线（$b_1/d=3/4$）。图 5.13 的最大响应振幅发生在 $x/d=-1.0$（接近峡谷的左手上角落）为 $\alpha=0°$的情况下，$x/d=-3/4$，$\alpha=30°$；$x/d=-1/2$ 为 $\alpha=60°$和 $x/d=-1/4$（峡谷的底部附近）$\alpha=90°$。当 $b_1/d=1/2$ 时，峡谷也有类似的趋势。

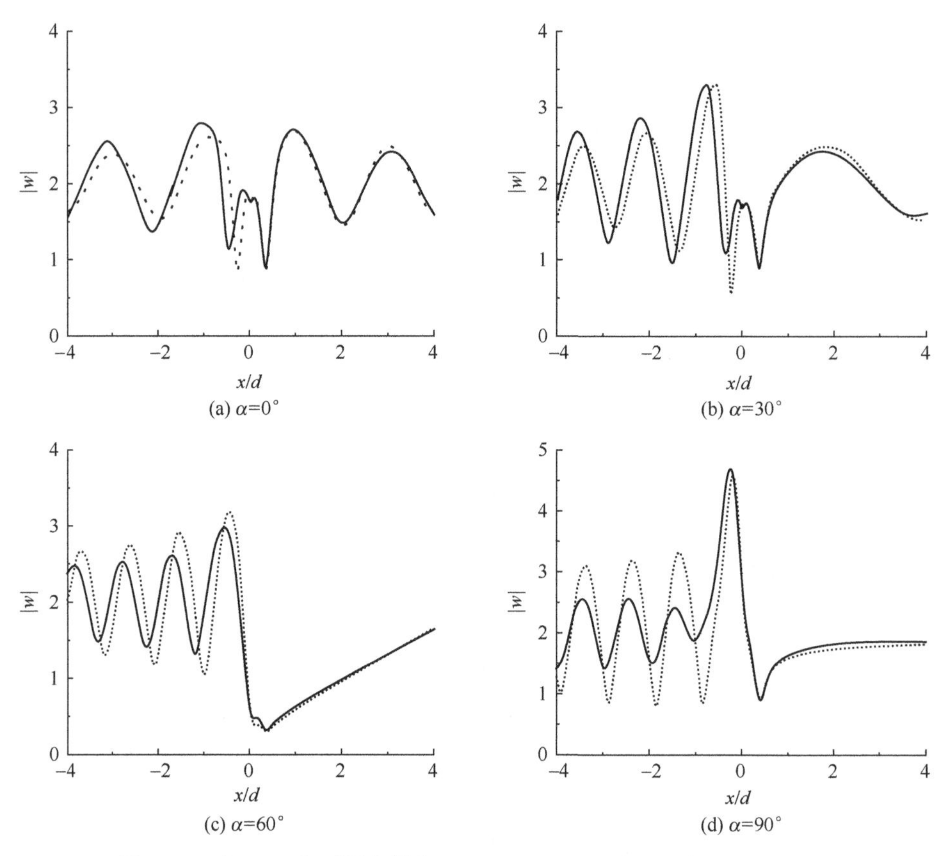

图 5.13　在 $\eta=1$ 和不同入射角 $\alpha=0°$、30°、60°和 90°时，$b_1/d=3/4$，$b_2/d=1/2$（实线）和 $b_1/d=3/4$，$b_2/d=1/3$（虚线）的位移振幅与 x/d

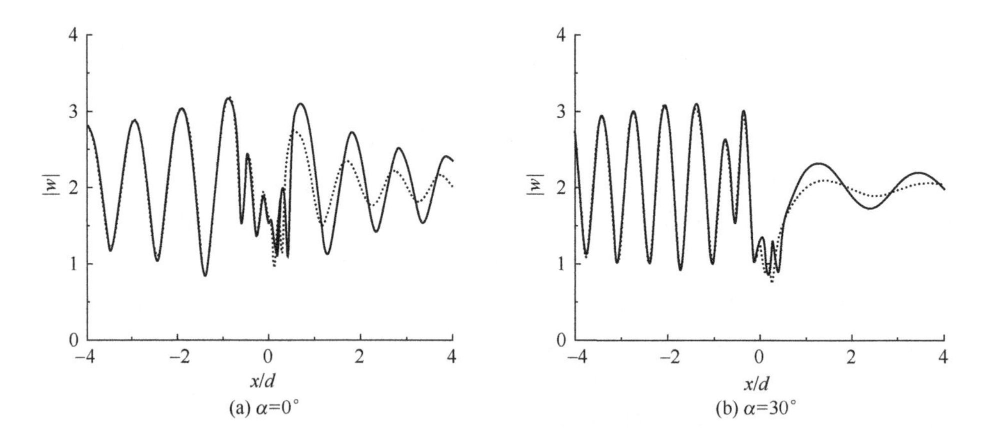

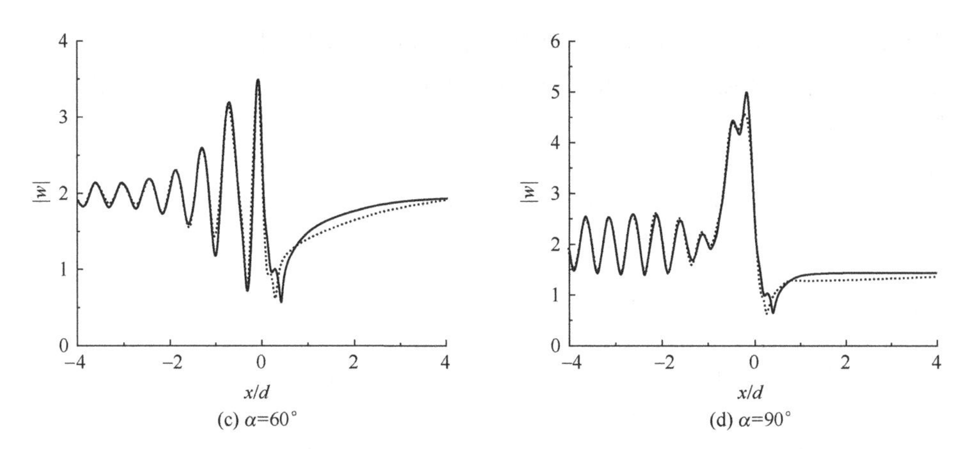

图 5.14　在 $\eta=2$ 和不同入射角 $\alpha=0°$、30°、60°和 90°时，$b_1/d=3/4$，$b_2=1/2$（实线）和 $b_1/d=3/4$，$b_2/d=1/3$（虚线）的位移振幅与 x/d

为了解峡谷阴影面（右侧）半宽 b_2 对地表运动的影响，可以观察图 5.14 中 4 个入射角下 $b_2/d=1/2$，$b_2/d=1/3$ 时的位移幅值变化趋势。$b_2/d=1/3$ 时阴影侧水平地表位移幅值小于 $b_2/d=1/2$ 时。这意味着当两个峡谷的光照面形状相同时，陡峭的阴影侧峡谷提供的放大行为更强。此外，被照亮的一侧水平地面上的运动几乎与背阴影一侧半宽 b_2 无关。

5.3.5　结论

本节利用波函数展开技术，导出了平面 SH 波由对称和非对称 V 形深谷散射的新级数解。用该方法得到的深对称 V 形峡谷的结果与文献［10］的结果非常一致。与现有方法相比，现有公式的优点是可以应用于深非对称 V 形峡谷。本节还详细研究了非对称几何对稳态地面运动的影响。对于平面 SH 波几乎水平入射的情况，受照一侧的波能浓度随着该侧坡度的增大而增大。另外，当阴影侧壁变陡时，峡谷的屏蔽作用增强。地表和地下瞬态运动表明，垂直入射波作用下的最大位移发生在峡谷壁较平缓的一侧。两个实际峡谷的传递函数表明，地形效应可能诱发地面运动的空间变异性。

5.4　半空间中含峭壁的 V 形峡谷对 SH 波的散射

5.4.1　引言

地表地形常引起地震动的局部放大，这是由于地震波传播至局部地形时产生了散射现象。本节利用波函数展开方法和区域匹配技术，提出了含峭壁 V 形峡谷对平面 SH 波散射问题的解析解，并进行了退化验证。通过频域内的参数分析，揭示了峭壁深度、入射波频率和角度等因素对峡谷场地地面运动的影响规律，发现上部峭壁会增强峡谷对地震动的地形放大效应。研究结果不仅为数值方法提供了验证基准，还为含峭壁峡谷周边建筑物的抗震设计提供顺河向地震动输入。

5.4.2 模型与理论推导

本节考虑的含峭壁 V 形峡谷的二维模型如图 5.15 所示，其所在半无限空间假设为均匀、各向同性和线弹性介质，剪切模量 μ 和剪切波速 c_s 为常数。峡谷的半宽为 b，峭壁的深度为 h_1，峡谷的最大深度为 $h_1+h_2<b$。考虑到无法用单一坐标系描述这一模型，本节采用先分区建立波场，然后利用分区界面连续条件实现波场匹配的求解策略，即区域分解策略：引入虚拟边界 S_1，其与上部峭壁共同组成一个半圆。这个半圆将半空间分为开放区域①和封闭区域②。为了构建两个区域的波场，在两个区域分别设置相应的坐标系。其中，封闭区域②中局部坐标系(x_1,y_1)和(r_1,θ_1)原点设在峡谷底部，开放区域①整体坐标系(x,y)和(r,θ)原点设在水平地表峡谷中点处。峭壁的位置角度可以表示为$\beta=\arccos(h_1/b)$。底部侧壁的角度通过计算可以表示为$\beta=\pi-\arccos(h_1/b)$。入射波为单位幅值的平面 SH 波，其入射角为 α。振动圆频率为 ω。

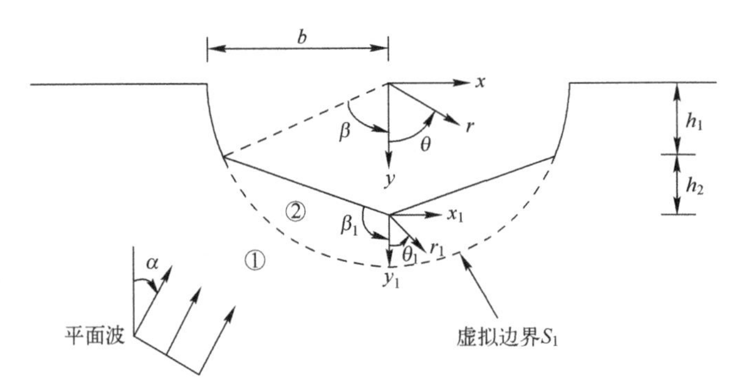

图 5.15 平面 SH 波作用下含峭壁 V 形峡谷的二维模型

对于稳态反平面问题，可省略时间因子 $e^{-i\omega t}$，则模型两个区域的稳态波场 w_j，满足亥姆霍兹方程[12]）：

$$\left(\frac{\partial^2}{\partial r_j^2}+\frac{1}{\partial_j}\frac{\partial}{\partial r_j}+\frac{1}{r_j^2}\frac{\partial^2}{\partial \theta_j^2}\right)u_j(r_j,\theta_j)+k^2u_j(r_j,\theta_j)=0 \tag{5-88}$$

式中：$j=1$，2，分别表示区域①和②，$k=\omega/c$，表示波数。

除了亥姆霍兹方程，两个区域的波场 w_j，还需要满足水平地表，峡谷表面和峭壁表面的应力自由条件为

$$\tau_{\theta z}^{(1)}=\frac{\mu}{r}\frac{\partial w_1(r,\theta)}{\partial\theta}=0,\theta=\pm\frac{\pi}{2},r\geqslant b \tag{5-89}$$

$$\tau_{\theta_1 z}^{(2)}=\frac{\mu}{r_1}\frac{\partial w_2(r_1,\theta_1)}{\partial\theta_1}=0,\theta_1=\pm\beta_1,r_1\leqslant b \tag{5-90}$$

$$\tau_{rz}^{(1)}=\mu\frac{\partial w_1(r,\theta)}{\partial r}=0,r=b,\beta\leqslant|\theta|\leqslant\pi/2 \tag{5-91}$$

另外，根据连续介质假设，由虚拟边界 S_1 分割而成的两区域的位移和应力均必须满足连续性条件：

$$w_1(r,\theta)=w_2(r,\theta),r=b,0\leqslant|\theta|\leqslant\beta \tag{5-92}$$

$$\tau_{rz}^{(1)}(r,\theta)=\tau_{rz}^{(2)}(r,\theta),r=b,0\leqslant|\theta|\leqslant\beta \tag{5-93}$$

式（5-92）和式（5-93）可保证两区域之间的位移和应力匹配。

区域①的波场包含两部分（自由场和散射场）：

$$w_1=w^{(f)}+w^{(s)} \tag{5-94}$$

自由场可以表示为

$$\begin{aligned}w^{(f)}(r,\theta)=&\exp[-\mathrm{i}kr\cos(\theta+\alpha)]\\&+\exp[\mathrm{i}kr\cos(\theta-\alpha)]\end{aligned} \tag{5-95}$$

利用 Jacobi-Anger 展开公式：

$$\exp(\pm\mathrm{i}kr\cos\theta)=\sum_{0}^{\infty}\varepsilon_n(\pm\mathrm{i})^n J_n(kr)\cos(n\theta) \tag{5-96}$$

式中：ε_n 是纽曼因子（$\varepsilon_0=1$，$\varepsilon_n=2$，$n\geqslant1$），$J_n(\cdot)$是 n 阶第一类贝塞尔函数，式（5-95）中的自由场 $w^{(f)}$ 可以展开成

$$\begin{aligned}w^{(f)}(r,\theta)=&\sum_{n=0}^{\infty}2\varepsilon_n(-1)^n J_{2n}(kr)\cos(2n\alpha)\cos(2n\theta)\\&+\sum_{n=0}^{\infty}4\mathrm{i}(-1)^n J_{2n+1}(kr)\sin[(2n+1)\alpha]\sin[(2n+1)\theta],\\&-\frac{\pi}{2}\leqslant\theta\leqslant\frac{\pi}{2}\end{aligned} \tag{5-97}$$

模型物理意义明确，散射波由河谷处产生、向无穷远处传播，为了得到散射波场的唯一解，其应该满足无穷远处 Sommerfeld 辐射条件：

$$\lim_{r\to\infty}r^{\frac{1}{2}}\left[\frac{\partial w^{(s)}(r,\theta)}{\partial r}-\mathrm{i}kw^{(s)}(r,\theta)\right]=0 \tag{5-98}$$

通过分离变量法求解式（5-88）并排除不满足辐射条件式（5-98）的波场后可得

$$w^{(s)}(r,\theta)=\sum_{n=0}^{\infty}A_nH_{2n}^{(1)}(kr)\cos(2n\theta)+\sum_{n=0}^{\infty}B_nH_{2n+1}^{(1)}(kr)\sin[(2n+1)\theta],$$
$$-\frac{\pi}{2}\leqslant\theta\leqslant\frac{\pi}{2} \tag{5-99}$$

式中：A_n 和 B_n 为待求系数，$H_m^{(1)}(\cdot)$是 n 阶第一类汉克尔函数。

在区域②中，满足峡谷底部应力自由条件的驻波场 w_2 可以表示为

$$\begin{aligned}w_2(r_1,\theta_1)&=\sum_{n=0}^{\infty}C_nJ_{2nv}(kr_1)\cos(2n_v\theta_1)\\&\quad+\sum_{n=0}^{\infty}D_nJ_{(2n+1)v}(kr_1)\sin[(2n+1)v\theta_1]\end{aligned} \tag{5-100}$$

式中：C_n 和 D_n 为待求系数，$v=\pi/(2\beta_1)$。

为了便于问题的解决，需要用 Graf 加法公式将局部坐标系(r_1,θ_1)中驻波场 w_2 转化到整体坐标系(r,θ)中。推导得到相应的变换公式为

$$J_{nv}(kr_1)\begin{Bmatrix}\cos(nv\theta_1)\\\sin(nv\theta_1)\end{Bmatrix}=\sum_{m=-\infty}^{\infty}J_{nv+m}(kr)J_m(kh)\times\begin{Bmatrix}\cos[(n_v+m)\theta]\\\sin[(nv+m)\theta]\end{Bmatrix} \tag{5-101}$$

其中，$h=h_1+h_2$。

将式（5-101）代入式（5-100），驻波场 w_2 可以表示为

$$\begin{aligned}w_2(r,\theta)&=\sum_{n=0}^{\infty}C_n\sum_{m=-\infty}^{\infty}J_{2nv+m}(kr)J_m(kh)\cos[(2nv+m)\theta]\\&\quad+\sum_{n=0}^{\infty}D_n\sum_{m=-\infty}^{\infty}J_{(2n+1)v+m}(kr)J_m(kh)\sin\{[(2n+1)v+m]\theta\}\end{aligned} \tag{5-102}$$

至此，利用前述区域分解策略完成了两区域波场的构建，且两区域波场分别自动满足水平地表应力自由条件式（5-89）和峡谷表面应力自由条件式（5-90）。然而，波场的 4 组未知系数 A_n、B_n、C_n 和 D_n 仍然待定，需要利用余下的峭壁应力自由条件式（5-91）和虚拟边界连续条件式（5-92）及式（5-93）完成求解，即区域匹配术。

首先，补充区域②在峭壁上的零应力条件，获得区域②在与区域①的半圆形交界面上的分段应力函数：

$$\tau_{rz}^{(2)}(r,\theta)\Big|_{r=b}=\begin{cases}\mu\dfrac{\partial w_2(r,\theta)}{\partial r}\Big|_{r=b}, & 0\leqslant|\theta|\leqslant\beta\\ 0, & 0\leqslant|\theta|\leqslant\beta\end{cases}\tag{5-103}$$

据此可将峭壁应力自由条件（5-91）和虚拟边界应力连续条件式（5-93）合并为

$$\tau_{rz}^{(1)}(r,\theta)=\tau_{rz}^{(2)}(r,\theta),r=b,0\leqslant|\theta|\leqslant\pi/2\tag{5-104}$$

对式（5-104）两边同时关于 θ 在区间$[-\pi/2,\pi/2]$积分，并利用三角函数在此区间的正交性，整理可得关系式：

$$\begin{aligned}A_q=&-2\varepsilon_q(-1)^q\frac{J_{2q}'(kb)}{H_{2q}^{(1)'}(kb)}\cos(2q\alpha)+\frac{\varepsilon_q}{\pi H_{2q}^{(1)'}(kb)}\\&\cdot\sum_{n=0}^{\infty}C_n\sum_{m=-\infty}^{\infty}\frac{J_{2nv+m}'(kb)}{J_{2nv}(kb)}J_m(kh)I_{2nv+m,2q}^{(C)}\left(\frac{\pi}{2}\right)\end{aligned}\tag{5-105}$$

$$\begin{aligned}B_q=&-4\mathrm{i}(-1)^q\frac{J_{2q+1}'(kb)}{H_{2q+1}^{(1)'}(kb)}\sin(2q+1)_\alpha+\frac{2}{\pi H_{2q+1}^{(1)'}(kb)}\\&\cdot\sum_{n=0}^{\infty}D_n\sum_{m=-\infty}^{\infty}\frac{J_{(2n+1)_{v+m}}'(kb)}{J_{(2n+1)_v}(kb)}J_m(kh)I_{(2n+1)v+m,2q+1}^{(S)}\left(\frac{\pi}{2}\right)\end{aligned}\tag{5-106}$$

式中，符号′表示相应函数的微分形式，$I_{m+n}^{(C)}(\theta)$和$I_{m+n}^{(S)}(\theta)$分别为

$$I_{m,n}^{(C)}(\theta)=\int_{-\theta}^{\theta}\cos(m\xi)\cos(n\xi)\mathrm{d}\xi=\begin{cases}2\theta & ,m=n=0\\ \theta+\dfrac{\sin(2n\theta)}{2n} & ,m=n\neq 0\\ \dfrac{\sin[(m-n)\theta]}{m-n}+\dfrac{\sin[(m+n)\theta]}{m+n} & ,m\neq n\end{cases}\tag{5-107}$$

$$I_{m,n}^{(S)}(\theta)=\int_{-\theta}^{\theta}\sin(m\xi)\sin(n\xi)\mathrm{d}\xi\begin{cases}\theta-\dfrac{\sin(2n\theta)}{2n} & ,m=n\\ \dfrac{\sin[(m-n)\theta]}{m-n}-\dfrac{\sin[(m+n)\theta]}{m+n} & ,m\neq n\end{cases}\tag{5-108}$$

其次，利用虚拟边界$[-\pi/2,\pi/2]$上的位移连续条件（式（5-92）），将两区域位移场在区间$[-\beta,\beta]$上积分得

$$\sum_{n=0}^{\infty} A_n I_{2n,2_q}^{c}(\beta) - \sum_{n=0}^{\infty} C_n \sum_{m=-\infty}^{\infty} \frac{J_{2nv+w}(kb)}{J_{2nv}(kb)} J_m(kh) I_{2n_v+w,2q}^{(C)}(\beta) \tag{5-109}$$

$$= - \sum_{n=0}^{\infty} 2\varepsilon_n(-1)^n J_{2n}(kb)\cos 2n\alpha I_{2n,2q}^{(C)}(\beta)$$

$$\sum_{n=0}^{\infty} B_n I_{2n+1,2q+1}^{(S)}(\beta) - \sum_{n=0}^{\infty} D_n \sum_{m=-\infty}^{\infty} \frac{J_{(2n+1)_v+m}(kb)}{J_{(2n+1)_v}(kb)} J_m(kh) I_{(2n+1)_v+m,2q+1}^{(S)}(\beta)$$

$$= - \sum_{n=0}^{\infty} 4\mathrm{i}(-1)^n J_{2n+1}(kb)\sin(2n+1)\alpha I_{2n+1,2q+1}^{(S)}(\beta) \tag{5-110}$$

最后，将式（5-105）和式（5-106）分别代入式（5-109）和式（5-110），得到下面仅和 C_n、D_n 有关的两个方程组：

$$\sum_{n=0}^{\infty} C_n \sum_{m=-\infty}^{\infty} \left[\sum_{p=0}^{\infty} \frac{\varepsilon_f J'_{2nv+m}(kb)}{\pi H_{2p}^{(1)'}(kb)} J_m(kh) I_{2nv+m,2p}^{(C)} I_{2p,2q}^{(C)}(\beta) - J_{2nv+m}(kb) J_m(kh) I_{2nv+m,2q}^{(C)}(\beta) \right]$$

$$= \sum_{n=0}^{\infty} 2\varepsilon_n(-1)^n \frac{J'_{2n}(kb)}{H_{2n}^{(1)'}(kb)} H_{2n}^{(1)}(kb)\cos 2n\alpha I_{2n,2q}^{(C)}(\beta) - \sum_{n=0}^{\infty} 2\varepsilon_n(-1)^n J_{2n}(kb)\cos 2n\alpha I_{2n\cdot 2q}^{(C)}(\beta) \tag{5-111}$$

$$\sum_{n=0}^{\infty} D_n \sum_{m=-\infty}^{\infty} \left[\sum_{p=0}^{\infty} \frac{2J'_{(2x+1)+w}(kb)}{\pi H_{2p+1}^{(1)'}(kb)} J_m(kh) I_{(2n+1)v+m,2p+1}^{(S)} I_{2p+1,2q+1}^{(S)}(\beta) - J_{(2n+1)v+m}(kb) J_m(kh) I_{(2n+1)v+m,2q+1}^{(S)}(\beta) \right]$$

$$= \sum_{n=0}^{\infty} 4\mathrm{i}(-1)^n \frac{J'_{2n+1}(kb)}{H_{2n+1}^{(1)'}(kb)} H_{2n+1}^{(1)}(kb)\sin(2n+1)\alpha I_{2n+1,2q+1}^{(S)}(\beta) - \sum_{n=0}^{\infty} 4\mathrm{i}(-1)^n J_{2n+1}(kb)\sin(2n+1)\alpha I_{2n+1,2q+1}^{(S)}(\beta) \tag{5-112}$$

将各无穷级数进行截断、保留有限项之后即可进行未知系数计算（n、m 和 p 分别截取 N、M 和 P 项）。求解可得到系数 C_n 和 D_n，随后通过式（5-105）和式（5-106）求得 A_n 和 B_n。得到这些未知系数后，半空间中的波场即已知。

关于 N、M 和 P 的取值，其中 N 代表级数解的级数项数量，需要通过级数解收敛测试确定。本节选取了峡谷表面 5 个代表性位置进行了收敛测试。图 5.16 给出了参数对应 $\alpha=30°$、$h_1/b=h_2/b=1/3$ 和 $\eta=4$ 的收敛测试结果。从图 5.16 中可以看出，随着 N 的逐渐增大，地表位移逐渐收敛至一个固定值。通过多频率下的收敛测试，本节采用 $N=25$ 即可获得精确的结果。M 和 P 要保证驻波场 w_2 和自由场 $w^{(f)}$ 的坐标变换精度，分别利用式（5-101）和式（5-96）的满足情况确定其数值为 $M=150$，$P=150$。

5.4.3 验证

为了方便起见，首先定义本节位移幅值 $|w|$ 和无量纲频率 η：

$$|w_j|=\sqrt{[\mathrm{Re}(w_j)]^2+[\mathrm{Im}(w_j)]^2},\quad j=1,2 \tag{5-113}$$

$$\eta=\frac{\omega b}{\pi c_s}=\frac{2b}{\lambda}=\frac{kb}{\pi} \tag{5-114}$$

式中：Re(·)和 Im(·)分别表示复位移的实部和虚部，λ 表示入射 SH 波波长。

当 $h_1/b=0$ 时，含峭壁的 V 形峡谷可以退化为 V 形峡谷；当 $h_2/b=0$ 时，可退化为去底半圆柱形峡谷。文献［11］和［13］分别给出了 V 形峡谷和去底半圆柱形峡谷的解析解，因此可以用来验证本节结果的准确性。

图 5.16 将本节的结果与文献［11］进行了对比，对应参数为 $h_1/b=0$，$h_2/b=1/2$，$\eta=1$。图 5.17 将本节的结果与文献［13］进行了对比，参数为 $h_1/b=1/2$，$h_2/b=0$，$\eta=1$。通过 4 个不同入射角度 $\alpha=0°$、30°、60°和 90°下结果的良好吻合情况，验证了本节方法的准确性。

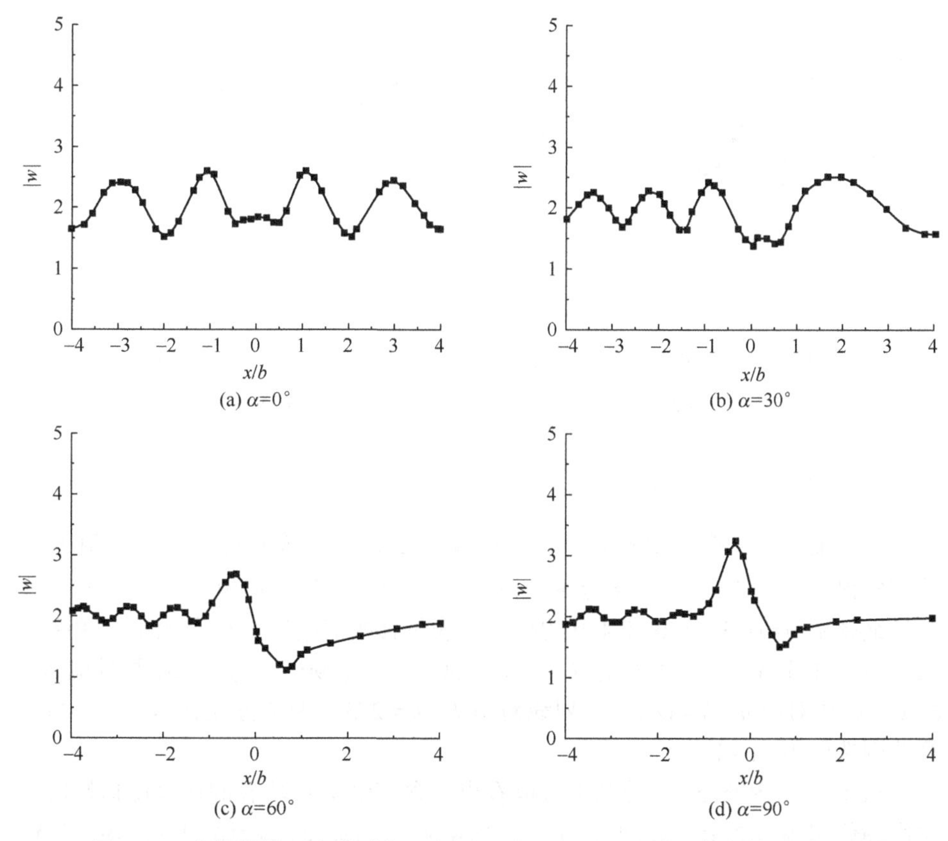

图 5.16　本节结果（实线对应 $h_1/b=0$，$h_2/b=1/2$，$\eta=1$）与文献［11］中无峭壁 V 形峡谷相应结果（点线）的比较

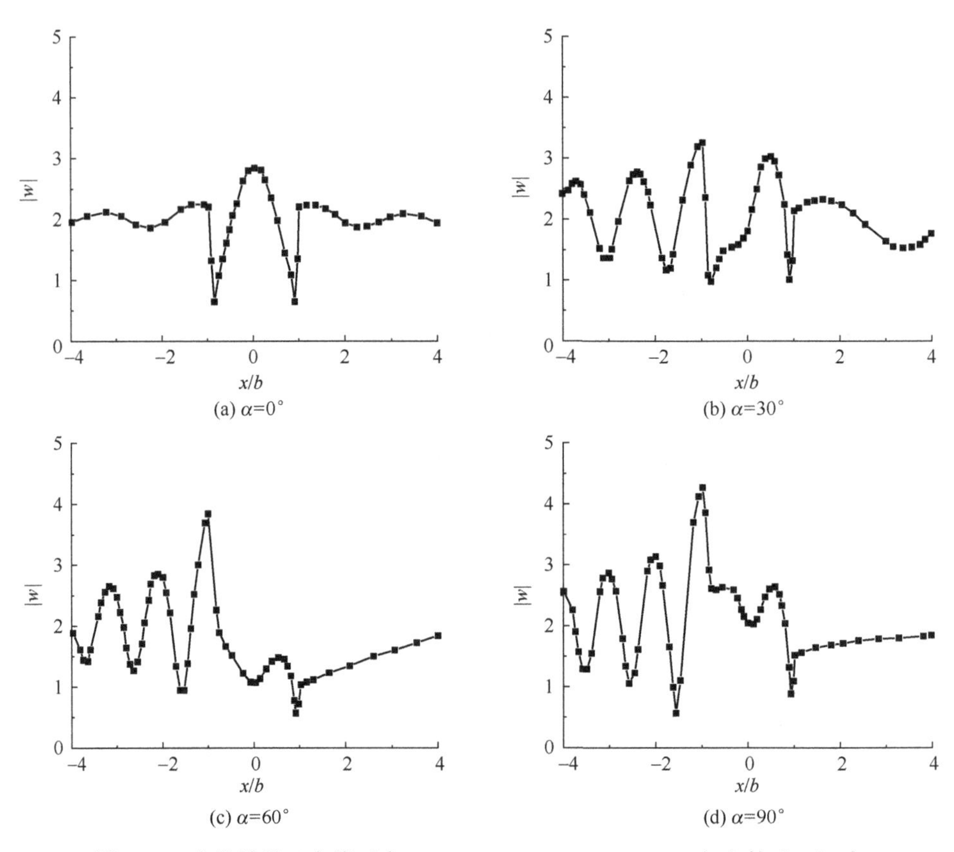

图 5.17　本节结果（实线对应 $h_1/b=0$，$h_2/b=1/2$，$\eta=1$）与文献［13］中去底半圆柱形峡谷相应结果（点线）的比较

5.4.4　数值结果与讨论

本节聚焦上部峭壁对峡谷地形效应的影响，故将参数 h_2/b 设为固定值 1/3，从而使得 h_1/b 有较大的变化范围。图 5.18 和图 5.19 分别为对应 3 个入射波无量纲频率 $\eta=0.5$、1.0 和 4.0 的峡谷地表位移幅值结果，每个无量纲频率结果都包含 4 个不同入射角度（$\alpha=0°$、30°、60°、90°），实线结果对应 $h_1/b=0$，虚线对应 $h_1/b=1/3$，点划线对应 $h_1/b=2/3$。为了方便比较，x/b 的计算范围选取为−4～4。

从图 5.18 和图 5.19 的结果可以看出，含峭壁 V 形峡谷的地表位移幅值在自由场位移幅值 2 上下波动（$|w|>2$ 表示放大，$|w|<2$ 表示减小），峡谷峭壁对地表位移幅值具有重要影响。一方面，峭壁使得地震放大效应更为显著，通过比较 $h_1/b=2/3$ 和 $h_1/b=0$ 两种情况，可以发现含峭壁峡谷的地表位移幅值

可达不含峭壁峡谷的 2 倍。另一方面，随着峭壁深度 h_1/b 从 1/3 增大至 2/3，位移振幅的最大值增大，而位移振幅的最小值减小。总之，峭壁对 V 形峡谷地形效应具有显著的增强作用，这意味着在地震作用下峭壁峡谷周边的建筑物将会遭受更为剧烈的振动，可能会造成更大的震害。

对于地震波竖向入射的情况（图 5.18（a）和图 5.19（a）），由于波的聚焦，地表位移幅值的最大值往往发生在峡谷两边。不同于具有对称性的竖向入射结果，地震波斜入射的情况（图 5.18（b）~（d）和图 5.19（b）~（d））展示出左右不对称的地表位移幅值。迎波侧比背波侧的位移幅值波动得更加频繁，随着入射角度的增加，这种不对称表现得更加明显。在小角度斜入射（$\alpha=30°$）的情况下，迎波侧的位移振幅仅略大于背波侧，而对于大角度斜入射（$\alpha=60°$、$90°$）的情况，两侧差别更加明显。随着无量纲频率 η 的增大，位

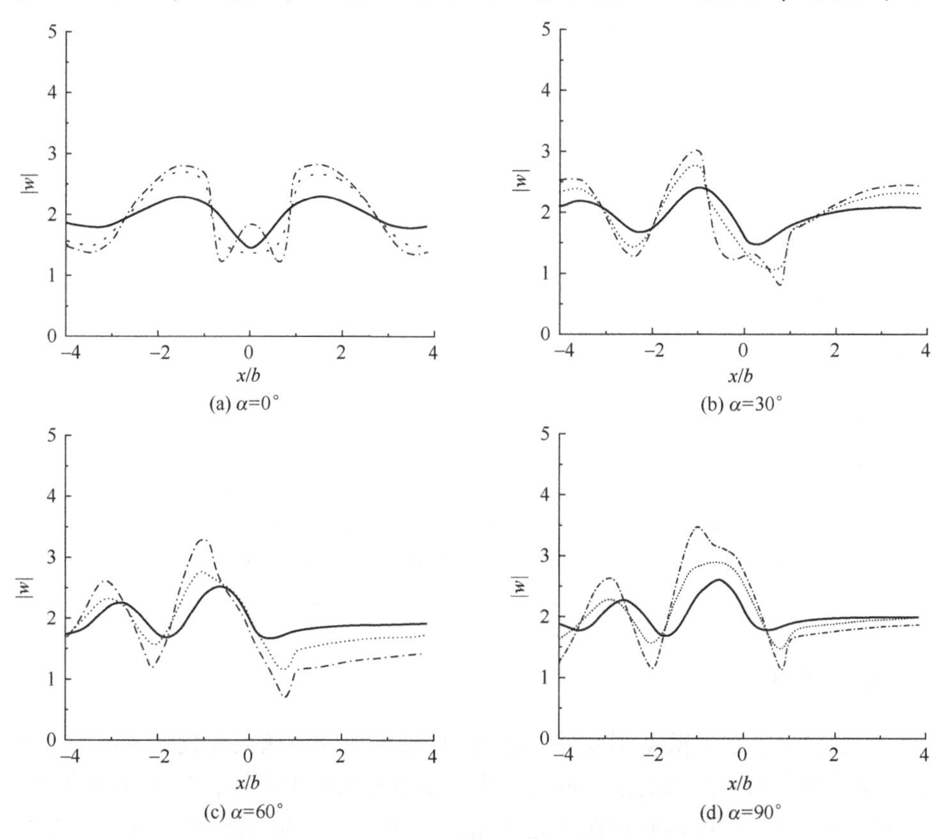

图 5.18　对应 $\eta=0.5$ 和不同入射角度的地表位移幅值结果

（实线对应 $h_1/b=0$，$h_2/b=1/3$；虚线对应 $h_1/b=1/3$，$h_2/b=1/3$；

点划线对应 $h_1/b=2/3$，$h_2/b=1/3$）

移振幅的放大和减小越来越明显，说明峡谷成为一个有效的障碍物，短波穿越峡谷到达对岸的能力越来越弱。在图 5.18（b）~（d）和图 5.19（c）、（d）中，阴影区的位移幅值曲线趋于平稳，即体现了峭壁峡谷的滤波屏蔽效应。

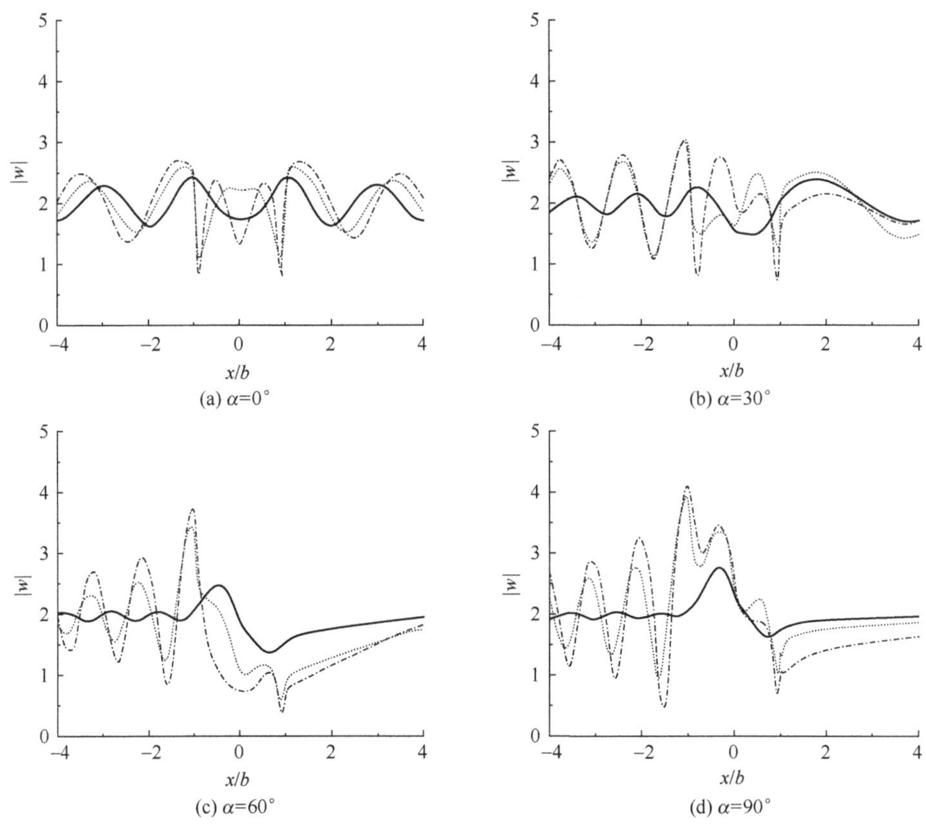

图 5.19　对应 $\eta=1.0$ 和不同入射角度的地表位移幅值结果
（实线对应 $h_1/b=0$，$h_2/b=1/3$；虚线对应 $h_1/b=1/3$，$h_2/b=1/3$；
点划线对应 $h_1/b=2/3$，$h_2/b=1/3$）

5.4.5　结论

本节提出了含峭壁 V 形峡谷对地震 SH 波散射的波函数级数解，揭示了含峭壁 V 形峡谷对地震动的地形放大效应。本节解析模型可退化为不含峭壁的 V 形峡谷和去底半圆柱形峡谷两个已有解析模型，通过退化计算验证了本节方法。计算结果表明上部峭壁对峡谷地震动具有重要影响，峭壁峡谷（$h_1/b=2/3$）较无峭壁峡谷（$h_1/b=0$）对地表位移幅值的放大差异可达 200%，且较陡的峭壁明显加剧峡谷的地震放大效应，也就增加了周围建筑物的震害风险，值得人们的关注。本节结论基于二维峡谷场地SH波散射模型，关于峡谷场地的三维效应以及P波和SH波等其他类型地震波的散射特征，尚需进一步探索。

参考文献

[1] ABRAMOWITZ M, STEGUN I A. Handbook of mathematical functions: with formulas, graphs and mathematical tables [M]. New York: Dover, 1965.

[2] TRIFUNAC M D. Scattering of plane SH waves by a semi-elliptical canyon [J]. Earthquake Engineering & Structural Dynamics, 1974. 3: 157-169.

[3] LUO H, LEE V W, LIANG J W. Anti-plane (SH) waves diffraction by an underground semi-circular cavity: analytical solution [J]. 地震工程与工程振动（英文版）, 2010, 9 (3): 385-396.

[4] KAWASE H. Time-domain response of a semi-circular canyon for incident SV, P, and Rayleigh waves calculated by the discrete wavenumber boundary element method [J]. Bulletin of the Seismological Society of America, 1988, 78 (4): 1415-1437.

[5] WATSON G N. A Treatise on the Theory of Bessel Functions [M]. Cambridge: Cambridge University Press, 1958.

[6] TSAUR D H. Exact scattering and diffraction of antiplane shear waves by a vertical edge crack [J]. Geophysical Journal International, 2010, 181 (3): 1655-1664.

[7] SHAH A H, WONG K C, DATTA S K. Diffraction of plane SH waves in a half-space [J]. Earthquake Engineering and Structural Dynamics, 1982, 10 (4): 519-528.

[8] STONE S F, GHOSH M L, MAL A K. Diffraction of Antiplane Shear Waves by an Edge Crack [J]. Journal of Applied Mechanics, 1980, 47 (2): 359-362.

[9] SÁNCHEZ-SESMA F J, ROSENBLUETH E. Ground motion at canyons of arbitrary shape under incident SH waves [J]. Earthquake Engineering & Structural Dynamics, 1979, 7 (5): 441-450.

[10] TSAUR D H, CHANG K C, HMU M S. An analytical approach for the scattering of SH waves by a symmetrical V-shaped canyon: deep case [J]. Geophysical Journal International, 2010 (3): 1501-1511.

[11] TSAUR D H, CHANG K H . An analytical approach for the scattering of SH waves by a symmetrical V-shaped canyon: shallow case [J]. Geophysical Journal International, 2008, 174 (1): 255-264.

[12] PAO Y H, MOW C C. Diffraction of Elastic Waves and Dynamic Stress Concentrations [J]. Journal of Applied Mechanics, 1973.

[13] TSAUR D H, CHANG K H. Scattering of SH Waves by Truncated Semicircular Canyon [J]. Journal of Engineering Mechanics, 2009, 135 (8): 862-870.

第6章 半空间中三角形山丘对弹性波的散射

6.1 半空间中等腰三角形凸起地形对SH波的散射

6.1.1 引言

首先，采用分区和辅助函数的思想，将求解区域一分为二，区域Ⅰ为一个带有半圆形弧线的等腰三角形区域，区域Ⅱ为一个带有半圆形凹陷的弹性半空间。其次，利用波函数展开法分别在区域Ⅰ和区域Ⅱ中构造满足等腰三角形在其斜面上应力自由和在弹性半空间中满足水平面上应力自由的驻波 $w^{(D)}$ 和散射波 $w^{(s)}$。以此为基础，在区域Ⅰ和区域Ⅱ的"公共边界"上利用位移和应力的连续条件，建立问题的无穷代数方程组，并对其进行求解[1]。

最后，给出两类问题的具体算例：第Ⅰ类问题是区域Ⅰ和区域Ⅱ的弹性模量、密度等介质参数完全相同，将问题当作SH波作用下等腰三角形凸起地形，求解了凸起地形表面及附近水平面的地震动，讨论入射波角度、波数和凸起地形坡度等参数对地震动的影响；第Ⅱ类问题是区域Ⅰ和区域Ⅱ的介质参数不相同，将问题转换成SH波入射时柔性基础上等腰三角形坝体结构的出平面反应，求解坝体结构相对基础材料较"软"和"硬"时，坝体表面及内部特征点的地震动，讨论入射波角度、波数和坝体结构材料参数等的影响。

在本节中由于在区域Ⅰ中采用了与参考文献［2-3］不同形式的驻波函数表达式，得出了不同的结果。这完全是由于参考文献［2-3］中的驻波函数不满足控制方程而引起的。

6.1.2 问题模型

等腰三角形凸起地形如图6.1所示，图中三角形凸起顶点为 o_1，凸起地形两边边界的坡度分别为 $1:n_1$ 和 $1:n_2$，对等腰三角形应有 $n_1=n_2$，等腰三角形斜边长记为 b。求解该地形对SH波散射问题，就是要在水平地表 S 和等腰三角形斜边 C 上给定应力自由的边界条件下，求解SH波的控制方程。由于在 S

和 C 上要求 $\tau_{\theta z}$ 和 $\tau_{\theta_1 z}$ 分别为零，则求解有一定难度。为此，采用“分区”和“辅助函数”思想加以解决。

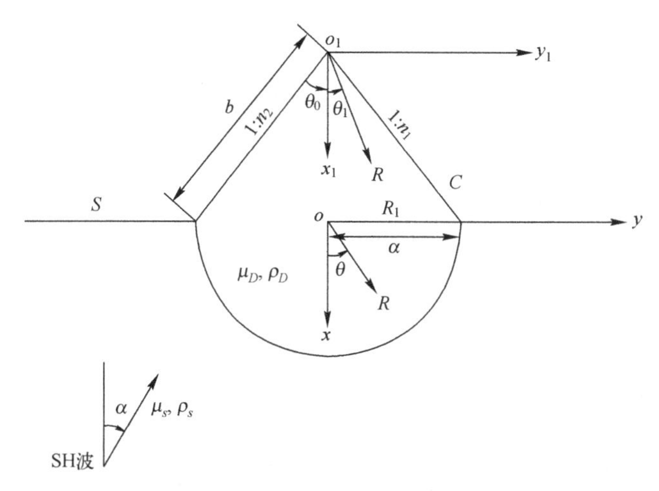

图 6.1　等腰三角形凸起地形示意图

在求解过程中，将整个求解区域分割成两部分来处理，如图 6.2 所示，区域 Ⅰ 为一个带有半圆形弧线的等腰三角形区域，余下部分为区域 Ⅱ。D 和 $\overline{D}$ 为两个区域的“公共边界”，并在其上满足应力、位移连续条件。

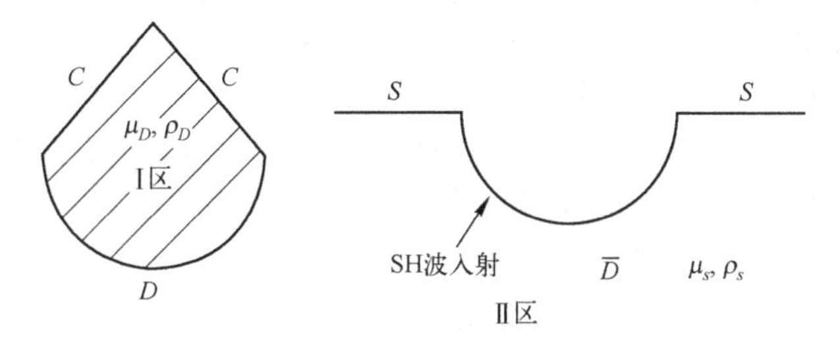

图 6.2　求解区域的分割

6.1.3　辅助问题 Ⅰ

在区域 Ⅰ 内，构造一个驻波解，并使在圆弧线上位移、应力不受约束，且满足如下控制方程与边界条件：

$$\nabla^2 w = \frac{\partial^2 w}{\partial x^2} + \frac{\partial^2 w}{\partial y^2} = \frac{1}{c_s^2}\frac{\partial^2 w}{\partial t^2} \tag{6-1a}$$

$$\tau_{\theta_1 z}^{(D)} = \begin{cases} 0, \theta_1 = +\theta_0 \\ 0, \theta_1 = -\theta_0 \end{cases} \tag{6-1b}$$

在复平面$(z_1,\bar{z}_1)$上满足控制方程和边界条件（6-1）的驻波函数$w^{(D)}$应当写成

$$w^{(D)}(R_1,\theta_1)$$
$$= w_0 \sum_{m=0}^{\infty} \{D_m^{(1)} J_{2mp}(k_D|R_1|)\cos(2mp\theta_1) + D_m^{(2)} J_{(2m+1)p}(k_D|R_1|)\sin[(2m+1)p\theta_1]\} \tag{6-2}$$

式中：w_0为驻波的最大幅值；$D_m^{(1)}$，$D_m^{(2)}$为待求常数；$p=\pi/2\theta_0$，$J_{2mp}(\cdot)$；$J_{(2m+1)p}(\cdot)$为$2mp$和$(2m+1)p$阶的贝塞尔函数。

进一步用复数表示为

$$\begin{aligned} w^{(D)}(z_1,\bar{z}_1) = & \\ w_0 \sum_{m=0}^{\infty} D_m^{(1)} J_{2mp}(k_D|z_1|) & \left[\left(\frac{z_1}{|z_1|}\right)^{2mp} + \left(\frac{z_1}{|z_1|}\right)^{-2mp}\right] \\ + w_0 \sum_{m=0}^{\infty} D_m^{(2)} J_{(2m+1)p}(k_D|z_1|) & \left[\left(\frac{z_1}{|z_1|}\right)^{(2m+1)p} - \left(\frac{z_1}{|z_1|}\right)^{-(2m+1)p}\right] \end{aligned} \tag{6-3}$$

这里给出的区域Ⅰ内驻波表达式（6-3）与参考文献［2］中的驻波表达式（13）在结构上是不同的。式（6-3）中的贝塞尔函数以$J_{2mp}(\cdot)$、$J_{(2m+1)p}(\cdot)$的形式出现，且通常取为分数阶的贝塞尔函数，而非参考文献［2］中的式（13）中整数阶贝塞尔函数$J_{2mp}(\cdot)$、$J_{(2m+1)p}(\cdot)$。另外，式（6-3）中的贝塞尔函数的阶数与区域Ⅰ的夹角θ_0有关系，这一点在参考文献［2-3］中也没有反应。可以直接验证，驻波只有采用式（6-3）的形式才能满足控制方程；参考文献［2］中的式（13）不满足控制方程，因而是不存在的。

记以o_1为原点时o点的复坐标为d_1，d_1可以用坡度n_1、n_2表示（这里$n_1=n_2$），则d_1可以表示为

$$d_1 = \frac{a}{n_1} \tag{6-4}$$

那么z_1可以表示为

$$z_1 = z + d_1 \tag{6-5}$$

在复平面$(z,\bar{z})$上式（6-3）可写成

$$w^{(D)}(z,\bar{z})$$
$$\begin{aligned} = w_0 \sum_{m=0}^{\infty} D_m^{(1)} J_{2np}(k_D|z+d_1|) & \left[\left(\frac{z+d_1}{|z+d_1|}\right)^{2mp} + \left(\frac{z+d_1}{|z+d_1|}\right)^{-2mp}\right] \\ + \sum_{m=0}^{\infty} D_m^{(2)} J_{(2m+1)p}(k_D|z+d_1|) & \left[\left(\frac{z+d_1}{|z+d_1|}\right)^{(2m+1)p} - \left(\frac{z+d_1}{|z+d_1|}\right)^{-(2m+1)p}\right] \end{aligned} \tag{6-6}$$

式（6-6）即为在区域Ⅰ中满足斜边上应力自由而边界 D 上位移、应力任意的驻波函数，其相应的应力表达式为

$$\tau_r^{(D)} = \frac{\mu_D k_D w_0}{2} \sum_{m=0}^{\infty} \{ D_m^{(1)} P_{2mp}^{(D)}(z + d_1) + D_m^{(2)} U_{(2m+1)p}^{(D)}(z + d_1) \} \tag{6-7}$$

其中

$$\begin{aligned} & P_t(s) \\ & = J_{t-1}(k|s|)\left[\frac{s}{|s|}\right]^{t-1} e^{i\theta} - J_{t+1}(k|s|)\left[\frac{s}{|s|}\right]^{-t-1} e^{i\theta} \\ & + J_{t-1}(k|s|)\left[\frac{s}{|s|}\right]^{1-t} e^{-i\theta} - J_{t+1}(k|s|)\left[\frac{s}{|s|}\right]^{t+1} e^{-i\theta} \\ & U_t(s) \\ & = J_{t-1}(k|s|)\left[\frac{s}{|s|}\right]^{t-1} e^{i\theta} + J_{t+1}(k|s|)\left[\frac{s}{|s|}\right]^{-t-1} e^{i\theta} \\ & - J_{t-1}(k|s|)\left[\frac{s}{|s|}\right]^{1-t} e^{-i\theta} - J_{t+1}(k|s|)\left[\frac{s}{|s|}\right]^{t+1} e^{-i\theta} \end{aligned}$$

6.1.4　辅助问题Ⅱ

在区域Ⅱ内，构造一个散射波 $w^{(s)}$，使它能满足半空间表面应力自由，即

$$\begin{aligned} & w^{(s)}(z,\bar{z}) \\ & = w_0 \sum_{m=0}^{\infty} B_m^{(1)} H_{2m}(k_s|z|)\left[\left(\frac{z}{|z|}\right)^{2m} + \left(\frac{z}{|z|}\right)^{-2m}\right] \\ & + w_0 \sum_{m=0}^{\infty} B_m^{(2)} H_{2m+1}(k_s|z|)\left[\left(\frac{z}{|z|}\right)^{(2m+1)} - \left(\frac{z}{|z|}\right)^{-(2m+1)}\right] \end{aligned} \tag{6-8}$$

相应的应力在复平面$(z,\bar{z})$上表示为

$$\tau_{rz}^{(s)} = \frac{\mu_s k_s w_0}{2} \sum_{m=0}^{\infty} \{ B_m^{(1)} Q_{2m}^{(S)}(z) + B_m^{(2)} V_{2m+1}^{(S)}(z) \} \tag{6-9}$$

式中

$$\begin{aligned} & Q(s) \\ & = H_{t-1}^{(1)}(k_s|s|)\left(\frac{s}{|s|}\right)^{t-1} e^{i\theta} - H_{t+1}^{(1)}(k_s|s|)\left(\frac{s}{|s|}\right)^{-t-1} e^{i\theta} \\ & + H_{t-1}^{(1)}(k_s|s|)\left(\frac{s}{|s|}\right)^{1-t} e^{-i\theta} - H_{t+1}^{(1)}(k_s|s|)\left(\frac{s}{|s|}\right)^{t+1} e^{-i\theta} \\ & V_t(s) \\ & = H_{t-1}^{(1)}(k_s|s|)\left(\frac{s}{|s|}\right)^{t-1} e^{i\theta} + H_{i+1}^{(1)}(k_s|s|)\left(\frac{s}{|s|}\right)^{-t-1} e^{i\theta} \end{aligned}$$

$$-H_{t-1}^{(1)}(k_s|s|)\left(\frac{s}{|s|}\right)^{1-t}\mathrm{e}^{-\mathrm{i}\theta}-H_{t+1}^{(1)}(k_s|s|)\left(\frac{s}{|s|}\right)^{t+1}\mathrm{e}^{-\mathrm{i}\theta}$$

半空间中的入射波和反射波可写为

$$\begin{aligned}&w^{(i+r)}\\&=2J_0(k_s|z|)+2\sum_{m=1}^{\infty}(-1)^m J_{2m}(k_s|z|)\cos(2m\alpha)\left\{\left(\frac{z}{|z|}\right)^{2m}+\left(\frac{z}{|z|}\right)^{-2m}\right\}\\&+2\sum_{m=0}^{\infty}(-1)^m J_{2m+1}(k_s|z|)\sin[(2m+1)\alpha]\left\{\left(\frac{z}{|z|}\right)^{2m+1}-\left(\frac{z}{|z|}\right)^{-(2m+1)}\right\}\end{aligned}\tag{6-10}$$

相应的应力表示为

$$\begin{aligned}\tau_{rz}^{(i+r)}&=\frac{\mu_s k_s w_0}{2}\times 2\times\frac{J_{-1}(k_s|z|)-J_1(k_s|z|)}{2}\left\{\left(\frac{z}{|z|}\right)^{-1}\mathrm{e}^{\mathrm{i}\theta}+\left(\frac{z}{|z|}\right)^{1}\mathrm{e}^{-\mathrm{i}\theta}\right\}\\&+\frac{\mu_s k_s w_0}{2}\sum_{m=1}^{\infty}2(-1)^m\cos 2m\alpha P_{2m}^{(S)}(z)\\&+\frac{\mu_s k_s w_0}{2}\sum_{m=0}^{\infty}2(-1)^m\sin(2m+1)\alpha U_{2m+1}^{(S)}(z)\end{aligned}\tag{6-11}$$

式中

$$\begin{aligned}&P_t(s)\\&=J_{t-1}(k|s|)\left(\frac{s}{|s|}\right)^{t-1}\mathrm{e}^{\mathrm{i}\theta}-J_{t+1}(k|s|)\left(\frac{s}{|s|}\right)^{-t-1}\mathrm{e}^{\mathrm{i}\theta}\\&+J_{t-1}(k|s|)\left(\frac{s}{|s|}\right)^{1-t}\mathrm{e}^{-\mathrm{i}\theta}-J_{t+1}(k|s|)\left(\frac{s}{|s|}\right)^{t+1}\mathrm{e}^{-\mathrm{i}\theta}\\&U_t(s)\\&=J_{t-1}(k|s|)\left(\frac{s}{|s|}\right)^{t-1}\mathrm{e}^{\mathrm{i}\theta}+J_{t+1}(k|s|)\left(\frac{s}{|s|}\right)^{-t-1}\mathrm{e}^{\mathrm{i}\theta}\\&-J_{t-1}(k|s|)\left(\frac{s}{|s|}\right)^{1-t}\mathrm{e}^{-\mathrm{i}\theta}-J_{t+1}(k|s|)\left(\frac{s}{|s|}\right)^{t+1}\mathrm{e}^{-\mathrm{i}\theta}\end{aligned}$$

6.1.5 边界条件及定解方程组

根据辅助函数法，在公共边界 D 上应该满足位移和应力连续条件，即

$$\begin{cases}w^{(D)}(z,\bar{z})=w^{(i+r)}+w^{(s)}\\\tau_{rz}^{(D)}=\tau_{rz}^{(i+r)}+\tau_{rz}^{(s)}\end{cases}\tag{6-12}$$

利用位移和应力的正弦、余弦部分一一对应关系进行傅里叶展开，有

$$\begin{cases}\sum_{n=0}^{\infty}\sum_{m=0}^{\infty}\psi_{mn}^{(1)}D_m^{(1)}-\sum_{n=0}^{\infty}\sum_{m=0}^{\infty}\eta_{mn}^{(1)}B_m^{(1)}=\sum_{n=0}^{\infty}\sum_{m=0}^{\infty}\varphi_{mn}^{(1)}\\ \dfrac{\mu_D k_D}{\mu_s k_s}\sum_{n=0}^{\infty}\sum_{m=0}^{\infty}\psi_{mn}^{(11)}D_m^{(1)}-\sum_{n=0}^{\infty}\sum_{m=0}^{\infty}\eta_{mn}^{(11)}B_m^{(1)}=\sum_{n=0}^{\infty}\sum_{m=0}^{\infty}\varphi_{mn}^{(11)}\end{cases}\tag{6-13}$$

$$\begin{cases}\sum_{n=0}^{\infty}\sum_{m=0}^{\infty}\psi_{mn}^{(2)}D_m^{(2)}-\sum_{n=0}^{\infty}\sum_{m=0}^{\infty}\eta_{mn}^{(2)}B_m^{(2)}=\sum_{n=0}^{\infty}\sum_{m=0}^{\infty}\varphi_{mn}^{(2)}\\ \dfrac{\mu_D k_D}{\mu_s k_s}\sum_{n=0}^{\infty}\sum_{m=0}^{\infty}\psi_{mn}^{(21)}D_m^{(2)}-\sum_{n=0}^{\infty}\sum_{m=0}^{\infty}\eta_{mn}^{(21)}B_m^{(2)}=\sum_{n=0}^{\infty}\sum_{m=0}^{\infty}\varphi_{mn}^{(21)}\end{cases}\tag{6-14}$$

式中

$$\psi_{mn}^{(1)}=\frac{1}{2\pi}\int_{-\frac{\pi}{2}}^{\frac{\pi}{2}}J_{2mp}(k_D|z+d_1|)\left\{\left(\frac{z+d_1}{|z+d_1|}\right)^{2mp}+\left(\frac{z+d_1}{|z+d_1|}\right)^{-2mp}\right\}e^{-in\theta}d\theta$$

$$\eta_{mn}^{(1)}=\frac{1}{2\pi}\int_{-\frac{\pi}{2}}^{\frac{\pi}{2}}H_{2m}^{(1)}(k_s|z|)\left\{\left(\frac{z}{|z|}\right)^{2m}+\left(\frac{z}{|z|}\right)^{-2m}\right\}e^{-in\theta}d\theta$$

$$\varphi_{mn}^{(1)}=\begin{cases}\dfrac{1}{2\pi}\displaystyle\int_{-\frac{\pi}{2}}^{\frac{\pi}{2}}2J_0(k_s|z|)e^{-in\theta}d\theta\\ \dfrac{1}{2\pi}\displaystyle\int_{-\frac{\pi}{2}}^{\frac{\pi}{2}}2(-1)^m J_{2m}(k_S|z|)\cos(2m\alpha)\left\{\left(\frac{z}{|z|}\right)^{2m}+\left(\frac{z}{|z|}\right)^{-2m}\right\}e^{-in\theta}d\theta\end{cases}$$

$$\psi_{mn}^{(11)}=\frac{1}{2\pi}\int_{-\frac{\pi}{2}}^{\frac{\pi}{2}}\{P_{2mp}^{(D)}(z+d_1)\}e^{-in\theta}d\theta$$

$$\eta_{mn}^{(11)}=\frac{1}{2\pi}\int_{-\frac{\pi}{2}}^{\frac{\pi}{2}}\{Q_{2m}^{(s)}(z)\}e^{-in\theta}d\theta$$

$$\varphi_{mn}^{(11)}=\begin{cases}\dfrac{1}{2\pi}\displaystyle\int_{-\frac{\pi}{2}}^{\frac{\pi}{2}}2\times\frac{J_{-1}(k_s|z|)-J_1(k_s|z|)}{2}\left\{\left(\frac{z}{|z|}\right)^{-1}e^{i\theta}+\left(\frac{z}{|z|}\right)^{1}e^{-i\theta}\right\}e^{-in\theta}d\theta\\ \dfrac{1}{2\pi}\displaystyle\int_{-\frac{\pi}{2}}^{\frac{\pi}{2}}2(-1)^m\cos(2m\alpha)P_{2m}^{(s)}(z)e^{-in\theta}d\theta\end{cases}$$

$$\psi_{mn}^{(2)}=\frac{1}{2\pi}\int_{-\frac{\pi}{2}}^{\frac{\pi}{2}}J_{(2m+1)p}(k_D|z+d_1|)\left\{\left(\frac{z+d_1}{|z+d_1|}\right)^{(2m+1)p}-\left(\frac{z+d_1}{|z+d_1|}\right)^{-(2m+1)p}\right\}e^{-in\theta}d\theta$$

$$\eta_{mn}^{(2)}=\frac{1}{2\pi}\int_{-\frac{\pi}{2}}^{\frac{\pi}{2}}H_{2m+1}^{(1)}(k_s|z|)\left\{\left(\frac{z}{|z|}\right)^{2m+1}-\left(\frac{z}{|z|}\right)^{-(2m+1)}\right\}e^{-in\theta}d\theta$$

$$\varphi_{mn}^{(2)}=\frac{1}{2\pi}\int_{-\frac{\pi}{2}}^{\frac{\pi}{2}}2(-1)^m J_{2m+1}(k_s|z|)\sin[(2m+1)\alpha]\left\{\left(\frac{z}{|z|}\right)^{2m+1}-\left(\frac{z}{|z|}\right)^{-2m-1}\right\}e^{-in\theta}d\theta$$

$$\psi_{mn}^{(21)}=\frac{1}{2\pi}\int_{-\frac{\pi}{2}}^{\frac{\pi}{2}}\{U_{(2m+1)p}^{(D)}(z+d_1)\}e^{-in\theta}d\theta$$

$$\eta_{mn}^{(21)}=\frac{1}{2\pi}\int_{-\frac{\pi}{2}}^{\frac{\pi}{2}}\{V_{2m+1}^{(s)}(z)\}\mathrm{e}^{-\mathrm{i}n\theta}\mathrm{d}\theta$$

$$\varphi_{mn}^{(21)}=\frac{1}{2\pi}\int_{-\frac{\pi}{2}}^{\frac{\pi}{2}}2(-1)^{m}\sin[(2m+1)\alpha]\{U_{2m+1}^{(s)}(z)\}\mathrm{e}^{-\mathrm{i}n\theta}\mathrm{d}\theta$$

6.1.6 地面位移幅值

研究等腰三角形凸起结构对 SH 波散射的影响，对稳态 SH 波而言，如果求得观察点的位移量就可以求解该点的加速度值，这对地震工程是至关重要的。由于入射 SH 波的作用，区域Ⅰ内的驻波为 $w^{(D)}$，而弹性半空间区域Ⅱ中的总波场则可以写成

$$w=w^{(i)}+w^{(r)}+w^{(s)} \tag{6-15}$$

或者写成

$$w|w|\mathrm{e}^{\mathrm{i}(\omega t-\phi)} \tag{6-16}$$

式中：$|w|$称为位移幅值，即 w 的绝对值，而 ϕ 中为 w 的相位，同时有

$$\phi=\arctan\left[\frac{\mathrm{Im}w}{\mathrm{Re}w}\right] \tag{6-17}$$

又入射波的频率 ω 可以与“三角形+半圆”区域Ⅰ中半圆的半径 a 组合成一个入射波波数，即入射波波数为

$$ka=\omega a/c_s \tag{6-18}$$

或者

$$ka=2\pi a/\lambda \tag{6-19}$$

式中：λ 为入射波的波长，或者写成

$$\eta=2a/\lambda \tag{6-20}$$

6.1.7 算例与结果分析

作为算例，假设入射波振幅 w_0 为 1.0，区域Ⅰ中半圆的半径 a 为 1.0，建立模型如图 6.3 所示，$y/a=\pm1$ 表示三角形凸起与水平面的相交位置，$y/a=0$ 对应着三角形凸起的顶点，而 $|y/a|<1.0$ 和 $|y/a|>1.0$ 则分别代表三角形凸起和水平面上各点。

1. 第Ⅰ类问题

区域Ⅰ和区域Ⅱ内材料完全相同时（即 $\rho_D=\rho_s$，$K_D=K_s$，$\mu_D=\mu_s$），问题转换成 SH 波对等腰三角形凸起地形的散射问题。图 6.4～图 6.6 给出了具有不同波数的入射波，以不同的入射角 α 入射时，不同坡度的等腰三角形凸起地形表面及其附近水平面的位移幅值 $|w|$。

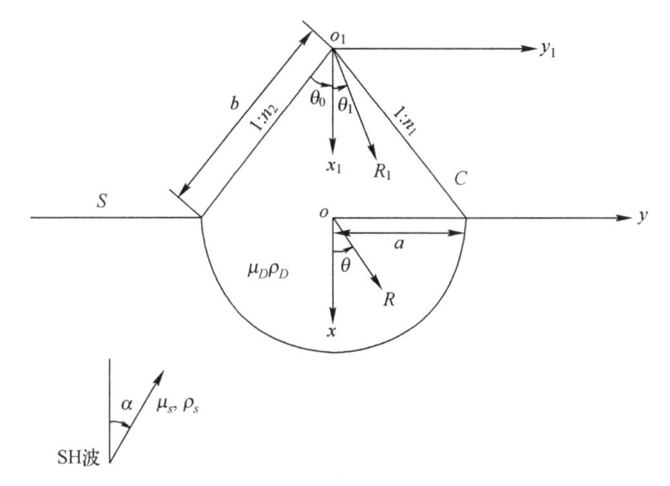

图 6.3　算例模型

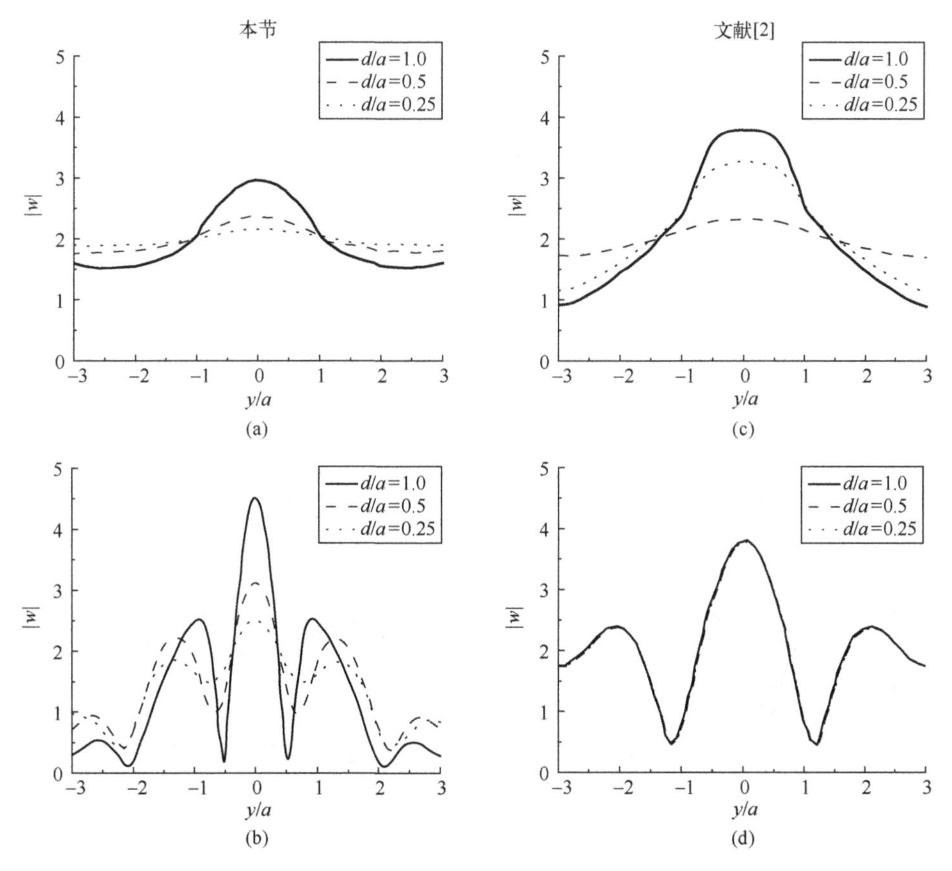

图 6.4　本节与文献［2］中地表位移数值结果对比

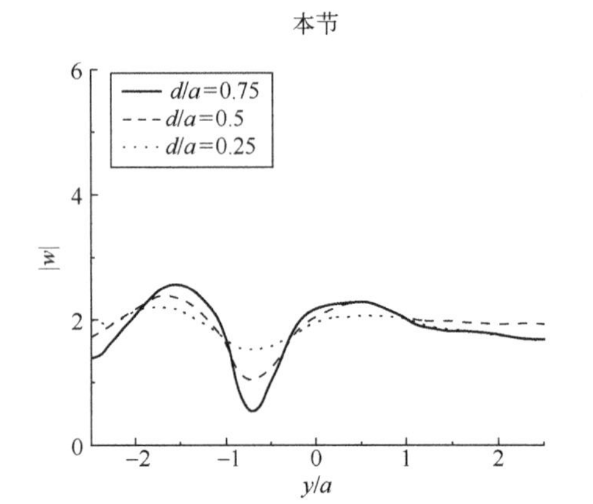

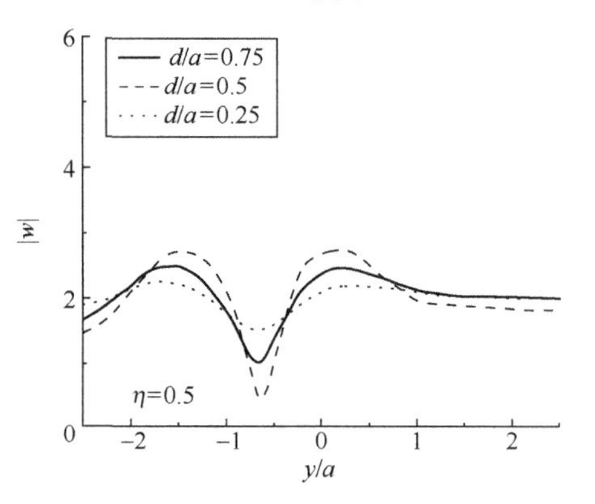

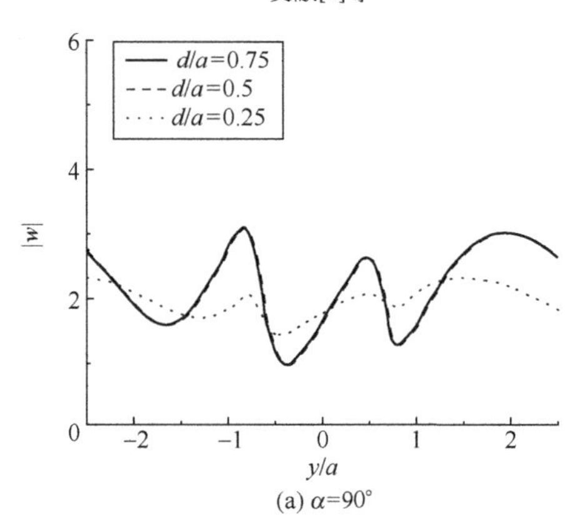

(a) $\alpha=90^{\circ}$

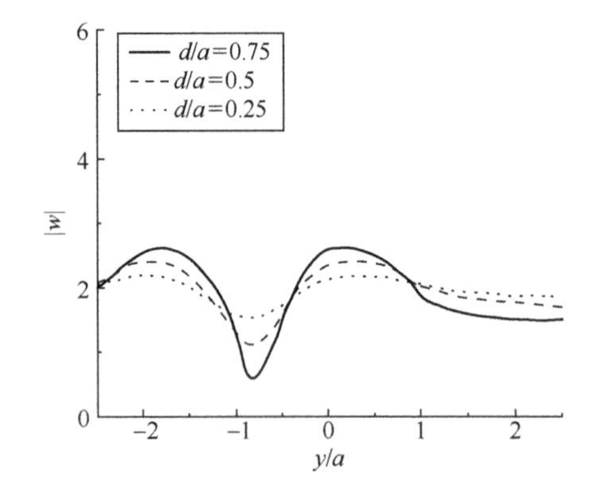

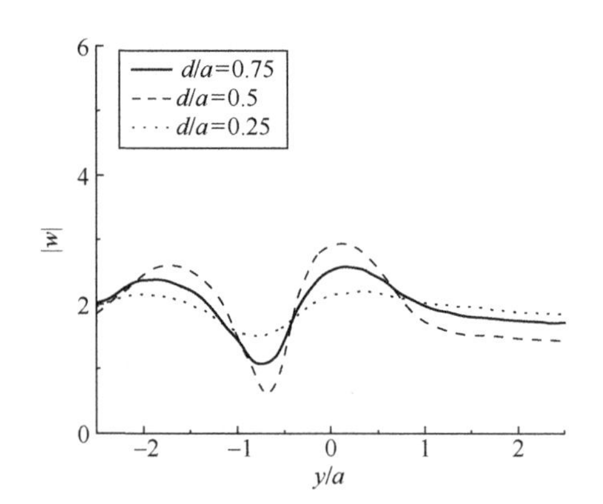

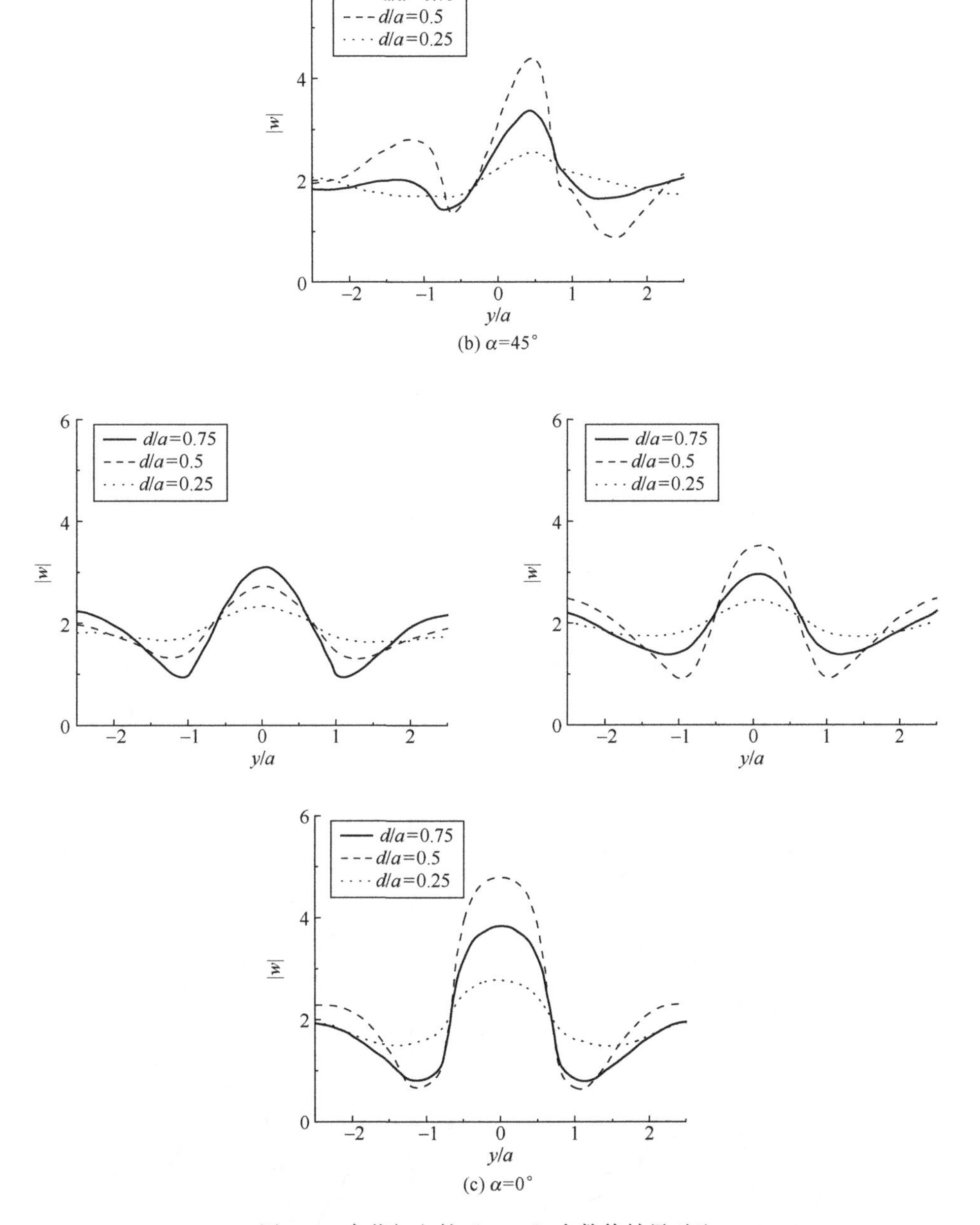

(b) α=45°

(c) α=0°

图 6.5　本节与文献［2，4］中数值结果对比

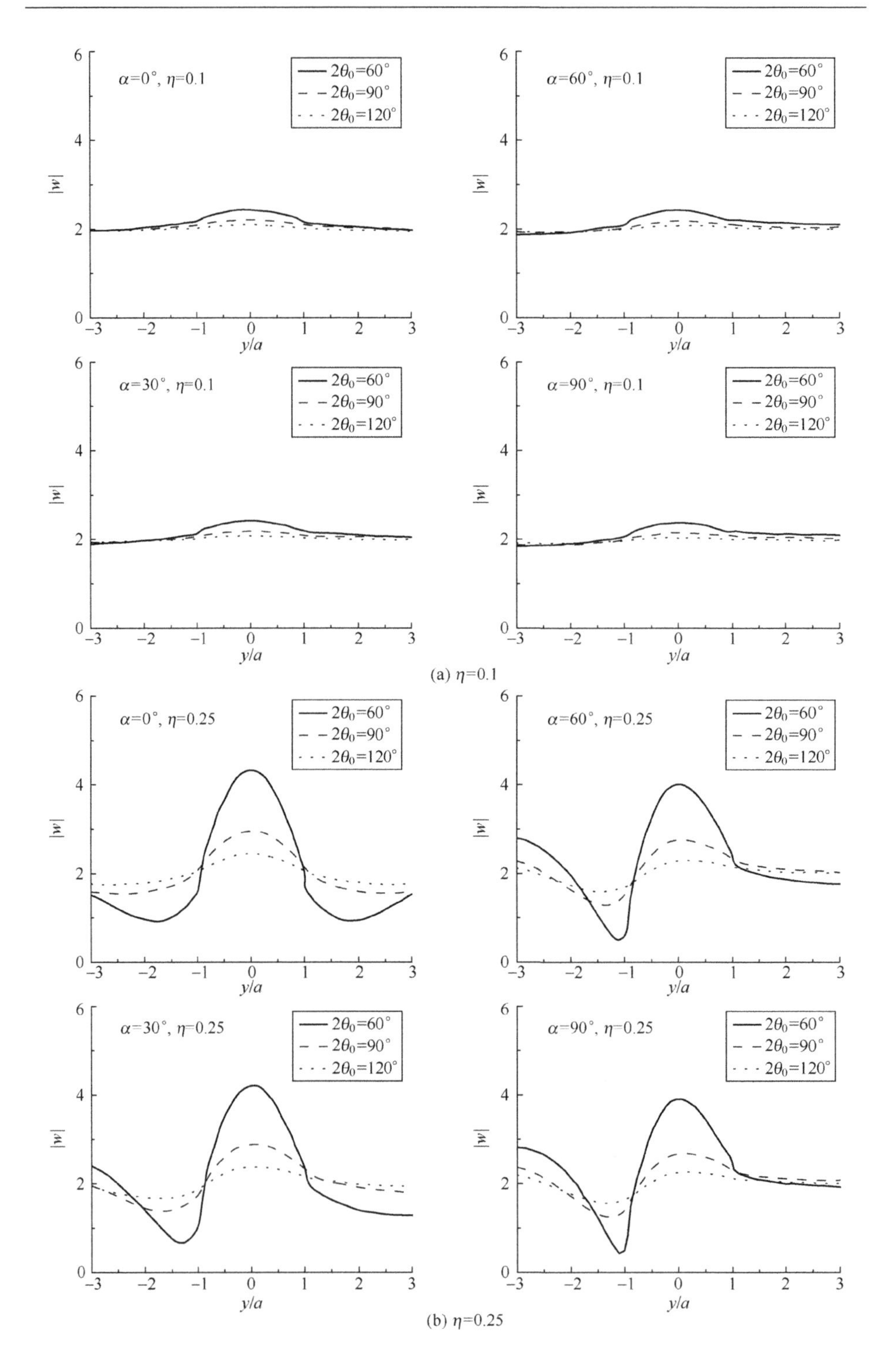

(a) $\eta=0.1$

(b) $\eta=0.25$

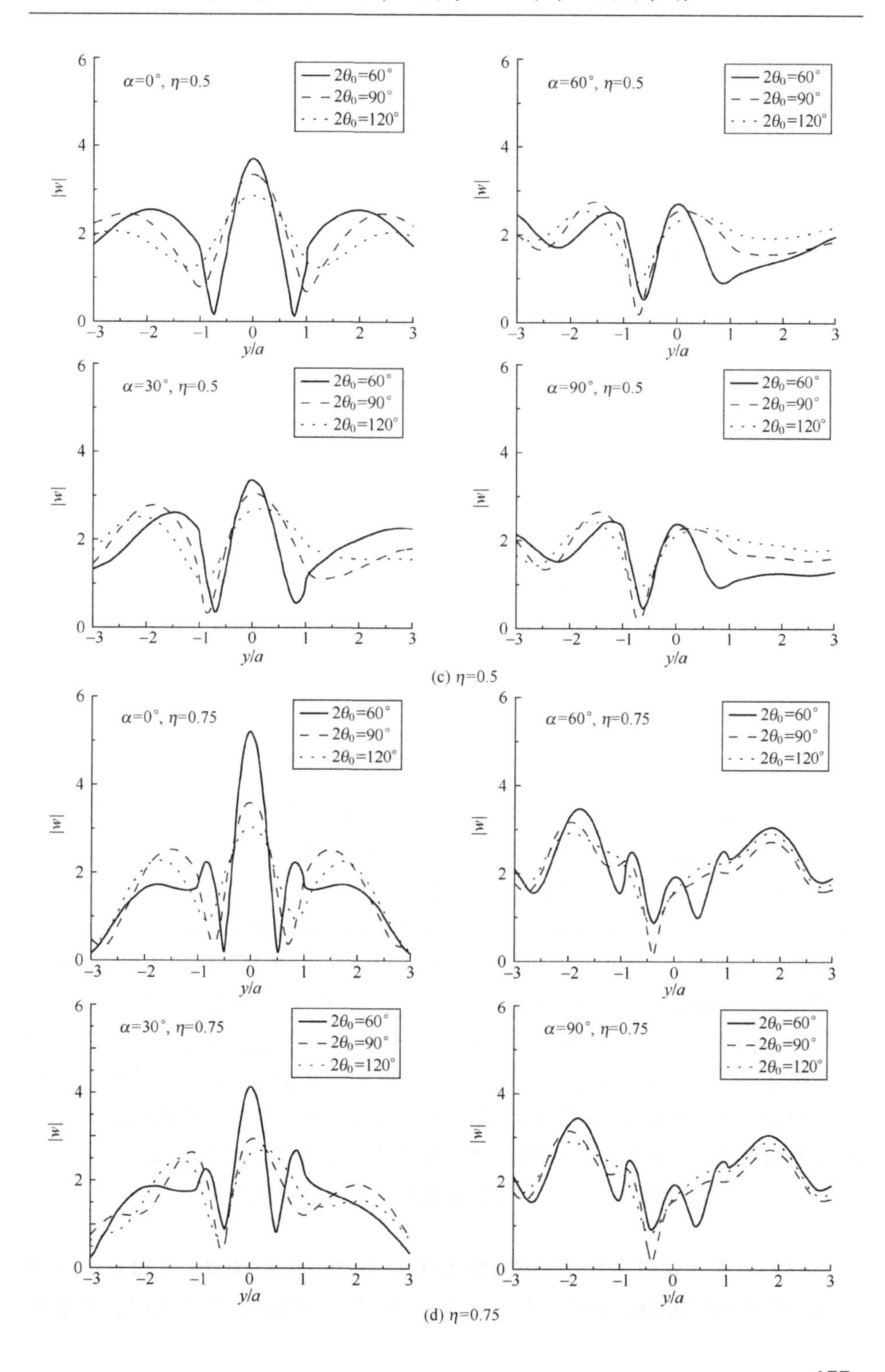

(c) η=0.5

(d) η=0.75

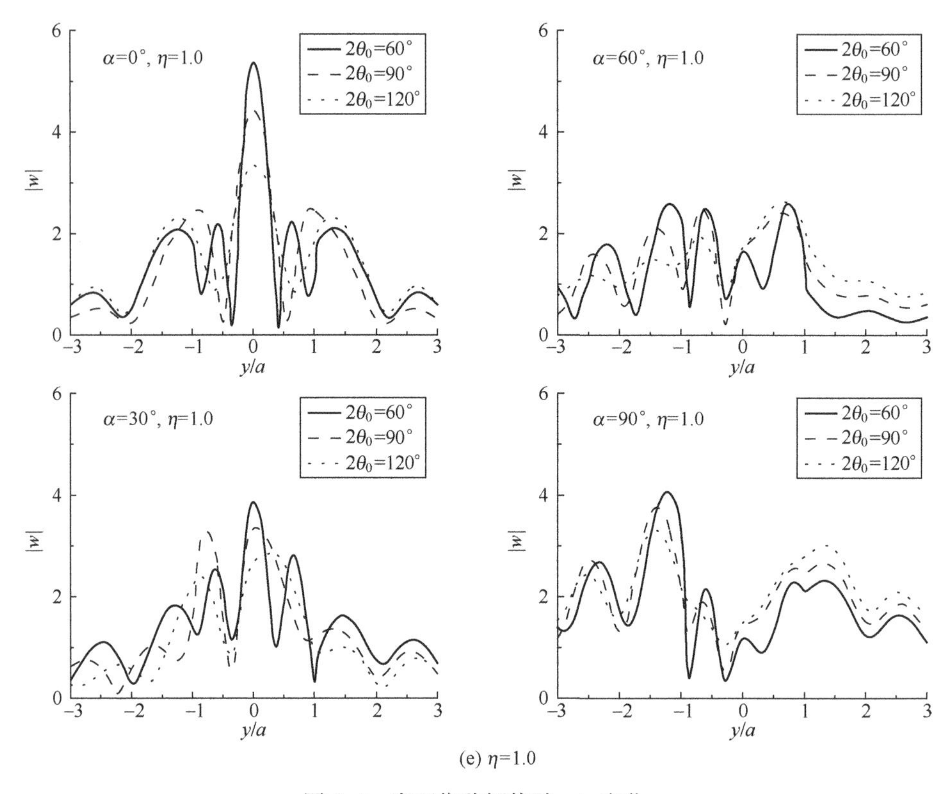

(e) $\eta=1.0$

图 6.6 表面位移幅值随 y/a 变化

(1) 图 6.4 给出了参考文献［2］中算例及按本节给出的驻波函数式（6-3）重新分析结果的比较。由于采用的驻波函数不同，计算结果出现差异是正常的。要指出的是，就本算例而言，即使在 $d/a=1.0$ 时，即等腰三角形顶角 $2\theta_0=\pi/2$，$p=2$ 时，虽然本节的驻波函数中贝塞尔函数取了整数阶的形式，但仍与参考文献［2］具有不同的结构形式。在这一算例中，公共边界 D、$\overline{D}$上位移和应力连续条件满足的精度为 $10^{-2}\sim10^{-3}$，保证了结果的科学性。

(2) 图 6.5 给出的是对参考文献［2］中另一算例重新计算的结果。在参考文献［2］中，该算例给出了具有三种不同几何尺寸的等腰三角形凸起地形对不同方向入射 SH 波的出平面反应，并与参考文献［4］中利用边界元方法取得的结果进行了比较。本节对该例题重新进行了分析，结果与文献［4］相当吻合，可以直接说明文献［4］的结果和本节推导的驻波函数（6-3）是正确的。

(3) 图 6.6 表明，当入射波波数为 0.1、0.25、0.5、0.75、1.0 时，等腰三角形在不同顶角 $2\theta_0=60°$，90°，120°，SH 波以不同的角度入射时，水平地

表和凸起地表的位移幅值$|w|$分布情况。当$\eta=0.1$时，即表示所求解的问题为准静态情况。此时三角形夹角越小则位移越大，这是由于夹角越小的凸起地形刚度越小，显示了明显的“静力学”特征；而当$\eta=0.25$、0.5、0.75、1.0时，地表位移的变化显示了明显的动力学特征，夹角不同的凸起地形刚度不同，对不同频率入射波反应不同，则随着η的增加$|w|$出现了振荡现象。其最大的幅值出现在$\alpha=0°$，即SH波垂直入射时，在三角形地形顶点的位移幅值$|w|$可达5.5以上（当$\eta=1.0$时），而斜入射时位移幅值$|w|$要小一些，但仍然可以达到4.0左右。

（4）由图6.6可知，特别是在入射角$\alpha=0°$时，具有相同波数的入射波造成的出平面反应与等腰三角形顶角有关，夹角越小反应越大。这是因为夹角变小，会使等腰三角形变得高耸、刚度减小而造成的。

（5）由图6.6还可知，对具有相同夹角的等腰三角形地形而言，提高高度，等腰三角形底边a的值相应也提高，从而等效于提高入射波的频率；而降低高度则等效于降低了入射波的频率。同样，在入射角$\alpha=0°$时，随着波数的增加，在$y/a=0$处的反应也会提高，这是由于夹角不变时波数的增加等效于提高了等腰三角形的高度，从而使其刚度减小而造成的。

2. 第Ⅱ类问题

区域Ⅰ和区域Ⅱ内材料不同时（即$\rho_D\neq\rho_s$，$K_D\neq K_s$，$\mu_D\neq\mu_s$），问题转换成SH波对等腰三角形坝体结构的散射问题。图6.7给出了坝体结构顶角接近水平时各点地表位移数值结果，图6.8给出了当坝体结构相对基础材料较“软”时各点位移幅值数值结果，图6.9给出了当坝体结构相对基础材料较“硬”时各点位移幅值数值结果。

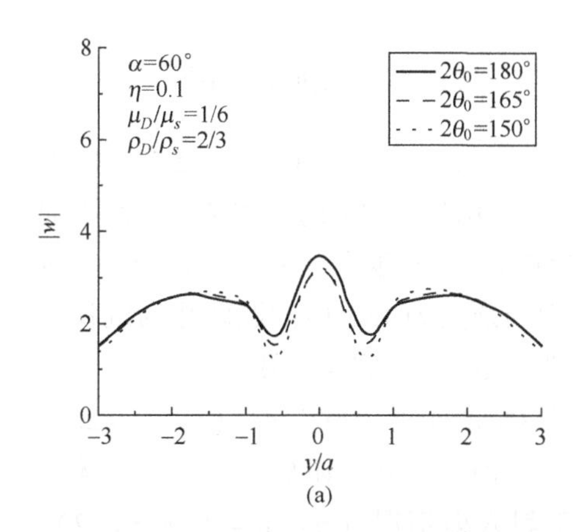

(a)

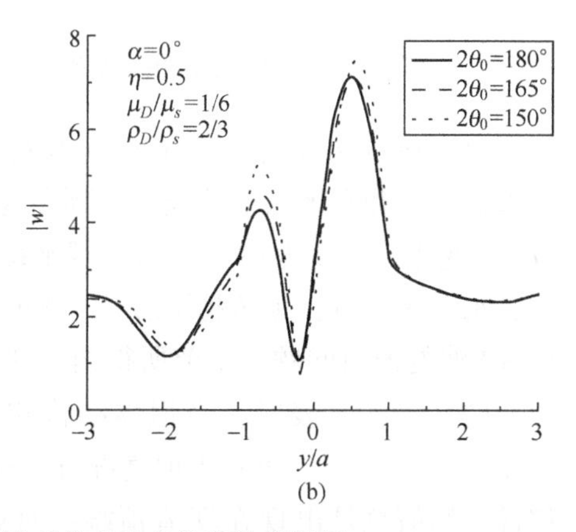

(b)

图6.7　坝体结构顶角接近水平时各点地表位移数值结果

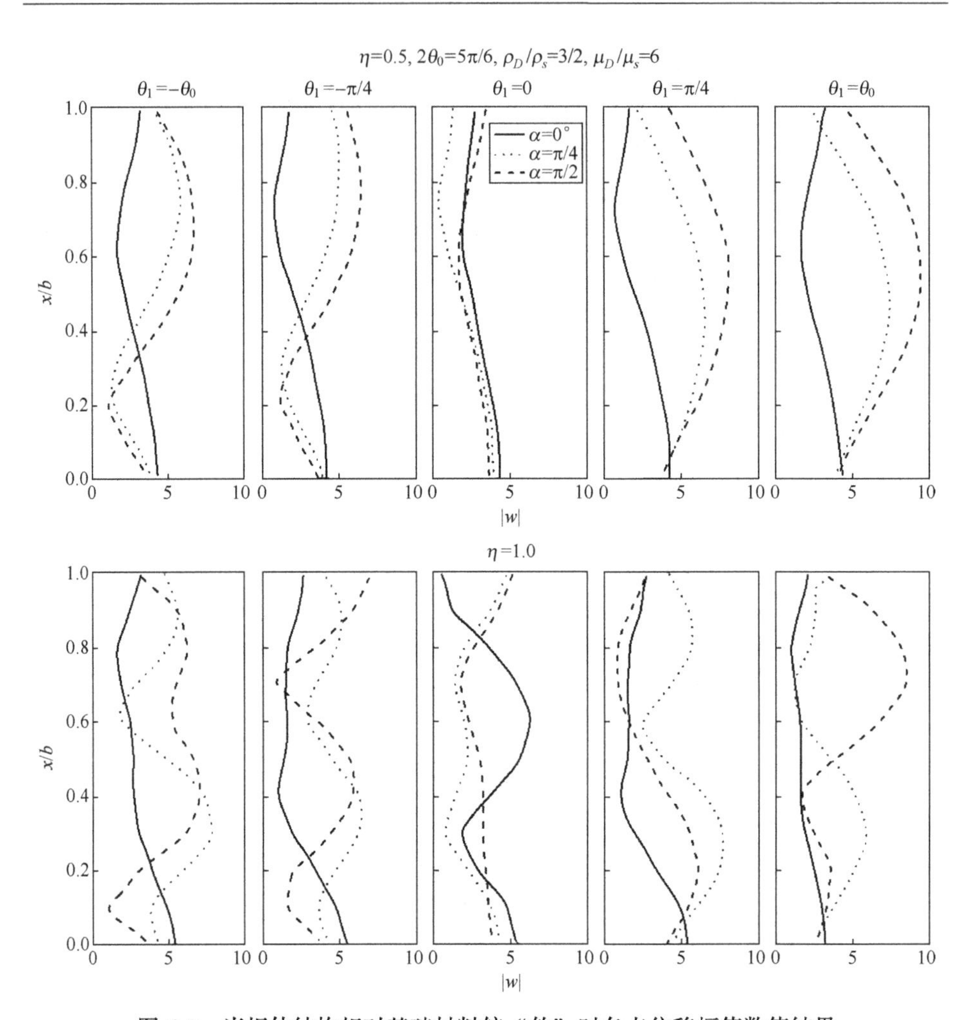

图 6.8　当坝体结构相对基础材料较“软”时各点位移幅值数值结果

（1）图 6.7 表明，当 $\rho_D/\rho_s=2/3$，$\mu_D/\mu_s=1/6$ 时，$\eta=0.1$、0.5 的 SH 波在垂直入射和水平入射情况下，顶角为 150°、165°、180°的坝体结构和水平面 $|w|$的变化。垂直入射时，顶角越平缓坝体部分 $|w|$越大，而基础部分 $|w|$越小；水平入射时，顶角越平缓 $|w|$越小。而当顶角为 180°时问题转化为沉积层对 SH 波的散射问题，本节所得结果和参考文献［5］完全一致。

（2）图 6.8 表明，当坝体结构相对基础材料较“软”时（$\rho_D/\rho_s=2/3$，$\mu_D/\mu_s=1/6$），对于垂直入射情况（$\alpha=0°$），无论 $\eta=0.5$ 还是 $\eta=1.0$，坝体位移最大幅值总是出现在坝体顶端；而对于斜入射情况（$\alpha=\pi/4$ 和 $\alpha=\pi/2$），坝体位移最大幅值出现在“迎波面”，即入射波朝向侧（本节中坝体右侧）。

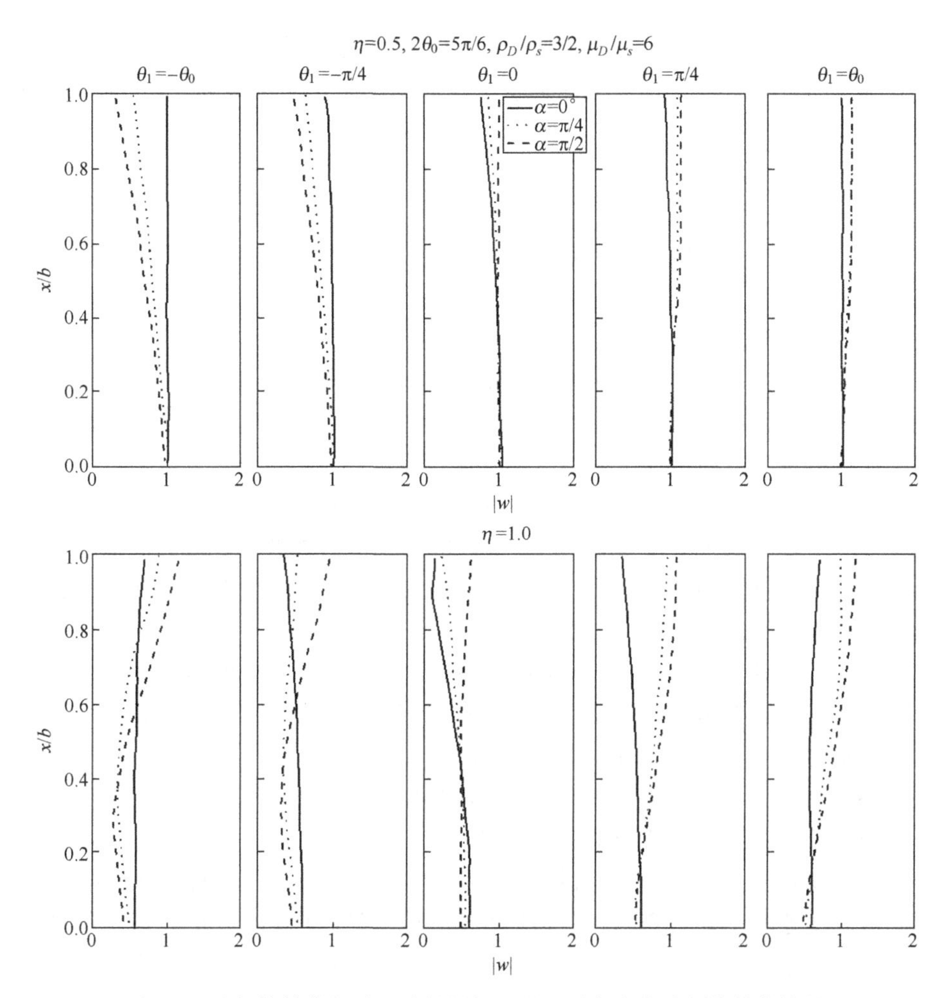

图 6.9　当坝体结构相对基础材料较“硬”时各点位移幅值数值结果

当 $\eta=0.5$ 时，入射角 $\alpha=0$、$\alpha=\pi/4$ 和 $\alpha=\pi/2$ 所对应的最大位移幅值大约为 4.0、5.0 和 8.0；当 $\eta=1.0$ 时，入射角 $\alpha=0$、$\alpha=\pi/4$ 和 $\alpha=\pi/2$ 所对应的最大位移幅值大约为 4.5、8.0 和 10.0。垂直入射时，无论是 $\eta=0.5$ 还是 $\eta=1.0$，$|w|$变化相对比较有规律；而对于斜入射，当 $\eta=0.5$ 时规律性比较明显，而 η 提高到 1.0 时$|w|$变化激烈。

（3）图 6.9 表明，当坝体结构相对基础材料较“硬”时（即密度比和弹性模量比为：$\rho_D/\rho_s=3/2$，$\mu_D/\mu_s=6$），无论 $\eta=0.5$ 还是 $\eta=1.0$，$|w|$变化不大，对于垂直入射情况（$\alpha=0°$）尤其如此。垂直入射下，坝体位移最大幅值总是出现在坝体顶端，而对于斜入射情况（$\alpha=\pi/4$ 和 $\alpha=\pi/2$），坝体位移最

大幅值出现在“迎波面”（本节中坝体右侧）。位移幅值在 $\eta=0.5$ 时 $|w|_{\max}\approx 1.0$，$\eta=1.0$ 时 $|w|_{\max}=0.5\sim0.8$，这与半无限弹性空间中入射波和反射波引起的位移幅值 2.0 相比小了 50%~75%。

6.1.8 结论

本节利用波函数展开法、复变函数法和多极坐标理论研究了 SH 波对等腰三角形结构的散射问题，纠正了参考文献［2-3］在解决等腰三角形凸起对 SH 波散射问题的严重分析错误，并给出了正确解答。

作为算例，本节给出了两类问题的数值结果：SH 波作用下等腰三角形凸起地形及其附近水平面的地震动；SH 波作用下等腰三角形坝体结构表面和内部各点的地震动。通过算例分析讨论，可以得出以下结论：

（1）在利用分区方法和辅助函数思想求解等腰三角形凸起地形出平面反应时，应当在区域Ⅰ中按本节式（6-3）的方式构造驻波，它能同时满足三角形斜面上应力自由和控制方程。而参考文献［2］中的驻波表达式（13）是不满足控制方程的，不是方程的解。

（2）应当注意到，对具有相同波数的入射波对等腰三角形造成的出平面反应，其三角形夹角越小则反应越大。这是因为夹角小，结构变得高耸，从而减小了刚度。这一点在 $\alpha=0°$时尤其明显。

（3）对夹角一定的等腰三角形地形的出平面反应而言，地形高度的增加可按照等效于提高入射波频率 η 来处理。

（4）等腰三角形坝体结构的存在改变了自由场的地震特性，坝体材料的不同将改变地表位移的变化。在坝体结构相对基础材料较“硬”情况下的地表位移远远小于坝体结构较“软”的情况，而且较“软”的坝体受入射波的频率、入射角影响相对明显。

6.2 半空间中非等腰三角形凸起地形对 SH 波的散射

6.2.1 引言

本节在上一节的基础上，采用辅助函数思想，应用复变函数法和移动坐标方法，对稳态 SH 波对非等腰三角形凸起结构的散射进行了研究。首先，将求解模型分为两个区域：区域Ⅰ为非等腰三角形和以该三角形底边为直径的半圆形共同组合而成的区域，区域Ⅱ为带半圆形凹陷的弹性半空间。在区域Ⅰ内构造一个驻波解，使其预先满足三角形凸起的两个斜边表面应力自由的边界条件，在区域Ⅱ内构造出一个满足水平边界应力自由的散射波。其次，利用移动坐标方法在所分成的两个区域的“公共边界”实现位移、应力连续，将问题归结为一个无穷代数方程组，并采用截断有限项进行计算求解。

最后，为了更好地说明问题，讨论了两类具体的问题：第Ⅰ类是地形影响问题，即将区域Ⅰ和区域Ⅱ看成完全相同的一种材料组成，在此基础上研究SH波对非等腰三角形凸起地形的散射问题，讨论入射波波数和入射角、不等腰三角形的形状等物理和几何参数对地表地震动的影响，特别给出了直角三角形凸起地形的地表地震动随入射角和波数变化的曲线。第Ⅱ类是坝体结构和基础相互作用问题，即区域Ⅰ和区域Ⅱ各自的弹性模量、密度等介质参数不同，在此基础上求解“软”结构与“硬”基础相互作用以及“硬”结构与“软”基础相互作用的解析解答，讨论入射波数、角度对结构表面地震动的影响。

6.2.2　问题模型

非等腰三角形凸起如图6.10所示，图中三角形凸起顶点记为o_1，两边边界分别记为D_A和D_B，坡度分别为$1:n_1$和$1:n_2(n_1<n_2)$，底边中点记为o，o点距Ⅱ在三角形底边上的投影距离为$\Delta=(n_2-n_1)a/n_2+n_1$。

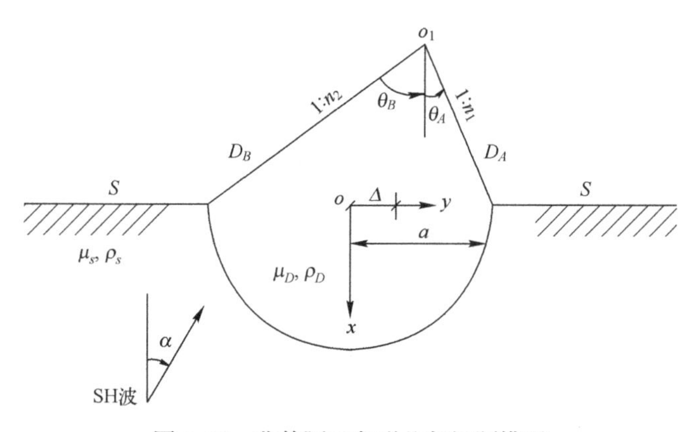

图6.10　非等腰三角形凸起问题模型

求解非等腰三角形凸起对SH波散射问题，就是要在水平地表S，凸起边界D_A、D_B上给定应力自由的边界条件来求解SH波的控制方程。为了解决求解时的困难，采用“分区”方法加以解决，即可将整个求解区域分割成两部分来处理，如图6.11所示，区域Ⅰ为包括边界D_A，D_B和$\overline{D}$在内的“三角形+半圆形”区域；余下部分为区域Ⅱ，它包括边界S、$\overline{S}$。$\overline{D}$和$\overline{S}$为两个区域的“公共边界”，应满足应力、位移连续条件。

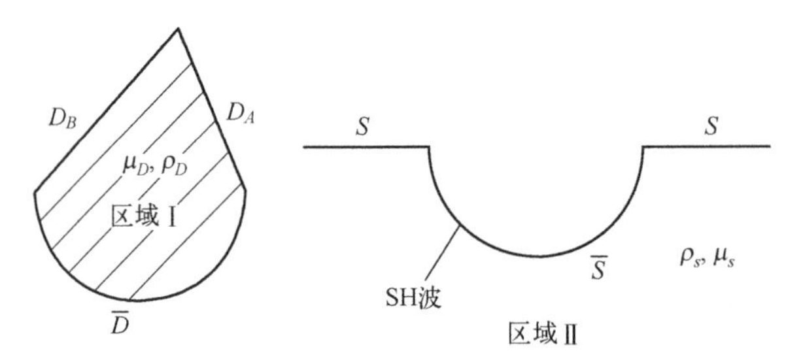

图 6.11　模型区分示意图

6.2.3　辅助问题 I

在 I 区内，以三角形底边中点 o 和三角形凸起顶点 o_1 点为原点分别建立 Cartesian 坐标系记为 xoy，$x_1o_1y_1$，其中 o_1x_1 轴为三角形顶角的平分线。如图 6.12 所示。在区域 I 内构造的驻波解应满足以下边界条件：

$$\tau_{\theta_1 z}^{(D)}=\begin{cases}0, \theta_1=+\dfrac{\theta_A+\theta_B}{2}\\ 0, \theta_1=-\dfrac{\theta_A+\theta_B}{2}\end{cases} \tag{6-21}$$

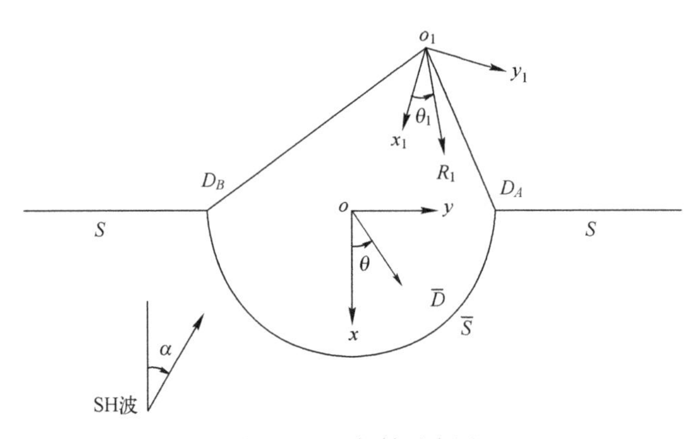

图 6.12　坐标轴示意图

在 $x_1o_1y_1$ 坐标对应的复平面$(z_1, \bar{z}_1)$上，满足控制方程和边界条件（6-1）的驻波函数 $w^{(D)}$ 应当写成

$$w^{(D)}(z_1,\bar{z}_1)$$
$$=w_0\sum_{m=0}^{\infty}D_m^{(1)}J_{2mp}(k_p|z_1|)\left[\left(\frac{z_1}{|z_1|}\right)^{2mp}+\left(\frac{z_1}{|z_1|}\right)^{-2mp}\right]$$

$$+w_0\sum_{m=0}^{\infty}D_m^{(2)}J_{(2m+1)p}(k_D|z_1|)\left[\left(\frac{z_1}{|z_1|}\right)^{(2m+1)p}-\left(\frac{z_1}{|z_1|}\right)^{-(2m+1)p}\right] \tag{6-22}$$

式中：w_0 为驻波的最大幅值；$D_m^{(1)}$、$D_m^{(2)}$ 为待求常数；$p=\frac{\pi}{\theta_A+\theta_B}$；$J_{2mp}(\cdot)$，$J_{(2m+1)p}(\cdot)$ 为 $2mp$ 和 $(2m+1)p$ 阶的贝塞尔函数。

由于 z_1 可以表示为

$$z_1=(z+d_1)\mathrm{e}^{\mathrm{i}q} \tag{6-23}$$

式中：

$$q=\frac{\arctan n_2-\arctan n_1}{2},\quad d_1=\frac{2}{n_1+n_2}-\frac{n_2-n_1}{n_1+n_2}\mathrm{i}$$

则在 xoy 对应的复平面 $(z_1,\bar{z}_1)$ 上，式（6-2）可写成

$$\begin{aligned}
&w^{(D)}(z_1,\bar{z}_1)\\
&=w_0\sum_{m=0}^{\infty}\left\{D_m^{(1)}J_{2mp}(k_D|(z+d_1)\mathrm{e}^{\mathrm{i}q}|)\left[\left(\frac{(z+d_1)\mathrm{e}^{\mathrm{i}q}}{|(z+d_1)\mathrm{e}^{\mathrm{i}q}|}\right)^{2mp}+\left(\frac{(z+d_1)\mathrm{e}^{\mathrm{i}q}}{|(z+d_1)\mathrm{e}^{\mathrm{i}q}|}\right)^{-2mp}\right]\right.\\
&\left.+\sum_{m=0}^{\infty}D_m^{(2)}J_{(2m+1)p}(k_D|(z+d_1)\mathrm{e}^{\mathrm{i}q}|)\left[\left(\frac{(z+d_1)\mathrm{e}^{\mathrm{i}q}}{|(z+d_1)\mathrm{e}^{\mathrm{i}q}|}\right)^{(2m+1)p}-\left(\frac{(z+d_1)\mathrm{e}^{\mathrm{i}q}}{|(z+d_1)\mathrm{e}^{\mathrm{i}q}|}\right)^{-(2m+1)p}\right]\right\}
\end{aligned} \tag{6-24}$$

式（6-24）即为在区域Ⅰ中，满足斜边上应力自由，而边界 D 上位移、应力任意的驻波函数，其相应的应力表达式为

$$\tau_r^{(D)}=\frac{\mu_D k_D w_0}{2}\sum_{m=0}^{\infty}\{D_m^{(1)}P_{2mp}[(z+d_1)\mathrm{e}^{\mathrm{i}q}]+D_m^{(2)}U_{(2m+1)p}[(z+d_1)\mathrm{e}^{\mathrm{i}q}]\} \tag{6-25}$$

式中：

$$\begin{aligned}
&P_t(s)\\
&=J_{t-1}(k_D|s|)\left(\frac{s}{|s|}\right)^{t-1}\mathrm{e}^{\mathrm{i}(\theta+q)}-J_{t+1}(k_D|s|)\left(\frac{s}{|s|}\right)^{-t-1}\mathrm{e}^{\mathrm{i}(\theta+q)}\\
&+J_{t-1}(k_D|s|)\left(\frac{s}{|s|}\right)^{1-t}\mathrm{e}^{-\mathrm{i}(\theta+q)}-J_{t+1}(k_D|s|)\left(\frac{s}{|s|}\right)^{t+1}\mathrm{e}^{-\mathrm{i}(\theta+q)}\\
&U_t(s)\\
&=J_{t-1}(k_D|s|)\left(\frac{s}{|s|}\right)^{t-1}\mathrm{e}^{\mathrm{i}(\theta+q)}+J_{t+1}(k_D|s|)\left(\frac{s}{|s|}\right)^{-t-1}\mathrm{e}^{\mathrm{i}(\theta+q)}\\
&-J_{t-1}(k_D|s|)\left(\frac{s}{|s|}\right)^{1-t}\mathrm{e}^{-\mathrm{i}(\theta+q)}-J_{t+1}(k_D|s|)\left(\frac{s}{|s|}\right)^{t+1}\mathrm{e}^{-\mathrm{i}(\theta+q)}
\end{aligned}$$

6.2.4 辅助问题Ⅱ

在区域Ⅱ内，构造一个散射波 $w^{(s)}$，使它能满足半空间表面应力自由，即

$$\begin{aligned} & w^{(s)}(z,\bar{z}) \\ & = w_0 \sum_{m=0}^{\infty} B_m^{(1)} H_{2m}(k_s|z|)\left[\left(\frac{z}{|z|}\right)^{2m} + \left(\frac{z}{|z|}\right)^{-2m}\right] \\ & + w_0 \sum_{m=0}^{\infty} B_m^{(2)} H_{2m+1}(k_s|z|)\left[\left(\frac{z}{|z|}\right)^{(2m+1)} - \left(\frac{z}{|z|}\right)^{-(2m+1)}\right] \end{aligned} \tag{6-26}$$

相应的应力在复平面$(z,\bar{z})$上表示为

$$\tau_{rz}^{(s)} = \frac{\mu_s k_s w_0}{2} \sum_{m=0}^{\infty} \{B_m^{(1)} Q_{2m}^{(S)}(z) + B_m^{(2)} V_{2m+1}^{(S)}(z)\} \tag{6-27}$$

其中

$$\begin{aligned} & Q_t(s) \\ & = H_{t-1}^{(1)}(k_s|s|)\left(\frac{s}{|s|}\right)^{t-1} e^{i\theta} - H_{t+1}^{(1)}(k_s|s|)\left(\frac{s}{|s|}\right)^{-t-1} e^{i\theta} \\ & + H_{t-1}^{(1)}(k_s|s|)\left(\frac{s}{|s|}\right)^{1-t} e^{-i\theta} - H_{t+1}^{(1)}(k_s|s|)\left(\frac{s}{|s|}\right)^{t+1} e^{-i\theta} \end{aligned}$$

$$\begin{aligned} & V_t(s) \\ & = H_{t-1}^{(1)}(k_s|s|)\left(\frac{s}{|s|}\right)^{t-1} e^{i\theta} + H_{t+1}^{(1)}(k_s|s|)\left(\frac{s}{|s|}\right)^{-t-1} e^{i\theta} \\ & - H_{t-1}^{(1)}(k_s|s|)\left(\frac{s}{|s|}\right)^{1-t} e^{-i\theta} - H_{t+1}^{(1)}(k_s|s|)\left(\frac{s}{|s|}\right)^{t+1} e^{-i\theta} \end{aligned}$$

半空间中的入射波和反射波可写为

$$\begin{aligned} & w^{(i+r)} \\ & = 2J_0(k_s|z|) + 2\sum_{m=1}^{\infty}(-1)^m J_{2m}(k_s|z|)\cos 2m\alpha\left\{\left(\frac{z}{|z|}\right)^{2m} + \left(\frac{z}{|z|}\right)^{-2m}\right\} \\ & + 2\sum_{m=0}^{\infty}(-1)^m J_{2m+1}(k_s|z|)\sin(2m+1)\alpha\left\{\left(\frac{z}{|z|}\right)^{2m+1} - \left(\frac{z}{|z|}\right)^{-(2m+1)}\right\} \end{aligned} \tag{6-28}$$

相应的应力表示为

$$\begin{aligned} & \tau_r^{(i+r)} \\ & = \frac{\mu_s k_s w_0}{2} 2\,\frac{J_{-1}(k_s|z|) - J_1(k_s|z|)}{2}\left\{\left(\frac{z}{|z|}\right)^{-1} e^{i\theta} + \left(\frac{z}{|z|}\right)^{1} e^{-i\theta}\right\} \end{aligned}$$

$$+\frac{\mu_s k_s w_0}{2}\sum_{m=1}^{\infty}2(-1)^m\cos 2m\alpha P_{2m}^*(z)+\frac{\mu_s k_s w_0}{2}\sum_{m=0}^{\infty}2(-1)^m\sin(2m+1)\alpha U_{2m+1}^*(z)$$

(6-29)

其中

$$\begin{aligned}&P_t^*(s)\\&=J_{t-1}(k_s|s|)\left(\frac{s}{|s|}\right)^{t-1}e^{i\theta}-J_{t+1}(k_s|s|)\left(\frac{s}{|s|}\right)^{-t-1}e^{i\theta}\\&+J_{t-1}(k_s|s|)\left(\frac{s}{|s|}\right)^{1-t}e^{-i\theta}-J_{t+1}(k_s|s|)\left(\frac{s}{|s|}\right)^{t+1}e^{-i\theta}\\&U_t^*(s)\\&=J_{t-1}(k_s|s|)\left(\frac{s}{|s|}\right)^{t-1}e^{i\theta}+J_{t+1}(k_s|s|)\left(\frac{s}{|s|}\right)^{-t-1}e^{i\theta}\\&-J_{t-1}(k_s|s|)\left(\frac{s}{|s|}\right)^{1-t}e^{-i\theta}-J_{t+1}(k_s|s|)\left(\frac{s}{|s|}\right)^{t+1}e^{-i\theta}\end{aligned}$$

6.2.5　边界条件及定解方程组

根据辅助函数法，在区域Ⅰ和区域Ⅱ的公共边界 D 上应该满足位移和应力连续条件，即

$$\begin{cases}w^{(D)}(z,\bar{z})=w^{(i+r)}+w^{(s)}\\\tau_{rz}^{(D)}=\tau_{rz}^{(i+r)}+\tau_{rz}^{(s)}\end{cases}\tag{6-30}$$

利用位移和应力的正弦、余弦部分一一对应关系进行傅里叶展开，有

$$\begin{cases}\sum\limits_{n=0}^{\infty}\sum\limits_{m=0}^{\infty}\psi_{mn}^{(1)}D_m^{(1)}-\sum\limits_{n=0}^{\infty}\sum\limits_{m=0}^{\infty}\eta_{mn}^{(1)}B_m^{(1)}=\sum\limits_{n=0}^{\infty}\sum\limits_{m=0}^{\infty}\varphi_{mn}^{(1)}\\\dfrac{\mu_D k_D}{\mu_s k_s}\sum\limits_{n=0}^{\infty}\sum\limits_{m=0}^{\infty}\psi_{mn}^{(11)}D_m^{(1)}-\sum\limits_{n=0}^{\infty}\sum\limits_{m=0}^{\infty}\eta_{mn}^{(11)}B_m^{(1)}=\sum\limits_{n=0}^{\infty}\sum\limits_{m=0}^{\infty}\varphi_{mn}^{(11)}\end{cases}\tag{6-31}$$

$$\begin{cases}\sum\limits_{n=0}^{\infty}\sum\limits_{m=0}^{\infty}\psi_{mn}^{(2)}D_m^{(2)}-\sum\limits_{n=0}^{\infty}\sum\limits_{m=0}^{\infty}\eta_{mn}^{(2)}B_m^{(2)}=\sum\limits_{n=0}^{\infty}\sum\limits_{m=0}^{\infty}\varphi_{mn}^{(2)}\\\dfrac{\mu_D k_D}{\mu_s k_s}\sum\limits_{n=0}^{\infty}\sum\limits_{m=0}^{\infty}\psi_{mn}^{(21)}D_m^{(2)}-\sum\limits_{n=0}^{\infty}\sum\limits_{m=0}^{\infty}\eta_{mn}^{(21)}B_m^{(2)}=\sum\limits_{n=0}^{\infty}\sum\limits_{m=0}^{\infty}\varphi_{mn}^{(21)}\end{cases}\tag{6-32}$$

其中

$$\psi_{mn}^{(1)}=\frac{1}{2\pi}\int_{-\frac{\pi}{2}}^{\frac{\pi}{2}}J_{2mp}(k|(z+d_1)e^{iq}|)\left\{\left(\frac{(z+d_1)e^{iq}}{(z+d_1)e^{iq}}\right)^{2mp}+\left(\frac{(z+d_1)e^{iq}}{|(z+d_1)e^{iq}|}\right)^{-2mp}\right\}e^{-in\theta}d\theta$$

$$\eta_{mm}^{(1)}=\frac{1}{2\pi}\int_{-\frac{\pi}{2}}^{\frac{\pi}{2}}H_{2m}^{(1)}(k|z|)\left\{\left(\frac{z}{|z|}\right)^{2m}+\left(\frac{z}{|z|}\right)^{-2m}\right\}\mathrm{e}^{-\mathrm{i}n\theta}\mathrm{d}\theta$$

$$\varphi_{mn}^{(1)}=\begin{cases}\dfrac{1}{2\pi}\displaystyle\int_{-\frac{\pi}{2}}^{\frac{\pi}{2}}2J_0(k|z|)\mathrm{e}^{-\mathrm{i}m\theta}\mathrm{d}\theta\\ \dfrac{1}{2\pi}\displaystyle\int_{-\frac{\pi}{2}}^{\frac{\pi}{2}}2(-1)^mJ_{2m}(k|z|)\cos 2m\alpha\left\{\left(\frac{z}{|z|}\right)^{2m}+\left(\frac{z}{|z|}\right)^{-2m}\right\}\mathrm{e}^{-\mathrm{i}n\theta}\mathrm{d}\theta\end{cases}$$

$$\psi_{mn}^{(11)}=\frac{1}{2\pi}\int_{-\frac{\pi}{2}}^{\frac{\pi}{2}}\{P_{2mp}((z+d_1)\mathrm{e}^{\mathrm{i}q})\}\mathrm{e}^{-\mathrm{i}n\theta}\mathrm{d}\theta$$

$$\eta_{mn}^{(11)}=\frac{1}{2\pi}\int_{-\frac{\pi}{2}}^{\frac{\pi}{2}}\{Q_{2m}(z)\}\mathrm{e}^{-\mathrm{i}n\theta}\mathrm{d}\theta$$

$$\varphi_{mn}^{(11)}=\begin{cases}\dfrac{1}{2\pi}\displaystyle\int_{-\frac{\pi}{2}}^{\frac{\pi}{2}}2\times\frac{J_{-1}(k|z|)-J_1(k|z|)}{2}\left\{\left(\frac{z}{|z|}\right)^{-1}\mathrm{e}^{\mathrm{i}\theta}+\left(\frac{z}{|z|}\right)^{1}\mathrm{e}^{-\mathrm{i}\theta}\right\}\mathrm{e}^{-\mathrm{i}n\theta}\mathrm{d}\theta, & m=0\\ \dfrac{1}{2\pi}\displaystyle\int_{-\frac{\pi}{2}}^{\frac{\pi}{2}}2(-1)^m\cos 2m\alpha P_{2m}^{*}(z)\mathrm{e}^{-\mathrm{i}n\theta}\mathrm{d}\theta\end{cases}$$

$$\psi_{mn}^{(2)}=\frac{1}{2\pi}\int_{-\frac{\pi}{2}}^{\frac{\pi}{2}}J_{(2m+1)p}(k|(z+d_1)\mathrm{e}^{\mathrm{i}q})\left\{\left[\frac{(z+d_1)\mathrm{e}^{\mathrm{i}q}}{|(z+d_1)\mathrm{e}^{\mathrm{i}q}|}\right]^{(2m+1)p}-\left[\frac{(z+d_1)\mathrm{e}^{\mathrm{i}q}}{|(z+d_1)\mathrm{e}^{\mathrm{i}q}|}\right]^{-(2m+1)p}\right\}\mathrm{e}^{-\mathrm{i}n\theta}\mathrm{d}\theta$$

$$\eta_{mn}^{(2)}=\frac{1}{2\pi}\int_{-\frac{\pi}{2}}^{\frac{\pi}{2}}H_{2m+1}^{(1)}(k|z|)\left\{\left(\frac{z}{|z|}\right)^{2m+1}-\left(\frac{z}{|z|}\right)^{-(2m+1)}\right\}\mathrm{e}^{-\mathrm{i}n\theta}\mathrm{d}\theta$$

$$\varphi_{mn}^{(2)}=\frac{1}{2\pi}\int_{-\frac{\pi}{2}}^{\frac{\pi}{2}}2(-1)^mJ_{2m+1}(k|z|)\sin(2m+1)\alpha\left\{\left(\frac{z}{|z|}\right)^{2m+1}-\left(\frac{z}{|z|}\right)^{-2m-1}\right\}\mathrm{e}^{-\mathrm{i}n\theta}\mathrm{d}\theta$$

$$\psi_{mn}^{(21)}=\frac{1}{2\pi}\int_{-\frac{\pi}{2}}^{\frac{\pi}{2}}\{U_{(2m+1)p}((z+d_1)\mathrm{e}^{(q)})\}\mathrm{e}^{-\mathrm{i}n\theta}\mathrm{d}\theta$$

$$\eta_{mn}^{(21)}=\frac{1}{2\pi}\int_{-\frac{\pi}{2}}^{\frac{\pi}{2}}\{V_{2m+1}(z)\}\mathrm{e}^{-\mathrm{i}n\theta}\mathrm{d}\theta$$

$$\varphi_{mn}^{(21)}=\frac{1}{2\pi}\int_{-\frac{\pi}{2}}^{\frac{\pi}{2}}2(-1)^m\sin(2m+1)\alpha\{U_{2m+1}^{*}(z)\}\mathrm{e}^{-\mathrm{i}n\theta}\mathrm{d}\theta$$

6.2.6 地面位移幅值

由于入射稳态 SH 波的作用，区域 I 内的驻波为 $w^{(D)}$，而弹性半空间区域Ⅱ中的总波场则可以写成

$$w=w^{(i)}+w^{(r)}+w^{(s)}\tag{6-33}$$

或者写成

$$w=|w|\mathrm{e}^{\mathrm{i}(wt-\phi)}\tag{6-34}$$

式中：$|w|$为位移幅值，即 w 的绝对值，而 ϕ 为 w 的相位，同时有

$$\phi=\arctan\left[\frac{\mathrm{Im}w}{\mathrm{Re}w}\right] \tag{6-35}$$

又入射波的频率 w 可以与“三角形+半圆”区域Ⅰ中半圆的半径 a 组合成一个入射波波数，即入射波波数为

$$ka=\omega a/c_s \tag{6-36}$$

或者

$$ka=2\pi a/\lambda \tag{6-37}$$

式中：λ 为入射波的波长，或者写成

$$\eta=2a/\lambda \tag{6-38}$$

6.2.7　算例与结果分析

如图 6.13 所示，假设三角形底边的一半 $a=1.0$，$y/a=\pm1$ 表示凸起地形与水平面的相交位置，$y/a=\Delta$ 对应着凸起地形的顶点，而 $|y/a|<1$ 和 $|y/a|>1$ 代表凸起地形和水平面上各点的位移幅值。

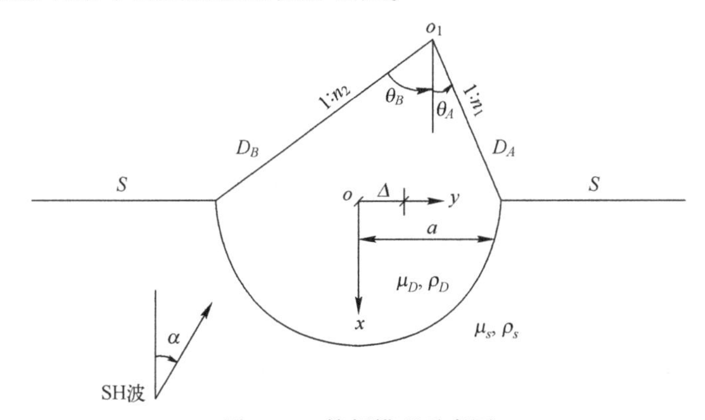

图 6.13　算例模型示意图

1. 第Ⅰ类问题

在区域Ⅰ和区域Ⅱ介质完全相同（$\rho_D=\rho_s$，$\mu_D=\mu_s$，$K_D=K_s$）的情况下，问题可以看作求解非等腰三角形凸起地形对稳态 SH 波的响应问题。

（1）图 6.14 给出了顶角为 138.2°（顶角一定，高度不同）的不等腰三角形凸起地形在 $\Delta\theta=0°$、10°、20°情况下，入射波数 $\eta=0.1$、0.25、0.5、0.75、1.0 时，w 为 1.0 的 SH 波以不同入射角 α 入射时，水平地表和凸起地表的位移幅值 $|w|$分布情况。从图 6.14 可知，当 $\eta=0.1$ 时，所求解的问题属于准静态情况，表现出明显的“静力学”特征，对于 $\Delta\theta=0°$、10°、20°情况，其地表位移幅值 $|w|$的区别不明显；而当 $\eta=0.25$、0.5、0.75、1.0 时，地表位移的变化开始呈现动力学特征，地表位移幅值$|w|$的区别随着波数增加越来越明显。

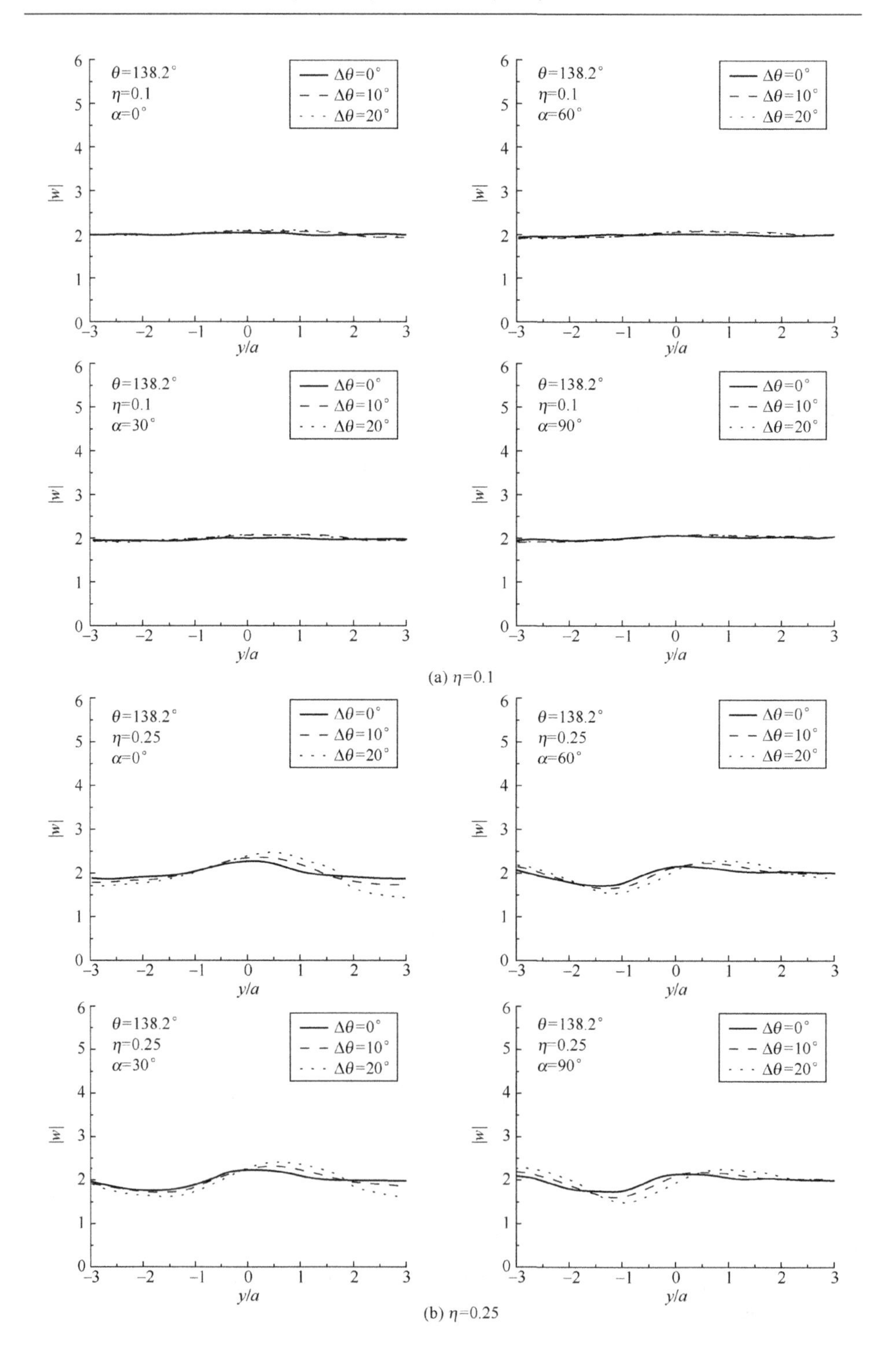

(a) η=0.1

(b) η=0.25

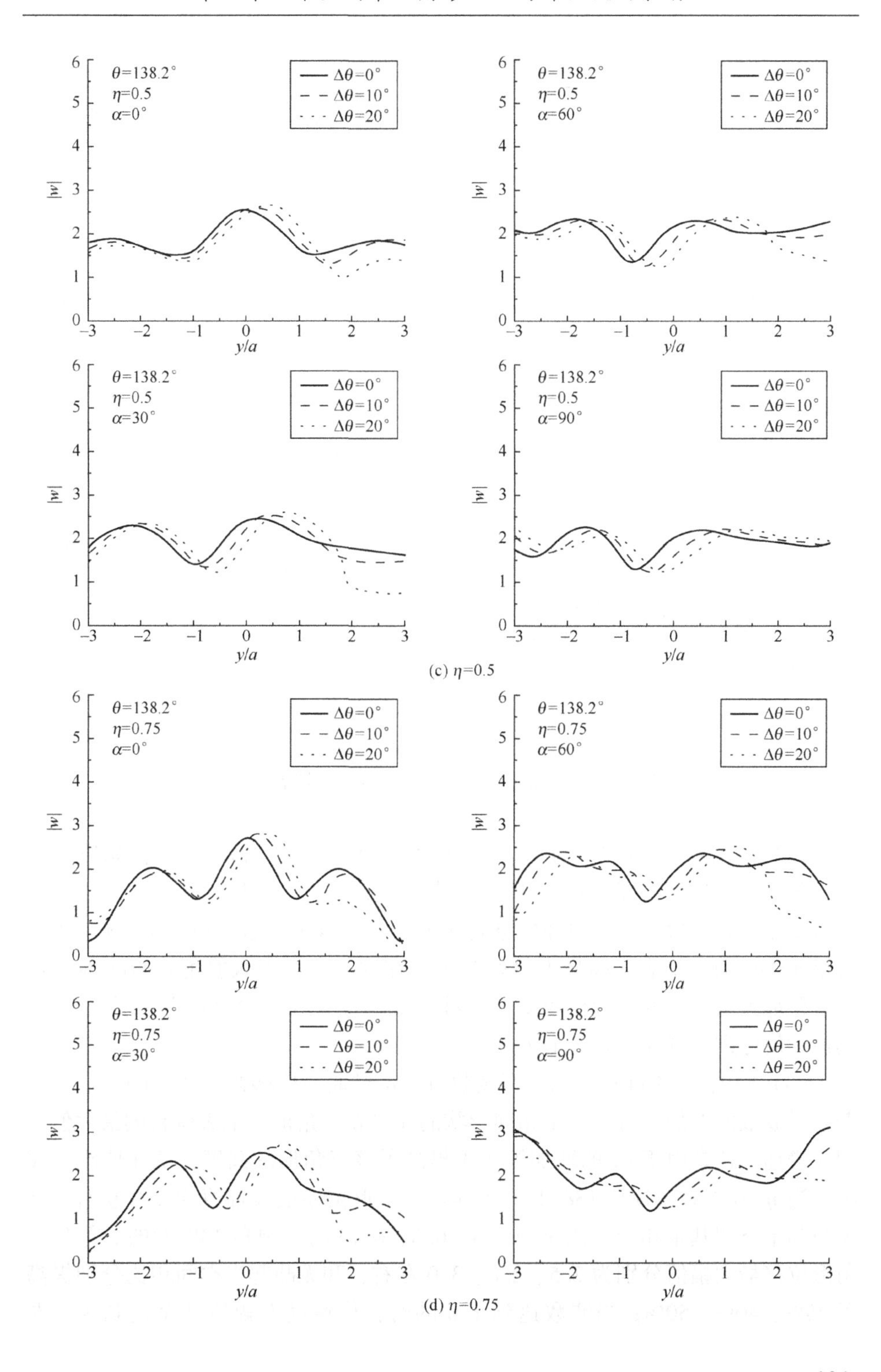

(c) η=0.5

(d) η=0.75

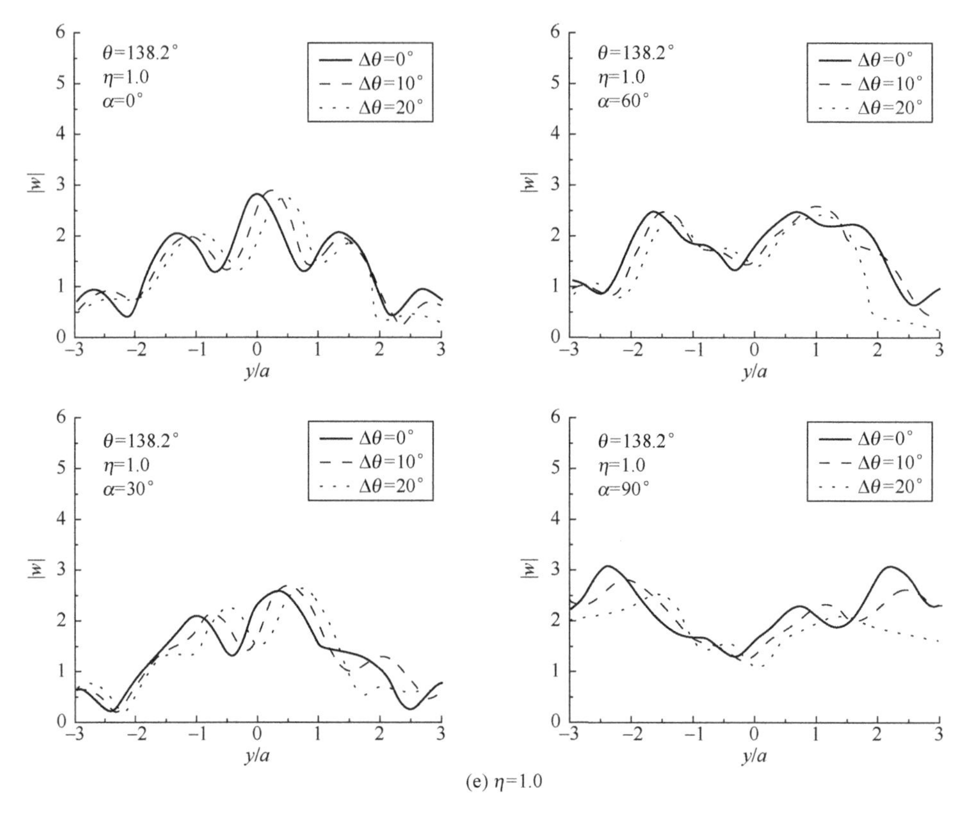

(e) $\eta=1.0$

图 6.14　顶角一定的三角形凸起地形地表位移

（2）由图 6.14 可知，当 SH 波垂直入射时，地表位移的最大值始终出现在三角形顶点附近，即 $y/a=\Delta$ 附近。当 SH 波水平入射时，地表位移的最大值出现在凸起左边的半无限弹性空间水平面上。当 SH 波斜入射的情况：当入射角 $\alpha=30°$时，地表位移最大值始终出现在迎波面；当入射角 $\alpha=60°$时，地表位移最大值出现的位置比较复杂，对应 $\Delta\theta=0°$、10°、20°的非等腰三角形，其最大值分别出现在 $y/a=-1.7$、1.0、1.2 处。

（3）由图 6.14 可知，无量纲波数 $\eta=ka$ 对地表位移幅值的影响明显，随着入射波数的增加，对于完全相同形状的非等腰三角形，地表位移的最大值也相应增加，这是由于 ka 的增加等效于提高了该三角形的高度，从而使刚度减小。当 $\eta=0.1$ 时，顶角 138.2°的非等腰三角形位移最大幅值为 2.0 左右，和无凸起半空间基本相当；当 $\eta=0.25$、0.5、0.75 时，顶角 138.2°的非等腰三角形位移最大幅值分别为 2.5、2.8、3.0 左右，和无凸起半空间相比分别提高了 25%、40%、50%；当波数达到 1.0 的时，位移最大幅值甚至达到 3.2 左右，与无凸起时位移场幅值相比提高了 60%。

（4）图 6.15 给出了 $\theta_A=0°$、$\theta_B=60°$的直角三角形凸起地形在 SH 波作用下地表位移幅值变化。由图可知，这种情况下地表位移最大值随着入射角变化比较复杂，在 $\alpha=30°$时甚至达到 6.06，高于无凸起时位移场幅值 200%，并且最大值总是出现在 $y/a=1.0$ 时，即地形顶点处。位移最大值变化复杂，是由于三角形顶角偏小，从直角三角形这一直角边（底边）入射的 SH 波经过斜边反射到另一直角边，再由该直角边反射回斜边，经过多次反射，从而在斜边中点附近形成比较复杂的波场。

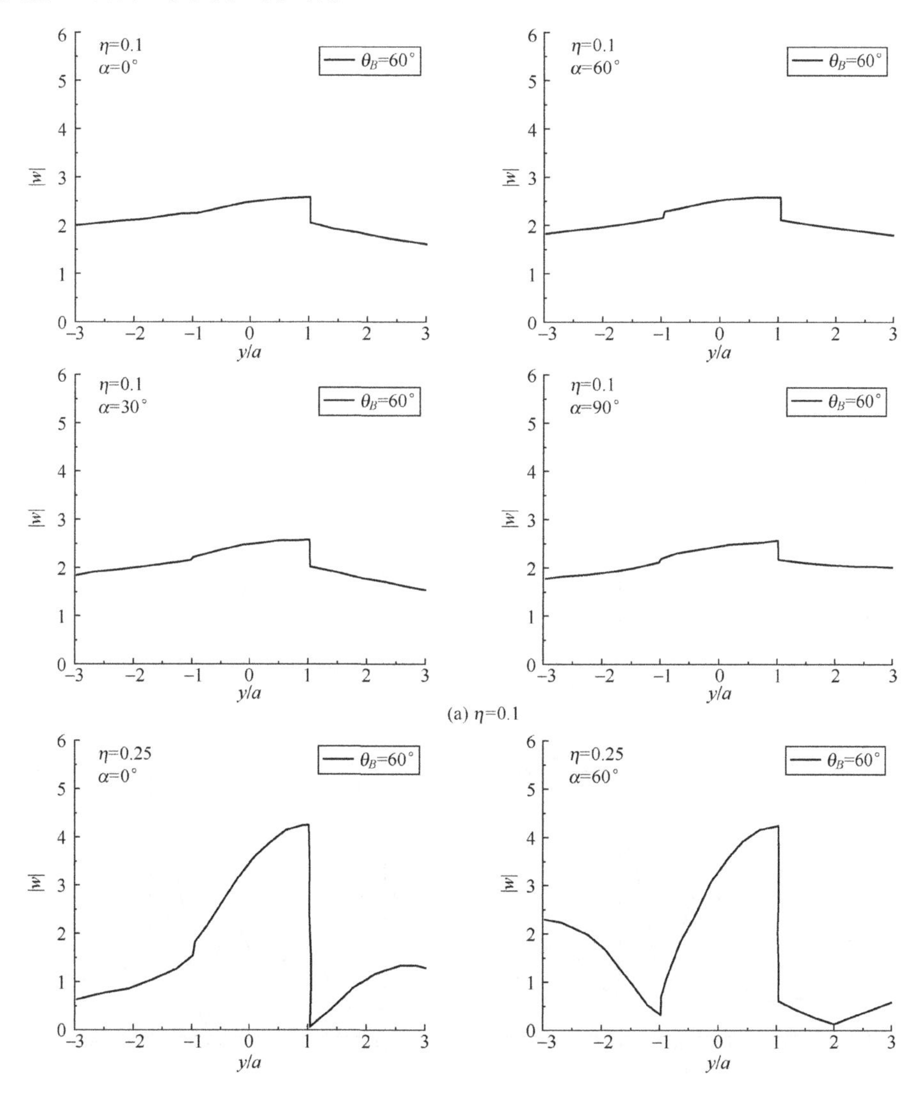

(a) η=0.1

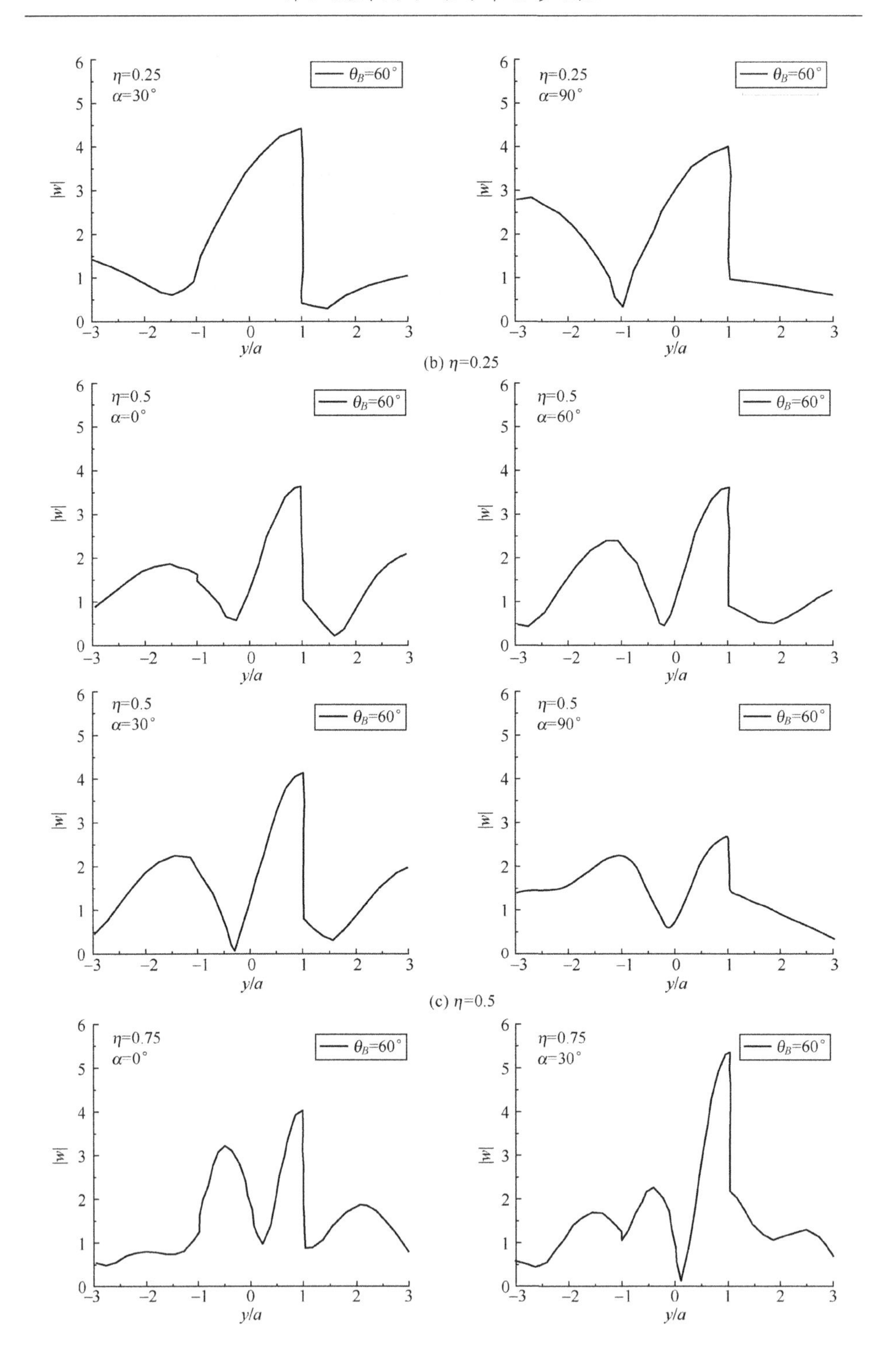
η=0.25
α=30°
θ_B=60°
|w|
y/a
η=0.25
α=90°
θ_B=60°
|w|
y/a
(b) η=0.25
η=0.5
α=0°
θ_B=60°
|w|
y/a
η=0.5
α=60°
θ_B=60°
|w|
y/a
η=0.5
α=30°
θ_B=60°
|w|
y/a
η=0.5
α=90°
θ_B=60°
|w|
y/a
(c) η=0.5
η=0.75
α=0°
θ_B=60°
|w|
y/a
η=0.75
α=30°
θ_B=60°
|w|
y/a

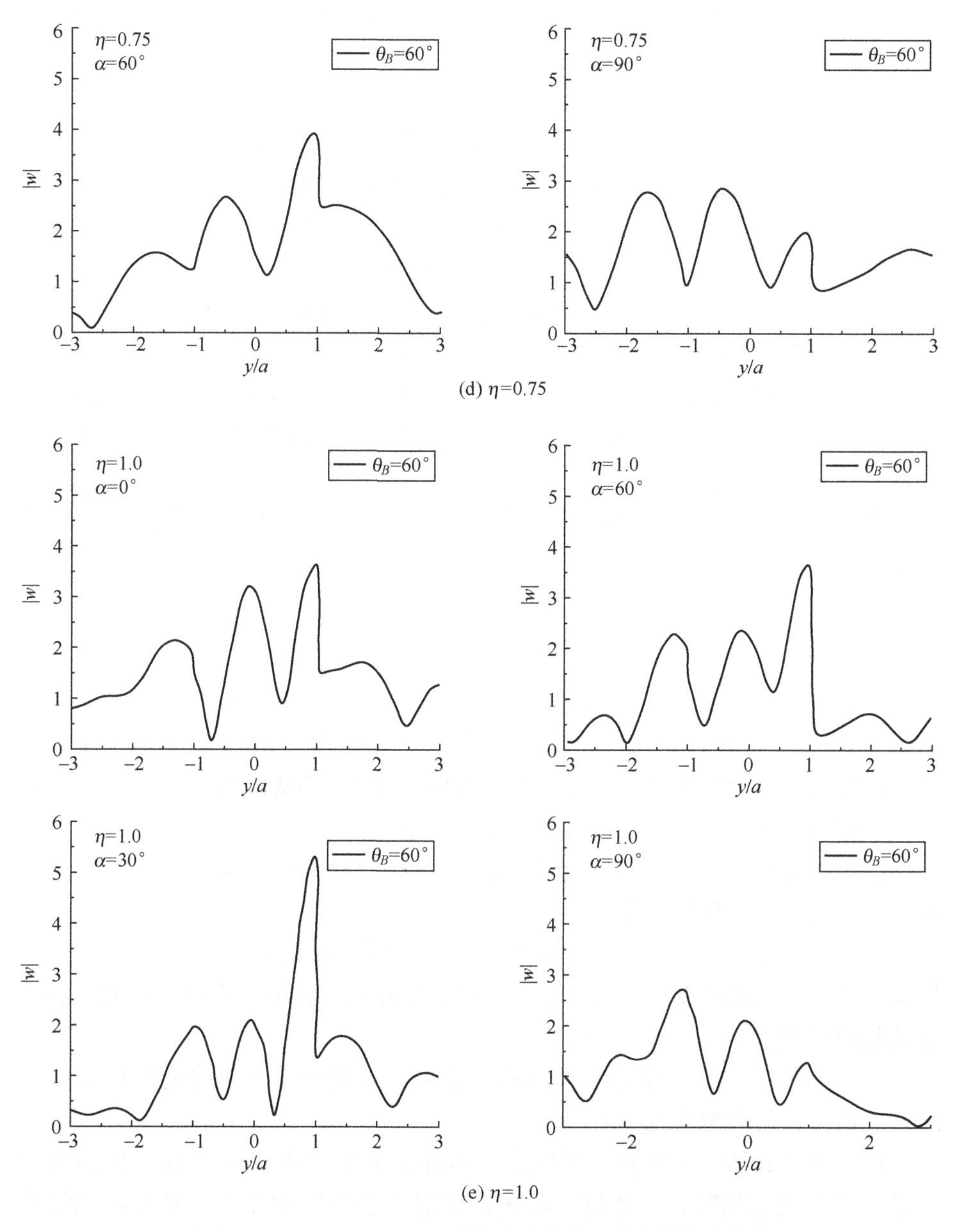

(d) η=0.75

(e) η=1.0

图 6.15 $\theta_A=0°$、$\theta_B=60°$时垂直三角形凸起地形地表位移

（5）值得指出的是，当顶角小于60°后，本计算方法所涉及位移和应力连续的条件满足得不好，精度达不到要求，这主要是由于驻波方程中 $p=\pi/\theta_A+$

θ_B 达到了 3 以上，而贝塞尔函数 $J_{2mp}(\cdot)$，$J_{(2m+1)p}(\cdot)$的阶数 $2mp$ 和$(2m+1)p$ 太高，不容易满足贝塞尔函数的收敛。

2. 第Ⅱ类问题

区域Ⅰ和区域Ⅱ介质不同时（$\rho_D \neq \rho_s$ 或者 $\mu_D \neq \mu_s$），问题转换成 SH 波作用下非等腰三角形坝体结构和基础的相互作用问题。图 6.16 给出了坝体结构相对基础较“软”（$\rho_D/\rho_s=2/3$，$\mu_D/\mu_s=1/6$）情况下，$\eta=0.1$、0.5、1.0 的入射波以 $\alpha=0°$、45°、90°入射，顶角为 138.2°，$\Delta\theta=\theta_B-\theta_A=10°$或 20°的坝体结构内各特征点的位移幅值；图 6.17 则给出了相对基础较“硬”（$\rho_D/\rho_s=3/2$，$\mu_D/\mu_s=6$）情况下的坝体结构内各特征点位移幅值数值结果。

图 6.16 和图 6.17 表明，无论坝体结构较“软”或者“硬”，在$\eta=0.1$ 时，结构内各特征点位移幅值变化不大，“软”的坝体结构 $|w|_{\max}$在 2.5 左右变化；“硬”的坝体结构 $|w|_{\max}\approx 2.1$，几乎不会因为入射角度和几何位置而改变，呈现准静态特征。而随着 η 的增大，其动力学特征也越来越明显。

6.2.8 结论

本节综合了复变函数、移动坐标和波函数展开等方法研究了稳态 SH 波作用下非等腰三角形凸起的散射问题，并给出了两类问题算例的数值结果：非等腰三角形凸起地形影响问题；非等腰三角形坝体结构和基础相互作用问题。通过对数据和图像的分析讨论，可以得出以下结论：

（1）由于模型几何特征的复杂性，非等腰三角形地形影响问题对 SH 波的响应明显比等腰三角形复杂。

（2）对于形状完全相同的非等腰三角形地形，波数 ka 的增加可以等效于提高了该三角形的高度，从而减小了三角形的刚度，此时地表位移幅值更容易受波数的影响。

（3）对于非等腰三角形坝体结构，波数、入射角等入射波的物理参数对结构表面位移的影响非常显著。

（4）坝体结构对 SH 波在弹性空间传播的影响突出，较“软”的结构相对较“硬”的结构吸收“能量”较多，反射“能量”水平差，从而影响结构表面位移幅值大小差异及出现地点的不同。

（5）本节提供的方法理论上没有问题，但采用的计算方法适用于三角形顶角大于 60°的情况，顶角越大精度越高。当顶角小于 60°时需要另外研究其计算解决方法。

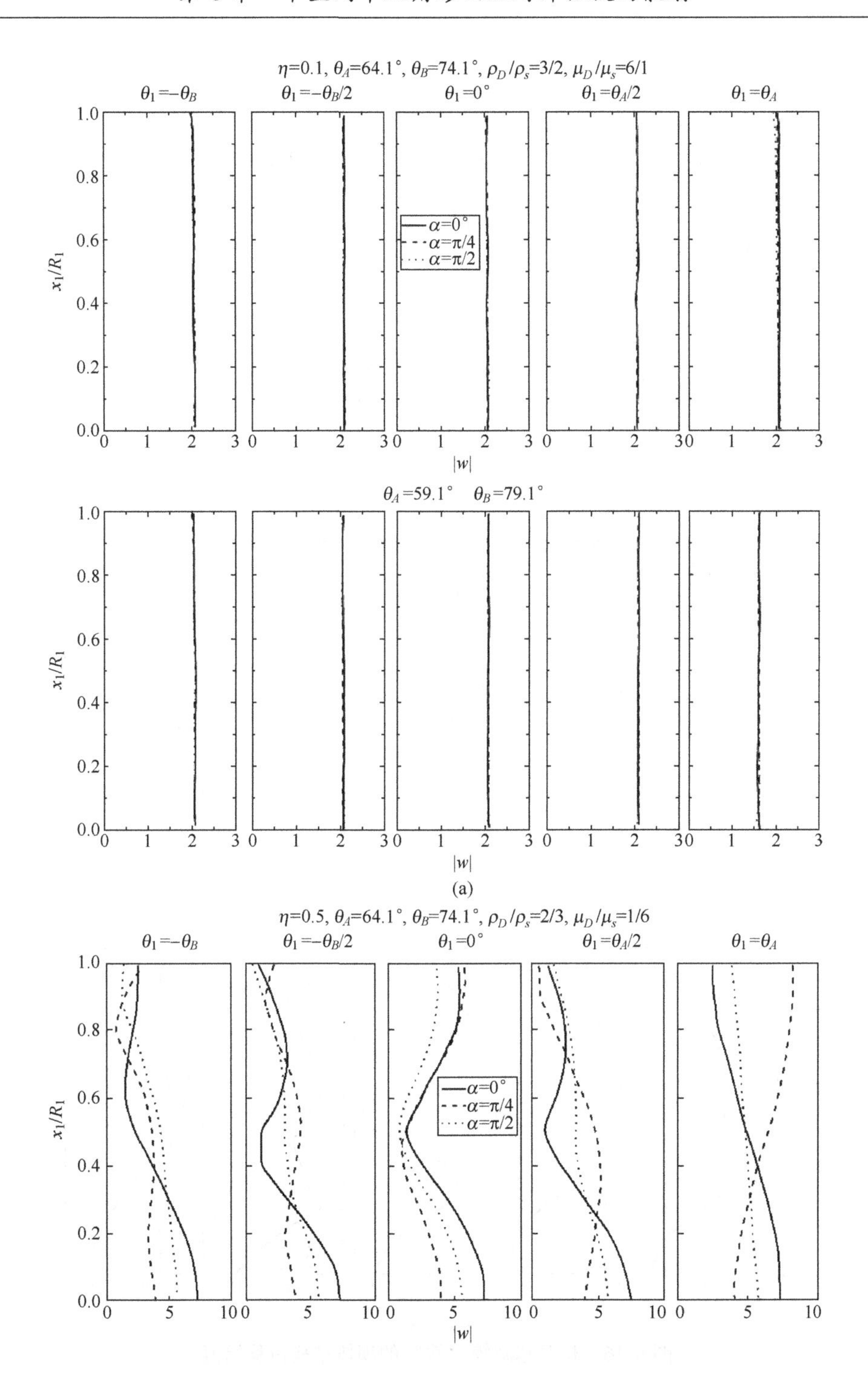

η=0.1, θ_A=64.1°, θ_B=74.1°, ρ_D/ρ_s=3/2, μ_D/μ_s=6/1
θ1=−θB
θ1=−θB/2
θ1=0°
θ1=θA/2
θ1=θA
α=0°
α=π/4
α=π/2
x1/R1
|w|
θA=59.1°　θB=79.1°
(a)
η=0.5, θA=64.1°, θB=74.1°, ρD/ρs=2/3, μD/μs=1/6

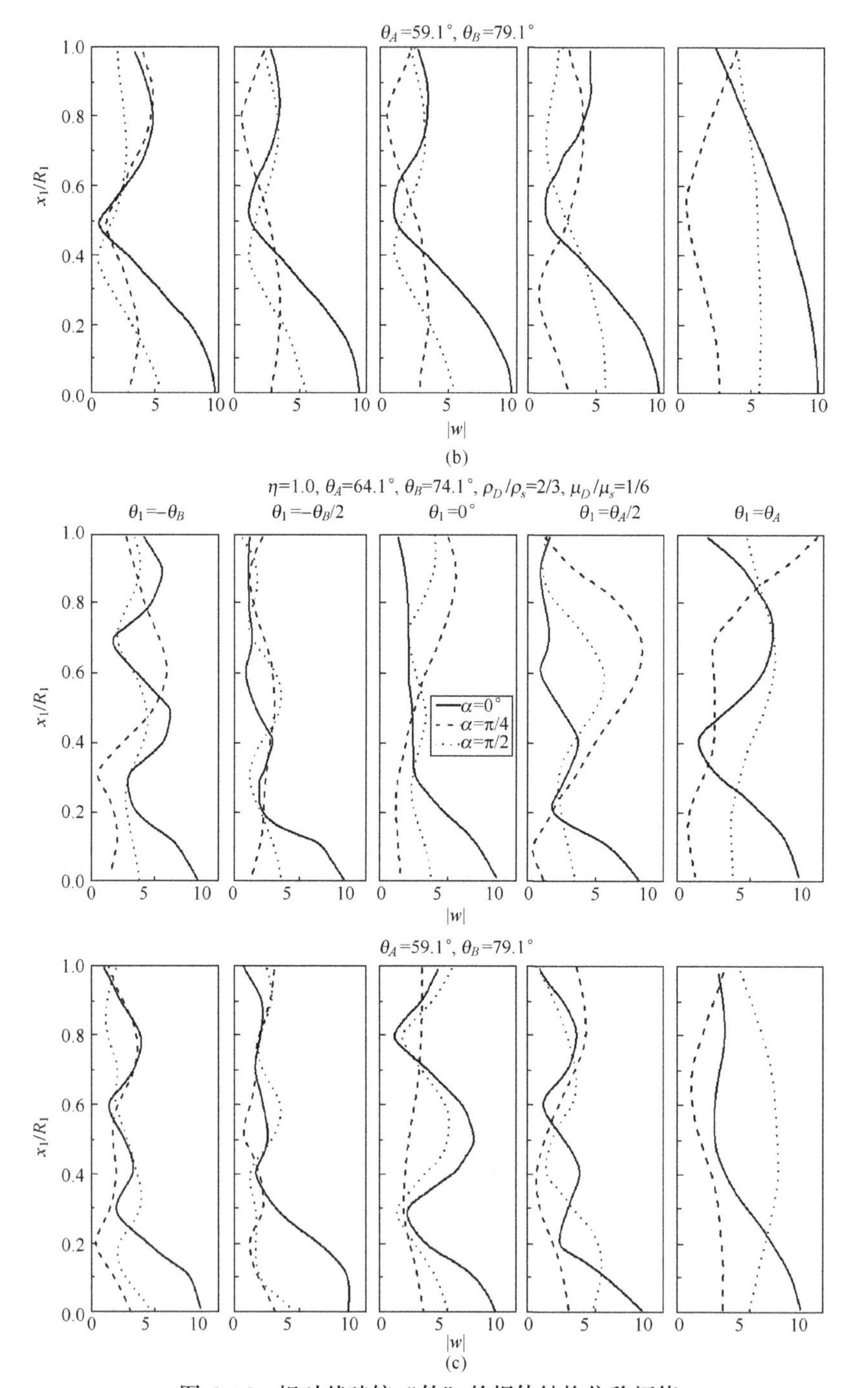

图 6.16　相对基础较“软”的坝体结构位移幅值

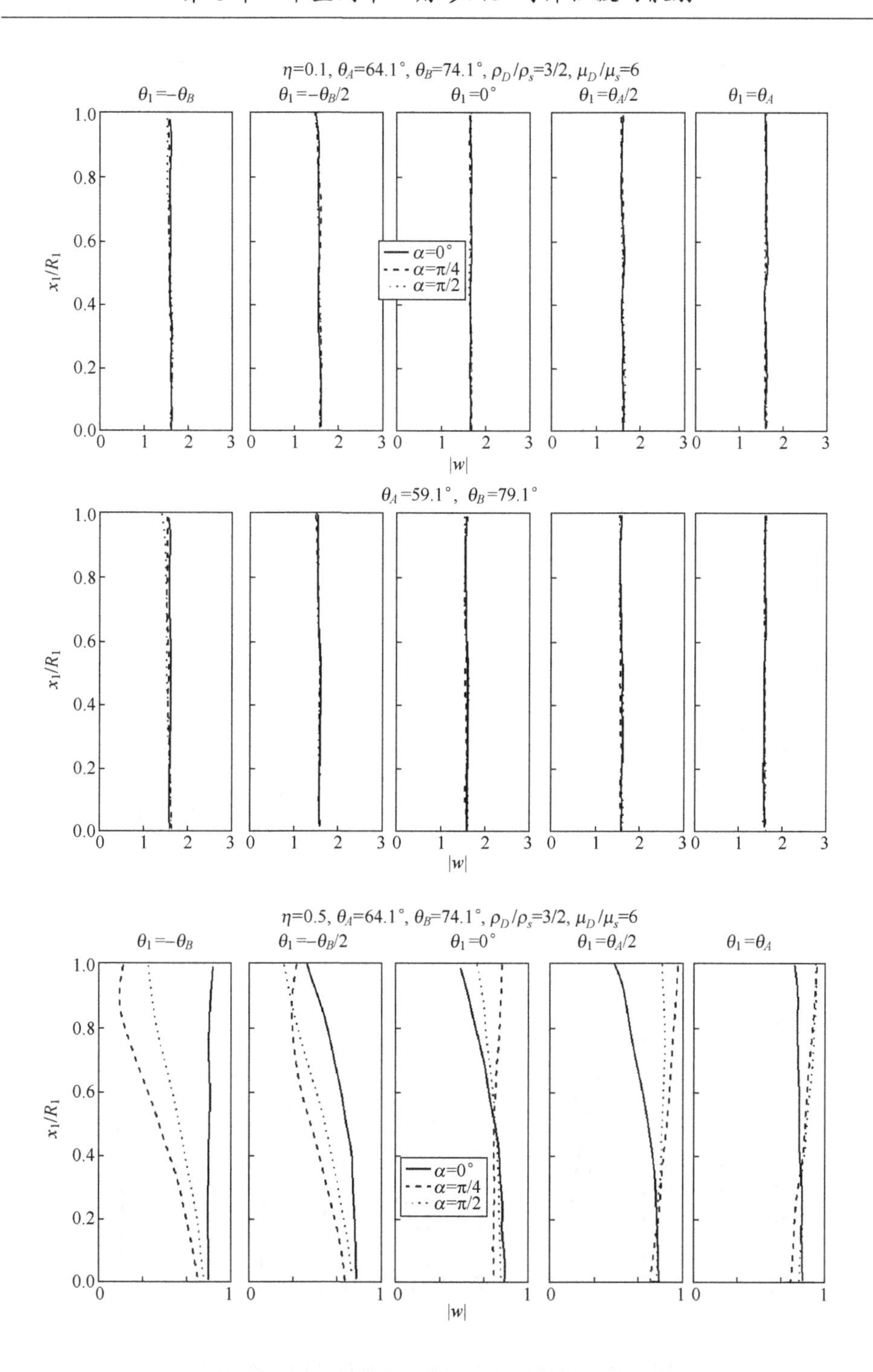

η=0.1, θA=64.1°, θB=74.1°, ρD/ρs=3/2, μD/μs=6
θ1=−θB
θ1=−θB/2
θ1=0°
θ1=θA/2
θ1=θA
x1/R1
α=0°
α=π/4
α=π/2
|w|
θA=59.1°, θB=79.1°
η=0.5, θA=64.1°, θB=74.1°, ρD/ρs=3/2, μD/μs=6

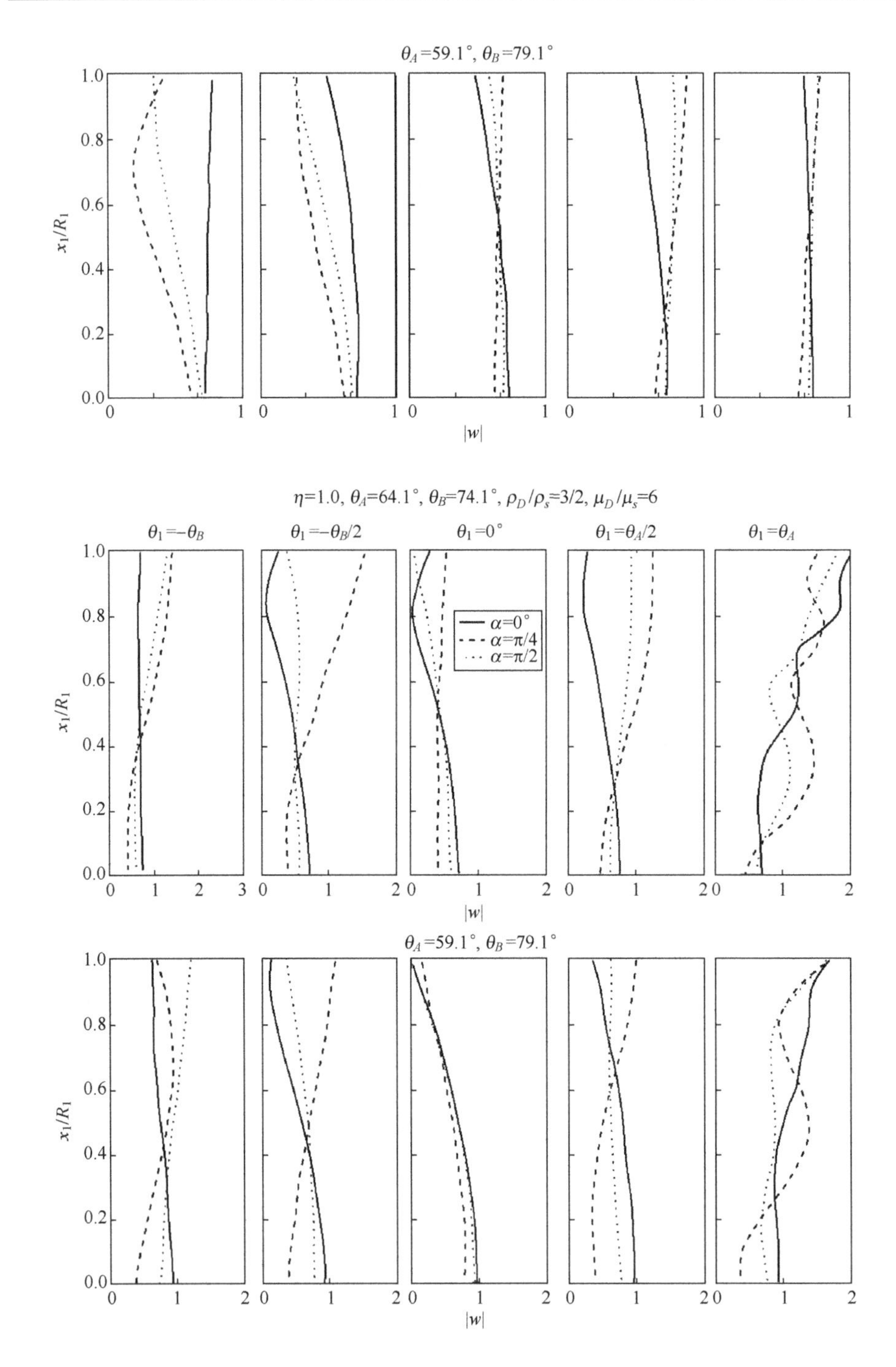

图 6.17　相对基础较“硬”的坝体结构位移幅值

参考文献

[1] 邱发强．SH 波对三角形凸起及其附近浅埋圆孔的散射［D］．哈尔滨：哈尔滨工程大学，2006.

[2] HAYIR A，TODOROVSKA M I，TRIFUNAC M D. Antiplane response of a dike with flexible soil-structure interface to incident SH waves［J］. Soil Dynamics and Earthquake Engineering，2001，21（7）：603-613.

[3] TODOROVSKA M I，HAYIR A，TRIFUNAC M D. Antiplane response of a dike on flexible embedded foundation to incident SH-waves［J］. Soil Dynamics and Earthquake Engineering，2001，21（7）：593-601.

[4] SÁNCHEZ S ESMA F J，HERRERA I，AVILÉS J. A boundary method for elastic wave diffraction：Application to scattering of SH waves by surface irregularities［J］. Bulletin of the Seismological Society of America，1982，72（2）：473-490.

[5] TRIFUNAC M D. Surface motion of a semi-cylindrical alluvial valley for incident plane SH waves［J］. Bulletin of the Seismological Society of America，1971，61（6）：1755-1770.

第7章　半空间中圆柱形山丘对弹性波的散射

7.1　半空间中圆柱形山丘对SH波的散射

7.1.1　引言

丘陵地形是局部地表不平整的一种基本类型。现场调查表明，地形不平整对地震地面运动和破坏有很大影响。因此，研究这种不规则地形对波浪的散射和绕射已成为地震工程与地震学中非常有趣的课题之一。

本节利用波函数级数和一种新的展开方法，研究了平面SH波在均匀、各向同性和弹性二维半空间中被半圆柱山散射的问题。获得的结果表明：①山上有相当大的影响的地面运动点在山上及周边地区；②这些影响主要依赖于频率、波入射的角度和半径的比值；③对于相同的入射波，具有相同形状和半径的突出与凹陷地形会导致不同的波传播机制，无论是响应性能还是震级。这些结果无疑将有助于进一步加深对突出地形给予地震地面运动影响的认识，并有助于测试迄今为止各种近似方法的准确性。

7.1.2　基本方程

本节模型考虑如图7.1所示，由水平边界为Γ的半无限弹性介质和相互连接的突出的边界为L的半圆组成。平面SH波的入射角是α。

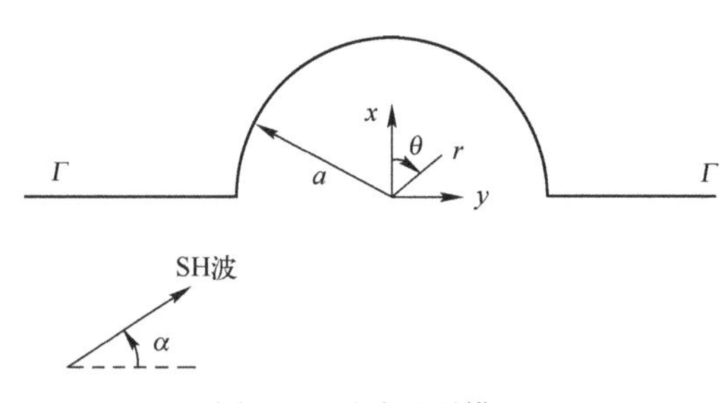

图7.1　丘陵地形模型

为了简化解决方案，整个地区可能分为两个区域，即一个圆形涉及半圆与边界 Γ 的上半部分和内部域 Ω，其余区域从图形区域中去除整个区域为 D（图 7.2）。在这两个域位移组件 w 必须满足波动方程，用极坐标表示如下：

$$\frac{\partial^2 w}{\partial r^2}+\frac{1}{r}\frac{\partial w}{\partial r}+\frac{1}{r^2}\frac{\partial^2 w}{\partial \theta^2}=\frac{1}{c_s^2}\frac{\partial^2 w}{\partial t^2}$$

或

$$\frac{\partial^2 w_z}{\partial r^2}+\frac{1}{r}\frac{\partial w_z}{\partial r}+\frac{1}{r^2}\frac{\partial^2 w_z}{\partial \theta^2}+\frac{\omega^2}{c_s^2}w_z=0 \tag{7-1}$$

通过 $w=w_z(r,\theta)\mathrm{e}^{-\mathrm{i}\omega t}$确定位移场形式。

式中：c_s 为横波速度；ω 为圆频率，且必须满足边界条件：

$$\sigma_{\theta z}\big|_{\Gamma}=0 \tag{7-2}$$

$$\sigma_{rz}\big|_{L}=0 \tag{7-3}$$

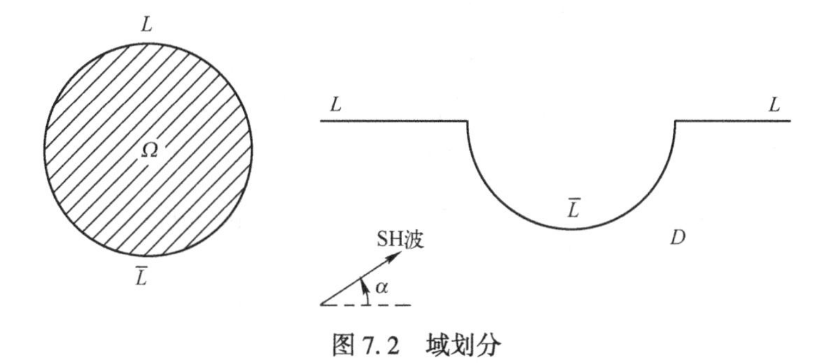

图 7.2　域划分

在接下来的内容中，为了节省空间，将省略多项 $\mathrm{e}^{-\mathrm{i}\omega t}$。此外，散射波场还必须满足 D 域内的辐射条件。

D 域内的波动由两部分组成。第一部分是没有圆形部分的直线边界情况下的自由场运动，可以表示为

$$w_z^{(f)}=2w_0\sum_{n=0}^{\infty}\varepsilon_n\mathrm{i}^n\mathrm{J}_n(\beta r)\cos(n\alpha)\left(\cos\left(\frac{n\pi}{2}\right)\cos(n\theta)+\sin\left(\frac{n\pi}{2}\right)\sin(n\theta)\right),$$

$$\varepsilon_0=1,\varepsilon_n=2,n=1,2,3,\cdots,\mathrm{i}=\sqrt{-1} \tag{7-4}$$

式中：$k=\omega/c_s$；w_0 为入射波的位移振幅；$\mathrm{J}_n(x)$为 n 阶第一类贝塞尔函数。

相关的应力分量可表示为

$$\sigma_{rz}^{(i)}=\frac{2\sigma_0}{\beta r}\sum_{n=0}^{\infty}\varepsilon_n^n R_n(\beta r)\cos(n\alpha)\left(\cos\left(\frac{n\pi}{2}\right)\cos(n\theta)+\sin\left(\frac{n\pi}{2}\right)\sin(n\theta)\right) \tag{7-5}$$

$$\sigma_{\theta z}^{(i)} = -\frac{2\sigma_0}{\beta r}\sum_{n=0}^{\infty}\varepsilon_n^n n\mathrm{J}_n(\beta r)\cos(n\alpha)\left(\cos\left(\frac{n\pi}{2}\right)\sin(n\theta) - \sin\left(\frac{n\pi}{2}\right)\cos(n\theta)\right) \tag{7-6}$$

式中：$\sigma_0=\mu k w_0$，μ=Lame 常数；$R_n(\beta r)=n\mathrm{j}_n(kr)-kr\mathrm{J}_{n+1}(kr)$ 。

第二部分是由于圆柱形山丘的存在而产生的散射场运动，即

$$w_z^{(s)} = w_0\sum_{n=0}^{\infty}\mathrm{H}_n^{(1)}(\beta r)(\delta_n^{(1)}A_n\cos(n\theta) + \delta_n^{(2)}B_n\sin(n\theta)) \tag{7-7}$$

$$\sigma_{rz}^{(s)} = \frac{\sigma_0}{\beta r}\sum_{n=0}^{\infty}T_n(\beta r)(\delta_n^{(1)}A_n\cos(n\theta) + \delta_n^{(2)}B_n\sin(n\theta)) \tag{7-8}$$

$$\sigma_{\theta z}^{(s)} = -\frac{\sigma_0}{\beta r}\sum_{n=0}^{\infty}n\mathrm{H}_n^{(1)}(\beta r)(\delta_n^{(1)}A_n\sin(n\theta) - \delta_n^{(2)}B_n\cos(n\theta)) \tag{7-9}$$

当

$$\delta_n^{(1)}=1+(-1)^n,\quad \delta_n^{(2)}=1-(-1)^n$$

$$T_n(kr)=n\mathrm{H}_n^{(1)}(kr)-kr\mathrm{H}_{n+1}^{(1)}(kr)$$

式中：$\mathrm{H}_n^{(1)}(kr)$为第一类汉克尔函数；A_n、B_n 为待确定的常数。

需要注意的是，这个散射场已经自动满足了边界条件（2）。

在 Ω 域内，全波场可以采用以下形式：

$$w_z = w_0\sum_{n=0}^{\infty}\mathrm{J}_n(\beta r)(C_n\cos(n\theta) + D_n\sin(n\theta)) \tag{7-10}$$

$$\sigma_{rz} = \frac{\sigma_0}{\beta r}\sum_{n=0}^{\infty}R_n(\beta r)(C_n\cos(n\theta) + D_n\sin(n\theta)) \tag{7-11}$$

$$\sigma_{\theta z} = -\frac{\sigma_0}{\beta r}\sum_{n=0}^{\infty}n\mathrm{J}_n(\beta r)(C_n\sin(n\theta) - D_n\cos(n\theta)) \tag{7-12}$$

式中：C_n 和 D_n 为待定常数。

在公共边界$\overline{L}$上，必须满足以下连续条件：

$$\sigma_{rz}=\sigma_{rz}^{(f)}+\sigma_{rz}^{(s)},\quad (r,\theta)\in\overline{L} \tag{7-13}$$

$$w_{rz}=w_{rz}^{(f)}+w_{rz}^{(s)},\quad (r,\theta)\in\overline{L} \tag{7-14}$$

现在，定义函数 $\phi(\theta)$ 和 $\psi(\theta)$ 为

$$\phi(\theta)=\begin{cases}\sigma_{rz}(a,\theta), & -\dfrac{\pi}{2}+2k\pi\leqslant\theta\leqslant\dfrac{\pi}{2}+2k\pi\\ \sigma_{rz}(a,\theta)-\sigma_{rz}^{(f)}(a,\theta)-\sigma_{rz}^{(s)}(a,\theta), & \text{其他}\end{cases}$$

$$\psi(\theta)=\begin{cases}0, & -\dfrac{\pi}{2}+2k\pi\leqslant\theta\leqslant\dfrac{\pi}{2}+2k\pi\\ w_z(a,\theta)-w_z^{(f)}(a,\theta)-w_z^{(s)}(a,\theta), & \text{其他}\end{cases}$$

使其在$[-\pi,\pi]$上展开傅里叶级数，并使级数的系数为零，满足边界条件式（7-3）以及连续条件式（7-13）和式（7-14）。重新排列方程会体现如下性质。

$$C_m R_m(\beta a) - \sum_{n=0}^{\infty} A_n \delta_n^{(1)} T_n(\beta a) \lambda_{mn} = 2\sum_{n=0}^{\infty} \varepsilon_n^n R_n(\beta a)\cos(n\alpha)\cos\left(\frac{n\pi}{2}\lambda_m\right) \tag{7-15}$$

$$\sum_{n=0}^{\infty} C_n \mathrm{J}_n(\beta a)\lambda_m - \sum_{n=0}^{\infty} A_n \delta_n^{(1)} \mathrm{H}_n^{(1)}(\beta a)\lambda_{mn} = 2\sum_{n=0}^{\infty} \varepsilon_n \mathrm{i}^n \mathrm{J}_n(\beta a)\cos(n\alpha)\cos\left(\frac{n\pi}{2}\lambda_m\right) \tag{7-16}$$

$$D_m R_m(\beta a) - \sum_{n=0}^{\infty} B_n \delta_n^{(2)} T_n(\beta a)\mu_{mn} = 2\sum_{n=0}^{\infty} \varepsilon_n \mathrm{j}^n R_n(\beta a)\cos(n\alpha)\sin\left(\frac{n\pi}{2}\mu_{mn}\right) \tag{7-17}$$

$$\sum_{n=0}^{\infty} D_n \mathrm{J}_n(\beta a)\mu_m - \sum_{n=0}^{\infty} B_n \delta_n^{(2)} \mathrm{H}_n^{(1)}(\beta a)\mu_m = 2\sum_{n=0}^{\infty} \varepsilon_n \mathrm{i}^n \mathrm{J}_n(\beta a)\cos(n\alpha)\sin\left(\frac{n\pi}{2}\mu_m\right) \tag{7-18}$$

当

$$\lambda_{nm} = \begin{cases} \dfrac{1}{2}, & n=m \\ -\dfrac{1}{\pi}\dfrac{\sin\left(\dfrac{n+m}{2}\pi\right)}{n+m} - \dfrac{1}{\pi}\dfrac{\sin\left(\dfrac{n-m}{2}\pi\right)}{n-m}, & n\neq m \end{cases}$$

$$\lambda_{nm} = \begin{cases} 0, & n=m=0 \\ \dfrac{1}{\pi}\dfrac{\sin\left(\dfrac{n+m}{2}\pi\right)}{n+m} - \dfrac{1}{\pi}\dfrac{\sin\left(\dfrac{n-m}{2}\pi\right)}{n-m}, & n\neq m \\ \dfrac{1}{2}, & n=m\neq 0 \end{cases}$$

将式（7-15）和式（7-17）分别代入式（7-16）和式（7-18），重新排列，可得

$$a_{mn} A_n = E_m \tag{7-19}$$

$$b_{mn} B_n = F_m, \quad m,n=0,1,2,\cdots \tag{7-20}$$

$$a_{mn} = \delta_n^{(1)}\left[T_n(\beta a)P_{mn} - \mathrm{H}_n^{(1)}(\beta a)\lambda_{mn}\right]$$

$$b_{mn} = \delta_n^{(2)}\left[T_n(\beta a)Q_{mn} - \mathrm{H}_n^{(1)}(\beta a)\mu_m\right]$$

$$E_m = 2\sum_{n=0}^{\infty} \varepsilon_n \mathrm{i}^n \cos(n\alpha)\sin\left(\frac{n\pi}{2}\right)\left[\mathrm{J}_n(\beta a)\lambda_{mm} - R_n(\beta a)P_m\right]$$

$$F_m = 2\sum_{n=0}^{\infty} \varepsilon_n \mathrm{j}^n \cos(n\alpha)\sin\left(\frac{n\pi}{2}\right)\left[\mathrm{J}_n(\beta a)\mu_m - R_n(\beta a)Q_{mn}\right]$$

$$P_m = \sum_{k=0}^{\infty} \frac{J_k(\beta a)}{R_k(\beta a)} \lambda_{mk} \lambda_{in}$$

$$Q_m = \sum_{k=0}^{\infty} \frac{J_k(\beta a)}{R_k(\beta a)} \mu_{mk} \mu_{kn}$$

由式（7-15）和式（7-17）可得

$$C_m = \frac{1}{R_m(\beta a)} \sum_{n=0}^{\infty} \lambda_m \left[\delta_n^{(1)} A_n T_n(\beta a) + 2\varepsilon_n \mathrm{i}^n R_n(\beta a) \cos(n\alpha) \cos\left(\frac{n\pi}{2}\right) \right], \quad m = 0,1,2,\cdots \tag{7-21}$$

$$D_m = \frac{1}{R_n(\beta a)} \sum_{n=0}^{\infty} \mu_m \left[\delta_n^{(2)} B_n T_n(\beta a) + 2\varepsilon_n \mathrm{i}^n R_n(\beta a) \cos(n\alpha) \sin\left(\frac{n\pi}{2}\right) \right], \quad m = 0,1,2,\cdots \tag{7-22}$$

最后，由式（7-4）、式（7-7）、式（7-10）可得土体中总波动 w_z 为

$$w_z = \begin{cases} w_z^{(e)}, & (r,\theta) \in D \\ w_z^{(f)} + w_z^{(s)}, & (r,\theta) \in \Omega \end{cases}$$

7.1.3 计算实例与讨论

1. 山丘及其周围地表的位移

图 7.3 所示为不同入射角（$\alpha=0°$、$30°$、$60°$、$90°$）和频率 $\eta=1.0$ 时的地表位移幅值，图 7.4 所示为不同特定点位移幅值的频谱。

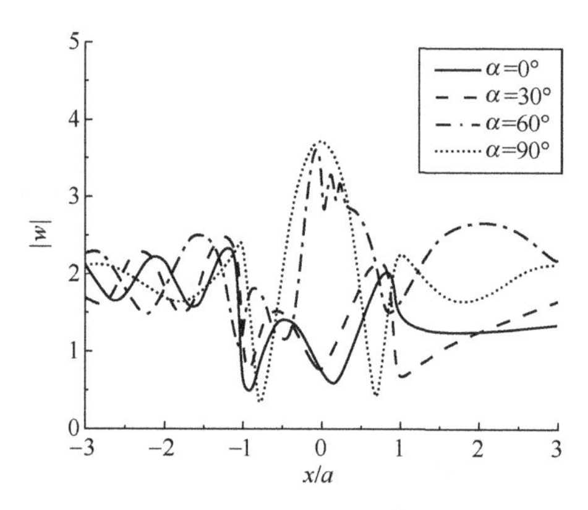

图 7.3 不同 $\alpha(\eta=1.0)$ 条件下山地和环境的位移响应

这些效应主要取决于参数 α 和 η。一般来说，山丘在响应入射波的激励时起着双重作用。一方面，它像峡谷地形一样，干扰了正常波的传播；另一方

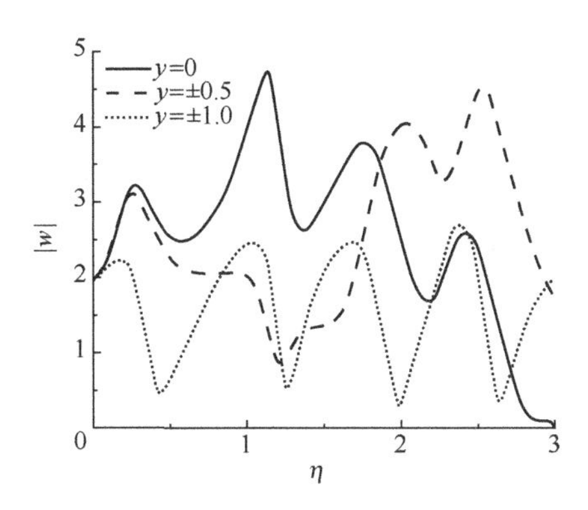

图 7.4　入射角 $\alpha=90°$时，$y=0$、±0.5、±1.0 点的位移振幅随频率变化曲线

面，它像一个能量接收器，接收并储存了一部分入射波的能量。三种主要影响因素是半波长与山半径之比、入射角 α 和频率 η。

2. 半圆形丘陵与峡谷地形的位移响应比较

为了进行比较，选取了一些材料参数和几何参数，并根据参考文献中给出的分析方法对峡谷进行了计算。峡谷主要表现为一个波浪屏障，相比之下，山更像一个波浪容器，所以这两种地形的地面运动非常不同。图 7.5 所示为频域内某些特定点的位移响应比较。

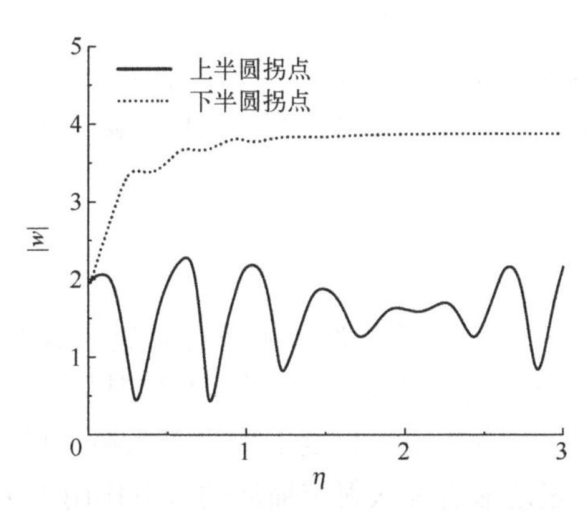

图 7.5　$\alpha=0°$时，山与峡谷 $y=-1$ 点位移谱比较

值得注意的是，得到的结果与其他论文给出的积分方程很好地一致。从图 7.6 中可以看到只有在较高的频率（如 $\eta=3$ 附近）与正常结果有一些细微偏差。

从理论上讲，本节提出的方法是解析法，但由于其解是无限级数形式，必

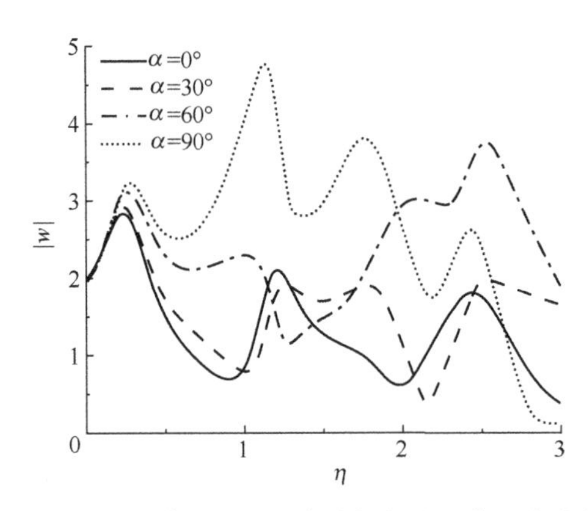

图 7.6　不同 α 值时，山顶位移振幅随频率的变化曲线

须进行一些数值处理。在上面的例子中，根据频率看，级数的项数从 6 到 1。初步评估表明，低频率（η<1.0）有 6 个，中等频率（1.0<η<2.0）有 10 个，高频率（2.0<η<3.0）有 13 个以上。

至于项数 n 对满足边界条件误差的影响，可以从 $\eta=2$ 的研究中粗略地评估，对于沿两个分离区域的边界的位移连续性条件，当 $n=5$ 时，误差从约 30%下降到大约 10%，因为 n 增加到 12 时，误差约为 10%，而误差大约等于上面引用的应力边界条件值的一半。

通过引入辅助函数 $\phi(\theta)$ 和 $\psi(\theta)$，将其用傅里叶级数展开，使其系数为零，得到一个理论上的精确解。取级数解的大量项构成了在整个域中求精确值的渐近方法。

7.1.4　结论

与峡谷地形不同，丘陵地形在遇到传播波时似乎具有两种功能：一种是“散射”，另一种是“结合聚焦和衍射”。前者决定其周围的运动模式，后者决定其表面的运动模式。两者在很大程度上取决于入射波的入射角和传播方向。与峡谷地形相比，丘陵地形近掠入射传播波的散射作用更小，因此其周围的地面运动也更小，但由于这两种作用的结合，它们变得更加依赖于频率。由于在近垂直入射时积累了更多的能量，山面经过了更大的放大。

上述结果和结论仅适用于入射的 SH 波半圆柱山丘。对于其他类型的波浪和更复杂的突出地形的问题还需要进一步的研究。

7.2　半空间中圆柱形山丘对 P 波的散射

7.2.1　引言

本节仍采用 Lee 的傅里叶-贝塞尔级数波势函数展开法，结合袁晓铭、廖振鹏采用的求解区域分块和设辅助函数并对其做傅里叶展开的方法，对 P 波入射下半圆形凸起地形的散射效应进行了研究，并根据求得的解深入分析各个相关因数对场地反应的影响，具体内容如下：

在参考文献对凸起地形在 SH 波入射下场地反应解析解基础上，并结合凹陷地形 P 波和 SV 波入射下的思路，探求了半圆形凸起地形在平面 P 波入射下场地反应的解析解。在此基础上，进一步根据求得的解析解深入研究入射频率和入射角度等因素对场地反应的影响。

7.2.2　数学模型及求解过程

虽然如绪论所说，探求凸起地形在地震波入射下的场地反应的解析解是近年来地震工程学中颇为引人关注的研究课题之一，但由于该波动问题的复杂性，到目前为止，对于 P 波和 SV 波的入射情况，因波在边界反射时波型转换导致边界条件耦合，问题要比 SH 波复杂得多。参考文献［1-2］采用傅里叶-贝塞尔级数波势函数展开法分别给出了圆弧形凹陷地形对 P 波和 SV 波的散射问题解析解。本节引用了大圆弧假设，探求凸起地形对平面 P 波的散射解析解，根据所求得的解析解深入研究入射波频率、入射波入射角度等因素对场地的影响，并给出定性的结论。

1. 凸起地形的数学模型

模型和波散射示意图如图 7.7 所示。凸起半圆的半径为 a，它的圆心在 o_1 点，处在半空间表面，水平地表边界记为 Π，圆弧性凸起地形边界记为 L，这是个均匀、各向同性和完全弹性波半空间，剪切弹性模量为 μ，密度为 ρ，在此空间中，有

纵波波速（P）：
$$c_p=\sqrt{(\lambda+2\mu)/\rho} \tag{7-23}$$

横波波速（SV）：
$$c_s=\sqrt{\frac{\mu}{\rho}} \tag{7-24}$$

纵波波数：
$$k_\alpha=\frac{\omega}{c_p} \tag{7-25}$$

横波波数：

$$k_\beta = \frac{\omega}{c_s} \tag{7-26}$$

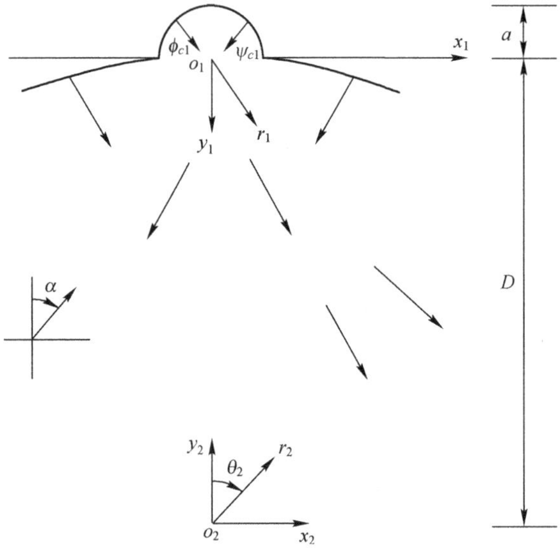

图 7.7　模型和波散射示意图

本节仍采用将整个数学模型分为两个区域进行分析的方法。如图 7.8 所示，一个是包含凸起地形的环形区域 Ω，其上部边界为 L，下部边界为 Γ；另一个是除去环形域 Ω 以外的有一个半圆凹陷的半空间 D，它与环形域的公共边界为 Γ，水平地表边界为 Π。问题的边界条件分别是：Ω 域中的凸起地形的零应力条件；D 区域中的半空间水平地表零应力条件；Ω 域和 D 域之间的公共边界 Γ 上的位移和应力连续条件。

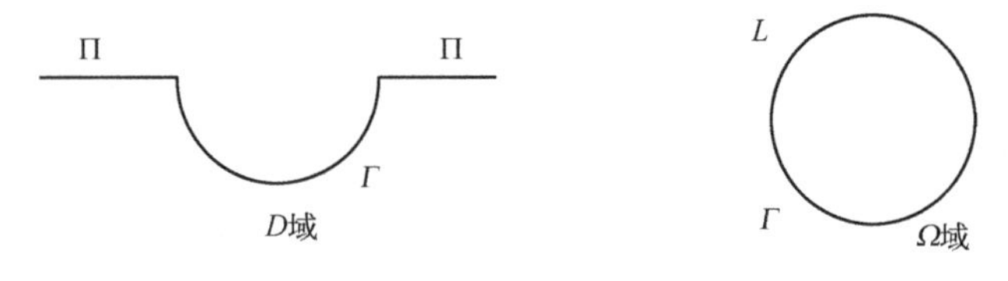

图 7.8　求解区域的分割

2. 求解过程

1）入射波、反射波和散射波方案

一圆频率为 ω 的平面 P 波以角度 α 入射，在直角坐标下的波势函数为

入射 P 波：

$$\phi^{(i)}(x,y) = \exp[\mathrm{i}k_\alpha(x_1\sin\alpha - y_1\cos\alpha) - \mathrm{i}\omega t] \tag{7-27}$$

式中：波长 $\lambda_\alpha=2\pi/k_\alpha$，$k_\alpha=\omega/c_p$；i 表示虚数单位。为简化略去时间因子：

$$\phi^{(i)}(x,y)=\exp[\mathrm{i}k_\alpha(x_1\sin\alpha-y_1\cos\alpha)] \tag{7-28}$$

自由场时的反射波有 P 波和 SV 波：

$$\phi^{(r)}(x,y)=k_1\exp[\mathrm{i}k_\alpha(x_1\sin\alpha+y_1\cos\alpha)] \tag{7-29}$$

$$\psi^{(r)}(x,y)=k_2\exp[\mathrm{i}k_\beta(x_1\sin\beta+y_1\cos\beta)] \tag{7-30}$$

反射系数为

$$k_1=\frac{\sin(2\alpha)\sin(2\beta)-(c_p/c_s)^2\cos^2(2\beta)}{\sin(2\alpha)\sin(2\beta)+(c_p/c_s)^2\cos^2(2\beta)} \tag{7-31}$$

$$k_2=\frac{-2\sin(2\alpha)\cos(2\beta)}{\sin(2\alpha)\sin(2\beta)+(\alpha/\beta)^2\cos^2(2\beta)} \tag{7-32}$$

式中：β 为 SV 波的反射角。

将上述波势函数转化为极坐标：

$$x=r_1\sin\theta_1,\quad y=r_1\cos\theta_1 \tag{7-33}$$

$$\phi^{(i)}(r_1,\theta_1)=\exp[\mathrm{i}k_\alpha r_1\cos(\theta_1+\alpha)] \tag{7-34}$$

$$\phi^{(r)}(r_1,\theta_1)=k_1\exp[-\mathrm{i}k_\alpha r_1\cos(\theta_1-\alpha)] \tag{7-35}$$

$$\psi^{(r)}(r_1,\theta_1)=k_2\exp[-\mathrm{i}k_\beta r_1\cos(\theta_1-\beta)] \tag{7-36}$$

由变换公式：

$$\exp(\pm\mathrm{i}k_\alpha r_1\cos\theta_1)=\sum_{n=0}^{\infty}\varepsilon_n(\pm\mathrm{i})^n J_n(kr_1)\cos(n\theta_1) \tag{7-37}$$

将式（7-34）和式（7-35）合并，并进一步展成傅里叶-贝塞尔级数形式，即

$$\begin{aligned}\phi^{(i+r)}(r_1,\theta_1)&=\exp[\mathrm{i}k_\alpha r_1\cos(\theta_1-\beta)]+k_1\exp[-\mathrm{i}k_\alpha r_1\cos(\theta_1+\beta)]\\&=\sum_{n=0}^{\infty}\varepsilon_n\mathrm{i}^n\mathrm{J}_n(k_\alpha r_1)\cos[n(\theta_1-\alpha)]+k_1\sum_{n=0}^{\infty}\varepsilon_n(-i)^n\mathrm{J}_n(k_\alpha r_1)\cos[n(\theta_1+\alpha)]\\&=\sum_{n=0}^{\infty}\mathrm{J}_n(k_\alpha r_1)[A_{0,n}\cos(n\theta)_1+B_{0,n}\sin(n\theta_1)]\end{aligned} \tag{7-38}$$

式中

$$\begin{cases}A_{0,n}=\varepsilon_n\mathrm{i}^n\cos\{n\alpha[(-1)^n+k_1]\}\\B_{0,n}=\varepsilon_n\mathrm{i}^n\sin\{n\alpha[-(-1)^n+k_1]\}\\\text{当 } n=0 \text{ 时},\varepsilon_n=1;\text{当 } n\geqslant1 \text{ 时},\varepsilon_n=2\end{cases} \tag{7-39}$$

同理

$$\psi^{(r)}(r_1,\theta_1)=k_2\exp[-\mathrm{i}k_\beta r_1\cos(\theta_1+\beta)]$$
$$=\sum_{n=0}^{\infty}\mathrm{J}_n(k_\beta r_1)[C_{0,n}\sin(n\theta_1)+C_{0,n}\cos(n\theta_1)] \tag{7-40}$$

式中

$$\begin{cases}C_{0,n}=k_2\varepsilon_n\mathrm{i}^n\sin(n\beta)\\D_{0,n}=k_2\varepsilon_n\mathrm{i}^n\cos(n\beta)\end{cases} \tag{7-41}$$

如图 7.7 中反射和散射 P 波（φ）和 SV 波（ψ）波势函数如下：

$$\phi_{d1}(r_1,\theta_1)=\sum_{n=0}^{\infty}\mathrm{H}_n^{(1)}(k_{\alpha\alpha}r_1)[A_{d1,n}^{(1)}\cos(n\theta_1)+B_{d1,n}^{(1)}\sin(n\theta_1)] \tag{7-42}$$

$$\psi_{d1}(r_1,\theta_1)=\sum_{n=0}^{\infty}\mathrm{H}_n^{(1)}(k_\beta r_1)[C_{d1,n}^{(1)}\sin(n\theta_1)+D_{d1,n}^{(1)}\cos(n\theta_1)] \tag{7-43}$$

$$\phi_{d2}(r_2,\theta_2)=\sum_{m=0}^{\infty}\mathrm{J}_n(k_\alpha r_2)[A_{d2,m}^{(2)}\cos(m\theta_2)+B_{d2,m}^{(2)}\sin(m\theta_2)] \tag{7-44}$$

$$\psi_{d2}(r_2,\theta_2)=\sum_{n=0}^{\infty}\mathrm{J}_m(k_\beta r_2)[C_{d2,m}^{(2)}\sin(m\theta_2)+D_{d2,m}^{(2)}\cos(m\theta_2)] \tag{7-45}$$

$$\phi_{e1}(r_1,\theta_1)=\sum_{n=0}^{\infty}\mathrm{J}_n(k_\alpha r_1)[A_{e1,n}^{(1)}\cos(n\theta_1)+B_{e1,n}^{(1)}\sin(n\theta_1)] \tag{7-46}$$

$$\psi_{e1}(r_1,\theta_1)=\sum_{n=0}^{\infty}\mathrm{J}_n(k_\beta r_1)[C_{e1,n}^{(1)}\sin(n\theta_1)+D_{e1,n}^{(1)}\cos(n\theta_1)] \tag{7-47}$$

求波势函数时，需进行坐标变换，采用 Graf 加法公式（内域），有

$$C_n(kr_2)\begin{Bmatrix}\cos(n\theta_2)\\\sin(n\theta_2)\end{Bmatrix}=\sum_{m=0}^{\infty}\frac{1}{2}\varepsilon_m\mathrm{J}_m(kr_1)(C_{m+n}(kD_{12})\pm(-1)^nC_{m-n}(kD_{12}))\begin{Bmatrix}\cos(m\theta_1)\\\sin(m\theta_1)\end{Bmatrix},\quad r_1<D_{12} \tag{7-48}$$

$$C_m(kr_2)\begin{Bmatrix}\cos(m\theta_2)\\\sin(m\theta_2)\end{Bmatrix}=\sum_{n=0}^{\infty}\frac{1}{2}\varepsilon_n\mathrm{J}_n(kr_1)(C_{n+m}(kD_{12})\pm(-1)^mC_{n-m}(kD_{12}))\begin{Bmatrix}\cos(n\theta_1)\\\sin(n\theta_1)\end{Bmatrix},\quad r_1<D_{12} \tag{7-49}$$

式中：D_{12}为 o_1 与 o_2 之间的距离，在本节中即为 D；$C_n(x)$ 为 $\mathrm{J}_n(x)$ 函数或 $\mathrm{H}_n^{(1)}(x)$ 函数。

下面进行坐标变换，得到有关波函数在相应另外一个柱坐标系中的表达式形式：

$$\begin{aligned}\phi_{d2}(r_1,\theta_1)&=\sum_{m=0}^{\infty}\mathrm{J}_m(k_\alpha r_2)\left[A_{d2,m}^{(2)}\cos(m\theta_2)+B_{d2,m}^{(2)}\sin(m\theta_2)\right]\\&=\sum_{n=0}^{\infty}\mathrm{J}_n(k_\alpha r_1)\left[A_{d2,m}^{(2)}\cos(m\theta_1)+B_{d2,m}^{(2)}\sin(m\theta_1)\right]\end{aligned}\tag{7-50}$$

$$\begin{aligned}\psi_{d2}(r_1,\theta_1)&=\sum_{n=0}^{\infty}\mathrm{J}_n(k_\beta r_2)\left[C_{d2,n}^{(2)}\cos(n\theta_2)+D_{d2,n}^{(2)}\sin(n\theta_2)\right]\\&=\sum_{n=0}^{\infty}\mathrm{J}_n(k_\beta r_1)\left[C_{d2,n}^{(1)}\cos(n\theta_1)+D_{d2,n}^{(1)}\sin(n\theta_1)\right]\end{aligned}\tag{7-51}$$

式中

$$\begin{Bmatrix}A_{d2,n}^{(1)}\\B_{d2,n}^{(1)}\end{Bmatrix}=\sum_{m=0}^{\infty}F1_{nm}^{\pm}(k_\alpha D)\begin{Bmatrix}A_{d2,m}^{(2)}\\B_{d2,m}^{(2)}\end{Bmatrix}\quad\begin{Bmatrix}C_{d2,n}^{(1)}\\D_{d2,n}^{(1)}\end{Bmatrix}=\sum_{m=0}^{\infty}F1_{nm}^{\pm}(k_\beta D)\begin{Bmatrix}C_{d2,m}^{(2)}\\D_{d2,m}^{(2)}\end{Bmatrix}\tag{7-52}$$

由大圆弧假设，$r_2=D$ 时，内域 Graf 加法公式依然适用，于是

$$\begin{aligned}\phi_{d1}(r_2,\theta_2)&=\sum_{n=0}^{\infty}\mathrm{H}_n^{(1)}(k_\alpha r_1)\left[A_{d1,n}^{(1)}\cos(n\theta_1)+B_{d1,n}^{(1)}\sin(n\theta_1)\right]\\&=\sum_{m=0}^{\infty}\mathrm{J}_n(k_\alpha r_2)\left[A_{d1,n}^{(2)}\cos(n\theta_2)+B_{d1,n}^{(2)}\sin(n\theta_2)\right]\end{aligned}\tag{7-53}$$

$$\begin{aligned}\psi_{d1}(r_2,\theta_2)&=\sum_{n=0}^{\infty}\mathrm{H}_n^{(1)}(k_\beta r_1)\left[C_{d1,n}^{(1)}\sin(n\theta_1)+D_{d1,n}^{(1)}\cos(n\theta_1)\right]\\&=\sum^{\infty}\mathrm{J}_m(k_\beta r_2)\left[C_{d1,n}^{(1)}\sin(n\theta_1)+D_{d1,n}^{(1)}\cos(n\theta_1)\right]\end{aligned}\tag{7-54}$$

式中

$$\begin{Bmatrix}A_{d1,m}^{(2)}\\B_{d1,m}^{(2)}\end{Bmatrix}=\sum_{n=0}^{\infty}F2_{mn}^{\pm}(k_\alpha D)\begin{Bmatrix}A_{d1,n}^{(1)}\\B_{d1,n}^{(1)}\end{Bmatrix}\quad\begin{Bmatrix}C_{d1,m}^{(2)}\\D_{d1,m}^{(2)}\end{Bmatrix}=\sum_{m=0}^{\infty}F2_{mn}^{\pm}(k_\beta D)\begin{Bmatrix}C_{d1,n}^{(1)}\\D_{d1,n}^{(1)}\end{Bmatrix}\tag{7-55}$$

在式（7-52）和式（7-53）中，有

$$F1_{ik}^{\pm}(kD)=\frac{1}{2}\varepsilon_i\left[\mathrm{J}_{i+k}(kD)\pm(-1)^k\mathrm{J}_{i-k}(kD)\right]\tag{7-56}$$

$$F2_{ik}^{\pm}(kD)=\frac{1}{2}\varepsilon_i\left[\mathrm{H}_{i+k}^{(1)}(kD)\pm(-1)^k\mathrm{H}_{i-k}^{(1)}(kD)\right]\tag{7-57}$$

2）边界条件的确定

由上所述，不难得出边界条件如下：

$$\sigma_{yy}^{(d)}\mid_{\Pi}=\sigma_{yx}^{(d)}\mid_{\Pi}=0(\text{半空间自由表面},y=0) \tag{7-58}$$

$$\sigma_{r\theta}^{(e)}\mid_{L}=\sigma_{r\theta}^{(e)}\mid_{L}=0(\text{凸起地形上表面},r_1=a) \tag{7-59}$$

$$\sigma_{r\theta}^{(d)}\mid_{\Gamma}=\sigma_{r\theta}^{(e)}\mid_{\Gamma}(\text{两部分交界面应力连续条件},r_1=a) \tag{7-60}$$

$$\sigma_{rr}^{(d)}\mid_{\Gamma}=\sigma_{rr}^{(e)}\mid_{\Gamma}(\text{两部分交界面应力连续条件},r_1=a) \tag{7-61}$$

$$w_{r}^{(d)}\mid_{\Gamma}=w_{r}^{(e)}\mid_{\Gamma}(\text{两部分交界面位移连续条件},r_1=a) \tag{7-62}$$

$$w_{\theta}^{(d)}\mid_{\Gamma}=w_{\theta}^{(\theta)}\mid_{\Gamma}(\text{两部分交界面位移连续条件},r_1=a) \tag{7-63}$$

3) 应力和位移表达

在平面 P 波入射下，平面应变问题的位移和应力表达式分别为

$$w_r=\frac{\partial\phi}{\partial r}+\frac{1}{r}\frac{\partial\psi}{\partial\theta} \tag{7-64}$$

$$w_\theta=\frac{1}{r}\frac{\partial\phi}{\partial\theta}-\frac{\partial\psi}{\partial r} \tag{7-65}$$

$$\sigma_{rr}=\lambda\nabla^2\phi+2\mu\left[\frac{\partial^2\phi}{\partial r^2}+\frac{\partial}{\partial r}\left(\frac{1}{r}\frac{\partial\psi}{\partial\theta}\right)\right] \tag{7-66}$$

$$\sigma_{r\theta}=\mu\left\{2\left(\frac{1}{r}\frac{\partial^2\phi}{\partial r\partial\theta}-\frac{1}{r^2}\frac{\partial\phi}{\partial\theta}\right)+\left[\frac{1}{r^2}\frac{\partial^2\psi}{\partial\theta^2}-r\frac{\partial}{\partial r}\left(\frac{1}{r}\frac{\partial\psi}{\partial r}\right)\right]\right\} \tag{7-67}$$

4) 代入边界条件

区域 D 内的波势函数为

$$\phi_s=\phi^{(i+r)}+\phi_{d1}+\phi_{d2} \tag{7-68}$$

$$\psi_s=\psi^{(i+r)}+\psi_{d1}+\psi_{d2} \tag{7-69}$$

区域 Ω 内的波势函数为

$$\phi_e=\phi_{e1} \tag{7-70}$$

$$\psi_e=\psi_{e1} \tag{7-71}$$

下面代入边界条件求解问题，在引入大圆弧假定后，边界条件式（7-58）可写成

$$\sigma_{r_2\theta_2}^{(d)}=\sigma_{r_2r_2}^{(d)}=0,\quad r_2=R \tag{7-72}$$

可得

$$\sum_{m=0}^{\infty}\begin{bmatrix}E_{11}^{(1)}(m,R) & E_{12}^{(1)+}(m,R)\\ E_{21}^{(1)-}(m,R) & E_{22}^{(1)}(m,R)\end{bmatrix}\begin{Bmatrix}A_{d1,m}^{(2)}+A_{d2,m}^{(2)}\\ C_{d1,m}^{(2)}+C_{d2,m}^{(2)}\end{Bmatrix}\begin{bmatrix}\cos(m\theta_2)\\ \sin(m\theta_2)\end{bmatrix}$$
$$+\sum_{m=0}^{\infty}\begin{bmatrix}E_{11}^{(1)}(m,R) & E_{12}^{(1)-}(m,R)\\ E_{21}^{(1)+}(m,R) & E_{22}^{(1)}(m,R)\end{bmatrix}\begin{Bmatrix}B_{d1,m}^{(2)}+B_{d2,m}^{(2)}\\ D_{d1,m}^{(2)}+D_{d2,m}^{(2)}\end{Bmatrix}\begin{bmatrix}\sin(m\theta_2)\\ \cos(m\theta_2)\end{bmatrix}=\begin{Bmatrix}0\\ 0\end{Bmatrix} \tag{7-73}$$

式中：

$$E_{11}^{(i)}(n,r)=\left(n^2+n-\frac{k_\beta^2r^2}{2}\right)C_n(k_\alpha r)-k_\alpha rC_{n-1}(k_\alpha r) \tag{7-74}$$

$$E_{12}^{(i)\mp}(n,r)=\mp n[-(n+1)C_n(k_\beta r)+k_\beta rC_{n-1}(k_\beta r)] \tag{7-75}$$

$$E_{21}^{(i)\mp}(n,r)=\mp n[-(n+1)C_n(k_\alpha r)+k_\alpha rC_{n-1}(k_\alpha r)] \tag{7-76}$$

$$E_{22}^{(i)}(n,r)=-\left(n^2+n-\frac{k_\beta^2r^2}{2}\right)C_n(k_\beta r)-k_\beta rC_{n-1}(k_\beta r) \tag{7-77}$$

式中：当 $i=1$ 时，$C_n(x)$ 为 $\mathrm{J}_n(x)$ 函数；当 $i=2$ 时，$C_n(x)$ 为 $\mathrm{H}_n^{(1)}(x)$ 函数。

需要注意的是，半空间中 $\phi^{(i)}$、$\phi^{(r)}$ 和 $\psi^{(r)}$ 已经自动满足零应力边界条件。由式（7-73）可得

$$\begin{Bmatrix}A_{d1,m}^{(2)}\\B_{d1,m}^{(2)}\end{Bmatrix}=-\begin{Bmatrix}A_{d2,m}^{(2)}\\B_{d2,m}^{(2)}\end{Bmatrix},\quad\begin{Bmatrix}C_{d1,m}^{(2)}\\D_{d1,m}^{(2)}\end{Bmatrix}=-\begin{Bmatrix}C_{d2,m}^{(2)}\\D_{d2,m}^{(2)}\end{Bmatrix} \tag{7-78}$$

由式（7-52）、式（7-55）和式（7-78）可得

$$\begin{Bmatrix}A_{d2,n}^{(1)}\\B_{d2,n}^{(1)}\end{Bmatrix}=\sum_{j=0}^{\infty}\begin{Bmatrix}SA_{nj}A_{d1,j}^{(1)}\\SB_{nj}B_{d1,j}^{(1)}\end{Bmatrix},\quad\begin{Bmatrix}C_{d2,n}^{(1)}\\D_{d2,n}^{(1)}\end{Bmatrix}=\sum_{j=0}^{\infty}\begin{Bmatrix}SC_{nj}C_{d1,j}^{(1)}\\SD_{nj}D_{d1,j}^{(1)}\end{Bmatrix} \tag{7-79}$$

式中：

$$\begin{Bmatrix}SA_{nj}\\SB_{nj}\end{Bmatrix}=-\sum_{m=0}^{\infty}F1_{nm}^{\pm}(k_\alpha D)F2_{mj}^{\pm}(k_\alpha D) \tag{7-80}$$

$$\begin{Bmatrix}SC_{nj}\\SD_{nj}\end{Bmatrix}=-\sum_{m=0}^{\infty}F1_{nm}^{\mp}(k_\beta D)F2_{mj}^{\mp}(k_\beta D) \tag{7-81}$$

将波势函数代入位移和应力公式，并令 $r_1=a$，即可得到模型中虚拟圆的边界位移和应力。

在 D 区域内，有

$$\begin{aligned}\begin{Bmatrix}w_r^{(d)}(a,\theta_1)\\w_\theta^{(d)}(a,\theta_1)\end{Bmatrix}=&\frac{1}{a}\sum_{n=0}^{\infty}\begin{bmatrix}I_{11}^{(2)}(n,a)&I_{12}^{(2)+}(n,a)\\I_{21}^{(2)-}(n,a)&I_{22}^{(2)}(n,a)\end{bmatrix}\begin{Bmatrix}A_{d1,n}^{(1)}\\C_{d1,n}^{(1)}\end{Bmatrix}\begin{bmatrix}\cos(n\theta_1)\\\sin(n\theta_1)\end{bmatrix}\\&+\frac{1}{a}\sum_{n=0}^{\infty}\begin{bmatrix}I_{11}^{(2)}(n,a)&I_{12}^{(2)-}(n,a)\\I_{21}^{(2)+}(n,a)&I_{22}^{(2)}(n,a)\end{bmatrix}\begin{Bmatrix}B_{d1,n}^{(1)}\\D_{d1,n}^{(1)}\end{Bmatrix}\begin{bmatrix}\sin(n\theta_1)\\\cos(n\theta_1)\end{bmatrix}\\&+\frac{1}{a}\sum_{n=0}^{\infty}\begin{bmatrix}I_{11}^{(1)}(n,a)&I_{12}^{(1)+}(n,a)\\I_{21}^{(1)-}(n,a)&I_{22}^{(1)}(n,a)\end{bmatrix}\begin{Bmatrix}A_{d2,n}^{(1)}+A_{0,n}\\C_{d2,n}^{(1)}+C_{0,n}\end{Bmatrix}\begin{bmatrix}\cos(n\theta_1)\\\sin(n\theta_1)\end{bmatrix}\\&+\frac{1}{a}\sum_{n=0}^{\infty}\begin{bmatrix}I_{11}^{(1)}(n,a)&I_{12}^{(1)-}(n,a)\\I_{21}^{(1)+}(n,a)&I_{22}^{(1)}(n,a)\end{bmatrix}\begin{Bmatrix}B_{d2,n}^{(1)}+B_{0,n}\\D_{d2,n}^{(1)}+D_{0,n}\end{Bmatrix}\begin{bmatrix}\sin(n\theta_1)\\\cos(n\theta_1)\end{bmatrix}\end{aligned} \tag{7-82}$$

$$\begin{Bmatrix} w_r^{(e)}(a,\theta_1) \\ w_\theta^{(e)}(a,\theta_1) \end{Bmatrix} = \frac{1}{a}\sum_{n=0}^{\infty}\begin{bmatrix} I_{11}^{(1)}(n,a) & I_{12}^{(1)+}(n,a) \\ I_{21}^{(1)-}(n,a) & I_{22}^{(1)}(n,a) \end{bmatrix}\begin{Bmatrix} A_{e1,n}^{(1)} \\ C_{e1,n}^{(1)} \end{Bmatrix}\begin{bmatrix} \cos(n\theta_1) \\ \sin(n\theta_1) \end{bmatrix} + \frac{1}{a}\sum_{n=0}^{\infty}\begin{bmatrix} I_{11}^{(1)}(n,a) & I_{12}^{(1)-}(n,a) \\ I_{21}^{(1)+}(n,a) & I_{22}^{(1)}(n,a) \end{bmatrix}\begin{Bmatrix} B_{e1,n}^{(1)} \\ D_{e1,n}^{(1)} \end{Bmatrix}\begin{bmatrix} \sin(n\theta_1) \\ \cos(n\theta_1) \end{bmatrix} \tag{7-83}$$

式中:

$$I_{11}^{(i)}(n,r) = -nC_n(k_\alpha r) + k_\alpha r C_{n-1}(k_\alpha r) \tag{7-84}$$

$$I_{12}^{(i)\mp}(n,r) = \mp nC_n(k_\beta r) \tag{7-85}$$

$$I_{21}^{(i)\mp}(n,r) = \mp nC_n(k_\alpha r) \tag{7-86}$$

$$I_{22}^{(i)}(n,r) = nC_n(k_\beta r) - k_\beta r C_{n-1}(k_\beta r) \tag{7-87}$$

式中：当 $i=1$ 时，$C_n(x)$ 为 $\mathrm{J}_n(x)$ 函数；当 $i=2$ 时，$C_n(x)$ 为 $\mathrm{H}_n^{(1)}(x)$ 函数。同理，可得应力表达式如下，并令 $r_1=a$

$$\begin{Bmatrix} \sigma_{rr}^{(d)}(a,\theta_1) \\ \sigma_{r\theta}^{(d)}(a,\theta_1) \end{Bmatrix} = \frac{2\mu}{a^2}\sum_{n=0}^{\infty}\begin{bmatrix} E_{11}^{(2)}(n,a) & E_{12}^{(2)+}(n,a) \\ E_{21}^{(2)-}(n,a) & E_{22}^{(2)}(n,a) \end{bmatrix}\begin{Bmatrix} A_{d1,n}^{(1)} \\ C_{d1,n}^{(1)} \end{Bmatrix}\begin{bmatrix} \cos(n\theta_1) \\ \sin(n\theta_1) \end{bmatrix} + \frac{2\mu}{a^2}\sum_{n=0}^{\infty}\begin{bmatrix} E_{11}^{(2)}(n,a) & E_{12}^{(2)-}(n,a) \\ E_{21}^{(2)+}(n,a) & E_{22}^{(2)}(n,a) \end{bmatrix}\begin{Bmatrix} B_{d1,n}^{(1)} \\ D_{d1,n}^{(1)} \end{Bmatrix}\begin{bmatrix} \sin(n\theta_1) \\ \cos(n\theta_1) \end{bmatrix} + \frac{2\mu}{a^2}\sum_{n=0}^{\infty}\begin{bmatrix} E_{11}^{(1)}(n,a) & E_{12}^{(1)+}(n,a) \\ E_{21}^{(1)-}(n,a) & E_{22}^{(1)}(n,a) \end{bmatrix}\begin{Bmatrix} A_{d2,n}^{(1)} + A_{0,n} \\ C_{d2,n}^{(1)} + C_{0,n} \end{Bmatrix}\begin{bmatrix} \cos(n\theta_1) \\ \sin(n\theta_1) \end{bmatrix} + \frac{2\mu}{a^2}\sum_{n=0}^{\infty}\begin{bmatrix} E_{11}^{(1)}(n,a) & E_{12}^{(1)-}(n,a) \\ E_{21}^{(1)+}(n,a) & E_{22}^{(1)}(n,a) \end{bmatrix}\begin{Bmatrix} B_{d2,n}^{(1)} + B_{0,n} \\ D_{d2,n}^{(1)} + D_{0,n} \end{Bmatrix}\begin{bmatrix} \sin(n\theta_1) \\ \cos(n\theta_1) \end{bmatrix} \tag{7-88}$$

在 Ω 区域

$$\begin{Bmatrix} \sigma_{rr}^{(e)}(a,\theta_1) \\ \sigma_{r\theta}^{(e)}(a,\theta_1) \end{Bmatrix} = \frac{2\mu}{a^2}\sum_{n=0}^{\infty}\begin{bmatrix} E_{11}^{(1)}(n,a) & E_{12}^{(1)+}(n,a) \\ E_{21}^{(1)-}(n,a) & E_{22}^{(1)}(n,a) \end{bmatrix}\begin{Bmatrix} A_{e1,n}^{(1)} \\ C_{e1,n}^{(1)} \end{Bmatrix}\begin{bmatrix} \cos(n\theta_1) \\ \sin(n\theta_1) \end{bmatrix} + \frac{2\mu}{a^2}\sum_{n=0}^{\infty}\begin{bmatrix} E_{11}^{(1)}(n,a) & E_{12}^{(1)-}(n,a) \\ E_{21}^{(1)+}(n,a) & E_{22}^{(1)}(n,a) \end{bmatrix}\begin{Bmatrix} B_{e1,n}^{(1)} \\ D_{e1,n}^{(1)} \end{Bmatrix}\begin{bmatrix} \sin(n\theta_1) \\ \cos(n\theta_1) \end{bmatrix} \tag{7-89}$$

在边界条件 $\sigma_{r\theta}^{(e)}|_L = \sigma_{rr}^{(e)}|_L = 0$，$\sigma_{r\theta}^{(d)}|_\Gamma = \sigma_{r\theta}^{(e)}|_\Gamma, \sigma_{rr}^{(d)}|_\Gamma = \sigma_{rr}^{(e)}|_\Gamma$，以及 $w_r^{(d)}|_\Gamma = w_r^{(e)}|_\Gamma$，$w_\theta^{(d)}|_\Gamma = w_\theta^{(e)}|_\Gamma$。

建立辅助函数如下：

$$F_1(\theta_1)=\begin{cases}\sigma_{r_1r_1}^{(e)}(a,\theta_1), & \text{其他}\\ \sigma_{r_1r_1}^{(e)}(a,\theta_1)-\sigma_{r_1r_1}^{(d)}(a,\theta_1), & -\dfrac{\pi}{2}+2k\pi\leqslant\theta_1\leqslant\dfrac{\pi}{2}+2k\pi\end{cases}\tag{7-90a}$$

$$F_2(\theta_1)=\begin{cases}\sigma_{r_1\theta_1}^{(e)}(a,\theta_1), & \text{其他}\\ \sigma_{r_1\theta_1}^{(e)}(a,\theta_1)-\sigma_{r_1\theta_1}^{(d)}(a,\theta_1), & -\dfrac{\pi}{2}+2k\pi\leqslant\theta_1\leqslant\dfrac{\pi}{2}+2k\pi\end{cases}\tag{7-91a}$$

$$G_1(\theta_1)=\begin{cases}0, & \text{其他}\\ w_{r_1}^{(e)}(a,\theta_1)-w_{r_1}^{(d)}(a,\theta_1), & -\dfrac{\pi}{2}+2k\pi\leqslant\theta_1\leqslant\dfrac{\pi}{2}+2k\pi\end{cases}\tag{7-92a}$$

$$G_2(\theta_1)=\begin{cases}0, & \text{其他}\\ w_{\theta_1}^{(e)}(a,\theta_1)-w_{\theta_1}^{(d)}(a,\theta_1), & -\dfrac{\pi}{2}+2k\pi\leqslant\theta_1\leqslant\dfrac{\pi}{2}+2k\pi\end{cases}\tag{7-93a}$$

将此 4 个函数在$[-\pi,\pi]$内进行傅里叶展开，并令其系数为 0，分别满足 Γ 上的应力应变连续和 L 上的应力为 0。则

$$F_1(\theta_1)=0,\quad -\pi\leqslant\theta_1\leqslant\pi\tag{7-94}$$

$$F_2(\theta_1)=0,\quad -\pi\leqslant\theta_1\leqslant\pi\tag{7-95}$$

$$G_1(\theta_1)=0,\quad -\pi\leqslant\theta_1\leqslant\pi\tag{7-96}$$

$$G_2(\theta_1)=0,\quad -\pi\leqslant\theta_1\leqslant\pi\tag{7-97}$$

四个函数的傅里叶展开具体步骤如下：

（1）考虑 $F_1(\theta_1)$在$[-\pi,\pi]$范围内的傅里叶展开，即

$$F_1(\theta_1)=\frac{a_0}{2}+\sum_{l=1}^{\infty}(a_l\cos(l\theta_1)+b_l\sin(l\theta_1))$$

式中

$$a_l=\frac{1}{\pi}\int_{-\pi}^{\pi}F_1(\theta_1)\cos(l\theta_1)\,\mathrm{d}\theta_1,\quad l=0,1,2,\cdots$$

$$b_l=\frac{1}{\pi}\int_{-\pi}^{\pi}F_1(\theta_1)\sin(l\theta_1)\,\mathrm{d}\theta_1,\quad l=1,2,\cdots$$

这里令

$$\sigma_{r_1r_1}^{(e)}=\sum_{n=0}^{\infty}I_{1n}\cos(n\theta_1)+I_{2n}\sin(n\theta_1)$$

$$\sigma_{r_1r_1}^{(d)}=\sum_{n=0}^{\infty}II_{1n}\cos(n\theta_1)+II_{2n}\sin(n\theta_1)$$

由上式，有

① $a_l=\dfrac{1}{\pi}\displaystyle\int_{-\pi}^{\pi}F_1(\theta_1)\cos(l\theta_1)\,\mathrm{d}\theta_1=\dfrac{1}{\pi}\int_{-\pi}^{\pi}\sigma_{r_1r_1}^{(e)}(a,\theta_1)\cos(l\theta_1)\,\mathrm{d}\theta_1+$

$$\frac{1}{\pi}\int_{-\frac{\pi}{2}}^{\frac{\pi}{2}}[\sigma_{r_1r_1}^{(e)}(a,\theta_1)-\sigma_{r_1r_1}^{(d)}(a,\theta_1)]\cos(l\theta_1)\mathrm{d}\theta_1+\frac{1}{\pi}\int_{\frac{\pi}{2}}^{\pi}\sigma_{r_1r_1}^{(e)}(a,\theta_1)\cos(l\theta_1)\mathrm{d}\theta_1$$
$$=A+B+C$$

式中

$$B=\frac{1}{\pi}\int_{-\frac{\pi}{2}}^{\frac{\pi}{2}}\left[\left(\sum_{n=0}^{\infty}I_{1n}\cos(n\theta_1)+\sum_{n=0}^{\infty}I_{2n}\sin(n\theta_1)\right)-\left(\sum_{n=0}^{\infty}II_{1n}\cos(n\theta_1)-\sum_{n=0}^{\infty}II_{2n}\sin(n\theta_1)\right)\right]\cos(l\theta_1)\mathrm{d}\theta_1$$
$$=\frac{2}{\pi}\int_{0}^{\frac{\pi}{2}}\left(\sum_{n=0}^{\infty}I_{1n}\cos(n\theta_1)-\sum_{n=0}^{\infty}II_{1n}\cos(n\theta_1)\right)\cos(l\theta_1)\mathrm{d}\theta_1$$
$$=\frac{2}{\pi}\sum_{n=0}^{\infty}(I_{1n}-II_{1n})\int_{0}^{\frac{\pi}{2}}\cos(n\theta_1)\cos(l\theta_1)\mathrm{d}\theta_1$$
$$A+C=\frac{2}{\pi}\sum_{n=0}^{\infty}I_{1n}\int_{0}^{\frac{\pi}{2}}\cos(n\theta_1)\cos(l\theta_1)\mathrm{d}\theta_1$$

根据试算可知，若直接对 B，$A+C$ 的求和符号内做积分运算，则当 $l=0$ 或 $l=0$ 但 $n=l$ 时，在运算中可能出现分母为零的情况。因此，将运算分为 $l=0$ 和 $l\neq0$ 两种情况分别讨论。

② 当 $l=0$ 时

$$B=\frac{2}{\pi}\sum_{n=0}^{\infty}(I_{1,n}-II_{1,n})\int_{0}^{\frac{\pi}{2}}\cos(n\theta_1)\cos(l\theta_1)\mathrm{d}\theta_1$$
$$=\frac{2}{\pi}\sum_{n=0}^{\infty}(I_{1,n}-II_{1,n})\int_{0}^{\frac{\pi}{2}}\cos(n\theta_1)\mathrm{d}\theta_1$$
$$=\frac{2}{\pi}(I_{10}-II_{10})\frac{\pi}{2}+\frac{2}{\pi}\sum_{n=1}^{\infty}(I_{1,n}-II_{1,n})\frac{\sin\frac{n\pi}{2}}{n}$$
$$A+C^2=\frac{2}{\pi}\sum_{n=0}^{\infty}I_{1,n}\int_{0}^{\frac{\pi}{2}}\cos(n\theta_1)\cos(l\theta_1)\mathrm{d}\theta_1$$
$$=\frac{2}{\pi}I_{10}\frac{\pi}{2}+\frac{2}{\pi}\sum_{n=1}^{\infty}I_{1,n}\left(-\frac{\sin\frac{n\pi}{2}}{n}\right)$$

所以，当 $l=0$ 时，$a_l=A+B+C$，经化简后得

$$I_{10}=\frac{1}{2}II_{10}+\frac{1}{\pi}\sum_{n=1}^{\infty}II_{1,n}\frac{\sin\frac{n\pi}{2}}{n}$$

当 $l\neq0$ 时

$$B=\frac{2}{\pi}\sum_{n=0}^{\infty}(I_{1,n}-II_{1,n})\int_{0}^{\frac{\pi}{2}}\cos(n\theta_1)\cos(l\theta_1)\mathrm{d}\theta_1$$

$$=\frac{2}{\pi}(I_{10}-II_{10})\frac{\sin\left(\frac{l\pi}{2}\right)}{l}+\frac{2}{\pi}\sum_{\substack{n=1\\l\neq n}}^{\infty}(I_{1,n}-II_{1,n})\times\frac{1}{2}\left(\frac{\sin\left(\frac{n+l}{2}\pi\right)}{n+l}+\frac{\sin\left(\frac{n-l}{2}\pi\right)}{n-l}\right)+\frac{2}{\pi}(I_{1l}-II_{1l})\times\frac{\pi}{2}\times\frac{1}{2}$$

所以，当 $l\neq0$ 时，$a_l=A+B+C$，经化简后得

$$I_{1l}=\frac{2}{\pi}II_{10}\left(\frac{\sin\left(\frac{l\pi}{2}\right)}{l}\right)+\frac{2}{\pi}\sum_{\substack{n=1\\l\neq n}}^{\infty}II_{1n}\times\frac{1}{2}\left(\frac{\sin\left(\frac{n+l}{2}\pi\right)}{n+l}+\frac{\sin\left(\frac{n-l}{2}\pi\right)}{n-l}\right)+\frac{1}{2}II_{1n}$$

综上式所述，如令

$$\lambda_{1n}\begin{cases}\dfrac{1}{2}, & n=l\\[2ex] \dfrac{\varepsilon_l}{2\pi}\dfrac{\sin\left(\frac{n+l}{2}\pi\right)}{n+l}+\dfrac{\varepsilon_l}{2\pi}\dfrac{\sin\left(\frac{n-l}{2}\pi\right)}{n-l}, & n\neq l\end{cases}\tag{7-98}$$

式中：$\varepsilon_1=\begin{cases}1, & l=0\\1, & l=1,2,3,\cdots\end{cases}$合并得

$$I_{1l}=\sum_{n=0}^{\infty}II_{1n}\cdot\lambda_{1n}$$

把 I_{1l}, II_{1n}还原，得

$$E_{11}^{(1)}(l,a)A_{e1,l}^{(1)}+E_{12}^{(1)+}(l,a)C_{e1,l}^{(1)}=$$

$$\sum_{n=0}^{\infty}[E_{11}^{(2)}(n,a)A_{d1,n}^{(1)}+E_{12}^{(2)+}(n,a)C_{d1,n}^{(1)}+E_{11}^{(1)}(n,a)(A_{d2,n}^{(1)}+A_{0n})+E_{12}^{(1)+}(n,a)(C_{d2,n}^{(1)}+C_{0n})]\cdot\lambda_{1n}\tag{7-99}$$

③ 类似 a_l，求 b_l，则

当 $l=0$ 时，b_0 无定义。

当 $l\neq0$ 时，有

$$b_l=\frac{1}{\pi}\int_{-\pi}^{\pi}F_1(\theta_1)\sin(l\theta_1)\mathrm{d}\theta_1=\frac{1}{\pi}\int_{-\pi}^{-\frac{\pi}{2}}\sigma_{r_1r_1}^{(e)}(a,\theta_1)\sin(l\theta)\mathrm{d}\theta$$

$$+\frac{1}{\pi}\int_{-\frac{\pi}{2}}^{\frac{\pi}{2}}[\sigma_{r_1r_1}^{(e)}(a,\theta_1)-\sigma_{r_1r_1}^{(d)}(a,\theta_1)]\sin(l\theta)\mathrm{d}\theta+\frac{1}{\pi}\int_{\frac{\pi}{2}}^{\pi}\sigma_{r_1r_1}^{(e)}(a,\theta_1)\sin(l\theta)\mathrm{d}\theta$$

$$=A'+B'+C'$$

$$B' = \frac{1}{\pi}\int_{-\frac{\pi}{2}}^{\frac{\pi}{2}}[\sigma_{r_1r_1}^{(e)}(a,\theta_1) - \sigma_{r_1r_1}^{(d)}(a,\theta_1)]\sin(l\theta)\mathrm{d}\theta$$

$$= \frac{2}{\pi}\int_0^{\frac{\pi}{2}}\left(\sum_{n=0}^{\infty} I_{2n}\sin(n\theta_1) - \sum_{n=0}^{\infty} II_{2n}\sin(n\theta_1)\right)\sin(l\theta_1)\mathrm{d}\theta_1$$

$$= \frac{2}{\pi}\sum_{n=0}^{\infty}(I_{2n} - II_{2n})\int_0^{\frac{\pi}{2}}\sin(n\theta_1)\sin(l\theta_1)\mathrm{d}\theta$$

$$= 0 + \frac{2}{\pi}(I_{2l} - II_{2l}) \times \frac{1}{2} \times \frac{\pi}{2} + \frac{2}{\pi}\sum_{\substack{n=1\\ l\neq n}}^{\infty}(I_{2n} - II_{2n}) \times \left(-\frac{1}{2}\right)\left(\frac{\sin\left(\frac{n+l}{2}\pi\right)}{n+l} - \frac{\sin\left(\frac{n-l}{2}\pi\right)}{n-l}\right)$$

$$A' + C' = \frac{2}{\pi}\sum_{n=0}^{\infty} I_{2n}\int_0^{\frac{\pi}{2}}\sin(n\theta_1)\sin(l\theta_1)\mathrm{d}\theta_1$$

$$= 0 + \frac{2}{\pi}I_{2l} \times \frac{1}{2} \times \frac{\pi}{2} ++ \frac{2}{\pi}\sum_{\substack{n=1\\ l\neq n}}^{\infty} I_{2n} \times \left(-\frac{1}{2}\right)\left(-\frac{\sin\left(\frac{n+l}{2}\pi\right)}{n+l} + \frac{\sin\left(\frac{n-l}{2}\pi\right)}{n-l}\right)$$

此时 $b_l=A'+B'+C'$，经简化得

$$I_{2l} = 0 + \frac{1}{2}II_{2l} + \sum_{\substack{n=1\\ l\neq n}}^{\infty} II_{2n}\left(-\frac{1}{\pi}\right)\left(\frac{\sin\left(\frac{n+l}{2}\pi\right)}{n+l} - \frac{\sin\left(\frac{n-l}{2}\pi\right)}{n-l}\right)$$

令

$$\mu_{1n} = \begin{cases} 0, & n=l=0 \\ -\frac{\varepsilon_l}{2\pi}\left[\frac{\sin\left(\frac{n+l}{2}\pi\right)}{n+l} - \frac{\sin\left(\frac{n-l}{2}\pi\right)}{n-l}\right], & n\neq l \\ \frac{1}{2}, & n=l\neq 0 \end{cases} \tag{7-100}$$

式中：$\varepsilon_1 = \begin{cases} 1, & l=0 \\ 1, & l=1,2,3,\cdots \end{cases}$ 合并得

$$I_{2l} = \sum_{n=0}^{\infty} II_{2n} \cdot \mu_{1n}$$

把 I_{1n} 和 II_{2n} 还原，得

$$E_{11}^{(1)}(l,a)B_{e1,l}^{(1)} + E_{12}^{(1)-}(l,a)D_{e1,l}^{(1)} =$$

$$\sum_{n=0}^{\infty}[E_{11}^{(2)}(n,a)B_{d1,n}^{(1)} + E_{12}^{(2)-}(n,a)D_{d1,n}^{(1)} + E_{11}^{(1)}(n,a)(B_{d2,n}^{(1)} + B_{0n}) + E_{12}^{(1)-}(n,a)(D_{d2,n}^{(1)} + D_{0n})] \cdot \mu_{1n} \tag{7-101}$$

（2）同理，亦可得到 $F_2(\theta_1)$ 在 $[-\pi,\pi]$ 范围内的傅里叶展开，有

$$F_2(\theta_1)=\frac{a_0}{2}+\sum_{l=1}^{\infty}(a_l\cos(l\theta_1)+b_l\sin(l\theta_1))$$

与上述推导完全类似，得

$$E_{21}^{(1)+}(l,a)B_{e1,l}^{(1)}+E_{22}^{(1)}(l,a)D_{e1,l}^{(1)}=$$
$$\sum_{n=0}^{\infty}[E_{21}^{(2)+}(n,a)B_{d1,n}^{(1)}+E_{22}^{(2)}(n,a)D_{d1,n}^{(1)}+E_{21}^{(1)+}(n,a)(B_{d2,n}^{(1)}+B_{0n})+E_{22}^{(1)}(n,a)(D_{d2,n}^{(1)}+D_{0n})]\cdot\lambda_{1n}$$

（7-102）

$$E_{21}^{(1)-}(l,a)A_{e1,l}^{(1)}+E_{22}^{(1)}(l,a)C_{e1,l}^{(1)}=$$
$$\sum_{n=0}^{\infty}[E_{21}^{(2)-}(n,a)A_{d1,n}^{(1)}+E_{22}^{(2)}(n,a)C_{d1,n}^{(1)}+E_{21}^{(1)-}(n,a)(A_{d2,n}^{(1)}+A_{0n})+E_{22}^{(1)}(n,a)(C_{d2,n}^{(1)}+C_{0n})]\cdot\mu_{mn}$$

（7-103）

（3）考虑 $G_2(\theta_1)$ 在 $[-\pi,\pi]$ 范围内的傅里叶展开，有

$$G_1(\theta_1)=\frac{a_0}{2}+\sum_{l=1}^{\infty}(a_l\cos(l\theta_1)+b_l\sin(l\theta_1)) \tag{7-104}$$

式中：

$$a_l=\frac{1}{\pi}\int_{-\pi}^{\pi}G_1(\theta_1)\cos(l\theta_1)\mathrm{d}\theta_1$$

$$b_l=\frac{1}{\pi}\int_{-\pi}^{\pi}G_1(\theta_1)\sin(l\theta_1)\mathrm{d}\theta_1$$

这里令

$$\mu_{r_1}^{(e)}=\sum_{n=0}^{\infty}I_{1n}\cos(n\theta_1)+I_{2n}\sin(n\theta_1)$$

$$\mu_{r_1}^{(d)}=\sum_{n=0}^{\infty}II_{1n}\cos(n\theta_1)+II_{2n}\sin(n\theta_1)$$

① 有

$$\begin{aligned}a_l&=\frac{1}{\pi}\int_{-\frac{\pi}{2}}^{\frac{\pi}{2}}[\mu_{r_1}^{(e)}(a,\theta_1)-\mu_{r_1}^{(d)}(a,\theta_1)]\cos(l\theta_1)\mathrm{d}\theta_1\\&=\frac{2}{\pi}\int_0^{\frac{\pi}{2}}\left(\sum_{n=0}^{\infty}I_{1n}\cos(n\theta_1)-\sum_{n=0}^{\infty}II_{1n}\cos(n\theta_1)\right)\cos(l\theta_1)\mathrm{d}\theta\\&=\frac{2}{\pi}\sum_{n=0}^{\infty}(I_{1n}-II_{1n})\int_0^{\frac{\pi}{2}}\cos(n\theta_1)\cos(l\theta_1)\mathrm{d}\theta_1\end{aligned}$$

当 $l=0$ 时，有

$$a_l=\frac{2}{\pi}(I_{10}-II_{10})\frac{\pi}{2}+\frac{2}{\pi}(I_{1n}-II_{1n})\frac{\sin\left(\frac{n\pi}{2}\right)}{n}$$

当 $l \neq 0$ 时，有

$$a_l = \frac{2}{\pi}(I_{10} - II_{10})\left(\frac{\sin\left(\frac{l\pi}{2}\right)}{l}\right) + \frac{2}{\pi}\sum_{\substack{n=1\\l\neq n}}^{\infty}(I_{1n} - II_{1n}) \times \frac{1}{2}\left(\frac{\sin\left(\frac{n+l}{2}\pi\right)}{n+l} + \frac{\sin\left(\frac{n-l}{2}\pi\right)}{n-l}\right)$$

$$+ \frac{2}{\pi}(I_{1l} - II_{1l}) \times \frac{\pi}{2} \times \frac{1}{2}$$

综上，由 $a_l=0$ 得

$$\sum_{n=0}^{\infty} I_{1n} \cdot \lambda_{1n} = \sum_{n=0}^{\infty} II_{1n} \cdot \lambda_{1n}$$

把 I_{1n}，I_{2n} 还原，得

$$\sum_{n=0}^{\infty}[I_{11}^{(1)}(n,a)A_{e1,n}^{(1)} + I_{12}^{(1)+}(n,a)C_{e1,n}^{(1)}]\lambda_{1n}$$

$$= \sum_{n=0}^{\infty}[I_{11}^{(2)}(n,a)A_{d1,n}^{(1)} + I_{12}^{(2)+}(n,a)C_{d1,n}^{(1)} + I_{11}^{(1)}(n,a)(A_{d2,n}^{(1)} + A_{0n}) + I_{12}^{(1)+}(n,a)(C_{d2,n}^{(1)} + C_{0n})] \cdot \lambda_{1n}$$

式中：λ_{1n} 的定义与前面相同。

② 有 $$b_l = \frac{1}{\pi}\int_{-\frac{\pi}{2}}^{\frac{\pi}{2}}[\mu_{r_1}^{(e)}(a,\theta_1) - \mu_{r_1}^{(d)}(a,\theta_1)]\sin(l\theta_1)\,d\theta_1$$

$$= \frac{2}{\pi}\int_0^{\frac{\pi}{2}}\left(\sum_{n=0}^{\infty} I_{2n}\sin(n\theta_1) - \sum_{n=0}^{\infty} II_{2n}\sin(n\theta_1)\right)\sin(l\theta_1)\,d\theta_1$$

$$= \frac{2}{\pi}\sum_{n=0}^{\infty}(I_{2n} - II_{2n})\int_0^{\frac{\pi}{2}}\sin(n\theta_1)\sin(l\theta_1)\,d\theta_1$$

由 $b_l=0$，得到

$$\sum_{n=0}^{\infty} I_{2n}\mu_{1n} = \sum_{n=0}^{\infty} II_{2n}\mu_n$$

式中：μ_{1n} 的定义与前面相同。

把 I_{1n} 和 I_{2n} 还原，得

$$\sum_{n=0}^{\infty}[I_{11}^{(1)}(n,a)B_{e1,n}^{(1)} + I_{12}^{(1)-}(n,a)D_{e1,n}^{(1)}]\mu_{1n}$$

$$= \sum_{n=0}^{\infty}[I_{11}^{(2)}(n,a)B_{d1,n}^{(1)} + I_{12}^{(2)-}(n,a)D_{d1,n}^{(1)} + I_{11}^{(1)}(n,a)(B_{d2,n}^{(1)} + B_{0n}) + I_{12}^{(1)-}(n,a)(D_{d2,n}^{(1)} + D_{0n})] \cdot \mu_{1n}$$

(7-105)

(4) 同理，亦可得到 $G_2(\theta_1)$ 在 $[-\pi,\pi]$ 范围内的傅里叶展开：

$$G_2(\theta_1) = \frac{a_0}{2} + \sum_{l=1}^{\infty}(a_l\cos(l\theta_1) + b_l\sin(l\theta_1))$$

与上述推导完全类似，得

$$\sum_{n=0}^{\infty}[I_{21}^{(1)+}(n,a)B_{e1,n}^{(1)}+I_{22}^{(1)}(n,a)D_{e1,n}^{(1)}]\lambda_{1n}$$
$$=\sum_{n=0}^{\infty}[I_{21}^{(2)+}(n,a)B_{d1,n}^{(1)}+I_{22}^{(2)}(n,a)D_{d1,n}^{(1)}+I_{21}^{(1)+}(n,a)(B_{d2,n}^{(1)}+B_{0n})+I_{22}^{(1)}(n,a)(D_{d2,n}^{(1)}+D_{0n})]\cdot\lambda_{1n}$$
$$(7\text{-}106)$$

$$\sum_{n=0}^{\infty}[I_{21}^{(1)-}(n,a)A_{e1,n}^{(1)}+I_{22}^{(1)}(n,a)C_{e1,n}^{(1)}]\mu_{1n}$$
$$=\sum_{n=0}^{\infty}[I_{21}^{(2)-}(n,a)A_{d1,n}^{(1)}+I_{22}^{(2)}(n,a)C_{d1,n}^{(1)}+I_{21}^{(1)-}(n,a)(A_{d2,n}^{(1)}+A_{0n})+I_{22}^{(1)}(n,a)(C_{d2,n}^{(1)}+C_{0n})]\cdot\mu_{n}$$
$$(7\text{-}107)$$

综合上述 4 种情况，并写成矩阵形式，得

$$\begin{bmatrix}E_{11}^{(1)}(n,a) & E_{12}^{(1)+}(n,a)\\ E_{21}^{(1)-}(n,a) & E_{22}^{(1)}(n,a)\end{bmatrix}\begin{Bmatrix}A_{e1,n}^{(1)}\\ C_{e1,n}^{(1)}\end{Bmatrix}=\sum_{n=0}^{\infty}\begin{bmatrix}E_{11}^{(2)}(n,a) & E_{12}^{(2)+}(n,a)\\ E_{21}^{(2)-}(n,a) & E_{22}^{(2)}(n,a)\end{bmatrix}\begin{Bmatrix}A_{d1,n}^{(1)}\\ C_{d1,n}^{(1)}\end{Bmatrix}\begin{bmatrix}\lambda_{1n}\\ \mu_{1n}\end{bmatrix}$$
$$+\sum_{n=0}^{\infty}\begin{bmatrix}E_{11}^{(1)}(n,a) & E_{12}^{(1)+}(n,a)\\ E_{21}^{(1)-}(n,a) & E_{22}^{(1)}(n,a)\end{bmatrix}\begin{Bmatrix}A_{d2,n}^{(1)}+A_{0,n}\\ C_{d2,n}^{(1)}+C_{0,n}\end{Bmatrix}\begin{bmatrix}\lambda_{1n}\\ \mu_{1n}\end{bmatrix}\qquad(7\text{-}108)$$

$$\begin{bmatrix}E_{11}^{(1)}(n,a) & E_{12}^{(1)-}(n,a)\\ E_{21}^{(1)+}(n,a) & E_{22}^{(1)}(n,a)\end{bmatrix}\begin{Bmatrix}B_{e1,n}^{(1)}\\ D_{e1,n}^{(1)}\end{Bmatrix}=\sum_{n=0}^{\infty}\begin{bmatrix}E_{11}^{(2)}(n,a) & E_{12}^{(2)-}(n,a)\\ E_{21}^{(2)+}(n,a) & E_{22}^{(2)}(n,a)\end{bmatrix}\begin{Bmatrix}B_{d1,n}^{(1)}\\ D_{d1,n}^{(1)}\end{Bmatrix}\begin{bmatrix}\mu_{1n}\\ \lambda_{1n}\end{bmatrix}$$
$$+\sum_{n=0}^{\infty}\begin{bmatrix}E_{11}^{(1)}(n,a) & E_{12}^{(1)-}(n,a)\\ E_{21}^{(1)+}(n,a) & E_{22}^{(1)}(n,a)\end{bmatrix}\begin{Bmatrix}B_{d2,n}^{(1)}+B_{0,n}\\ D_{d2,n}^{(1)}+D_{0,n}\end{Bmatrix}\begin{bmatrix}\mu_{1n}\\ \lambda_{1n}\end{bmatrix}\qquad(7\text{-}109)$$

$$\sum_{n=0}^{\infty}\begin{bmatrix}I_{11}^{(1)}(n,a) & I_{12}^{(1)+}(n,a)\\ I_{21}^{(1)-}(n,a) & I_{22}^{(1)}(n,a)\end{bmatrix}\begin{Bmatrix}A_{e1,n}^{(1)}\\ C_{e1,n}^{(1)}\end{Bmatrix}\begin{bmatrix}\lambda_{1n}\\ \mu_{1n}\end{bmatrix}=\sum_{n=0}^{\infty}\begin{bmatrix}I_{11}^{(2)}(n,a) & I_{12}^{(2)+}(n,a)\\ I_{21}^{(2)-}(n,a) & I_{22}^{(2)}(n,a)\end{bmatrix}\begin{Bmatrix}A_{d1,n}^{(1)}\\ C_{d1,n}^{(1)}\end{Bmatrix}\begin{bmatrix}\lambda_{1n}\\ \mu_{1n}\end{bmatrix}$$
$$+\sum_{n=0}^{\infty}\begin{bmatrix}I_{11}^{(1)}(n,a) & I_{12}^{(1)+}(n,a)\\ I_{21}^{(1)-}(n,a) & I_{22}^{(1)}(n,a)\end{bmatrix}\begin{Bmatrix}A_{d2,n}^{(1)}+A_{0,n}\\ C_{d2,n}^{(1)}+C_{0,n}\end{Bmatrix}\begin{bmatrix}\lambda_{1n}\\ \mu_{1n}\end{bmatrix}\qquad(7\text{-}110)$$

$$\sum_{n=0}^{\infty}\begin{bmatrix}I_{11}^{(1)}(n,a) & I_{12}^{(1)-}(n,a)\\ I_{21}^{(1)+}(n,a) & I_{22}^{(1)}(n,a)\end{bmatrix}\begin{Bmatrix}B_{e1,n}^{(1)}\\ D_{e1,n}^{(1)}\end{Bmatrix}\begin{bmatrix}\mu_{1n}\\ \lambda_{1n}\end{bmatrix}=\sum_{n=0}^{\infty}\begin{bmatrix}I_{11}^{(2)}(n,a) & I_{12}^{(2)-}(n,a)\\ I_{21}^{(2)+}(n,a) & I_{22}^{(2)}(n,a)\end{bmatrix}\begin{Bmatrix}B_{d1,n}^{(1)}\\ D_{d1,n}^{(1)}\end{Bmatrix}\begin{bmatrix}\mu_{1n}\\ \lambda_{1n}\end{bmatrix}$$
$$+\sum_{n=0}^{\infty}\begin{bmatrix}I_{11}^{(1)}(n,a) & I_{12}^{(1)-}(n,a)\\ I_{21}^{(1)+}(n,a) & I_{22}^{(1)}(n,a)\end{bmatrix}\begin{Bmatrix}B_{d2,n}^{(1)}+B_{0,n}\\ D_{d2,n}^{(1)}+D_{0,n}\end{Bmatrix}\begin{bmatrix}\mu_{1n}\\ \lambda_{1n}\end{bmatrix}\qquad(7\text{-}111)$$

7.2.3 方程的校验

把式（7-79）分开写，即

$$A_{d2,n}^{(1)} = \sum_{j=0}^{\infty} SA_{nj} A_{d1,j}^{(1)} \tag{7-112}$$

$$B_{d2,n}^{(1)} = \sum_{j=0}^{\infty} SB_{nj} B_{d1,j}^{(1)} \tag{7-113}$$

$$C_{d2,n}^{(1)} = \sum_{j=0}^{\infty} SC_{nj} C_{d1,j}^{(1)} \tag{7-114}$$

$$D_{d2,n}^{(1)} = \sum_{j=0}^{\infty} SD_{nj} D_{d1,j}^{(1)} \tag{7-115}$$

以上就是根据边界条件得出的方程组，共12个系列方程，把这12个方程分成两组，分别解两个系列待定系数。

第一组为式（7-99）、式（7-103）、式（7-104）、式（7-107）、式（7-110）、式（7-114）用来解系列

$$A_{e1,n}^{(1)}, C_{e1,n}^{(1)}, A_{d1,n}^{(1)}, C_{d1,n}^{(1)}, A_{e2,n}^{(1)}, C_{d1,n}^{(1)}$$

第二组为式（7-101）、式（7-102）、式（7-105）、式（7-106）、式（7-113）、式（7-115）用来解系列

$$B_{e1,n}^{(1)}, D_{e1,n}^{(1)}, B_{d1,n}^{(1)}, D_{d1,n}^{(1)}, B_{e2,n}^{(1)}, D_{d1,n}^{(1)}$$

1. 第一组方程的消元过程

由式（7-99）、式（7-103）得

$$A_{e1,l}^{(1)} = \frac{E_{22}^{(1)}(l,a) \cdot \sum_{n=0}^{\infty} \left[E_{11}^{(2)}(n,a) A_{d1,n}^{(1)} + E_{12}^{(2)+}(n,a) C_{d1,n}^{(1)} + E_{11}^{(1)}(n,a)(A_{d2,n}^{(1)} + A_{0n}) + E_{12}^{(1)+}(n,a)(C_{d2,n}^{(1)} + C_{0n})\right] \cdot \lambda_{1n}}{EE1(l,a)}$$
$$- \frac{E_{12}^{(1)+}(l,a) \cdot \sum_{n=0}^{\infty} \left[E_{21}^{(2)-}(n,a) A_{d1,n}^{(1)} + E_{22}^{(2)}(n,a) C_{d1,n}^{(1)} + E_{21}^{(1)-}(n,a)(A_{d2,n}^{(1)} + A_{0n}) + E_{22}^{(1)}(n,a)(C_{d2,n}^{(1)} + C_{0n})\right] \cdot \mu_{1n}}{EE1(l,a)} \tag{7-116}$$

$$C_{e1,l}^{(1)} = \frac{E_{11}^{(1)}(l,a) \cdot \sum_{n=0}^{\infty} \left[E_{21}^{(2)-}(n,a) A_{d1,n}^{(1)} + E_{22}^{(2)}(n,a) C_{d1,n}^{(1)} + E_{21}^{(1)-}(n,a)(A_{d2,n}^{(1)} + A_{0n}) + E_{22}^{(1)}(n,a)(C_{d2,n}^{(1)} + C_{0n})\right] \cdot \mu_{1n}}{EE1(l,a)}$$
$$- \frac{E_{21}^{(1)-}(l,a) \cdot \sum_{n=0}^{\infty} \left[E_{11}^{(2)}(n,a) A_{d1,n}^{(1)} + E_{12}^{(2)+}(n,a) C_{d1,n}^{(1)} + E_{11}^{(1)}(n,a)(A_{d2,n}^{(1)} + A_{0n}) + E_{12}^{(1)+}(n,a)(C_{d2,n}^{(1)} + C_{0n})\right] \cdot \lambda_{n}}{EE1(l,a)} \tag{7-117}$$

式中：$EE1(l,a)=E_{11}^{(1)}(l,a)E_{22}^{(1)}(l,a)-E_{21}^{(1)-}(l,a)E_{12}^{(1)+}(l,a)$。

将式（7-116）、式（7-117）代入式（7-104）得

$$
\begin{aligned}
&\sum_{n=0}^{\infty}[E_{11}^{(2)}(n,a)A_{d1,n}^{(1)}+E_{12}^{(2)+}(n,a)C_{d1,n}^{(1)}+E_{11}^{(1)}(n,a)(A_{d2,n}^{(1)}+A_{0n})+E_{12}^{(1)+}(n,a)(C_{d2,n}^{(1)}+C_{0n})]R5(l,n)\\
&+\sum_{n=0}^{\infty}[E_{21}^{(2)-}(n,a)A_{d1,n}^{(1)}+E_{22}^{(2)}(n,a)C_{d1,n}^{(1)}+E_{21}^{(1)-}(n,a)(A_{d2,n}^{(1)}+A_{0n})+E_{22}^{(1)+}(n,a)(C_{d2,n}^{(1)}+C_{0n})]RR5(l,n)\\
&-\sum_{n=0}^{\infty}[I_{11}^{(2)}(n,a)A_{d1,n}^{(1)}+I_{12}^{(2)+}(n,a)C_{d1,n}^{(1)}+I_{11}^{(1)}(n,a)(A_{d2,n}^{(1)}+A_{0n})+I_{12}^{(1)+}(n,a)(C_{d2,n}^{(1)}+C_{0n})]\cdot\lambda_{1n}\\
&=0
\end{aligned}
\tag{7-118}
$$

式中

$$R5(l,n)=\sum_{m=0}^{\infty}\lambda_{mn}\cdot\lambda_{lm}\cdot\frac{EI51(m,a)}{EE1(m,a)}$$

$$RR5(l,n)=\sum_{m=0}^{\infty}\mu_{mn}\cdot\lambda_{lm}\cdot\frac{EI52(m,a)}{EE1(m,a)}$$

$$EI51(m,a)=E_{22}^{(1)}(m,a)\cdot I_{11}^{(1)}(m,a)-E_{21}^{(1)-}(m,a)I_{12}^{(1)+}(m,a)$$

$$EI52(m,a)=E_{11}^{(1)}(m,a)\cdot I_{12}^{(1)+}(m,a)-E_{12}^{(1)+}(m,a)I_{11}^{(1)}(m,a)$$

化简移项，得

$$\sum_{n=0}^{\infty}w15(l,n)\cdot A_{d1,n}^{(1)}+\sum_{n=0}^{\infty}w25(l,n)\cdot A_{d2,n}^{(1)}+\sum_{n=0}^{\infty}w35(l,n)\cdot C_{d1,n}^{(1)}+\sum_{n=0}^{\infty}w45(l,n)\cdot C_{d2,n}^{(1)}=RS5(l)\tag{7-119}$$

式中

$$w15(l,n)=E_{11}^{(2)}(n,a)\cdot R5(l,n)+E_{21}^{(2)-}(n,a)\cdot RR5(l,n)-I_{11}^{(2)}(n,a)\lambda_{1n}$$

$$w25(l,n)=E_{11}^{(1)}(n,a)\cdot R5(l,n)+E_{21}^{(1)-}(n,a)\cdot RR5(l,n)-I_{11}^{(1)}(n,a)\lambda_{1n}$$

$$w35(l,n)=E_{12}^{(2)+}(n,a)\cdot R5(l,n)+E_{22}^{(2)}(n,a)\cdot RR5(l,n)-I_{12}^{(2)+}(n,a)\lambda_{1n}$$

$$w45(l,n)=E_{12}^{(1)+}(n,a)\cdot R5(l,n)+E_{22}^{(1)}(n,a)\cdot RR5(l,n)-I_{12}^{(1)+}(n,a)\lambda_{1n}$$

$$
\begin{aligned}
RS5(l)=&\sum_{n=0}^{\infty}[I_{11}^{(1)}(n,a)A_{0n}+I_{12}^{(1)+}(n,a)C_{0n}]\cdot\lambda_{1n}\\
&-\sum_{n=0}^{\infty}[E_{11}^{(1)}(n,a)A_{0n}+E_{12}^{(1)+}(n,a)C_{0n}]\cdot R5(l,n)\\
&-\sum_{n=0}^{\infty}[E_{21}^{(1)-}(n,a)A_{0n}+E_{22}^{(1)}(n,a)C_{0n}]\cdot RR5(l,n)
\end{aligned}
$$

将上式代入式（7-113）和式（7-115）得

$$\sum_{n=0}^{\infty} LSA5(l,n) \cdot A_{d1,n}^{(1)} + \sum_{n=0}^{\infty} LSC5(l,n) \cdot C_{d1,n}^{(1)} = RS5(l) \qquad (7\text{-}120)$$

式中

$$LSA5(l,n) = w15(l,n) + \sum_{j=0}^{\infty} w25(l,j) \cdot SA_{jn}$$

$$LSC5(l,n) = w35(l,n) + \sum_{j=0}^{\infty} w45(l,j) \cdot SC_{jn}$$

下面，将式（7-116）和式（7-117）代入式（7-107），得

$$\sum_{n=0}^{\infty} LSA8(l,n) \cdot A_{d1,n}^{(1)} + \sum_{n=0}^{\infty} LSC8(l,n) \cdot C_{d1,n}^{(1)} = RS8(l) \qquad (7\text{-}121)$$

式中

$$LSA8(l,n) = w18(l,n) + \sum_{j=0}^{\infty} w28(l,j) \cdot SA_{jn}$$

$$LSC8(l,n) = w38(l,n) + \sum_{j=0}^{\infty} w48(l,j) \cdot SC_{jn}$$

$$\begin{aligned} RS8(l) = &\sum_{n=0}^{\infty} [I_{21}^{(1)-}(n,a)A_{0n} + I_{22}^{(1)}(n,a)C_{0n}] \cdot \mu_{1n} \\ &- \sum_{n=0}^{\infty} [E_{11}^{(1)}(n,a)A_{0n} + E_{12}^{(1)+}(n,a)C_{0n}] \cdot R8(l,n) \\ &- \sum_{n=0}^{\infty} [E_{21}^{(1)-}(n,a)A_{0n} + E_{22}^{(1)}(n,a)C_{0n}] \cdot RR8(l,n) \end{aligned}$$

$$w18(l,n)=E_{11}^{(2)}(n,a) \cdot R8(l,n)+E_{21}^{(2)-}(n,a) \cdot RR8(l,n)-I_{21}^{(2)-}(n,a) \cdot \mu_{1n}$$

$$w28(l,n)=E_{11}^{(1)}(n,a) \cdot R8(l,n)+E_{21}^{(1)-}(n,a) \cdot RR8(l,n)-I_{21}^{(1)-}(n,a) \cdot \mu_{1n}$$

$$w38(l,n)=E_{12}^{(2)+}(n,a) \cdot R8(l,n)+E_{22}^{(2)}(n,a) \cdot RR8(l,n)-I_{22}^{(2)}(n,a) \cdot \mu_{1n}$$

$$w48(l,n)=E_{12}^{(1)+}(n,a) \cdot R8(l,n)+E_{22}^{(1)}(n,a) \cdot RR8(l,n)-I_{22}^{(1)}(n,a) \cdot \mu_{1n}$$

$$R8(l,n)=\sum_{m=0}^{\infty}\lambda_{mn}\cdot\mu_{lm}\cdot\frac{EI81(m,a)}{EE1(m,a)}$$

$$RR8(l,n)=\sum_{m=0}^{\infty}\mu_{mn}\cdot\mu_{lm}\cdot\frac{EI82(m,a)}{EE1(m,a)}$$

$$EI81(m,a)=E_{22}^{(1)}(m,a)\cdot I_{21}^{(1)-}(m,a)-E_{21}^{(1)-}(m,a)I_{22}^{(1)}(m,a)$$

$$EI82(m,a)=E_{11}^{(1)}(m,a)\cdot I_{22}^{(1)}(m,a)-E_{12}^{(1)+}(m,a)I_{21}^{(1)-}(m,a)$$

2. 第二组方程的消元过程

其过程跟第一组完全类似，由式（7-101）和式（7-102）得

$$B_{e1,l}^{(1)}=$$

$$\left\{E_{22}^{(1)}(l,a)\cdot\sum_{n=0}^{\infty}\left[E_{11}^{(2)}(n,a)B_{d1,n}^{(1)}+E_{12}^{(2)-}(n,a)D_{d1,n}^{(1)}+E_{11}^{(1)}(n,a)(B_{d2,n}^{(1)}+B_{0n})+E_{12}^{(1)-}(n,a)(D_{d2,n}^{(1)}+D_{0n})\right]\cdot\mu_{1n}\right\}\Big/EE2(l,a)$$

$$-\left\{E_{12}^{(1)-}\cdot\sum_{n=0}^{\infty}\left[E_{21}^{(2)+}(n,a)B_{d1,n}^{(1)}+E_{22}^{(2)}(n,a)D_{d1,n}^{(1)}+E_{21}^{(1)+}(n,a)(B_{d2,n}^{(1)}+B_{0n})+E_{22}^{(1)}(n,a)(D_{d2,n}^{(1)}+D_{0n})\right]\cdot\lambda_{1n}\right\}\Big/EE2(l,a)$$

(7-122)

$$D_{e1,l}^{(1)}$$

$$=\left\{E_{11}^{(1)}(l,a)\cdot\sum_{n=0}^{\infty}\left[E_{21}^{(2)+}(n,a)B_{d1,n}^{(1)}+E_{22}^{(2)}(n,a)D_{d1,n}^{(1)}+E_{21}^{(1)+}(n,a)(B_{d2,n}^{(1)}+B_{0n})+E_{22}^{(1)}(n,a)(D_{d2,n}^{(1)}+D_{0n})\right]\cdot\lambda_{n}\right\}\Big/EE2(l,a)$$

$$-\left\{E_{21}^{(1)+}(l,a)\cdot\sum_{n=0}^{\infty}\left[E_{11}^{(2)}(n,a)B_{d1,n}^{(1)}+E_{12}^{(2)-}(n,a)D_{d1,n}^{(1)}+E_{11}^{(1)}(n,a)(B_{d2,n}^{(1)}+B_{0n})+E_{12}^{(1)-}(n,a)(D_{d2,n}^{(1)}+D_{0n})\right]\cdot\mu_{1n}\right\}\Big/EE2(l,a)$$

(7-123)

将式（7-122）、式（7-123）代入式（7-105），得

$$\sum_{n=0}^{\infty}\left[E_{11}^{(2)}(n,a)B_{d1,n}^{(1)}+E_{12}^{(2)-}(n,a)D_{d1,n}^{(1)}+E_{11}^{(1)}(n,a)(B_{d2,n}^{(1)}+B_{0n})+E_{12}^{(1)-}(n,a)(D_{d2,n}^{(1)}+D_{0n})\right]R6(l,n)$$

$$+\sum_{n=0}^{\infty}\left[E_{21}^{(2)-}(n,a)B_{d1,n}^{(1)}+E_{22}^{(2)}(n,a)D_{d1,n}^{(1)}+E_{21}^{(1)-}(n,a)(B_{d2,n}^{(1)}+B_{0n})+E_{22}^{(1)}(n,a)(D_{d2,n}^{(1)}+D_{0n})\right]RR6(l,n)$$

$$-\sum_{n=0}^{\infty}\left[I_{11}^{(2)}(n,a)B_{d1,n}^{(1)}+I_{12}^{(2)+}(n,a)D_{d1,n}^{(1)}+I_{11}^{(1)}(n,a)(B_{d2,n}^{(1)}+B_{0n})+I_{12}^{(1)+}(n,a)(D_{d2,n}^{(1)}+D_{0n})\right]\cdot\mu_{1n}$$

$$=0$$

其中

$$R6(l,n)=\sum_{m=0}^{\infty}\mu_{mn}\cdot\mu_{lm}\cdot\frac{EI61(m,a)}{EE2(m,a)}$$

$$RR6(l,n)=\sum_{m=0}^{\infty}\mu_{mn}\cdot\lambda_{m}\cdot\frac{EI62(m,a)}{EE2(m,a)}$$

$$EI61(m,a)=E_{22}^{(1)}(m,a)\cdot I_{11}^{(1)}(m,a)-E_{21}^{(1)+}(m,a)I_{12}^{(1)-}(m,a)$$

$$EI62(m,a)=E_{11}^{(1)}(m,a)\cdot I_{12}^{(1)-}(m,a)-E_{12}^{(1)-}(m,a)I_{11}^{(1)}(m,a)$$

化简得

$$\sum_{n=0}^{\infty}w16(l,n)\cdot B_{d1,n}^{(1)}+\sum_{n=0}^{\infty}w26(l,n)\cdot B_{d2,n}^{(1)}+\sum_{n=0}^{\infty}w36(l,n)\cdot D_{d1,n}^{(1)}$$
$$+\sum_{n=0}^{\infty}w46(l,n)\cdot D_{d2,n}^{(1)}=RS6(l)\tag{7-124}$$

式中

$$w16(l,n)=E_{11}^{(2)}(n,a)\cdot R6(l,n)+E_{21}^{(2)+}(n,a)\cdot RR6(l,n)-I_{11}^{(2)}(n,a)\cdot\mu_{1n}$$

$$w26(l,n)=E_{11}^{(1)}(n,a)\cdot R6(l,n)+E_{21}^{(1)+}(n,a)\cdot RR6(l,n)-I_{11}^{(1)}(n,a)\cdot\mu_{1n}$$

$$w36(l,n)=E_{12}^{(2)-}(n,a)\cdot R6(l,n)+E_{22}^{(2)}(n,a)\cdot RR6(l,n)-I_{12}^{(2)-}(n,a)\cdot\mu_{m}$$

$$w46(l,n)=E_{12}^{(1)-}(n,a)\cdot R6(l,n)+E_{22}^{(1)}(n,a)\cdot RR6(l,n)-I_{12}^{(1)-}(n,a)\cdot\mu_{nn}$$

$$RS6(l)=\sum_{n-0}^{\infty}[I_{11}^{(1)}(n,a)B_{0n}+I_{12}^{(1)+}(n,a)D_{0n}]\cdot\mu_{1n}$$
$$-\sum_{n-0}^{\infty}[E_{11}^{(1)}(n,a)B_{0n}+E_{12}^{(1)-}(n,a)D_{0n}]\cdot R6(l,n)$$
$$-\sum_{n=0}^{\infty}[E_{21}^{(1)+}(n,a)B_{0,1}+E_{22}^{(1)}(n,a)D_{0,n}]\cdot RR6(l,n)$$

将上式代入式（7-113）和式（7-115）得

$$\sum_{n=0}^{\infty}LSB6(l,n)\cdot B_{(1,n)}^{(1)}+\sum_{i=0}^{\infty}LSD6(l,n)\cdot D_{(1,n)}^{(1)}=RS6(l)\tag{7-125}$$

式中

$$LSB6(l,n)=W16(l,n)+\sum_{l=0}^{\infty}W26(l,j)\cdot SB_{j,n}$$

$$LSD6(l,n)=W36(l,n)+\sum_{y=0}^{\infty}W46(l,j)\cdot SD_{j,n}$$

同理将上式代入式（7-106）得

$$\sum_{n=0}^{\infty} LSB7(l.n) \cdot B_{l,n}^{(1)} + \sum_{n=0}^{\infty} LSD7(l.n) \cdot D_{l,n}^{(1)} = RS7(l) \tag{7-126}$$

式中

$$LSD7(l,n) = w37(l,n) + \sum_{l=0}^{\infty} w47(l,j) \cdot SD_{jn}$$

$$LSB7(l,n) = w17(l,n) + \sum_{l=0}^{\infty} w27(l,j) \cdot SB_{jn}$$

$$\begin{aligned} RS7(l) = &\sum_{n=0}^{\infty} [I_{21}^{(1)+}(n,a)B_{0,n} + I_{22}^{(1)}(n,a)D_{0,n}] \cdot \lambda_{1n} \\ &- \sum_{n=0}^{\infty} [E_{11}^{(1)}(n,a)B_{0,n} + E_{12}^{(1)-}(n,a)D_{0,n}] \cdot R7(l,n) \\ &- \sum_{n=0}^{\infty} [E_{21}^{(1)+}(n,a)B_{0,n} + E_{22}^{(1)}(n,a)D_{0,n}] \cdot RR7(l,n) \end{aligned}$$

$$w17(l,n) = E_{11}^{(2)}(n,a) \cdot R7(l,n) + E_{21}^{(2)+}(n,a) \cdot RR7(l,n) - I_{21}^{(2)+}(n,a) \cdot \lambda_{1n}$$

$$w27(l,n) = E_{11}^{(1)}(n,a) \cdot R7(l,n) + E_{21}^{(1)+}(n,a) \cdot RR7(l,n) - I_{21}^{(1)+}(n,a) \cdot \lambda_{1n}$$

$$w37(l,n) = E_{12}^{(2)-}(n,a) \cdot R7(l,n) + E_{22}^{(2)}(n,a) \cdot RR7(l,n) - I_{22}^{(2)}(n,a) \cdot \lambda_{1n}$$

$$w47(l,n) = E_{12}^{(1)-}(n,a) \cdot R7(l,n) + E_{22}^{(1)}(n,a) \cdot RR7(l,n) - I_{22}^{(1)}(n,a) \cdot \lambda_{1n}$$

$$R7(l,n) = \sum_{m=0}^{\infty} \mu_{m,a} \cdot \lambda_{l,n} \cdot \frac{EI71(m,a)}{EE2(m,a)}$$

$$RR7(l,n) = \sum_{m=0}^{\infty} \lambda_{m,a} \cdot \lambda_{l,n} \cdot \frac{EI72(m,a)}{EE2(m,a)}$$

$$EI71(m,a) = E_{22}^{(1)}(m,a) \cdot I_{21}^{(1)+}(m,a) - E_{21}^{(1)+}(m,a) I_{22}^{(1)}(m,a)$$

$$EI72(m,a) = E_{11}^{(1)}(m,a) \cdot I_{22}^{(1)}(m,a) - E_{12}^{(1)-}(m,a) I_{21}^{(1)+}(m,a)$$

至此，所有方程都消元完毕，可以知道第一组方程归结为两个简单的无穷方程组：

$$\sum_{n=0}^{\infty} LSA5(l,n) \cdot A_{d1,n}^{(1)} + \sum_{n=0}^{\infty} LSC5(l,n) \cdot C_{d1,n}^{(1)} = RS5(l)$$

$$\sum_{n=0}^{\infty} LSA8(l,n) \cdot A_{d1,n}^{(1)} + \sum_{n=0}^{\infty} LSC8(l,n) \cdot C_{d1,n}^{(1)} = RS8(l)$$

具体如下：

$$\begin{bmatrix} [LSB5(l,n)] & [LSD5(l,n)] \\ [LSB8(l,n)] & [LSD5(l,n)] \end{bmatrix} \cdot \begin{Bmatrix} A_{d1,n}^{(1)} \\ C_{d1,n}^{(1)} \end{Bmatrix} = \begin{Bmatrix} RS5(l) \\ RS8(l) \end{Bmatrix} \tag{7-127}$$

解这个方程组求出 $A_{d1,n}^{(1)}, C_{d1,n}^{(1)}$，并代入式（7-96）和式（7-98），求出 $A_{d2,n}^{(1)}, C_{d2,n}^{(1)}$，将以上4个量代入式（7-100）和式（7-101），进而很容易就能求出 $A_{e1,n}^{(1)}, C_{e1,n}^{(1)}$。

而第二组方程可以归结为相应的两个无穷方程组：

$$\sum_{n=0}^{\infty} LSB6(l,n) \cdot B_{d1,n}^{(1)} + \sum_{n=0}^{\infty} LSD6(l,n) \cdot D_{d1,n}^{(1)} = RS6(l)$$

$$\sum_{n=0}^{\infty} LSB7(l,n) \cdot B_{d1,n}^{(1)} + \sum_{n=0}^{\infty} LSD7(l,n) \cdot D_{d1,n}^{(1)} = RS7(l)$$

具体如下：

$$\begin{bmatrix} [LSB6(l,n)] & [LSD6(l,n)] \\ [LSB7(l,n)] & [LSD7(l,n)] \end{bmatrix} \cdot \begin{Bmatrix} B_{d1,n}^{(1)} \\ D_{d1,n}^{(1)} \end{Bmatrix} = \begin{Bmatrix} RS6(l) \\ RS7(l) \end{Bmatrix} \tag{7-128}$$

在式（7-127）和式（7-128）中，系数矩阵中的 $[\cdot]$ 表示分块矩阵 $[\cdot] = \sum_{n=0}^{\infty} \cdot_{1n}$。

解这个方程组求出 $B_{d1,n}^{(1)}$、$D_{d1,n}^{(1)}$，并代入式（7-97）和式（7-99），求出 $B_{d2,n}^{(1)}$、$D_{d2,n}^{(1)}$，将以上4个量代入式（7-106）和式（7-107），进而很容易就能求出 $B_{e1,n}^{(1)}$、$D_{e1,n}^{(1)}$。至此，所有12个未知量都已经全部得到。

3. 方程的求解

在上一小节中，对有关的12个系列的未知量的边界条件方程组经过消元化简得到了两个方程组，但求解并不是那么简单的，因为本节采用的傅里叶-贝塞尔级数波函数展开法对势函数做的无穷级数展开，在上面推导中，无论是位移还是应力的项数或各个方程的阶数都是无穷的。从理论上说，把这些未知量求出来再代回去得出的解应该就是精确解，也就是解析解，然而这在实际中是不可能实现的，所以只能对级数项数进行截断，从而求解的是两组有限阶的线性方程组，因此产生了问题的截断误差，再加上在计算机中运算时不可避免地舍入误差，以及计算贝塞尔和汉克尔函数的误差，构成本问题的总误差，从而导致本问题在计算机上设定条件的局限性。但一般来说，用波函数展开法求解波动问题的求解范围比用数值法要宽得多。为了将来计算编程方便，本节一般取所有级数的迭代次数和方程阶数均等于同一个整数——NUM。

本节中，求解用的系数矩阵是非常病态的，用一般的高斯消元法不方便，本书采用的是奇异值分解法（Singular Value Decomposition，SVD）。为保证算法的可靠性和有效性，在计算中直接调用LAPACK（工业与应用数学学会开发的线性代数软件包）中给出的子程序ZGELSS来求解方程组。ZGELSS例程通过对正定或非正定线性方程组 AX-B 的系数矩阵 $\boldsymbol{A}$ 做奇异值分解，可以得到问题的最小范数最小二乘解。本节的结果都是在 Visual Fortran 6.5 编译器编程得到的。

把求得的系数 $A_{e1,n}^{(1)}, C_{e1,n}^{(1)}, A_{d1,n}^{(1)}, C_{d1,n}^{(1)}, A_{d2,n}^{(1)}, C_{d2,n}^{(1)} B_{e1,n}^{(1)}, D_{de1,n}^{(1)}, B_{d1,n}^{(1)}, D_{d1,n}^{(1)}, B_{d2,n}^{(1)}, D_{d2,n}^{(1)}$ 代入相应方程中即可得到应力位移的表达式，即

(1) D 区域内的质点位移为

$$\begin{Bmatrix} w_r^{(d)}(r_1,\theta_1) \\ w_\theta^{(d)}(r_1,\theta_1) \end{Bmatrix} = \frac{1}{r_1}\sum_{n=0}^{\infty}\begin{bmatrix} I_{11}^{(2)}(n,r_1) & I_{12}^{(2)+}(n,r_1) \\ I_{21}^{(2)-}(n,r_1) & I_{22}^{(2)}(n,r_1) \end{bmatrix}\begin{Bmatrix} A_{d1,n}^{(1)} \\ C_{d1,n}^{(1)} \end{Bmatrix}\begin{bmatrix} \cos(n\theta_1) \\ \sin(n\theta_1) \end{bmatrix}$$
$$+ \frac{1}{r_1}\sum_{n=0}^{\infty}\begin{bmatrix} I_{11}^{(2)}(n,r_1) & I_{12}^{(2)-}(n,r_1) \\ I_{21}^{(2)+}(n,r_1) & I_{22}^{(2)}(n,r_1) \end{bmatrix}\begin{Bmatrix} B_{d1,n}^{(1)} \\ D_{d1,n}^{(1)} \end{Bmatrix}\begin{bmatrix} \sin(n\theta_1) \\ \cos(n\theta_1) \end{bmatrix}$$
$$+ \frac{1}{r_1}\sum_{n=0}^{\infty}\begin{bmatrix} I_{11}^{(1)}(n,r_1) & I_{12}^{(1)+}(n,r_1) \\ I_{21}^{(1)-}(n,r_1) & I_{22}^{(1)}(n,r_1) \end{bmatrix}\begin{Bmatrix} A_{d2,n}^{(1)} + A_{0,n} \\ C_{d2,n}^{(1)} + C_{0,n} \end{Bmatrix}\begin{bmatrix} \cos(n\theta_1) \\ \sin(n\theta_1) \end{bmatrix}$$
$$+ \frac{1}{r_1}\sum_{n=0}^{\infty}\begin{bmatrix} I_{11}^{(1)}(n,r_1) & I_{12}^{(1)-}(n,r_1) \\ I_{21}^{(1)+}(n,r_1) & I_{22}^{(1)}(n,r_1) \end{bmatrix}\begin{Bmatrix} B_{d2,n}^{(1)} + B_{0,n} \\ D_{d2,n}^{(1)} + D_{0,n} \end{Bmatrix}\begin{bmatrix} \sin(n\theta_1) \\ \cos(n\theta_1) \end{bmatrix} \tag{7-129}$$

在式 (7-82) 中，对自由场位移采用的级数形式，由于截断的缘故可知这个结果是不精确的，所以在计算最后的结果时，包括 7.3 节中的位移结果和误差计算中利用的是指数形式的自由场位移，即精确位移。所以，此区域内的位移表达如下：

$$\begin{Bmatrix} w_r^{(d)}(r_1,\theta_1) \\ w_\theta^{(d)}(r_1,\theta_1) \end{Bmatrix} = \frac{1}{r_1}\sum_{n=0}^{\infty}\begin{bmatrix} I_{11}^{(2)}(n,r_1) & I_{12}^{(2)+}(n,r_1) \\ I_{21}^{(2)-}(n,r_1) & I_{22}^{(2)}(n,r_1) \end{bmatrix}\begin{Bmatrix} A_{d1,n}^{(1)} \\ C_{d1,n}^{(1)} \end{Bmatrix}\begin{bmatrix} \cos(n\theta_1) \\ \sin(n\theta_1) \end{bmatrix}$$
$$+ \frac{1}{r_1}\sum_{n=0}^{\infty}\begin{bmatrix} I_{11}^{(2)}(n,r_1) & I_{12}^{(2)-}(n,r_1) \\ I_{21}^{(2)+}(n,r_1) & I_{22}^{(2)}(n,r_1) \end{bmatrix}\begin{Bmatrix} B_{d1,n}^{(1)} \\ D_{d1,n}^{(1)} \end{Bmatrix}\begin{bmatrix} \sin(n\theta_1) \\ \cos(n\theta_1) \end{bmatrix}$$
$$+ \frac{1}{r_1}\sum_{n=0}^{\infty}\begin{bmatrix} I_{11}^{(1)}(n,r_1) & I_{12}^{(1)+}(n,r_1) \\ I_{21}^{(1)}(n,r_1) & I_{22}^{(1)}(n,r_1) \end{bmatrix}\begin{Bmatrix} A_{d2,n}^{(1)} \\ C_{d2,n}^{(1)} \end{Bmatrix}\begin{bmatrix} \cos(n\theta_1) \\ \sin(n\theta_1) \end{bmatrix}$$
$$+ \frac{1}{r_1}\sum_{n=0}^{\infty}\begin{bmatrix} I_{11}^{(1)}(n,r_1) & I_{12}^{(1)}(n,r_1) \\ I_{21}^{(1)+}(n,r_1) & I_{22}^{(1)}(n,r_1) \end{bmatrix}\begin{Bmatrix} B_{d2,n}^{(1)} \\ D_{d2,n}^{(1)} \end{Bmatrix}\begin{bmatrix} \sin(n\theta_1) \\ \cos(n\theta_1) \end{bmatrix} + \begin{Bmatrix} w_r^{(f)} \\ w_\theta^{(f)} \end{Bmatrix} \tag{7-130}$$

式中

$$
\begin{aligned}
w_r^{(\beta)} &= \exp[-\mathrm{i}r_1 k_\alpha \cos(\theta_1+\alpha)] \cdot [-\mathrm{i}k_\alpha \cos(\theta_1+\alpha)] \\
&\quad + k_1 \exp[-\mathrm{i}r_1 k_\alpha \cos(\theta_1-\alpha)] \cdot [-\mathrm{i}k_\alpha \cos(\theta_1-\alpha)] \\
&\quad + k_2 \exp[\mathrm{i}r_1 k_\alpha \cos(\theta_1-\beta)] \cdot [-\mathrm{i}k_\beta \sin(\theta_1-\beta)]
\end{aligned} \tag{7-131}
$$

$$
\begin{aligned}
w_\theta^{(f)} &= \exp[-\mathrm{i}r_1 k_\alpha \cos(\theta_1+\alpha)] \cdot [\mathrm{i}k_\alpha \sin(\theta_1+\alpha)] \\
&\quad + k_1 \exp[\mathrm{i}r_1 k_\alpha \cos(\theta_1-\alpha)] \cdot [-\mathrm{i}k_\alpha \sin(\theta_1-\alpha)] \\
&\quad + k_2 \exp[\mathrm{i}r_1 k_\alpha \cos(\theta_1-\beta)] \cdot [\mathrm{i}k_\beta \cos(\theta_1-\beta)]
\end{aligned} \tag{7-132}
$$

(2) Ω 区域内的位移表达式为

$$
\begin{aligned}
\begin{Bmatrix} w_r^{(e)}(r_1,\theta_1) \\ w_\theta^{(e)}(r_1,\theta_1) \end{Bmatrix} &= \frac{1}{r_1} \sum_{n=0}^{\infty} \begin{bmatrix} I_{11}^{(1)}(n,r_1) & I_{12}^{(1)+}(n,r_1) \\ I_{21}^{(1)-}(n,r_1) & I_{22}^{(1)}(n,r_1) \end{bmatrix} \begin{Bmatrix} A_{e1,n}^{(1)} \\ C_{e1,n}^{(1)} \end{Bmatrix} \begin{bmatrix} \cos(n\theta_1) \\ \sin(n\theta_1) \end{bmatrix} \\
&\quad + \frac{1}{r_1} \sum_{n=0}^{\infty} \begin{bmatrix} I_{11}^{(1)}(n,r_1) & I_{12}^{(1)-}(n,r_1) \\ I_{21}^{(1)+}(n,r_1) & I_{22}^{(1)}(n,r_1) \end{bmatrix} \begin{Bmatrix} B_{e1,n}^{(1)} \\ D_{e1,n}^{(1)} \end{Bmatrix} \begin{bmatrix} \sin(n\theta_1) \\ \cos(n\theta_1) \end{bmatrix}
\end{aligned} \tag{7-133}
$$

(3) D 区域内的应力表达式为

$$
\begin{aligned}
\begin{Bmatrix} \sigma_{rr}^{(d)}(r_1,\theta_1) \\ \sigma_{r\theta}^{(d)}(r_1,\theta_1) \end{Bmatrix} &= \frac{2\mu}{r_1^2} \sum_{n=0}^{\infty} \begin{bmatrix} E_{11}^{(2)}(n,r_1) & E_{12}^{(2)+}(n,r_1) \\ E_{21}^{(2)-}(n,r_1) & E_{22}^{(2)}(n,r_1) \end{bmatrix} \begin{Bmatrix} A_{d1,n}^{(1)} \\ C_{d1,n}^{(1)} \end{Bmatrix} \begin{bmatrix} \cos(n\theta_1) \\ \sin(n\theta_1) \end{bmatrix} \\
&\quad + \frac{2\mu}{r_1^2} \sum_{n=0}^{\infty} \begin{bmatrix} E_{11}^{(2)}(n,r_1) & E_{12}^{(2)-}(n,r_1) \\ E_{21}^{(2)+}(n,r_1) & E_{22}^{(2)}(n,r_1) \end{bmatrix} \begin{Bmatrix} B_{d1,n}^{(1)} \\ D_{d1,n}^{(1)} \end{Bmatrix} \begin{bmatrix} \sin(n\theta_1) \\ \cos(n\theta_1) \end{bmatrix} \\
&\quad + \frac{2\mu}{r_1^2} \sum_{n=0}^{\infty} \begin{bmatrix} E_{11}^{(1)}(n,r_1) & E_{12}^{(1)+}(n,r_1) \\ E_{21}^{(1)-}(n,r_1) & E_{22}^{(1)}(n,r_1) \end{bmatrix} \begin{Bmatrix} A_{d2,n}^{(1)} + A_{0,n} \\ C_{d2,n}^{(1)} + C_{0,n} \end{Bmatrix} \begin{bmatrix} \cos(n\theta_1) \\ \sin(n\theta_1) \end{bmatrix} \\
&\quad + \frac{2\mu}{r_1^2} \sum_{n=0}^{\infty} \begin{bmatrix} E_{11}^{(1)}(n,r_1) & E_{12}^{(1)}(n,r_1) \\ E_{21}^{(1)+}(n,r_1) & E_{22}^{(1)}(n,r_1) \end{bmatrix} \begin{Bmatrix} B_{d2,n}^{(1)} + B_{0,n} \\ D_{d2,n}^{(1)} + D_{0,n} \end{Bmatrix} \begin{bmatrix} \sin(n\theta_1) \\ \cos(n\theta_1) \end{bmatrix}
\end{aligned} \tag{7-134}
$$

与 D 区域内的位移公式一样，应力公式中的自由场也应用指数形式来计算最后的结果，即

$$
\begin{aligned}
\begin{Bmatrix} \sigma_{rr}^{(d)}(r_1,\theta_1) \\ \sigma_{r\theta}^{(d)}(r_1,\theta_1) \end{Bmatrix} &= \frac{2\mu}{r_1^2} \sum_{n=0}^{\infty} \begin{bmatrix} E_{11}^{(2)}(n,r_1) & E_{12}^{(2)+}(n,r_1) \\ E_{21}^{(2)-}(n,r_1) & E_{22}^{(2)}(n,r_1) \end{bmatrix} \begin{Bmatrix} A_{d1,n}^{(1)} \\ C_{d1,n}^{(1)} \end{Bmatrix} \begin{bmatrix} \cos(n\theta_1) \\ \sin(n\theta_1) \end{bmatrix} \\
&\quad + \frac{2\mu}{r_1^2} \sum_{n=0}^{\infty} \begin{bmatrix} E_{11}^{(2)}(n,r_1) & E_{12}^{(2)-}(n,r_1) \\ E_{21}^{(2)+}(n,r_1) & E_{22}^{(2)}(n,r_1) \end{bmatrix} \begin{Bmatrix} B_{d1,n}^{(1)} \\ D_{d1,n}^{(1)} \end{Bmatrix} \begin{bmatrix} \sin(n\theta_1) \\ \cos(n\theta_1) \end{bmatrix}
\end{aligned}
$$

$$+\frac{2\mu}{r_1^2}\sum_{n=0}^{\infty}\begin{bmatrix}E_{11}^{(1)}(n,r_1) & E_{12}^{(1)+}(n,r_1)\\ E_{21}^{(1)-}(n,r_1) & E_{22}^{(1)}(n,r_1)\end{bmatrix}\begin{Bmatrix}A_{d2,n}^{(1)}\\ C_{d2,n}^{(1)}\end{Bmatrix}\begin{bmatrix}\cos(n\theta_1)\\ \sin(n\theta_1)\end{bmatrix}$$

$$+\frac{2\mu}{r_1^2}\sum_{n=0}^{\infty}\begin{bmatrix}E_{11}^{(1)}(n,r_1) & E_{12}^{(1)-}(n,r_1)\\ E_{21}^{(1)+}(n,r_1) & E_{22}^{(1)}(n,r_1)\end{bmatrix}\begin{Bmatrix}B_{d2,n}^{(1)}\\ D_{d2,n}^{(1)}\end{Bmatrix}\begin{bmatrix}\sin(n\theta_1)\\ \cos(n\theta_1)\end{bmatrix}+\begin{Bmatrix}\sigma_{rr}^{(f)}\\ \sigma_{r\theta}^{(f)}\end{Bmatrix}$$

(7-135)

式中

$$\begin{aligned}\sigma_{rr}^{(f)}=&-k_\alpha^2[(2\mu+\lambda)\cos^2(\theta_1+\alpha)+\lambda\sin^2(\theta_1+\alpha)]\exp[\mathrm{i}r_1k_\alpha\cos(\theta_1+\alpha)]\\&-k_\alpha^2k_1[(2\mu+\lambda)\cos^2(\theta_1-\alpha)+\lambda\sin^2(\theta_1-\alpha)]\exp[\mathrm{i}r_1k_\alpha\cos(\theta_1-\alpha)]\\&+2\mu k_2k_\beta^2\cos(\theta_1-\beta)\sin(\theta_1-\beta)\exp[\mathrm{i}r_1k_\beta\cos(\theta_1-\beta)]\end{aligned}$$

(7-136)

$$\begin{aligned}\sigma_{r\theta}^{(f)}=&-2\mu k_\alpha^2\cos(\theta_1+\alpha)\sin(\theta_1+\alpha)\exp[-\mathrm{i}r_1k_\alpha\cos(\theta_1+\alpha)]\\&\cdot 2\mu k_\alpha^2k_1\cos(\theta_1-\alpha)\sin(\theta_1-\alpha)\exp[\mathrm{i}r_1k_\alpha\cos(\theta_1-\alpha)]\\&+\mu k_2k_\beta^2[\cos^2(\theta_1-\beta)-\sin^2(\theta_1-\beta)]\exp[\mathrm{i}r_1k_\beta\cos(\theta_1-\beta)]\end{aligned}\quad(7-137)$$

（4）Ω 区域内的应力表达式为

$$\begin{Bmatrix}\sigma_{rr}^{(e)}(r_1,\theta_1)\\ \sigma_{r\theta}^{(e)}(r_1,\theta_1)\end{Bmatrix}=\frac{2\mu}{r_1^2}\sum_{n=0}^{\infty}\begin{bmatrix}E_{11}^{(1)}(n,r_1) & E_{12}^{(1)+}(n,r_1)\\ E_{21}^{(1)-}(n,r_1) & E_{22}^{(1)}(n,r_1)\end{bmatrix}\begin{Bmatrix}A_{e1,n}^{(1)}\\ C_{e1,n}^{(1)}\end{Bmatrix}\begin{bmatrix}\cos(n\theta_1)\\ \sin(n\theta_1)\end{bmatrix}$$

$$+\frac{2\mu}{r_1^2}\sum_{n=0}^{\infty}\begin{bmatrix}E_{11}^{(1)}(n,r_1) & E_{12}^{(1)-}(n,r_1)\\ E_{21}^{(1)+}(n,r_1) & E_{22}^{(1)}(n,r_1)\end{bmatrix}\begin{Bmatrix}B_{e1,n}^{(1)}\\ D_{e1,n}^{(1)}\end{Bmatrix}\begin{bmatrix}\sin(n\theta_1)\\ \cos(n\theta_1)\end{bmatrix}$$

(7-138)

7.2.4　位移结果及讨论

x 方向和 y 方向的环向径向位移的关系如下：

$$w_x=w_r\sin\theta_1+w_\theta\cos\theta_1\quad(7-139)$$

$$w_y=w_r\cos\theta_1-w_\theta\sin\theta_1\quad(7-140)$$

式中：w_r 是径向位移，w_θ 是环向位移。

在计算 w_r, w_θ 时采用分块的概念，即在凸起地形以外的范围采用区域内的位移表达式，即式（7-129），在凸起地形上，采用 D 区域内的位移表达式，即式（7-132）。

由上一小节误差分析得知，$\eta=0.25$ 时取项数 $N=5$，$\eta=0.5$ 时取项数 $N=7$，$\eta=1.0$ 时取项数 $N=8$，$\eta=2.0$ 时取项数 $N=10$。图 7.9~图 7.12 为各个角度在各个频率下的位移曲线。

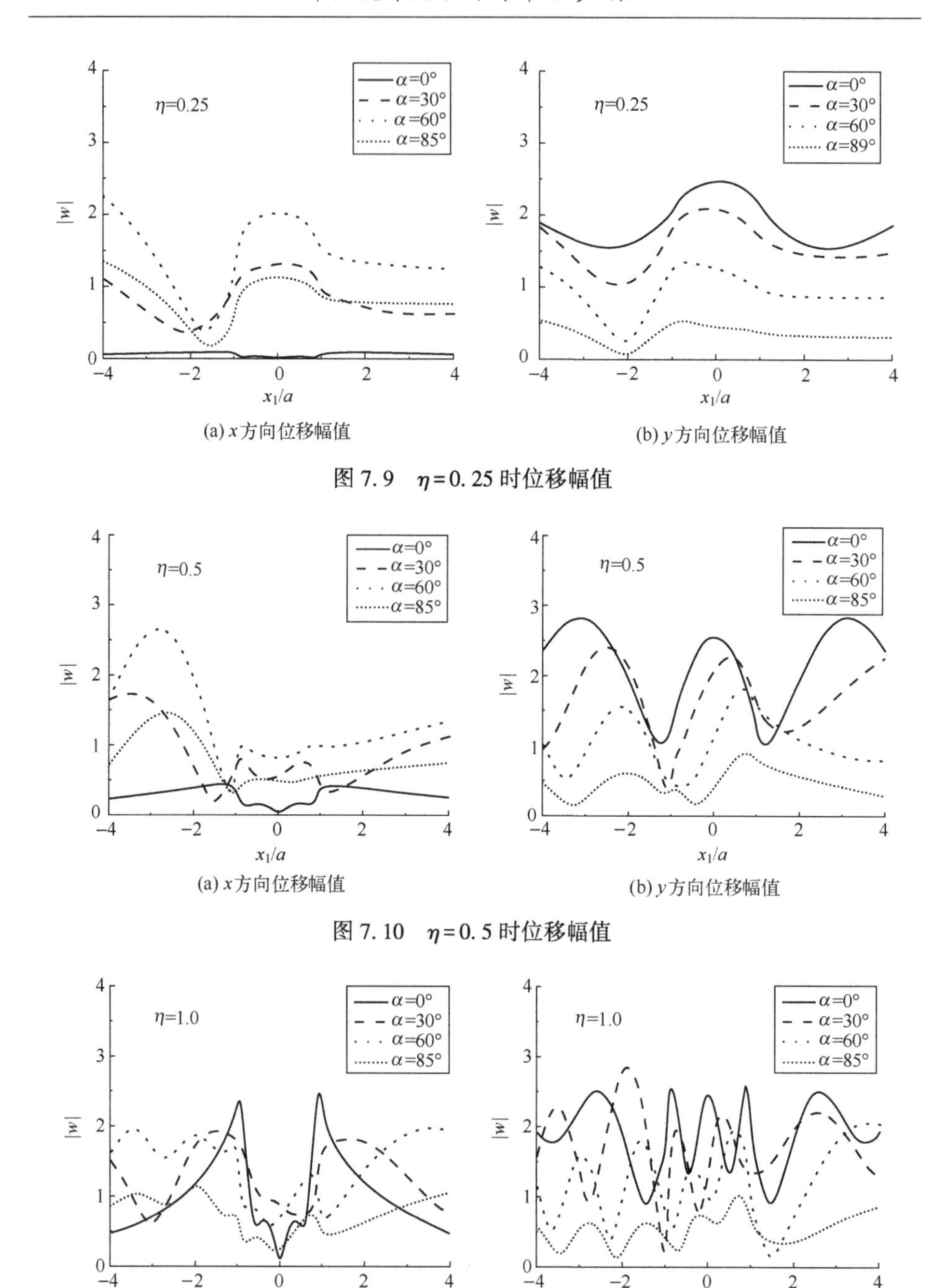

图 7.9　$\eta=0.25$ 时位移幅值

图 7.10　$\eta=0.5$ 时位移幅值

图 7.11　$\eta=1.0$ 时位移幅值

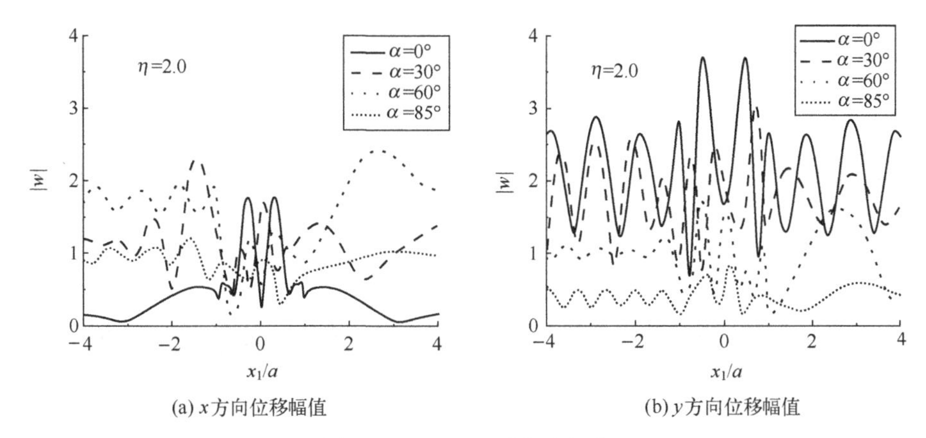

(a) x方向位移幅值

(b) y方向位移幅值

图7.12 $\eta=2.0$时位移幅值

从图7.9~图7.12中可以看到，随着入射波频率的提高，地表位移，特别是凸起地形的范围内明显变化剧烈。相隔不远，地表位移的大小相差很多。另外可以发现，在入射角变大时，即斜入射的情况下，在凸起地形左侧部分的地表位移明显比右侧的变化更剧烈，并且在这方面不难发现，y方向的位移变化比x方向的要更加剧烈。这有些类似于凹陷地形的屏障作用（如实际中的隔振沟），可以理解为波在入射到凸起地形内部后，在L边界上多次反射消耗了能量的结果。

另外，在地震波最常表现的垂直入射的情况下，特别是在入射波波长与凸起地形接近时，一般在凸起地形角点附近有一个地表位移极小的区域。这点与实际震害是符合的。

参考文献

[1] OLSEN K B, ARCHULETA R J. Three-dimensional simulation of earthquakes on the Los Angeles fault system [J]. Bull. seism. soc. am., 1996, 86 (3): 575-596.

[2] FURUMURA T, KOKETSU K. Specific distribution of ground motion during the 1995 Kobe earthquake and its generation mechanism [J]. Geophysical Research Letters, 1998, 25 (6): 785-788.

[3] LEE VM. Three-dimensional diffraction of plane P. SV & SH waves by a hemis pherical alluvial valley [J]. International Journal of Soil Dynamics & Earthquake Engineeing, 1984, 3 (3): 133-144.

[4] 袁晓铭，廖振鹏．圆弧形凹陷地形对平面SH波散射问题的级数解答[J]．地震工程与工程振动，1993 (02): 1-11.

第8章　半空间中地下结构对弹性波的散射

8.1　半空间中浅埋的圆柱形孔洞对SH波的散射

8.1.1　引言

本节将研究在地震波传播过程中，当接近地表面时，平面SH型地震波对一个圆柱形孔洞的散射问题，并确定其对地震动的影响。若将浅埋圆柱形孔洞视为“隐蔽地形”，则问题可与凹陷、凸起地形研究归为一类，属于地形影响范畴。因此，本问题是一项具有理论意义和应用前景的研究工作。考虑到本节中处理的边界条件具有的一些特点，可采用复变函数和多极坐标的方法，来构造该问题的位移解。在理论上定量地说明浅埋圆柱形孔洞，即隐蔽“圆形地形”对地震动影响的一般性规律，为深入研究地面运动提供参考资料。

本节利用复变函数和多极坐标方法构造问题的位移解。当入射波的波长与圆孔的半径相比较小时，地震动将受到较大的影响。影响地震动有三个主要参数：①SH波的入射角α；②入射波波数η，即圆柱形孔洞的半径与入射波半波长之比；③h/R，即圆柱形孔洞至表面的距离与圆孔半径之比。当η较大时，地震动幅值变化激烈，位移幅值可出现跳动和放大的现象。当h/R增大至10~12时，位移幅值变化恢复至半空间的情况，表明圆柱形孔洞的影响可忽略。

8.1.2　问题的物理模型

研究浅埋的圆柱形孔洞对SH波的散射与地震动，其物理模型可简化为一个含圆柱形孔洞的弹性半空间中SH波的入射问题，如图8.1所示。R为圆孔半径，h为圆孔中心至地表面的距离，并假定半空间中的介质是弹性、各向同性和均匀的。而材料的性质由弹性剪切模量和剪切波波速$c_s=\sqrt{\mu/\rho}$表示。当$x/R=\pm1$时，其位置对应着圆柱形孔洞上左、右两个边缘诸点在水平面上的投影位置。$x/R<1$和$x/R>1$则分别代表着圆柱形孔洞表面上及其外部诸点在水平界面上的投影位置。

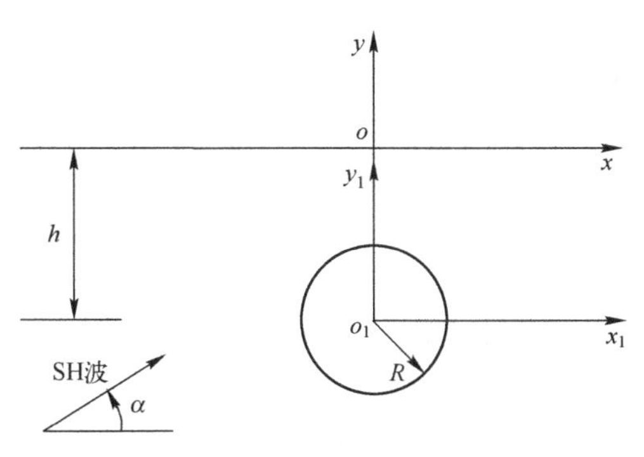

图 8.1　SH 波作用于浅埋圆柱形结构的模型

8.1.3　基本方程

1. 控制方程

在各向同性、均匀的弹性介质中研究弹性波对圆柱形孔洞的散射问题，最简单的模型就是反平面剪切运动的 SH 波模型。在 xy 平面内，SH 波所表示的位移 $w(x,y,t)$ 垂直于 xy 平面，且与 z 轴无关。对于稳态情况，位移 $w(x,y,t)$ 应满足运动方程[1-2]

$$\frac{\partial^2 w}{\partial x^2}+\frac{\partial^2 w}{\partial y^2}+k^2 w=0 \tag{8-1}$$

式中：w 为位移函数，其与时间的依赖关系为 $e^{-i\omega t}$（以下讨论略去谐和因子 $e^{-i\omega t}$）；$k=\omega/c_s$，ω 为位移 $w(x,y,t)$ 的圆频率；$c_s=\sqrt{\mu/\rho}$，ρ 为弹性介质的质量密度。

应力与应变的关系为

$$\tau_{xz}=\mu\frac{\partial w}{\partial x},\quad \tau_{yz}=\mu\frac{\partial w}{\partial y} \tag{8-2}$$

引入复变量 $z=x+iy,\bar{z}=x-iy$，在复平面$(z,\bar{z})$上，式（8-1）和式（8-2）可分别表示为

$$\frac{\partial^2 w}{\partial z\partial\bar{z}}+\frac{1}{4}k^2 w=0 \tag{8-3}$$

和

$$\tau_{xz}=\mu\left(\frac{\partial w}{\partial z}+\frac{\partial w}{\partial\bar{z}}\right),\quad \tau_{yz}=\mu\left(\frac{\partial w}{\partial z}-\frac{\partial w}{\partial\bar{z}}\right) \tag{8-4}$$

而在极坐标系中，应力表达式（8-4）为

$$\tau_{rz}=\mu\left(\frac{\partial w}{\partial z}\mathrm{e}^{\mathrm{i}\theta}+\frac{\partial w}{\partial \bar{z}}\mathrm{e}^{-\mathrm{i}\theta}\right),\quad \tau_{\theta z}=\mathrm{i}\mu\left(\frac{\partial w}{\partial z}\mathrm{e}^{\mathrm{i}\theta}-\frac{\partial w}{\partial \bar{z}}\mathrm{e}^{-\mathrm{i}\theta}\right) \tag{8-5}$$

2. 浅埋圆柱形孔洞引起的散射波

图 8.1 所示的浅埋圆柱形孔洞所激发的散射波 $w^{(s)}$，除了要求满足方程（8-3）和无穷远处的 Sommerfeld 辐射条件，还要求能满足半空间的自由表面上应力自由的条件。利用这样的散射波 $w^{(s)}$，再进一步满足圆孔周边上的边界条件，即可得到问题的解答。

在复平面$(z,\bar{z})$上，可利用 SH 波散射的对称性和多极坐标的方法来构造界面附近圆孔的散射波 $w^{(s)}$。它可以写成

$$w^{(s)}=\sum_{n=-\infty}^{\infty}A_n\left(\mathrm{H}_n^{(1)}(k|z+\mathrm{i}h|)\left(\frac{z+\mathrm{i}h}{|z+\mathrm{i}h|}\right)^n+\mathrm{H}_n^{(1)}(k|z-\mathrm{i}h|)\left(\frac{z-\mathrm{i}h}{|z-\mathrm{i}h|}\right)^{-n}\right) \tag{8-6}$$

而在复平面$(z_1,\bar{z}_1)$上，有

$$w^{(s)}=\sum_{n=-\infty}^{\infty}A_n\left(\mathrm{H}_n^{(1)}(k|z_1|)\left(\frac{z_1}{|z_1|}\right)^n+\mathrm{H}_n^{(1)}(k|z_1-2\mathrm{i}h|)\left(\frac{z_1-2\mathrm{i}h}{|z_1-2\mathrm{i}h|}\right)^{-n}\right) \tag{8-7}$$

式中：$\mathrm{H}_n^{(1)}(\cdot)$为第 n 阶的一类汉克尔函数；A_n 为待定的未知函数。

在极坐标系中，散射波 $w^{(s)}$所激发的应力为

$$\begin{aligned}\tau_{r_1z}^{(s)}=&\frac{k\mu}{2}\sum_{n=-\infty}^{\infty}A_n\left\{\mathrm{H}_{n-1}^{(1)}(k|z_1|)\left(\frac{z_1}{|z_1|}\right)^{n-1}\mathrm{e}^{\mathrm{i}\theta_1}-\mathrm{H}_{n+1}^{(1)}(k|z_1|)\left(\frac{z_1}{|z_1|}\right)^{n+1}\mathrm{e}^{-\mathrm{i}\theta_1}\right.\\&\left.+\left[-\mathrm{H}_{n+1}^{(1)}(k|z_1-2\mathrm{i}h|)\left(\frac{z_1-2\mathrm{i}h}{|z_1-2\mathrm{i}h|}\right)^{-(n+1)}\mathrm{e}^{\mathrm{i}\theta_1}+\mathrm{H}_{n-1}^{(1)}(k|z_1-2\mathrm{i}h|)\left(\frac{z_1-2\mathrm{i}h}{|z_1-2\mathrm{i}h|}\right)^{-(n-1)}\mathrm{e}^{-\mathrm{i}\theta_1}\right]\right\}\end{aligned} \tag{8-8}$$

$$\begin{aligned}\tau_{\theta_1z}^{(s)}=&\mathrm{i}\frac{k\mu}{2}\sum_{n=-\infty}^{\infty}A_n\left\{\mathrm{H}_{n-1}^{(1)}(k|z_1|)\left(\frac{z_1}{|z_1|}\right)^{n-1}\mathrm{e}^{\mathrm{i}\theta_1}-\mathrm{H}_{n+1}^{(1)}(k|z_1|)\left(\frac{z_1}{|z_1|}\right)^{n+1}\mathrm{e}^{-\mathrm{i}\theta_1}\right.\\&\left.+\left[-\mathrm{H}_{n+1}^{(1)}(k|z_1-2\mathrm{i}h|)\left(\frac{z_1-2\mathrm{i}h}{|z_1-2\mathrm{i}h|}\right)^{-(n+1)}\mathrm{e}^{\mathrm{i}\theta_1}+\mathrm{H}_{n-1}^{(1)}(k|z_1-2\mathrm{i}h|)\left(\frac{z_1-2\mathrm{i}h}{|z_1-2\mathrm{i}h|}\right)^{-(n-1)}\mathrm{e}^{-\mathrm{i}\theta_1}\right]\right\}\end{aligned} \tag{8-9}$$

8.1.4 问题的解答

1. 入射波与反射波

在一个不含圆柱形孔洞的弹性半空间中，一个稳态的 SH 波 $w^{(i)}$ 入射，则在界面上就会产生一个反射的 SH 波 $w^{(r)}$，在复平面$(z_1,\bar{z}_1)$上可以表达成

$$w^{(i)}=w_0\exp\left[\mathrm{i}\frac{k}{2}((z_1-\mathrm{i}h)\mathrm{e}^{-\mathrm{i}\alpha}+(z_1+\mathrm{i}h)\mathrm{e}^{\mathrm{i}\alpha})\mathrm{e}^{-\mathrm{i}\omega t}\right] \tag{8-10}$$

$$w^{(r)}=w_0\exp\left[\mathrm{i}\frac{k}{2}((z_1-\mathrm{i}h)\mathrm{e}^{\mathrm{i}\alpha}+(z_1+\mathrm{i}h)\mathrm{e}^{-\mathrm{i}\alpha})\mathrm{e}^{-\mathrm{i}\omega t}\right] \tag{8-11}$$

式中：w_0 为入射波的波幅；α 为入射角。$w^{(i)}$ 与 $w^{(r)}$ 所产生的应力为

$$\tau_{r_1z}^{(i)}=\mathrm{i}\tau_0\cos(\theta_1-\alpha)\exp\left[\mathrm{i}\frac{k}{2}((z_1-\mathrm{i}h)\mathrm{e}^{-\mathrm{i}\alpha}+(z_1+\mathrm{i}h)\mathrm{e}^{\mathrm{i}\alpha})\mathrm{e}^{-\mathrm{i}\omega t}\right] \tag{8-12}$$

$$\tau_{\theta_1z}^{(i)}=-\mathrm{i}\tau_0\cos(\theta_1-\alpha)\exp\left[\mathrm{i}\frac{k}{2}((z_1-\mathrm{i}h)\mathrm{e}^{-\mathrm{i}\alpha}+(z_1+\mathrm{i}h)\mathrm{e}^{\mathrm{i}\alpha})\mathrm{e}^{-\mathrm{i}\omega t}\right] \tag{8-13}$$

$$\tau_{r_1z}^{(r)}=\mathrm{i}\tau_0\cos(\theta_1+\alpha)\exp\left[\mathrm{i}\frac{k}{2}((z_1-\mathrm{i}h)\mathrm{e}^{-\mathrm{i}\alpha}+(z_1+\mathrm{i}h)\mathrm{e}^{\mathrm{i}\alpha})\mathrm{e}^{-\mathrm{i}\omega t}\right] \tag{8-14}$$

$$\tau_{\theta_1z}^{(r)}=-\mathrm{i}\tau_0\cos(\theta_1+\alpha)\exp\left[\mathrm{i}\frac{k}{2}((z_1-\mathrm{i}h)\mathrm{e}^{-\mathrm{i}\alpha}+(z_1+\mathrm{i}h)\mathrm{e}^{\mathrm{i}\alpha})\mathrm{e}^{-\mathrm{i}\omega t}\right] \tag{8-15}$$

式中：$\tau_0=\mu k w_0$，为入射波产生的最大应力。

2. 问题的解答

见图 8.1，在半空间中的入射波、反射波和圆孔激发的散射波可写成式（8-10）、式（8-11）和式（8-7）的形式，则半空间界面上应力自由的边界条件会自动满足。而在复平面$(z_1,\bar{z}_1)$上，圆柱形孔洞周边上应力要满足自由的边界条件，即在$|z_1|=R$上，有

$$\tau_{r_1z}^{(t)}=\tau_{r_1z}^{(i)}+\tau_{r_1z}^{(i)}+\tau_{r_1z}^{(s)}=0 \tag{8-16}$$

将式（8-12）、式（8-13）和式（8-14）代入式（8-16），则有

$$\sum_{n=-\infty}^{\infty}A_n\zeta_n=\zeta \tag{8-17}$$

式中：

$$\xi_n=\frac{k\mu}{2}\left\{\mathrm{H}_{n-1}^{(1)}(k|z_1|)\left(\frac{z_1}{|z_1|}\right)^{n-1}\mathrm{e}^{\mathrm{i}\theta_1}-\mathrm{H}_{n+1}^{(1)}(k|z_1|)\left(\frac{z_1}{|z_1|}\right)^{n+1}\mathrm{e}^{-\mathrm{i}\theta_1}\right.$$
$$\left.+\left[-\mathrm{H}_{n+1}^{(1)}(k|z_1-2\mathrm{i}h|)\left(\frac{z_1-2\mathrm{i}h}{|z_1-2\mathrm{i}h|}\right)^{-(n+1)}\mathrm{e}^{\mathrm{i}\theta_1}+\mathrm{H}_{n-1}^{(1)}(k|z_1-2\mathrm{i}h|)\left(\frac{z_1-2\mathrm{i}h}{|z_1-2\mathrm{i}h|}\right)^{-(n-1)}\mathrm{e}^{-\mathrm{i}\theta_1}\right]\right\}$$

$$\zeta=-\mathrm{i}\tau_0\cos(\theta_1-\alpha)\exp\left[\mathrm{i}\frac{k}{2}((z_1-\mathrm{i}h)\mathrm{e}^{-\mathrm{i}\alpha}+(z_1+\mathrm{i}h)\mathrm{e}^{\mathrm{i}\alpha})\mathrm{e}^{-\mathrm{i}\omega t}\right]$$
$$-\mathrm{i}\tau_0\cos(\theta_1+\alpha)\exp\left[\mathrm{i}\frac{k}{2}((z_1-\mathrm{i}h)\mathrm{e}^{\mathrm{i}\alpha}+(z_1+\mathrm{i}h)\mathrm{e}^{-\mathrm{i}\alpha})\mathrm{e}^{-\mathrm{i}\omega t}\right]$$

用 $\mathrm{e}^{-\mathrm{i}m\theta_1}$乘以方程（8-17）的两边，并在区间$(-\pi,\pi)$上积分，则得决定 A_n 的无穷代数方程组

$$\sum_{n=-\infty}^{\infty} A_n \zeta_{mn} = \zeta_n, \quad m=0,\pm1,\pm2,\cdots \tag{8-18}$$

式中

$$\zeta_{mn} = \frac{1}{2\pi}\int_{-\pi}^{\pi} \zeta_m e^{-im\theta_1} d\theta_1, \quad \zeta_m = \frac{1}{2\pi}\int_{-\pi}^{\pi} \zeta_e^{-im\theta_1} d\theta_1$$

3. 地面位移幅值

研究浅埋圆柱形孔洞对 SH 波散射对地震动的影响，就要求给出水平面任一观察点上地震动变化与 SH 波的波数和入射角 α 的关系。对稳态 SH 波而言，如果求得了观察点处的位移，即可求出该点的加速度，这对地震工程是至关重要的。

由于入射 SH 波的作用，半空间中的总波场可写成

$$w = w^{(i)} + w^{(r)} + w^{(s)} \tag{8-19}$$

或

$$w = w e^{i(\omega t-\phi)} \tag{8-20}$$

式中：$|w|$为位移幅值；ϕ 为 w 的相位，同时有

$$\phi = \arctan\frac{\mathrm{Im}w}{\mathrm{Re}w} \tag{8-21}$$

而入射波的频率 ω 可与圆柱形孔洞的半径组合成为一个入射波波数，即

$$kR = \frac{\omega R}{c_s} \tag{8-22}$$

或

$$kR = \frac{2\pi R}{\lambda} \tag{8-23}$$

式中：λ 为入射波的波长，或写成

$$\eta = \frac{2R}{\lambda} \tag{8-24}$$

8.1.5 算例及结果分析

图 8.2~图 8.4 给出了具有不同波数 η 的入射 SH 波，以不同的入射角 α 对埋深为 h、孔径为 R 的圆柱形孔洞入射时，水平面上位移幅值$|w|$的变化。

图 8.2 表示当 $\eta=0.1$、0.25、0.75，$h/R=1.1$，SH 波以不同入射角 α 入射时，在水平面上位移幅值的变化。这相当于研究一个浅埋的圆柱形孔洞对地面位移的影响。$\eta=0.1$ 相当于低频、准静态情况，地面左边的位移幅值有所提高，大约可达 3，与无孔时地表位置量 2 相比，提高了 50%。而地面右边的

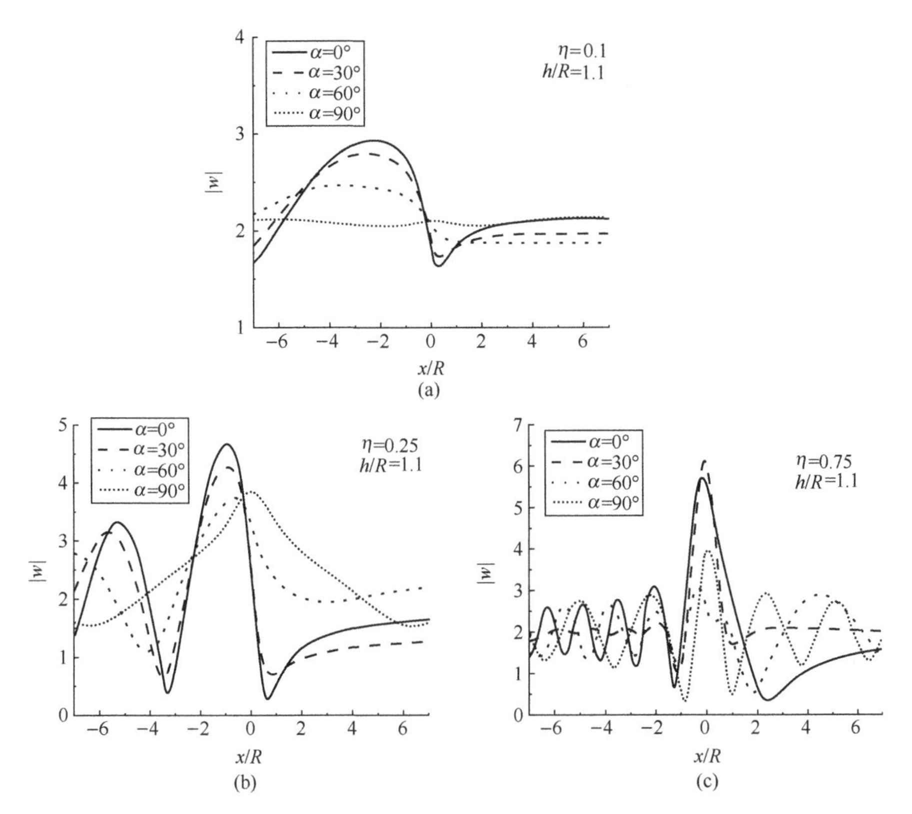

图 8.2　水平地表面的位移幅值随位移的变化（$h/R=1.1$）

位移幅值变化不大，趋近于 2。当 $\eta=0.25$、0.75 时，地面位移幅值与无圆孔的位移幅值相比，都会增加，最大值可以超过 4（当 $\eta=0.25$ 时），提高 2 倍以上，而且均发生在 $-1<h/R<1$ 这一区段附近。表明地下浅埋的圆柱形孔洞对地面运动的影响与凹陷地形一样，同样是重要的。

图 8.3 表示当 $\eta=0.1$、0.25、0.75，$h/R=3.0$，SH 波以不同入射角 α 入射时，在水平面上位移幅值的变化。图 8.3 表明，随着 h/R 的增大，虽然地面位移幅值的增幅有所减小，但其影响仍不可忽视，与无孔洞的情况相比，仍可提高 1 倍左右，幅值为 3.5~4.0。

图 8.4 给出了当 $\eta=0.1$、0.25、0.75，$h/R=12.0$，SH 波以不同入射角 α 入射时，在水平面上位移幅值的变化。图 8.4 表明，此时的地面位移幅值变化平稳，幅值波动的最大量在 0.5 范围内，平均幅值接近于 2.0，相当于不考虑圆柱形孔洞影响的半无限空间的情况。这说明当 $h/R>12.0$ 时，可近似按不计圆柱形孔洞影响，用一个完整的半空间模型来计算，并认定它为“深埋”情

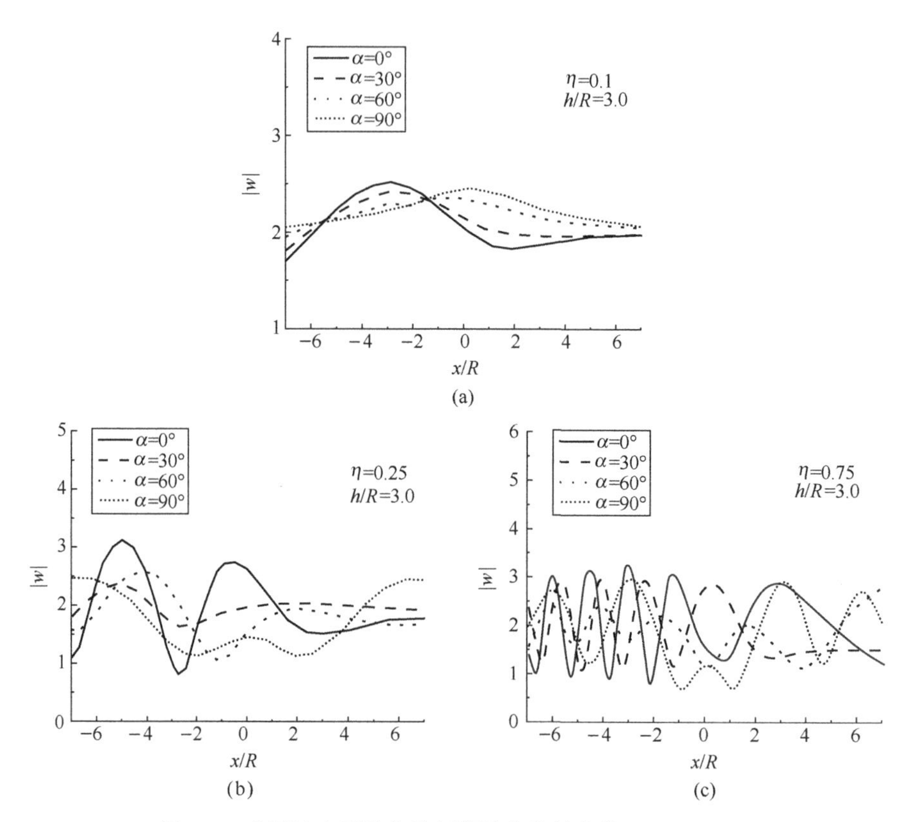

图 8.3　水平地表面的位移幅值随位移的变化（$h/R=3.0$）

况。但是，从圆柱形孔洞散射波表达式（8-6）可知，位移幅值按 $1/\sqrt{r}$ 关系衰减，极为缓慢。大致在 $h/R>200\sim250$ 时，圆柱形孔洞对位移幅值的影响才能接近完全消除，成为真正意义上的“深埋”圆柱形孔洞的情况。

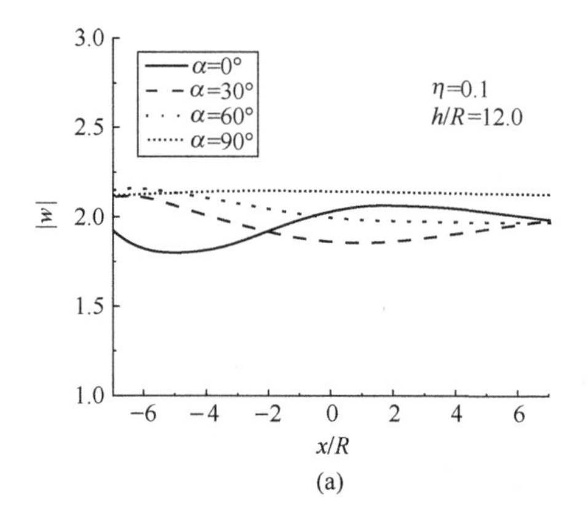

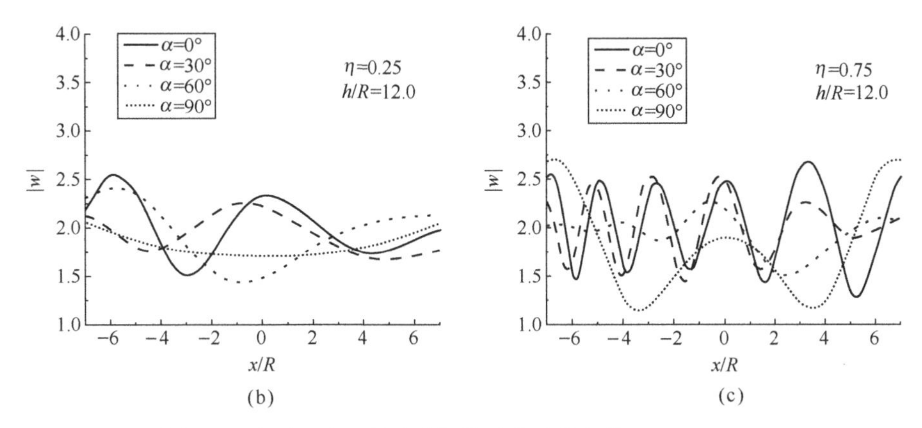

图 8.4　水平地表面的位移幅值随位移的变化（$h/R=12.0$）

8.2　半空间含有部分脱胶的浅埋圆夹杂对 SH 波的散射

8.2.1　引言

研究不同弹性材料的脱胶问题在复合材料以及地震工程、岩土工程中都有着重要的理论和实际意义。很多学者对其静态以及动态问题进行过探讨。弹性波的散射作为弹性波散射问题中比较简单的问题，尽管理论上已比较成熟，但对于一些特殊的结构和边值问题还没有得到解决。其中，关于 SH 波对脱胶夹杂的散射问题，已有很多学者进行过研究，但建立的数学模型都是全空间模型。而对于半空间脱胶夹杂的 SH 波散射问题，却很少有人研究过，解析解更是少见。在岩土工程中，半空间模型更为适用[3-5]。

本节将采用复变函数法研究半空间圆柱形脱胶弹性夹杂对 SH 波的散射与地震动问题。首先，在圆形弹性夹杂中构造一个满足脱胶部分应力自由的驻波函数。其次，在半空间中，介质应满足脱胶部分应力自由、公共边界处位移和应力连续的边界条件，建立求解该问题的无穷代数方程组，同时脱胶结构处的应力自由也可得到满足。最后，给出地表位移的数值结果并进行讨论。

8.2.2　问题的表述

图 8.5（a）表示半空间中部分脱胶的浅埋圆柱形弹性夹杂模型。其中，圆形夹杂的半径为 R，圆心 o 离水平面的距离记为 h。本节中，可将模型分成两部分，图 8.5（b）表示含有部分脱胶的圆柱形弹性夹杂，图 8.5(c) 表示在

半空间中的圆形孔洞。

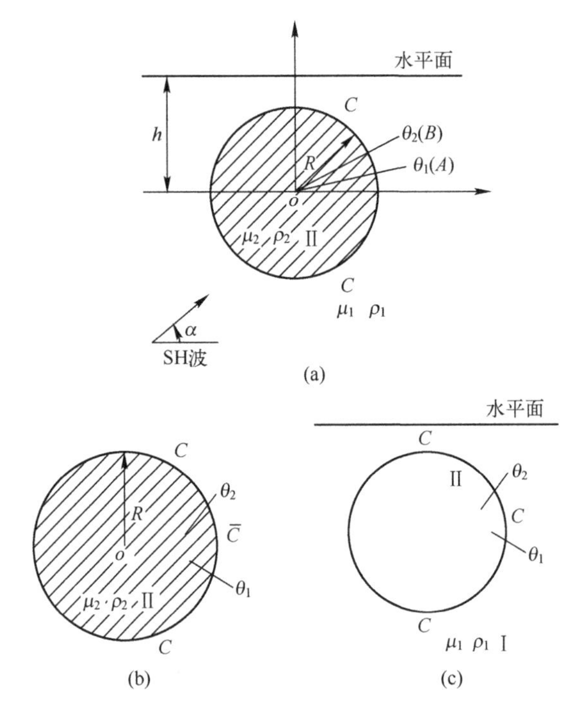

图 8.5 半空间中含有部分脱胶的浅埋圆柱形弹性夹杂模型

8.2.3 基本理论

1. 基本方程

对于位移函数 w，略去时间因子 $e^{-i\omega t}$，满足如下控制方程：

$$\frac{\partial^2 w}{\partial x^2}+\frac{\partial^2 w}{\partial y^2}+k^2 w=0 \tag{8-25}$$

式中：$k=\frac{\omega}{c_s}$，$c_s=\sqrt{\frac{\mu}{\rho}}$；$c_s$ 和 ω 分别为剪切波速和位移函数 $w(x,y,t)$ 的圆频率；ρ、μ 分别为介质的密度和剪切模量，相应的控制方程和应力为

$$\frac{\partial^2 w}{\partial z\,\partial \bar{z}}z+\frac{1}{4}k^2 w=0 \tag{8-26}$$

$$\tau_{xz}=\mu\frac{\partial w}{\partial x},\tau_{yz}=\mu\frac{\partial w}{\partial y} \tag{8-27}$$

考虑到 $z=x+\mathrm{i}y$，$\bar{z}=x-\mathrm{i}y$，$z=r\mathrm{e}^{\mathrm{i}\theta}$，$\bar{z}=r\mathrm{e}^{-\mathrm{i}\theta}$，在极坐标中，式（8-26）可以写成

$$\begin{cases}\tau_{rz}=\mu\left(\dfrac{\partial w}{\partial z}\mathrm{e}^{\mathrm{i}\theta}+\dfrac{\partial w}{\partial \bar{z}}\mathrm{e}^{-\mathrm{i}\theta}\right)\\ \tau_{\theta z}=\mathrm{i}\mu\left(\dfrac{\partial w}{\partial z}\mathrm{e}^{\mathrm{i}\theta}-\dfrac{\partial w}{\partial \bar{z}}\mathrm{e}^{-\mathrm{i}\theta}\right)\end{cases} \tag{8-28}$$

2. 辅助问题

见图 8.5（b），可构造这样一个驻波，使其在边界$\bar{C}$上满足应力自由，在边界 C 上满足应力和位移连续：

$$\tau_{rz}^{(st)}=\begin{cases}0, & z\in\bar{C}\\ \dfrac{\mu_2k_2w_0}{2}\sum\limits_{m=-\infty}^{\infty}C_m[\mathrm{J}_{m-1}(k_2|z|)-\mathrm{J}_{m+1}(k_2|z|)]\left[\dfrac{z}{|z|}\right]^m, & z\in C\end{cases} \tag{8-29}$$

式中：C_m 为待定系数；w_0 为驻波的最大幅值，本节取 $w_0=1$。

将式（8-21）在$[-\pi,\pi]$上展成傅里叶级数：

$$\tau_{rz}^{(st)}=\frac{\mu_2k_2w_0}{2}\sum_{n=-\infty}^{\infty}\sum_{m=-\infty}^{\infty}C_ma_{mn}[\mathrm{J}_{m-1}(k_2|z|)-\mathrm{J}_{m+1}(k_2|z|)]\left[\frac{z}{|z|}\right]^n \tag{8-30}$$

式中

$$a_{mn}=\begin{cases}\dfrac{2\pi+(\theta_1-\theta_2)}{2\pi}, & m=n\\ \dfrac{\mathrm{e}^{\mathrm{i}(m-n)\theta_1}-\mathrm{e}^{\mathrm{i}(m-n)\theta_2}}{2\pi\mathrm{i}(m-n)}, & m\neq n\end{cases} \tag{8-31}$$

在复坐标$(z,\bar{z})$下，θ_1 和 θ_2 分别为脱胶结构起点和终点的角度。

因此，夹杂内的位移为

$$w^{(st)}=w_0\sum_{n=-\infty}^{\infty}\sum_{m=-\infty}^{\infty}C_m\frac{\mathrm{J}_{m-1}(k_2R)-\mathrm{J}_{m+1}(k_2R)}{\mathrm{J}_{n-1}(k_2R)-\mathrm{J}_{n+1}(k_2R)}a_{mn}\mathrm{J}_n(k_2|z|)\left[\frac{z}{|z|}\right]^n \tag{8-32}$$

见图 8.5（c），在区域Ⅱ中，由圆形孔洞引起的散射波位移 $w^{(s)}$ 和应力 $\tau_{rz}^{(s)}$ 分别为

$$w^{(s)}=\sum_{m=0}^{\infty}A_m\left[\mathrm{H}_m^{(1)}(k_1|z|)\left[\frac{z}{|z|}\right]^m+\mathrm{H}_m^{(1)}(k_1|z-2h\mathrm{i}|)\left[\frac{z-2h\mathrm{i}}{|z-2h\mathrm{i}|}\right]^{-m}\right] \tag{8-33}$$

8.2.4 SH 波的散射

在一个完整的弹性半空间中，一个稳态的 SH 波 $w^{(i)}$ 入射，则在界面上就会产生一个反射的 SH 波 $w^{(r)}$，而它们在复坐标$(z,\bar{z})$下可以写成

$$w^{(i)}=w_0\exp\left\{\frac{\mathrm{i}k_1}{2}[(z-\mathrm{i}h)\mathrm{e}^{-\mathrm{i}\alpha}+(z+\mathrm{i}h)\mathrm{e}^{\mathrm{i}\alpha}]\right\} \tag{8-34}$$

$$w^{(r)}=w_0\exp\left\{\frac{\mathrm{i}k_1}{2}[(z-\mathrm{i}h)\mathrm{e}^{\mathrm{i}\alpha}+(z+\mathrm{i}h)\mathrm{e}^{-\mathrm{i}\alpha}]\right\} \tag{8-35}$$

散射波 $w^{(s)}$ 见式（8-33）。因此，区域 I 中的总波场为

$$w=w^{(i)}+w^{(r)}+w^{(s)} \tag{8-36}$$

相应的应力可以写成

$$\tau_{rz}=\tau_{rz}^{(i)}+\tau_{rz}^{(r)}+\tau_{rz}^{(s)} \tag{8-37}$$

在边界 C 上，根据位移和应力连续性条件，有

$$\begin{cases}w^{(i)}+w^{(r)}+w^{(s)}=w^{(st)}\\ \tau_{rz}^{(i)}+\tau_{rz}^{(r)}+\tau_{rz}^{(s)}=\tau_{rz}^{(st)}\end{cases} \tag{8-38}$$

在边界$\bar{C}$上，根据脱胶结构，应力自由条件为

$$\tau_{rz}^{(i)}+\tau_{rz}^{(r)}+\tau_{rz}^{(s)}=0=\tau_{rz}^{(st)} \tag{8-39}$$

由式（8-38）和式（8-39）可得，在整个边界 C 和$\bar{C}$上都有

$$\begin{cases}\tau_{rz}^{(i)}+\tau_{rz}^{(r)}+\tau_{rz}^{(s)}=\tau_{rz}^{(st)}\\ |z|=R,\ \theta\in(-\pi,\pi)\end{cases} \tag{8-40}$$

而在边界 C 上，则有

$$w^{(i)}+w^{(r)}+w^{(s)}=w^{(st)},z\in C \tag{8-41}$$

可以确定待定系数 A_m 和 C_m 的值。

8.2.5 地面位移幅值

在地震工程和岩土工程中，由于入射 SH 波的作用，半空间中的总波场则可以写成

$$w=w^{(i)}+w^{(r)}+w^{(s)} \tag{8-42}$$

式（8-42）也可表示为

$$w=|w|\mathrm{e}^{\mathrm{i}(\omega t-\phi)} \tag{8-43}$$

而入射波的频率 ω 可与圆形孔洞的半径组合成为一个入射波波数，即

$$kR=2\pi R/\lambda \tag{8-44}$$

式中：λ 为入射波的波长。

或写成

$$\eta = 2R/\lambda \tag{8-45}$$

8.2.6 算例及结果分析

作为算例，本节给出了水平地表位移的数值结果，并讨论了入射波参数、弹性夹杂参数、脱胶结构位置以及夹杂埋深对水平地表位移的影响。其中，入射波参数用 η 来表示，弹性夹杂参数用无量纲参数比 $\mu_2^* = \mu_2/\mu_1$ 和 $k_2^* = k_2/k_1$ 来表示，它们分别为半空间介质和弹性夹杂的剪切模量比和波数比，而脱胶结构的位置用 θ_1 和 θ_2（脱胶结构起点和终点的角度）来表示，夹杂埋深用 h/R 来表示，h 为夹杂的埋藏深度，R 为夹杂的半径。

（1）图 8.6 给出了 $\mu_2^* = 0, k_2^* = 1.0, h/R = 3.0, \eta = 1.25$ 时水平地面位移随 x/R 的变化规律，可以退化浅埋圆柱形孔洞对 SH 波的散射问题。

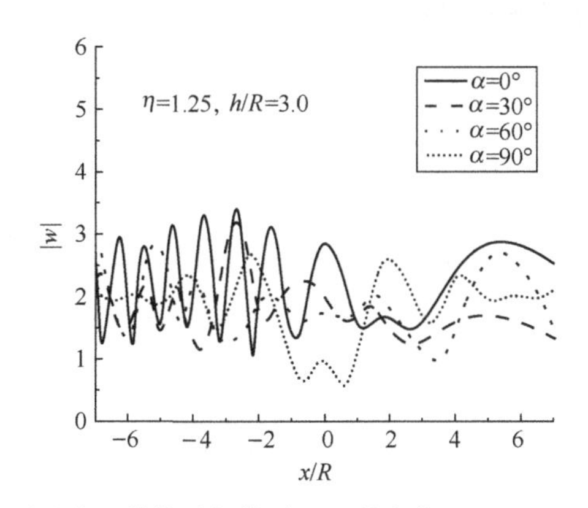

图 8.6　水平地表面的位移幅值随 x/R 的变化（$\eta = 1.25$，$h/R = 3.0$）

图 8.7 给出了当 $\alpha = 90°$，$\eta = 0.1$，$k_2^* = \mu_2^* = 1.0$，$\theta_1 = -89°$，$\theta_2 = 269°$，h/R 为不同数值时，水平地面位移的随 x/R 的变化规律，它可以近似看成半空间中的圆形结构完全脱开，也相当于浅埋圆柱形孔洞对 SH 波的散射问题。

（2）由图 8.8～图 8.10 可以看出，其结果相当于半空间中浅埋圆弧形脱胶结构对 SH 波的散射问题。假如没有脱胶结构，由式（8-42）知，$w^{(s)} = 0$，$|w| = |w^{(i)} + w^{(r)}| = 2$，水平地表位移是常数。从图 8.8 中可以看出，当 η 较小、低频入射时，脱胶结构的存在对水平地表位移的影响不大。地表位移在幅值 2 附近很小的范围内变化。从图 8.8 和图 8.10 中可以看出，当 η 较大、中高频入射时，地表位移会出现震荡现象明显的动力学特征，而脱胶结构的存在会对水平地表位移有较大的影响。当 $\eta = 0.75$，入射波垂直入射时，在 $x/R = 0$

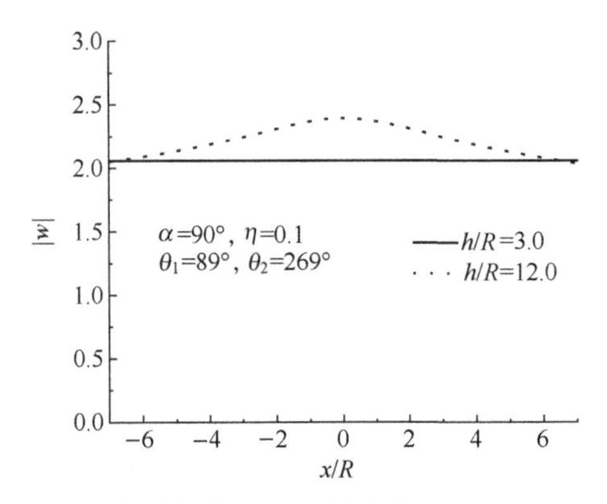

图 8.7　水平地表面的位移幅值随 x/R 的变化（$\eta=0.1$，$h/R=3.0$、12.0）

处出现位移最大值，$|w|=2.8$，比没有脱胶的情况增大了 40%，并且相比斜入射情况，垂直入射时地表位移的幅值最大。

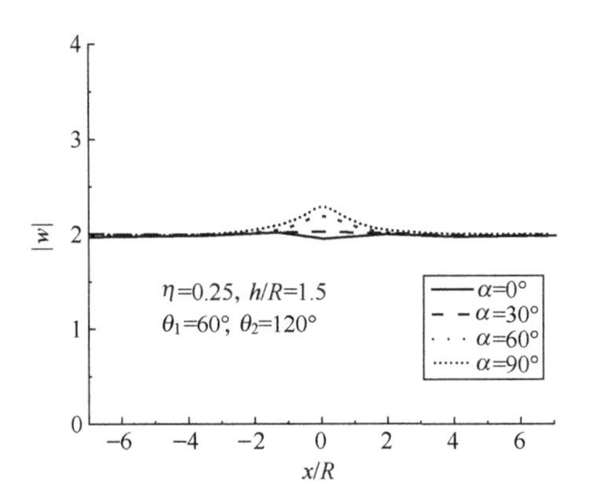

图 8.8　水平地表面的位移幅值随 x/R 的变化（$\eta=0.25$，$h/R=1.5$）

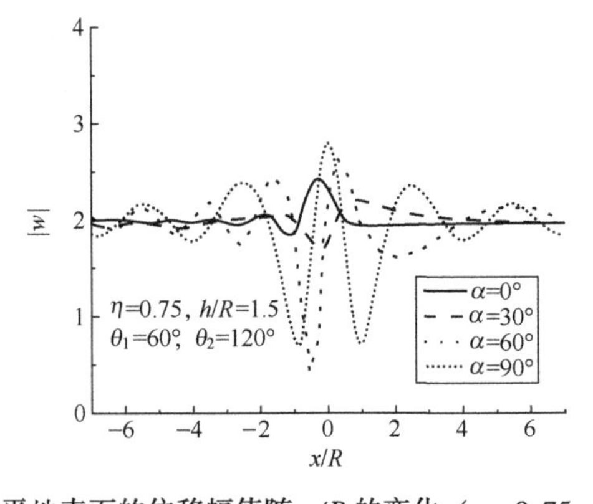

图 8.9　水平地表面的位移幅值随 x/R 的变化（$\eta=0.75$，$h/R=1.5$）

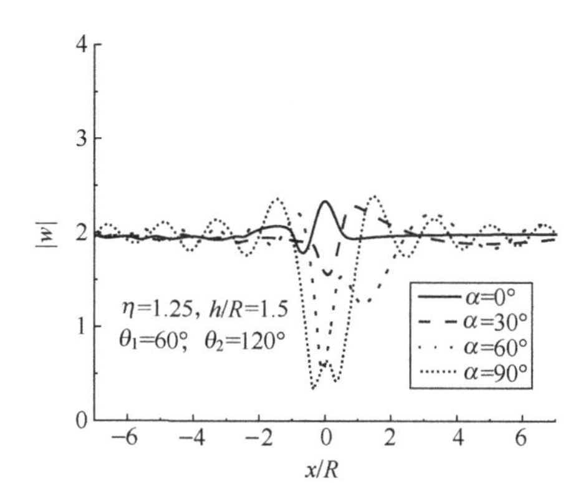

图 8.10　水平地表面的位移幅值随 x/R 的变化（$\eta=1.25$，$h/R=1.5$）

8.2.7　结论

（1）本节采用复变函数法研究了浅埋脱胶弹性夹杂对 SH 波的散射与地震动问题。在构造脱胶结构时，是通过傅里叶级数以及边界连续性条件获得的，因而避开了脱胶结构边缘奇异点的处理问题。本节寻求的是脱胶结构对地表位移影响情况，而关于脱胶结构的动应力强度因子问题，需另行研究。

（2）综合上述结果可以看出，水平地表位移幅值与脱胶结构的位置、入射波的波数、埋深位置以及夹杂参数有关。当脱胶结构的位置以及入射波的角度共同变化时，波场的能量分布复杂，地表位移幅值变化也很大；而当入射波波数较大时，地表位移变化剧烈，不但幅值增高，而且会产生震荡现象。

8.3　半空间中圆形衬砌与裂纹对 SH 波的散射

8.3.1　引言

夹杂和裂纹引起的地震波散射，是地震工程领域非常重要和具有挑战性的问题。在地震工程中最重要的是描述和分析地表或附近地下建筑结构的位移幅值和震动相位。衬砌结构模型是工程中常见的，具有实际价值和意义。研究衬砌的参考文献很多[6-8]，研究裂纹与衬砌相互作用的就很少[9]。而半空间中含有圆形衬砌的 SH 波的散射问题已有结果[10]。本节将研究 SH 波作用下夹杂和裂纹的相互作用，并求出水平地表位移。

目前，大部分关于夹杂和裂纹的波散射问题研究集中在径向裂纹，即源于夹杂的边界，沿着半径方向。事实上，当力作用在包含夹杂的复合材料上时，裂纹通常在夹杂附近产生。本节在线弹性力学范畴内，研究了承受水平界面上冲击载荷的半无限空间界面附近圆形衬砌结构及任意长度、任意位置直线型裂纹对波的散射问题。这个问题可以看作抗爆问题。

8.3.2 问题的表述

浅埋圆形衬砌结构和裂纹的模型如图 8.11 所示。ρ_{I} 和 C_{I}，ρ_{II} 和 C_{II} 分别是介质与夹杂的质量密度和横波速度。图中包含 xoy，$x'o'y'$，$x''o''y''$ 三个坐标系。

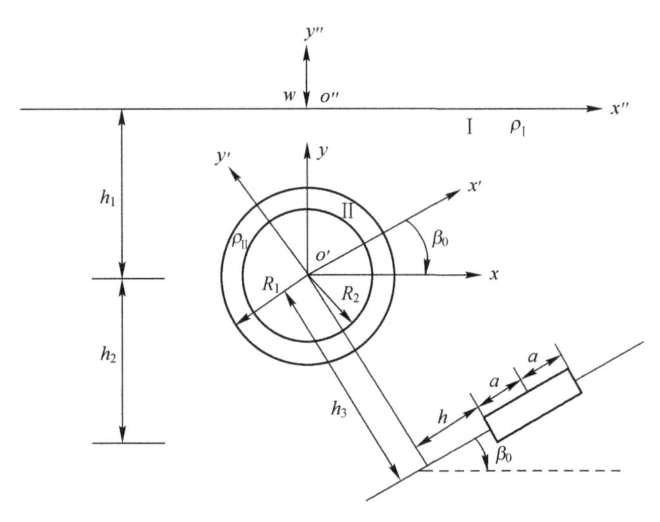

图 8.11　SH 波作用下含有圆形衬砌和裂纹的半空间模型

8.3.3 控制方程

在各向同性介质中研究弹性波对夹杂的散射问题，最为简单的模型就是 SH 波散射。在 xy 平面内的波所激发的位移 $w(x,y,t)$ 垂直于 xy 平面，且与 z 轴无关。位移 $w(x,y,t)$ 满足

$$\frac{\partial^2 w}{\partial x^2}+\frac{\partial^2 w}{\partial y^2}+k^2 w=0 \tag{8-46}$$

式中：$k=\omega/c_s$；ω 是位移函数的圆频率；$c_s=\sqrt{\mu/\rho}$ 为介质的剪切波速，μ 和 ρ 分别为介质的质量密度和剪切模量，相应的应力分量为

$$\tau_{xz}=\mu\frac{\partial w}{\partial x},\tau_{yz}=\mu\frac{\partial w}{\partial y} \tag{8-47}$$

引入一组复变量 $z=x+\mathrm{i}y$，$\bar{z}=x-\mathrm{i}y$，在复平面 $(z,\bar{z})$ 上，有

$$\frac{\partial^2 w}{\partial z\,\partial \bar{z}}+\frac{1}{4}k^2 w=0 \tag{8-48}$$

相应的应力为

$$\tau_{xz}=\mu\left(\frac{\partial w}{\partial z}+\frac{\partial w}{\partial \bar{z}}\right),\tau_{yz}=\mathrm{i}\mu\left(\frac{\partial w}{\partial z}-\frac{\partial w}{\partial \bar{z}}\right) \tag{8-49}$$

而在极坐标中，应力表达式为

$$\tau_{rz}=\mu\left(\frac{\partial w}{\partial z}\mathrm{e}^{\mathrm{i}\theta}+\frac{\partial w}{\partial \bar{z}}\mathrm{e}^{-\mathrm{i}\theta}\right)\quad \tau_{\theta z}=\mathrm{i}\mu\left(\frac{\partial w}{\partial z}\mathrm{e}^{\mathrm{i}\theta}-\frac{\partial w}{\partial \bar{z}}\mathrm{e}^{-\mathrm{i}\theta}\right) \tag{8-50}$$

8.3.4　圆形衬砌周围的散射波

1. 区域 I 内的散射波

利用波散射的对称性和多极坐标的方法，可以构造圆形衬砌周围介质 I 内的散射波，它除了要求满足方程（8-46），还要求满足无穷远处辐射条件和水平界面上应力自由的条件。在复平面$(z,\bar{z})$上，$G_{\mathrm{I}}^{(s)}$ 可以写成

$$G_{\mathrm{I}}^{(s)}=\sum_{n=-\infty}^{x}A_n\left\{\mathrm{H}_n^{(1)}(k_1|z|)\left[\frac{z}{|z|}\right]^n+\mathrm{H}_n^{(1)}(k_1|z-2h_1\mathrm{i}|)\left[\frac{z-2h_1\mathrm{i}}{|z-2h_1\mathrm{i}|}\right]^{-n}\right\} \tag{8-51}$$

式中：A_n 是未知系数，由圆形衬砌的边界条件确定。在极坐标中，相应的应力可以写成

$$\begin{aligned}\tau_{rz,\mathrm{I}}^{(s)}=&\mu\left(\frac{\partial G_{\mathrm{I}}^{(s)}}{\partial z}\mathrm{e}^{\mathrm{i}\theta}+\frac{\partial G_{\mathrm{I}}^{(s)}}{\partial \bar{z}}\mathrm{e}^{-\mathrm{i}\theta}\right)=\frac{k_1\mu_1}{2}\sum_{n=-\infty}^{\infty}A_n\left\{\mathrm{H}_{n-1}^{(1)}(k_1|z|)\left[\frac{z}{|z|}\right]^{n-1}\mathrm{e}^{\mathrm{i}\theta}-\mathrm{H}_{n+1}^{(1)}(k_1|z|)\left[\frac{z}{|z|}\right]^{n+1}\mathrm{e}^{-\mathrm{i}\theta}\right.\\&\left.-\mathrm{H}_{n+1}^{(1)}(k_1|z-2h_1\mathrm{i}|)\left[\frac{z-2h_1\mathrm{i}}{|z-2h_1\mathrm{i}|}\right]^{-(n+1)}\mathrm{e}^{\mathrm{i}\theta}+\mathrm{H}_{n-1}^{(1)}(k_1|z-2h_1\mathrm{i}|)\left[\frac{z-2h_1\mathrm{i}}{|z-2h_1\mathrm{i}|}\right]^{-(n-1)}\mathrm{e}^{-\mathrm{i}\theta}\right\}\end{aligned} \tag{8-52}$$

$$\begin{aligned}\tau_{r\theta,\mathrm{I}}^{(s)}=&\mathrm{i}\mu\left(\frac{\partial G_{\mathrm{I}}^{(s)}}{\partial z}\mathrm{e}^{\mathrm{i}\theta}-\frac{\partial G_{\mathrm{I}}^{(s)}}{\partial \bar{z}}\mathrm{e}^{-\mathrm{i}\theta}\right)=\mathrm{i}\frac{k_1\mu_1}{2}\sum_{n=-\infty}^{\infty}A_n\left\{\mathrm{H}_{n-1}^{(1)}(k_1|z|)\left[\frac{z}{|z|}\right]^{n-1}\mathrm{e}^{\mathrm{i}\theta}+\mathrm{H}_{n+1}^{(1)}(k_1|z|)\left[\frac{z}{|z|}\right]^{n+1}\mathrm{e}^{-\mathrm{i}\theta}\right.\\&\left.-\mathrm{H}_{n+1}^{(1)}(k_1|z-2h_1\mathrm{i}|)\left[\frac{z-2h_1\mathrm{i}}{|z-2h_1\mathrm{i}|}\right]^{-(n+1)}\mathrm{e}^{\mathrm{i}\theta}-\mathrm{H}_{n-1}^{(1)}(k_1|z-2h_1\mathrm{i}|)\left[\frac{z-2h_1\mathrm{i}}{|z-2h_1\mathrm{i}|}\right]^{-(n-1)}\mathrm{e}^{-\mathrm{i}\theta}\right\}\end{aligned} \tag{8-53}$$

2. 区域 II 内的散射波

在复平面$(z,\bar{z})$上，圆形衬砌内部的散射波可以表示为

$$G_{\mathrm{II}}^{(s)}=\sum_{n=-\infty}^{\infty}B_n\left\{\mathrm{H}_n^{(2)}(k_2|z|)\left[\frac{z}{|z|}\right]^n\right\}+C_n\left\{\mathrm{H}_n^{(1)}(k_2|z|)\left[\frac{z}{|z|}\right]^n\right\} \tag{8-54}$$

式中：B_n, C_n 是未知系数，由圆形衬砌的边界条件确定。把这个表达式代入式（8-50），在极坐标中，可以得到相应的应力为

$$\begin{aligned}\tau_{rz,\mathrm{II}}^{(s)}=&\frac{k_2\mu_2}{2}\sum_{n=-\infty}^{\infty}B_n\left\{\mathrm{H}_{n-1}^{(2)}(k_2|z|)\left[\frac{z}{|z|}\right]^{n-1}\mathrm{e}^{\mathrm{i}\theta}-\mathrm{H}_{n+1}^{(2)}(k_2|z|)\left[\frac{z}{|z|}\right]^{n+1}\mathrm{e}^{-\mathrm{i}\theta}\right\}\\&+\frac{k_2\mu_2}{2}\sum_{n=-\infty}^{\infty}C_n\left\{\mathrm{H}_{n-1}^{(1)}(k_2|z|)\left[\frac{z}{|z|}\right]^{n-1}\mathrm{e}^{\mathrm{i}\theta}-\mathrm{H}_{n+1}^{(1)}(k_2|z|)\left[\frac{z}{|z|}\right]^{n+1}\mathrm{e}^{-\mathrm{i}\theta}\right\}\end{aligned} \tag{8-55}$$

$$\begin{aligned}\tau_{\theta z,\mathrm{II}}^{(s)}=&\mathrm{i}\frac{k_2\mu_2}{2}\sum_{n=-\infty}^{\infty}B_n\left\{\mathrm{H}_{n-1}^{(2)}(k_2|z|)\left[\frac{z}{|z|}\right]^{n-1}\mathrm{e}^{\mathrm{i}\theta}+\mathrm{H}_{n+1}^{(2)}(k_2|z|)\left[\frac{z}{|z|}\right]^{n+1}\mathrm{e}^{-\mathrm{i}\theta}\right\}\\&+\mathrm{i}\frac{k_2\mu_2}{2}\sum_{n=-\infty}^{\infty}C_n\left\{\mathrm{H}_{n-1}^{(1)}(k_2|z|)\left[\frac{z}{|z|}\right]^{n-1}\mathrm{e}^{\mathrm{i}\theta}+\mathrm{H}_{n+1}^{(1)}(k_2|z|)\left[\frac{z}{|z|}\right]^{n+1}\mathrm{e}^{-\mathrm{i}\theta}\right\}\end{aligned} \tag{8-56}$$

8.3.5 弹性圆形衬砌与裂纹对波的散射

稳态 SH 波沿轴负方向入射，透过界面且在弹性半空间中传播，在半空间中有

$$w^{(i)}=w_0\mathrm{e}^{-\mathrm{i}(ky''+\omega t)} \tag{8-57}$$

式中：w_0 是入射波的波幅。入射波 $w^{(i)}$ 所对应的应力分量为

$$\tau_{x''z}^{(i)}=0,\quad \tau_{y''}^{(i)}=\tau_0\mathrm{e}^{-\mathrm{i}(ky''+\omega t+\pi/2)} \tag{8-58}$$

式中：τ_0 为入射应力的最大幅值，$\tau_0=\mu k w_0$。在弹性半空间界面 $o''x''(y=h_1)$，入射波提供的应力为

$$\tau_{y''}^{(i)}=\tau_0\mathrm{e}^{-\mathrm{i}(\omega t+\pi/2)} \tag{8-59}$$

半空间中由于弹性圆形衬砌而激发的散射波 $w_{\mathrm{I}}^{(s)}$ 和 $w_{\mathrm{II}}^{(s)}$ 可以分别用式（8-51）和式（8-52）表示。

边界条件为

$$\begin{cases}w^{(i)}+w_{\mathrm{I}}^{(s)}=w_{\mathrm{II}}^{(s)}, & r=R_1\\ \tau_{rz}^{(i)}+\tau_{rz,\mathrm{I}}^{(s)}=\tau_{rz,\mathrm{II}}^{(s)}, & r=R_1\\ \tau_{rz,\mathrm{II}}^{(s)}=0, & r=R_2\end{cases} \tag{8-60}$$

此时，区域中的总波场为

$$w_{\mathrm{I}}=w^{(i)}+w_{\mathrm{I}}^{(s)} \tag{8-61}$$

8.3.6 算例与分析

作为算例，本节求解了承受冲击载荷的含有圆形衬砌和裂纹的弹性半空间

界面上的地表位移。针对具体算例，讨论了入射波数、圆形衬砌的圆心到水平表面的距离、圆形衬砌的圆心到裂纹尖端的距离、介质和夹杂的剪切模量比、夹杂和介质的波数比、裂纹的角度、裂纹的长度对地震动的影响。

图 8.12 给出了当裂纹位于衬砌右侧时地表位移随裂纹和圆形衬砌距离变化的二维图形，图中（a）、（b）、（c）分别表示不同的裂纹倾角。可以看出，倾角增大使地表位移幅值有所增加。裂纹距衬砌越远，地表位移幅值呈周期性越小。

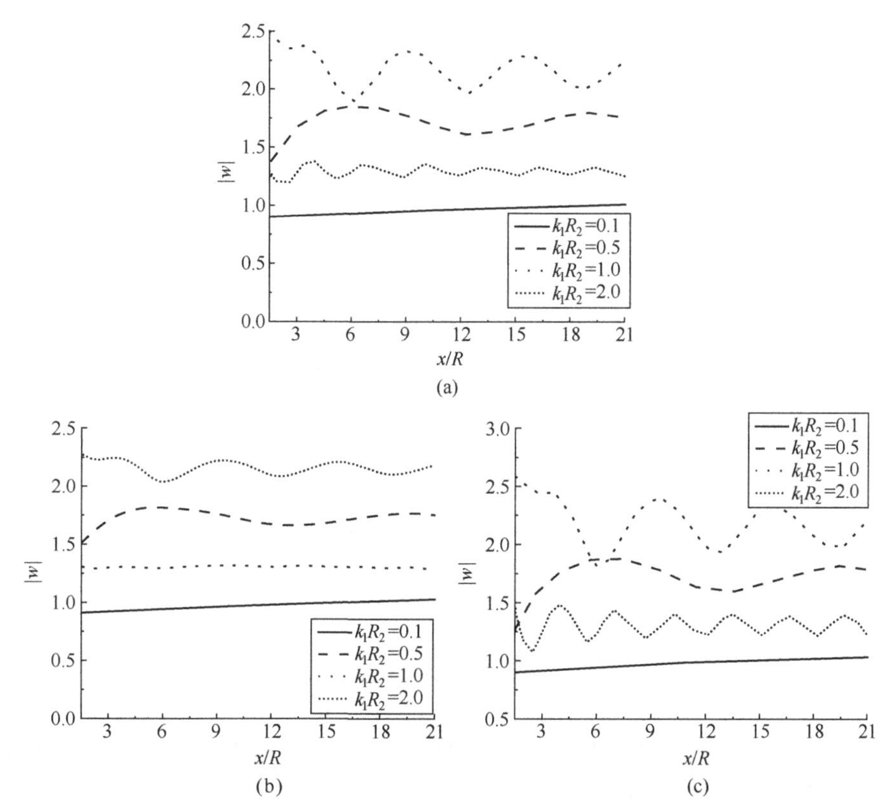

图 8.12 当裂纹位于衬砌右侧时，在 $\beta=0°$、$30°$、$45°$时地表位移随裂纹和圆形衬砌距离的变化

图 8.13 给出了当裂纹位于衬砌正下方时地表位移随裂纹长度变化的二维图形，可以看出裂纹长度变化对地表位移影响较小。

图 8.14 给出了当裂纹位于衬砌右侧时地表位移随剪切模量比变化的二维图形，可以看出随剪切模量比的增加，地表位移也增加，但增加幅度越来越小。

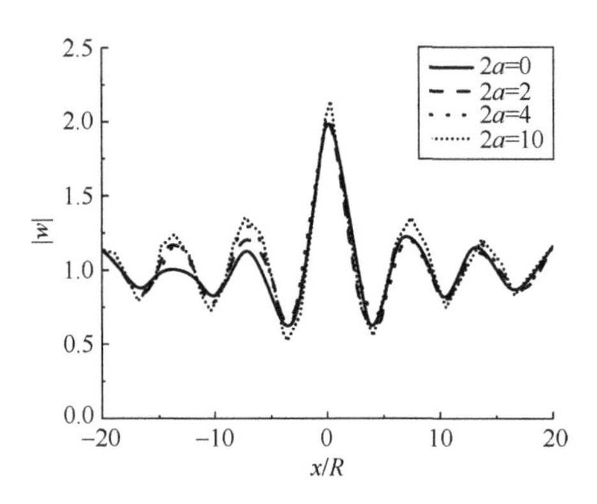

图 8.13　当裂纹位于衬砌正下方时地表位移随裂纹长度的变化

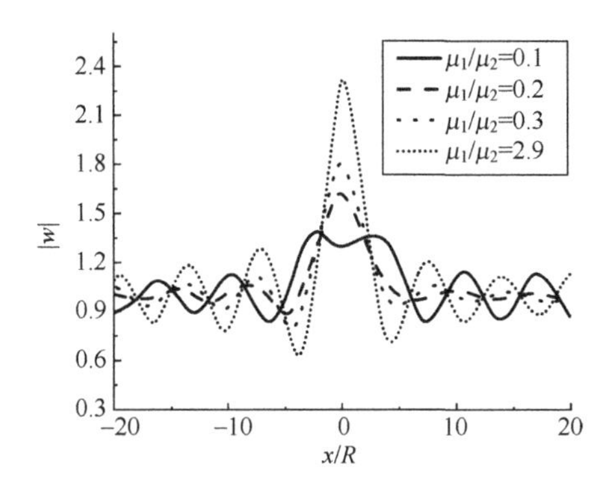

图 8.14　当裂纹位于衬砌右侧时地表位移随剪切模量比的变化

参考文献

[1] 刘殿魁，许贻燕．各向异性介质中 SH 波与多个半圆形凹陷地形的相互作用 [J]．力学学报，1993 (1)：93-102.

[2] 黎在良，刘殿魁．固体中的波 [M]．北京：科学出版社，1995.

[3] 李彤，王国庆，刘殿魁．SH 波在含圆形孔洞的半圆形凸起处的散射 [J]．地震工程与工程振动，2003，23 (5)：26-31.

[4] 刘殿魁，林宏．浅埋的圆柱形孔洞对 SH 波的散射与地震动 [J]．爆炸与冲击，2003 (1)：6-12.

[5] 史文谱，刘殿魁，宋永涛．直角平面区域内固定圆形刚性夹杂问题的 Green 函数解 [J]．固体力学学报，2006 (2)：207-212.

[6] 周香莲，周光明．SH 波对无限介质土中衬砌结构的动应力集中 [J]．岩土力学，2004

(增刊 2)：366-368，382.
[7] 汪越胜，王铎．SH 波对有部分脱胶衬砌的圆形孔洞的散射 [J]. 力学学报，1994，26 (4)：462-469.
[8] 陈天愚，王卉．含衬砌孔洞的凸起的垂直入射 SH 波的动力分析 [J]. 天津大学学报，2006，39 (11)：1305-1309.
[9] 张学义，刘殿魁，李宏亮．SH 波作用下圆形衬砌与直线形裂纹的相互作用 [J]. 哈尔滨工程大学学报，2006，27 (4)：514-518.
[10] 王艳，刘殿魁．SH 波入射时浅埋衬砌结构的动力分析 [J]. 哈尔滨工程大学学报，2002，23 (6)：43-47.

第9章　半空间中复杂组合地形对弹性波的散射

9.1　半空间中相邻多个半圆形凹陷地形对平面SH波的散射

9.1.1　引言

本节利用复变函数和多极坐标方法研究平面SH波对相邻多个半圆形凹陷地形的散射问题。首先给出相邻多个半圆形凹陷地形对SH波散射的波函数，其次利用移动坐标的方法逐一地满足凹陷地形的边界条件，最后将解的问题归结为对一组无穷代数方程组的求解。作为算例，对具有两个半圆形凹陷地形的问题进行了分析，给出了数值结果，并进行了一些讨论[1]。

9.1.2　问题模型

研究SH波对相邻多个半圆形凹陷地形的散射问题（图9.1），最简单的数学模型就是反平面剪切运动。在连续、均匀、各向同性的弹性介质中，SH波只产生垂直于xy平面的位移w，且与z无关；应力分量也只有τ_{xz}和τ_{xy}，其他为零。

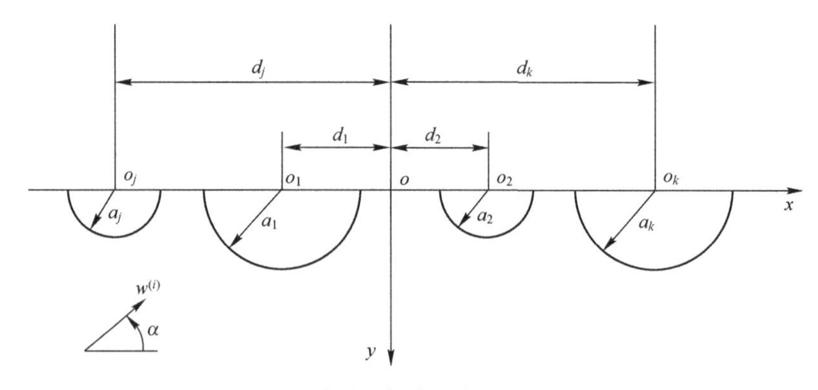

图9.1　平面SH波对相邻多个半圆形凹陷地形的入射

运动方程可以写成

$$\frac{\partial^2 w}{\partial x^2}+\frac{\partial^2 w}{\partial r^2}=\frac{1}{c_s^2}\frac{\partial^2 w}{\partial t^2} \tag{9-1}$$

式中：$c_s=\sqrt{(\rho/\mu)}$ 为波速，ρ 为介质密度，μ 为弹性常数，t 为时间。

应力与应变的关系为

$$\tau_{xz}=\mu\frac{\partial w}{\partial x},\quad \tau_{yz}=\mu\frac{\partial w}{\partial y} \tag{9-2}$$

引入复变量，$z=x+\mathrm{i}r,\bar{z}=x-\mathrm{i}r$，在复平面$(z,\bar{z})$上，运动方程（9-1）可以写成

$$\frac{\partial^2 w}{\partial z\partial\bar{z}}=\frac{1}{4c_s^2}\frac{\partial^2 w}{\partial t^2} \tag{9-3}$$

若研究稳态波入射问题，则位移 w 可以写成

$$w(z,\bar{z},t)=\mathrm{Re}[w(z,\bar{z})\mathrm{e}^{-\mathrm{i}\omega t}] \tag{9-4}$$

式中：$w(z,\bar{z})$是 z 和$\bar{z}$的复函数；ω 为波函数 w 的圆频率。将式（9-4）代入式（9-3），则有

$$\frac{\partial^2 w}{\partial z\partial\bar{z}}=\left(\frac{\mathrm{i}K_T}{2}\right)^2 w \tag{9-5}$$

式中：$K_T=\omega/c_s$。

由参考文献［2-3］可知，式（9-5）所决定的一个孤立的半凹陷地形的散射波，若其满足半空间中 ox 轴上应力为零的边界条件，则可以写成

$$w^{(s)}=\sum_0^{\infty}A_n\mathrm{H}_n^{(1)}(K_T|z|)\left\{\left(\frac{z}{|z|}\right)^n+\left(\frac{z}{|z|}\right)^{-n}\right\} \tag{9-6}$$

式中：A_n 为未知系数；$\mathrm{H}_n^{(1)}(\cdot)$为 n 阶第一类汉克尔函数。

对于有任意分布的 K 个半圆形凹陷的情况，其散射场可利用多极坐标的方法来构造，由参考文献［4］可知，其散射场可以写成

$$w^{(s)}=\sum_1^{K}\sum_0^{\infty}{}^K A_n\mathrm{H}_n^{(1)}(K_T|z_k|)\left\{\left(\frac{z_K}{|z_K|}\right)^n+\left(\frac{z_K}{|z_K|}\right)^{-n}\right\} \tag{9-7}$$

式中：$z_K=z-d_K$，d_K 为第 k 个半圆形凹陷的中心坐标；${}^K A_n$ 为一组未知系数，可用凹陷地形的边界条件来决定。

在复平面$(z,\bar{z})$上，应力可以写成

$$\begin{cases}\tau_{xy}=\mu\left(\dfrac{\partial w}{\partial z}+\dfrac{\partial w}{\partial\bar{z}}\right)\\ \tau_{yz}=\mathrm{i}\mu\left(\dfrac{\partial w}{\partial z}-\dfrac{\partial w}{\partial\bar{z}}\right)\end{cases} \tag{9-8}$$

而在极坐标系中，应力可以写成

$$\begin{cases}\tau_{rz}=\mu\left(\dfrac{\partial w}{\partial z}\mathrm{e}^{\mathrm{i}\theta}+\dfrac{\partial w}{\partial \bar{z}}\mathrm{e}^{-\mathrm{i}\theta}\right)\\ \tau_{\theta z}=\mathrm{i}\mu\left(\dfrac{\partial w}{\partial z}\mathrm{e}^{\mathrm{i}\theta}-\dfrac{\partial w}{\partial \bar{z}}\mathrm{e}^{-\mathrm{i}\theta}\right)\end{cases}\tag{9-9}$$

将散射波表达式（9-7）代入式（9-9），则可得散应力为

$$\tau_{rz}^{(s)}=\frac{K_T\mu}{2}\sum_{1}^{k}\sum_{0}^{\infty}{}^{K}A_n\left\{\left[\mathrm{H}_{n-1}^{(1)}(K_T|z_K|)\left(\frac{z_K}{|z_K|}\right)^{n-1}-\mathrm{H}_{n+1}^{(1)}(K_T|z_K|)\left(\frac{z_K}{|z_K|}\right)^{-(n+1)}\right]\mathrm{e}^{\mathrm{i}\theta}\right.$$
$$\left.-\left[\mathrm{H}_{n+1}^{(1)}(K_T|z_K|)\left(\frac{z_K}{|z_K|}\right)^{n+1}-\mathrm{H}_{n-1}^{(1)}(K_T|z_K|)\left(\frac{z_K}{|z_K|}\right)^{-(n-1)}\right]\mathrm{e}^{-\mathrm{i}\theta}\right\}\tag{9-10}$$

$$\tau_{\theta z}^{(s)}=\frac{\mathrm{i}K_T\mu}{2}\sum_{1}^{k}\sum_{0}^{\infty}{}^{K}A_n\left\{\left[\mathrm{H}_{n-1}^{(1)}(K_T|z_K|)\left(\frac{z_K}{|z_K|}\right)^{n-1}-\mathrm{H}_{n+1}^{(1)}(K_T|z_K|)\left(\frac{z_K}{|z_K|}\right)^{-(n+1)}\right]\mathrm{e}^{\mathrm{i}\theta}\right.$$
$$\left.+\left[\mathrm{H}_{n+1}^{(1)}(K_T|z_K|)\left(\frac{z_K}{|z_K|}\right)^{n+1}-\mathrm{H}_{n-1}^{(1)}(K_T|z_K|)\left(\frac{z_K}{|z_K|}\right)^{-(n-1)}\right]\mathrm{e}^{-\mathrm{i}\theta}\right\}\tag{9-11}$$

9.1.3 半空间中 SH 波的入射和反射

在半平面中，沿 n 方向入射的稳态平面 SH 波和相应的反射波可以写成

$$w^{(i)}=w_0\mathrm{e}^{\mathrm{i}[K_a(x\cos\alpha-y\sin\alpha)-\omega t]}\tag{9-12}$$

和

$$w^{(r)}=w_0\mathrm{e}^{\mathrm{i}[K_a(x\cos\alpha-y\sin\alpha)-\omega t]}\tag{9-13}$$

式中：w_0 为入射波的幅值；α 为入射角，且 $\cos\alpha=n_x$，$\sin\alpha=n_y$；$\omega=K_a\cdot c_s$ 为入射波圆频率；c_s 为波速。在复平面上，式（9-12）和式（9-13）如略去时间因子，可以写成

$$w^{(i)}=w_0\mathrm{e}^{\frac{\mathrm{i}Ka}{2}-(z\mathrm{e}^{\mathrm{i}\alpha}+z\mathrm{e}^{-\mathrm{i}\alpha})}\tag{9-14}$$

$$w^{(r)}=w_0\mathrm{e}^{\frac{\mathrm{i}Ka}{2}(z\mathrm{e}^{\mathrm{i}\alpha}-z\mathrm{e}^{-\mathrm{i}\alpha})}\tag{9-15}$$

利用式（9-9）和式（9-14），可得入射应力和反射应力：

$$\tau_{rz}^{(i)}=\mathrm{i}\mu K_a\cos(\theta+\alpha)\mathrm{e}^{\mathrm{i}K_a|z|\cos(\theta+\alpha)}\tag{9-16}$$

$$\tau_{\theta_2}^{(i)}=-\mathrm{i}\mu K_o\sin(\theta+\alpha)\mathrm{e}^{\mathrm{i}K_a|z|\cos(\theta+\alpha)}\tag{9-17}$$

和

$$\tau_{rz}^{(r)}=\mathrm{i}\mu K_a\cos(\theta-\alpha)\mathrm{e}^{\mathrm{i}K_a|z|\cos(\theta\alpha)}\tag{9-18}$$

$$\tau_{\theta_z}^{(r)}=-\mathrm{i}\mu K_a\sin(\theta-\alpha)\mathrm{e}^{\mathrm{i}K_a|z|\cos(\theta-\alpha)} \tag{9-19}$$

9.1.4 稳态平面 SH 波对多个半圆形凹陷地形的散射

见图 9.1，由于入射波的作用，半空间中的总波场 $w^{(t)}$ 可以写成入射波、反射波和散射波之和：

$$w^{(t)}=w^{(i)}+w^{(r)}+w^{(s)} \tag{9-20}$$

或

$$w^{(t)}=|w^{(t)}|\mathrm{e}^{-\iota(\omega+\varphi)} \tag{9-21}$$

式中：φ 为 $w^{(t)}$ 的相位，即

$$\varphi=-\arctan\left[\frac{\mathrm{Im}\ w^{(t)}}{\mathrm{Re}\ w^{(t)}}\right] \tag{9-22}$$

为了不失一般性，可以规定在这些半圆形凹陷地形的表面上给出应力自由的边界条件。又因为总波场（式（9-20））已经满足了除掉凹陷边界 T_j（$j=1,2,\cdots,k$）之外的所有部分上应力为零的边界条件，因此，只需再满足 T_j 上的边界条件即可。对 j 个半圆形凹陷，边界条件可以写成

$$\tau_{r,jz}^{(i)}+\tau_{r,jz}^{(r)}+\tau_{r,jz}^{(s)}=0,\quad 在\ T_j\ 上(j=1,2,\cdots,k) \tag{9-23}$$

将式（9-10）、式（9-16）、式（9-18）代入边界条件式（9-23），则可以建立起一组无穷代数方程组来决定其未知系数 ${}^KA_n$。

其具体做法是：若 z 在第 j 个半圆形凹陷地形上，则亦可引进一个新坐标系，令其原点放置在第 j 个半圆形凹陷地形中心上，有

$$z=z_j+d_j$$

和

$$z-d_k=z_j+d_j-d_k=z_j+{}^kd_j \tag{9-24}$$

式中：${}^kd_j=d_k-d_j$，是第 k 个半圆形凹陷地形中心在以 d_j 为坐标原点的新坐标系中的坐标量。因此，当 $|z_j|=a_j$ 时，边界条件可以写成

$$\sum_{1}^{k}\sum_{n=0}^{\infty}{}^kA_{jn}{}^k\varepsilon_{jn}=\varepsilon_j,\quad j=1,2,\cdots,k \tag{9-25}$$

式中：

$$\varepsilon_{in}=K_T\Big\{\Big[F_{n-1}(z_j)-F'_{n+1}(z_j)+\sum_{1}^{k}(F_{n-1}(z_j+{}^kd_j)-F'_{n+1}(z_j+{}^kd_j))\Big]\mathrm{e}^{-\mathrm{i}\theta_j}$$
$$-\Big[F_{n+1}(z_j)-F'_{n-1}(z_j)+\sum_{1}^{k}(F_{n+1}(z_j+{}^kd_j)-F'_{n-1}(z_j+{}^kd_j))\Big]\mathrm{e}^{-\mathrm{i}\theta_j}\Big\}$$

$$\varepsilon_j=-\mathrm{i}K_aQ_j[G_j\cos(\theta_j+\alpha)+\overline{G_j}\cos(\theta_j-\alpha)]$$

其中

$$F_n = \mathrm{H}_n^{(1)}(K_T|z_j|)\left(\frac{z_j}{|z_j|}\right)^n$$

$$F'_n = \mathrm{H}_n^{(1)}(K_T|z_j|)\left(\frac{z_j}{|z_j|}\right)^{-n}$$

$$Q_j = \mathrm{e}^{\mathrm{i}K_n{}^k d_j \cos\alpha}$$

$$G_j = \mathrm{e}^{\mathrm{i}K_0|z_j|\cos(\theta_j+\theta)}$$

$$\overline{G_j} = \mathrm{e}^{\mathrm{i}K_e|z_j|\cos(\theta_j-\alpha)}$$

$\sum\limits_1^k$ 表示除去第 j 个凹陷之外的从 1 至 k 的求和。

在式（9-25）的两边都乘以 $\mathrm{e}^{-\mathrm{i}s\theta_j}$，并在（0,π）区间上积分，则有

$$\sum_1^k \sum_{n=0}^{\infty} {}^k A_n^k \varepsilon_{jn,s} = \varepsilon_{j,s}, \qquad j = 1,2,\cdots,k;\ s = 0,\pm 1,\pm 2 \tag{9-26}$$

式中

$$^k\varepsilon_{jn,s} = \frac{1}{2\pi}\int_{-\pi}^{\pi} \varepsilon_{jn} \mathrm{e}^{-\mathrm{i}s\theta_j} \mathrm{d}\theta_j$$

$$\varepsilon_{j,s} = \frac{1}{2\pi}\int_{-\pi}^{\pi} \varepsilon_j \mathrm{e}^{-\mathrm{i}s\theta_j} \mathrm{d}\theta_j$$

方程式（9-26）即为决定未知系数^kA_n 的无穷代数方程组。

9.1.5 算例

作为算例，本小节研究了两个相同的半圆形凹陷地形的相互作用问题（图 9.2）。若截断无限矩阵方程（9-26），并且 $n=s=6$，则可以求得系数^KA_n（$K=$1，2）。图 9.3~图 9.14 给出了沿第一个凹陷地形表面附近的位移 $|w^{(t)}|$ 和相位 φ 的变化，它表明了第二个凹陷地形对第一个凹陷地形的影响，此时无量纲波数分别取 $\eta=0.1$，0.25，0.75 和 1.25，$\eta=k_\alpha a/\pi$，a 为凹陷半径。图 9.11 ~ 图 9.14 表明 $D=200a$ 时的情况，其结果已十分接近参考文献［5］的结果。

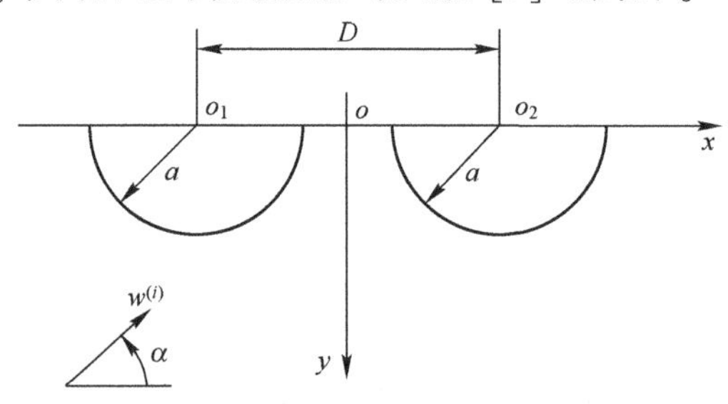

图 9.2　平面 SH 波对两个半圆形凹陷地形的入射

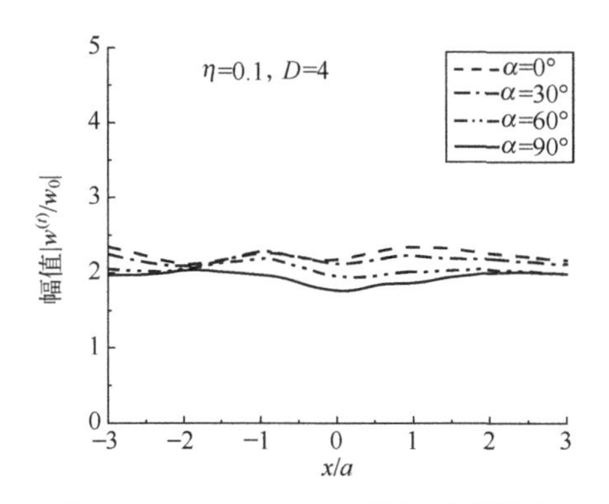

图 9.3　$D=4$，$\eta=0.1$ 时第一个凹陷的位移分布

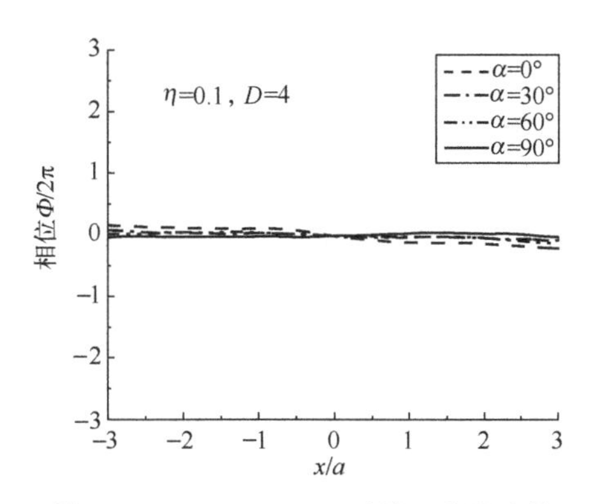

图 9.4　$D=4$，$\eta=0.1$ 时第一个凹陷的相位分布

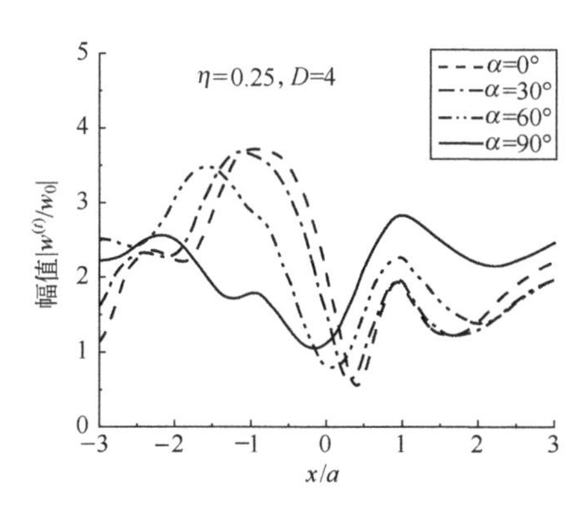

图 9.5　$D=4$，$\eta=0.25$ 时第一个凹陷的位移分布

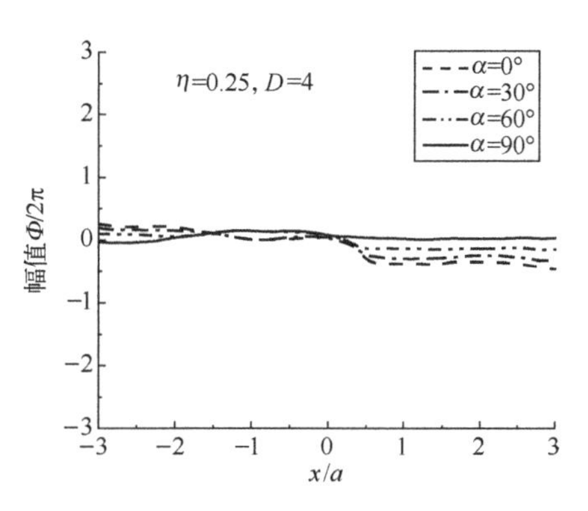

图 9.6　$D=4$，$\eta=0.25$ 时第一个凹陷的相位分布

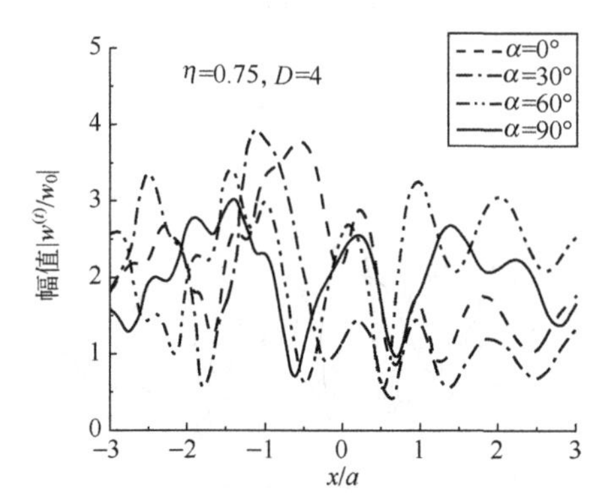

图 9.7　$D=4$，$\eta=0.75$ 时第一个凹陷的位移分布

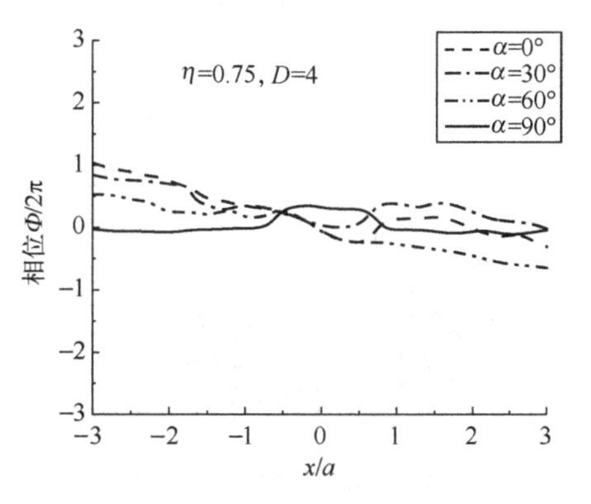

图 9.8　$D=4$，$\eta=0.75$ 时第一个凹陷的相位分布

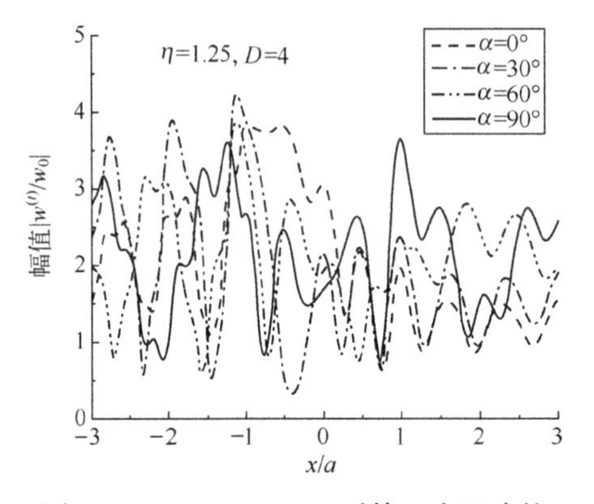

图 9.9　$D=4$，$\eta=1.25$ 时第一个凹陷的位移分布

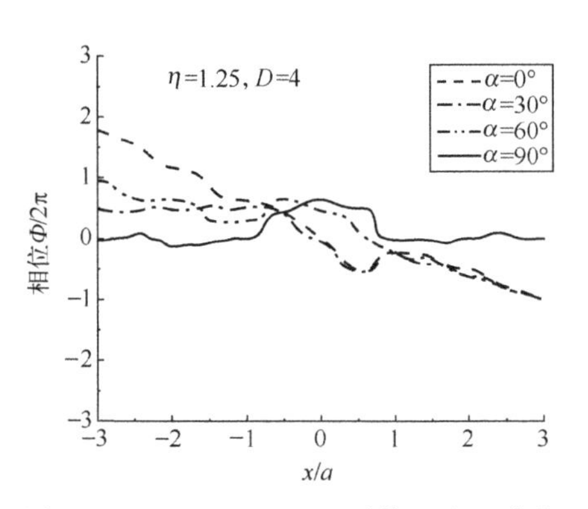

图 9.10　$D=4$，$\eta=1.25$ 时第一个凹陷的相位分布

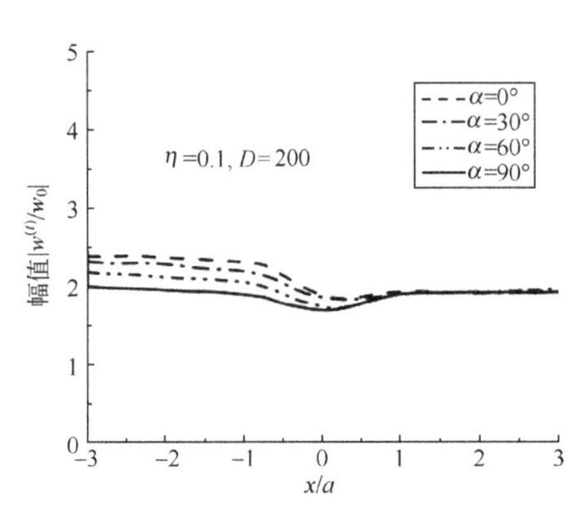

图 9.11　$D=200$，$\eta=0.1$ 时第一个凹陷的位移分布

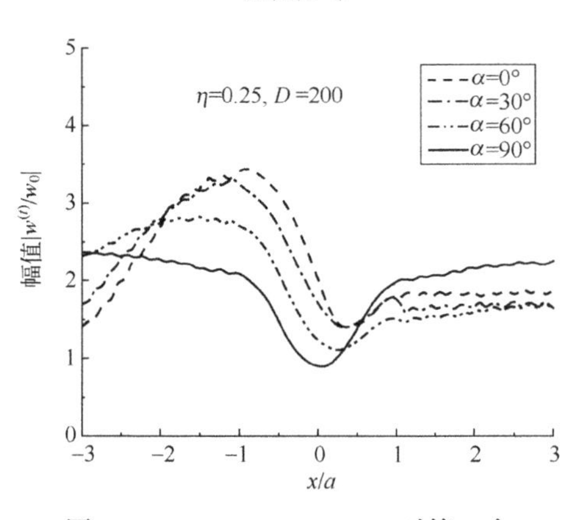

图 9.12　$D=200$，$\eta=0.25$ 时第一个凹陷的位移分布

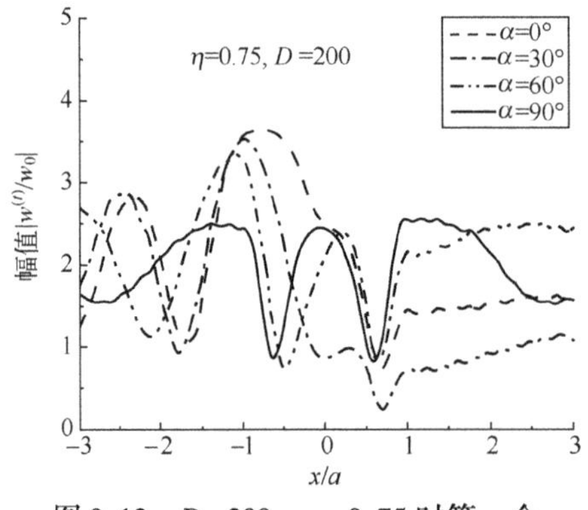

图 9.13　$D=200$，$\eta=0.75$ 时第一个凹陷的位移分布

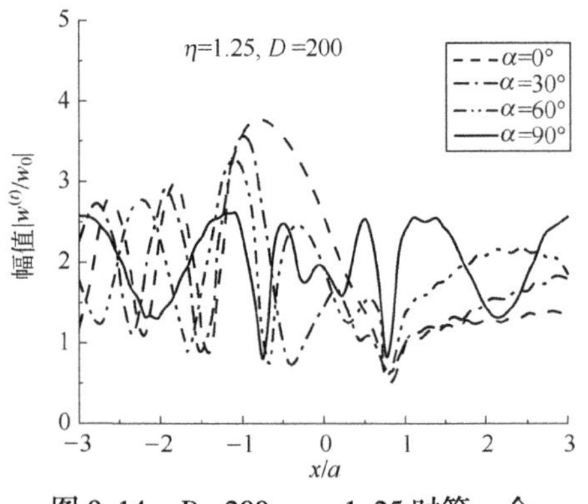

图 9.14　$D=200$，$\eta=1.25$ 时第一个凹陷的位移分布

9.1.6 结论

根据以上算例，对在 SH 波作用之下的两个半径相同的半圆形凹陷地形的相互作用讨论如下：

（1）由于相互作用，在第一个凹陷地形上的位移，与其孤立存在的情况相比有所增加。其背波面 $|w^{(t)}|$ 可提高 20%~40%，当 $\alpha=90°$ 时，$|w^{(t)}|$ 有最大值。

（2）无量纲波数的影响。η 值增加时，$|w^{(t)}|$ 的变化更加显著。在 $\eta=1.25$ 时，$|w^{(t)}|$ 有可能高出孤立地形 $|w^{(t)}|$ 的 40%。

（3）中心距离 D 的变化对凹陷地形的影响是明显的。当 $D=200a$ 时，表面位移才会渐渐接近孤立地形的情况。但要完全消除这种影响，计算表明，$D=(300\sim400)a$。

（4）以上结果表明第二个凹陷对第一个凹陷的影响：要研究第一个凹陷对第二个凹陷的影响也可类似地进行分析。分析结果表明，情况是不同的。在分析此问题时要注意，此时的入射波应放在以第二个凹陷地形中心为原点的坐标系里，这样可以去掉相位的影响，有利于计算分析。

9.2 半空间中双等腰三角形凸起地形对 SH 波的散射

9.2.1 引言

利用“分区、辅助函数”的思想，将求解的区域分为三个部分：区域Ⅰ为一个带有半圆形弧线的等腰三角形区域，区域Ⅱ也同样为一个带有半圆形弧线的等腰三角形区域，区域Ⅲ为两个带有半圆形凹陷的弹性半空间。利用波函数展开法分别在区域Ⅰ、Ⅱ和区域Ⅲ中构造满足等腰三角形在其斜面上应力自由和在弹性半空间中满足水平面上应力自由的驻波函数，并以此为基础，通过区域Ⅰ、区域Ⅱ和区域Ⅲ的“公共边界”位移应力连续条件，建立对该问题进行求解的无穷代数方程组，并采用截断有限项的方法对其进行求解[6]。

9.2.2 问题模型

两个等腰三角形凸起地形如图 9.15 所示，图中三角形凸起顶点为 o_0、o_3，凸起地形两边边界的坡度分别为 $1:n_1$、$1:n_2$，等腰三角形斜边长度记为 c_1 和 c_2。在求解过程中，将整个求解区域分割成三部分来处理，区域Ⅰ为一个带有半圆形弧线的等腰三角形区域，区域Ⅱ同样为一个带有半圆形弧线的等腰三角形区域，余下部分即为区域Ⅲ。S_1 和 S_2 为两个区域的“公共边界”，同时在这个“公共边界”上满足应力、位移连续的“契合”条件。两个三角形凸起坡度分别为 $1:n_1$、$1:n_2$，凸起高度分别为 d_1 和 d_2。

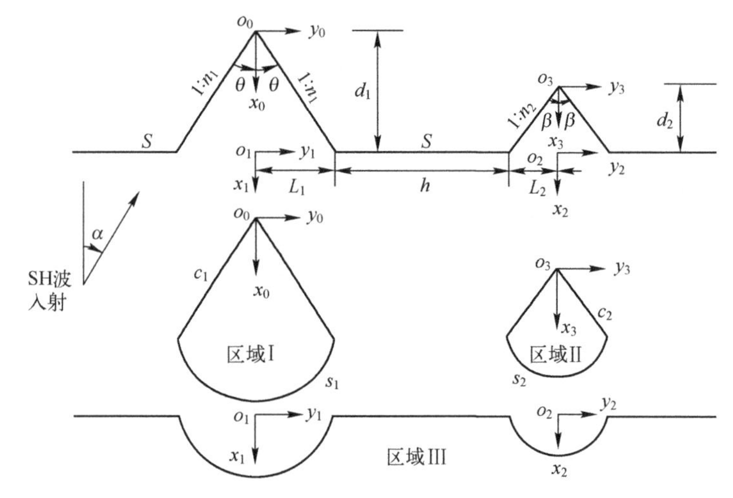

图 9.15　问题模型示意图及区域分割示意图

分别以原点 o_0、o_3 为圆心，以 n_1d_1 和 n_2d_2 为半径作图，将原有空间进行“分区”，求解该地形对 SH 波散射的问题。就是要在水平地表 S 和两个等腰三角形斜边 c_1 和 c_2 上给定应力自由的边界条件，求解 SH 波的控制方程。由于 S 和 c_1、c_2 上要求 $\tau_{\theta z}$和 $\tau_{\beta z}$分别为零，则求解有一定难度。为此，采用“分区”和“契合”的方法对这个问题加以解决。

9.2.3　基本方程

在各向同性、均匀、连续的介质中研究弹性波对孔洞的散射问题，最为简单的模型就是反平面剪切运动的 SH 波模型。入射 SH 波在 xy 平面内所激发的位移（波函数）$w(x,y,t)$垂直于 xy 平面，且与 z 轴无关。对于稳态情况（时间因子为 $e^{-i\omega t}$），位移 $w(x,y,t)$要满足的控制方程在复平面（$z=x+iy,\bar{z}=x-iy$）上可表示为

$$\frac{\partial^2 w}{\partial z\,\partial \bar{z}}+\frac{1}{4}k^2 w=0 \tag{9-27}$$

式中：w 为位移函数，其与时间依赖关系为 $e^{-i\omega t}$（以下略去时间因子 $e^{-i\omega t}$），$k=\omega/c_s$，ω 为位移 $w(x,y,t)$的圆频率；$c_s=\sqrt{\mu/\rho}$为介质的剪切波速，ρ 和 μ 分别为介质的质量密度和剪切模量。在极坐标系中，与位移函数 w 相对应的应

力分量表达式为

$$\begin{cases}\tau_{rz}=\mu\left(\dfrac{\partial w}{\partial z}e^{i\theta}+\dfrac{\partial w}{\partial \bar{z}}e^{-i\theta}\right)\\ \tau_{\theta z}=i\mu\left(\dfrac{\partial w}{\partial z}e^{i\theta}-\dfrac{\partial w}{\partial \bar{z}}e^{-i\theta}\right)\end{cases} \tag{9-28}$$

9.2.4　区域Ⅰ和区域Ⅱ内的驻波函数

1. 区域Ⅰ内的驻波函数

在区域Ⅰ内构造一个驻波解，并使其在圆弧线的上位移、应力不受约束，且满足如下边界条件：

$$\tau_{\theta z}^{(D)}\begin{cases}0, & \theta=\arctan n_1\\ 0, & \theta=-\arctan n_1\end{cases} \tag{9-29}$$

在复平面$(z_0,\bar{z}_0)$上，满足控制方程式（9-27）和边界条件式（9-29）的驻波函数，$w_1^{(D)}$ 应当写成

$$w_1^{(D)}(z_0,\bar{z}_0)=w_0\sum_{m=0}^{\infty}\left\{D_m^{(1)}J_{2mp_1}(k|z_0|)\left[\left(\frac{z_0}{|z_0|}\right)^{2mp_1}+\left(\frac{z_0}{|z_0|}\right)^{-2mp_1}\right]\right.$$
$$\left.+D_m^{(2)}J_{(2m+1)p_1}(k|z|)\left[\left(\frac{z_0}{|z_0|}\right)^{(2m+1)p_1}-\left(\frac{z_0}{|z_0|}\right)^{-(2m+1)p_1}\right]\right\} \tag{9-30}$$

式中：$z_0/|z_0|=e^{i\theta}$；$p_1=\pi/2\theta$ 为驻波的最大幅值；$D_m^{(1)}$、$D_m^{(2)}$ 为待求常数；$J_{2mp}(\cdot)$、$J_{(2m+1)p}(\cdot)$为 $2mp$ 和$(2m+1)p$ 阶的贝塞尔函数。

利用移动坐标：$z_0=z_1+d_1$，在复平面$(z_1,\bar{z}_1)$上，驻波函数可表示为

$$w_1^{(D)}(z_0,\bar{z}_0)=w_0\sum_{m=0}^{\infty}\left\{D_m^{(1)}J_{2mp_1}(k|z_1+d_1|)\left[\left(\frac{z_1+d_1}{|z_1+d_1|}\right)^{2mp_1}+\left(\frac{z_1+d_1}{|z_1+d_1|}\right)^{-2mp_1}\right]\right.$$
$$\left.+D_m^{(2)}J_{(2m+1)p_1}(k|z_1+d_1|)\left(\frac{z+d_1}{|z_1+d_1|}\right)^{(2m+1)p_1}-\left(\frac{z+d_1}{|z_1+d_1|}\right)^{-(2m+1)p_1}\right\} \tag{9-31}$$

式（9-31）相应的应力表达式为

$$\tau_{r_1^z}^D=\frac{\mu k w_0}{2}\sum_{m=0}^{\infty}\{D_m^{(1)}P_{2mp_1}(z_1+d_1)+D_m^{(2)}U_{(2m+1)p_1}(z_1+d_1)\} \tag{9-32}$$

式中：

$$P_t(s)=$$

$$\mathrm{J}_{t-1}(k|s|)\left(\frac{s}{|s|}\right)^{t-1}\mathrm{e}^{\mathrm{i}\theta}-\mathrm{J}_{t+1}(k|s|)\left(\frac{s}{|s|}\right)^{-t-1}\mathrm{e}^{-\mathrm{i}\theta}$$

$$+\mathrm{J}_{t-1}(k|s|)\left(\frac{s}{|s|}\right)^{-t+1}\mathrm{e}^{-\mathrm{i}\theta}-\mathrm{J}_{t+1}(k|s|)\left(\frac{s}{|s|}\right)^{t+1}\mathrm{e}^{-\mathrm{i}\theta}$$

$$U_t(s)$$

$$=\mathrm{J}_{t-1}(k|s|)\left(\frac{s}{|s|}\right)^{t-1}\mathrm{e}^{\mathrm{i}\theta}+\mathrm{J}_{t+1}(k|s|)\left(\frac{s}{|s|}\right)^{-t-1}\mathrm{e}^{\mathrm{i}\theta}$$

$$-\mathrm{J}_{t-1}(k|s|)\left(\frac{s}{|s|}\right)^{-t+1}\mathrm{e}^{-\mathrm{i}\theta}-\mathrm{J}_{t+1}(k|s|)\left(\frac{s}{|s|}\right)^{t-1}\mathrm{e}^{-\mathrm{i}\theta}$$

2. 区域Ⅱ内的驻波函数

在区域Ⅱ内构造一个驻波解，并使其在圆弧线 S_2 上的位移、应力不受约束，且满足如下边界条件：

$$\tau_{\theta z}^{(D)}\begin{cases}0, & \theta=\arctan n_2\\ 0, & \theta=\arctan n_2\end{cases} \tag{9-33}$$

在复平面$(z_3,\overline{z_3})$上，满足控制方程式（9-27）和边界条件式（9-33）的驻波函数，以及利用移动坐标：$z_3=z_2+d_2$，在复平面$(z_2,\overline{z_2})$上的驻波函数及其相应的应力表达式与区域Ⅰ内的驻波函数以及相应的应力表达式形式完全相同。

9.2.5 区域Ⅲ的散射波

在区域Ⅲ中，构造两个散射波 $w_1^{(s)},w_2^{(s)}$，使它们应满足半空间表面应力自由，即水平分界应力自由条件（分别为半圆形凹陷 S_1 和 S_2 产生）。

在复平面$(z_1,\overline{z_1})$中，有

$$\begin{aligned}w_1^{(s)}(z_1,\overline{z_1})=w_0\sum_{m=0}^{\infty}\Bigg\{&A_m^{(1)}\mathrm{H}_{2m}^{(1)}(k|z_1|)\left[\left(\frac{z_1}{|z_1|}\right)^{2m}+\left(\frac{z_1}{|z_1|}\right)^{-2m}\right]\\&+A_m^{(2)}\mathrm{H}_{2m+1}^{(1)}(k|z_1|)\left[\left(\frac{z_1}{|z_1|}\right)^{(2m+1)}-\left(\frac{z}{|z_1|}\right)^{-(2m+1)}\right]\Bigg\}\end{aligned} \tag{9-34}$$

相应的应力在复平面$(z_1,\overline{z_1})$上可表示为

$$\tau_{rz_1}^{(s)}=\frac{\mu k w_0}{2}\sum_{m=0}^{\infty}\{A_n^{(1)}Q_{2m}(z_1)+A_n^{(2)}V_{(2m+1)}(z_1)\} \tag{9-35}$$

其中

$$Q_t(s)=$$

$$\mathrm{H}_{t-1}^{(1)}(k|s|)\left(\frac{s}{|s|}\right)^{t-1}\mathrm{e}^{\mathrm{i}\theta}-\mathrm{H}_{t+1}^{(1)}(k|s|)\left(\frac{s}{|s|}\right)^{-t-1}\mathrm{e}^{\mathrm{i}\theta}$$

$$+\mathrm{H}_{t-1}^{(1)}(k|s|)\left(\frac{s}{|s|}\right)^{1-t}\mathrm{e}^{-\mathrm{i}\theta}-\mathrm{H}_{t+1}^{(1)}(k|s|)\left(\frac{s}{|s|}\right)^{t-1}\mathrm{e}^{-\mathrm{i}\theta}$$

$$V_t(s)=$$

$$\mathrm{H}_{t-1}^{(1)}(k|s|)\left(\frac{s}{|s|}\right)^{t-1}\mathrm{e}^{\mathrm{i}\theta}+\mathrm{H}_{t+1}^{(1)}(k|s|)\left(\frac{s}{|s|}\right)^{-t-1}\mathrm{e}^{\mathrm{i}\theta}$$

$$+\mathrm{H}_{t-1}^{(1)}(k|s|)\left(\frac{s}{|s|}\right)^{1-t}\mathrm{e}^{-\mathrm{i}\theta}-\mathrm{H}_{t+1}^{(1)}(k|s|)\left(\frac{s}{|s|}\right)^{t-1}\mathrm{e}^{-\mathrm{i}\theta}$$

在复平面$(z_2,\overline{z_2})$中，利用$z_1=z_2+h$，则有

$$w_1^{(s)}(z_2,\overline{z_2})=$$

$$w_0\sum_{m=0}^{\infty}\left\{A_m^{(1)}\mathrm{H}_{2m}^{(1)}(k|z_2+h|)\left[\left(\frac{z_2+h}{|z_2+h|}\right)^{2m}+\left(\frac{z_2+h}{|z_2+h|}\right)^{-2m}\right]\right. \tag{9-36}$$

$$\left.+A_m^{(2)}\mathrm{H}_{2m+1}^{(1)}(k|z_2+h|)\left[\left(\frac{z_2+h}{|z_2+h|}\right)^{2m+1}-\left(\frac{z_2+h}{|z_2+h|}\right)^{-(2m+1)}\right]\right\}$$

$$w_1^{(s)}(z_1,\overline{z_1})=$$

$$w_0\sum_{m=0}^{\infty}\left\{B_m^{(1)}\mathrm{H}_{2m}^{(1)}(k|z_1-h|)\left[\left(\frac{z_1-h}{|z_1-h|}\right)^{2m}+\left(\frac{z_1-h}{|z_1-h|}\right)^{-2m}\right]\right.$$

$$\left.+B_m^{(2)}\mathrm{H}_{2m+1}^{(1)}(k|z_1-h|)\left[\left(\frac{z_1-h}{|z_1-h|}\right)^{2m+1}-\left(\frac{z_1-h}{|z_1-h|}\right)^{-(2m+1)}\right]\right\} \tag{9-37}$$

相应的应力在复平面$(z_2,\overline{z_2})$上可表示为

$$\tau_{r_2^{(s)}}^{(s)}=\frac{\mu k w_0}{2}\sum_{m=0}^{\infty}\{B_m^{(1)}Q_{2m}(z_2)+B_m^{(2)}V_{(2m+1)}(z_2)\} \tag{9-38}$$

其中

$$Q_t(s)=$$

$$\mathrm{H}_{t-1}^{(1)}(k|s|)\left(\frac{s}{|s|}\right)^{t-1}\mathrm{e}^{\mathrm{i}\theta}-\mathrm{H}_{t-1}^{(1)}(k|s|)\left(\frac{s}{|s|}\right)^{-t-1}\mathrm{e}^{\mathrm{i}\theta}$$

$$+\mathrm{H}_{t-1}^{(1)}(k|s|)\left(\frac{s}{|s|}\right)^{1-t}\mathrm{e}^{-\mathrm{i}\theta}-\mathrm{H}_{t+1}^{(1)}(k|s|)\left(\frac{s}{|s|}\right)^{t-1}\mathrm{e}^{-\mathrm{i}\theta}$$

$$V_t(s)=$$

$$\mathrm{H}_{H-1}^{(1)}(k|s|)\left(\frac{s}{|s|}\right)^{t-1}\mathrm{e}^{\mathrm{i}\theta}+\mathrm{H}_{t-1}^{(1)}(k|s|)\left(\frac{s}{|s|}\right)^{-t-1}\mathrm{e}^{\mathrm{i}\theta}$$

$$+\mathrm{H}_{t-1}^{(1)}(k|s|)\left(\frac{s}{|s|}\right)^{1-t}\mathrm{e}^{-\mathrm{i}\theta}-\mathrm{H}_{t+1}^{(1)}(k|s|)\left(\frac{s}{|s|}\right)^{t-1}\mathrm{e}^{-\mathrm{i}\theta}$$

9.2.6 入射波与反射波

见图9.15，SH波入射角为α，在图示坐标系$x_1o_1y_1$中，入射波与反射波波函数为

$$\begin{cases} w^{(i)} = w_0 e^{ik(y_1\sin\alpha - x_1\cos\alpha)} \\ w^{(r)} = w_0 e^{ik(y_1\sin\alpha - x_1\cos\alpha)} \end{cases} \tag{9-39}$$

在极坐标(r,θ)中，$x=r\cos\theta, y=r\sin\theta$，利用贝塞尔函数的生成函数，并假设入射波最大波幅$w_0=1$，将$n$分成奇数和偶数两部分，则入射总波场$w^{(i+r)}$可进一步表示为

$$\begin{aligned} & w^{(i+r)} \\ & = \sum_{n=0}^{\infty} \varepsilon_n(-1)^n \mathrm{J}_n(kr_i)\cos[n(\alpha+\theta_1)] + \sum_{n=0}^{\infty} \varepsilon_n(1)^n \mathrm{J}_n(kr_r)\cos[n(\theta_1-\alpha)] \\ & = 2\mathrm{J}_b(kr_{\mathrm{I}}) + 4\sum_{m=1}^{\infty}(-1)^m \mathrm{J}_m(kr_i)\cos(2m\alpha)\cos(2m\theta_1) + \\ & \quad 4\sum_{m=1}^{\infty}(-1)^m \mathrm{J}_{2m+1}(kr_i)\sin[(2m+1)\alpha]\sin[(2m+1)\theta_1] \end{aligned} \tag{9-40}$$

利用复坐标$(z_1,\overline{z_1})$可表示为

$$\begin{aligned} w^{(i+r)}(z_1,\overline{z_1}) = & \sum_{n=0}^{\infty} \varepsilon_m(-1)^m \mathrm{J}_{2m}(k|z_1|)\cos(2m\alpha)\left[\left(\frac{z_1}{|z_1|}\right)^{2m} + \left(\frac{z_1}{|z_1|}\right)^{-2m}\right] \\ & + \sum_{n=0}^{\infty} 2(-1)^m \mathrm{J}_{2m+1}(k|z_1|)\sin[(2m+1)\alpha]\left[\left(\frac{z_1}{|z_1|}\right)^{2m+1} - \left(\frac{z_1}{|z_1|}\right)^{-(2m+1)}\right] \end{aligned} \tag{9-41}$$

入射和反射总波场$w^{(i+r)}$满足水平边界自由条件，其相应的应力表达式在复坐标系$(z_1,\overline{z_1})$中为

$$\begin{aligned} \tau_{r_1^z}^{(i+r)} = & \frac{\mu k w_0}{2}\sum_{m=0}^{\infty} \varepsilon_m(-1)^m \cos(2m\alpha) P_{2m}(z_1) \\ & + \frac{\mu k w_0}{2}\sum_{m=0}^{\infty} 2(-1)^m \sin[(2m+1)\alpha] U_{2m+1}(z_1) \end{aligned} \tag{9-42}$$

其中

$$
\begin{aligned}
&P_t(s)\\
&=\mathrm{J}_{t-1}(k|s|)\left(\frac{s}{|s|}\right)^{t-1}\mathrm{e}^{\mathrm{i}\theta}-\mathrm{J}_{t+1}(k|s|)\left(\frac{s}{|s|}\right)^{-t-1}\mathrm{e}^{\mathrm{i}\theta}\\
&+\mathrm{J}_{t-1}(k|s|)\left(\frac{s}{|s|}\right)^{-t+1}\mathrm{e}^{-\mathrm{i}\theta}-\mathrm{J}_{t+1}(k|s|)\left(\frac{s}{|s|}\right)^{t+1}\mathrm{e}^{-\mathrm{i}\theta}\\
&U_t(s)\\
&=\mathrm{J}_{t-1}(k|s|)\left(\frac{s}{|s|}\right)^{t-1}\mathrm{e}^{\mathrm{i}\theta}+\mathrm{J}_{t+1}(k|s|)\left(\frac{s}{|s|}\right)^{-t-1}\mathrm{e}^{\mathrm{i}\theta}\\
&-\mathrm{J}_{t-1}(k|s|)\left(\frac{s}{|s|}\right)^{-t+1}\mathrm{e}^{-\mathrm{i}\theta}-\mathrm{J}_{t+1}(k|s|)\left(\frac{s}{|s|}\right)^{t+1}\mathrm{e}^{-\mathrm{i}\theta}
\end{aligned}
$$

在复坐标$(z_2,\overline{z_2})$中可表示为

$$
\begin{aligned}
&w^{(i+r)}(z_2,\overline{z_2})\\
&=\sum_{m=0}^{\infty}\varepsilon_m(-1)^m\mathrm{J}_{2m}(k|z_2+h|)\cos(2m\alpha)\left[\left(\frac{z_2+h}{|z_2+h|}\right)^{2m}+\left(\frac{z_2+h}{|z_2+h|}\right)^{-2m}\right]\\
&+\sum_{m=0}^{\infty}2(-1)^m\mathrm{J}_{2m+1}(k|z_2+h|)\sin[(2m+1)\alpha]\left[\left(\frac{z_2+h}{|z_2+h|}\right)^{2m+1}+\left(\frac{z_2+h}{|z_2+h|}\right)^{-2m+1}\right]
\end{aligned}
\tag{9-43}
$$

入射总波场$w^{(i+r)}$满足水平边界自由条件，其相应的应力表达式在复坐标系$(z_2,\overline{z_2})$中为

$$
\begin{aligned}
\tau_{r_2^z}^{(i+r)}&=\frac{\mu k w_0}{2}\sum_{m=0}^{\infty}\varepsilon_m(-1)^m\cos(2m\alpha)P_{2m}(z_2+h)\\
&+\frac{\mu k w_0}{2}\sum_{m=0}^{\infty}2(-1)^m\sin[(2m+1)\alpha]U_{2m+1}(z_2+h)
\end{aligned}
\tag{9-44}
$$

$$
\begin{aligned}
&P_t(s)\\
&=\mathrm{J}_{t-1}(k|s|)\left(\frac{s}{|s|}\right)^{t-1}\mathrm{e}^{\mathrm{i}\theta}-\mathrm{J}_{t+1}(k|s|)\left(\frac{s}{|s|}\right)^{-t-1}\mathrm{e}^{\mathrm{i}\theta}\\
&+\mathrm{J}_{t-1}(k|s|)\left(\frac{s}{|s|}\right)^{-t+1}\mathrm{e}^{-\mathrm{i}\theta}-\mathrm{J}_{t+1}(k|s|)\left(\frac{s}{|s|}\right)^{t+1}\mathrm{e}^{-\mathrm{i}\theta}\\
&U_t(s)\\
&=\mathrm{J}_{t-1}(k|s|)\left(\frac{s}{|s|}\right)^{t-1}\mathrm{e}^{\mathrm{i}\theta}+\mathrm{J}_{t+1}(k|s|)\left(\frac{s}{|s|}\right)^{-t-1}\mathrm{e}^{\mathrm{i}\theta}\\
&-\mathrm{J}_{t-1}(k|s|)\left(\frac{s}{|s|}\right)^{-t+1}\mathrm{e}^{-\mathrm{i}\theta}-\mathrm{J}_{t+1}(k|s|)\left(\frac{s}{|s|}\right)^{t+1}\mathrm{e}^{-\mathrm{i}\theta}
\end{aligned}
$$

9.2.7 边值条件及定解方程组

利用区域Ⅰ和区域Ⅲ在公共边界满足位移与应力连续，区域Ⅱ和区域Ⅲ在公共边界满足位移与应力连续以及水平地表 S 和等腰三角形斜边 C 上应力自由的条件，对区域Ⅰ、Ⅲ和区域Ⅱ、Ⅲ进行“契合”，在复平面$(z_z,\overline{z_z})$上将区域Ⅰ、Ⅲ和复平面$(z_2,\overline{z_2})$上将区域Ⅱ、Ⅲ装配起来，则有

$$\begin{cases} w_1^{(D)}(z_1,\overline{z_1})=w_1^{(s)}(z_1,\overline{z_1})+w^{(i+r)}(z_1,\overline{z_1})+w_2^{(s)}(z_1,\overline{z_1}), & \text{边界 } S_1 \text{ 上} \\ \tau_{r_1z}^{(D)}(z_1,\overline{z_1})=\tau_{r_1z,S_1}^{(s)}(z_1,\overline{z_1})+\tau_{r_1z}^{(i+r)}(z_1,\overline{z_1})+\tau_{r_1z,s_2}^{(s)}(z_1,\overline{z_1}), & \text{边界 } S_1 \text{ 上} \\ w_1^{(D)}(z_2,\overline{z_2})=w_1^{(s)}(z_2,\overline{z_2})+w^{(i+r)}(z_2,\overline{z_2})+w_2^{(s)}(z_2,\overline{z_2}), & \text{边界 } S_2 \text{ 上} \\ \tau_{r_2z}^{(D)}(z_2,\overline{z_2})=\tau_{r_2z,S_1}^{(s)}(z_2,\overline{z_2})+\tau_{r_2z}^{(i+r)}(z_2,\overline{z_2})+\tau_{r_2z,s_2}^{(s)}(z_2,\overline{z_2}), & \text{边界 } S_2 \text{ 上} \end{cases} \tag{9-45}$$

进一步利用位移和应力表达式，对式（9-45）进行傅里叶展开并对奇、偶项进行分离求解，从而得到各项系数。

9.2.8 地表位移幅值

研究两个等腰三角形凸起地形对 SH 波散射的影响，就要求给出界面上任意观察点上的位移变化幅值与 SH 波的波数和入射角的关系。对稳态 SH 波而言，如果求得观察点的位移量就可以求解该点的加速度值，这对地震工程是至关重要的。

在区域中Ⅰ总波场 w_1 为驻波 $w^{(D)}$，即

$$w_1=w^{(D)} \tag{9-46}$$

在区域Ⅱ的总波场 w_{II} 则可以写成

$$w_{\mathrm{II}}=w^{(D)} \tag{9-47}$$

在区域Ⅲ中的总波场 w_{III} 则可以写成

$$w_{\mathrm{III}}=w^{(i)}+w^{(r)}+w^{(s)} \tag{9-48}$$

式（9-46）~式（9-48）又可以写成

$$w_j=|w_j|\mathrm{e}^{\mathrm{i}(\omega t-\varphi_j)},\quad j=\mathrm{I},\mathrm{II},\mathrm{III} \tag{9-49}$$

式中：$|w_j|$为位移幅值；φ_j 为 w_j 的相位角，有

$$\varphi_j=\arctan\left[\frac{\mathrm{Im}w_j}{\mathrm{Re}w_j}\right] \tag{9-50}$$

而入射波的频率 ω 可以与“三角形+半圆”区域中半圆的半径 r_1 组合成一个入射波波数，即

$$kr_1=\omega r_1/c_s \tag{9-51}$$

或者

$$kr_1 = 2\pi r_1/\lambda \tag{9-52}$$

而入射波波数也可以表示为等腰三角形凸起底边 $2r_1$ 与入射波波长 λ 之比，即

$$\eta = r_1/\lambda \tag{9-53}$$

9.2.9　算例及结果分析

作为算例，假设入射波振幅 w_0 为 1，区域 I 中半圆的半径 r_1 为 1.0，建立模型见图 9.15，$y_1/r_1 = \pm 1$ 表示三角形凸起 I 与水平面的相交位置，$y_1/r_1 = 0$ 对应着三角形凸起 I 的顶点，而 y_1/r_1 对应的其他值则分别代表三角形凸起和水平面上的各点。

(1) 图 9.16 给出了 $r_1 = 1.0$、$r_2 = 0.25$，入射波波数为 0.1、0.5、1.0，等腰三角形 I 在不同顶角 $2\theta = 60°$、$90°$、$120°$，SH 波以不同的角度入射时，三角形 I 水平地表及凸起地表的位移分布情况。当 $\eta = 0.1$ 时，表示所求解的问题为准静态情况，显示出明显的静力学特征；而当 $\eta = 0.5$、1.0 时，地表位移的变化则显示出动力学特征，伴随着 η 的增加，幅值出现了振荡现象。其最大幅值出现在 $\alpha = 0°$，即 SH 波垂直入射时，在三角形地形顶点的位移幅值达 5.8 以上（$\eta = 1.0$ 时），而斜入射时位移幅值要小一些，但仍然可达到 4.0 左右。当半径 $r_2 = 0.5$、$r_2 = 1.0$ 时，图 9.17、图 9.18 也遵循同样的规律。

(2) 由图 9.16~图 9.18 可知，凸起地形的地表位移幅值不仅与波数有着密切的关系，而且还受凸起角度 θ 的显著影响。具有相同波数的入射波造成的出平面反应与等腰三角形顶角有关，其顶角夹角越小反应越大。

9.2.10　结论

本节利用波函数展开法，采用“分区”以及“辅助函数”的思想，按照复变函数法和多极坐标理论研究了 SH 波对双等腰三角形结构的散射问题，建立一个无穷代数方程组，求解了三角形凸起地形的地表位移函数，并采用截断有限项的方法，求解了地表位移幅值。

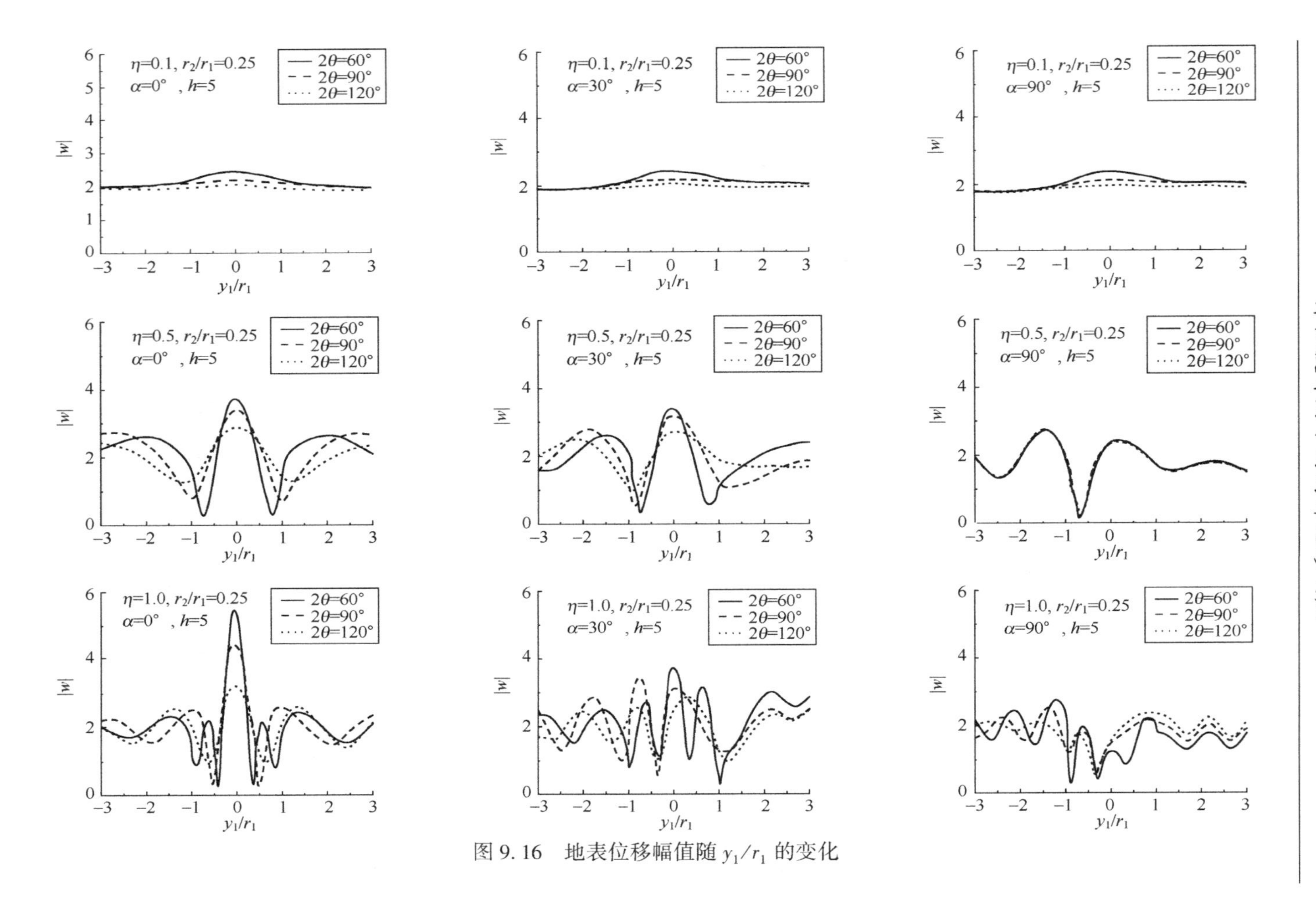

图 9.16 地表位移幅值随 y_1/r_1 的变化

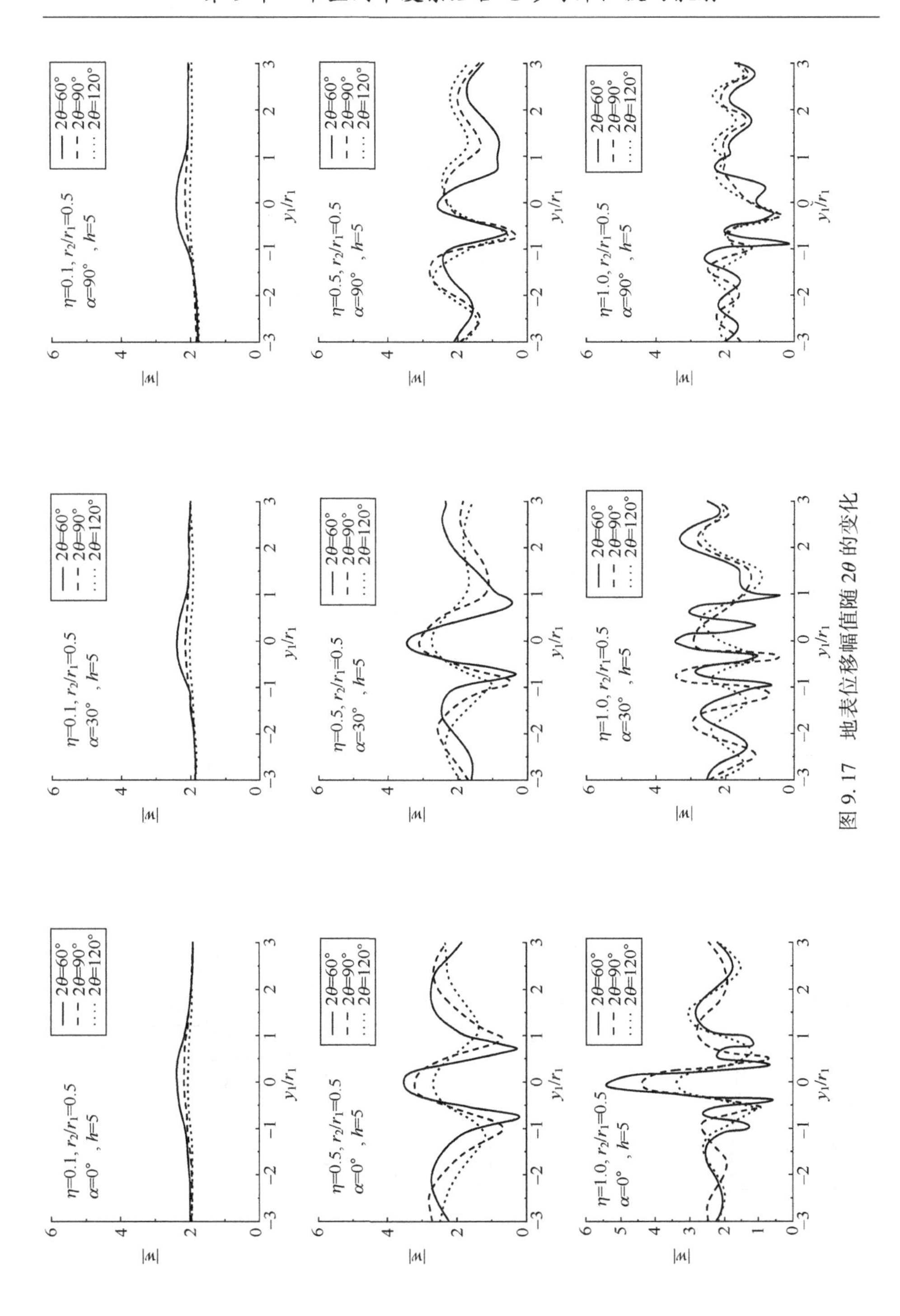

图 9.17　地表位移幅值随 2θ 的变化

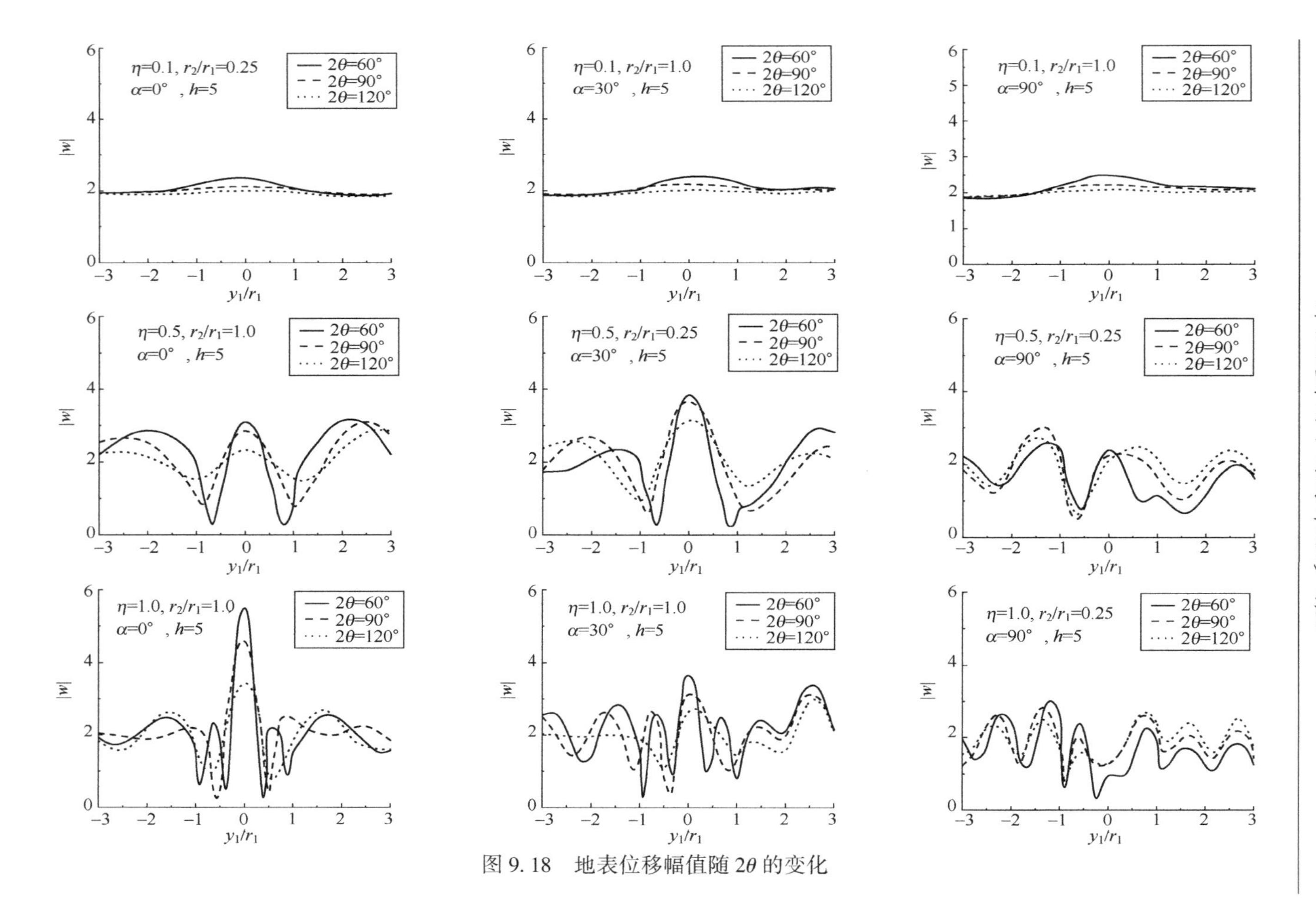

图9.18 地表位移幅值随 2θ 的变化

9.3　半空间中半圆形凸起与凹陷相连地形对 SH 波的散射

9.3.1　引言

本节将研究弹性半空间中半圆形凸起与凹陷相连地形对 SH 波的散射问题。采用“分区”与“契合”的方法，将整个求解区域分割为两部分，并在两个区域中分别构造满足边界条件的位移解。通过移动坐标，在“公共边界”上实施“契合”，并同时满足半圆形凹陷表面上应力自由的边界条件，从而建立求解该问题的无穷代数方程组。计算的数值结果表明凹陷的存在对半圆形凸起地表位移有着明显的影响[7]。

9.3.2　问题模型

半圆形凸起与凹陷相连地形的模型如图 9.19 所示，水平地表记为 S，半圆形凸起地形边界记为 C，半径为 a，圆心为 o_1；半圆形凹陷地形边界记为 $\overline{S}_2$，半径为 R，圆心为 o_2；$|o_1o_2|/a=D$，求解该模型对稳态平面 SH 波的散射问题，就是要在满足水平边界 S、凸起边界 C 和凹陷边界 $\overline{S}_2$ 上应力自由的边界条件下，求解 SH 波的控制方程。

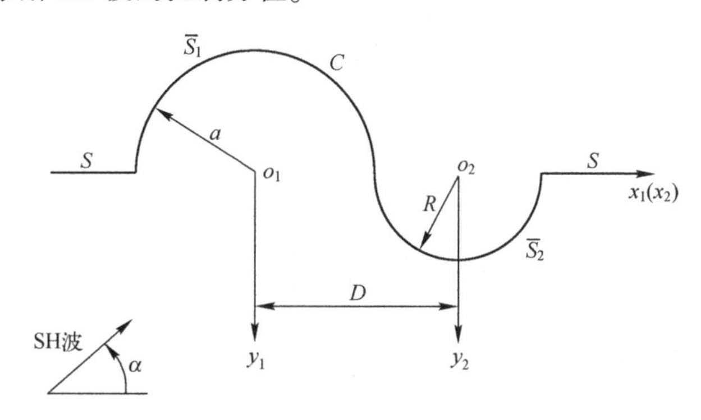

图 9.19　半圆形凸起与凹陷相连地形的模型

采用“分区”和“契合”的方法，将整个求解区域分割成两部分，如图 9.20 所示。区域 Ⅰ 为包括边界 C 和 $\overline{C}$ 在内的圆形区域；余下部分为区域 Ⅱ，包括边界 S、$\overline{S}_1$ 和 $\overline{S}_2$。其中，$\overline{C}$ 和 $\overline{S}_1$ 为两个区域的公共边界，应该满足应力、位移连续的“契合”条件。

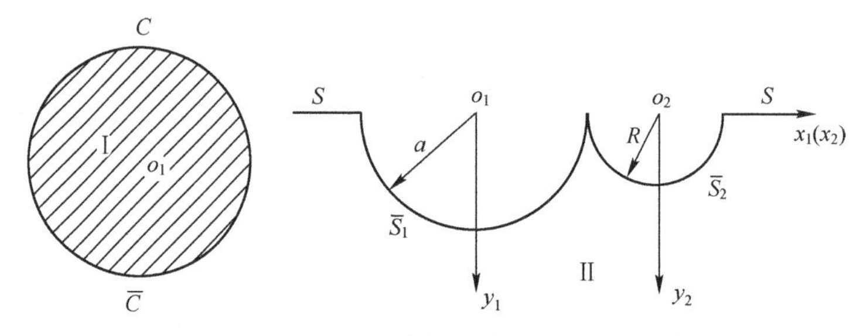

图 9.20　求解区域的分割

9.3.3　基本理论

在各向同性、均匀、连续的介质中研究弹性波的散射问题，最为简单的模型就是反平面剪切运动的 SH 波模型。对于稳态情况，位移 $w(x,y,t)$ 要满足运动方程，即

$$\frac{\partial^2 w}{\partial x^2}+\frac{\partial^2 w}{\partial y^2}+k^2 w=0 \tag{9-54}$$

式中：w 为位移函数，其与时间的依赖关系为 $e^{-i\omega t}$（以下略去时间谐和因子 $e^{-i\omega t}$）；$k=\omega/c_s$，ω 为位移 $w(x,y,t)$ 的圆频率；$c_s=\sqrt{\mu/\rho}$ 为介质的剪切波速，ρ 和 μ 分别为介质的质量密度和剪切模量。引入复变量 $z=x+iy$，$\bar{z}=x-iy$，在复平面 $(z,\bar{z})$ 上，式（9-54）可表示如下：

$$\frac{\partial^2 w}{\partial z \partial \bar{z}}+\frac{1}{4}k^2 w=0 \tag{9-55}$$

在极坐标系中，应力表达式为

$$\begin{cases} \tau_{rz}=\mu\left(\dfrac{\partial w}{\partial z}e^{i\theta}+\dfrac{\partial w}{\partial z}e^{-i\theta}\right) \\ \tau_{\theta z}=i\mu\left(\dfrac{\partial w}{\partial z}e^{i\theta}-\dfrac{\partial w}{\partial z}e^{-i\theta}\right) \end{cases} \tag{9-56}$$

9.3.4　辅助问题

1. 区域 I 内的驻波

见图 9.20，在圆域 I 内求解一个驻波解，且要求其满足边界 C 上应力自由，$\overline{C}$ 上应力任意的边界条件。在复平面 $(z_1,\bar{z}_1)$ 中，这样的驻波解可表示为

$$w^{(st)}(z_1,\bar{z}_1)=w_0\sum_{n=-\infty}^{\infty}\sum_{m=-\infty}^{\infty}C_m\frac{J_{m-1}(k_1 a)-J_{m+1}(k_1 a)}{J_{n-1}(k_1 a)-J_{n+1}(k_1 a)}\times a_{mn}J_n(k|z_1|)\left(\frac{z_1}{|z_1|}\right)^n \tag{9-57}$$

式中：w_0 为驻波的最大幅值；C_m 为待求常数，且

$$\begin{cases} a_{mn}=\dfrac{1}{2}, & m=n \\ a_{mn}=\dfrac{\mathrm{e}^{\mathrm{i}(m-n)}-1}{2\pi\mathrm{i}(m-n)}, & m\neq n \end{cases} \tag{9-58}$$

相应的应力表达式为

$$\tau_{rz}^{(st)}=\frac{\mu k w_0}{2}\sum_{n=-\infty}^{+\infty}\sum_{m=-\infty}^{+\infty}C_m\frac{\mathrm{J}_{m-1}(ka)-\mathrm{J}_{m+1}(ka)}{\mathrm{J}_{n-1}(ka)-\mathrm{J}_{n+1}(ka)}a_{mn}\times(\mathrm{J}_{n-1}(k|z_1|)-\mathrm{J}_{n+1}(k|z_1|))\left(\frac{z_1}{|z_1|}\right)^n \tag{9-59}$$

2. 区域Ⅱ中的散射波

在入射波的作用下，区域Ⅰ中有散射波 $w_{\bar{S}_1}^{(s)}$，$w_{\bar{S}_2}^{(s)}$，而且要求其满足水平表面 S 上应力自由的边界条件。在复平面$(z_1,\bar{z}_1)$中，满足以上条件的散射波 $w_{\bar{S}_1}^{(s)}$、$w_{\bar{S}_2}^{(s)}$ 可表示为

$$w_{\bar{S}_1}^{(s)}(z_1,\bar{z}_1)=w_0\sum_{m=0}^{\infty}A_m\mathrm{H}_m^{(1)}(k|z_1|)\times\left\{\left(\frac{z_1}{|z_1|}\right)^m+\left(\frac{z_1}{|z_1|}\right)^{-m}\right\} \tag{9-60}$$

$$w_{\bar{S}_2}^{(s)}(z_1,\bar{z}_1)=w_0\sum_{m=0}^{\infty}B_m\mathrm{H}_m^{(1)}(k|z_1-d|)\times\left\{\left(\frac{z_1-d}{|z_1-d|}\right)^m+\left(\frac{z_1-d}{|z_1-d|}\right)^{-m}\right\} \tag{9-61}$$

式中：d 为在复平面$(z_1,\bar{z}_1)$中半圆形凹陷圆心的复坐标。

相应的应力为

$$\tau_{rz_1,\bar{s}_1}^{(s)}=\frac{\mu k w_0}{2}\sum_{m=-\infty}^{\infty}A_m(\mathrm{H}_{m-1}^{(1)}(k|z_1|)-\mathrm{H}_{m+1}^{(1)}(k|z_1|))\times\left\{\left(\frac{z_1}{|z_1|}\right)^m+\left(\frac{z_1}{|z_1|}\right)^{-m}\right\} \tag{9-62}$$

$$\begin{aligned}\tau_{rz_1,\bar{s}_2}^{(s)}=&\frac{\mu k w_0}{2}\sum_{m=-\infty}^{\infty}B_m\left[\mathrm{H}_{m-1}^{(1)}(k|z_1-d|)\left(\frac{z_1-d}{|z_1-d|}\right)^{m-1}-\mathrm{H}_{m+1}^{(1)}(k|z_1-d|)\left(\frac{z_1-d}{|z_1-d|}\right)^{-(m+1)}\right]\mathrm{e}^{\mathrm{i}\theta_1}\\&+\frac{\mu k w_0}{2}\sum_{m=-\infty}^{\infty}B_m\left[\mathrm{H}_{m+1}^{(1)}(k|z_1-d|)\left(\frac{z_1-d}{|z_1-d|}\right)^{m+1}+\mathrm{H}_{m-1}^{(1)}(k|z_1-d|)\left(\frac{z_1-d}{|z_1-d|}\right)^{-(m-1)}\right]\mathrm{e}^{-\mathrm{i}\theta_1}\end{aligned} \tag{9-63}$$

由 SH 波散射的多极坐标法可知，在复平面$(z_2,\bar{z}_2)$中，相应的应力可表示为

$$\begin{aligned}\tau_{rz_2,\bar{s}_2}^{(s)}=&\frac{\mu k w_0}{2}\sum_{m=-\infty}^{\infty}A_m\left[\mathrm{H}_{m-1}^{(1)}(k|z_2+d'|)\left(\frac{z_2+d'}{|z_2+d'|}\right)^{m-1}-\mathrm{H}_{m+1}^{(1)}(k|z_2+d'|)\left(\frac{z_2+d'}{|z_2+d'|}\right)^{-(m+1)}\right]\mathrm{e}^{\mathrm{i}\theta_2}\\&+\frac{\mu k w_0}{2}\sum_{m=-\infty}^{\infty}A_m\left[\mathrm{H}_{m+1}^{(1)}(k|z_2+d'|)\left(\frac{z_2+d'}{|z_2+d'|}\right)^{m+1}+\mathrm{H}_{m-1}^{(1)}(k|z_2+d'|)\left(\frac{z_2+d'}{|z_2+d'|}\right)^{-(m-1)}\right]\mathrm{e}^{-\mathrm{i}\theta_2}\end{aligned} \tag{9-64}$$

$$\tau_{rz_2,\bar{S}_2}^{(s)}=\frac{\mu k w_0}{2}\sum_{m=-\infty}^{\infty}B_m(\mathrm{H}_{m-1}^{(1)}(k|z_2|)-\mathrm{H}_{m+1}^{(1)}(k|z_2|))\times\left\{\left(\frac{z_2}{|z_2|}\right)^m+\left(\frac{z_2}{|z_2|}\right)^{-m}\right\}\tag{9-65}$$

3. 入射波和反射波

在复平面$(z_1,\bar{z}_1)$上，入射波和反射波可写为

$$w^{(i)}(z_1,\bar{z}_1)=w_0\sum_{n=-\infty}^{\infty}\mathrm{i}^n\mathrm{e}^{\mathrm{i}n\alpha}\mathrm{J}_n(k|z_1|)\left(\frac{z_1}{z_1}\right)^n\tag{9-66}$$

$$w^{(r)}(z_1,\bar{z}_1)=w_0\sum_{n=-\infty}^{\infty}\mathrm{i}^n\mathrm{e}^{-\mathrm{i}n\alpha}\mathrm{J}_n(k|z_1|)\left(\frac{z_1}{|z_1|}\right)^n\tag{9-67}$$

相应的应力可表示为

$$\tau_{rz_1}^{(i)}=\frac{\mu k w_0}{2}\sum_{m=-\infty}^{\infty}\mathrm{i}^n\mathrm{e}^{\mathrm{i}n\alpha}(\mathrm{J}_{n-1}(k|z_1|)-\mathrm{J}_{n+1}(k|z_1|))\left(\frac{z_1}{|z_1|}\right)^n\tag{9-68}$$

$$\tau_{rz_1}^{(r)}=\frac{\mu k w_0}{2}\sum_{m=-\infty}^{\infty}\mathrm{i}^n\mathrm{e}^{-\mathrm{i}n\alpha}(\mathrm{J}_{n-1}(k|z_1|)-\mathrm{J}_{n+1}(k|z_1|))\left(\frac{z_1}{|z_1|}\right)^n\tag{9-69}$$

在复平面$(z_2,\bar{z}_2)$上，相应的应力可表示为

$$\tau_{rz_2}^{(i)}=\mathrm{i}\mu k w_0\cos(\theta_2+\alpha)\mathrm{e}^{\frac{\mathrm{i}k}{2}[(z_2+d')\mathrm{e}^{\mathrm{i}\alpha}+(\bar{z}_2+d')\mathrm{e}^{-\mathrm{i}\alpha}]}\tag{9-70}$$

$$\tau_{rz_2}^{(r)}=\mathrm{i}\mu k w_0\cos(\theta_2+\alpha)\mathrm{e}^{\frac{\mathrm{i}k}{2}[(z_2+d')\mathrm{e}^{-\mathrm{i}\alpha}+(\bar{z}_2+d')\mathrm{e}^{\mathrm{i}\alpha}]}\tag{9-71}$$

4. 边界条件及定解方程组

将两个区域装配起来，在复平面$(z_1,\bar{z}_1)$中满足公共边界$\bar{C}(\bar{S}_1)$上应力、位移连续的“契合”条件；同时在复平面$(z_2,\bar{z}_2)$中，满足$\bar{S}_2$上应力自由的边界条件。

由此可得到定解方程组：

$$\begin{cases}w_{(z_1,\bar{z}_1)}^{(st)}=w_{(z_1,\bar{z}_1)}^{(i)}+w_{(z_1,\bar{z}_1)}^{(r)}+w_{\bar{S}_1(z_1,\bar{z}_1)}^{(s)}+w_{\bar{S}_2(z_1,\bar{z}_1)}^{(s)}, & \text{在 }\bar{S}_1\text{ 上}\\ \tau_{rz_1}^{(si)}=\tau_{rz_1}^{(i)}+\tau_{rz_1}^{(r)}+\tau_{rz_1,\bar{S}_1}^{(s)}+\tau_{rz_1,\bar{S}_2}^{(s)}, & \text{在 }\bar{S}_1\text{ 上}\\ \tau_{rz_2}^{(si)}=\tau_{rz_2}^{(i)}+\tau_{rz_2}^{(r)}+\tau_{rz_2,\bar{S}_1}^{(s)}+\tau_{rz_2,\bar{S}_2}^{(s)}, & \text{在 }\bar{S}_2\text{ 上}\end{cases}\tag{9-72}$$

将相应位移和应力的表达式代入式（9-72），即得到决定未知系数A_m、C_m的无穷代数方程组。

5. 地面位移幅值

研究半圆形凸起与凹陷相连地形对 SH 波散射的影响，就要求给出水平面任一观察点上地震动变化与 SH 波的波数 η、入射角 α 的关系。对于稳态 SH 波而言，如果求得了该观察点处的位移量，就可求出该点的加速度值。这对地震工程是至关重要的。

弹性半空间区域Ⅱ中的总波场可以写成

$$w^{(t)}=w^{(i)}+w^{(r)}+w_{\bar{S}_1}^{(s)}+w_{\bar{S}_2}^{(s)} \tag{9-73}$$

入射波波数为

$$\eta=2a/\lambda \tag{9-74}$$

式中：λ 为入射波的波长。

9.3.5　算例与结果分析

作为算例，见图 9.19，在坐标系$(z_1,\bar{z}_1)$中分析 $R/a=1.0$，0.5 两种情况下，SH 波以不同波数 η，不同入射角 α 入射时地表位移幅值的变化情况。

（1）图 9.21 和图 9.22 分别给出 $R/a=1.0$，$R/a=0.5$ 时，SH 波以不同波数 η，不同入射角 α 入射时，地表位移幅值$|w^{(t)}|$的变化情况。由图可见，在 $\eta=0.1$ 的准静态情况下，R/a 值越大，水平地表和凸起、凹陷地形表面位移幅值受入射角度的影响越明显。当 $R/a=1.0$ 时，随入射角的减小，地表位移

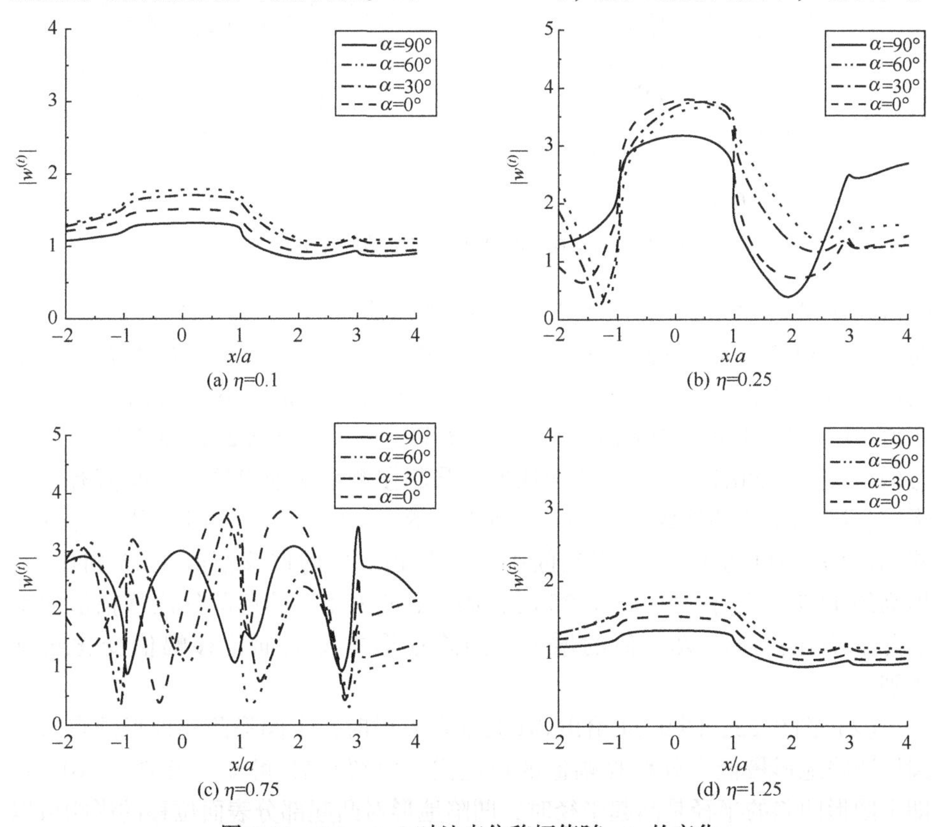

(a) η=0.1　(b) η=0.25　(c) η=0.75　(d) η=1.25

图 9.21　$R/a=1.0$ 时地表位移幅值随 x/a 的变化

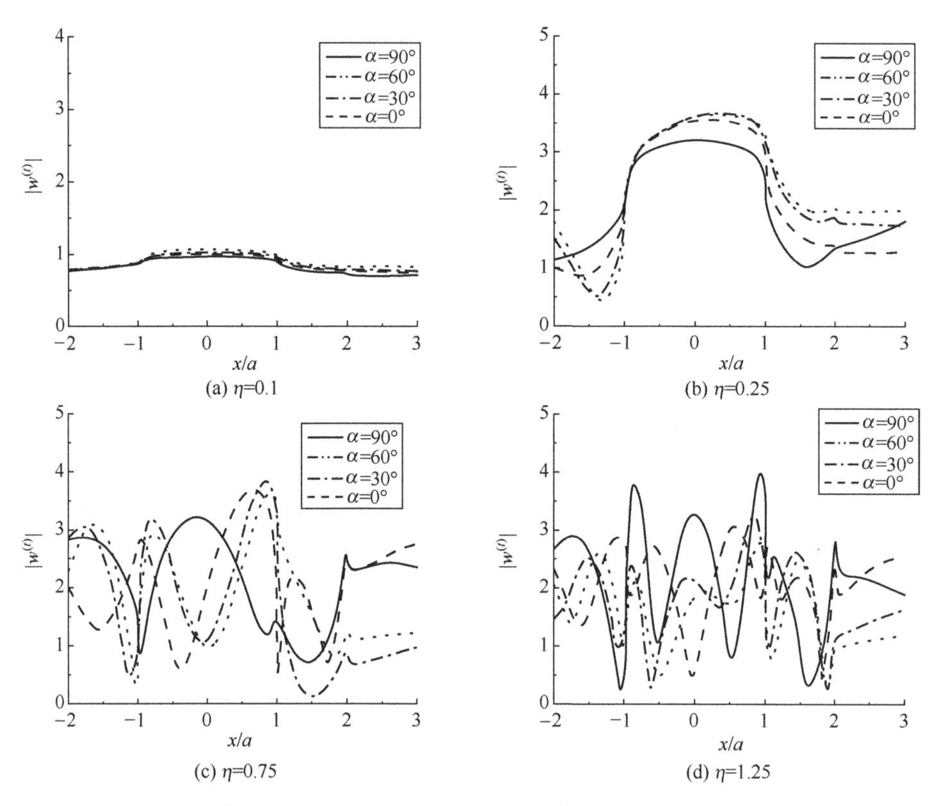

图 9.22 $R/a=0.5$ 时地表位移幅值随 x/a 的变化

幅值则逐渐增加，$\alpha=0°$时凸起部分位移幅值$|w^{(t)}|$约为 2.75，而 $\alpha=90°$时$|w^{(t)}|\approx2.3$，大约提高 20%；当 $R/a=0.5$ 时，这种影响仍然存在，但不明显。当$\alpha=90°$时，不论 R/a 为何值，与无凸起完整半空间表面上的位移幅值 20 相比，地表位移幅值均提高 10% 以上。当 $\eta=0.25$，即仍属低频状态的情况下，凹陷的存在对凸起地形及凸起左侧水平地表的位移幅值有较大影响，随 R/a 值的增大，影响渐趋明显，$R/a=1.0$，$\alpha=0°$时，凸起部分位移幅值$|w^{(t)}|$可达 3.6，与半空间中单一凸起地形的位移幅值 3.25 相比[8]，提高约 11%。当 $\eta=0.75$、1.25 时，R/a 值的大小对凸起部分位移幅值的影响并不明显；而随 R/a 值的增大，凹陷地形本身表面位移幅值变化越加激烈。

（2）图 9.23、图 9.24 给出 SH 波垂直入射时，半圆形凸起地形顶点及半圆形凹陷地形最低点处位移幅值的反应谱。由图 9.23 可知，当 $D=1.01$ 时，即半圆形凹陷的半径是凸起半径时，凹陷地形对凸起部分表面位移的影响可以忽略，凸起顶点位移幅值谱的变化规律与参考文献［8］一致。凸起与凹陷地形相连时，在 $\eta=0.5:1.0$ 和 $\eta=1.25:1.75$ 的频段内，凸起地形顶点位移受凹陷地形的影响比较明显，当 $\eta=1.25:1.75$ 时，R/a 值越大，凸起地形顶点位移幅值提高也越大。当 $\eta=1.5$，$R/a=1.0$ 时，凸起顶点位移为 3.56，比 $R/a=0.5$ 时凸起顶点位移 3.2 提高约 10%。由图 9.24 可知，R/a 值较小时，凹陷地形最低点处位移幅值随 η 的增大呈现明显的振荡趋势，在 $\eta=0.5:2.0$ 频段内，变化尤为激烈。

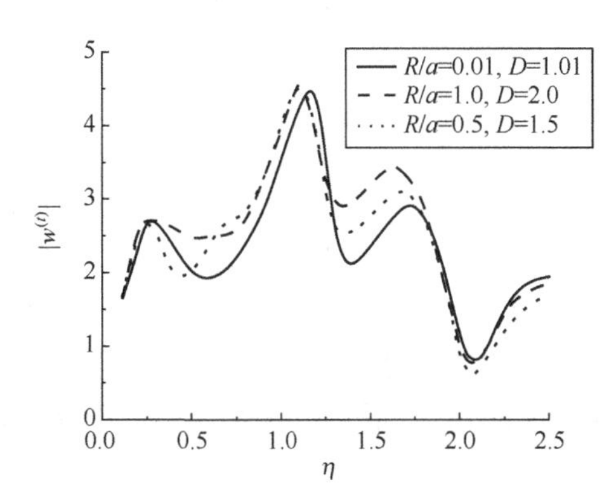

图 9.23　$\alpha=90°$时凸起顶点位移幅值反应谱

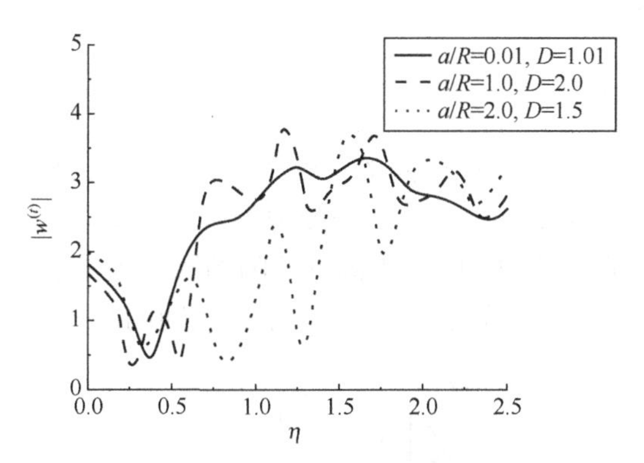

图 9.24　$\alpha=90°$时凹陷最低点位移幅值反应谱

9.3.6 结论

根据以上算例，可得半空间中半圆形凸起与凹陷相连地形对 SH 波的散射结论如下：

（1）在低频状态下，凹陷地形的存在对凸起地形表面位移幅值有较大影响，且 R/a 值越大影响越明显。在 $\eta=0.75:1.25$ 的高低频状态下，随 R/a 值的增大，凹陷地形本身表面位移幅值变化越发激烈。

（2）在 $\eta=0.5:1.0$ 和 $\eta=1.25:1.75$ 的频段内，凸起地形顶点位移受凹陷地形的影响比较明显。对于凹陷地形，在 $\eta=0.5:2.0$ 频段内，其最低点处位移幅值随 η 的增大呈现明显的振荡趋势。

9.4 半空间中等腰三角形与半圆形凹陷相连地形对 SH 波的散射

9.4.1 引言

本节通过复变函数及多极坐标的方法研究了在 SH 波的作用下，三角形凸起与半圆形凹陷组合而成的复杂地形的散射问题。在问题求解时，将所研究的地形分割为两个区域，并在各个区域内分别构造满足边界条件的波函数，利用位移和应力连续的边界条件在公共边界上契合，从而将问题转化为求解一组无穷代数方程组的系数问题，并采用傅里叶变换截断有限项，再对其求解。

最后通过具体的数值结果算例来讨论此复杂地形对 SH 波的散射问题，并给出算例的位移解析解答[9]。

9.4.2 问题模型

等腰三角形凸起和半圆形凹陷的弹性半空间如图 9.25 所示。水平地表记为 S，等腰三角形凸起顶点记为 o_1，两腰记为 C，凸起两腰的坡度分别为 $1:n_1$ 和 $1:n_2(n_1=n_2)$；凸起高度为 d；半圆形凹陷的圆心为 o_2，半径为 r_2，凹陷边界为 S_2；凸起处水平面坐标记为 xoy，o_1 与 o_2 之间的水平距离为 h。

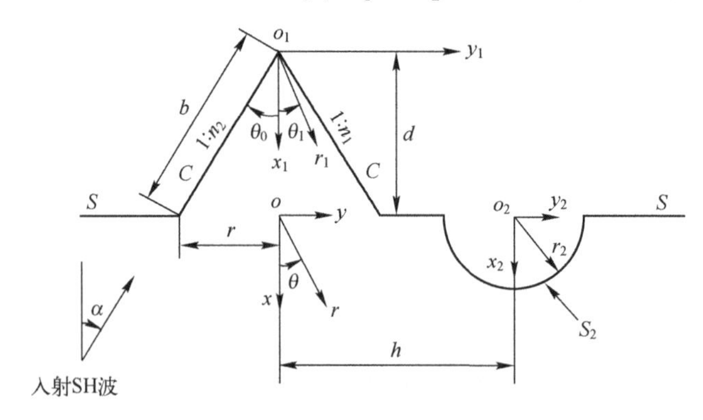

图 9.25 等腰三角形凸起和半圆形凹陷地形示意图

由以上条件可知，求解该问题对 SH 波的散射，就要在水平地表 S、三角形凸起 C 和半圆形凹陷 S_2 上给定应力自由的边界条件来求解 SH 波的控制方程。

由于在边界 S 上有位移和应力的连续，而在边界 S，C 和 S_2 上有 $\tau_{\theta z}$、$\tau_{\theta_1 z}$ 和 $\tau_{\theta_2 z}$ 分别为 0，所以该问题属于混合边界值求解问题，求解比较复杂。

为解决该问题，采用分区求解的思想，即将整个求解区域分割为两部分，如图 9.26 所示：一部分为由边界 C 和边界 S_1 围成的角域，另一部分是由边界 S、边界 S_1 和边界 S_2 围成的半空间域。

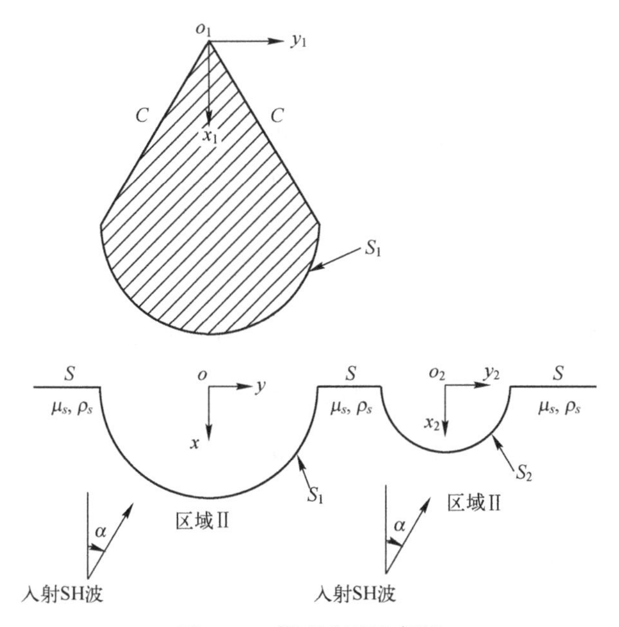

图 9.26　模型分区示意图

9.4.3　控制方程

各向同性、均匀、连续的介质中，弹性波的控制方程为

$$\frac{\partial^2 w}{\partial x^2}+\frac{\partial^2 w}{\partial y^2}=\frac{1}{c_s^2}\frac{\partial^2 w}{\partial t^2}$$

对于稳态情况，该方程即可简化为亥姆霍兹方程的形式：

$$\frac{\partial^2 w}{\partial x^2}+\frac{\partial^2 w}{\partial y^2}+k^2 w=0 \tag{9-75}$$

式中：w 为位移函数，其与时间的关系为 $e^{i\omega t}$（以下分析略去时间谐和因子

$e^{i\omega t}$)；$k=\omega/c_s$，ω 为位移 $w(x,y,t)$ 的圆频率，$c_s=\sqrt{\mu/\rho}$ 为介质的剪切波速，ρ 和 μ 分别为介质的质量密度和剪切模量。

由胡克定律知，各向同性介质中，应力和位移的关系为

$$\begin{cases}\tau_{xz}=\mu\dfrac{\partial w}{\partial x}\\ \tau_{yz}=\mu\dfrac{\partial w}{\partial y}\end{cases}\tag{9-76}$$

根据复变函数理论，引入复变量：$z=x+\mathrm{i}y$，$\bar{z}=x-\mathrm{i}y$；亥姆霍兹方程式（9-75）转化为

$$\frac{\partial^2 w}{\partial z\partial\bar{z}}+\frac{1}{4}k^2w=0\tag{9-77}$$

应力表达式（9-76）在复平面表示为

$$\begin{cases}\tau_{xz}=\mu\dfrac{\partial w}{\partial x}=\mu\left(\dfrac{\partial w}{\partial z}+\dfrac{\partial w}{\partial\bar{z}}\right)\\ \tau_{yz}=\mu\dfrac{\partial w}{\partial y}=\mathrm{i}\mu\left(\dfrac{\partial w}{\partial z}-\dfrac{\partial w}{\partial\bar{z}}\right)\end{cases}\tag{9-78}$$

在柱坐标下，有 $z=r\cdot e^{i\theta}$，$\bar{z}=r\cdot e^{-i\theta}$，应力表达式为

$$\begin{cases}\tau_{rz}=\mu\dfrac{\partial w}{\partial r}=\mu\left(\dfrac{\partial w}{\partial z}e^{i\theta}+\dfrac{\partial w}{\partial\bar{z}}e^{-i\theta}\right)\\ \tau_{\theta z}=\mu\dfrac{\partial w}{\partial\theta}=\mathrm{i}\mu\left(\dfrac{\partial w}{\partial z}e^{i\theta}-\dfrac{\partial w}{\partial\bar{z}}e^{-i\theta}\right)\end{cases}\tag{9-79}$$

9.4.4 辅助问题

1. 辅助问题 I

在该区域内构造一个驻波函数，使其在圆弧形边界 S_1 上满足应力、位移连续的条件，且满足斜边界 C 上应力为零的条件：

$$\tau_{\theta_1 z}^{D}=\begin{cases}0, & \theta_1=+\theta_0\\ 0, & \theta_1=-\theta_0\end{cases}\tag{9-80}$$

在直角坐标系下，满足亥姆霍兹方程式（9-77）和边界条件式（9-80）的驻波函数 $w^{(D)}$ 应当为

$$\begin{aligned}w^{(D)}(R_1,\theta_1)=&w_0\sum_{m=0}^{\infty}A_m^{(1)}\mathrm{J}_{2mp}(k_D|R_1|)\cos(2mp\theta_1)\\&+w_0\sum_{m=0}^{\infty}A_m^{(2)}\mathrm{J}_{(2m+1)p}(k_D|R_1|)\sin[(2m+1)p\theta_1]\end{aligned}\tag{9-81}$$

式中：$A_m^{(1)}$，$A_m^{(2)}$ 为待求常数；w_0 为驻波函数的最大幅值；$p=\pi/(2\theta_0)$；$J_{2mp}(\cdot)$，$J_{(2m+1)p}(\cdot)$为 $2mp$ 和$(2m+1)p$ 阶的贝塞尔函数。

复坐标系内表示为

$$w^D(z_1,\bar{z}_1)=w_0\sum_{m=0}^{\infty}A_m^{(1)}J_{2mp}(k_D|z_1|)\left[\left(\frac{z_1}{|z_1|}\right)^{2mp}+\left(\frac{z_1}{|z_1|}\right)^{-2mp}\right]$$
$$+w_0\sum_{m=0}^{\infty}A_m^{(2)}J_{(2m+1)p}(k_D|z_1|)\left[\left(\frac{z_1}{|z_1|}\right)^{(2m+1)p}-\left(\frac{z_1}{|z_1|}\right)^{-(2m+1)p}\right] \tag{9-82}$$

这里给出的驻波域函数表达式（9-82）与参考文献［10］中的相应表达式在结构上是不同的，由于式（9-81）中的贝塞尔函数 $J_m(\cdot)$中的阶数 m 要与 $\cos(2mp\theta_1)$中 θ_1 的系数保持形式一致，所以这里的贝塞尔函数采用$J_{2mp}(\cdot)$、$J_{(2m+1)p}(\cdot)$的形式，而不是参考文献［10］中的整数阶贝塞尔函数 $J_{2m}(\cdot)$、$J_{2m+1}(\cdot)$。另外，式（9-82）中的贝塞尔函数的阶数 $2mp$ 中的 p 与角域的顶角 $2\theta_0$ 有关系。通过验证，驻波函数只有采用式（9-82）中的形式才能满足控制方程。

记 o_1 为原点时 o 点的复坐标为 d，d 可以用坡度 n_1、n_2 表示（这里 $n_1=n_2$），则 d 可表示为

$$d=\frac{2r\cdot n_1\cdot n_2}{n_1+n_2}\overset{n_1=n_2}{\Rightarrow}d=\frac{r}{n_1} \tag{9-83}$$

然后 z_1 可以表示为

$$z_1=z+d \tag{9-84}$$

则所构造的“三角形+半圆”区域Ⅰ中，满足自由边界 C 应力为0，边界 S_1 上应力任意，并满足式（9-77）的驻波解（9-82），根据移动坐标法在坐标系 xoy 对应的复平面$(z,\bar{z})$上又可进一步写成

$$w^{(D)}(z,\bar{z})=w_0\sum_{m=0}^{\infty}A_m^{(1)}J_{2mp}(k_D|z+d|)\left[\left(\frac{z+d}{|z+d|}\right)^{2mp}+\left(\frac{z+d}{|z+d|}\right)^{-2mp}\right]+$$
$$w_0\sum_{m=0}^{\infty}A_m^{(2)}J_{(2m+1)p}(k_D|z+d|)\left[\left(\frac{z+d}{|z+d|}\right)^{(2m+1)p}-\left(\frac{z+d}{|z+d|}\right)^{-(2m+1)p}\right] \tag{9-85}$$

相应的应力表达式为

$$\tau_{rz}^D=\frac{\mu_D k_D w_0}{2}\sum_{m=0}^{\infty}\{A_m^{(1)}P_{2mp}(z+d)+A_m^{(2)}Q_{(2m+1)p}(z+d)\} \tag{9-86}$$

其中

$$P_t(s)=\mathrm{J}_{t-1}(k|s|)\left(\frac{s}{|s|}\right)^{t-1}\mathrm{e}^{\mathrm{i}\theta}-\mathrm{J}_{t+1}(k|s|)\left(\frac{s}{|s|}\right)^{-(t+1)}\mathrm{e}^{\mathrm{i}\theta}$$
$$+\mathrm{J}_{t-1}(k|s|)\left(\frac{s}{|s|}\right)^{1-t}\mathrm{e}^{-\mathrm{i}\theta}-\mathrm{J}_{t+1}(k|s|)\left(\frac{s}{|s|}\right)^{t+1}\mathrm{e}^{-\mathrm{i}\theta}$$

2. 辅助问题Ⅱ

在区域Ⅱ内，分别在边界 S_1 和边界 S_2 上构造散射波函数 w_s，使它满足在半空间表面 S 上应力为 0 的边界条件（图 9.27）。

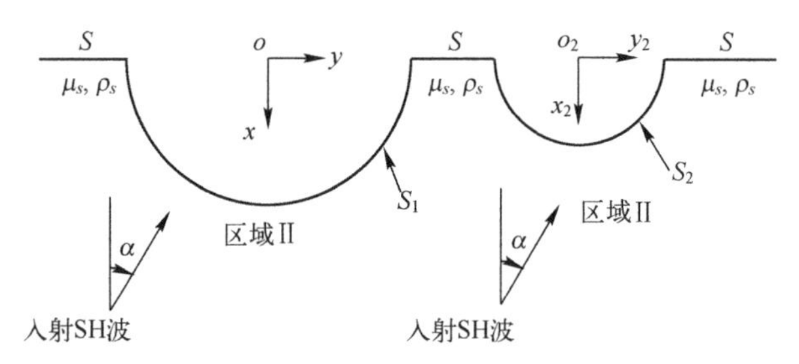

图 9.27　半空间域求解模型

下面将分别对两条边界上所作用的波进行分析。在复平面$(z,\bar{z})$上，边界 S_1 上自身产生的满足半空间表面水平边界应力为 0 的散射波函数 $w^{(1)}$，即

$$\begin{aligned}w^{(1)}(z,\bar{z})=&w_0\sum_{m=0}^{\infty}B_m^{(1)}\mathrm{H}_{2m}^{(1)}(k_s|z|)\left[\left(\frac{z}{|z|}\right)^{2m}+\left(\frac{z}{|z|}\right)^{-2m}\right]\\&+w_0\sum_{m=0}^{\infty}B_m^{(2)}\mathrm{H}_{2m+1}^{(1)}(k_s|z|)\left[\left(\frac{z}{|z|}\right)^{2m+1}-\left(\frac{z}{|z|}\right)^{-(2m+1)}\right]\end{aligned}\tag{9-87}$$

相应的应力为

$$\tau_{rz}^{(1)}=\frac{\mu_s k_s w_0}{2}\sum_{m=0}^{\infty}\{B_m^{(1)}U_{2m}(z)+B_m^{(2)}V_{2m+1}(z)\}\tag{9-88}$$

同时，在复平面$(z_2,\bar{z}_2)$上，边界 S_2 上产生的满足半空间表面水平边界应力为 0 的散射波函数 $w^{(2)}$，即

$$\begin{aligned}w^{(2)}(z_2,\bar{z}_2)=&w_0\sum_{m=0}^{\infty}C_m^{(1)}\mathrm{H}_{2m}^{(1)}(k_s|z_2|)\left[\left(\frac{z_2}{|z_2|}\right)^{2m}+\left(\frac{z_2}{|z_2|}\right)^{-2m}\right]\\&+w_0\sum_{m=0}^{\infty}C_m^{(2)}\mathrm{H}_{2m+1}^{(1)}(k_s|z_2|)\left[\left(\frac{z_2}{|z_2|}\right)^{2m+1}-\left(\frac{z_2}{|z_2|}\right)^{-(2m+1)}\right]\end{aligned}\tag{9-89}$$

相应的应力为

$$\tau_{r_2z}^{(2)}=\frac{\mu_s k_s w_0}{2}\sum_{m=0}^{\infty}\{C_m^{(1)}U_{2m}(z_2)+C_m^{(2)}V_{2m+1}(z_2)\}\tag{9-90}$$

其中

$$U_t(s)=\mathrm{H}_{t-1}^{(1)}(k_s|s|)\left(\frac{s}{|s|}\right)^{t-1}\mathrm{e}^{\mathrm{i}\theta}-\mathrm{H}_{t+1}^{(1)}(k_s|s|)\left(\frac{s}{|s|}\right)^{-t-1}\mathrm{e}^{\mathrm{i}\theta}+\mathrm{H}_{t-1}^{(1)}(k_s|s|)\left(\frac{s}{|s|}\right)^{1-t}\mathrm{e}^{-\mathrm{i}\theta}-\mathrm{H}_{t+1}^{(1)}(k_s|s|)\left(\frac{s}{|s|}\right)^{t+1}\mathrm{e}^{-\mathrm{i}\theta}$$

$$V_t(s)=\mathrm{H}_{t-1}^{(1)}(k_s|s|)\left(\frac{s}{|s|}\right)^{t-1}\mathrm{e}^{\mathrm{i}\theta}+\mathrm{H}_{t+1}^{(1)}(k_s|s|)\left(\frac{s}{|s|}\right)^{-t-1}\mathrm{e}^{\mathrm{i}\theta}-\mathrm{H}_{t-1}^{(1)}(k_s|s|)\left(\frac{s}{|s|}\right)^{1-t}\mathrm{e}^{-\mathrm{i}\theta}-\mathrm{H}_{t+1}^{(1)}(k_s|s|)\left(\frac{s}{|s|}\right)^{t+1}\mathrm{e}^{-\mathrm{i}\theta}$$

边界 S_1 上产生的散射波与边界 S_2 上产生的散射波会相互干涉，因此，每一个边界上实际作用了两个散射波函数，相应的波函数可采用“多极坐标”的表示方法，由坐标移动公式 $z=z_2+\mathrm{i}h$ 可以很方便地表示出来。

（1）在边界 S_1 上，作用的散射波由两部分组成：自身的散射波 $w_{S_1}^{(1)}$ 和边界 S_2 上产生的散射波 $w_{S_1}^{(2)}$。在复平面$(z,\bar{z})$上，有

$$w_{S_1}^{(1)}(z,\bar{z})=w_0\sum_{m=0}^{\infty}B_m^{(1)}\mathrm{H}_{2m}^{(1)}(k_s|z|)\left[\left(\frac{z}{|z|}\right)^{2m}+\left(\frac{z}{|z|}\right)^{-2m}\right]+w_0\sum_{m=0}^{\infty}B_m^{(2)}\mathrm{H}_{2m+1}^{(1)}(k_s|z|)\left[\left(\frac{z}{|z|}\right)^{2m+1}-\left(\frac{z}{|z|}\right)^{-(2m+1)}\right] \tag{9-91}$$

相应的应力在复平面$(z,\bar{z})$上可表示为

$$\tau_{rz}^{(1)}=\frac{\mu_s k_s w_0}{2}\sum_{m=0}^{\infty}\{B_m^{(1)}U_{2m}(z)+B_m^{(2)}V_{2m+1}(z)\} \tag{9-92}$$

同时，边界 S_2 上也会产生散射波 $w^{(2)}$，并对边界 S_1 施加影响。

由坐标移动公式 $z_2=z-\mathrm{i}h$，则散射波 $w^{(2)}$ 作用在边界 S_1 上的函数可写为

$$w_{S_1}^{(2)}(z,\bar{z})=w_0\sum_{m=0}^{\infty}C_m^{(1)}\mathrm{H}_{2m}^{(1)}(k_s|z-\mathrm{i}h|)\left[\left(\frac{z-\mathrm{i}h}{|z-\mathrm{i}h|}\right)^{2m}+\left(\frac{z-\mathrm{i}h}{|z-\mathrm{i}h|}\right)^{-2m}\right]+w_0\sum_{m=0}^{\infty}C_m^{(2)}\mathrm{H}_{2m+1}^{(1)}(k_s|z-\mathrm{i}h|)\left[\left(\frac{z-\mathrm{i}h}{|z-\mathrm{i}h|}\right)^{2m+1}-\left(\frac{z-\mathrm{i}h}{|z-\mathrm{i}h|}\right)^{-(2m+1)}\right] \tag{9-93}$$

相应的应力在复平面$(z,\bar{z})$上可表示为

$$\tau_{rz}^{(2)}=\frac{\mu_s k_s w_0}{2}\sum_{m=0}^{\infty}\{B_m^{(1)}U_{2m}(z-\mathrm{i}h)+B_m^{(2)}V_{2m+1}(z-\mathrm{i}h)\} \tag{9-94}$$

（2）在边界 S_2 上，散射波由两部分组成：自身的散射波 $w_{S_2}^{(2)}$ 和边界 S_1 上产生的散射波 $w_{S_2}^{(1)}$，在复平面$(z_2,\bar{z}_2)$上，有

$$w_{S_2}^{(2)}(z_2,\bar{z}_2)=w_0\sum_{m=0}^{\infty}C_m^{(1)}\mathrm{H}_{2m}^{(1)}(k_s|z_2|)\left[\left(\frac{z_2}{|z_2|}\right)^{2m}+\left(\frac{z_2}{|z_2|}\right)^{-2m}\right]$$
$$+w_0\sum_{m=0}^{\infty}C_m^{(2)}\mathrm{H}_{2m+1}^{(1)}(k_s|z_2|)\left[\left(\frac{z_2}{|z_2|}\right)^{2m+1}-\left(\frac{z_2}{|z_2|}\right)^{-(2m+1)}\right] \tag{9-95}$$

相应的应力在复平面$(z_2,\bar{z}_2)$上可表示为

$$\tau_{r_2z}^{(2)}=\frac{\mu_s k_s w_0}{2}\sum_{m=0}^{\infty}\{C_m^{(1)}U_{2m}(z_2)+C_m^{(2)}V_{2m+1}(z_2)\} \tag{9-96}$$

同时，边界S_1上也会产生散射波$w^{(1)}$，并对边界S_2施加影响。由坐标移动公式$z=z_2+\mathrm{i}h$，则散射波$w^{(1)}$作用在边界S_2上的函数可写为

$$w_{S_2}^{(1)}(z_2,\bar{z}_2)=w_0\sum_{m=0}^{\infty}B_m^{(1)}\mathrm{H}_{2m}^{(1)}(k_s|z_2+\mathrm{i}h|)\left[\left(\frac{z_2+\mathrm{i}h}{|z_2+\mathrm{i}h|}\right)^{2m}+\left(\frac{z_2+\mathrm{i}h}{|z_2+\mathrm{i}h|}\right)^{-2m}\right]$$
$$+w_0\sum_{m=0}^{\infty}B_m^{(2)}\mathrm{H}_{2m+1}^{(1)}(k_s|z_2+\mathrm{i}h|)\left[\left(\frac{z_2+\mathrm{i}h}{|z_2+\mathrm{i}h|}\right)^{2m+1}-\left(\frac{z_2+\mathrm{i}h}{|z_2+\mathrm{i}h|}\right)^{-(2m+1)}\right] \tag{9-97}$$

相应的应力在复平面$(z_2,\bar{z}_2)$上可表示为

$$\tau_{r_2z}^{(1)}=\frac{\mu_s k_s w_0}{2}\sum_{m=0}^{\infty}\{B_m^{(1)}U_{2m}(z_2+\mathrm{i}h)+B_m^{(2)}V_{2m+1}(z_2+\mathrm{i}h)\} \tag{9-98}$$

3. 入射波和反射波的构造

(1) 在复平面$(z,\bar{z})$上，边界S_1上的入射波和反射波为

$$\begin{cases}w^{(in)}(r,\theta)=w_0\sum\limits_{m=-\infty}^{m=\infty}(-\mathrm{i})^m\mathrm{J}_m(k_sr)\mathrm{e}^{\mathrm{i}m(\theta+\alpha)}\cdot\mathrm{e}^{-\mathrm{i}\omega t}\\ w^{(re)}(r,\theta)=w_0\sum\limits_{j=\infty}^{m=\infty}(\mathrm{i})^m\mathrm{J}_m(k_sr)\mathrm{e}^{\mathrm{i}m(\theta-\alpha)}\cdot\mathrm{e}^{-\mathrm{i}\omega t}\end{cases}\Rightarrow$$

$$\begin{cases}w^{(in)}=w_0\sum\limits_{m=0}^{\infty}\varepsilon_m(-\mathrm{i})^m\mathrm{J}_m(k_sr)\cos(m(\theta+\alpha))\cdot\mathrm{e}^{-\mathrm{i}\omega t}\\ w^{(re)}=w_0\sum\limits_{m=0}^{\infty}\varepsilon_m\mathrm{i}^m\mathrm{J}_m(k_sr)\cos(m(\theta-\alpha))\cdot\mathrm{e}^{-\mathrm{i}\omega t}\end{cases}$$

式中：$\varepsilon_0=1$，$\varepsilon_n=2(n=1,2,\cdots)$，

$$\Rightarrow w^{(in+re)}=2\sum_{m=0}^{\infty}\varepsilon_{2m}(-1)^m\mathrm{J}_{2m}(k_sr)\cos(2m\theta)\cos(2m\alpha)$$
$$+2\sum_{m=0}^{\infty}(-1)^m\mathrm{J}_{2m+1}(k_sr)\times2\mathrm{i}\times\sin[(2m+1)\theta]\sin[(2m+1)\alpha] \tag{9-99}$$

$$w_{S_1}^{(in+re)}=2\mathrm{J}_0(k_s|z|)+2\sum_{m=1}^{\infty}(-1)^m\mathrm{J}_{2m}(k_s|z|)\cos(2m\alpha)\left[\left(\frac{z}{|z|}\right)^{2m}+\left(\frac{z}{|z|}\right)^{-2m}\right]$$
$$+2\sum_{m=0}^{\infty}(-1)^m\mathrm{J}_{2m+1}(k_s|z|)\sin[(2m+1)\alpha]\left[\left(\frac{z}{|z|}\right)^{2m+1}-\left(\frac{z}{|z|}\right)^{-(2m+1)}\right]\tag{9-100}$$

在复平面$(z,\bar{z})$上的应力表达式为

$$\tau_{rz}^{(in+re)}=\frac{\mu_s k_s w_0}{2}\times2\times\frac{\mathrm{J}_{-1}(k_s|z|)-\mathrm{J}_1(k_s|z|)}{2}\left[\left(\frac{z}{|z|}\right)^{-1}\mathrm{e}^{\mathrm{i}\theta}+\left(\frac{z}{|z|}\right)\mathrm{e}^{-\mathrm{i}\theta}\right]$$
$$+\frac{\mu_s k_s w_0}{2}\sum_{m=1}^{\infty}2(-1)^m\cos(2m\alpha)P_{2m}(z)+\frac{\mu_s k_s w_0}{2}\sum_{m=0}^{\infty}2(-1)^m\sin[(2m+1)\alpha]Q_{2m+1}(z)\tag{9-101}$$

其中

$$P_t(s)=\mathrm{J}_{t-1}(k|s|)\left(\frac{s}{|s|}\right)^{t-1}\mathrm{e}^{\mathrm{i}\theta}-\mathrm{J}_{t+1}(k|s|)\left(\frac{s}{|s|}\right)^{-(t+1)}\mathrm{e}^{\mathrm{i}\theta}$$
$$+\mathrm{J}_{t-1}(k|s|)\left(\frac{s}{|s|}\right)^{1-t}\mathrm{e}^{-\mathrm{i}\theta}-\mathrm{J}_{t+1}(k|s|)\left(\frac{s}{|s|}\right)^{t+1}\mathrm{e}^{-\mathrm{i}\theta}$$
$$Q_t(s)=\mathrm{J}_{t-1}(k|s|)\left(\frac{s}{|s|}\right)^{t-1}\mathrm{e}^{\mathrm{i}\theta}+\mathrm{J}_{t+1}(k|s|)\left(\frac{s}{|s|}\right)^{-(t+1)}\mathrm{e}^{\mathrm{i}\theta}$$
$$-\mathrm{J}_{t-1}(k|s|)\left(\frac{s}{|s|}\right)^{1-t}\mathrm{e}^{-\mathrm{i}\theta}-\mathrm{J}_{t+1}(k|s|)\left(\frac{s}{|s|}\right)^{t+1}\mathrm{e}^{-\mathrm{i}\theta}$$

（2）在复平面$(z_2,\bar{z}_2)$上，利用坐标移动公式$z=z_2+\mathrm{i}h$，边界S_2上的入射波和反射波为

$$w_{S_2}^{(in+re)}=2\mathrm{J}_0(k_s|z_2+\mathrm{i}h|)$$
$$+2\sum_{m=1}^{\infty}(-1)^m\mathrm{J}_{2m}(k_s|z_2+\mathrm{i}h|)\cos(2m\alpha)\left[\left(\frac{z_2+\mathrm{i}h}{|z_2+\mathrm{i}h|}\right)^{2m}+\left(\frac{z_2+\mathrm{i}h}{|z_2+\mathrm{i}h|}\right)^{-2m}\right]$$
$$+2\sum_{m=0}^{\infty}(-1)^m\mathrm{J}_{2m+1}(k_s|z_2+\mathrm{i}h|)\sin[(2m+1)\alpha]\left[\left(\frac{z_2+\mathrm{i}h}{|z_2+\mathrm{i}h|}\right)^{2m+1}-\left(\frac{z_2+\mathrm{i}h}{|z_2+\mathrm{i}h|}\right)^{-(2m+1)}\right]\tag{9-102}$$

在复平面$(z_2,\bar{z}_2)$上的应力表达式为

$$\tau_{r_2z}^{(in+re)}=\frac{\mu_s k_s w_0}{2}\times2\times\frac{\mathrm{J}_{-1}(k_s|z_2+\mathrm{i}h|)-\mathrm{J}_1(k_s|z_2+\mathrm{i}h|)}{2}\left[\left(\frac{z_2+\mathrm{i}h}{|z_2+\mathrm{i}h|}\right)^{-1}\mathrm{e}^{\mathrm{i}\theta}+\left(\frac{z_2+\mathrm{i}h}{|z_2+\mathrm{i}h|}\right)\mathrm{e}^{-\mathrm{i}\theta}\right]$$
$$+\frac{\mu_s k_s w_0}{2}\sum_{m=1}^{\infty}2(-1)^m\cos(2m\alpha)P_{2m}(z_2+\mathrm{i}h)$$
$$+\frac{\mu_s k_s w_0}{2}\sum_{m=0}^{\infty}2(-1)^m\sin((2m+1)\alpha)Q_{2m+1}(z_2+\mathrm{i}h)\tag{9-103}$$

4. 边界条件及定解方程组

在已构造函数的基础上，利用边界条件，即在边界 S_1 上满足应力和位移的连续，在边界 S_2 上满足应力为0（图9.28），即

$$\begin{cases} w_{S_1}^{(1)}+w_{S_1}^{(2)}+w_{S_1}^{(in+re)}=w^{(D)}, & \text{在边界 } S_1 \text{ 上} \\ \tau_{rz}^{(1)}+\tau_{rz}^{(2)}+\tau_{rz}^{(in+re)}=\tau_{rz}^{(D)}, & \text{在边界 } S_1 \text{ 上} \\ \tau_{r_2z}^{(1)}+\tau_{r_2z}^{(2)}+\tau_{r_2z}^{(in+re)}=0, & \text{在边界 } S_2 \text{ 上} \end{cases} \tag{9-104}$$

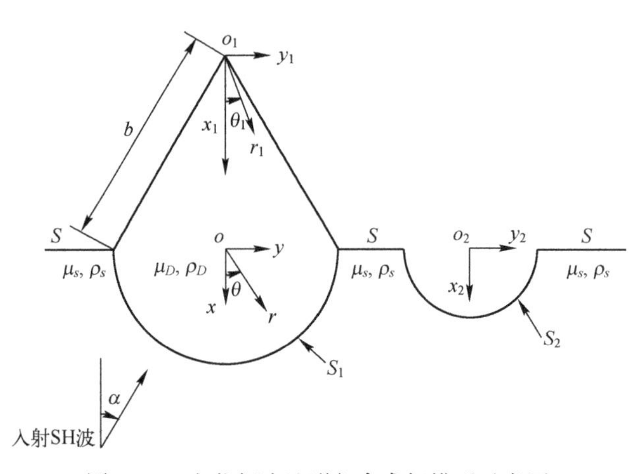

图9.28 山谷相连地形契合求解模型示意图

由于波函数都是由正弦函数 $\sin n\theta$ 和余弦函数 $\cos n\theta$ 叠加构造而来的，为方便地解出该方程组的解，把已经构造出的位移和应力波函数带入上述方程组，按照正弦、余弦部分一一对应的关系，在复数域进行傅里叶级数展开，并重构方程组如下：

$$\begin{cases} \sum_{n=0}^{\infty}\sum_{m=0}^{\infty} XX_{nm}^{(11)}A_m^{(1)} - \sum_{n=0}^{\infty}\sum_{m=0}^{\infty} YY_{nm}^{(11)}B_m^{(1)} - \sum_{n=0}^{\infty}\sum_{m=0}^{\infty} ZZ_{nm}^{(11)}C_m^{(1)} \\ = \dfrac{\mu_D k_D}{\mu_s k_s} \sum_{n=0}^{\infty}\sum_{m=0}^{\infty} XX_{nm}^{(12)}A_m^{(1)} - \sum_{n=0}^{\infty}\sum_{m=0}^{\infty} YY_{nm}^{(12)}B_m^{(1)} - \sum_{n=0}^{\infty}\sum_{m=0}^{\infty} ZZ_{nm}^{(12)}C_m^{(1)} = \sum_{n=0}^{\infty}\sum_{m=0}^{\infty} WW_{nm}^{(12)} \\ \cdot \mu_s k_s \sum_{n=0}^{\infty}\sum_{m=0}^{\infty} YY_{nm}^{(13)}B_m^{(1)} + \mu_s k_s \sum_{n=0}^{\infty}\sum_{m=0}^{\infty} ZZ_{nm}^{(13)}C_m^{(1)} + \mu_s k_s \sum_{n=0}^{\infty}\sum_{m=0}^{\infty} WW_{nm}^{(13)} = 0 \end{cases}$$

(9-105)

$$\begin{cases}\sum_{n=0}^{\infty}\sum_{m=0}^{\infty}XX_{nm}^{(21)}A_m^{(2)}-\sum_{n=0}^{\infty}\sum_{m=0}^{\infty}YY_{nm}^{(21)}B_m^{(2)}-\sum_{n=0}^{\infty}\sum_{m=0}^{\infty}ZZ_{nm}^{(21)}C_m^{(2)}=\sum_{n=0}^{\infty}\sum_{m=0}^{\infty}WW_{nm}^{(21)}\\ \cdot\dfrac{\mu_Dk_D}{\mu_sk_s}\sum_{n=0}^{\infty}\sum_{m=0}^{\infty}XX_{nm}^{(22)}A_m^{(2)}-\sum_{n=0}^{\infty}\sum_{m=0}^{\infty}YY_{nm}^{(22)}B_m^{(2)}-\sum_{n=0}^{\infty}\sum_{m=0}^{\infty}ZZ_{nm}^{(22)}C_m^{(2)}=\sum_{n=0}^{\infty}\sum_{m=0}^{\infty}WW_{nm}^{(22)}\\ \cdot\mu_sk_s\sum_{n=0}^{\infty}\sum_{m=0}^{\infty}YY_{nm}^{(23)}B_m^{(2)}+\mu_sk_s\sum_{n=0}^{\infty}\sum_{m=0}^{\infty}ZZ_{nm}^{(23)}C_m^{(2)}+\mu_sk_s\sum_{n=0}^{\infty}\sum_{m=0}^{\infty}WW_{nm}^{(23)}=0\end{cases}\tag{9-106}$$

在这里，山体与地基是同一种材质，因此有 $\mu_Dk_D=\mu_sk_s$。其中：

$$XX_{nm}^{(11)}=\frac{1}{2\pi}\int_{-\pi/2}^{\pi/2}\mathrm{J}_{2mp}(k_D|z+d|)\left[\left(\frac{z+d}{|z+d|}\right)^{2mp}+\left(\frac{z+d}{|z+d|}\right)^{-2mp}\right]\mathrm{e}^{-\mathrm{i}n\theta}\mathrm{d}\theta$$

$$YY_{nm}^{(11)}=\frac{1}{2\pi}\int_{-\pi/2}^{\pi/2}\mathrm{H}_{2m}^{(1)}(k_s|z|)\left[\left(\frac{z}{|z|}\right)^{2m}+\left(\frac{z}{|z|}\right)^{-2m}\right]\mathrm{e}^{-\mathrm{i}n\theta}\mathrm{d}\theta$$

$$ZZ_{nm}^{(11)}=\frac{1}{2\pi}\int_{-\pi/2}^{\pi/2}\mathrm{H}_{2m}^{(1)}(k_s|z-\mathrm{i}h|)\left[\left(\frac{z-\mathrm{i}h}{|z-\mathrm{i}h|}\right)^{2m}+\left(\frac{z-\mathrm{i}h}{|z-\mathrm{i}h|}\right)^{-2m}\right]\mathrm{e}^{-\mathrm{i}n\theta}\mathrm{d}\theta$$

$$WW_{nm}^{(11)}=\frac{1}{2\pi}\int_{-\pi/2}^{\pi/2}2\mathrm{J}_0(k_s|z|)\mathrm{e}^{-\mathrm{i}n\theta}\mathrm{d}\theta\,\frac{1}{2\pi}\int_{-\pi/2}^{\pi/2}2(-1)^m\mathrm{J}_{2m}(k_s|z|)\cdot\cos(2m\alpha)\left[\left(\frac{z}{|z|}\right)^{2m}+\left(\frac{z}{|z|}\right)^{-2m}\right]\mathrm{e}^{-\mathrm{i}n\theta}\mathrm{d}\theta$$

$$XX_{nm}^{(12)}=\frac{1}{2\pi}\int_{-\pi/2}^{\pi/2}P_{2mp}(z+d)\mathrm{e}^{-\mathrm{i}n\theta}\mathrm{d}\theta$$

$$YY_{nm}^{(12)}=\frac{1}{2\pi}\int_{-\pi/2}^{\pi/2}U_{2m}(z)\mathrm{e}^{-\mathrm{i}n\theta}\mathrm{d}\theta$$

$$ZZ_{nm}^{(12)}=\frac{1}{2\pi}\int_{-\pi/2}^{\pi/2}U_{2m}(z-\mathrm{i}h)\mathrm{e}^{-\mathrm{i}n\theta}\mathrm{d}\theta$$

$$WW_{nm}^{(12)}=\frac{1}{2\pi}\int_{-\pi/2}^{\pi/2}2\times\frac{\mathrm{J}_{-1}(k_s|z|)-\mathrm{J}_1(k_s|z|)}{2}\left[\left(\frac{z}{|z|}\right)^{-1}\mathrm{e}^{\mathrm{i}\theta}+\left(\frac{z}{|z|}\right)^{1}\mathrm{e}^{-\mathrm{i}\theta}\right]\mathrm{e}^{-\mathrm{i}n\theta}\mathrm{d}\theta\cdot\frac{1}{2\pi}\int_{-\pi/2}^{\pi/2}2\times(-1)^m\cos(2m\alpha)P_{2m}(z)\mathrm{e}^{-\mathrm{i}n\theta}\mathrm{d}\theta,\quad m>0$$

$$XX_{nm}^{(13)}=0$$

$$YY_{nm}^{(13)}=\frac{1}{2\pi}\int_{-\pi/2}^{\pi/2}U_{2m}(z_2+\mathrm{i}h)\mathrm{e}^{-\mathrm{i}n\theta}\mathrm{d}\theta$$

$$ZZ_{nm}^{(13)}=\frac{1}{2\pi}\int_{-\pi/2}^{\pi/2}U_{2m}(z_2)\mathrm{e}^{-\mathrm{i}n\theta}\mathrm{d}\theta$$

$$WW_{nm}^{(13)}=\frac{1}{2\pi}\int_{-\pi/2}^{\pi/2}2\times\frac{\mathrm{J}_{-1}(k_s|z_2+\mathrm{i}h|)-\mathrm{J}_1(k_s|z_2+\mathrm{i}h|)}{2}\left[\left(\frac{z_2+\mathrm{i}h}{|z_2+\mathrm{i}h|}\right)^{-1}\mathrm{e}^{\mathrm{i}\theta}+\left(\frac{z_2+\mathrm{i}h}{|z_2+\mathrm{i}h|}\right)^{1}\mathrm{e}^{-\mathrm{i}\theta}\right]\mathrm{e}^{-\mathrm{i}n\theta}\mathrm{d}\theta\cdot\frac{1}{2\pi}\int_{-\pi/2}^{\pi/2}2\times(-1)^m\cos(2m\alpha)P_{2m}(z_2+\mathrm{i}h)\mathrm{e}^{-\mathrm{i}n\theta}\mathrm{d}\theta$$

$$XX_{nm}^{(21)}=\frac{1}{2\pi}\int_{-\pi/2}^{\pi/2}\mathrm{J}_{(2m+1)p}(k_D|z+d|)\times\left[\left(\frac{z+d}{|z+d|}\right)^{(2m+1)p}-\left(\frac{z+d}{|z+d|}\right)^{-(2m+1)p}\right]\mathrm{e}^{-\mathrm{i}n\theta}\mathrm{d}\theta$$

$$YY_{nm}^{(21)}=\frac{1}{2\pi}\int_{-\pi/2}^{\pi/2}\mathrm{H}_{2m+1}^{(1)}(k_s|z|)\left[\left(\frac{z}{|z|}\right)^{2m+1}-\left(\frac{z}{|z|}\right)^{-(2m+1)}\right]\mathrm{e}^{-\mathrm{i}n\theta}\mathrm{d}\theta$$

$$ZZ_{nm}^{(21)}=\frac{1}{2\pi}\int_{-\pi/2}^{\pi/2}\mathrm{H}_{2m+1}^{(1)}(k_s|z-\mathrm{i}h|)\left[\left(\frac{z-\mathrm{i}h}{|z-\mathrm{i}h|}\right)^{2m+1}-\left(\frac{z-\mathrm{i}h}{|z-\mathrm{i}h|}\right)^{-(2m+1)}\right]\mathrm{e}^{-\mathrm{i}n\theta}\mathrm{d}\theta$$

$$WW_{nm}^{(21)}=\frac{1}{2\pi}\int_{-\pi/2}^{\pi/2}2\times(-1)^m\mathrm{J}_{2m+1}(k_s|z|)\sin((2m+1)\alpha)\left[\left(\frac{z}{|z|}\right)^{2m+1}-\left(\frac{z}{|z|}\right)^{-(2m+1)}\right]\mathrm{e}^{-\mathrm{i}n\theta}\mathrm{d}\theta$$

$$XX_{nm}^{(22)}=\frac{1}{2\pi}\int_{-\pi/2}^{\pi/2}Q_{(2m+1)p}(z+d)\,\mathrm{e}^{-\mathrm{i}n\theta}\mathrm{d}\theta$$

$$YY_{nm}^{(22)}=\frac{1}{2\pi}\int_{-\pi/2}^{\pi/2}V_{2m+1}(z)\,\mathrm{e}^{-\mathrm{i}n\theta}\mathrm{d}\theta$$

$$ZZ_{nm}^{(22)}=\frac{1}{2\pi}\int_{-\pi/2}^{\pi/2}V_{2m+1}(z-\mathrm{i}h)\,\mathrm{e}^{-\mathrm{i}n\theta}\mathrm{d}\theta$$

$$WW_{nm}^{(22)}=\frac{1}{2\pi}\int_{-\pi/2}^{\pi/2}2\times(-1)^m\sin((2m+1)\alpha)\,Q_{2m+1}(z)\,\mathrm{e}^{-\mathrm{i}n\theta}\mathrm{d}\theta$$

$$XX_{nm}^{(23)}=0$$

$$YY_{nm}^{(23)}=\frac{1}{2\pi}\int_{-\pi/2}^{\pi/2}V_{2m+1}(z_2+\mathrm{i}h)\,\mathrm{e}^{-\mathrm{i}n\theta}\mathrm{d}\theta$$

$$ZZ_{nm}^{(23)}=\frac{1}{2\pi}\int_{-\pi/2}^{\pi/2}V_{2m+1}(z_2)\,\mathrm{e}^{-\mathrm{i}n\theta}\mathrm{d}\theta$$

$$WW_{nm}^{(23)}=\frac{1}{2\pi}\int_{-\pi/2}^{\pi/2}2\times(-1)^m\sin((2m+1)\alpha)\,Q_{2m+1}(z_2+\mathrm{i}h)\,\mathrm{e}^{-\mathrm{i}n\theta}\mathrm{d}\theta$$

5. 地表位移幅值

研究三角形凸起地形对 SH 波散射的影响，就要求给出界面任意观察点上 SH 波的波数和入射角与相关地形的位移幅值之间的关系。对稳态的 SH 波而言，如果求得观察点的位移量就可以求解该点的速度和加速度值，这对地震工程是至关重要的。

在区域 I 中总波场 w_1 为驻波 $w^{(D)}$，即

$$w_1=w^{(D)} \tag{9-107}$$

而在区域Ⅱ中的总波场为

$$w_2=w^{(in+re)}+w_S^{(1)}+w_S^{(2)} \tag{9-108}$$

或者写成

$$w_2=|w|\mathrm{e}^{\mathrm{i}(\omega t-\phi)} \tag{9-109}$$

式中：$|w|$为位移幅值，即 w 的绝对值；ϕ 为 w 的相位，同时有

$$\phi = \arctan\left(\frac{\mathrm{Im}w}{\mathrm{Re}w}\right) \tag{9-110}$$

又因为入射波的频率 ω 可以与“三角形+半圆”区域Ⅰ中半圆的半径 r 组合成一个入射波的波数，即入射波波数为 $kr=\omega r/C_s$ 或者 $kr=2\pi r/\lambda$，其中，λ 为入射波的波长（$\lambda=c_sT$），波数 η 还可写成 $\eta=2r/\lambda$。

$$\begin{cases} \eta=\dfrac{2r}{c_sT}=\dfrac{\omega r}{\pi c_s}\Rightarrow\eta=\dfrac{kr}{\pi}\Rightarrow k=\dfrac{\pi\eta}{r} \\ k=\dfrac{\omega}{c_s} \end{cases} \tag{9-111}$$

9.4.5　算例与结果分析

作为算例，假设入射波振幅 w_0 为 1，区域Ⅰ中半圆的半径 r 为 1，本算例建立的模型如图 9.29 所示，$y/r=\pm1$ 表示三角形凸起与水平面的相交位置，$y/r=0$对应三角形凸起的顶点，而 $|y/r|<1$ 代表三角形凸起上的点，$h-r_2<y/r<h+r_2$ 则表示半圆形凹陷上的点，$|y/r|>1$ 且不包括 $h-r_2<y/r<h+r_2$ 的部分则代表水平面上的点。

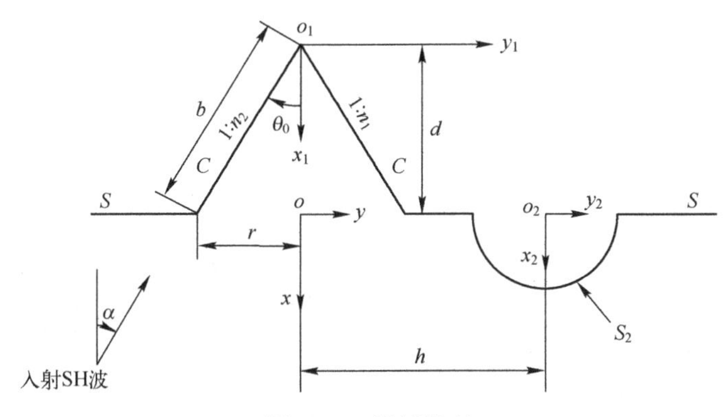

图 9.29　算例模型

（1）图 9.30（a）~（e）给出了当入射波数为 0.1、0.25、0.5、0.75、1.0 时，等腰山体与谷地不相连地形在 SH 波以不同角度入射时，水平地表、凸起地表和凹陷地表的位移幅值 $|w|$ 的分布情况。当 $\eta=0.1$ 时，所求解问题类似于准静态情况，山体的顶角 $2\theta_0$ 越小，位移幅值就越大；而当 $\eta=0.25$、0.5、0.75、1.0 时，地表位移的变化明显表现出动力学特征，山体的夹角、入射波的频率都会对山体和地表的位移特性产生影响，随着波数的增加，位移幅值的震荡特征会更加明显，并且最大幅值出现在垂直入射时的山体顶点处。

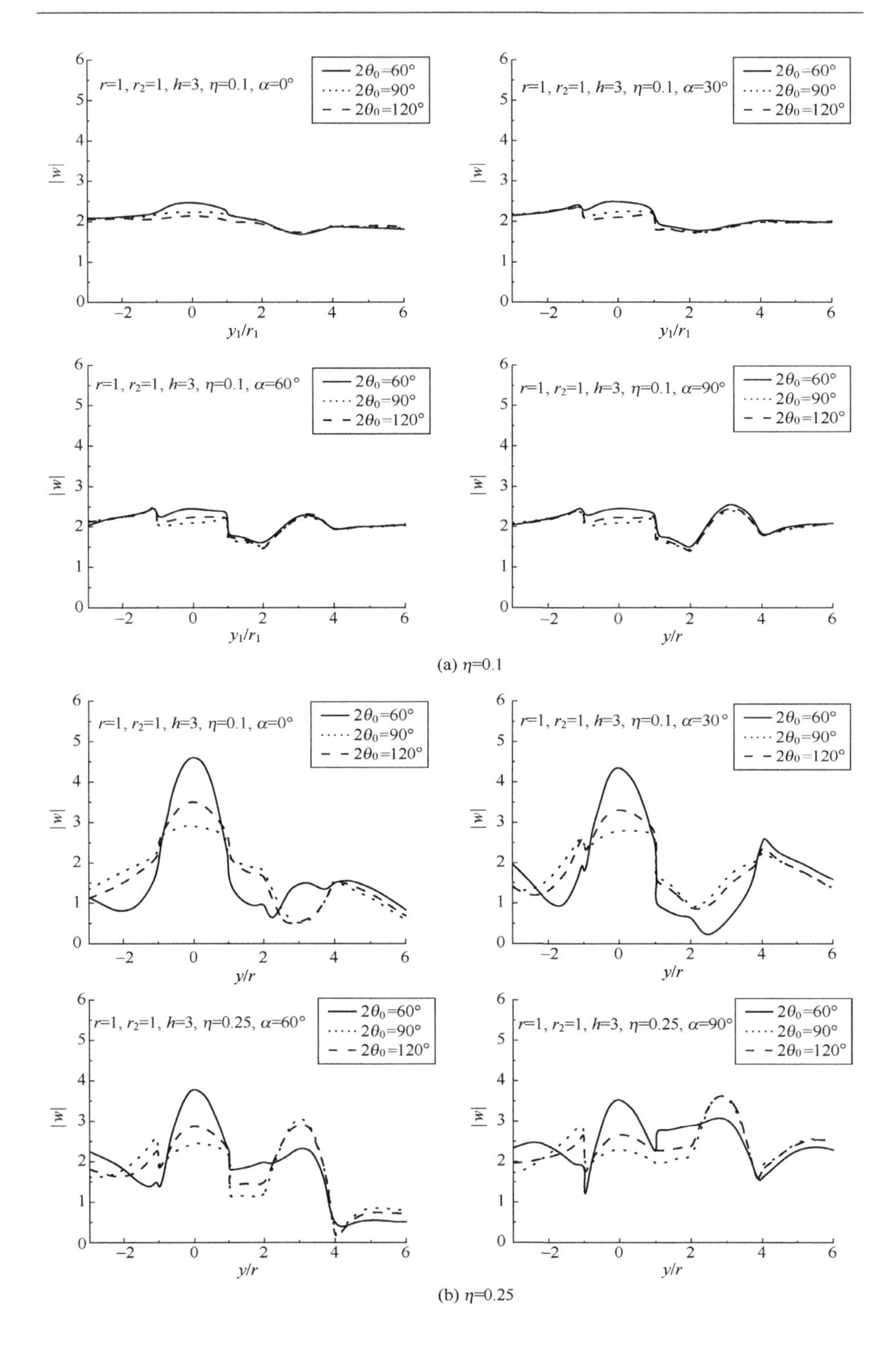

(a) η=0.1

(b) η=0.25

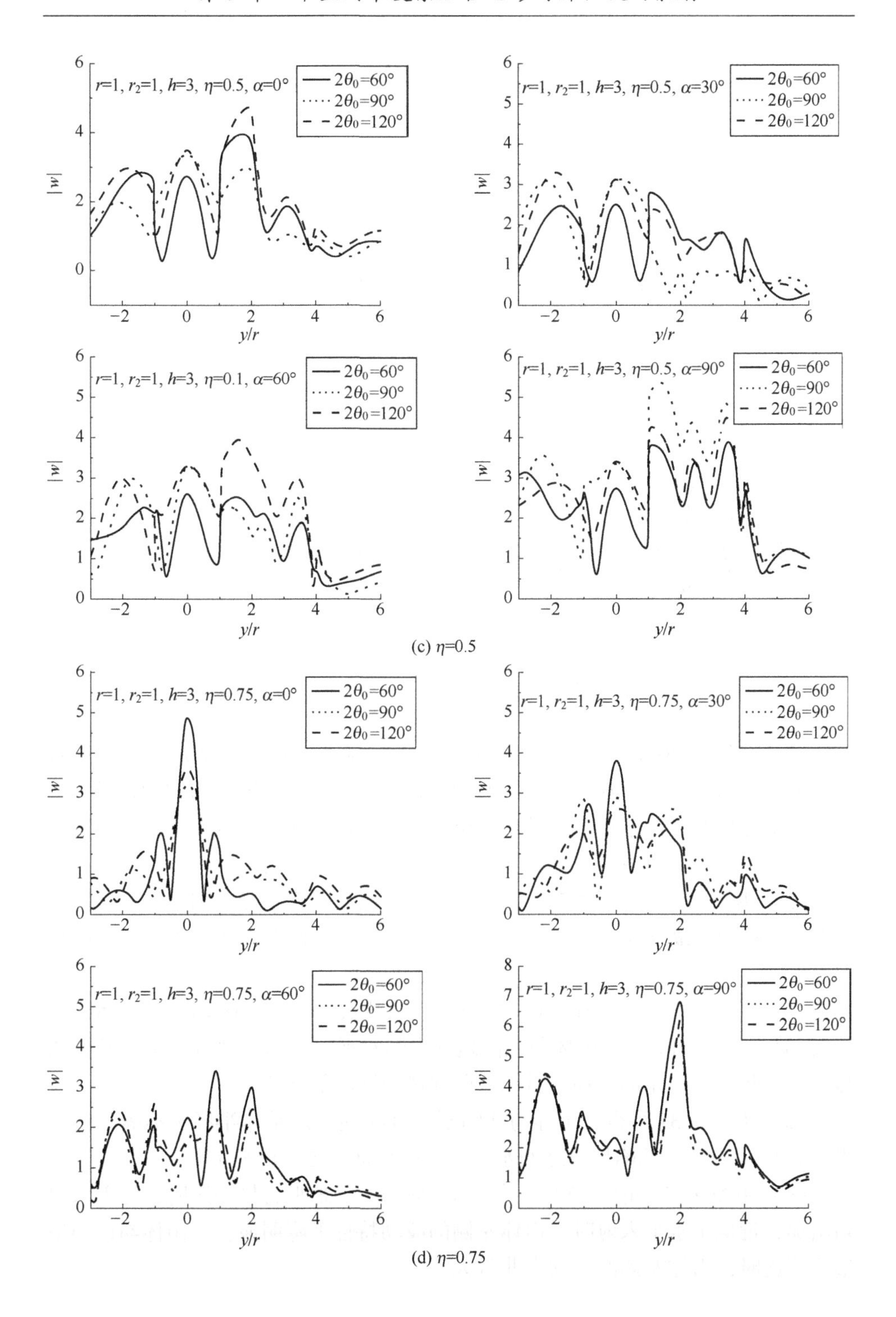

(c) η=0.5

(d) η=0.75

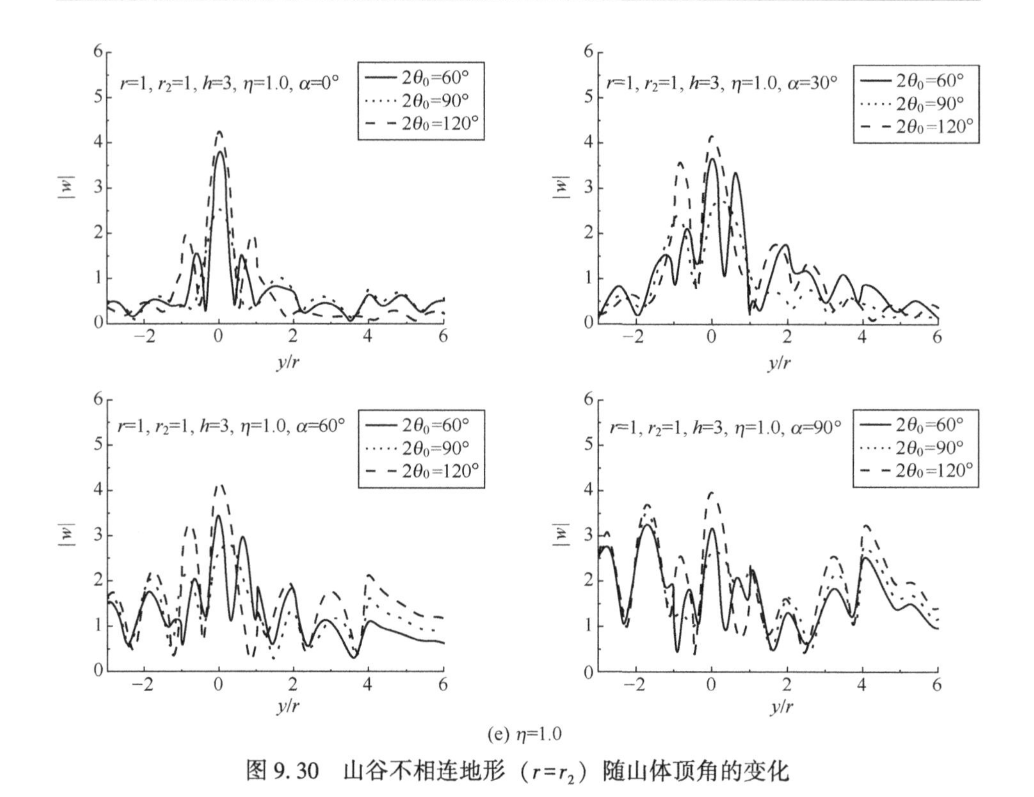

(e) η=1.0

图 9.30 山谷不相连地形（$r=r_2$）随山体顶角的变化

（2）由图 9.30（a）可知，当 $\eta=0.1$ 时，随着入射角的增加，近似于水平入射时，山体表面和水平地表的波动变化不大，而凹陷地形的波动则是比较大的，就好似两个凹陷地形，其中一个上面有一座山体载荷压在上面，而另一个则是自由的，有负载的波动就会小些，无负载的波动就会大些。

（3）由图 9.30（e）可知，当山基体 r 半径与凹陷半径 r_2 相同，波数 $\eta=1.0$，山顶夹角 $2\theta_0=90°$时，山体及其附近的位移幅值波动会比其他夹角的情况都大。

（4）由图 9.30（c）和（d）还可知，当波数 $\eta=0.5$、0.75，且山体半径 r 与凹陷半径 r_2 相等时，山体与凹陷地形之间水平地表的抖动特征会非常的明显，并且随着入射角的增加，抖动从凸起侧向凹陷侧变化。

（5）由图 9.31 可得，山体与凹陷不直接相连，山基体半径 r 不等于凹陷半径 r_2 时，山体与凹陷地形之间水平地表的抖动特征会明显下降。

（6）由图 9.32 和图 9.33 可得，当山体与凹陷地形直接相连时，随着入射角增加，近似于水平入射时，山体左侧的波动特性下降明显；当山体与凹陷地形不相连时，山体左侧的波动会非常大。

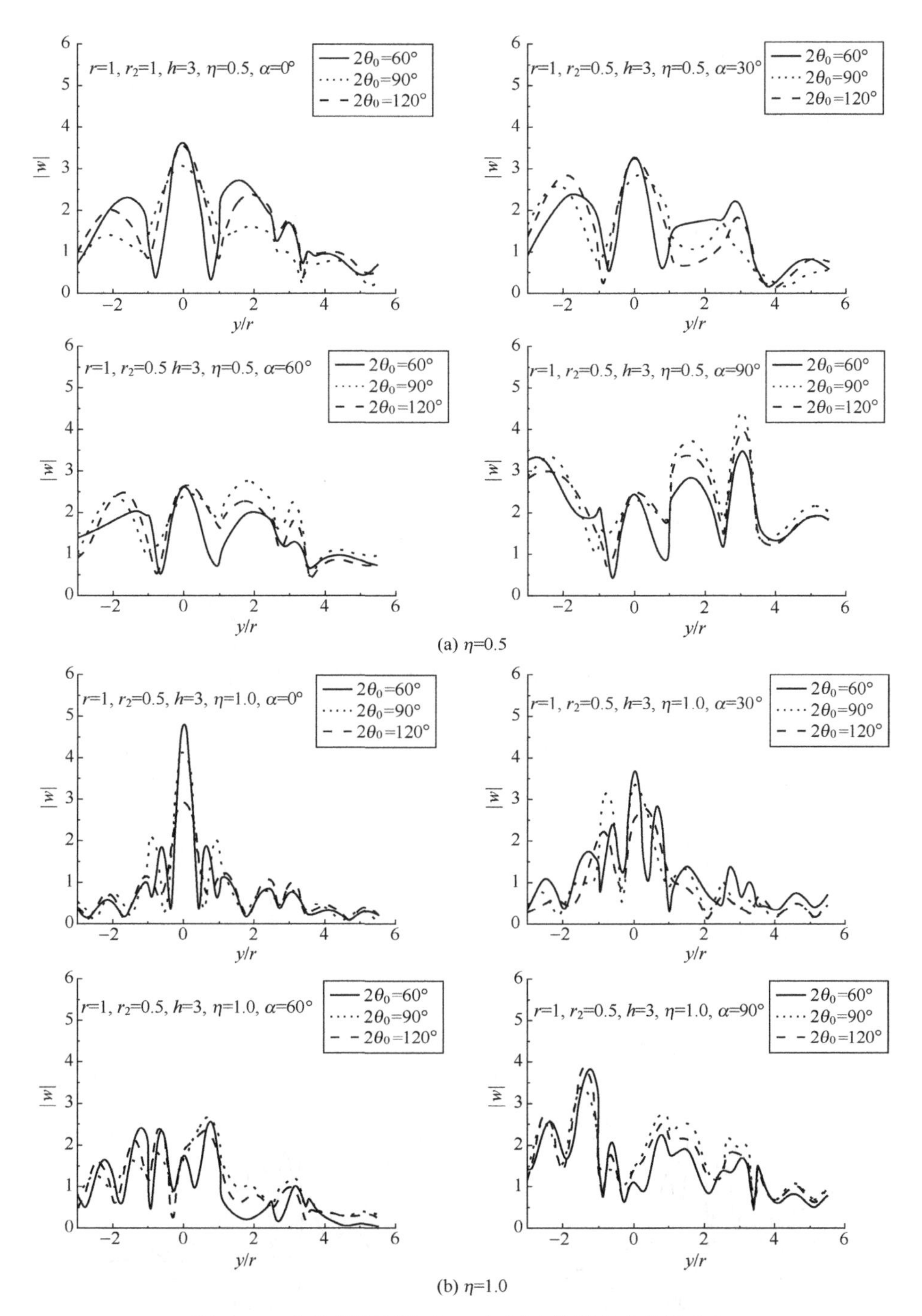

(a) $\eta=0.5$

(b) $\eta=1.0$

图 9.31　山谷相连地形（$r=r_2$）随山体顶角变化的响应

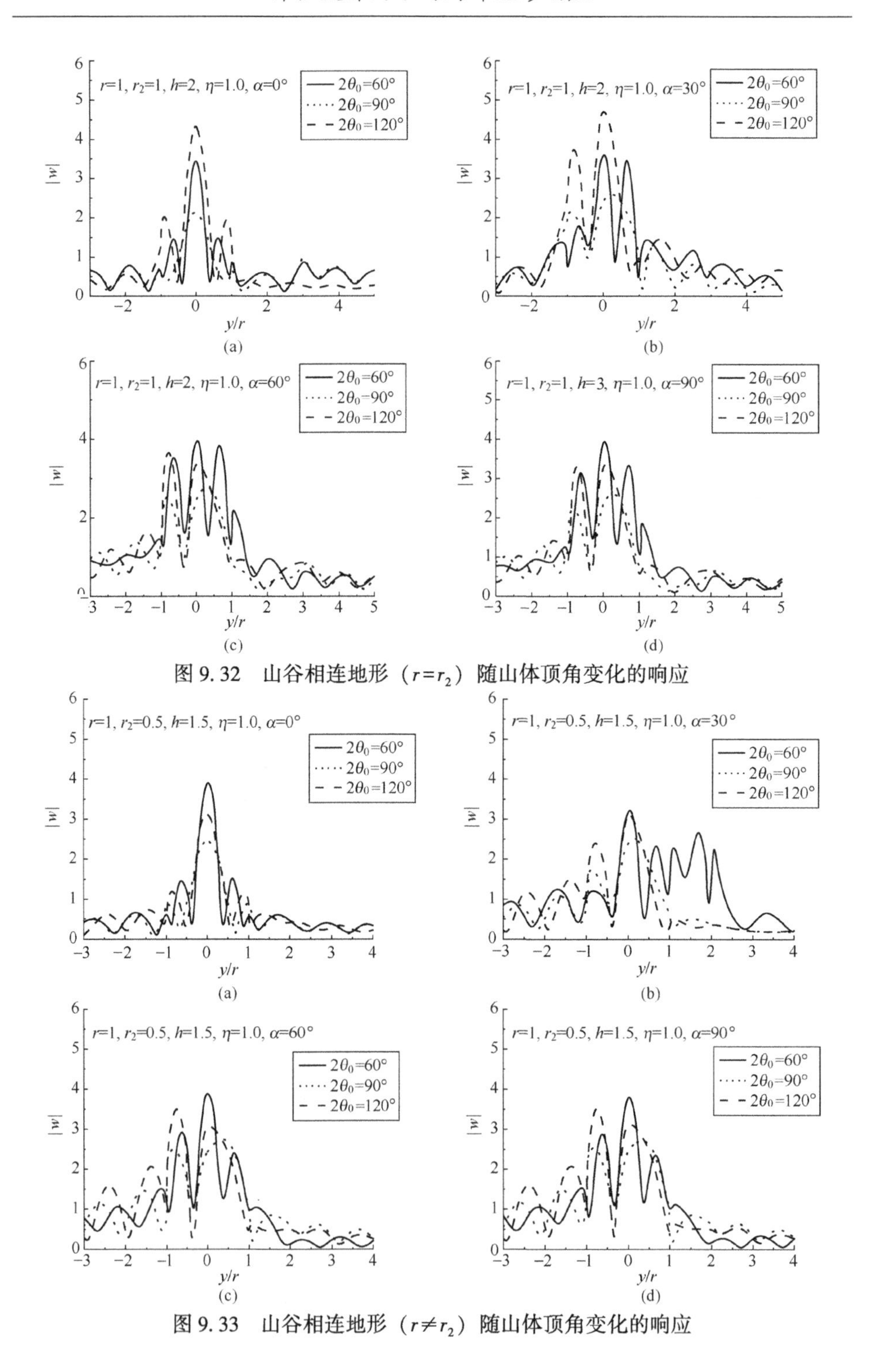

图 9.32　山谷相连地形（$r=r_2$）随山体顶角变化的响应

图 9.33　山谷相连地形（$r\neq r_2$）随山体顶角变化的响应

（7）由图 9.34 可得，当山体与凹陷之间的距离为山体半径 r 的 6 倍及 6 倍以上时，山体与凹陷之间的干扰作用不再明显，即山体与凹陷都能各自表现出单独被冲击的情况，其中山体的冲击响应尤其明显，凹陷地形则略有影响。

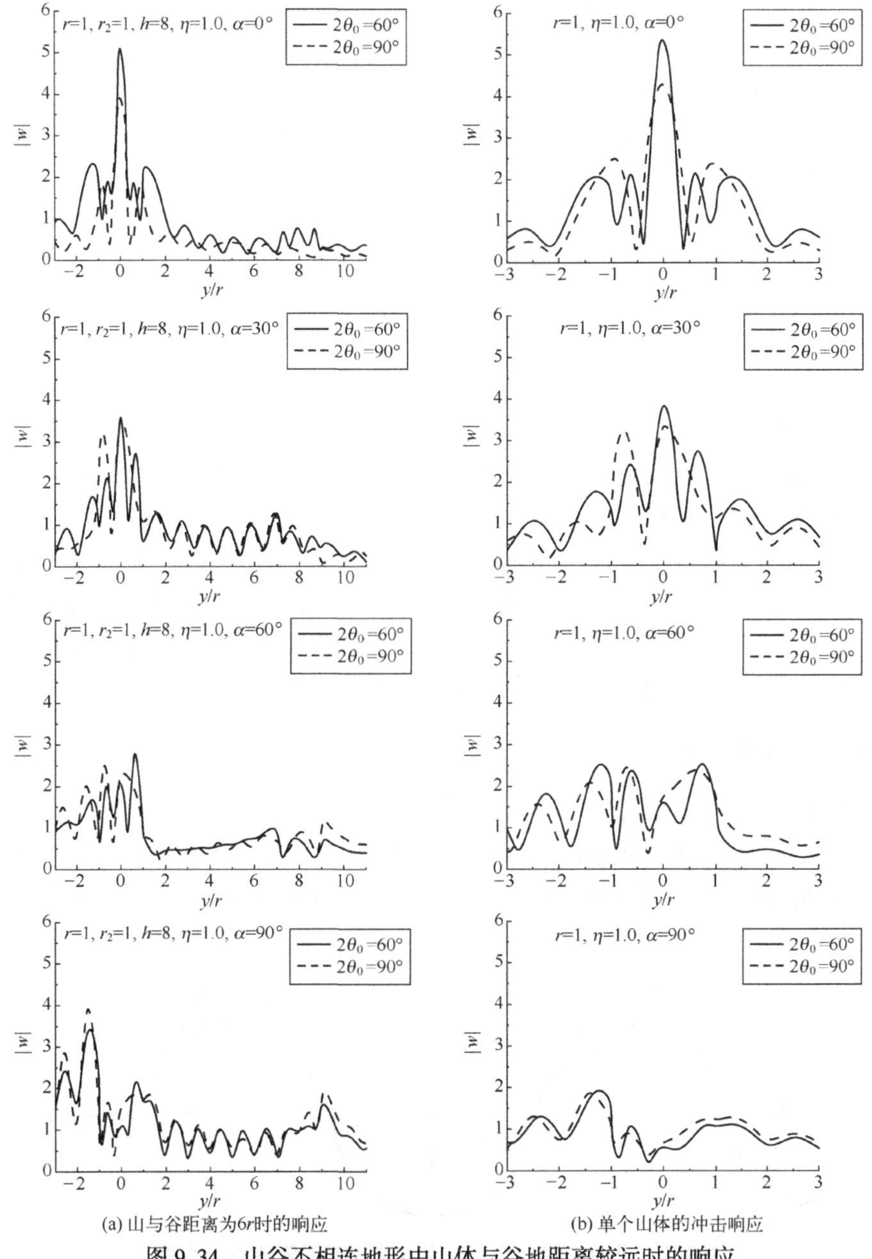

(a) 山与谷距离为6r时的响应　　(b) 单个山体的冲击响应

图 9.34 山谷不相连地形中山体与谷地距离较远时的响应

9.4.6 结论

本节采用了“分区域”“再契合”的思想，使用了复变函数和移动坐标的方法，求解了 SH 波作用下等腰三角形山体与半圆形凹陷并存地形的相互作用；给出了各部分的位移构造函数，并提供了山体与凹陷地形相连及山体与凹陷地形不相连两种情况下，不同波数、不同角度入射时的地表响应曲线。同时，还得到了山体与凹陷相隔 6 倍山体半径（$6r$）时，山体与凹陷地形的相互干涉现象不再明显的结论。

9.5 半空间中两个等腰三角形凸起与半圆形凹陷相连地形对 SH 波的散射

9.5.1 引言

本节研究了弹性半空间中两个等腰三角形凸起与半圆凹陷相连地形对 SH 波的散射。首先使用“分区”的思想将求解区域分为三个区域，然后采用“契合”的方法在三个区域中分别构造满足边界条件的位移解，通过移动坐标法，在公共边界实施“契合”，并结合半圆形凹陷表面上应力自由的边界条件，建立求解该问题的无穷代数方程组。最后通过具体算例分析表明不同参数对等腰三角形凸起与半圆形凹陷地形地表位移有着明显影响[11]。

9.5.2 问题模型

两个等腰三角形凸起与半圆形凹陷的弹性半空间地形如图 9.35 所示，水平地表记为 S，图中三角形凸起顶点分别为 o 和 o_4，凸起地形两边边界的坡度分别 $1:n_1$ 和 $1:n_2$，对等腰三角形应有 $n_1=n_2$，凸起高度为 h；半圆形凹陷圆

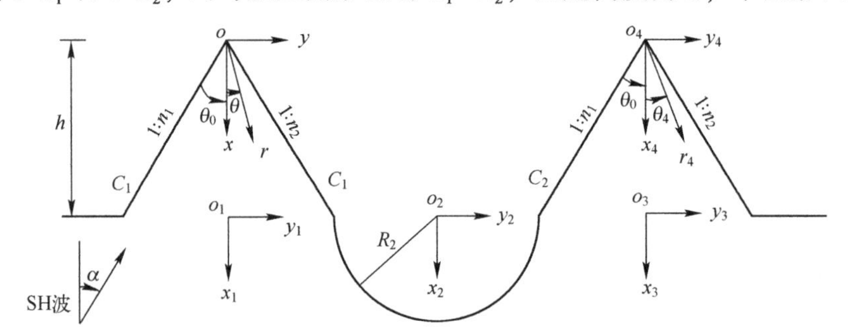

图 9.35 两个等腰三角形凸起和半圆形凹陷地形示意图

心为 o_2，半径为 R_2，边界为 D_2。

求解该地形对 SH 波散射问题，就是要在水平地表 S、凸起斜边 C_1 和 C_2 上以及半圆形凹陷边界上给定应力自由的边界条件来求解 SH 波的控制方程。

采用“分区”思想，将整个求解区域分割为三个区域，如图 9.36 所示：D_1 和 D_3 分别为区域Ⅰ和区域Ⅲ与区域Ⅱ的“公共边界”，并在其上满足应力、位移连续条件。

设 o_1 和 o_2 以及 o_3 和 o_2 距离为 d_1，o_1 和 o_3 距离为 d_2，则

$$d_1=R_1+R_2=R_2+R_3$$

$$d_2=R_1+2R_2+R_3$$

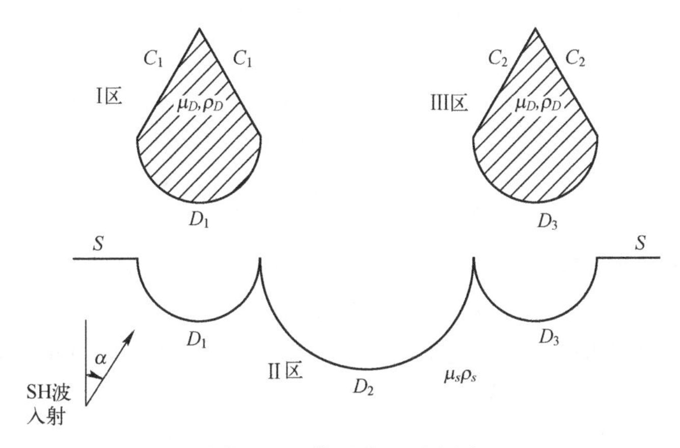

图 9.36　模型分区示意图

9.5.3　基本理论

1. 控制方程

在各向同性、均匀、连续的介质中，SH 波入射时在 xy 平面激发的位移 $w(x,y,t)$ 垂直于 xy 平面，与 z 轴无关。对于稳态情况，位移 $w(x,y,t)$ 在复平面 $(z,\bar{z})$ 上要满足运动方程：

$$\frac{\partial^2 w}{\partial z\,\partial \bar{z}}+\frac{1}{4}k^2 w=0 \tag{9-112}$$

式中：w 为位移函数，其与时间的依赖关系为 $\exp(-\mathrm{i}\omega t)$（以下略去）；$k=\omega/c_s$，$\omega$ 为位移 $w(x,y,t)$ 的圆频率，$c_s=\sqrt{\mu/\rho}$ 为介质的剪切波速，ρ 和 μ 分别为介质的质量密度和剪切模量。

在极坐标系中，其应力表达式表示为

$$\begin{cases}\tau_{rz}=\mu\left(\dfrac{\partial w}{\partial z}e^{i\theta}+\dfrac{\partial w}{\partial \bar{z}}e^{-i\theta}\right)\\ \tau_{\theta z}=i\mu\left(\dfrac{\partial w}{\partial z}e^{i\theta}-\dfrac{\partial w}{\partial \bar{z}}e^{-i\theta}\right)\end{cases} \tag{9-113}$$

2. 辅助问题

1) 区域Ⅰ和Ⅲ内的驻波

在区域Ⅰ内，构造一个驻波解，即总波场 w_{I}，并使在圆弧线上的位移、应力不受约束，且满足如下边界条件：

$$\tau_{\theta z}^{(D)}=\begin{cases}0, & \theta=+\theta_0\\ 0, & \theta=-\theta_0\end{cases} \tag{9-114}$$

在复平面$(z,\bar{z})$上，满足控制方程式（9-112）和边界条件式（9-114）的驻波函数 $w^{(D1)}$ 应当写成

$$\begin{aligned}w_{\mathrm{I}}=w^{(D1)}(z,\bar{z})=&w_0\sum_{m=0}^{\infty}D_m^{(1)}\mathrm{J}_{2mp}(k_D|z|)\left[\left(\frac{z}{|z|}\right)^{2mp}+\left(\frac{z}{|z|}\right)^{-2mp}\right]\\&+w_0\sum_{m=0}^{\infty}D_m^{(2)}\mathrm{J}_{(2m+1)p}(k_D|z|)\left[\left(\frac{z}{|z|}\right)^{(2m+1)p}-\left(\frac{z}{|z|}\right)^{-(2m+1)p}\right]\end{aligned} \tag{9-115}$$

式中：w_0 为驻波的最大幅值；$D_m^{(1)}$、$D_m^{(2)}$ 为待求常数；且 $p=\pi/2\theta$；$\mathrm{J}_{2mp}(\cdot)$，$\mathrm{J}_{(2m+1)p}(\cdot)$为 $2mp$ 和$(2m+1)p$ 阶的贝塞尔函数。

记以 o 为原点时 o_1 点的复坐标为 h，利用移动坐标 $z=z_i+h$ 在复平面$(z_1,\bar{z}_1)$上，式（9-115）可写成

$$\begin{aligned}w^{(D1)}(z_1,\bar{z}_1)=&w_0\sum_{m=0}^{\infty}D_m^{(1)}\mathrm{J}_{2mp}(k_D|z_1+h|)\left[\left(\frac{z_1+h}{|z_1+h|}\right)^{2mp}+\left(\frac{z_1+h}{|z_1+h|}\right)^{-2mp}\right]\\&+w_0\sum_{m=0}^{\infty}D_m^{(2)}\mathrm{J}_{(2m+1)p}(k_D|z_1+h|)\left[\left(\frac{z_1+h}{|z_1+h|}\right)^{(2m+1)p}-\left(\frac{z_1+h}{|z_1+h|}\right)^{-(2m+1)p}\right]\end{aligned} \tag{9-116}$$

由此便可求得相应的应力表达式 $\tau_{r_1z}^{(D1)}(z_1,\bar{z}_1)$。

同理，在区域Ⅲ内的总波场 w_{III} 即所构造的驻波在复平面$(z_3,\bar{z}_3)$内表示为

$$\begin{aligned}w_{\mathrm{III}}=w^{(D2)}(z_3,\bar{z}_3)=&\\ &w_0\sum_{m=0}^{\infty}E_m^{(1)}\mathrm{J}_{2mp}(k_D|z_3+h|)\left[\left(\frac{z_3+h}{|z_3+h|}\right)^{2mp}+\left(\frac{z_3+h}{|z_3+h|}\right)^{-2mp}\right]\\&+w_0\sum_{m=0}^{\infty}E_m^{(2)}\mathrm{J}_{(2m+1)p}(k_D|z_3+h|)\left[\left(\frac{z_3+h}{|z_3+h|}\right)^{(2m+1)p}-\left(\frac{z_3+h}{|z_3+h|}\right)^{-(2m+1)p}\right]\end{aligned} \tag{9-117}$$

其应力表达式 $\tau_{r_{3z}}^{(D2)}(z_3,\bar{z}_3)$ 可通过式（9-117）得到。

2）区域Ⅱ内的散射波

在入射波作用下，区域Ⅱ中有能满足半空间水平地表表面 S 上应力自由边界条件的散射波 $w^{(s1)}$、$w^{(s2)}$ 和 $w^{(s3)}$，在复平面$(z_i,\bar{z}_i)$上分别表示为

$$
\begin{aligned}
w^{(s1)}(z_i,\bar{z}_i) = & w_0\sum_{m=0}^{\infty}A_m^{(1)}\mathrm{H}_{2m}(k_s|\xi_{1i}|)\left[\left(\frac{\xi_{1i}}{|\xi_{1i}|}\right)^{2m}+\left(\frac{\xi_{1i}}{|\xi_{1i}|}\right)^{-2m}\right] \\
& +w_0\sum_{m=0}^{\infty}A_m^{(2)}\mathrm{H}_{2m+1}(k_s|\xi_{ii}|)\left[\left(\frac{\xi_{1i}}{|\xi_{1i}|}\right)^{(2m+1)}-\left(\frac{\xi_{1i}}{|\xi_{1i}|}\right)^{-(2m+1)}\right] \\
& \xi_{1i}=z_1,z_2+\mathrm{i}d_1,z_3+\mathrm{i}d_2;i=1,2,3
\end{aligned}
\tag{9-118}
$$

$$
\begin{aligned}
w^{(s2)}(z_i,\bar{z}_i) = & w_0\sum_{m=0}^{\infty}B_m^{(1)}\mathrm{H}_{2m}(k_s|\xi_{2i}|)\left[\left(\frac{\xi_{2i}}{|\xi_{2i}|}\right)^{2m}+\left(\frac{\xi_{2i}}{|\xi_{2i}|}\right)^{-2m}\right] \\
& +w_0\sum_{m=0}^{\infty}B_m^{(2)}\mathrm{H}_{2m+1}(k_s|\xi_{2i}|)\left[\left(\frac{\xi_{2i}}{|\xi_{2i}|}\right)^{(2m+1)}-\left(\frac{\xi_{2i}}{|\xi_{2i}|}\right)^{-(2m+1)}\right] \\
& \xi_{2i}=z_1-\mathrm{i}d_1,z_2,z_3+\mathrm{i}d_2;i=1,2,3
\end{aligned}
\tag{9-119}
$$

$$
\begin{aligned}
w^{(s3)}(z_i,\bar{z}_i) = & w_0\sum_{m=0}^{\infty}C_m^{(1)}\mathrm{H}_{2m}(k_s|\xi_{3i}|)\left[\left(\frac{\xi_{3i}}{|\xi_{3i}|}\right)^{2m}+\left(\frac{\xi_{3i}}{|\xi_{3i}|}\right)^{-2m}\right] \\
& +w_0\sum_{m=0}^{\infty}C_m^{(2)}\mathrm{H}_{2m+1}(k_s|\xi_{3i}|)\left[\left(\frac{\xi_{3i}}{|\xi_{3i}|}\right)^{(2m+1)}-\left(\frac{\xi_{3i}}{|\xi_{3i}|}\right)^{-(2m+1)}\right] \\
& \xi_{2i}=z_1-\mathrm{i}d_1,z_{21},z_3+\mathrm{i}d;i=1,2,3
\end{aligned}
\tag{9-120}
$$

通过式（9-118）~式（9-120）可求得相应的应力 $\tau_{r_iz}^{(s1)}(z_i,\bar{z}_i)$、$\tau_{r_iz}^{(s2)}(z_i,\bar{z}_i)$ 及 $\tau_{r_iz}^{(s3)}(z_i,\bar{z}_i)$。

3. 入射波与反射波

见图 9.35，SH 波在 $x_1o_1y_1$ 坐标系下入射角为 α，在图示坐标系 $x_1o_1y_1$ 中，入射波和反射波函分别为

$$
\begin{aligned}
w^{(i)} &= w_0\mathrm{e}^{\mathrm{i}k(y_1\sin\alpha-x_1\cos\alpha)} \\
w^{(r)} &= w_0\mathrm{e}^{\mathrm{i}k(y_1\sin\alpha+x_1\cos\alpha)}
\end{aligned}
\tag{9-121}
$$

在复平面$(z_i,\bar{z}_i)$上，有

$$w^{(i+r)}(z_i,z_i)=w_0 2\mathrm{J}_0(k_s|\xi_{1i}|)$$
$$+2W_0\sum_{m=1}^{\infty}(-1)^m\mathrm{J}_{2m}(k_s|\xi_{1i}|)\cos(2m\alpha)\left[\left(\frac{\xi_{li}}{|\xi_{li}|}\right)^{2m}+\left(\frac{\xi_{li}}{|\xi_{li}|}\right)^{-2m}\right]$$
$$\times 2W_0\sum_{m=0}^{\infty}(-1)^m\mathrm{J}_{2m+1}(k_s|\xi_{li}|)\sin[(2m+1)\alpha]\left[\left(\frac{\xi_{1i}}{|\xi_{1i}|}\right)^{2m+1}-\left(\frac{\xi_{1i}}{|\xi_{1i}|}\right)^{-(2m+1)}\right]$$
$$\xi_{li}=z_1,z_2+\mathrm{i}d_1,z_3+\mathrm{i}d_2;i=1,2,3$$

(9-122)

相应的应力表达式 $\tau_{r_iz}^{(s1)}(z_i,\bar{z}_i)$ 便可求得。

4. 边界条件及定解方程组

根据契合思想，区域Ⅰ与区域Ⅱ、区域Ⅱ与区域Ⅲ的公共边界应满足位移、应力连续的边界条件，并结合半圆形凹陷边界 D_2 满足应力自由边界条件可得以下定解方程组：

$$\begin{cases}w_{(z_1,\bar{z}_1)}^{(D1)}=w_{(z_1,\bar{z}_1)}^{(s1)}+w_{(z_1,\bar{z}_1)}^{(s2)}+w_{(z_1,\bar{z}_1)}^{(s3)}+w_{(z_1,\bar{z}_1)}^{(i+r)}, & z_1\in D_1\\ \tau_{r_1z_1}^{(D1)}=\tau_{r_1z_1}^{(s1)}+\tau_{r_1z_1}^{(s2)}+\tau_{r_1z_1}^{(s3)}+\tau_{r_1z_1}^{(i+r)}, & z_1\in D_1\\ w_{(z_3,\bar{z}_3)}^{(D2)}=w_{(z_3,\bar{z}_3)}^{(s1)}+w_{(z_3,\bar{z}_3)}^{(s2)}+w_{(z_3,\bar{z}_3)}^{(s3)}+w_{(z_3,\bar{z}_3)}^{(i+r)}, & z_3\in D_3\\ \tau_{r_3z_3}^{(D1)}=\tau_{r_3z_3}^{(s1)}+\tau_{r_3z_3}^{(s2)}+\tau_{r_3z_3}^{(s3)}+\tau_{r_3z_3}^{(i+r)}, & z_3\in D_3\\ \tau_{r_2z_2}^{(s1)}+\tau_{r_2z_2}^{(s2)}+\tau_{r_2z_2}^{(s3)}+\tau_{r_2z_2}^{(i+r)}=0, & z_2\in D_2\end{cases}\tag{9-123}$$

将位移和应力的表达式代入，在方程两边同时乘以 $\mathrm{e}^{-\mathrm{i}n\theta}$，并在区间$(-\pi,\pi)$上积分，即得到待定未知系数 $D_m^{(j)}$，$A_m^{(j)}$，$B_m^{(j)}$，$C_m^{(j)}$，$E_m^{(j)}$（$j=1$，2）无穷代数方程组。

5. 地表位移幅值

对稳态 SH 波而言，如果求得了观察点处的位移量，即可求出该点的加速度值，这对地震工程是至关重要的。研究等腰三角形凸起与半圆形凹陷地形对 SH 波散射的影响，就要求给出水平面上任意观察点上地震动变化与 SH 波的波数 η、入射角 α 的关系。

弹性半空间区域Ⅱ中的总波场可以表示为

$$w_2=w^{(i+r)}+w^{(s1)}+w^{(s2)}+w^{(s3)}\tag{9-124}$$

入射波的频率 ω 可以与区域Ⅰ第一个半圆半径 R_1 组合成一个入射波数，即入射波数为

$$kR_1=\frac{\omega R_1}{c_s}\tag{9-125}$$

式（9-125）还可写为

$$\eta=\frac{2R_1}{\lambda} \tag{9-126}$$

9.5.4　算例分析

作为算例，见图 9.35，假定入射波振幅 $w_0=1$，$R_1=R_2=R_3=1$，区域Ⅰ和区域Ⅲ与区域Ⅱ的材料相同，即 $\rho_D=\rho_s$，$\mu_D=\mu_s$，$k_D=k_s$。本节主要分析 SH 波以不同波数 η、不同入射角 α 入射时不同坡度的等腰三角形凸起及半圆形凹陷和左边水平面地表位移幅值的变化情况。

（1）图 9.37~图 9.39 分别给出了入射波波数为 0.1、0.5、1.0 三种情况下，当等腰三角形的顶角为 $2\theta=60°$、90°、120°，SH 波以不同的角度入射时，水平地表和凸起地表的位移幅值分布情况。当 $\eta=0.1$ 时，即表示所求解的问题为准静态情况，显示出明显的“静力学”特征。三角形夹角越小则位移越大，这是由于夹角越小，凸起地形刚度越小；而当 $\eta=0.5$、1.0 时，地表位移的变化显示出明显的动力学特征。随着入射角 α 的增加，位移幅值会有所减小；当 $\alpha=0°$，即 SH 波垂直入射时，$|w|$达到最大的幅值，可达 5。

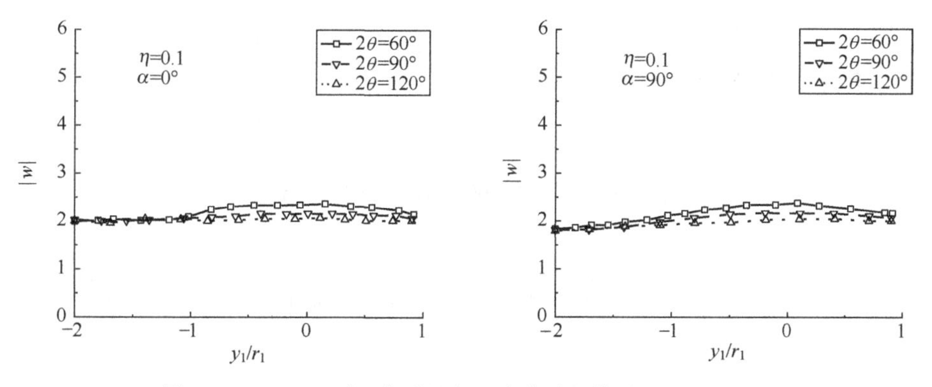

图 9.37　$\eta=0.1$ 时三角形凸起地表位移幅值随 y_1/r_1 的变化

（2）图 9.40~图 9.42 给出的是凹陷地表位移随 y_2/r_2 的变化。由图 9.40 可以看出，入射波入射时，凹陷地形地表位移相对较小，位移幅值$|w|$变化不大。当 $\eta=0.1$ 时，三角形顶角的变化对凹陷地形地表位移影响微小，而当 $\eta=0.5$、1.0 时，地表位移幅值$|w|$表现出了一定的振动性这一动力学特征，并且受三角形坡度的影响较大，当入射角 $\alpha=90°$时，位移幅值变化均比较微小。通过对比可知，随着入射角 α 的增大，地表位移幅值变化

相对较少，当 $\eta=1.0$ 时，入射波入射角 α 越大，位移幅值相对越高，最高可达 3.2。

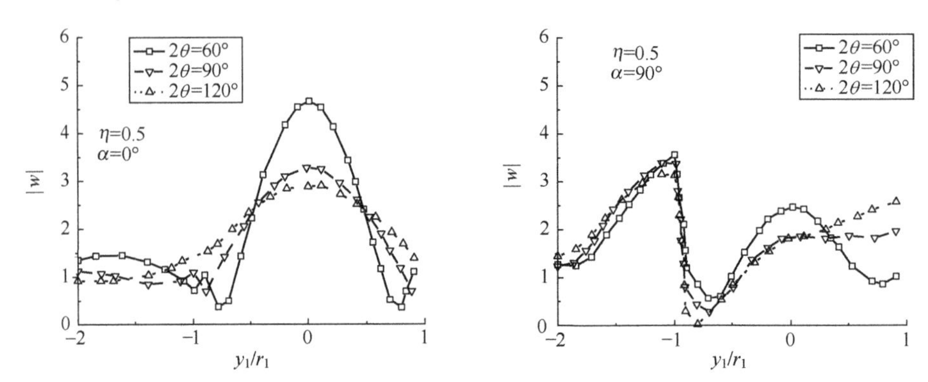

图 9.38　$\eta=0.5$ 时三角形凸起地表位移幅值随 y_1/r_1 的变化

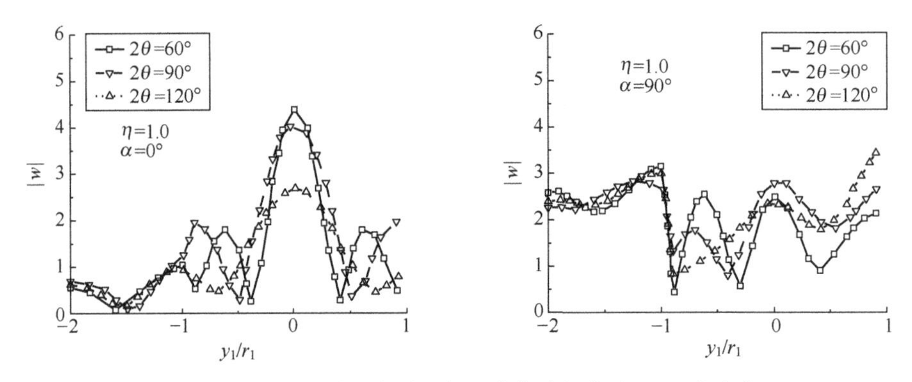

图 9.39　$\eta=1.0$ 时三角形凸起地表位移幅值随 y_1/r_1 的变化

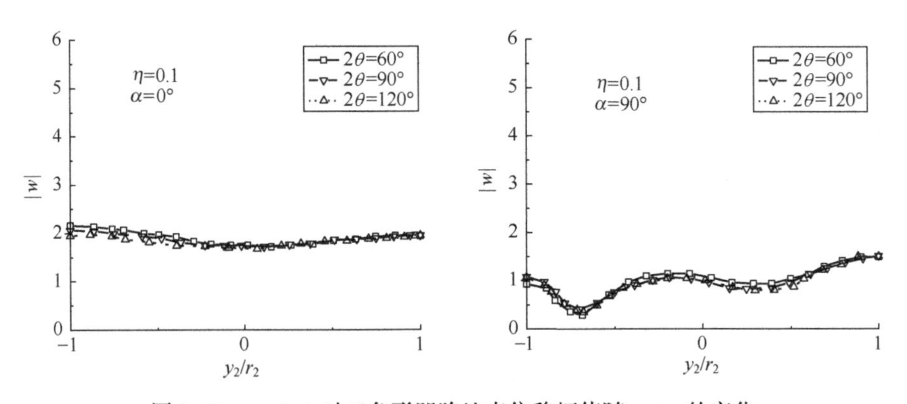

图 9.40　$\eta=0.1$ 时三角形凹陷地表位移幅值随 y_2/r_2 的变化

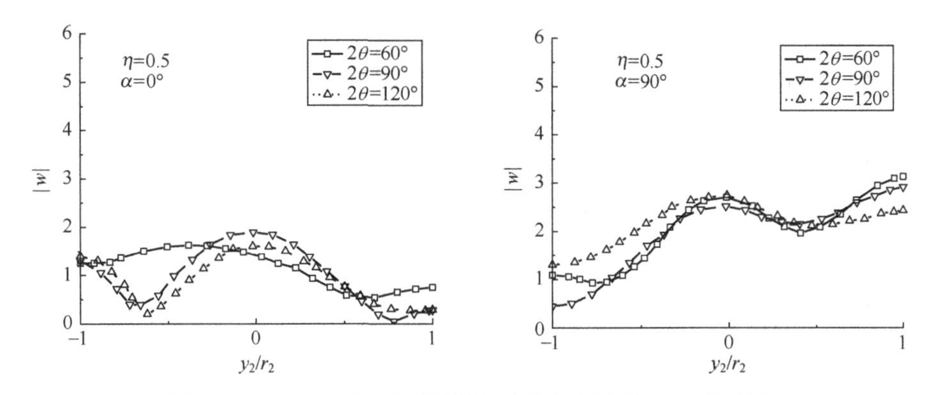

图 9.41　$\eta=0.5$ 时三角形凹陷地表位移幅值随 y_2/r_2 的变化

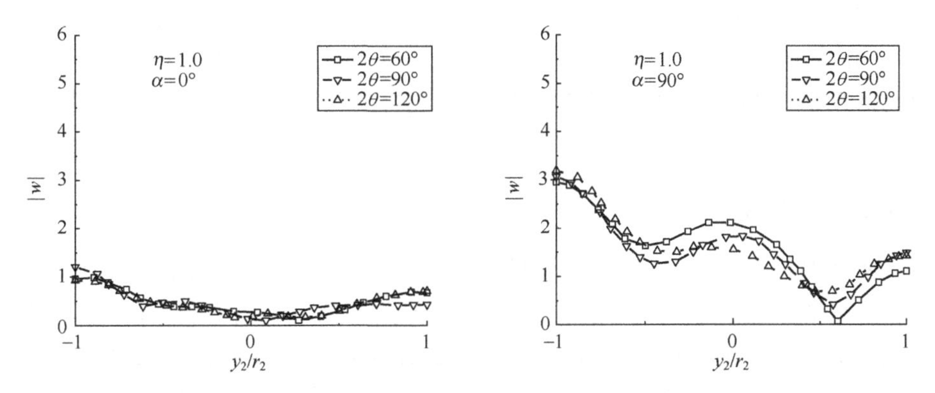

图 9.42　$\eta=1.0$ 时三角形凹陷地表位移幅值随 y_2/r_2 的变化

9.5.5　结论

根据以上算例，可得半空间中两个等腰三角形凸起与半圆形凹陷相连地形对 SH 波的散射结论如下：

（1）通过算例分析可知，入射波波数对三角形地表及水平地表位移影响较大，对凹陷地表影响会相对较少，随着波数 η 的增加，地表位移幅值表现出明显的动力学特征。此外，当入射波波数一样时，三角形夹角越小，等腰三角形地表的出平面反应越大，这是因为夹角越小，结构越高耸，从而造成刚度减小的缘故。这在入射角 $\alpha=0°$时尤为明显。

（2）通过分析表明，凹陷的存在对三角形凸起地表位移幅值具有一定的影响，而三角形坡度的变化对凹陷地表造成的影响比较微小。

（3）该问题几何模型比较复杂，这给问题的求解增加了一定的困难，特别是在精度问题上是一个严峻的考验。本节通过一个简单的算例简化了该复杂地形问题的模型，初步分析研究了该问题的解析解，接下来将更深入地研究其他参数，如 R_2/R_1 对复杂地形地表位移幅值的影响。

9.6 半空间中两个斜三角形凸起与半圆形凹陷相连地形对 SH 波的散射

9.6.1 引言

本节利用复变函数法与多极坐标法对中间是半圆凹陷、两边分别是斜三角形凸起的组合地形对 SH 波的散射问题进行研究。首先将求解区域分为三个部分，再分别构造在不同区域满足边界条件的驻波解，并在公共边界实施“契合”，建立满足半圆形凹陷表面应力自由边界条件的无穷代数方程组；然后通过具体算例分析不同参数对三角形凸起与半圆形凹陷相连地形地震动的影响[12]。

9.6.2 问题模型

两个斜三角形凸起与半圆形凹陷相连地形组成的半空间模型如图 9.43 所示，水平地表表示为 S，三角形凸起顶点分别为 o 和 o_4，斜三角形两边的坡度分别为 $1:n_1$，$1:n_2$，$1:n_3$ 和 $1:n_4$，底边长分别为 $2R_1$ 和 $2R_3$，凸起高度分别为 h_1 和 h_2；半圆形凹陷圆心为 o_2，半径为 R_2，边界为 D_2。分析该地形对 SH 波散射问题，就得先求解出满足水平地表 S，凸起斜边 C_1、C_2、C_3 和 C_4 以及半圆形凹陷边界上应力自由的边界条件的控制方程。采用“分区”思想，将问题模型分割为三个部分，如图 9.44 所示：D_1 和 D_3 分别为区域Ⅰ和区域Ⅲ与区域Ⅱ的“公共边界”，并在其上满足应力、位移连续条件。

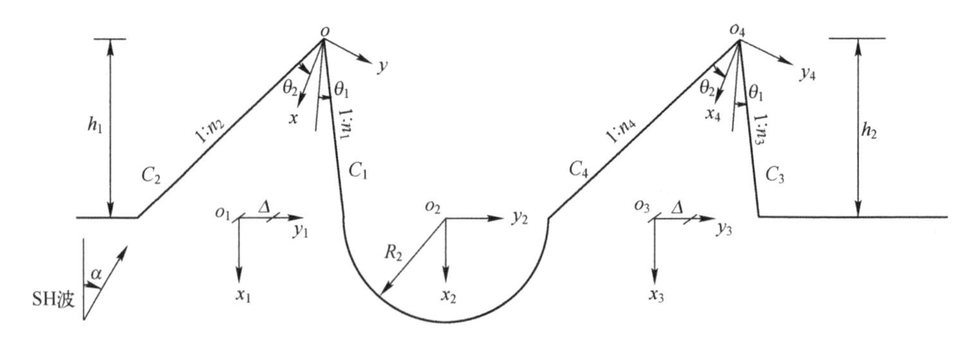

图 9.43　多个三角形凸起与半圆形凹陷相连地形

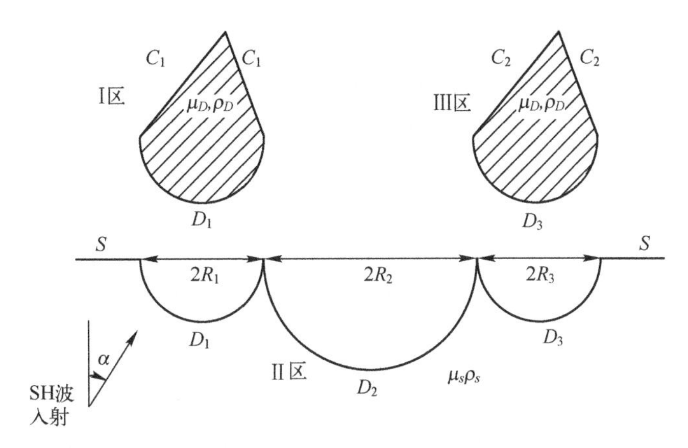

图 9.44　求解区域的分割

设 o_1 和 o_2、o_3 和 o_2 距离为 d_1，o_1 和 o_3 距离为 d_2，$|o_1o|$和$|o_1o|$在底边上的投影分别为 Δ_1 和 Δ_2，则有：

$$d_1=R_1+R_2=R_2+R_3, \quad d_2=R_1+2R_2+R_3$$

$$\Delta_1=(n_2-n_1)/(n_2+n_1), \quad \Delta_2=(n_4-n_3)/(n_4+n_3)$$

9.6.3　基本理论

1. 控制方程

在各向同性、均匀、连续的介质中，SH 波入射时位移 w 在复平面$(z_1,\bar{z}_1)$上要满足运动方程：

$$\frac{\partial^2 w}{\partial z \partial \bar{z}}+\frac{1}{4}k^2 w=0 \tag{9-127}$$

式中：w 与时间的依赖关系为 $\exp(-\mathrm{i}\omega t)$（以下略去）；$k=\omega/c_s$，$\omega$ 为位移 $w(x,y,t)$的圆频率，$c_s=\sqrt{\mu/\rho}$为介质的剪切波速，ρ 和 μ 分别为介质的质量密度和剪切模量。

极坐标系下，其应力表达式表示为

$$\begin{cases}\tau_{rz}=\mu\left(\dfrac{\partial w}{\partial z}\mathrm{e}^{\mathrm{i}\theta}+\dfrac{\partial w}{\partial \bar{z}}\mathrm{e}^{-\mathrm{i}\theta}\right)\\[2ex] \tau_{\theta z}=\mathrm{i}\mu\left(\dfrac{\partial w}{\partial z}\mathrm{e}^{\mathrm{i}\theta}-\dfrac{\partial w}{\partial \bar{z}}\mathrm{e}^{-\mathrm{i}\theta}\right)\end{cases} \tag{9-128}$$

2. 辅助问题

1）区域Ⅰ和Ⅲ内的驻波

在区域Ⅰ内，构造一个驻波 w_{I}，使其满足半圆弧线上的位移、应力不受约束，即满足边界条件：

$$\tau_{\theta_z}^{(D)}=\begin{cases}0, & \theta=+(\theta_1+\theta_2)/2\\ 0, & \theta=-(\theta_1+\theta_2)/2\end{cases} \tag{9-129}$$

在复平面$(z,\bar{z})$上，满足式（9-127）和式（9-129）的驻波函数$w^{(D1)}$写成

$$\begin{aligned} w_{\mathrm{I}}=w^{(D1)}(z,\bar{z})=&w_0\sum_{n=0}^{\infty}D_m^{(1)}\mathrm{J}_{2m_1}(k_D|z|)\left[\left(\frac{z}{|z|}\right)^{2mp_1}+\left(\frac{z}{|z|}\right)^{-2mp_1}\right]\\ &+w_0\sum_{n=0}^{\infty}D_m^{(2)}\mathrm{J}_{(2m+1)p_1}(k_D|z|)\left[\left(\frac{z}{|z|}\right)^{(2m+1)p_1}-\left(\frac{z}{|z|}\right)^{-(2m+1)p_1}\right]\end{aligned} \tag{9-130}$$

式中：w_0为驻波的最大幅值；$D_m^{(1)}$、$D_m^{(2)}$为待求常数；$p_1=\pi/2\theta$；$\mathrm{J}_{2mp_1}(\cdot)$，$\mathrm{J}_{(2m+1)p_1}(\cdot)$为$2mp_1$和$(2m+1)p_1$阶的贝塞尔函数。

z可以表示为

$$z=(z_1+b_1)\mathrm{e}^{\mathrm{i}q_1} \tag{9-131}$$

式中：$q_1=(\arctan n_2-\arctan n_1)/2$；$b_1=h_1-\Delta_1\mathrm{i}$。

在复平面$(z_1,\bar{z}_1)$上，式（9-130）可写成

$$\begin{aligned} &w^{(D1)}(z_1,\bar{z}_1)\\ &=w_0\sum_{m=0}^{\infty}D_m^{(1)}\mathrm{J}_{2mp_1}(k_D|(z_1+b_1)\mathrm{e}^{\mathrm{i}q}|)\left[\left(\frac{(z_1+b_1)\mathrm{e}^{\mathrm{i}q}}{|(z_1+b_1)\mathrm{e}^{\mathrm{i}q}|}\right)^{2mp_1}+\left(\frac{(z_1+b_1)\mathrm{e}^{\mathrm{i}q}}{|(z_1+b_1)\mathrm{e}^{\mathrm{i}q}|}\right)^{-2mp_1}\right]\\ &+w_0\sum_{m=0}^{\infty}D_m^{(2)}\mathrm{J}_{(2m+1)p_1}(k_D|(z_1+b_1)\mathrm{e}^{\mathrm{i}q}|)\left[\left(\frac{(z_1+b_1)\mathrm{e}^{\mathrm{i}q}}{|(z_1+b_1)\mathrm{e}^{\mathrm{i}q}|}\right)^{(2m+1)p_1}-\left(\frac{(z_1+b_1)\mathrm{e}^{\mathrm{i}q}}{|(z_1+b_1)\mathrm{e}^{\mathrm{i}q}|}\right)^{-(2m+1)p_1}\right]\end{aligned} \tag{9-132}$$

将式（9-132）代入式（9-128），便可求得相应的应力表达式$\tau_{r_1z}^{(D1)}(z_1,\bar{z}_1)$。

同理，区域Ⅲ内的总波场w_{III}在复平面$(z_3,\bar{z}_3)$内可写为

$$\begin{aligned} &w^{(D2)}(z_3,\bar{z}_3)\\ &=w_0\sum_{m=0}^{\infty}E_m^{(1)}\mathrm{J}_{2mp_2}(k_D|(z_3+b)\mathrm{e}^{\mathrm{i}q_2}|)\left[\left(\frac{(z_3+b_2)\mathrm{e}^{\mathrm{i}q}}{|(z_3+b_2)\mathrm{e}^{\mathrm{i}q}|}\right)^{2mp_2}+\left(\frac{(z_3+b_2)\mathrm{e}^{\mathrm{i}q}}{|(z_3+b_2)\mathrm{e}^{\mathrm{i}q}|}\right)^{-2mp_2}\right]\\ &+w_0\sum_{m=0}^{\infty}E_m^{(2)}\mathrm{J}_{(2m+1)p_2}(k_D|(z_3+b_2)\mathrm{e}^{\mathrm{i}q_2}|)\left[\left(\frac{(z_3+b_2)\mathrm{e}^{\mathrm{i}q}}{|(z_3+b_2)\mathrm{e}^{\mathrm{i}q}|}\right)^{(2m+1)p_2}-\left(\frac{(z_3+b_2)\mathrm{e}^{\mathrm{i}q}}{|(z_3+b_2)\mathrm{e}^{\mathrm{i}q}|}\right)^{-(2m+1)p_2}\right]\end{aligned} \tag{9-133}$$

式中：$p_2=\pi/(\theta_3+\theta_4)$；$q_2=(\arctan n_4-\arctan n_3)/2$；$b_2=h_2-\Delta_2\mathrm{i}$。其应力表达式$\tau_{r_3z}^{(D2)}(z_3,\bar{z}_3)$可通过式（9-127）、式（9-133）得到。

2）区域Ⅱ内的散射波

SH 波入射作用下，区域Ⅱ中存在能满足半空间水平地表表面 S 上应力自由边界条件的散射波 $w^{(s1)}$、$w^{(s2)}$ 和 $w^{(s3)}$，在复平面 $(z_i,\bar{z}_i)$（$i=1,2,3$）上的表达式见上一节。

3）入射波与反射波

在 $x_1o_1y_1$ 坐标系下，SH 波以入射角 α 入射，见图 9.43。在各个复平面坐标系 $(z_i,\bar{z}_i)(i=1,2,3)$ 下，入射波 $w^{(i)}$ 和反射波 $w^{(r)}$ 的表达式参见上一节。

4）定解方程组

对区域Ⅰ与区域Ⅱ、区域Ⅱ与区域Ⅲ的公共边界进行契合，即要求满足位移、应力连续的边界条件，再结合半圆形凹陷边界 D_2，满足应力自由的边界条件可推出以下定解方程组：

$$\begin{cases} w^{(D1)}_{(z_1,\bar{z}_1)}=w^{(s1)}_{(z_1,\bar{z}_1)}+w^{(s2)}_{(z_1,\bar{z}_1)}+w^{(s3)}_{(z_1,\bar{z}_1)}+w^{(i+r)}_{(z_1,\bar{z}_1)}, & z_1\in D_1 \\ \tau^{(D1)}_{r_1z_1}=\tau^{(s1)}_{r_1z_1}+\tau^{(s2)}_{r_1z_1}+\tau^{(s3)}_{r_1z_1}+\tau^{(i+r)}_{r_1z_1}, & z_1\in D_1 \\ w^{(D2)}_{(z_3,\bar{z}_3)}=w^{(s1)}_{(z_3,\bar{z}_3)}+w^{(s2)}_{(z_3,\bar{z}_3)}+w^{(s3)}_{(z_3,\bar{z}_3)}+w^{(i+r)}_{(z_3,\bar{z}_3)}, & z_3\in D_3 \\ \tau^{(D1)}_{r_3z_3}=\tau^{(s1)}_{r_3z_3}+\tau^{(s2)}_{r_3z_3}+\tau^{(s3)}_{r_3z_3}+\tau^{(i+r)}_{r_3z_3}, & z_3\in D_3 \\ \tau^{(s1)}_{r_2z_2}+\tau^{(s2)}_{r_2z_2}+\tau^{(s3)}_{r_2z_2}+\tau^{(i+r)}_{r_2z_2}=0, & z_2\in D_2 \end{cases} \tag{9-134}$$

将位移和应力的表达式代入，在方程两边同时乘以 $e^{-in\theta}$，并在区间 $(-\pi,\pi)$ 上积分，即得到待定未知系数 $D_m^{(j)}$、$A_m^{(j)}$、$B_m^{(j)}$、$C_m^{(j)}$、$E_m^{(j)}(j=1,2)$ 无穷代数方程组。

5）地表位移幅值的研究

研究 SH 波的散射问题，求出任意观察点处的地表位移，便可求出该点的加速度值，这对抗震结构设计具有重要意义。弹性半空间区域Ⅱ中的总波场可以表示为

$$w_{\mathrm{II}}=w^{(i+r)}+w^{(s1)}+w^{(s2)}+w^{(s3)} \tag{9-135}$$

9.6.4　算例分析与讨论

作为算例，假设入射 SH 波的振幅 $w_0=1$，$R_1=R_3=1$，$R_2=0.5$，$n_1=n_3$，$n_2=n_4$，$h_1=h_2$，区域Ⅰ和区域Ⅲ与区域Ⅱ的材料相同，即 $\rho_D=\rho_s$，$\mu_D=\mu_s$，$k_D=k_s$。$|y_1/r_1|<1$ 代表第一个凸起地形地表各点的位移幅值，$y_1/r_1=\Delta$，对应着第一个凸起地形的顶点。$y_1/r_1<-1.0$ 代表左边水平面，$1\leqslant y_1/r_1<2$ 代表凹陷，$2\leqslant y_1/r_1<4$ 和 $4\leqslant y_1/r_1\leqslant 5$ 分别代表第二个三角形及右水平面各点的位移幅值。

图 9.45 给出了两个三角形顶角为 150°，斜三角形凸起地形 $\theta_{21}=\theta_2-\theta_1=$ 0°、10°、20°的情况下，当入射波波数为 0.1、0.5、1.0，SH 波以不同的角度入射时，三角形凸起及半圆形凹陷地表位移的分布情况。

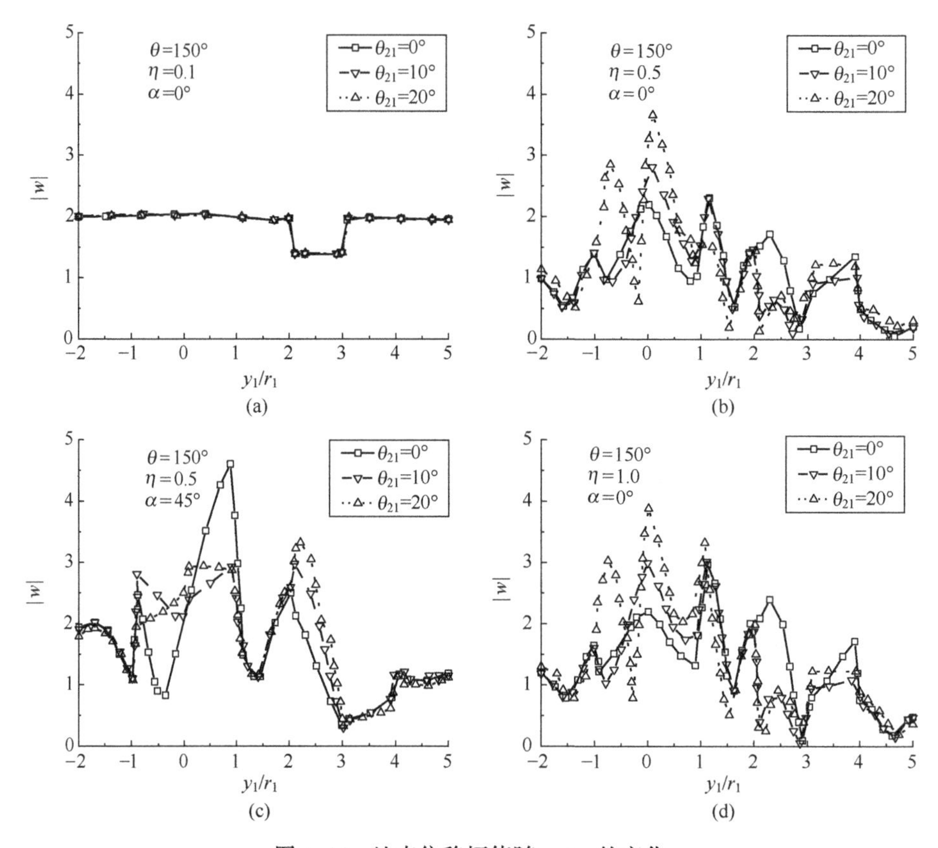

图 9.45 地表位移幅值随 y_1/r_1 的变化

由图 9.45（a）可看出，当 $\eta=0.1$，即准静态情况时，地表位移表现出了明显的“静力学”特征，位移幅值没有产生多大变化。图 9.45（b）~（d）表明，当 $\eta=0.5$、1.0 时，地表位移的变化开始表现出越来越明显的动力学特征，凸起地表位移的最大值也相应增加。比较图 9.45（c）和（d），可以发现 η 一定，入射角增加时，左边水平面附近的位移幅值会有所增加，远处的位移也会相对变小。

通过分析可得出，SH 波的入射波波数与入射角对三角形凸起与半圆形凹陷相连地形的地表位移有着很显著的影响，特别是波数的影响更为明显。

9.7 半空间中梯形凸起地形与浅埋圆孔对SH波的散射

9.7.1 引言

在实际工程中，隧道等孔洞结构随处可见，因此很有必要将含有圆柱形孔洞类地下结构结合梯形凸起地形进行分析。其中，对于地形问题主要求解内容为山体表面各处地表位移幅值。本节将主要探讨不同的SH波入射波波数及角度、圆孔的大小以及梯形凸起的坡度与高度对地表位移幅值的影响。

9.7.2 理论模型及其控制方程

1. 模型建立

图9.46所示即为含有圆柱形孔洞的等腰梯形凸起地形的分区示意图。根据“分区”的思想，在梯形凸起顶角引出两条半圆辅助边界 S_a 与 S_b 将整个模型分为三个区域，其中区域1（区域Ⅰ）为含有圆柱形孔洞以及半圆形凹陷的半空间，区域2（区域Ⅱ）为 S_a 与 S_b 分割出的扇形域，区域3（区域Ⅲ）为最上方的半圆形域，并在此基础上结合两条边界线处的应力连续以及位移连续条件对各区域进行带有未知系数的位移场表达与应力场表达。其后，根据应力

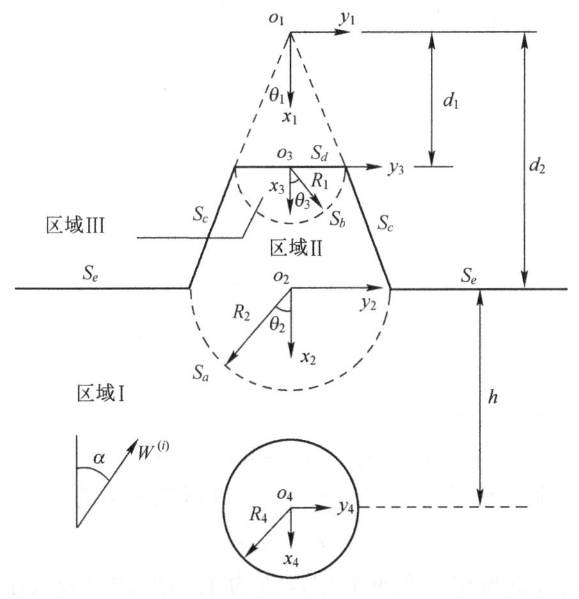

图9.46　含有圆柱形孔洞的等腰梯形凸起模型

连续条件以及位移连续条件，在辅助边界 S_a 与 S_b 处对各区域波场进行“契合”，由此求解出各区域波场中的未知系数，进而求解出该问题的严格解析解。

其中，在所划分的三个区域中可以由 4 个直角坐标系(x_1,y_1)，(x_2,y_2)，(x_3,y_3)，(x_4,y_4)进行表达。通过复变函数方法，引入 $z=x+\mathrm{i}y$ 以及 $\bar{z}=x-\mathrm{i}y$，即可对其以复坐标形式表示。其中各坐标系之间关系如表 9.1 所列。

表 9.1　复坐标转换参数

z	$z_1=$	$z_2=$	$z_3=$	$z_4=$
z_1	—	$-d_2$	$-d_1$	$-h-d_2$
z_2	$+d_2$	—	$-d_1+d_2$	$-h$
z_3	$+d_1$	$+d_1-d_2$	—	$-h-d_2+d_1$
z_4	$+h+d_2$	$+h$	$+h+d_2-d_1$	—

2. 各区域波场表达式

图 9.47 所示为分区后区域 1 模型，其可以被看为一个含有半圆形凹陷与圆柱形孔洞的半空间。在该区域中，存在 SH 波的入射波 $w^{(i)}$ 与反射波 $w^{(r)}$，在半圆形凹陷处存在散射波 $w^{(s)}$，同时在圆柱形孔洞的边界处也存在着散射波 $w_T^{(s)}$。其中，入射波 $w^{(i)}$、反射波 $w^{(r)}$ 以及凹陷处的散射波 $w^{(s)}$ 均在 $x_2o_2y_2$ 坐标系下给出，而圆柱形孔洞处的散射波 $w_T^{(s)}$ 则在 $x_4o_4y_4$ 坐标系下给出。

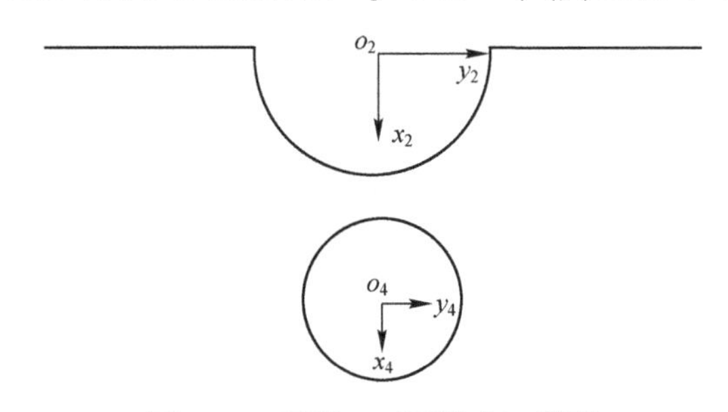

图 9.47　区域 1（区域Ⅰ）模型

SH 波的入射波可以表示为

$$w^{(i)}=w_0\exp[\mathrm{i}k(y_2\sin\alpha-x_2\cos\alpha)] \tag{9-136}$$

同时边界 S_a 的存在导致了 SH 波的反射，其反射波表示为

$$w^{(r)}=w_0\exp[\mathrm{i}k(y_2\sin\alpha-x_2\cos\alpha)] \tag{9-137}$$

式中：w_0 为入射波的振幅，在本节中设置为 1。用 $w^{(i+r)}$ 来表示入射波与反射波的集合，在复坐标系$(z_2,\bar{z}_2)$下展开为

$$w^{(i+r)}(z_2,\bar{z}_2)=2w_0\mathrm{J}_0(k|z_2|)+2w_0\sum_{n=1}^{\infty}(-1)^n\mathrm{J}_{2n}(k|z_2|)\cos(2n\alpha)\left[\left(\frac{z_2}{|z_2|}\right)^{2n}+\left(\frac{z_2}{|z_2|}\right)^{-2n}\right]+2w_0\sum_{n=0}^{\infty}(-1)^n\mathrm{J}_{2n+1}(k|z_2|)\sin[(2n+1)\alpha]\left[\left(\frac{z_2}{|z_2|}\right)^{2n+1}+\left(\frac{z_2}{|z_2|}\right)^{-(2n+1)}\right] \tag{9-138}$$

半圆形凹陷在边界 S_a 处激发的散射波在复坐标系$(z_2,\bar{z}_2)$下表示为

$$w^{(s)}(z_2,\bar{z}_2)=w_0\sum_{n=0}^{\infty}\left\{C_n^{(1)}\mathrm{H}_{2n}^{(1)}(k|z_2|)\left[\left(\frac{z_2}{|z_2|}\right)^{2n}+\left(\frac{z_2}{|z_2|}\right)^{-2n}\right]+C_n^{(2)}\mathrm{H}_{2n+1}^{(1)}(k|z_2|)\left[\left(\frac{z_2}{|z_2|}\right)^{2n+1}-\left(\frac{z_2}{|z_2|}\right)^{-(2n+1)}\right]\right\} \tag{9-139}$$

圆柱形孔洞边界处也会激发出散射波，在复坐标系$(z_2,\bar{z}_2)$下表示为

$$w^{(s)}(z_4,\bar{z}_4)=w_0\sum_{n=0}^{\infty}\left\{E_n^{(1)}\left[\mathrm{H}_{2n}^{(1)}(k|z_4|)\left(\frac{z_4}{|z_4|}\right)^{2n}+\mathrm{H}_{2n}^{(1)}(k|z_4+2h|)\left(\frac{z_4+2h}{|z_4+2h|}\right)^{-2n}\right]+E_n^{(2)}\left[\mathrm{H}_{2n+1}^{(1)}(k|z_4|)\left(\frac{z_4}{|z_4|}\right)^{2n+1}-\mathrm{H}_{2n+1}^{(1)}(k|z_4+2h|)\left(\frac{z_4+2h}{|z_4+2h|}\right)^{-(2n+1)}\right]\right\} \tag{9-140}$$

根据复变函数方法，其在复平面$(z_2,\bar{z}_2)$上，根据坐标之间的变换，圆柱形孔洞边界处散射波可以表示为

$$w^{(s)}(z_2,\bar{z}_2)=w_0\sum_{n=0}^{\infty}\left\{E_n^{(1)}\left[\mathrm{H}_{2n}^{(1)}(k|z_2-h|)\left(\frac{z_2-h}{|z_2-h|}\right)^{2n}+\mathrm{H}_{2n}^{(1)}(k|z_2+h|)\left(\frac{z_2+h}{|z_2+h|}\right)^{-2n}\right]+E_n^{(2)}\left[\mathrm{H}_{2n+1}^{(1)}(k|z_2-h|)\left(\frac{z_2-h}{|z_2-h|}\right)^{2n+1}-\mathrm{H}_{2n+1}^{(1)}(k|z_2+h|)\left(\frac{z_2+h}{|z_2+h|}\right)^{-(2n+1)}\right]\right\} \tag{9-141}$$

应注意这几种波场应满足在水平边界 S_e 的应力自由条件，即

$$\tau_{\theta_2 z_2}\big|_{\theta_2=\pm\frac{\pi}{2}}=\mathrm{i}\mu\left(\frac{\partial w}{\partial z_2}\mathrm{e}^{\mathrm{i}\theta_2}-\frac{\partial w}{\partial \bar{z}_2}\mathrm{e}^{-\mathrm{i}\theta_2}\right)_{\theta_2=\pm\frac{\pi}{2}}=\frac{\pi}{2}=0 \tag{9-142}$$

式中：$\mathrm{J}_{np}(\cdot)$代表分数阶的贝塞尔函数，$\mathrm{H}_{np}^{(1)}(\cdot)$则为第一类汉克尔函数。

在区域 2 的扇形域中存在驻波 $w^{(t)}$（图 9.48），其表达形式为下侧边界 S_a 处吸收的内聚波 $w^{(A)}$ 以及上侧边界 S_b 中的发散波 $w^{(B)}$ 的加和，为自动满足其在梯形两腰斜边上的应力自由条件：

$$\tau_{\theta_1 z_1}\big|_{\theta_1=\pm\frac{\pi}{2}}=\mathrm{i}\mu\left(\frac{\partial w}{\partial z_1}\mathrm{e}^{\mathrm{i}\theta_2}-\frac{\partial w}{\partial \bar{z}_1}\mathrm{e}^{-\mathrm{i}\theta_2}\right)_{\theta_2=\pm\theta_0}=0 \tag{9-143}$$

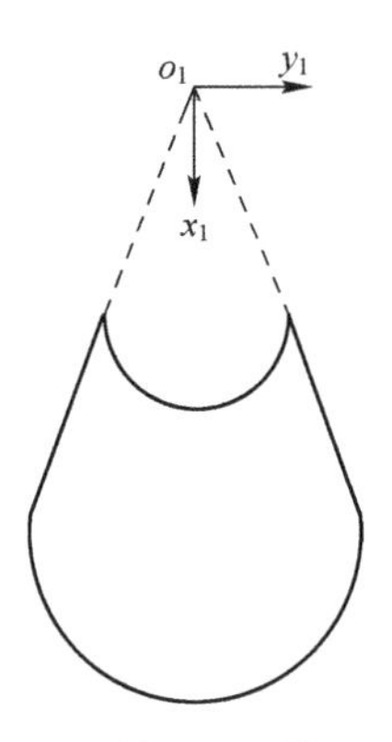

图 9.48　区域 2（区域Ⅱ）模型

在引入分数阶的贝塞尔函数 $\mathrm{J}_{np}(\cdot)$ 及第一类汉克尔函数 $\mathrm{H}_{np}^{(1)}(\cdot)$ 后，其表达式均在 $(z_1,\bar{z}_1)$ 坐标系下给出。其中，波场的具体表达形式为

$$w^{(t)}=w^{(A)}+w^{(B)} \tag{9-144}$$

内聚波 $w^{(A)}$ 的表达式为

$$\begin{aligned} w^{(A)}(z_1,\bar{z}_1)=w_0\sum_{n=0}^{\infty}\Bigg\{&A_n^{(1)}\mathrm{J}_{2np}(k|z_1|)\left[\left(\frac{z_1}{|z_1|}\right)^{2np}+\left(\frac{z_1}{|z_1|}\right)^{-2np}\right] \\ &+A_n^{(2)}\mathrm{J}_{(2n+1)p}(k|z_1|)\left[\left(\frac{z_1}{|z_1|}\right)^{(2n+1)p}-\left(\frac{z_1}{|z_1|}\right)^{-(2n+1)p}\right]\Bigg\} \end{aligned} \tag{9-145}$$

发散波 $w^{(B)}$ 的表达式为

$$\begin{aligned} w^{(B)}(z_1,\bar{z}_1)=w_0\sum_{n=0}^{\infty}\Bigg\{&B_n^{(1)}\mathrm{H}_{2np}(k|z_1|)\left[\left(\frac{z_1}{|z_1|}\right)^{2np}+\left(\frac{z_1}{|z_1|}\right)^{-2np}\right] \\ &+B_n^{(2)}\mathrm{H}_{(2n+1)p}(k|z_1|)\left[\left(\frac{z_1}{|z_1|}\right)^{(2n+1)p}-\left(\frac{z_1}{|z_1|}\right)^{-(2n+1)p}\right]\Bigg\} \end{aligned} \tag{9-146}$$

式中：分数阶因子为 $p=\pi/2\theta_0$，θ_0 为梯形两腰延长线相交点 o_1 处的夹角。

区域 3 为一个半圆的封闭区域（图 9.49），其内部包含波场为由下半圆边界处所激发的内聚波，需要满足其在上侧梯形上底处的应力自由条件，即

$$\tau_{\theta_3 z_3}\big|_{\theta_3=\pm\frac{\pi}{2}}=\mathrm{i}\mu\left(\frac{\partial w}{\partial z_3}\mathrm{e}^{\mathrm{i}\theta_3}-\frac{\partial w}{\partial \bar{z}_3}\mathrm{e}^{-\mathrm{i}\theta_3}\right)_{\theta_3=\pm\frac{\pi}{2}}=0 \tag{9-147}$$

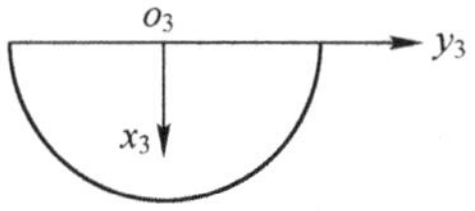

图 9.49　区域 3（区域Ⅲ）模型

表达式在$(z_3,\bar{z}_3)$坐标系下给出，具体形式如下：

$$w^{(tt)}(z_3,\bar{z}_3)=w_0\sum_{n=0}^{\infty}\left\{D_n^{(1)}\mathrm{J}_{2n}(k|z_3|)\left[\left(\frac{z_3}{|z_3|}\right)^{2n}+\left(\frac{z_3}{|z_3|}\right)^{-2n}\right]\right.$$
$$\left.+D_n^{(2)}\mathrm{J}_{(2n+1)}(k|z_3|)\left[\left(\frac{z_3}{|z_3|}\right)^{(2n+1)}-\left(\frac{z_3}{|z_3|}\right)^{-(2n+1)}\right]\right\} \tag{9-148}$$

在上述各表达式中，存在$A_n^{(\cdot)}$、$B_n^{(\cdot)}$、$C_n^{(\cdot)}$、$D_n^{(\cdot)}$以及$E_n^{(\cdot)}$为待求解的未知系数。

同时，各区域对应的剪应力如下：

$$\tau_{rz}=\mu\left(\frac{\partial w}{\partial z}\mathrm{e}^{\mathrm{i}\theta}+\frac{\partial w}{\partial \bar{z}}\mathrm{e}^{\mathrm{i}\theta}\right) \tag{9-149}$$

$$\tau_{\theta z}=\mathrm{i}\mu\left(\frac{\partial w}{\partial z}\mathrm{e}^{\mathrm{i}\theta}-\frac{\partial w}{\partial \bar{z}}\mathrm{e}^{\mathrm{i}\theta}\right) \tag{9-150}$$

3. 边界条件与定值方程组

在区域 1、区域 2 以及区域 3 的边界，即两条半圆辅助边界S_a与S_b处应当满足应力连续条件以及位移连续条件，即

$$\begin{cases}w^{(t)}(z_2,\bar{z}_2)-w^{(s)}(z_2,\bar{z}_2)-w_T^{(s)}(z_2,\bar{z}_2)=w^{(i+r)}(z_2,\bar{z}_2), & |z_2|=R_2\\ \tau_{rz}^{(t)}(z_2,\bar{z}_2)-\tau_{rz}^{(s)}(z_2,\bar{z}_2)-\tau_T^{(s)}(z_2,\bar{z}_2)=\tau_{rz}^{(i+r)}(z_2,\bar{z}_2), & |z_2|=R_2\\ w^{(t)}(z_3,\bar{z}_3)-w^{(tt)}(z_3,\bar{z}_3)=0, & |z_3|=R_1\\ \tau_{rz}^{(t)}(z_3,\bar{z}_3)-\tau_{rz}^{(tt)}(z_3,\bar{z}_3)=0, & |z_3|=R_1\\ -\tau_{rz}^{(s)}(z_4,\bar{z}_4)-\tau_{rz,T}^{(s)}(z_4,\bar{z}_4)=\tau_{rz}^{(i+r)}(z_4,\bar{z}_4), & |z_4|=R_3\end{cases} \tag{9-151}$$

在方程组中级数展开，可得到无限项代数方程组的形式：

$$\begin{cases}\sum_{m=0}^{\infty}\sum_{n=0}^{\infty}A_n^{(1)}\xi_{mn}^{(1)}+\sum_{m=0}^{\infty}\sum_{n=0}^{\infty}B_n^{(1)}\varphi_{mn}^{(1)}-\sum_{m=0}^{\infty}\sum_{n=0}^{\infty}C_n^{(1)}\zeta_{mn}^{(1)}-\sum_{m=0}^{\infty}\sum_{n=-\infty}^{\infty}E_n^{(1)}\zeta_{mn}^{(1)}=\sum_{m=0}^{\infty}\sum_{n=0}^{\infty}\beta_{mn}^{(1)}\\ \sum_{m=0}^{\infty}\sum_{n=0}^{\infty}A_n^{(1)}\xi_{mn}^{(2)}+\sum_{m=0}^{\infty}\sum_{n=0}^{\infty}B_n^{(1)}\varphi_{mn}^{(2)}-\sum_{m=0}^{\infty}\sum_{n=0}^{\infty}C_n^{(1)}\zeta_{mn}^{(2)}-\sum_{m=0}^{\infty}\sum_{n=-\infty}^{\infty}E_n^{(1)}\zeta_{mn}^{(2)}=\sum_{m=0}^{\infty}\sum_{n=0}^{\infty}\beta_{mn}^{(2)}\\ \sum_{m=0}^{\infty}\sum_{n=0}^{\infty}A_n^{(1)}\xi_{mn}^{(3)}+\sum_{m=0}^{\infty}\sum_{n=0}^{\infty}B_n^{(1)}\varphi_{mn}^{(3)}-\sum_{m=0}^{\infty}\sum_{n=0}^{\infty}D_n^{(1)}\zeta_{mn}^{(3)}=0\\ \sum_{m=0}^{\infty}\sum_{n=0}^{\infty}A_n^{(1)}\xi_{mn}^{(4)}+\sum_{m=0}^{\infty}\sum_{n=0}^{\infty}B_n^{(1)}\varphi_{mn}^{(4)}-\sum_{m=0}^{\infty}\sum_{n=0}^{\infty}D_n^{(1)}\zeta_{mn}^{(4)}=0\\ -\sum_{m=0}^{\infty}\sum_{n=0}^{\infty}C_n^{(1)}\xi_{mn}^{(5)}-\sum_{m=0}^{\infty}\sum_{n=-\infty}^{\infty}E_n^{(1)}\varphi_{mn}^{(5)}=\sum_{m=0}^{\infty}\sum_{n=0}^{\infty}\beta_{mn}^{(5)}\end{cases}$$

(9-152)

$$\begin{cases}\sum_{m=0}^{\infty}\sum_{n=0}^{\infty}A_n^{(2)}\xi_{mn}^{(21)}-\sum_{m=0}^{\infty}\sum_{n=0}^{\infty}B_n^{(2)}\varphi_{mn}^{(21)}-\sum_{m=0}^{\infty}\sum_{n=0}^{\infty}C_n^{(2)}\zeta_{mn}^{(21)}-\sum_{m=0}^{\infty}\sum_{n=-\infty}^{\infty}E_n^{(1)}\zeta_{mn}^{(21)}=\sum_{m=0}^{\infty}\sum_{n=0}^{\infty}\beta_{mn}^{(21)}\\ \sum_{m=0}^{\infty}\sum_{n=0}^{\infty}A_n^{(2)}\xi_{mn}^{(22)}-\sum_{m=0}^{\infty}\sum_{n=0}^{\infty}B_n^{(2)}\varphi_{mn}^{(22)}-\sum_{m=0}^{\infty}\sum_{n=0}^{\infty}C_n^{(2)}\zeta_{mn}^{(22)}-\sum_{m=0}^{\infty}\sum_{n=-\infty}^{\infty}E_n^{(1)}\zeta_{mn}^{(22)}=\sum_{m=0}^{\infty}\sum_{n=0}^{\infty}\beta_{mn}^{(22)}\\ \sum_{m=0}^{\infty}\sum_{n=0}^{\infty}A_n^{(2)}\xi_{mn}^{(23)}-\sum_{m=0}^{\infty}\sum_{n=0}^{\infty}B_n^{(2)}\varphi_{mn}^{(23)}-\sum_{m=0}^{\infty}\sum_{n=0}^{\infty}D_n^{(2)}\zeta_{mn}^{(23)}=0\\ \sum_{m=0}^{\infty}\sum_{n=0}^{\infty}A_n^{(2)}\xi_{mn}^{(24)}-\sum_{m=0}^{\infty}\sum_{n=0}^{\infty}B_n^{(2)}\varphi_{mn}^{(24)}-\sum_{m=0}^{\infty}\sum_{n=0}^{\infty}D_n^{(2)}\zeta_{mn}^{(24)}=0\\ -\sum_{m=0}^{\infty}\sum_{n=0}^{\infty}C_n^{(2)}\xi_{mn}^{(25)}-\sum_{m=0}^{\infty}\sum_{n=-\infty}^{\infty}E_n^{(2)}\varphi_{mn}^{(25)}=\sum_{m=0}^{\infty}\sum_{n=0}^{\infty}\beta_{mn}^{(25)}\end{cases}\tag{9-153}$$

在式（9-152）、式（9-153）中有

$$\begin{cases}\xi_{mn}^{(2)}=\dfrac{1}{\pi}\displaystyle\int_{-\frac{\pi}{2}}^{\frac{\pi}{2}}P_{2mp}(z_2+d_2)\,\mathrm{e}^{-in\theta}\mathrm{d}\theta\\ \varphi_{mn}^{(2)}=\dfrac{1}{\pi}\displaystyle\int_{-\frac{\pi}{2}}^{\frac{\pi}{2}}U_{2mp}(z_2+d_2)\,\mathrm{e}^{-in\theta}\mathrm{d}\theta\\ \zeta_{mn}^{(2)}=\dfrac{1}{\pi}\displaystyle\int_{-\frac{\pi}{2}}^{\frac{\pi}{2}}U_{2m}(z_2)\,\mathrm{e}^{-in\theta}\mathrm{d}\theta\\ S_{mn}^{(2)}=\dfrac{1}{\pi}\displaystyle\int_{-\frac{\pi}{2}}^{\frac{\pi}{2}}R_{2m}(z_2-h)\,\mathrm{e}^{-in\theta}\mathrm{d}\theta\end{cases}$$

$$\begin{cases}\beta_{mn}^{(2)}=\begin{cases}\dfrac{1}{\pi}\displaystyle\int_{-\frac{\pi}{2}}^{\frac{\pi}{2}}[\mathrm{J}_{-1}(k|z_2|)-\mathrm{J}_1(k|z_2|)]\left[\left(\dfrac{z_2}{|z_2|}\right)^{-1}\mathrm{e}^{\mathrm{i}\theta}+\left(\dfrac{z_2}{|z_2|}\right)\mathrm{e}^{-\mathrm{i}\theta}\right]\mathrm{e}^{-in\theta}\mathrm{d}\theta, & m=0\\ \dfrac{1}{\pi}\displaystyle\int_{-\frac{\pi}{2}}^{\frac{\pi}{2}}2\,(-1)^m\cos(2m\alpha)P_{2m}(z_2)\,\mathrm{e}^{-in\theta}\mathrm{d}\theta, & m>0\end{cases}\end{cases}$$

$$\begin{cases}\xi_{mn}^{(1)}=\dfrac{1}{\pi}\displaystyle\int_{-\frac{\pi}{2}}^{\frac{\pi}{2}}\mathrm{J}_{2mp}(k|z_2+d_2|)\left[\left(\dfrac{z_2+d_2}{|z_2+d_2|}\right)^{2mp}+\left(\dfrac{z_2+d_2}{|z_2+d_2|}\right)^{-2mp}\right]\mathrm{e}^{-in\theta}\mathrm{d}\theta\\ \varphi_{mn}^{(1)}=\dfrac{1}{\pi}\displaystyle\int_{-\frac{\pi}{2}}^{\frac{\pi}{2}}\mathrm{H}_{2mp}^{(1)}(k|z_2+d_2|)\left[\left(\dfrac{z_2+d_2}{|z_2+d_2|}\right)^{2mp}+\left(\dfrac{z_2+d_2}{|z_2+d_2|}\right)^{-2mp}\right]\mathrm{e}^{-in\theta}\mathrm{d}\theta\\ \zeta_{mn}^{(1)}=\dfrac{1}{\pi}\displaystyle\int_{-\frac{\pi}{2}}^{\frac{\pi}{2}}\mathrm{H}_{2m}^{(1)}(k|z_2|)\left[\left(\dfrac{z_2}{|z_2|}\right)^{2m}+\left(\dfrac{z_2}{|z_2|}\right)^{-2m}\right]\mathrm{e}^{-in\theta}\mathrm{d}\theta\\ \varsigma_{mn}^{(1)}=\dfrac{1}{\pi}\displaystyle\int_{-\frac{\pi}{2}}^{\frac{\pi}{2}}\left[\mathrm{H}_{2m}^{(1)}(k|z_2-h|)\left(\dfrac{z_2-h}{|z_2-h|}\right)^{2m}+\mathrm{H}_{2m}^{(1)}(k|z_2+h|)\left(\dfrac{z_2+h}{|z_2+h|}\right)^{-2m}\right]\mathrm{e}^{-in\theta}\mathrm{d}\theta\end{cases}$$

$$
\left\{\beta_{mn}^{(1)}=\begin{cases}\dfrac{1}{\pi}\displaystyle\int_{-\frac{\pi}{2}}^{\frac{\pi}{2}}2\mathrm{J}_0(k|z_2|)\mathrm{e}^{-\mathrm{i}n\theta}\mathrm{d}\theta, \quad m=0\\[2ex] \dfrac{1}{\pi}\displaystyle\int_{-\frac{\pi}{2}}^{\frac{\pi}{2}}2\,(-1)^m\mathrm{J}_{2m}(k|z_2|)\cos 2m\alpha\cdot\left[\left(\frac{z_2}{|z_2|}\right)^{2m}+\left(\frac{z_2}{|z_2|}\right)^{-2m}\right]\mathrm{e}^{-\mathrm{i}n\theta}\mathrm{d}\theta\end{cases}\right.
$$

$$
\begin{cases}\xi_{mn}^{(3)}=\dfrac{1}{\pi}\displaystyle\int_{-\frac{\pi}{2}}^{\frac{\pi}{2}}\mathrm{J}_{2mp}(k|z_3+d_1|)\left[\left(\frac{z_3+d_1}{|z_3+d_1|}\right)^{2mp}+\left(\frac{z_3+d_1}{|z_3+d_1|}\right)^{-2mp}\right]\mathrm{e}^{-\mathrm{i}n\theta}\mathrm{d}\theta\\[2ex] \varphi_{mn}^{(3)}=\dfrac{1}{\pi}\displaystyle\int_{-\frac{\pi}{2}}^{\frac{\pi}{2}}\mathrm{H}_{2mp}^{(1)}(k|z_3+d_1|)\left[\left(\frac{z_3+d_1}{|z_3+d_1|}\right)^{2mp}+\left(\frac{z_3+d_1}{|z_3+d_1|}\right)^{-2mp}\right]\mathrm{e}^{-\mathrm{i}n\theta}\mathrm{d}\theta\\[2ex] \zeta_{mn}^{(3)}=\dfrac{1}{\pi}\displaystyle\int_{-\frac{\pi}{2}}^{\frac{\pi}{2}}\mathrm{J}_{2m}(k|z_3|)\left[\left(\frac{z_3}{|z_3|}\right)^{2m}+\left(\frac{z_3}{|z_3|}\right)^{-2m}\right]\mathrm{e}^{-\mathrm{i}n\theta}\mathrm{d}\theta\end{cases}
$$

$$
\begin{cases}\xi_{mn}^{(21)}=\dfrac{1}{\pi}\displaystyle\int_{-\frac{\pi}{2}}^{\frac{\pi}{2}}\mathrm{J}_{(2m+1)p}(k|z_2+d_2|)\left[\left(\frac{z_2+d_2}{|z_2+d_2|}\right)^{(2m+1)p}+\left(\frac{z_2+d_2}{|z_2+d_2|}\right)^{-(2m+1)p}\right]\mathrm{e}^{-\mathrm{i}n\theta}\mathrm{d}\theta\\[2ex] \varphi_{mn}^{(21)}=\dfrac{1}{\pi}\displaystyle\int_{-\frac{\pi}{2}}^{\frac{\pi}{2}}\mathrm{H}_{(2m+1)p}^{(1)}(k|z_2+d_2|)\left[\left(\frac{z_2+d_2}{|z_2+d_2|}\right)^{(2m+1)p}+\left(\frac{z_2+d_2}{|z_2+d_2|}\right)^{-(2m+1)p}\right]\mathrm{e}^{-\mathrm{i}n\theta}\mathrm{d}\theta\\[2ex] \zeta_{mn}^{(21)}=\dfrac{1}{\pi}\displaystyle\int_{-\frac{\pi}{2}}^{\frac{\pi}{2}}\mathrm{H}_{2m+1}^{(1)}(k|z_2|)\left[\left(\frac{z_2}{|z_2|}\right)^{2m+1}+\left(\frac{z_2}{|z_2|}\right)^{-(2m+1)}\right]\mathrm{e}^{-\mathrm{i}n\theta}\mathrm{d}\theta\\[2ex] \varsigma_{mn}^{(21)}=\dfrac{1}{\pi}\displaystyle\int_{-\frac{\pi}{2}}^{\frac{\pi}{2}}\left[\mathrm{H}_{2m+1}^{(1)}(k|z_2-h|)\left(\frac{z_2-h}{|z_2-h|}\right)^{2m+1}+\mathrm{H}_{2m}^{(1)}(k|z_2+h|)\left(\frac{z_2+h}{|z_2+h|}\right)^{-(2m+1)}\right]\mathrm{e}^{-\mathrm{i}n\theta}\mathrm{d}\theta\\[2ex] \beta_{mn}^{(21)}=\dfrac{1}{\pi}\displaystyle\int_{-\frac{\pi}{2}}^{\frac{\pi}{2}}2\,(-1)^m\mathrm{J}_{2m+1}(k|z_2|)\sin(2m+1)\alpha\left[\left(\frac{z_2}{|z_2|}\right)^{2m+1}+\left(\frac{z_2}{|z_2|}\right)^{-(2m+1)}\right]\mathrm{e}^{-\mathrm{i}n\theta}\mathrm{d}\theta\end{cases}
$$

$$
\begin{cases}\xi_{mn}^{(4)}=\dfrac{1}{\pi}\displaystyle\int_{-\frac{\pi}{2}}^{\frac{\pi}{2}}P_{2mp}(z_3+d_1)\mathrm{e}^{-\mathrm{i}n\theta}\mathrm{d}\theta\\[2ex] \varphi_{mn}^{(4)}=\dfrac{1}{\pi}\displaystyle\int_{-\frac{\pi}{2}}^{\frac{\pi}{2}}U_{2mp}(z_3+d_1)\mathrm{e}^{-\mathrm{i}n\theta}\mathrm{d}\theta\\[2ex] \zeta_{mn}^{(4)}=\dfrac{1}{\pi}\displaystyle\int_{-\frac{\pi}{2}}^{\frac{\pi}{2}}P_{2m}(z_3)\mathrm{e}^{-\mathrm{i}n\theta}\mathrm{d}\theta\end{cases}
$$

$$
\begin{cases}\xi_{mn}^{(23)}=\dfrac{1}{\pi}\displaystyle\int_{-\frac{\pi}{2}}^{\frac{\pi}{2}}\mathrm{J}_{(2m+1)p}(k|z_3+d_1|)\left[\left(\frac{z_3+d_1}{|z_3+d_1|}\right)^{(2m+1)p}+\left(\frac{z_3+d_1}{|z_3+d_1|}\right)^{-(2m+1)p}\right]\mathrm{e}^{-\mathrm{i}n\theta}\mathrm{d}\theta\\[2ex] \varphi_{mn}^{(23)}=\dfrac{1}{\pi}\displaystyle\int_{-\frac{\pi}{2}}^{\frac{\pi}{2}}\mathrm{H}_{(2m+1)p}^{(1)}(k|z_3+d_1|)\left[\left(\frac{z_3+d_1}{|z_3+d_1|}\right)^{(2m+1)p}+\left(\frac{z_3+d_1}{|z_3+d_1|}\right)^{-(2m+1)p}\right]\mathrm{e}^{-\mathrm{i}n\theta}\mathrm{d}\theta\\[2ex] \zeta_{mn}^{(23)}=\dfrac{1}{\pi}\displaystyle\int_{-\frac{\pi}{2}}^{\frac{\pi}{2}}\mathrm{J}_{2m+1}(k|z_3|)\left[\left(\frac{z_3}{|z_3|}\right)^{2m+1}+\left(\frac{z_3}{|z_3|}\right)^{-(2m+1)}\right]\mathrm{e}^{-\mathrm{i}n\theta}\mathrm{d}\theta\end{cases}
$$

$$\begin{cases} \xi_{mn}^{(24)} = \dfrac{1}{\pi}\displaystyle\int_{-\frac{\pi}{2}}^{\frac{\pi}{2}} Q_{(2m+1)p}(z_3+d_1)\,\mathrm{e}^{-\mathrm{i}n\theta}\mathrm{d}\theta \\ \varphi_{mn}^{(24)} = \dfrac{1}{\pi}\displaystyle\int_{-\frac{\pi}{2}}^{\frac{\pi}{2}} V_{(2m+1)p}(z_3+d_1)\,\mathrm{e}^{-\mathrm{i}n\theta}\mathrm{d}\theta \\ \zeta_{mn}^{(24)} = \dfrac{1}{\pi}\displaystyle\int_{-\frac{\pi}{2}}^{\frac{\pi}{2}} Q_{2m+1}(z_3)\,\mathrm{e}^{-\mathrm{i}n\theta}\mathrm{d}\theta \end{cases}$$

$$\begin{cases} \begin{cases} \xi_{mn}^{(5)} = \dfrac{1}{\pi}\displaystyle\int_{-\frac{\pi}{2}}^{\frac{\pi}{2}} U_{2m}(z_4+h)\,\mathrm{e}^{-\mathrm{i}n\theta}\mathrm{d}\theta \\ \varphi_{mn}^{(5)} = \dfrac{1}{\pi}\displaystyle\int_{-\frac{\pi}{2}}^{\frac{\pi}{2}} R_{2m}(z_4)\,\mathrm{e}^{-\mathrm{i}n\theta}\mathrm{d}\theta \end{cases} \\ \beta_{mn}^{(5)} = \begin{cases} \dfrac{1}{\pi}\displaystyle\int_{-\frac{\pi}{2}}^{\frac{\pi}{2}} [\mathrm{J}_{-1}(k|z_4+h|)-\mathrm{J}_1(k|z_4+h|)]\left[\left(\dfrac{z_4+h}{|z_4+h|}\right)^{-1}\mathrm{e}^{\mathrm{i}\theta}+\left(\dfrac{z_4+h}{|z_4+h|}\right)\mathrm{e}^{-\mathrm{i}\theta}\right]\mathrm{e}^{-\mathrm{i}n\theta}\mathrm{d}\theta, & m=0 \\ \dfrac{1}{\pi}\displaystyle\int_{-\frac{\pi}{2}}^{\frac{\pi}{2}} 2\,(-1)^m\cos(2m\alpha)\,P_{2m}(z_4+h)\,\mathrm{e}^{-\mathrm{i}n\theta}\mathrm{d}\theta, & m>0 \end{cases} \end{cases}$$

$$\begin{cases} \xi_{mn}^{(25)} = \dfrac{1}{\pi}\displaystyle\int_{-\frac{\pi}{2}}^{\frac{\pi}{2}} V_{2m+1}(z_4+h)\,\mathrm{e}^{-\mathrm{i}n\theta}\mathrm{d}\theta \\ \varphi_{mn}^{(25)} = \dfrac{1}{\pi}\displaystyle\int_{-\frac{\pi}{2}}^{\frac{\pi}{2}} S_{2m+1}(z_4)\,\mathrm{e}^{-\mathrm{i}n\theta}\mathrm{d}\theta \\ \beta_{mn}^{(25)} = \dfrac{1}{\pi}\displaystyle\int_{-\frac{\pi}{2}}^{\frac{\pi}{2}} 2\,(-1)^m\sin(2m+1)\,\alpha Q_{2m+1}(z_4+h)\,\mathrm{e}^{-\mathrm{i}n\theta}\mathrm{d}\theta \end{cases}$$

$$\begin{cases} \xi_{mn}^{(22)} = \dfrac{1}{\pi}\displaystyle\int_{-\frac{\pi}{2}}^{\frac{\pi}{2}} Q_{(2m+1)p}(z_2+d_2)\,\mathrm{e}^{-\mathrm{i}n\theta}\mathrm{d}\theta \\ \varphi_{mn}^{(22)} = \dfrac{1}{\pi}\displaystyle\int_{-\frac{\pi}{2}}^{\frac{\pi}{2}} V_{(2m+1)p}(z_2+d_2)\,\mathrm{e}^{-\mathrm{i}n\theta}\mathrm{d}\theta \\ \zeta_{mn}^{(22)} = \dfrac{1}{\pi}\displaystyle\int_{-\frac{\pi}{2}}^{\frac{\pi}{2}} U_{2m+1}(z_2)\,\mathrm{e}^{-\mathrm{i}n\theta}\mathrm{d}\theta \\ \varsigma_{mn}^{(22)} = \dfrac{1}{\pi}\displaystyle\int_{-\frac{\pi}{2}}^{\frac{\pi}{2}} R_{2m+1}(z_2-h)\,\mathrm{e}^{-\mathrm{i}n\theta}\mathrm{d}\theta \\ \beta_{mn}^{(22)} = \dfrac{1}{\pi}\displaystyle\int_{-\frac{\pi}{2}}^{\frac{\pi}{2}} 2\,(-1)^m\sin(2m+1)\,\alpha Q_{2m}(z_2)\,\mathrm{e}^{-\mathrm{i}n\theta}\mathrm{d}\theta \end{cases}$$

$$P_l(s)=\mathrm{J}_{l-1}(k|s|)\left(\frac{s}{|s|}\right)^{l-1}\mathrm{e}^{\mathrm{i}\theta}-\mathrm{J}_{l+1}(k|s|)\left(\frac{s}{|s|}\right)^{-l-1}\mathrm{e}^{\mathrm{i}\theta}$$

$$+\mathrm{J}_{l-1}(k|s|)\left(\frac{s}{|s|}\right)^{1-l}\mathrm{e}^{-\mathrm{i}\theta}-\mathrm{J}_{l+1}(k|s|)\left(\frac{s}{|s|}\right)^{l+1}\mathrm{e}^{-\mathrm{i}\theta}$$

$$Q_l(s)=\mathrm{J}_{l-1}(k|s|)\left(\frac{s}{|s|}\right)^{l-1}\mathrm{e}^{\mathrm{i}\theta}+\mathrm{J}_{l+1}(k|s|)\left(\frac{s}{|s|}\right)^{-l-1}\mathrm{e}^{\mathrm{i}\theta}$$

$$-\mathrm{J}_{l-1}(k|s|)\left(\frac{s}{|s|}\right)^{1-l}\mathrm{e}^{-\mathrm{i}\theta}-\mathrm{J}_{l+1}(k|s|)\left(\frac{s}{|s|}\right)^{l+1}\mathrm{e}^{-\mathrm{i}\theta}$$

$$U_l(s)=\mathrm{H}_{l-1}^{(1)}(k|s|)\left(\frac{s}{|s|}\right)^{l-1}\mathrm{e}^{\mathrm{i}\theta}-\mathrm{H}_{l+1}^{(1)}(k|s|)\left(\frac{s}{|s|}\right)^{-l-1}\mathrm{e}^{\mathrm{i}\theta}$$

$$+\mathrm{H}_{l-1}^{(1)}(k|s|)\left(\frac{S}{|S|}\right)^{1-l}\mathrm{e}^{-\mathrm{i}\theta}-\mathrm{H}_{l+1}^{(1)}(k|s|)\left(\frac{S}{|S|}\right)^{l+1}\mathrm{e}^{-\mathrm{i}\theta}$$

$$V_l(s)=\mathrm{H}_{l-1}^{(1)}(k|s|)\left(\frac{s}{|s|}\right)^{l-1}\mathrm{e}^{\mathrm{i}\theta}+\mathrm{H}_{l+1}^{(1)}(k|s|)\left(\frac{s}{|s|}\right)^{-l-1}\mathrm{e}^{\mathrm{i}\theta}$$

$$-\mathrm{H}_{l-1}^{(1)}(k|s|)\left(\frac{s}{|s|}\right)^{1-l}\mathrm{e}^{-\mathrm{i}\theta}-\mathrm{H}_{l+1}^{(1)}(k|s|)\left(\frac{s}{|s|}\right)^{l+1}\mathrm{e}^{-\mathrm{i}\theta}$$

$$R_l(s)=\mathrm{H}_{l-1}^{(1)}(k|s|)\left(\frac{s}{|s|}\right)^{l-1}\mathrm{e}^{\mathrm{i}\theta}-\mathrm{H}_{l+1}^{(1)}(k|s+2h|)\left(\frac{s+2h}{|s+2h|}\right)^{-l-1}\mathrm{e}^{\mathrm{i}\theta}$$

$$+\mathrm{H}_{l-1}^{(1)}(k|s+2h|)\left(\frac{s+2h}{|s+2h|}\right)^{1-l}\mathrm{e}^{-\mathrm{i}\theta}-\mathrm{H}_{l+1}^{(1)}(k|s|)\left(\frac{s}{|s|}\right)^{l+1}\mathrm{e}^{-\mathrm{i}\theta}$$

$$S_l(s)=\mathrm{H}_{l-1}^{(1)}(k|s|)\left(\frac{s}{|s|}\right)^{l-1}\mathrm{e}^{\mathrm{i}\theta}+\mathrm{H}_{l+1}^{(1)}(k|s+2h|)\left(\frac{s+2h}{|s+2h|}\right)^{-l-1}\mathrm{e}^{\mathrm{i}\theta}$$

$$-\mathrm{H}_{l-1}^{(1)}(k|s+2h|)\left(\frac{s+2h}{|s+2h|}\right)^{1-l}\mathrm{e}^{-\mathrm{i}\theta}-\mathrm{H}_{l+1}^{(1)}(k|s|)\left(\frac{s}{|s|}\right)^{l+1}\mathrm{e}^{-\mathrm{i}\theta}$$

因为 SH 波的入射波与反射波的波场表达形式中不含有未知系数，故将其列入等式右侧，等式左侧则为各区域内含有的其他带有未知系数的波场表达式。通过程序将各波场表达式逐一写入，将扇形域（区域Ⅲ）中的波场表达式分为内聚波部分和发散波部分，方便求解。

其主要思想以及各等式中选取的坐标系如表 9.2 和表 9.3 所列。

通过程序设置零矩阵 $\boldsymbol{A}$、$\boldsymbol{B}$、$\boldsymbol{C}$、$\boldsymbol{D}$、$\boldsymbol{E}$ 和 $\boldsymbol{F}$，分别对应各区域的波场以及应力场。随后将各波场或应力场进行积分填入矩阵，根据连续性条件以及应力自由条件进行等式表达，将入射波以及反射波的波场与应力场矩阵右除其他波的波场和应力场得到未知系数矩阵，再对各水平位置的地表位移幅值在截断项数之前叠加进行表达。

表 9.2　奇数阶各区域波场表达式

坐标	扇形域内聚波	扇形域发散波	凹陷散射波	半圆域驻波	孔洞散射波	入射波+反射波
$(z_3, \bar{z}_3)$	A_1	B_1	$-C_1$	—	$-E_1$	F_1
$(z_3, \bar{z}_3)$	A_2	B_2	$-C_2$	—	$-E_2$	F_2
$(z_3, \bar{z}_3)$	A_3	B_3	—	$-D_3$	—	—
$(z_3, \bar{z}_3)$	A_4	B_4	—	$-D_4$	—	—
$(z_3, \bar{z}_3)$	—	—	$-C_5$	—	$-E_5$	F_5

表 9.3　偶数阶各区域波场表达式

坐标	扇形域内聚波	扇形域发散波	凹陷散射波	半圆域驻波	孔洞散射波	入射波+反射波
$(z_3, \bar{z}_3)$	A_{11}	B_{11}	$-C_{11}$	—	$-E_{11}$	F_{11}
$(z_3, \bar{z}_3)$	A_{22}	B_{22}	$-C_{22}$	—	$-E_{22}$	F_{22}
$(z_3, \bar{z}_3)$	A_{33}	B_{33}	—	$-D_{33}$	—	—
$(z_3, \bar{z}_3)$	A_{44}	B_{44}	—	$-D_{44}$	—	—
$(z_3, \bar{z}_3)$	—	—	$-C_{55}$	—	$-E_{55}$	F_{55}

9.7.3　退化处理与验证

为使算例结果具有有效性，需要对当前问题进行退化处理，以验证程序的精确程度。在本节中，使梯形凸起下方孔洞的半径 R_3 与梯形凸起下底处划分的分割线所具有的半径 R_2 的比值逐渐缩小，当控制 R_3 与 R_2 的比值极小时，可以认为此时半空间下的孔洞大小对于整个梯形凸起山体的作用微乎其微。此时，本节所研究的含有孔洞的梯形凸起地形就退化为入射 SH 波对均匀介质的梯形凸起的地表位移幅值影响。因此，在根据理论编写的程序中不断使孔洞半径缩小，当 $R_3=0.01R_2$ 时，可以发现问题退化到了无孔情况。如图 9.50 所示，分

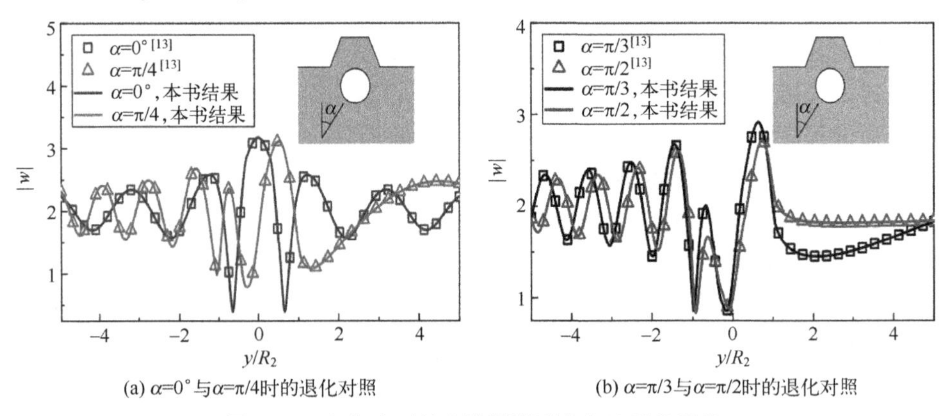

图 9.50　各角度下的含孔洞梯形凸起地形的退化

别为当 SH 波入射波的角度为 0°、π/4、π/3 以及 π/2 时本节求解的地表位移幅值与参考文献［13］中的地表位移幅值曲线，为了对比曲线峰值点及谷值点，对于参考文献中的曲线对 y/R_2 进行每 0.3 取为一步长进行描点。可以发现其在各节点处及曲线趋势上与本节所使用程序完美契合。因此，可以对后续问题进行探讨。

9.7.4　算例结果与分析

经过上节的退化验证，在本节中针对不同的参数对地表位移幅值的影响进行进一步的探讨。需要说明的是，在图 9.51 所给出的二维地表位移幅值图中，横坐标 y/R_2 代表地表各位置的水平坐标，当 y/R_2 所在的区间为$[-5,-1]$以及$[1,5]$时代表梯形凸起外侧的水平表面，所在区间为$[-1,R_1]$以及$[R_1,1]$时代表梯形凸起两腰部分，$[-R_1,R_1]$区间则代表着梯形凸起的上底水平面的诸点位置。关于纵坐标$|w|$则代表着 SH 波在该位置处的地表位移幅值。

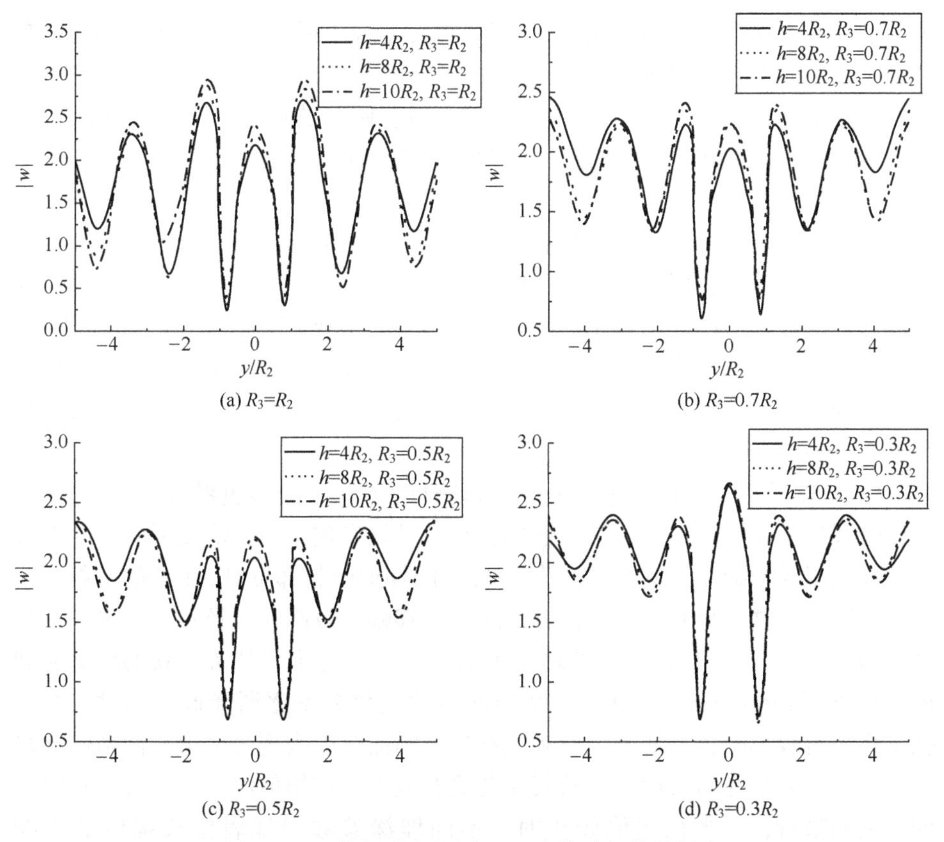

(a) $R_3=R_2$　(b) $R_3=0.7R_2$　(c) $R_3=0.5R_2$　(d) $R_3=0.3R_2$

图 9.51　不同埋深下圆孔对地表位移幅值的影响

首先设定入射波波数 k 为 π，使所划分的上侧半圆形边界 S_a 的半径为下侧半圆形边界 S_b 半径的一半，即 $R_1=0.5R_2$，令梯形凸起山体的两腰坡度为 $\pi/4$，同时 SH 波入射角度为 0°。在此基础上，通过调整地下圆柱形孔洞的埋深，分别在不同的圆孔半径下进行地表位移幅值的模拟。图 9.51 给出了 SH 波入射后在不同埋深下的圆柱形孔洞所产生的地表位移幅值曲线图。因为 SH 波为垂直入射，同时所研究问题的模型为对称结构，因此所引起的地表位移幅值曲线也是对称的，其最低点均出现在梯形凸起的两腰部分的附近。当埋深逐渐增加时，其在区间为[-2,2]的梯形凸起及其邻近地表部分的位移幅值也相对较大，而在远离凸起的半空间水平面上则呈现相反的趋势，即较深的圆孔对中心位置的地表位移幅值的影响更为轻微，但相对大的埋深也会导致两侧地表位移的变化更为剧烈。在圆柱形孔洞的半径方面，结合图 9.51 来看可以发现，圆孔的半径逐渐减小其对中心区域的地表位移干扰也越来越弱，当圆孔半径 $R_3=0.3R_2$ 时，圆孔埋深参数的改变对凸起部分产生的地表位移幅值影响已经很小了，这也符合本节的退化思想。但同时，随着圆孔半径的减小，其在凸起部分所产生的地表位移幅值呈现出先减小后增大的趋势。当圆柱形孔洞与所划分的下侧半圆形边界 S_b 的半径比相对较小时，圆孔的埋深在梯形凸起区域产生的地表位移幅值相差不大，但在两侧水平地表所引起的地表位移与前几项呈现出类似趋势。

为了探究是否存在特定的圆孔半径比值使得 SH 波作用下在凸起所产生的地表位移幅值最低，同时也为了探讨不同的圆柱形孔洞半径对地表位移幅值的影响，在保证梯形凸起山体的两腰坡度为 $\pi/4$，所划分的上侧半圆形边界 S_a 的半径为下侧半圆形边界 S_b 半径的一半，SH 波的入射波波数 $k=\pi$，入射角度为 0°的前提下，进行了对于半径参数的计算。所得到的算例如图 9.52 与图 9.53 所示。

图 9.52 给出了在圆孔半径 R_3 与所划分的下侧半圆形边界 S_b 半径的比值较低时圆柱形孔洞对地表位移幅值的影响。可以发现，当比值较低时，随着圆柱形孔洞半径的减小，其在区间为[-1,1]的梯形凸起部位对 SH 波的散射作用也逐渐降低，这也导致了在该位置的地表位移幅值较圆孔半径较大时更大。在区间为[-5,-1]与[1,5]两侧的水平表面上随着圆孔半径从 $R_3=0.1R_2$ 增大到 $R_3=0.3R_2$ 与 $R_3=0.5R_2$，其位移幅值曲线的变化频率逐渐降低。同时，在圆孔半径相对较小时，其地表位移幅值在整体的曲线中表现为由中心向两侧逐步趋于平缓，而半径增大后则导致其在两侧的地表位移幅值波动向增大的趋势延伸。横向来看，当半径比值较小时，不同埋深参数对地表位移幅值的影响不大。

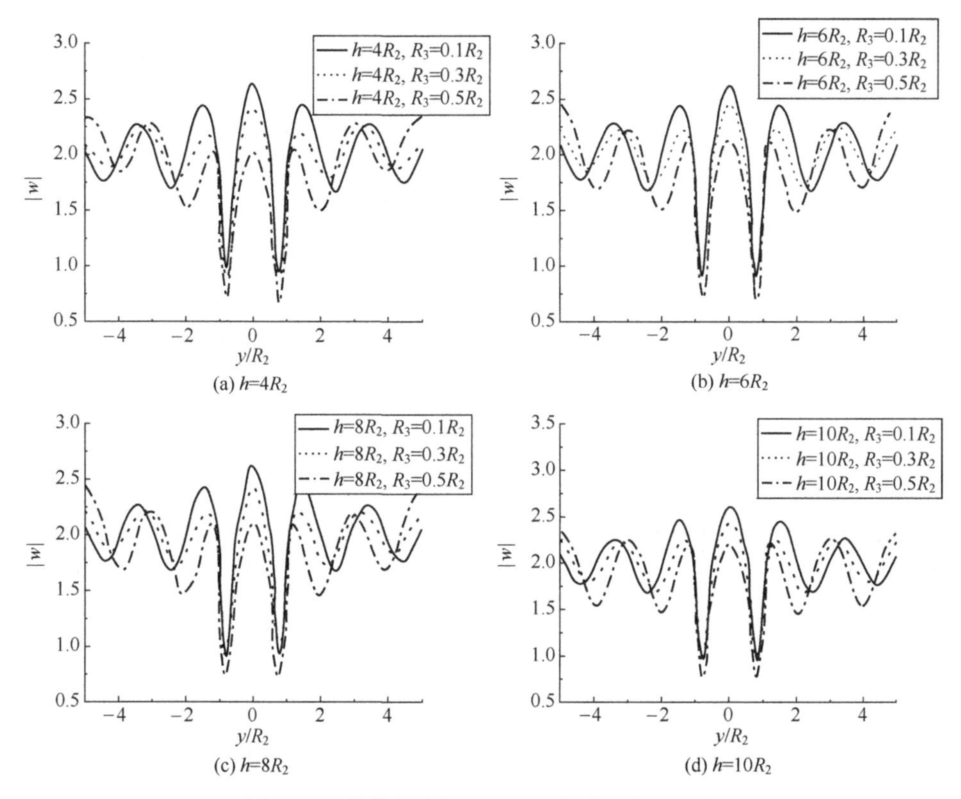

(a) $h=4R_2$　(b) $h=6R_2$　(c) $h=8R_2$　(d) $h=10R_2$

图 9.52　较低的半径比对地表位移幅值的影响

图 9.53 给出了当圆柱形孔洞的半径接近所划分下半圆边界 S_b 的半径时其存在对地表位移幅值曲线的影响。可以发现，在该范围内随着圆孔半径的增加，其在中间部位产生的地表位移幅值逐渐增大。整体曲线中地表位移幅值最低值点均出现在梯形凸起的两腰。与低半径相比，当圆孔半径逐渐接近下半圆边界 S_b 的半径时，地表位移幅值的最大值不再出现在梯形凸起的中心位置，即 $y/R_2=0$ 处，而是出现在凸起外临近山脚的水平表面上。此外，在两侧的地表位移幅值曲线中半径的增大会导致其波动幅度逐渐降低，曲线的波动也逐渐收敛。此时，结合图 9.53 可以发现，埋深因素的影响与上文描述吻合。

在图 9.54 中给出了当圆柱形孔洞半径与下半圆边界 S_b 的半径比值为 0.5、0.6 以及 0.7 时 SH 波垂直入射对地表位移幅值影响的曲线图。可以发现，当比值在此区间内时，对于梯形凸起的中心区域随着圆孔半径的逐渐增大，其地表位移幅值呈现出先下降后上升的趋势。而在两侧的水平地表上，曲线规律则与当半径比值接近 1 时的规律相近，即相对较小的半径比值会使得其地表位移幅值曲线的波动幅度变小。但三种半径比的曲线均表现出地表位移幅值逐渐向

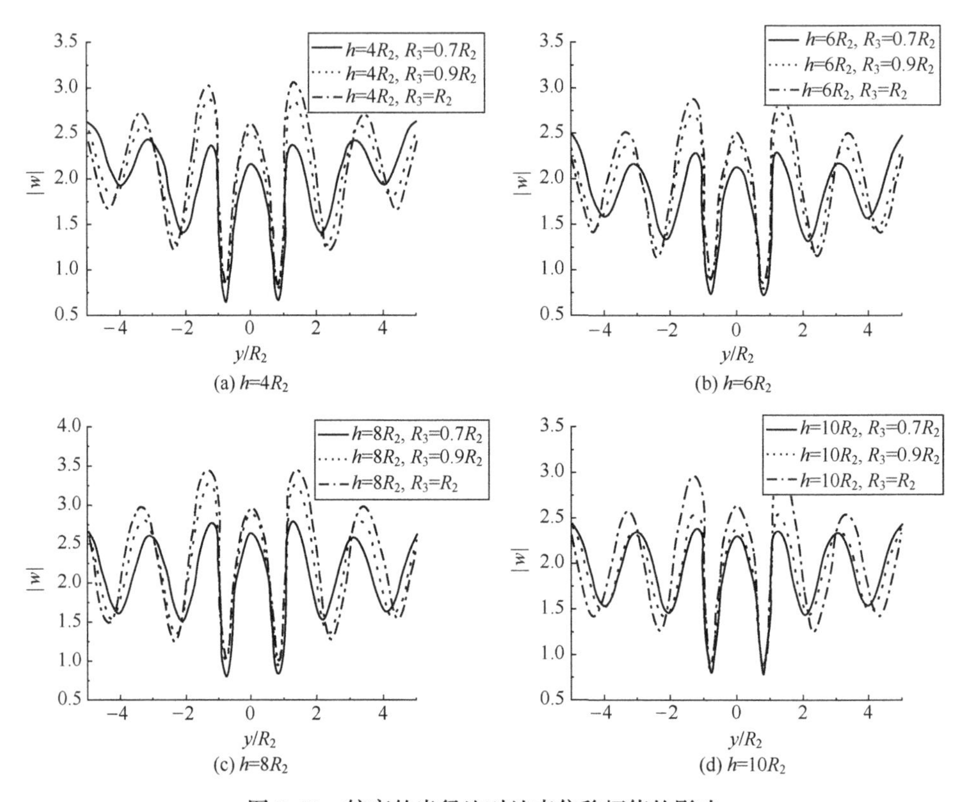

(a) $h=4R_2$　(b) $h=6R_2$　(c) $h=8R_2$　(d) $h=10R_2$

图 9.53　较高的半径比对地表位移幅值的影响

变大的趋势发散的规律。为了进一步探讨，得到使地表位移幅值最低的半径，经过不断缩小半径比值，最终得到算例图 9.55。

经过对半径比进一步地收缩，最终确定当半径比为 0.6 时，圆柱形孔洞在中心部位受到 SH 波垂直入射时所引起的地表位移幅值最低。图 9.55 给出的当半径比分别为 0.59、0.6 以及 0.61 时浅埋圆孔对地表位移的影响曲线。其中，对于 $R_3=0.59R_2$ 采用每 30 个点选择一个节点，对于 $R_3=0.61R_2$ 采用每 50 个点选择一个节点，可以发现曲线基本重合，且符合上述规律，即可以说，当 SH 波垂直入射且波数为 π 时，浅埋半径比为 0.6 的圆孔对坡度为 π/4、上底为下底 1/2 的梯形凸起半空间在凸起处产生的地表位移幅值最低，这也具有一定的工程意义。

对于波数对地表位移幅值的影响方面，设定梯形凸起的坡度为 π/4，上下底长度之比为 1/2，即 $R_1=0.5R_2$。控制 SH 波入射角度为 0°，圆孔半径与下半圆边界 S_b 的半径比值为 0.5，研究在 SH 波垂直入射时各位置处的地表位移幅值，图 9.56 给出了不同的波数对含有圆柱形孔洞的梯形凸起地形地表位移

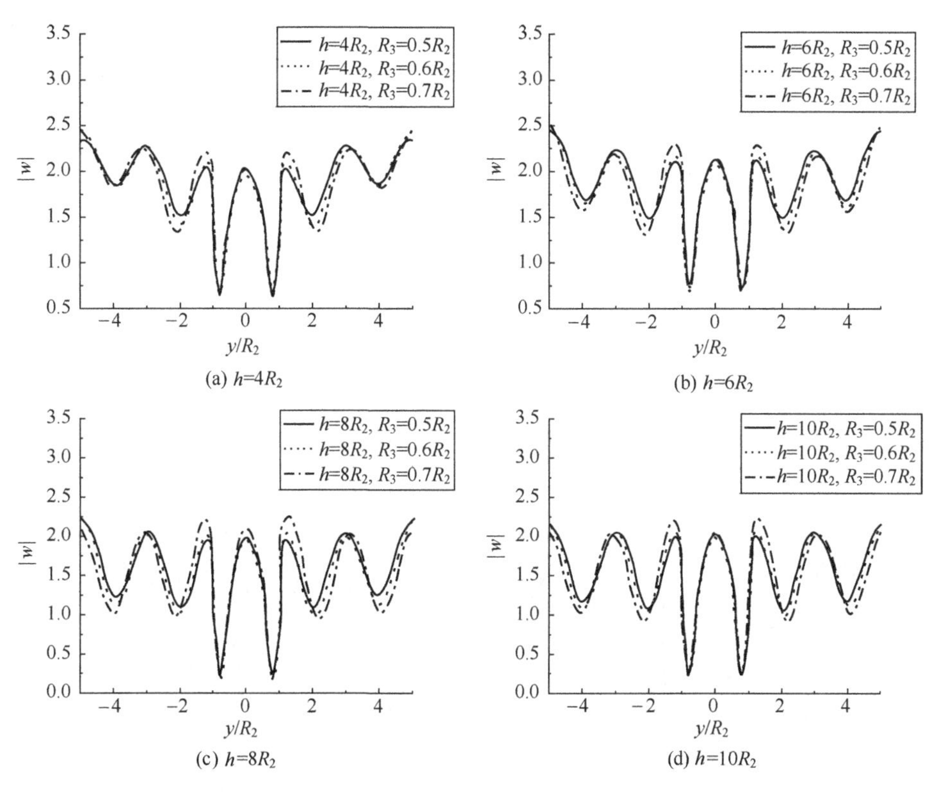

图9.54　半径比值为0.6左右时对地表位移幅值的影响

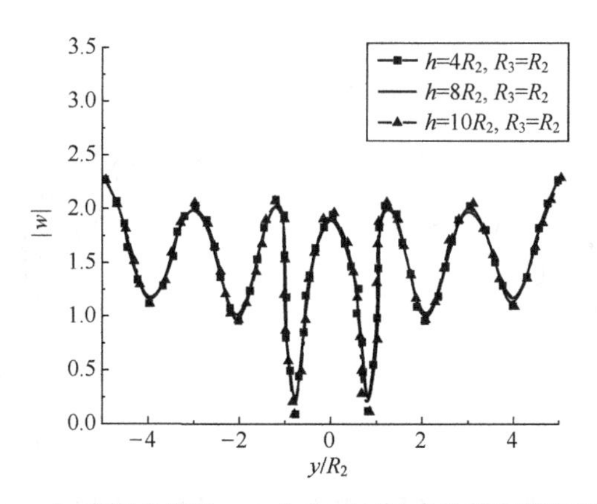

图9.55　半径比值为0.6左右时对地表位移幅值的影响

幅值的影响算例图。从图中可以发现，当波数在 π 以下时，随着波数的增大其在区间为[-1,1]的凸起部分所引起的地表位移幅值整体上逐渐降低，而当波数在 π 以上时，波数的增大会导致该凸起部位的地表位移幅值整体上表现

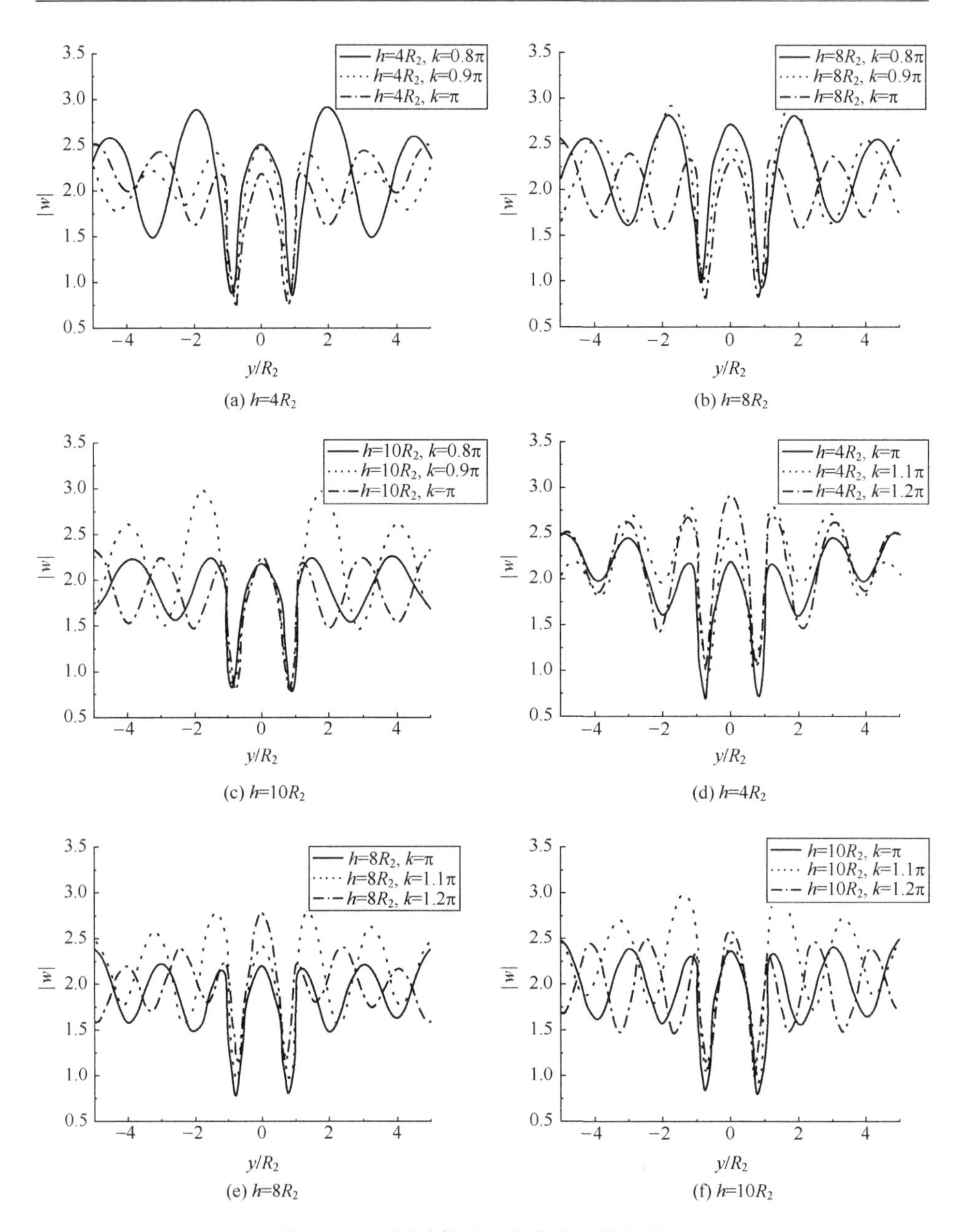

(a) $h=4R_2$　(b) $h=8R_2$

(c) $h=10R_2$　(d) $h=4R_2$

(e) $h=8R_2$　(f) $h=10R_2$

图 9.56　不同波数对地表位移幅值的影响

为增大的趋势，其分界点入射波数为 π。不论波数处于何种区间，随着波数的增大，曲线的波动频率都表现为越来越快，同时地表位移幅值最低点都在向中心汇聚。

对于坡度的调控方面，为了减少其他参数的影响，需要注意的一点是要保持梯形凸起的高度固定，设定梯形凸起的高度为 0.5R_2。控制 SH 波入射角度为 0°且其波数为 π，圆孔半径与下半圆边界 S_b 的半径比值为 0.5，分别讨论了坡度分别为 π/3、π/4 以及 π/6 时的梯形凸起及含有圆柱形孔洞的地形在 SH 波入射作用下引起的地表位移幅值，其曲线见图 9.57。

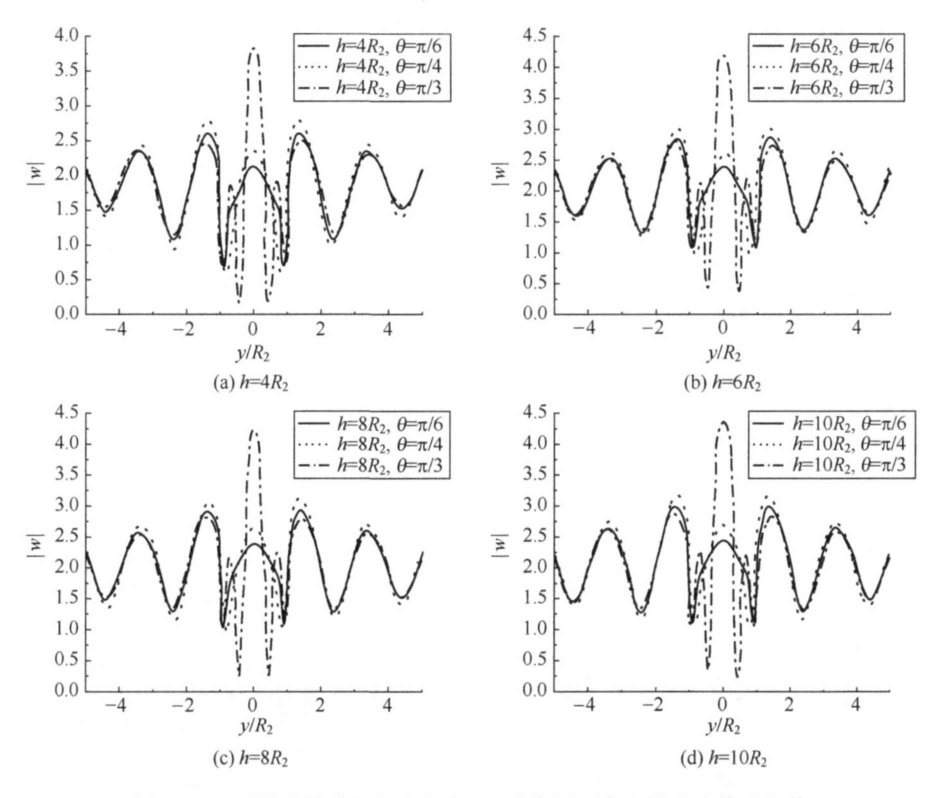

图 9.57　不同的梯形凸起坡度在 SH 波作用下产生的地表位移幅值

因为修改的是梯形两腰的坡度，所以在 SH 波垂直入射时其地表位移幅值曲线在水平坐标下仍呈对称分布。这里需要注意 θ 为凸起两腰延长线交点的 0.5，因此 θ 较小是代表着凸起的坡度较大，由图 9.57 可以发现，当坡度逐渐变大时，在梯形凸起外的两侧水平表面上的曲线中地表位移幅值极大值点附近表现为先上升后下降的趋势，而在极小值点附近则表现为先下降后上升的趋势，即代表着在梯形凸起外的水平表面上坡度较缓的凸起其所产生的地表位移幅值变化程度更为平缓，但变化频率上坡度的影响较弱。在区间为[-1,1]的梯形凸起部分可以发现随着坡度的放缓，地表位移幅值逐渐增大，当 $\theta=\pi/3$ 时，其所产生的地表位移幅值在波动的频率上较陡坡度的凸起地形更为剧烈。

在对比位移幅值最低点处时可以发现，随着坡度的逐渐增大，地表位移幅值的最低点位置也在逐渐向中心汇聚。对于埋深来说，规律符合图 9.51～图 9.56 所示图形，但影响不大。

在控制固定的坡度、SH 波入射角度、圆柱形孔洞的埋深以及波数后，可以对梯形凸起的高度在 SH 波作用下对地表位移幅值的影响进行探讨。其中，控制梯形凸起的两腰坡度为 π/4，SH 波入射角度为 0°，圆柱形孔洞的埋深与所划分的下半圆边界 S_b 的半径比值为 6，波数为 π，得到图 9.58 和图 9.59 所示的地表位移幅值曲线图。

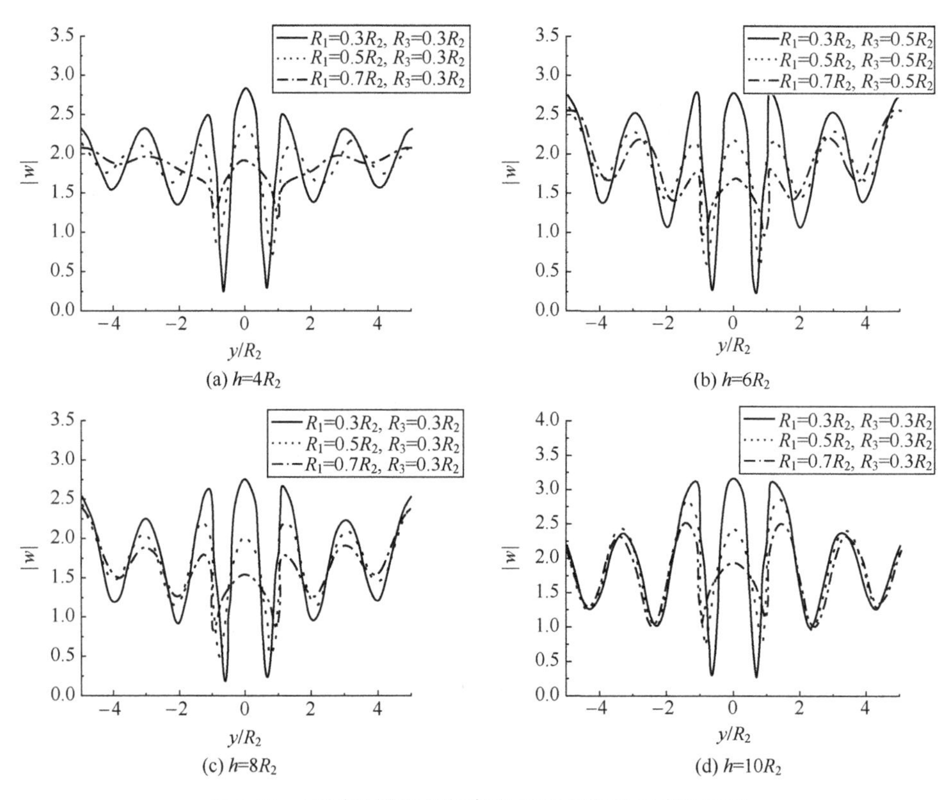

图 9.58　不同的梯形凸起高度对地表位移幅值的影响

图 9.58 给出了在圆孔半径下的含有圆柱形孔洞的梯形凸起在 SH 波入射下所产生的地表位移幅值曲线。需要注意的是，当固定梯形凸起的坡度时，上下底之间的长度比值越大代表着凸起的高度越低。根据算例图可以看出，当凸起的上底边长度为下底边长度的 30%，即凸起的高度为下底边的 35%时，其在区间为[-0.5,0.5]的凸起部位所产生的地表位移幅值峰值最高。随着高度

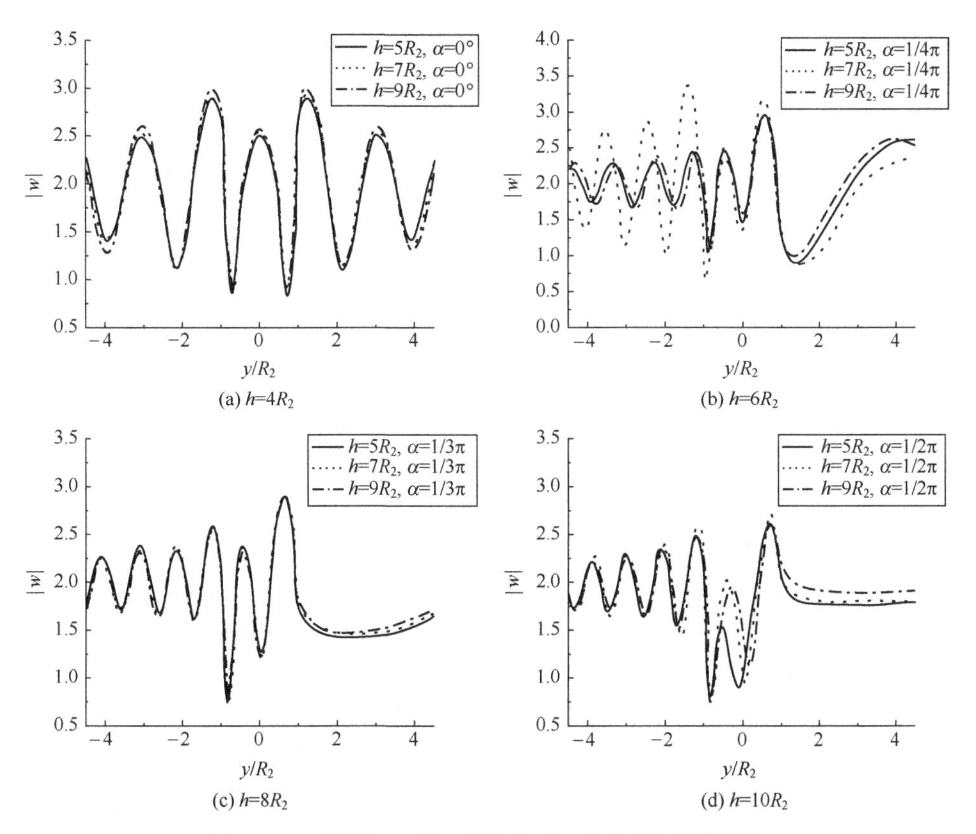

图 9.59　不同的 SH 波入射角度对地表位移幅值的影响

的降低，在凸起水平面所产生的地表位移幅值逐渐降低。但同时，在区间为[-1,-0.5]与[0.5,1]的凸起两腰处所引起的地表位移幅值最低点相较凸起高度较低时却更高。当上底边长度与下底边长度的比值为 0.3 时，其地表位移幅值最低点出现在凸起的两腰上，而后随着凸起高度的降低，所引起的地表位移幅值最低点的位置也向两侧偏移，当上底边长度与下底边长度的比值为 0.7，即凸起高度为下底边的 0.15 倍时，其地表位移幅值最低点出现在凸起外的水平地表上。同时，可以发现，当圆孔半径相对较小时，在外侧的水平地表上，较低的凸起高度其地表位移幅值曲线的波动也更加平缓。随着圆孔半径逐渐增大，不同高度的凸起在外侧水平面上的地表位移幅值逐渐重合，此时圆孔的大小对两侧水平地表产生的位移幅值影响不大。

关于 SH 波入射的角度对模型地表位移幅值的影响，选择控制圆柱形孔洞的半径 R_3 与所划分的下半圆边界 S_b 的半径 R_2 比值为 1，SH 波波数为 π，梯形凸起的坡度为 π/4 且上下底边边长的比值为 0.5，分别讨论了各埋深下的圆孔在不同的 SH 波入射角度下所引起的地表位移幅值，图 9.59 给出了不同的 SH 波入射角度对含有圆柱形孔洞的梯形凸起地形的地表位移幅值影响。在入射角度为 0°时，由于模型的结构对称，同时入射角度为垂直向上，因此整体的曲线图是以 $y/R_2=0$ 为对称轴呈左右对称的。此时，因为圆孔对入射 SH 波的散射作用影响了其上方地形，即梯形凸起部分的地表位移。而地表位移幅值最大点出现在凸起两腰以外的水平地表上，最小值点则在梯形凸起的两腰上。在整体上地表位移幅值曲线的波动呈现出自凸起外向两侧逐渐减弱的形式。当入射角度逐渐放缓达到 $\pi/4$ 时，可以发现，由于角度的不对称导致在以 $y/R_2=0$ 为轴的各对称点地表位移幅值不再相等，模型左半部分的幅值波动较右侧明显更为剧烈，对于梯形凸起来说，右半部分的地表位移幅值相较左半部分有明显的提高，其上底边的中心成为该区域地表位移幅值最低点，在右侧的水平地表上位移幅值的波动相对较缓但跨度更大。当 SH 波入射角度继续放平至 $\pi/3$ 时，可以发现此时在右侧水平地表上的曲线波动频率更加缓慢，甚至在区间为 $y/R_2=[2,3.5]$ 内各点地表位移幅值几乎不发生改变，只在远离凸起处才能发现继续上升的趋势。中心的梯形凸起上的地表位移幅值最低点依然是 $y/R_2=0$ 处，而整体模型中地表位移幅值点则出现在左侧山体腰部近地表处。当入射角度最终达到 $\pi/2$ 时，右侧水平地表中的地表位移幅值在各点接近于水平且此区域中波动极为平缓，而左侧水平地表上仍表现为逐渐趋于平稳。整体上的地表位移幅值最低点依然出现在左侧山腰临近水平地表处，而在梯形凸起的表面上位移幅值的最低点则随着埋深的增加从中心向左侧移动。

9.7.5 结论

本节列出了模型及其所划分的区域，交代了各坐标系的变换关系，同时给出了各区域中的波场、应力的表达式。通过边界条件确定求解的无穷代数方程组。在求解后进行了退化验证，并通过算例分析了入射 SH 波波数、圆柱形孔洞半径、圆柱形孔洞埋深、梯形凸起的高度、梯形凸起的坡度以及 SH 波入射角度 6 个参数对地表位移幅值的影响。

参考文献

[1] 许贻燕，韩峰．平面 SH 波在相邻多个半圆形凹陷地形上的散射［J］．地震工程与工程振动，1992，12（2）：12-18.

[2] LIU D K，HAN F. Scattering of plane SH-wave by cylindrical canyon of arbitrary shape［J］. Soil Dynamics and Earthquake Engineering，1991，10（5）：249-255.

[3] LIU D K, HAN F. Scattering of plane SH-waves on cylindrical canyon of arbitrary shape in anisotropic media [J]. Acta Mechanica Sinica, 1990, 6 (3): 256-266.

[4] 刘殿魁，王宁伟．相邻多圆孔各向异性介质中 SH 波的散射 [J]. 地震工程与工程振动，1989，9 (4)：15-28. DOI：10.13197/j.eeev.1989.04.002.

[5] TRIFUNAC M D. Scattering of plane SH waves by semi-cilindrical canyon [J]. Earthquake Engineering and Structural Dynamics, 1972, 1 (3): 267-281.

[6] 杜永军，刘殿魁，郭凤，等．双等腰三角形凸起地形在 SH 波入射时的地表位移函数 [J]. 地震工程与工程振动，2009，29 (3)：1-8. DOI：10.13197/j.eeev.2009.03.001.

[7] 刘殿魁，吕晓棠．半圆形凸起与凹陷地形对 SH 波的散射 [J]. 哈尔滨工程大学学报，2007，28 (4)：392-397.

[8] YUAN X, MEN F L. Scattering of plane sh waves by a semi - cylindrical hill [J]. Earthquake Engineering & Structural Dynamics, 2010, 21 (12): 1091-1098.

[9] 韩峰，王光政，康朝阳．SH 波对等腰三角形与半圆形凹陷相连地形的散射 [J]. 应用数学和力学，2011，32 (3)：293-311.

[10] 韩峰，刘殿魁．SH 波对半无限圆形凹陷地形造成的位移场的研究 [J]. 哈尔滨建筑工程学院学报，1990 (3)：24-31.

[11] 杨在林，许华南，陈志刚．等腰三角形凸起与半圆形凹陷地形对 SH 波的散射 [J]. 哈尔滨工业大学学报，2011，43 (增刊 1)：6-11.

[12] 杨在林，许华南，张建伟，等．SH 波对复杂地形的地震动 [C] //第七届海峡两岸工程力学研讨会论文摘要集，2011：166-171.

[13] YANG Z, SONG Y, LI X, et al. Scattering of plane SH waves by an isosceles trapezoidal hill [J]. Wave Motion, 2019, 92: 102415.

附录A 符 号 表

E	杨氏模量（弹性模量）
α	平面 SH 波的入射角
α_{cr}	临界角
a	圆弧的半径
d	中心距地表的距离
b	圆弧半宽
ε_{n}	纽曼因子
ξ	相位因子
μ	剪切模量
ρ	介质密度
k	波数
K	反射系数
ω	圆频率
T	周期
f	特征频率
η	入射波频率
λ	入射波波长
λ_{s}	S 波的波长
c_s	横波速度
c_p	纵波波速
c_x	水平向速度
c_y	竖直向速度
$w^{(i)}$	入射 SH 波
$w^{(r)}$	反射 SH 波
$w^{(s)}$	散射 SH 波
$\phi^{(i)}$	入射 P 波
$\phi^{(r)}$	反射 P 波
$\phi^{(s)}$	散射 P 波

$\psi^{(i)}$	入射 SV 波
$\psi^{(r)}$	反射 SV 波
$\psi^{(s)}$	散射 SV 波
$w^{(f)}$	自由场波
$w^{(D)}$	驻波
w_0	最大幅值
$w^{(t)}$	土体材料中总弹性位移场
τ_{xz},τ_{yz}	剪应力分量
τ_{rz}	土体介质的径向应力
$\tau_{\theta z}$	土体介质的切向应力
A_n,B_n	散射系数
β	半径带圆心角